中国科学院科学出版基金资助出版

中国自然地理系列专著

中 国 古 地 理

——中国自然环境的形成

主　编　张兰生
副主编　方修琦

科学出版社

北　京

内 容 简 介

本书系统地阐述了中国自然地理环境的起源、演化和形成过程。全书分总论和分区专论两部分内容。总论部分（第一章至第四章），以时间为主线，"厚今薄古"地阐述了对现代中国自然环境形成具有深远影响的重大事件或过程，主要包括中国大陆的拼合、构造—地貌格局的奠定、季风气候的形成、冰期—间冰期的环境变化和人类活动等；分区专论部分（第五章至第十二章），从典型景观组合出发把全国划分为八个自然地理区域，并从典型景观组合"发生"的角度，分别阐述了各区自然地理环境的形成和演化过程。

本书可供自然地理学、环境演变和环境考古等领域的研究人员参考，也可作为高等院校地理学、地球系统科学、第四纪地质学等学科的教学参考书。

审图号：GS（2012）722 号

图书在版编目（CIP）数据

中国古地理：中国自然环境的形成/张兰生主编 . —北京：科学出版社，2012
（中国自然地理系列专著）
ISBN 978-7-03-033888-4

Ⅰ.①中… Ⅱ.①张… Ⅲ.①古地理学—中国 Ⅳ.①P531

中国版本图书馆 CIP 数据核字（2012）第 052536 号

责任编辑：朱海燕 韦 沁 / 责任校对：何艳萍
责任印制：赵 博 / 封面设计：黄华斌

科 学 出 版 社 出版
北京东黄城根北街 16 号
邮政编码：100717
http://www.sciencep.com
三河市春园印刷有限公司印刷
科学出版社发行 各地新华书店经销

＊

2012 年 6 月第 一 版 开本：787×1092 1/16
2025 年 2 月第十次印刷 印张：27 3/4
字数：630 000
定价：248.00 元
（如有印装质量问题，我社负责调换）

总　序

  自然地理环境是由地貌、气候、水文、土壤和生存于其中的植物、动物等要素组成的复杂系统。在这个系统中，各组成要素相互影响、彼此制约，不断变化、发展，整个自然地理环境也在不断地变化和发展。

  从 20 世纪 50 年代起，为了了解我国各地自然环境和自然资源的基本情况，中国科学院相继组织了一系列大规模的区域综合科学考察研究，中央和地方各有关部门也开展了许多相关的调查工作，为国家和地区有计划地建设，提供了可靠的科学依据。同时也为全面系统阐明我国自然地理环境的形成、分异和演化规律积累了丰富的资料。为了从理论上进一步总结，1972年中国科学院决定成立以竺可桢副院长为主任的《中国自然地理》编辑委员会，并组织有关单位和专家协作，组成各分册的编写组。自 1979 年至 1988年先后编撰出版了《总论》、《地貌》、《气候》、《地表水》、《地下水》、《土壤地理》、《植物地理（上、下册）》、《动物地理》、《古地理（上、下册）》、《历史自然地理》和《海洋地理》等共 13 个分册，在教学、科研和实践应用上发挥了重要作用。

  近 30 年来，我国科学家们对地表自然过程与格局的研究不断深化，气候、水文和生态系统定位观测研究取得了大量新数据和新资料，遥感与地理信息系统等新技术和新方法日益广泛地引入自然地理环境的研究中。区域自然地理环境的特征、类型、分布、过程及其动态变化研究方面取得了重大进展。部门自然地理学在地貌过程、气候变化、水量平衡、土壤系统分类、生物地理、古地理环境演变、历史时期气候变迁以及海洋地理等领域也取得许多进展。

  20 世纪 80 年代以来，全球环境变化和地球系统的研究蓬勃发展，我国在大气、海洋和陆地系统的研究方面也取得长足的进展，大大促进了我国部门自然地理学的深化和综合自然地理学的集成研究。我国对青藏高原、黄土高原、干旱区等区域在全球变化的区域响应方面的研究取得了突出的成就。第四纪以来的环境变化研究获得很大的发展，加深了对我国自然环境演化过程的认识。

  90 年代以来，可持续发展的理念被各国政府和社会公众所广泛接受。我国提出以人为本，全面、协调、可持续的科学发展观，重视区域之间的统筹，强调人与自然的和谐发展。无论是东、中、西三个地带的发展战略，城市化和工业化的规划，主体功能区的划分，还是各个区域的环境整治与自然保护区的建设，与大自然密切相关的工程建设规划和评估等，都更加重视对自然地理环境的认识，要求深入了解在全球变化背景下地表自然过程、格局的变动和发展趋势。

根据学科发展和社会需求，《中国自然地理系列专著》应运而生了。这一系列专著共包括十本：《中国自然地理总论》、《中国地貌》、《中国气候》、《中国水文地理》、《中国土壤地理》、《中国植物区系与植被地理》、《中国动物地理》、《中国古地理——中国自然环境的形成》、《中国历史自然地理》和《中国海洋地理》。各专著编写组成员既有学识渊博、经验丰富的老科学家，又有精力充沛，掌握新理论、技术与方法的中青年科学家，老中青结合，形成了合理的梯队结构，保证了在继承基础上的创新，以不负时代赋予的重任。

《中国自然地理系列专著》将进一步揭示中国地表自然地理环境各要素的形成演化、基本特征、类型划分、分布格局和动态变化，阐明各要素之间的相互联系，探讨它们在全球变化背景下的变动和发展趋势，并结合新时期我国区域发展的特点，讨论有关环境整治、生态建设、资源管理以及自然保护等重大问题，为我国不同区域环境与发展的协调，人与自然的和谐发展提供科学依据。

中国科学院、国家自然科学基金委员会、中国地理学会以及各卷主编单位对该系列专著的编撰给予了大力支持。我们希望《中国自然地理系列专著》的出版有助于广大读者全面了解和认识中国的自然地理环境，并祈望得到读者和学术界的批评指正。

2009 年 7 月

前　言

约半个世纪前，在竺可桢先生的领导下，中国地理学界开展了一项规模宏大、影响深远的研究项目——中国综合自然区划。当时，中国地理学界的学术带头人大都参与了这项工作，所以影响深远，至今几十年来始终深入到有关中国自然环境研究的各类课题中。

当时开展工作碰到了许多难题。从理论上来说，最大的争议是两个方面：一是区划的"目的"，二是区划的"原则"。

区划为了什么"目的"？是"自然区划"，又是"综合"的——不同于比较具体的单个要素的"地貌"、"气候"等区划。不过，在诸多目的中，终于也提出了一个抽象的、不属于任一个生产部门的"目的"：仅仅是、纯粹是以"认识"为目的。

区划的"原则"也有各种说法：如"生物气候原则"、"地带性原则"等。其中最抽象的一条应该属于所谓的"发生"原则了。"发生"原则认为，每个"自然综合体"（或称"区域系统"）在成因和发展性质上都应具有共同性和一致性——都是不易捉摸的概念。

然而，正是由于提出了"发生"原则和"认识"目的，《古地理》（上、下册）才得以列入20世纪70年代组织编著的《中国自然地理》丛书，并由周廷儒先生主持编写。周先生是中国地理学界建议在现代自然地理研究中引入古地理观念的第一人。早在20世纪60年代初，他就在研究工作中指出，有些地区的某些"现代"自然地理特征，与当地现代的自然地理过程实不相容，它们应是以前早些时候的"古地理"遗迹，只有探讨该地区的古地理过程方能真正对其加以认识。根据多种古地理遗迹，他推断中国疆域内古近纪古环境中的副热带高压带与现代的副热带高压位置存在一个"偏移"。八九十年代古地磁学的成就证实了这个偏移的存在，并认为是太平洋板块和印度板块共同冲撞亚洲板块的结果，从"发生"上解释了这一现象。他还根据自然带从古近纪的南北分异到新近纪的东西分异，推断出季风气候形成的时间，并将古季风的形成归因于青藏高原隆起造成的行星风系的破坏及欧亚大陆与太平洋对比关系的改变，进而提出青藏高原隆起驱动了季风气候的出现，促进了中国东部季风区、西北干旱区和青藏高原区三大自然区分异的形成。

"古地理"是从地质学中借用过来的名词。在地质学里，古地理的任务和内容是根据岩相复原当时——"古"时候的自然环境，内容和名称是名实相符的。但对自然地理学来说，研究对象是"现代"自然环境，只是由于现代自然环境的形成是一个有一定继承性的、长期的过程，因此要"认识"它，便有必要追溯发展历史和发展过程。这样的追溯必然要涉及地质学"古地理"的成果——发展过程中不同时期一幕幕的"古"场景，但最终目的是必须回归现实，落实到现代自然环境特征——地球的"表层"，两者的差别是不难明白的。所以 20 世纪八九十年代在中国地理学会举办的多次学术会议中，讨论中国自然环境形成、演变都没有采用"古地理"的名称，而是称之为"环境演变"学术讨论会。

"自然综合体"或"区域单位"这样的名词，专业性太强，离开地理学界就不很通用了。其实，有一个比较普通、通用的代用词，即"景观"。它最一般的意义就是指人们对外部总体环境直观、综合的视觉感受。这种"感受"就是实实在在地来自于地球表层的现代环境，与已经消失了的"古环境"之间只具有"发生"上的关系，而这种关系不经阐发是不能被"认识"的。

每一个自然综合体都表现为特定的"景观"。对于低级区划单位来说，由于简单，所以比较明确，但对高级区划单位来说，则较为复杂。它所呈现的，实际上是一个综合的复合体，或可称之为是一组特定的"景观组合"。现在比较普遍为大家所接受的中国综合自然区划方案首先是将全国分为三大区：青藏高寒区、西北干旱区和东部季风区。这三大区所呈现的都是各自特定的"景观组合"。

青藏高原之所以在综合区划方案中被列为独特的自然综合体，"发生"上的根源在于青藏地块新生代以来的急剧抬升。虽然可用"高寒荒漠"来对它的景观特征作总体概括，但实际上，由于地势、纬度位置及夏季风影响程度的差异，高原面上所呈现的并不只是单调的寒荒漠，而且，若从"发生"的根本来说，高原边缘垂直带分明的高山峡谷也理应认为是与高原的形成"同源"的。这些高山、峡谷的位置分布、走向都具有各自的大地构造基础，但形成过程都与高原的抬升同步：高原抬升、边缘切割，因果相承，所以高山顶部的平均高度大致相当于高原的高度，峡谷切割的深度不会大于高原面抬升的程度，高原面上的寒荒漠与边缘峡谷垂直带从发生和形成过程上分析，属于同一个"景观组合"。

西北干旱区并不处在世界性副热带高压控制之下的荒漠带范围内。特提斯洋的收缩乃至消亡，深处大陆腹心的位置导致干旱化，但荒漠与盆地现代景观的出现又是与周围高山的隆起联系在一起的。初始的过程是：高山隆起，阻断作用增强，盆地内部荒漠化程度也随之增强。但当山地抬升到一定高度以上之后，坡面接受的降水以及积存的冰雪，产生流水、冰川作用，不仅为盆地中后来形成戈壁、沙漠提供了物质来源，出现在山麓地带的绿洲、盆地中的湖泊，又完全是山地水源涵养的结果。所以高山、巨盆景观各异，但却是发生上紧密联系的"组合"。

兴（安）蒙（古）褶皱带在大地构造上与天山同源，同是将中国大陆最终与欧亚大陆连接成一体的关键褶皱带，但二者在以后的发展过程中，本质上有所不同，特别是在差异升降方面明显不同。现在，无论是从东向西登大兴安岭还是从南向北登坝上高原，上升千米左右的高度后，所看到的只是一片缓起伏的高平原。同步于天山山地的多次抬升的夷平面虽都可以辨认出来，也都有地貌上的表现，但却远不具备天山那样的气势。因而不构成重大屏障，夏季风影响保持了从东南向西北逐渐减弱的趋势，高平原上所呈现的是一组从东南向西北、从半干旱温带草原过渡到干旱化沙地、戈壁的景观组合。

东部季风区包含着若干个"景观组合"。位于东部季风区西部的四川盆地和陕北黄土高原分属于不同的大地构造单元，两处的现代景观差别极大。但从形成过程上来看，整个中生代两处的发展过程十分相似，直到新生代之初，南北之间的地带差异都不是很突出。进入第四纪后，北方的干旱化与黄土堆积，使陇、陕、晋以至冀北发展成为半干旱黄土塬、丘，而南方四川盆地却保持着暖湿红盆丘陵的面貌。两者之间地带分异急剧强化的发生"源"在于秦岭 大巴山地的不断升高，最终成为东部季风区内南北之间一道重大的屏障、南北不同景观的分界线。

东部季风区的西南部，以贵州为主体，向四周及于滇、桂以至川、湘、鄂边沿，从古生代延续到三叠纪沉积下来的石灰岩层构成了当地现代景观形成的重要基础。尽管存在着地带性差异，以及地势和发育阶段不同所导致的差别，但喀斯特化从发生上却成为这一区域内现代景观特色形成的共同本质。

组成东部季风区东半部的景观单位是我国地形第三阶梯上的三大平原（松辽、黄淮海、长江中下游平原）和三片丘陵（胶辽鲁西、浙闽以及分跨南岭南北的丘陵地）。每个单位都具有不同的大地构造基础、地貌发育过程，尤其是南北之间跨越热带、亚热带、暖温带、温带广阔的空间，即使在平原与平原之间、丘陵与丘陵之间也都各自呈现不同的景观。

大陆东侧海盆中矗立着众多岛屿，虽同为海岛，但"发生"上的不同致使呈现的景观也有异，大致可归为三类：一是海洋岛屿。热带海洋中珊瑚礁形成的小岛以及少数火山岛，具有独特的热带海岛景观。二是发生过程与相邻大陆完全一致的大陆岛屿。它们先原只是大陆的一部分，由于地块断裂或仅仅由于冰期以后的海侵，使它们受到了海水的包围以致与大陆分离，此类岛屿中最大的是海南岛。辽东、胶东半岛周围、浙闽粤沿海的许多"列岛"、"群岛"都属于此类。大河河口泥沙冲积形成的"沙"岛，其构成物质都是从大陆表层侵蚀而来的。三是大洋与大陆板块碰撞形成的岛屿。台湾岛即属于此类。大地构造基础和新生代以来的发展过程造成高山峻岭的特殊海岛景观。

以上简略地阐述了本书编写的宗旨、原则和所采用的自然区划。

全书分总论、分区专论两部分。前四章为总论，以整个中国疆域为对象，按地史时代说明中国大陆由众多微地块聚合演化成现今大陆的过程，山系、大江大河、海盆的发育形成过程，气候带在这块大地上出现，以至于形成古季风、现代季风环流的过程以及生物区系的变化发展过程等。后八章为分区专论，按综合自然区划"地域单位"的观念，分析、阐明各地域单位现代景观的发展形成过程。

本书各章执笔人：第一章，张兰生；第二章，方修琦；第三章，方修琦、王倩；第四章，方修琦、侯光良和刘翠华；第五章，刘峰贵、方修琦；第六章，方修琦、魏本勇和王强；第七章，方修琦、王辉和李蓓蓓；第八章，张兰生、魏本勇；第九章，张兰生、殷培红和张迪；第十章，张兰生、萧凌波；第十一章，张兰生、叶瑜和曾早早；第十二章，张兰生。本书的图件由李蓓蓓负责清绘，参考文献由王倩整理，李亚楠参与了部分工作。参与本书编写的年轻人当时（2007～2009 年）都是就读于北京师范大学的博士研究生或硕士研究生。作为一项集体合作的成果，在多次相互、交叉修改过程中，每一个章节都融汇了集体的智慧，每一位参与者都做出了不可或缺、十分珍贵的努力和贡献。

在郑度院士的主持下，中国科学院地理科学与资源研究所李炳元研究员和杨勤业研究员、《古地理学报》主编冯增昭教授、中国科学院东北地理与农业生态研究所裘善文研究员、国土资源部岩溶研究所朱德浩研究员、国家气候中心任国玉研究员、北京大学崔海亭教授和夏正楷教授、兰州大学陈发虎教授、南京大学朱诚教授等专家分别对本书各章文稿进行了认真的评审，并提出了宝贵的修改意见。作者根据评审意见进行了认真的修改。在此对各位专家表示衷心的感谢！《中国自然地理》系列专著主编孙鸿烈院士和郑度院士对本书的编写工作给予了具体指导，中国地理学会倪挺副秘书长对本书的编写给予了多方面的帮助，本书的编写还得到了国家自然科学基金项目（40771211）和北京师范大学地理学与遥感科学学院的大力支持，在此一并表示衷心的感谢！

张兰生

北京师范大学地理学与遥感科学学院

2009 年 11 月

目　　录

第一章　古自然地理环境的形成和演变

自然地理环境由地球表层的岩石圈、水圈、大气圈、生物圈等共同组成，是一个复杂的巨系统，其中任何一个圈层的变化都会受到其他圈层的制约，并引起其他圈层的相应变化。现代地理环境就是在这种长期、复杂的各圈层相互作用的过程中进化、发展形成的。

中国自然地理环境是全球自然地理环境的一部分，是在全球自然地理环境形成、演化的背景下发展、推进的。虽然或有自己的特色，但发展过程基本上与全球一致。即使在各圈层发展过程中区域性相对最强的岩石圈，中国大陆形成发展过程中的构造事件、构造期也都可以与国际地质联合会拟定的国际构造事件、构造期一一对应，只是或有活动的强弱程度、影响范围的大小以及时间上稍有提前或落后的差别（图 1.1）。

中国大陆是一个由多个陆块拼合而成的大陆。构成现今中国大陆的众多小陆块原本各自在大洋中"漂移"，互不相属，经过多次"碰撞、联合、分裂、再碰撞"的板块运动过程，到中生代中国大陆的现代轮廓才基本成型，并成为欧亚大陆东南部的组成部分。与每次拼合过程相伴的构造活动不仅决定着当时的岩浆活动和类型、海陆分布的格局、侵蚀和沉积区的分布等诸多古地理过程与格局，而且对现代区域地貌及自然景观的形成具有深远的影响。

中国大陆形成后，海水基本上撤出；在周边太平洋板块、印度板块和西伯利亚板块运动的作用下，出现了控制现代地貌结构的新华夏构造体系和盆岭相间的格局，为现代地貌形态奠定了基础；上述演变过程，为生物界在中国大陆的发展提供了良好的机遇。经过中生代的发展、变化，中国自然地理环境完成了从古代向现代的过渡。

第一节　前寒武纪自然地理环境的形成和发展

漫长的隐生宙是地球现代自然环境的孕育期。现今规模的中国大地在此期间还远没有形成，但存在于构成现代中国大地主体的华北、扬子、塔里木等多个古陆块（地台）上的记录，都已印证了从陆核凝聚的初始阶段起，岩石圈、大气圈、水圈的形成与协同演化，全球冰期气候剧变，乃至原始生命的出现这一系列自然地理环境孕育、进化的全过程。

一、古陆块的形成与自然环境的演化

地球大陆壳的形成始于 40 亿年前，现今世界各大陆（如格陵兰、北美、南非等许多地点）都发现了形成于约 38 亿年前的古老陆壳。随着同位素年代学技术的进步和应用，在现今中国的范围内也已发现多处古老陆壳的存在：冀东迁西岩群中最古老的岩石年

龄为 3720～3650Ma B.P.，辽宁鞍山附近花岗质古陆壳年龄为（3804±5）Ma B.P.，都与地球上最古老陆壳形成的时间相当，属于地质年代最古老的始太古代（图 1.1）。

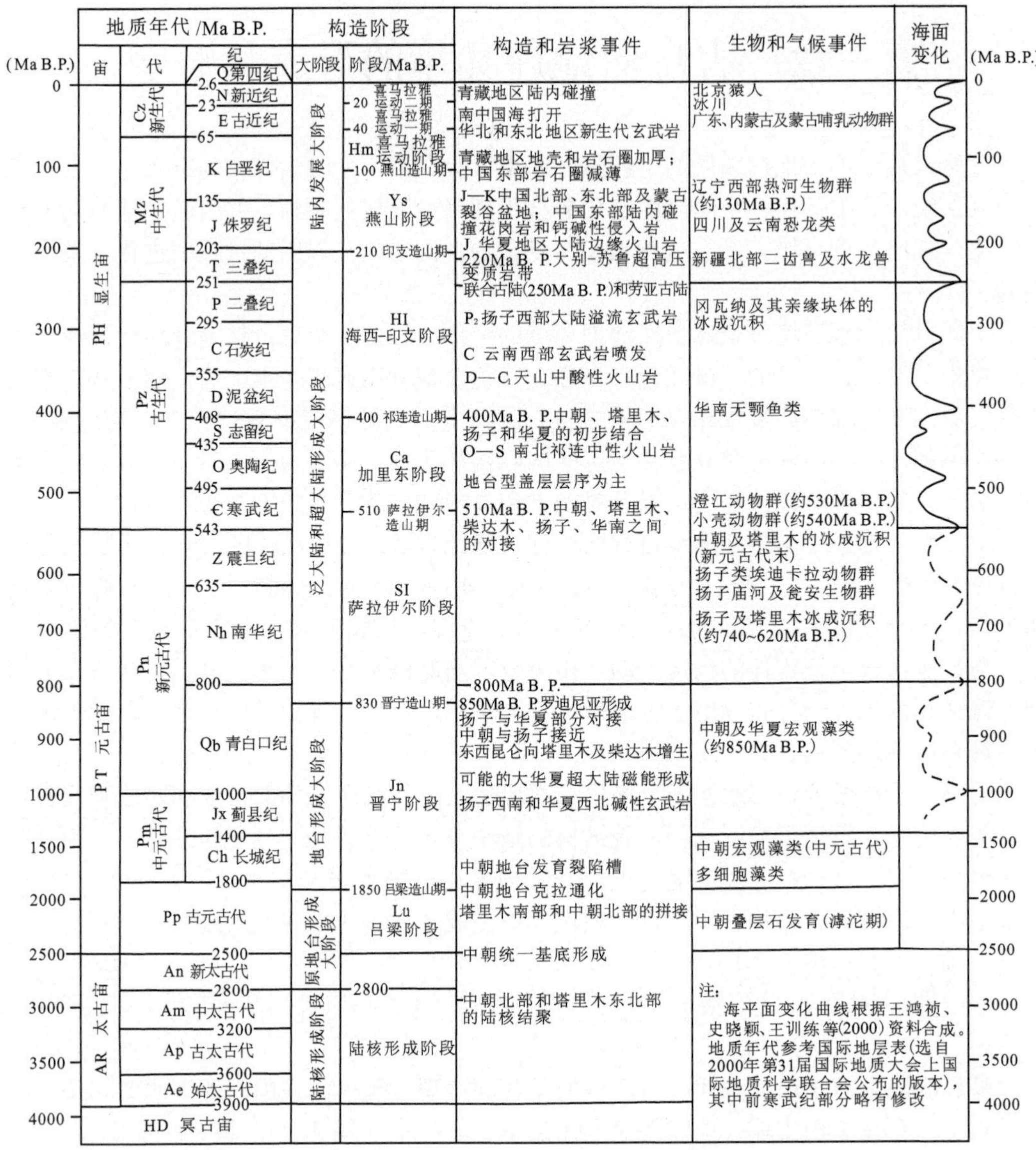

图 1.1 中国的构造大阶段和地质事件（据王鸿祯等，2006）

中国境内最古老的岩石主要出露在中朝古陆、塔里木陆块以及扬子陆块的西部和东北部（图 1.2）。地球物理异常和一些深部钻探表明，这些陆块内部都具有太古宙的结晶基底，它们就是现今中国境内最古老的陆壳所在。

地表古老陆壳形成之后，在近 40 亿年的漫长地质时期中经历了多次的构造变形、变位以及相关的岩浆变质作用。这种历时相对较短的活跃变化与所经历的时期，称为"构造事件"（tectonic event）和"构造期"（tectonic stage）。每一活跃时期结束后，都

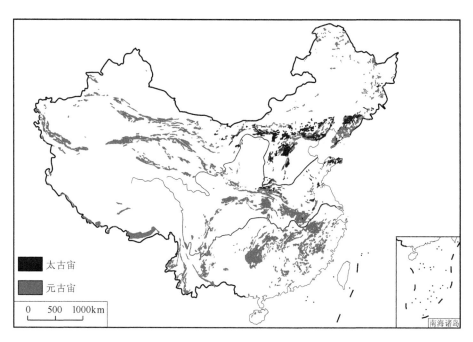

图 1.2　中国前寒武纪岩石分布图（据中华人民共和国地质矿产部，1990）

会出现一个历时较长的稳定期。地壳就在这样相对较短的剧烈变动与随后较长稳定时期的交替过程中发展、演化。

　　与国际地层划分方案中太古宙的古、中、新三个时期相对应，中国境内可分别以冀东迁西岩群、河北阜平岩群、山西五台群的变质岩系为代表，它们之间都是不整合接触的，表明存在构造活动，并分别命名为迁西事件、阜平事件和五台事件（万天丰，2004）。

　　国际上划分太古宙和元古宙的主要依据是地壳构造体制的转变，即从全活动体制转化为大陆地壳普遍地快速增生和大面积的克拉通化（craton，陆壳达到稳定状态并在以后地质时期很少再发生构造变形的地区）。大量 2500Ma B. P. 左右的可靠同位素测年数据的广泛出现，表明构成现代中国大陆主体的许多陆块的基底形成于太古宙末期，接近于全球性的克拉通化时期。五台群的成分、构造环境都还显示着太古宙的特征，经过五台运动，不整合面上堆积了滹沱群。滹沱群底砾岩厚度大、砾石成分复杂且下伏层位变化大，表明基底侵蚀范围很广，侵蚀历时也很长。这一规模巨大的不整合面就是中国境内太古宙与元古宙的分界线。

　　滹沱群是位于现代中国境内元古宙的第一个单元，属于古元古代。古元古代的初期在国际上有一个特殊名称——成铁纪（Siderian），因该时期是世界上出现硅铁建造的主要时期，故在世界上形成多处特大型铁矿。在中国，此类沉积铁矿主要分布在山西和山东，其中以山西吕梁地区袁家村铁矿较为著名。但中国铁矿形成的最重要时期是在早于滹沱群形成时代的新太古代，此期间形成的铁矿储量约占全国铁矿总储量的 50%，在华北陆块的北缘、南缘、五台、鲁西都有分布，特别是鞍山-本溪、冀东-密云、五台更为集中。这一类型的铁矿为与海底火山作用关系密切的条带状成铁建造，在含铁岩系中广泛分布有火山岩，特别是中、基性火山岩（沈保丰等，2005）。与新太古代的成铁建造不同，古元古代条带状铁矿石英岩是大陆架浅海环境中以沉积作用为主形成的，其在世界上的广泛沉积表明当时水圈和大气圈的性质不同于今日，都缺乏自由氧，且都属于还原性质。因为如果大气中含有一定比重的自由氧，铁元素必将形成不溶于水的高价铁，不可能以溶解状态经水流搬运而进入海洋。在成铁建造形成之后，情况发生了巨大的变革。滹沱群中出现了红色地层，并出现大量的、多种类型的碳酸盐质的叠层石，意味着水圈、大气圈已经不再处于还原状态，生物圈也有了进化。世界上最古老的叠层石见于澳大利亚西部的古陆块中，距今35亿年，意味着地球上生命的起源。但只是在"成铁纪"之后，叠层石才在数量和类型上大为增长，出现了地质学上的"叠层石时代"。叠层石是以蓝藻为主的藻类和部分细菌通过生命活动而形成的生物沉积构造，"叠层石时代"的出现，表明菌藻类得到了极大的繁衍。

蓝藻的出现也就是地球上植物光合作用的开始，蓝藻在它的生命过程中通过光合作用释放游离氧，逐渐改造了环境，使原先的还原性大气和水体逐步转化为氧化环境。这一转化又直接影响着生命的进一步发展，为生命加快进化速度提供了外在条件。于是到了元古宙末期，在澳大利亚南部埃迪卡拉（Edicara）地层中已有类似于今日水母、海鳃、蠕虫等的动物群出现，年龄约为距今7亿年，是至今已知的最古老的无脊椎动物，它们都只有在水体中氧含量足以供它们维持生命时才可能存在。与此相应，我国元古宙末期震旦纪地层中，如宜昌的灯影组、黑龙江的麻山群等，也都发现可与埃迪卡拉动物群相对比的化石或印痕化石。

不过，对蓝藻本身来说，这一环境变化却是一幕悲剧。在原先的还原环境与后来的氧化环境之间应该存在着一个临界点，在此以前的环境是适合于蓝藻的繁衍发展的，所以才会有"叠层石时代"的出现，一旦超过这个转折点，氧化程度日益增强的新环境逐渐不利于蓝藻的生存，于是它不得不逐渐衰落，让位于后来的生命。对蓝藻来说，自由氧是它生命过程中排出的"废物"，虽也有"物竞"和"天演"，但主要是自身这些"废物的积累"使它自己遭到了边缘化。蓝藻这种由于自己无意识的行为所产生的后果，应是对当今人类活动与全球变化关系的一个警示。

20世纪初，气候学家Alfred Wegener提出了大陆漂移学说，这个关于岩石圈发展、演化的假说在学术界几经反复，直到20世纪60年代古地磁记录、海底扩张现象得到证实，才得以肯定。其后，加拿大地球物理学家J. Tuzo Wilson又提出了关于板块构造的"威尔逊循环"理论。

Wegener等原企图证明的是地球上的大陆在大约2亿年以前曾聚合成两大块体：南方诸大陆聚合成冈瓦纳古陆（Gondwana）、北美与欧亚大陆聚合成劳亚古陆（Laurasia），两大古陆再结合在一起构成联合古陆（Pangaea泛大陆），并推演了2亿年来联合古陆的分裂、漂移过程和路线。

到了20世纪90年代，学术界又提出了一个罗迪尼亚（Rodinia）超级古大陆假说，特别是P. F. Hoffman等以格林威尔（Grenville）碰撞带岩石建造的全球对比研究为基础，复原了这个存在于11亿年前的超级大陆（图1.3）。

经历了太古宙和元古宙早期的构造事件后，到了罗迪尼亚超级古大陆时期，已经出

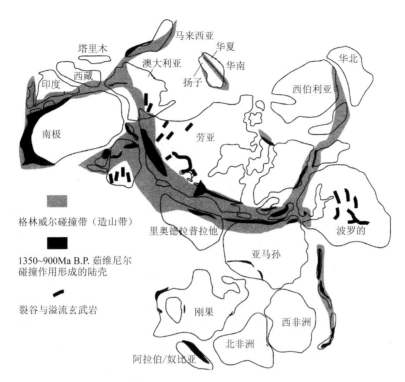

格林威尔碰撞带（造山带）

1350~900Ma B.P. 茹维尼尔
碰撞作用形成的陆壳

裂谷与溢流玄武岩

图 1.3　罗迪尼亚（Rodinia，1100Ma B. P.）大陆构造复原图

（据 Condie，2001，转引自万天丰，2004）

此图没有经纬度的含义；图中扬子和华夏陆块已经拼合，形成华南陆块，根据国内大量地质资料，

此次碰撞拼合其实发生在稍晚一段时期，即青白口纪（晋宁期）末期（800Ma B. P. 左右）

现了构成现代中国大陆主体的多个陆块，主要是：华北（中朝）陆块、塔里木陆块、扬子陆块、华夏陆块、柴达木陆块以及其他许多小陆块（图 1.4）。其中，华北陆块西起阿拉善，东延抵朝鲜半岛，范围最大，克拉通化的时间也最早；华夏古陆的范围和时代还存在很多争议。

当时，这些陆块还都各自在大洋中"漂移"，互不相属，还得按照漂移学说和威尔逊循环学说在以后漫长的地质时期中经过多次的"碰撞、联合、分裂、再碰撞"，才能最终形成现代中国大陆的格局。这些陆块在超级大陆罗迪尼亚中所处的位置现在还难有定论。由于扬子陆块震旦纪地层中存在可与澳大利亚南部古陆元古宙末期埃迪卡拉动物群相对比的化石或印痕化石，因而认为扬子陆块（南中国陆块）应处在与澳大利亚相邻的位置上；又由于华夏古陆与扬子古陆约 10 亿年前存在强烈碰撞的记录，或认为这些碰撞正显示着罗迪尼亚超级大陆的形成过程。

二、新元古代冰期

新元古代，另一个对其后全球自然环境发展有重大影响的事件是全球性冰期的来临。新元古代冰川活动至少有两期，分别称为 Sturtian 冰期（720Ma B. P. 左右）和

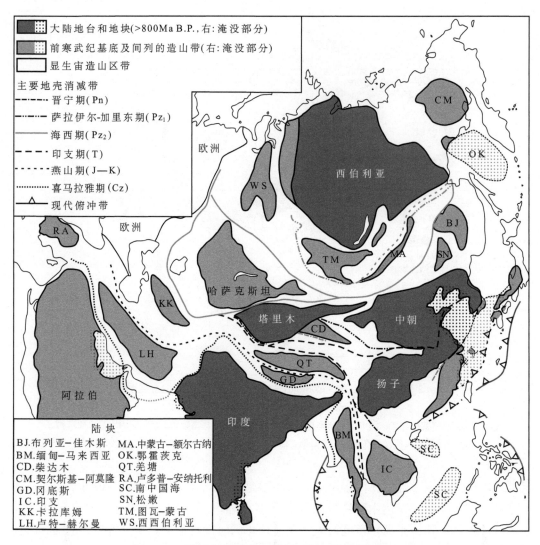

图 1.4　亚洲大地构造格架简图（据王鸿祯等，2006）

Vrangerian 冰期（590Ma B.P. 左右），国际地质构造期年代表上称这一时期为"成冰纪"（800～680Ma B.P.）。在中国，相当于 Sturtian 冰期的冰川堆积出现在扬子、塔里木和柴达木陆块（图 1.5）。扬子陆块西部堆积的是冰积砾岩，后期为冰水纹泥沉积；扬子陆块东部为海相冰川沉积。标准剖面南沱冰积层可以与南澳大利亚及非洲加丹加的冰川堆积相对比，从沉积古地理方面也提供了当时扬子陆块与这两大古陆地理位置比较接近的证据。相当于 Vrangerian 冰期的冰川堆积以华北陆块南缘的罗圈冰碛层为代表，以冰积砾岩和冰水含砾泥砂岩为主，分布范围从河南、陕南向西延伸到天山一带，是古陆边缘的山岳冰川-冰海沉积（图 1.6）。

　　新元古代冰期的冰川活动与地球上后来的多次冰期有很大不同。首先是冰川分布的广泛性，全球现代的各大陆上几乎都存在新元古代的冰川沉积物；更为特殊的是分布范围的低纬度、低海拔——几乎伸展到了赤道海平面的位置，与后来多次冰期高纬度、山

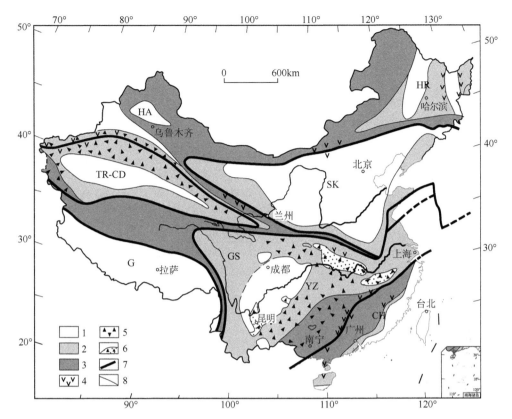

图1.5　中国大陆南华纪构造略图与冰碛岩分布（据白瑾等，1996，刘宝珺等，1994，孟祥化等，
1993改编，转引自万天丰，2004）

1. 古陆剥蚀区；2. 浅海凹陷、沉积带或陆缘张裂带；3. 大洋及半深海区；4. 火山岩分布区；5. 海洋冰积层
（南沱组及其相当岩系）；6. 大陆冰积层（南沱组及其相当岩系）；7. 板块分界线；8. 构造或沉积界限。构造域
划分：亲西伯利亚构造域（HA. 古哈萨克板块；HR. 古哈尔滨板块）；中朝板块构造域（SK. 古中朝板块，包
括华北、朝鲜半岛和阿拉善等地块）；亲扬子板块构造域（YZ. 古扬子板块；TR. 古塔里木板块；CD. 古柴达木
板块；CH. 华夏板块；GS. 古甘孜-松潘板块；还包括秦岭-大别地块）；亲冈瓦纳构造域（G）；各板块的位置和
界线未做构造复原

地冰川的性质截然不同。20世纪90年代，学术界提出了"雪球地球"（Snow Ball Earth）假说来解释这种特殊现象。虽然争议很多，但一个最基本的事实和依据都在于罗迪尼亚超级古大陆的裂解：岩石圈的变化引发后续大气圈、水圈、生物圈之间的互动，最终招致冰期的来临。罗迪尼亚超级大陆解体后的各大陆大多滞留在赤道热带附近，有两方面的因素促使大气中的CO_2成分急剧减低：一是超级大陆裂解使陆地边缘海的面积大幅度增加，广阔的热带边缘海促使生物初级生产率和有机碳埋藏量巨额增大；二是裂解过程中喷发大量玄武岩，热带范围内的玄武岩容易快速、强烈风化，也消耗大量CO_2。大气中CO_2浓度低于某个临界值时，就出现了"冰室效应"。后来的地质历史上虽也有过超级大陆形成和裂解的事件，但再也没有出现过陆块集中在赤道热带范围内的现象，所以也没有再发生"雪球地球"事件。

绝大多数新元古代冰川沉积物上都覆盖有连续成层的白云岩，称为"帽碳酸盐岩"，是海侵的产物，且是温暖气候的指示性沉积物。在扬子陆块上就存在这一现象。这一现

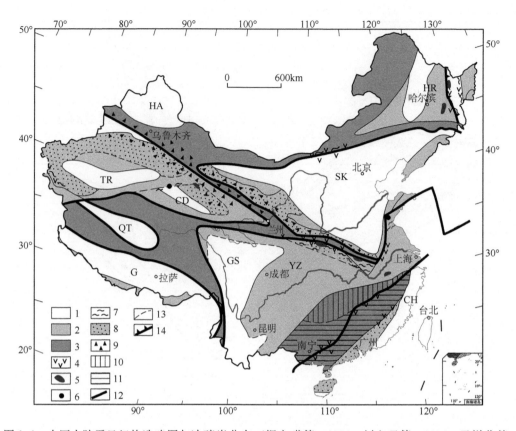

图 1.6 中国大陆震旦纪构造略图与冰碛岩分布（据白瑾等，1996，刘宝珺等，1994，孟祥化等，1993 改编，转引自万天丰，2004）

1. 古陆剥蚀区；2. 浅海凹陷、沉积带或陆缘张裂带，以碳酸盐岩沉积为主；3. 大洋及半深海区；4. 火山岩分布区；5. 花岗质侵入岩区；6. 榴辉岩；7. 中、低级变质作用区；8. 陆缘碎屑沉积区；9. 大陆边缘冰积层（罗圈组及其相当岩系）；10. 半深海硅质页岩；11. 半深海火山复理石沉积；12. 板块分界线；13. 构造或沉积界限；14. 地块碰撞带。构造域划分：亲西伯利亚构造域（HA. 古哈萨克板块；HR. 古哈尔滨板块）；中朝板块构造域（SK. 古中朝板块，包括华北、朝鲜半岛和阿拉善等地块）；亲扬子板块构造域（YZ. 古扬子板块；TR. 古塔里木板块；CD. 古柴达木板块；CH. 华夏板块；GS. 古甘孜-松潘板块；还包括秦岭-大别地块）；亲冈瓦纳构造域（G）；各板块的位置和界线未做构造复原

象意味着新元古代冰期的消退也是一场快速、特殊的气候突变。比较能够接受的解释是："雪球地球"期间形成的广泛冰盖切断了海洋与大气之间的物质交流，海底火山活动排出的 CO_2 只能积累在冰雪覆盖之下的海洋中。一旦冰盖破裂，持续大约 10Ma 之久所积累的大量 CO_2 急速涌入大气层，"冰室效应"很快转向了"温室效应"。

随着冰期的结束，地质历史即将告别隐生宙，进入显生宙。对于自然地理环境的形成来说，这是一个关键性的跨越：生物圈即将参与进来成为"环境"的组成成分，生物将以自己的活动推动自然环境迅速演化、发展。

生命有可能起源于 35 亿年前，开始的生命形式是一些原核生物，没有明显的细胞核。从原核生物进化到出现真核生物历经了 15 亿年之久；又过了约 3 亿年的时间，才出现多细胞藻类。到了距今 10 亿～8 亿年的新元古代早期，扬子陆块、华北陆块上所见到的生物群仍以藻类为主，没有发生大的变化。真是一个漫长的过程，距生命的出现已经过去了将近30亿年之久，情况随即有了戏剧性的变化。冰期刚结束，在世界范围内相当于此一时期的地层中突然出现了大量具有组织结构和功能分化的后生动物化石。扬子陆块震旦系陡山沱组的"瓮安生物群"和"庙河生物群"都是它们的代表；植物界也发生了重要变化，结构比较复杂的褐藻大量繁殖。扬子陆块震旦系陡山沱组和灯影组地层中都有"石煤"层的存在，石煤的原始成煤物质就是繁茂生长于浅海环境中的蓝藻、褐藻和菌类。有些地区灯影组石煤层的厚度甚至达到100m以上，这是中国最古老的煤矿资源，虽然其中的炭质物变质程度深、煤的灰分大、发热量低，但不少地方仍有开采价值。

地质历史上曾发生过多次冰期，一个突出现象是每次全球性冰期都对应着生命演化进程上一次重要的突变，很难认为这是一种偶然的巧合。物种的演化有它内在的因素，但环境影响是不可忽视的外在条件。新元古代冰期是历次冰期中规模最大、最为强烈的一次，对"雪球地球"进行气候-冰川模型模拟的结果，认为当时地球表面冰层厚度平均达到1000m，最厚处达到5000m，平均温度为−40℃，最低温度可达−110℃；再加上"冰室"、"温室"条件以骤变方式出现，这样严酷的外在条件使物种面临着严厉的自然选择，只有最强者才能生存下来，而严厉的条件和受到冰封所隔离的环境又促使物种发生变异。自然选择与物种变异都为生物的进化、发展做好了准备。一旦外部条件转向和缓，"生命大辐射"就应时而至，最终把地质历史从隐生宙快速地推进到了显生宙。

第二节 古生代自然地理环境的演化

一、早古生代自然地理环境发展过程

元古代末、古生代初的"生命大辐射"事件分为前后两幕，陡山沱组的"瓮安生物群"和"庙河生物群"代表的是第一幕，这一真核化石群的主要产地位于扬子陆台的贵州瓮安、湖北三峡的莲沱、秭归等地，化石数量丰富、分异度高，有浮游的单细胞真核藻类，也有底栖固着的多细胞藻类和腔肠动物，但其中大多数种类后来都遭受淘汰，仅有很少一些门类保存了下来，为第二幕的发展奠定了基础（表1.1）。

第二幕大爆发发生在早寒武世，这后一幕爆发事件造成了动物界所有门类的快速出现。扬子陆块上梅树村组的"澄江生物群"是这一期的代表，这一生物群因发现于云南抚仙湖附近澄江县帽天山而得名，是目前世界上已发现的最古老、保存最完整的软体化石群，其中有包括海绵动物、腔肠动物、软体动物、节肢动物等分属于40多个门类、百余种动物的实体化石和印痕化石（图1.7），无脊椎动物与脊椎动物的分化开始显现，现代动物界中90％以上的类别都可以在寒武纪早期的动物群中找到它们的近亲祖先代表，现代动物多样性的基本格局初步奠定（舒德干，2004）。

虽然这两幕大辐射事件至今令人费解，但它们的变化显然是与地球表层系统的整体变化紧密联系在一起的：超级古大陆裂解、气候转向温暖。古生代初期冰雪融化和陆块的缓慢沉降导致大规模的海侵，不断扩展中的大面积浅海为发展中的海洋生物群提供了新的生活环境，自然界提供的优越条件正是生命得以进化和繁衍的必要保障。前述瓮安

表 1.1　新元古代冰期前后生物演化简表（据张同钢等，2002）

国际地质年代表			中国地层单位	年代界限/Ma B.P.	生物演化					
宙	代	纪			主要生物群	微古植物	宏观藻类	后生动物	原生动物	遗迹化石
显生宙	古生代	寒武纪	梅树村组（寒武系）	545	澄江生物群					
元古宙	新元古代	末元古纪	灯影组（震旦系）		高家山生物群			12 13 14 15		1819 2021
			陡山沱组（震旦系）	650	庙河生物群 瓮安生物群	3		8 9 10 11	16	
		成冰纪	南沱组（南华系）				6 7			
			莲沱组（南华系）	850	淮南生物群 辽南生物群					17
		拉伸纪	景儿峪组（青白口系）							
			长龙山组（青白口系）		龙凤山生物群					
			下马岭组（青白口系）	1000	赵家山生物群					
	中元古代	狭带纪	铁岭组（蓟县系）			2 1	4 5			
			洪水庄组（蓟县系）							
			雾迷山组（蓟县系）							
			杨庄组（蓟县系）							

注：1. 简单球形类；2. 疑源类；3. 带刺球形类；4. 圆盘状、长椭圆炭质宏观化石；5. 不分叉茎叶体炭质宏观化石；6. 丝带状炭质宏观化石；7. 树枝状叉形宏观化石；8. 皱节虫；9. 蠕虫动物；10. 海绵动物；11. 棘皮动物；12. 小壳类；13. 三叶虫；14. 介形类；15. 腕足类；16. 瓶状微体动物；17. 简单层面迹；18. 显微遗迹；19. 宏观层内迹；20. 有饰层面迹；21. 潜穴迹。

生物群的产出层位就很好地表明了生物演化和环境演变之间的这种关系（图 1.8）：南沱期冰碛岩是全球性大冰期的标志，其上面的陡山沱早期的盖帽白云岩标志着环境转向温暖，然后出现了富含有机碳（最高可达 10%～18%）的黑色页岩沉积，表明当时海洋中存在巨大生物量，主要来源于浮游低等藻类和细菌，这些初级生产者的大量繁殖为陡山沱中、晚期真核生物的出现和辐射提供了先期条件。全球性冰期的低温使海水中碳酸钙的溶解度增大，冰期终了，随着水温的渐渐升高，碳酸钙有可能长期保持着过饱和状态，这为海洋生物介壳的形成提供了必要的物质供应。而正是带壳后生动物——小壳动物的出现，才使岩层中有了实体化石的保存，从而对全球的碳循环产生巨大影响，甚至可以认为地球上真正的生物圈是从此才开始形成的。

所有组成现今中国大陆的陆块，包括华北陆块、华南陆块、塔里木陆块、柴达木陆块、藏滇陆块群等，在古生代初期绝大部分都淹没在海水中，相互之间间隔着或宽或窄的大洋，都在从南半球向北漂移。近年来对这些地块的古地磁研究取得了重大进展，已经可以对它们的移动方向和不同时期所处的纬度位置有所了解。但由于古地磁在确定古经度方面无能为力，数据本身也或有一些误差，因此各地块之间的相对位置以及它们与劳亚古陆、冈瓦纳古陆之间的关系还得借助于古生物地理和岩相古地理的资料来解释。重建的结果因依据不同而难免有所出入。总体来说，这一陆块群此时是位于劳亚古陆、冈瓦纳古陆之间的大洋中，北隔古亚洲洋与西伯利亚陆块相望，南隔古特提斯洋与印、

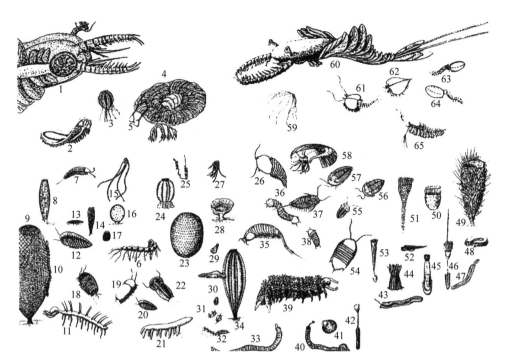

图 1.7　澄江生物群复原图（据陈均远等，1996，转引自郝守刚等，2000）

1. 巨虾 *Amplactobulua*；2. 谜虫 *Saperion*；3. 栉水母类（新属新种 D）；4. 依尔东体 *Eldonia*；5. 小舌形贝 *Lingulella*；6. 微网虫 *Microdictyon*；7. 尖峰虫 *Jianfengia*；8. 小细丝海绵属 *Leptomitella*；9. 四层海绵属 *Quadrolaminiella*；10. 心网虫 *Cardiodictyon*；11. 怪诞虫 *Hallucigenia*；12，20. 海怪虫 *Xandarella*；13. 斗蓬海绵 *Choia*；14. 细丝海绵 *Leptomitus*；15. 螺旋藻 *Paucipodia*；16. 开腔骨类 *Chancelariids*；17. 钱包海绵 *Crumillospongia*；18. 网面虫 *Retifacies*；19. 周小姐虫 *Misszhouia*；21. 贫腿虫 *Paucipodia*；22. 娜罗虫 *Naraoia*；23. 中华谜虫 *Sinoburius*；24. 栉水母类（新属新种 E）；25. 宏螺旋藻 *Megaspirella*；26. 灰姑娘虫 *Cindarella*；27. 约克那斯藻 *Yuknessia*；28. 海扎海绵 *Hazelia*；29. 云南虫 *Yunnanozoon*；30. 鬃毛状海绵 *Saetaspongia*；31. 古介形虫 *Bradoriids*；32. 啰哩山虫 *Luolishania*；33. 古蠕虫 *Palaeoscolex*；34. 塔卡瓦海绵 *Takakkawia*；35. 抚仙湖虫 *Fuxianhuia*；36. 尾头虫 *Urokodia*；37. 始莱得利基虫 *Eoredlichia*；38. 刺节虫 *Acanthomeridion*；39. 爪网虫 *Onychodictyon*；40. 环饰蠕虫 *Circocosmia*；41. 日射水母贝 *Heliomedusa*；42. 磷舌形贝 *Lingulepis*；43. 帽天山虫 *Maotianshania*；44. 先光海葵 *Xianguangia*；45. 帚虫类 *Phoronids*；46. 足杯虫 *Dinomischus*；47. 火把虫 *Facivermis*；48. 环节动物？ *Annelida?*；49. 软骨海绵 *Halichondrites*；50. 腔肠动物（新属新种 C）；51. 棘皮动物 *echinoderms*；52. 软舌螺属 *hyolithes*；53. 寒武杯管虫 *Cambrorhytium*；54. 跨马虫 *Kuamaia*；55. 云南头虫 *Yunanocephalus*；56. 武定虫 *Wutingaspis*；57. 关扬虫属洒普山亚属 *Kuanyangia*（*Sapushania*）；58. 轮盘水母 *Rotadiscus*；59. 中华细丝藻 *Sinocylindra*；60. 奇虾 *Anomalocaris*；61. 瓦普塔虾 *Waptia*；62. 等刺虫 *Lsoxys*；63. 斑府虾 *Banffia*；64. 古虫 *Vetulicola*；65. 始虫 *Alalcomenaeus*

澳、非陆块相望，东临古太平洋（图 1.9）。

组成中国大陆的各个陆块都从寒武纪开始遭受海侵。寒武纪的生物圈还比较简单，以大量的三叶虫为主体。海侵范围逐步扩大，到奥陶纪达到最盛。相应地，就在海侵最盛的奥陶纪才出现了多门类、高分异，底栖、自游、漂浮动物群都很茂盛的"古生代海洋生物界"。

对于几个有较多依据的主要陆块，可以重建古环境演变。

早寒武世时，华北陆块位于 20°S 左右，至奥陶纪，向北漂移至 13°S（表 1.2）。三

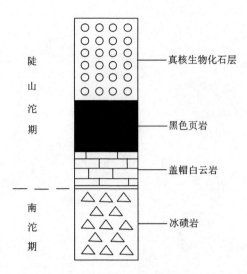

图 1.8　扬子地台新元古代大冰期结束后的主要沉积序列和陡山沱期
真核化石产出层位（据戎嘉余，2006）

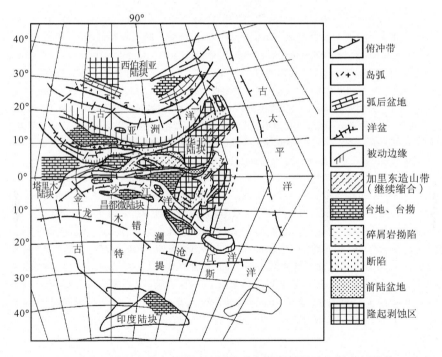

图 1.9　晚泥盆世—早石炭世中国陆地块群的分布及邻区构造（据高长林等，2005）

叶虫古生物地理研究认为，寒武纪时华北陆块与澳大利亚同属亚澳生物古地理大区，这一时期华北陆块应位于南极洲-澳大利亚古陆的东缘。对奥陶纪三叶虫古地理的研究认为，中奥陶世华北陆块已与西伯利亚同属于原特提斯生物古地理大区，表明华北陆块此时与澳大利亚距离拉大，与西伯利亚距离拉近，已位于西伯利亚陆块南部。

表 1.2　华北等主要地块早古生代早期古地磁极数据（据黄宝春等，2000）

时代	采样位置（经度，纬度）	采样点数（样品数）	古地磁极位置		$\alpha_{95}/(°)$	古纬度/(°)
			$\Phi/(°E)$	$\lambda/(°N)$		
华北陆块（NCB），古纬度参考点：陕西，110°E，35°N						
O_2	宁夏，陕西，山西	9（56）	327.7	31.5	7.0	-14.7 ± 7.0
O_2	河南（113.2°E，35.3°N）	6	310.4	27.9	9.2	-24.2 ± 9.2
O_2	辽宁（121.7°E，39.4°N）	1（5）	332.5	43.2	(10.6)	-2.7 ± 10.6
O_{1-2}	宁夏（105.5°E，37.2°N）	13（74）	326.5	31.8	9.5	-14.9 ± 9.5
O_{1-2}	山东，河北	4（15）	305.4	29.2	26.0	-24.2 ± 26.0
O_1	陕西（110.5°E，35.6°N）	9（41）	324.3	37.4	8.5	-10.9 ± 8.5
ϵ_3	陕西，宁夏	11（66）	329.6	31.7	5.4	-13.6 ± 5.4
ϵ_2	宁夏，陕西，山西	17（86）	326.7	37.0	5.5	-10.3 ± 5.5
ϵ_1	宁夏，山西	8（32）	341.9	18.5	6.5	-17.3 ± 6.5
ϵ_1	山东，辽宁，朝鲜	7（58）	298.6	15.0	9.9	-39.3 ± 9.9
ϵ_1	陕西（110.2°E，35.5°N）	(20)	217.2	15.3	17.5	-4.7 ± 17.5
ϵ	辽宁	5（40）	334.5	26.8	8.9	-15.2 ± 8.9
ϵ	山东，河北	14（83）	329.9	23.5	10.4	-20.3 ± 10.4
华南陆块（SCB），古纬度参考点：四川，106°E，32°N						
O_{1-2}	湖北（110.4°E，31.2°N）	5（33）	157.6	-36.0	17.8	6.6 ± 17.8
O_1	云南（102.6°E，25.6°N）	5（26）	235.7	-38.9	16.9	-49.0 ± 16.9
ϵ_1	浙江，湖北，云南	8	195.0	3.4	8.8	2.6 ± 8.8
ϵ_2	云南（102.3°E，24.4°N）	—	270.7	68.6	6.6	11.2 ± 6.6
ϵ_2	四川旺苍（106.2°E，32.1°N）	9（74）	185.1	-39.5	7.8	-12.3 ± 7.8
塔里木陆块（TR），古纬度参考点：新疆库鲁克塔格，98°E，40°N						
O_1	库鲁克塔格	3	180.6	-20.4	8.5/15.0	$-7.6\pm?$

注：α_{95} 为 95% 置信圆锥半顶角。

华南和塔里木陆块寒武纪时也都位于南半球低纬度地区，虽也都在北移过程中，塔里木陆块在寒武纪晚期至奥陶纪中期却曾一度大幅南移，然后又重新恢复北移的趋势。这两个陆块的古生物地理证据也表明了它们与冈瓦纳古陆的亲缘性，同属亚澳生物古地理大区，但华南与华北之间古生物方面又存在显著差别，表明这两个陆块当时相互独立，华南陆块甚至有可能位于澳大利亚另一侧——西侧（图 1.10）。

总之，三大陆块在寒武纪时同为冈瓦纳古陆边缘块体，浅海底栖动物群与澳大利亚-南极洲相似，以三叶虫动物群为主导，其中的莱得利基虫（Redlichia）为三大陆块所共有。大面积的浅海以灰岩和白云岩为主要沉积物，夹有盐类与石膏，但华南陆块本身自西而东存在古生物地理的变化，环境从浅水台地、斜坡转向深水盆地（图 1.11）。三大陆块之间华南与塔里木的关系更为接近，在中、晚寒武世都有大量古杯类繁衍且形成古杯礁体。沉积特征表明三大陆块当时都处在暖热气候条件下，时或有过干旱。

奥陶纪时，组成现代中国大陆的陆块群海侵继续扩大，海洋生物得到更为广阔的辐射空间。"古生代海洋生物界"在三大陆块上空前繁盛，底栖动物群以腕足类、三叶虫、珊瑚、层孔虫、苔藓虫等门类为代表，底栖至自游的动物群以鹦鹉螺和牙形

图 1.10　早寒武世华北、华南及周边陆块现代地理坐标系下古地理重建的
等面积投影（据黄宝春等，2000）

刺为代表，漂游动物群以笔石、疑源类和几丁虫为代表，浅滩碳酸盐沉积仍占主导
地位，呈现低纬度暖热气候条件。但华北陆块在奥陶纪晚期已发生抬升、海退、缺
少沉积；华南陆块沉积环境稳定，海水加深，主体部分水深估计达到 100～150m，
到志留纪才明显海退，形成封闭的浅海。塔里木陆块的气候、生物条件都仍与华南
陆块相近（图 1.12）。

随着志留纪末期大规模出现海退，各陆块的总趋势都是陆地面积逐渐扩大（图
1.13），部分海洋动物占领了新出现的大面积滨海和河口生态领域，逐渐发展为能适应
半淡水环境；滨海低地的沼泽环境中也开始有原始裸蕨植物生长，为生物的登陆、陆上
自然地理环境的形成做好了准备。

早古生代发生过一系列构造事件，但中国大陆各陆块总体上来说构造活动不是很强
烈，地块离散和稳定沉降是主要特征。早古生代构造事件的高潮在 400Ma B.P. 左右，
即加里东运动。这一事件在中国陆块群各陆块上的表现是不同的，强烈构造变形的典型
地点在祁连地区，最主要的表现是西域板块的形成。塔里木、柴达木、阿拉善陆块以及
其他一些小地块在古元古代末已经克拉通化，组成中朝古陆的西半部。但在元古代末，
由于陆块内部的裂隙，这些陆块与中朝古陆主体分离，向华南陆块靠近，因而从奥陶纪
到志留纪这些陆块的生物群组合都不同于华北陆块而接近于华南陆块。加里东事件陆块
碰撞形成祁连-阿尔金碰撞带，这些陆块从而拼合到一起，成为一个独立的新板块，称
之为"西域板块"，这是现代中国大陆形成过程中的重要环节之一。

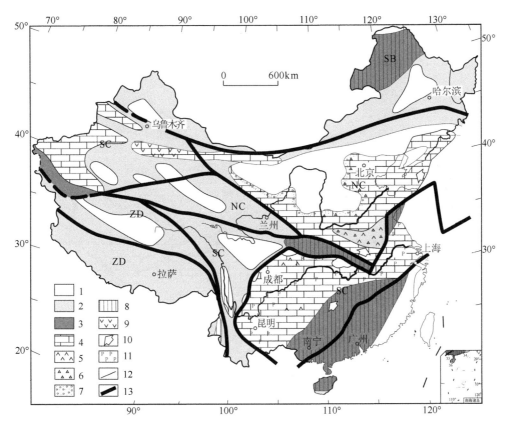

图 1.11　中国大陆早、中寒武世（543～510Ma B. P.）沉积古地理略图

（据王鸿祯等，1985，杨家骒，1988，刘宝珺等，1994，孟祥化等，2002 的资料编制，

转引自万天丰，2004）

1. 古陆剥蚀区；2. 滨浅海，陆架；3. 半深海，大陆斜坡；4. 碳酸盐沉积区；5. 膏盐、潮坪沉积区；6. 岩溶角砾岩堆积区；7. 砂砾岩沉积区；8. 砂泥质沉积区；9. 火山岩分布区；10. 海侵方向；11. 含磷层沉积区；12. 沉积分界线或地质界线；13. 板块分界线，可能存在残留洋壳；各板块的位置与界线未做构造复原。NC. 华北生物区；SC. 华南生物区；SB. 亲西伯利亚生物区；ZD. 滇藏生物区

　　此一时期的火山活动在祁连-阿尔金地区是强烈的，但就全中国范围来说，特别是与后来的海西、燕山期相比较，就算不上是太强烈了，所形成的岩浆岩现在的出露面积略多于全国岩浆岩分布总面积的 1/10。华夏陆块此时期花岗岩侵入作用很活跃，陆块内早古生代及以下的地层普遍形成强烈褶皱。

二、晚古生代自然地理环境发展过程

　　晚古生代，岩石圈威尔逊循环的大事件是北方劳亚古陆（Laurasia）与南方冈瓦纳古陆（Gondwana）逐渐接近，最终在距今约 2.5 亿年前连接，在地球上形成西半球单一的联合古陆（Pangaea，泛大陆）与东半球单一的泛大洋（Panthalassa）相对峙的海陆分布格局（图 1.14）。

　　组成现代中国大陆的诸多陆块都位于南北两超级大陆间、面向泛大洋的古特提斯多

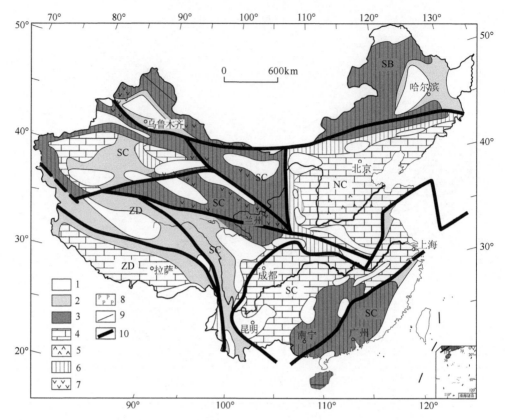

图 1.12　中国大陆早、晚奥陶世（465～435Ma B. P.）沉积古地理略图

（据卢衍豪，1976，穆恩之，1983，王鸿祯等，1985，刘宝珺等，1994，孟祥化等，2002 的资料编制，

转引自万天丰，2004）

1. 古陆剥蚀区；2. 滨浅海，陆架；3. 半深海，大陆斜坡；4. 碳酸盐沉积区；5. 膏盐、潮坪沉积区；6. 砂泥质沉
积区；7. 火山岩分布区；8. 含磷层沉积区；9. 沉积分界线或地质界线；10. 板块分界线，可能存在残留洋壳；各
板块的位置与界线未做构造复原。NC. 华北生物区；SC. 华南生物区；SB. 亲西伯利亚生物区；ZD. 滇藏生物区

岛洋中，北以古中亚洋与劳亚古陆相望，南以古特提斯洋与冈瓦纳古陆相望。各陆块之
间虽都为海域所分隔，但海域宽度都不大，属于海槽的性质（图 1.14）。这些陆块都继
续以不同的速度向北移动。塔里木、华北陆块此时都已从南半球位移到北半球，并向西
伯利亚古陆靠拢。泥盆纪—二叠纪塔里木陆块的古纬度从 21.2°N 移到 31.3°N，北移了
10°，华北陆块在二叠纪时的古纬度为 10.8°N。扬子陆块在泥盆纪—二叠纪从 6.9°S 移
至 3.3°N，也跨过了古赤道。羌塘、冈底斯、喜马拉雅等中生代以后才陆续并入中国大
陆的古陆块，此时仍滞留在南半球 20°～30°S 中低纬度靠近古南方大陆的范围内（图
1.15）。

　　晚古生代构造期（386～257Ma B. P.）称为海西期，对中国大陆发展形成的重大意
义在于形成了天山-兴安碰撞带。这是中国大陆上最大的弧形构造带，在中国境内西起
天山，经过内蒙古，东抵兴安岭。碰撞带是华北板块与西域板块向北与西伯利亚古陆拼
合的结果，华北、西域两大板块从此成为北方劳亚古陆的组成部分，向现代中国大陆乃
至现代亚洲大陆的形成跨出了一大步。中国境内海西事件构造活动在天山地区表现最为

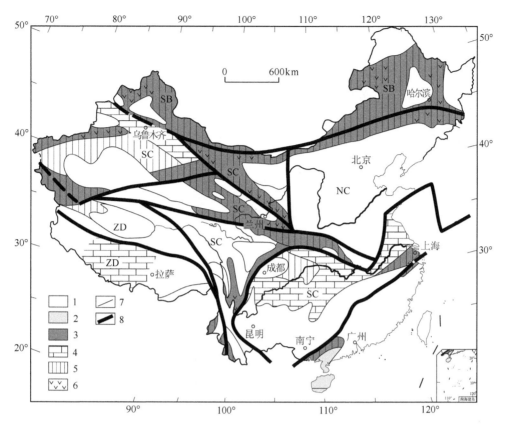

图 1.13 中国大陆早、中志留世（435～425Ma B. P.）沉积古地理略图

（据王鸿祯等，1985，何心一，1988，刘宝珺等，1994，孟祥化等，2002 的资料编制，

转引自万天丰，2004）

1. 古陆剥蚀区；2. 滨浅海，陆架；3. 半深海，大陆斜坡；4. 碳酸盐沉积区；5. 砂泥质沉积区；6. 火山岩
分布区；沉积分界线或地质界线；8. 板块分界线，可能存在残留洋壳；各板块的位置与界线未做构造复原。

SC. 华南生物区；SB. 亲西伯利亚生物区；ZD. 滇藏生物区

强烈，向南逐渐减弱。这一时期也是中国大陆岩浆活动最广泛的时期，出露于现今地表
的岩浆岩面积接近于现今全国岩浆岩出露面积的 1/3，主要分布在天山-兴安碰撞带及
其附近地区。同时晚古生代也是中国大陆的重要成矿期，许多重要的热液矿床也正是分
布在这一范围内。

晚古生代水圈、大气圈也都经历过全球性的重大变化。晚奥陶世—早志留世时，地
球上曾一度降温，进入冰期；其后，从石炭纪开始，大气中的 CO_2 含量再度降低；二
叠纪时达到最低值，再次引起冰室效应（图 1.16），陆地形成冰盖。由于当时海陆分布
的特殊格局，这两次冰期都只在南半球出现"单极"冰盖。二叠纪冰川沉积广泛分布于
南美、非洲、印度、澳大利亚各大陆，因为这些大陆当时都是冈瓦纳古陆的组成部分
（图 1.14）。

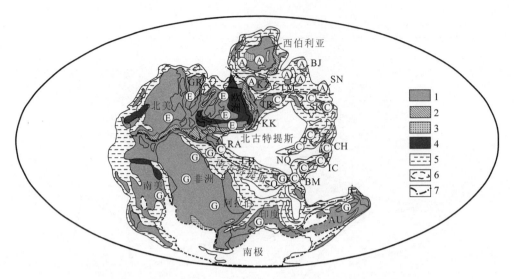

图 1.14　二叠纪中期世界古大陆再造图（据王鸿祯等，2006）

古陆和地块：AU. 澳大利亚；BJ. 布列亚-佳木斯；BM. 缅甸；CH. 华夏；GR. 格陵兰；IC. 印支；
KK. 卡拉库姆；KZ. 哈萨克斯坦；LH. 卢特-赫尔曼；NQ. 北羌塘；RA. 卢多普-安纳托利；SK. 中
朝；SN. 松嫩；SQ. 南羌塘；TR. 塔里木；TM. 图瓦-蒙古；YZ. 扬子。

1. 低地；2. 山脉和高地；3. 陆相沉积；4. 咸海相及蒸发岩相；5. 浅海沉积；6. 冰盖及冰成沉积；
7. 古植物大区边界；Ⓐ 安哥拉植物区；Ⓒ 华夏植物区；Ⓔ 欧美植物区；Ⓖ 冈瓦纳植物区

组成现今中国大陆的各陆块由于当时主要分布在北半球及南半球的中、低纬度地区，因此不受冰川影响，只有位于冈瓦纳古陆边缘的羌塘、冈底斯、喜马拉雅等陆块出现冰海碎屑沉积环境。

从自然地理环境发展形成的角度来看，此时期最重要的进展是生物登陆，从而使陆地的面貌彻底改观。

环境的巨变迫使生物加快进化速度以求得生存。由此，生物的机体水平空前提高，种类、数量大大增加，通过晚古生代不足两亿年的时间便完成了占领陆地的过程，在地球上形成了以陆生植物与脊椎动物占优势的陆上自然地理环境。泥盆纪时森林可能还只见于海滨低地，由于当时的植物是孢子植物，以裸蕨为主，高不足 1m，没有真正的叶和根，仅依靠孢子繁殖，因此只有在滨海沼泽湿地中才能繁殖、生长。石炭纪时，陆上植物（如石松等）已具有形成层，可发展为多年生乔木，树干高度可达 20～30m（图 1.17）。到二叠纪晚期裸子植物逐渐占主导地位，松柏类和苏铁类大量繁荣，由于依靠花粉传播进行有性繁殖，脱离了蕨类植物必须依赖于水体的限制，因此森林得以向广阔的内陆展开。相应于植物世界的进化、发展，动物也由海洋登陆，并从滨海向内陆扩展。

海、陆热效应的差别使陆上生物群的地带性分异比海洋生物群的地带性分异鲜明得多。陆上生物群繁荣发展，晚古生代期间组成现今中国大陆的陆块群南北距离拉开很大，使中国自然地理环境地带分异的趋向日渐明确，从石炭纪—二叠纪末，大体可分为基本上按纬向分异的天山-兴安、华北-西域、藏北-华南和藏南-喜马拉雅四个地带：

北方的天山-兴安带位于北半球的中纬度，属于温带气候。由于与西伯利亚相接壤，陆上植物成分属于北方安加拉群区。代表性海洋生物为小型单体珊瑚、腕足类等。

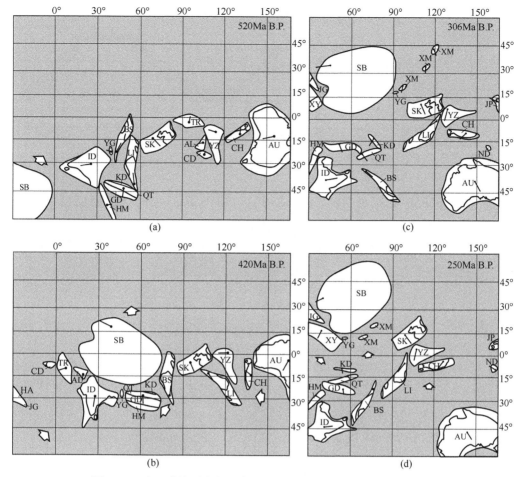

图 1.15　中国陆块群在古生代期间的漂移示意（据万天丰，2004）

（a）寒武纪（520Ma B. P.）；（b）志留纪（420Ma B. P.）；（c）石炭纪（306Ma B. P.）；（d）二叠纪（250Ma B. P.）；陆块中的黑圆点为古地磁参考点，示磁北的北端；黑短线为古磁北方位。陆块代号：SB. 西伯利亚；ID. 印度；HM. 喜马拉雅；GD. 冈底斯；QT. 羌塘；KD. 东昆仑；YG. 雅干；BS. 保山-中缅马苏；LI. 临沧-印支；SK. 中朝；TR. 塔里木；AL. 阿拉善；CD. 柴达木；YZ. 扬子；CH. 华夏；AU. 澳大利亚；HA. 哈萨克；JG. 准噶尔；XM. 大兴安岭；XY. 西域；JP. 日本；ND. 完达山

　　华北-西域陆块与藏北-华南陆块同属于亚热带-热带气候，从石炭纪中期开始已演化形成独具特色的华夏植物群，在众多的植物分子中，大部分属于种子蕨纲、石松纲、楔叶纲和科达纲，晚期还出现松柏纲、银杏纲、苏铁纲植物。但南北之间仍存在差别，华北-西域陆块的代表性植物为脉羊齿和网羊齿等，藏北-华南陆块的代表性植物为大羽羊齿和有特色的石松类、有节类植物。海相生物两者之间基本相似，包括珊瑚、䗴类和腕足类动物。

　　藏南-喜马拉雅地区位置接近冈瓦纳古陆，属于南半球温凉气候带冈瓦纳植物群区，以舌羊齿为特征。石炭纪时多处出现冰海碎屑-泥组合沉积，海相生物为典型的冈瓦纳冷水动物群，以小型单体珊瑚和腕足类等为代表。

　　从现代中国大陆的范围来看，晚古生代气候带呈现为南、北相对寒温而中部地区炎热的表象。

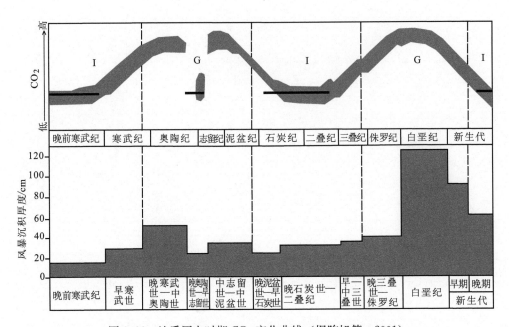

图 1.16　地质历史时期 CO_2 变化曲线（据陈旭等，2001）

上部：Fischer（1984）的 CO_2 变化曲线，其中 I 表示冰室效应期，CO_2 达到最小值；

G 表示温室效应期，CO_2 达到最大值；黑横线表示冰期。下部：12 个地质时期风暴沉积直方图

图 1.17　中国晚石炭世陆相植物群落（据殷鸿福等，1988）

1. 根座 *Stigmaria*；2. 鳞木 *Lepidodendron*；3. 芦木 *Calamities*；4. 树蕨（木桫椤）*Alsophila*；

5. 织羊齿 *Emplectopteris*

晚古生代是世界性的重要成煤期，也是中国的重要成煤期，石炭纪—二叠纪的聚煤量估计约占全国总量的1/3。煤的形成和聚积是当时古地理环境的综合反映：古植物是煤的原始物质，繁茂的陆上植物是成煤的先决条件。在晚古生代以前，不具备这一条件，低级的菌藻类只能形成少量品质低劣的"腐泥煤"。

植物生长受到气候条件的约束，只有在湿润的，特别是温暖湿润的气候条件下，才有利于足以形成煤层的繁盛植被的生长。晚古生代，全球南北半球气候带大致对称的格局已与现代比较接近：湿润热带两侧都出现副热带干旱带，然后是南、北湿润温带和极地地区。形成现今中国大陆的各陆块，当时大体上恰好都分布在湿润气候带内。

此外，成煤还必须具备有利于植被生长及有利于植被碎屑堆积的地面条件。晚古生代陆上植被的主要成分如种子蕨等，耐旱能力还不是很强，大多繁殖在浅海型和滨海平原型的地理环境中，所以煤田的存在和消失又特别可作为地表升降、海侵海退过程的标识。

组成现今中国大陆的各陆块在泥盆纪时仍处于海退阶段，大多表现为遭受侵蚀的陆地，缺少沉积。当时，天山-兴安地区为半深海环境，当天山-兴安带开始海退时，以南各陆块又开始了石炭纪—二叠纪新一轮海侵，但各陆块海侵的范围、规模有所不同，时间稍有先后，决定着各陆块内的海陆分布和沉积环境。

华北陆块在石炭纪之初仍保持着剥蚀夷平状态，接着开始海侵。整个陆块当时大体上呈向东倾斜的盆地，海水从东部胶东、辽东开始入侵，沉积了海陆交替相的碎屑沉积，局部含有煤层，称为本溪组。但在陆块西部及南、北两翼，都只有陆相沉积或残积物。

石炭纪晚期至二叠纪早期，沉积盆地的轮廓没有多大改变，海水主要从陆块东南部入侵，海陆交互相的沉积范围扩大，以含煤系的滨海碳酸盐和泥砂沉积为主，分别称为太原组和山西组。盆地内部构造活动微弱、沉积稳定，现今中国华北的主要采煤层基本都属于这一时期。由北向南沉积物逐渐变细的沉积模式表明陆块北缘在与兴安-内蒙古带对接碰撞时可能隆起成为较高的山地。

二叠纪中、晚期，华北陆块的环境有很大变化，一是与外海的联系逐渐减弱，转变成内陆盆地的性质，只有东南部一定时期内还曾有潟湖或海湾的存在。二是可能由于陆块继续向北移动并逐渐向当时北半球的副热带靠近，陆块从北部开始显示出干旱化现象，并逐渐向南扩展，大部分地区沉积物以杂色甚至红色砂页岩为主，除了东南一小部分地区外，煤层都不再出现（图1.18）。

西域陆块的中部主体部分在石炭纪—二叠纪保持为陆地；南侧和北侧为浅海和半深海，发育砂泥质与碳酸盐沉积。

华南陆块在早石炭纪时期形成一个向南开口的海盆，海水从现今广西、滇东向北入侵，在盆内形成以石灰岩为主的浅海相沉积。陆块西部纵贯川西、滇中的康滇古陆与陆块北部的江南古陆及东侧的华夏古陆都隆起并连接成为盆缘陆地。位于海陆之间的滨海低地，发育潟湖、海湾、浅海相以碎屑岩为主的沉积，泥炭沼泽或可成为煤层［图1.19（a）］。

石炭纪末期普遍海退，二叠纪又再次出现海侵、海退过程。

二叠纪之初，海水上涨，陆块东、西、南部都沦为浅海，中部从赣北到滇中的隆起带的轴部呈现一连串岛屿，岛上分布着陆相碎屑沉积，属于滨海平原性质。串状岛屿外围为滨海低地，广泛发育海陆交替碎屑沉积，含有可开采的煤层［图1.19（b）］。

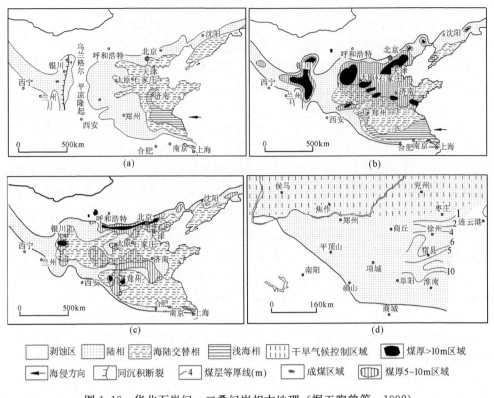

图 1.18　华北石炭纪—二叠纪岩相古地理（据王焜曾等，1992）

（a）本溪组；（b）太原组；（c）山西组；（d）下石盒子组

　　接着，陆地普遍隆起，海水向西退缩到滇西北、川西一隅。湘、鄂、黔、川东、滇东广大地区都处于上升剥蚀状态，只在东部有残存的滨海潟湖洼地［图 1.19（c）］。

　　晚二叠世中期，陆地缓慢沉降，海水又从西部入侵。西部滇中、东部浙闽粤桂沿海和云开大山一带保持为陆地，围绕着这些古陆是大面积的滨海平原、滨海低地。海盆中大部分时间发育浅海石灰岩和泥质岩沉积，滨海平原与低地发育海陆交替相含煤沉积，称作龙潭组，是华南陆块的主要成煤期。龙潭组煤层分布范围很广，煤炭资源储量虽然在全国总储量中所占比重并不大，但经济价值与重要性可以与华北陆块石炭纪、二叠纪的煤层相比［图 1.19（d）］。

第三节　中生代自然地理环境演变及向现代的过渡

　　相对于古生代来说，中生代历时较短，不及古生代的一半，但在此期间自然地理环境发展的步伐大大加快，到了中生代末，无论是无机界还是生物界，面貌都与中生代之初截然不同，从本质上发生了巨大的变化，呈现出了现代自然地理环境的雏形。

　　晚古生代期间逐渐拼结、联合形成的联合古陆（Pangaea，泛大陆）在中生代之初达到最大程度。从三叠纪晚期开始随即转向解体，分裂出北美洲、南美洲和非洲大陆。随着泛大陆的分裂，是现代洋盆的形成。以中央海岭为扩张中心，北大西洋的扩展大致开始于

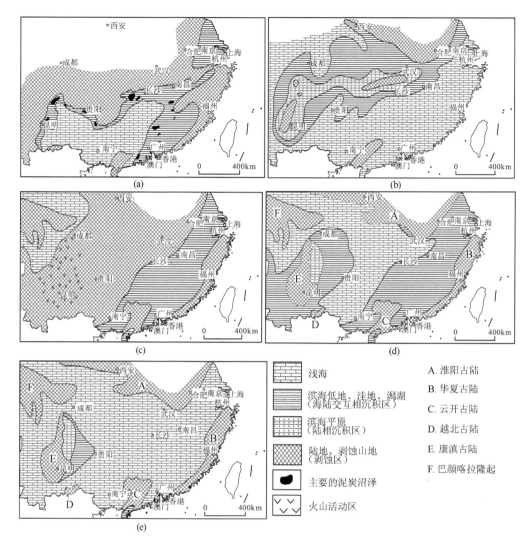

图1.19 华南石炭纪—二叠纪古地理图（据王煰曾等，1992）

（a）早石炭世；（b）早二叠世早期；（c）晚二叠世早期；（d）晚二叠世中期；（e）晚二叠世晚期

图例：
- 浅海
- 滨海低地、洼地、潟湖（海陆交互相沉积区）
- 滨海平原（陆相沉积区）
- 陆地、剥蚀山地（剥蚀区）
- 主要的泥炭沼泽
- 火山活动区

A. 淮阳古陆
B. 华夏古陆
C. 云开古陆
D. 越北古陆
E. 康滇古陆
F. 巴颜喀拉隆起

两亿年以前，南大西洋和印度洋的扩展大致开始于1.5亿年以前，原先全球性的泛大洋也不复存在，太平洋洋盆受挤压缩小，至中生代末期终于形成现代全球海陆分布的格局。

整个中生代期间，全球气候都比较温暖，可能与大气圈中CO_2含量变化有关（图1.16），但也应与新海陆格局的形成改变了海洋环流形势、加强了洋流的经向环流有关。陆上沉积物中红层的广泛出现和石膏、盐类沉积物的普遍存在，标志着温暖、干旱气候带在中生代占有重要地位。直到中生代末，温暖气候才出现衰退的趋势。

生物界在中生代期间发生了真正革命性的变化。中生代末期的植物界与中生代之初的植物界已很少有相似之处。种子蕨、石松、木贼等石炭纪森林中最普遍的植物，在进入中生代后已逐渐衰落，裸子植物取代了它们的地位，使中生代成为裸子植物的时代。三叠纪、侏罗纪陆上最普遍的植物是真蕨、松柏类的各种针叶树、苏铁类以及银杏（表1.3）。苏铁在侏罗纪时遍布于各大陆，是当时的世界性植物，银杏繁荣生长于北美、欧洲、中美、非洲和澳大利亚，针叶树也在中生代早期达到繁荣的顶点。可是到了白垩纪中期，植物王国出现了突然的变化，被子植物以乔木、灌木、草本等多种形式来适应环境条件的变化，迅速崛起成为全球植物王国的主宰，使先前高度繁荣的那些植物边缘化，当年几乎遍布全球的银杏现今竟然也只留下了一个孑遗种，本内苏铁更是完全绝灭（图1.20）。

表1.3　中国晚三叠世植物群落（据殷鸿福等，1988）

名称 ＼ 类型		总计	石松类	芦蕨类	真蕨类	种子蕨	苏铁类	银杏类	松柏类	其他
华南须家河植物群	种（属）数	191(80)	1(1)	11(4)	63(31)	24(9)	60(21)	10(5)	12(5)	10(4)
	种所占比重	100%	0.5%	5.8%	33.0%	12.6%	31.4%	5.2%	6.3%	5.2%
华北延长植物群	种（属）数	91(38)	—	15(3)	24(9)	14(6)	11(6)	13(8)	1(1)	13(5)
	种所占比重	100%	—	16.5%	26.3%	15.4%	12.1%	14.3%	1.1%	14.3%

图1.20　扬子生态区四川晚三叠世须家河组植物群落图（据殷鸿福等，1988）
① 本内苏铁类；② 苏铁类；③ 双扇蕨类；④ 鳞羊齿；⑤ 拟托蕨；⑥ 木贼；⑦ 新芦木

与有花植物的繁荣联系在一起的是昆虫的繁荣。哺乳类和鸟类均已出现，但它们的繁盛还有待于后来。称霸于陆上的动物是爬行类，但它们在统治地球一亿年之后，无论是活跃于陆上、海洋还是能滑翔于空中的各种巨型、大型、小型的恐龙、翼龙、海龙、鱼龙等，都突然绝灭。爬行类中只有龟、蛇、鳄、蜥蜴四个目的少数种得以遗存下来。绝灭不只发生在爬行类中，在中生代时期取代了古生代的三叶虫、笔石等地位的海洋无脊椎动物（如菊石类、箭石类等）也都遭到绝灭。绝灭虽非都在同一时间内发生，但却是中生代时期结束的标志。绝灭的原因仍不清楚，至今未有各方面都能解释得通的答案，可以归结为：外在环境某个方面的条件发生了灾难性、急剧的或是渐进性的、短时间内难以察觉的变化，主体对这些变化不能适应，终于不得不从地球上消失。值得注意的是它们的消亡却为现代生物界的兴起创造了条件。

中国自然地理环境在中生代时期的发展，正是全球环境演变的区域响应。通过中生代的演变，奠定了中国现代自然地理环境的雏形。

中生代包括两个构造阶段，在我国分别称为印支期和燕山期。

一、三叠纪自然地理环境发展过程

印支阶段包括整个三叠纪时期，这是现代中国大陆主体基本形成的关键时期。在印支构造事件期间，中国大陆发生大规模碰撞和拼合，最重要的构造表现是先后出现四条碰撞带。

第一条重要的碰撞带是秦岭-大别带。在元古代晋宁期和早古生代晚期，华北板块和扬子板块之间都曾有过板块汇聚事件的发生，但这两大板块真正的以陆块与陆块相碰撞的事件，则是发生在印支阶段——中、晚三叠世。从此，两大板块拼合在一起，起源于北方的淡水双壳类珠蚌、陕西蚌动物群在晚三叠世已迁入扬子陆块正是华北与扬子陆块之间已相连接的证明。

第二条重要的碰撞带是昆仑-昌都-兰坪-思茅等陆块与羌塘-唐古拉-保山等陆块之间的碰撞拼接带，或可称为澜沧江带。此带的碰撞作用可能开始于晚二叠世，中三叠世进入了高潮，并一直延续到晚三叠世。这一碰撞使晚古生代期间北方具有暖水动物群的陆块群与南方具有冈瓦纳冷水动物群的陆块群互相拼接。

第三条重要碰撞带或可称为金沙江带。这一碰撞带的形成，使北羌塘-昌都-思茅等陆块与东部的松潘-甘孜-扬子等陆块相拼接。

第四条重要碰撞带出现在扬子板块与华夏板块之间。在元古代的晋宁期、早古生代末期，这两大板块之间都已发生过汇聚、拼合，但拼合似乎是分阶段进行的，最终的拼合发生在中三叠世末期。

伴随着大规模的碰撞过程，形成了不少与碰撞过程有关的花岗岩体。现今出露在中国大陆上的花岗岩，印支期的占有 1/6 以上的面积。

以上四大碰撞带的完成拼合，使现今中国大陆 3/4 以上的面积已结合在一起并进入欧亚大陆，成为欧亚大陆的组成部分，只有冈底斯、喜马拉雅等地块仍处在南半球，它们的并入有待于以后的构造活动。由于这些原先离散的陆块群在三叠纪晚期已经完成拼接，从此以后，这些陆块的古纬度基本上保持了同步变化的性质。

值得注意的是原先离散的、组成现今中国大陆的陆块群发生大规模汇聚、拼合的时期正是西半球联合古陆裂解、扩展出现原始大西洋及分裂成北美、南美、非洲等大陆之际。

中国大陆早、中三叠世的沉积和生物古地理分异与晚二叠世相似，仍保持着四个大区：

1）阿尔泰-兴安区，有零散盆地分布，以碎屑沉积为主，温带气候，生物属于安加拉生物群与华北生物群之间的过渡类型。

2）华北-西北区，华北平原、柴达木、塔里木、准噶尔等均形成大型内陆盆地，陆相碎屑沉积为主，随着全球干旱气候带在早、中三叠世逐渐扩大，并在中三叠世达到最大，本带气候也趋向于干旱化，生物区属于华北-西北生物区。

3）华南-特提斯区，包括华南、川西、羌塘和冈底斯等陆块，普遍发育浅海碳酸盐沉积或浅海碎屑沉积，处在热带气候区，生物区系为华南生物区。

4）冈瓦纳-特提斯区，中国范围内仅喜马拉雅属于此区，发育浅海碳酸盐沉积，为南温带气候。

晚三叠世，干旱有所减缓。中国大陆地面的抬升表现得十分明显，这是海水从我国大陆退出的转折时期（图1.21）。地面抬升过程中，形成一条宽阔的、南北方向的高脊，大体上从广西经湖北向北延伸到山西。以此为分野，中国大陆开始出现东、西部之间的明显差异，形成以下三个沉积与生物地理区：

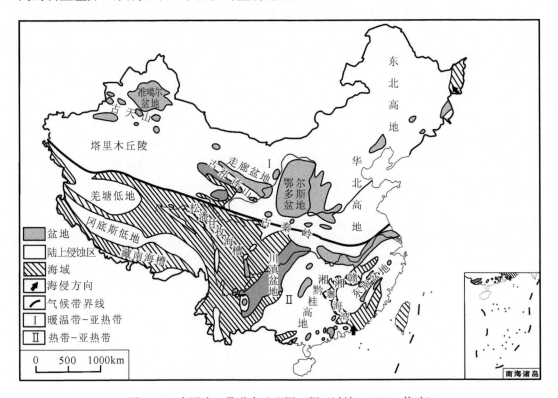

图1.21　中国晚三叠世古地理图（据王鸿祯，1985，修改）

1）西北区。总体上为陆地，发育一系列内陆盆地，较大的为鄂尔多斯盆地、准噶尔盆地等。区域内地形分异不强烈，显示构造活动均一。各盆地的沉积经历大体一致，晚三叠世前期、后期都有含煤层沉积，中期为粗碎屑岩沉积。盆地之间可能互相沟通，植物群比较单纯。

2）西南区。总体上为一个统一的海盆，发育巨厚浅海相上三叠统。但在不断的海退过程中，晚三叠世后期全区大部为滨海低地环境，川、滇、黔境内一些地区海陆交替相或滨海相沉积中含有煤层，植物化石具浓厚的特提斯生物地理区的色彩，海洋生物群也显示与西部特提斯海有密切联系。川西、青海等地此时期有较强烈的火山活动。北部的喀喇昆仑和昆仑山一线在整个晚三叠世都始终是隆起剥蚀区,成为与西北生物地理区的分界。

3)东部区。东北、华北基本上都成为高地剥蚀区,南方浙、闽、赣南一带的丘陵与西部湘黔桂高地之间残存着狭长的海湾滨海低地,在晚三叠世中期海侵达到高潮时,海湾中心部分曾沦为浅海,边缘部分发育海陆交替相沉积。沉积屡见间断和出现冲刷现象,表明区内构造活动和分异都较为活跃。区内的植物和双壳类都具有强烈太平洋生物地理区系特色。

二、侏罗纪—白垩纪自然地理环境发展过程

燕山阶段跨越侏罗纪和白垩纪。此阶段中国大陆的发展主要是在东部受古太平洋及其附近板块的俯冲挤压,在西南部受古特提斯洋缩小、古冈瓦纳离散陆块北向冲撞以及印度板块加速北上的影响而在地块内部发生活动变形的历史。由于影响源的不同,以侏罗纪为主和以白垩纪为主的构造事件以及相伴的岩浆活动是有所不同的。

太平洋及其附近板块在侏罗纪时期西向运移与欧亚大陆发生一系列碰撞、挤压,在中国东北形成完达山碰撞带。中国大陆东部在近于东西向的挤压作用下,地壳增厚,地形升高,形成山脉。强烈变形的典型特征是发育了一系列轴向北北东方向的褶皱和逆断层,称为新华夏构造体系,同时也出现大规模的岩浆活动。侏罗纪岩浆岩分布的面积约占现今全国所出露岩浆岩总面积的1/4,但在中国大陆西部,六盘山-横断山脉以西地区,构造变形比较微弱,大致保持宽广缓坦的盆地地形。

此一时期所发育的新华夏体系褶皱,轴向有随时间而变化的现象。早侏罗世末期所形成的褶皱,轴向一般为北东东,中侏罗世末期的褶皱,轴向常为北东,晚侏罗世末期,主要为北北东。这一现象可能反映了东亚大陆地块在此时期内发生了逆时针转动。

古地磁数据表明,这一转动确实存在。直到三叠纪末期,构成中国大陆的各陆块,它们的磁北方向与现代磁北方向之间都存在较大差异,而侏罗纪正是中国大陆古磁北方位基本摆正的关键时期。通过侏罗纪时期的"调整"以后,它们的磁北方向与现代之间的偏差就大为缩小了。

华北陆块在三叠纪及以前时期,古磁北在相当于现代磁方位 NW 319°～338°间摆动。晚三叠世的磁北转为 NE 30°,接着,出现重大调整,早侏罗世开始转为 NE 0.9°,中侏罗世转为 NE 3.6°,都与现代磁北非常接近,而变化正是逆时针转动 20°～30°。以后的方向虽也仍有摆动,但从白垩纪到第四纪,都保持在距现代磁北 17°左右,差值要小得多。

扬子陆块从晚三叠世至中侏罗世之间,磁北方向逆转约 20°,西伯利亚地块晚三叠世至晚侏罗世逆转 36°左右。古生物和古气候学的证据也显示中国大陆曾发生这样的逆时针转动,反映湿热气候的厚蚌壳类动物群,中侏罗世在东亚的分布北界为阿尔泰—上海一线,与现代纬线斜交,大致存在 30°～40°的夹角。

这种逆时针方向转动的一致性以及转动幅度的相接近表明动力来源的同一,即太平洋及其附近板块的向西运移,在欧亚大陆东北施加了一个向西推动的作用力。

中国大陆上,西藏、青海南部及滇西部分地区,在早、中侏罗世仍是特提斯海域的

一部分，发育浅海碳酸盐沉积。东南地区除了侏罗纪早期曾发生过局部的短时间海侵，海水从香港附近进入并向北波及闽南、湘东南以外，主要都处于近海陆地的状态，发育河湖相沉积。红色碎屑岩占重要地位，在四川盆地中，红色碎屑岩的分布直达绵阳—达县一线。这表明当时中国南方都处于干暖气候带的控制下（图1.22）。

　　昆仑—秦岭以北属于暖温带湿润气候，植被繁茂，在构造稳定的盆地沉积中广泛形成煤层。早、中侏罗世是我国最主要的成煤期。辽西的北票群、北京西山的门头沟组、晋北的大同组所含重要煤层都属于这一时期，特别是西北的大盆地如鄂尔多斯、准噶尔等，更是煤炭资源十分丰富的地区。盆地沉积从盆缘山麓带经过平原河网带到达中央湖泊区，有规律地递变，山麓带与河网带形成泥炭、煤层，湖泊区往往生成油页岩。鄂尔多斯盆地的下侏罗统称为富县组，盆地北半部的富县组由杂色砂、页岩互层组成，夹薄煤层及油页岩，盆地南半部的富县组纯属红色碎屑岩沉积；柴达木和塔里木盆地南缘下侏罗统也有红色岩系发育。鄂尔多斯盆地中侏罗统下部为延安组，是主要的含煤层。晚侏罗世，我国的重要煤田主要分布在内蒙古和东北，特别是纬度较高的内蒙古呼伦贝尔地区煤炭资源最为富集。同属内陆盆地性质的煤层沉积所出现的这些时空变化正表明了侏罗纪时期我国境内干暖、温湿气候带的南、北伸缩变化。

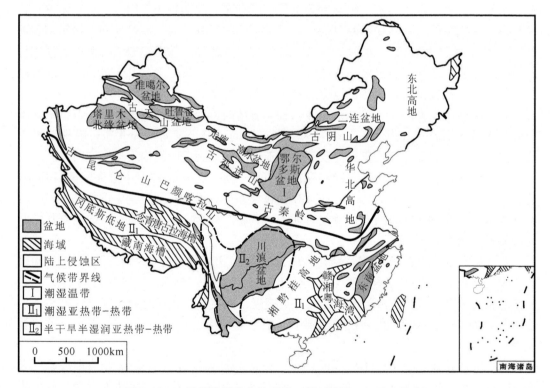

图1.22　中国早侏罗世古地理图（据王鸿祯，1985，修改）

　　进入白垩纪以后，全球高温及副热带高压带影响范围扩展，中国大陆除了东北、内蒙古和新疆北部处在湿润、温暖的气候条件下，塔里木西南和藏南还有残留海分布，班公错—怒江以南保持着热带-亚热带湿润气候以外，广大地区普遍分布着山麓、河湖相红色碎屑岩及火山岩，出现石膏沉积的地点西起塔里木盆地，东至闽浙沿海，反映了干旱炎热的环境，其中从滇西、滇中到鄂、赣、浙东出现大量含盐沉积，是干旱程度最大的地带（图 1.23）。

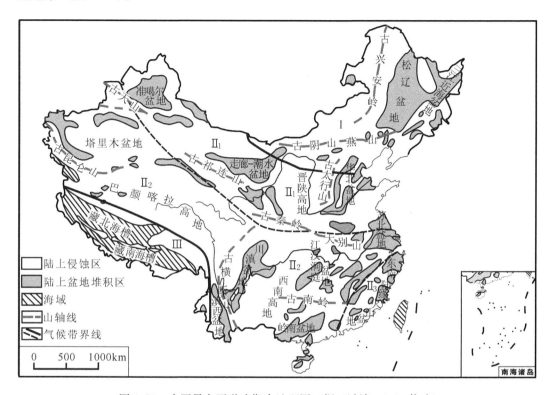

图 1.23　中国早白垩世晚期古地理图（据王鸿祯，1985 修改）

I. 北方型潮湿暖温带；II. 南方型半干旱亚热带-热带；II₁. 西北-华北过渡亚带；II₂. 华南半干旱亚热带-热带亚带；
II₃. 东南半干旱-半潮湿亚热带；III. 西藏潮湿亚热带-热带

白垩纪晚燕山期构造活动的动力源自中国大陆西南方，与特提斯洋的缩小及印度板块的快速北移有关（图 1.24）。冈底斯陆块在这一推动下，向北与已属于欧亚大陆的羌塘、昆仑等陆块碰撞，班公错-怒江碰撞带在白垩纪末形成。

在来自西南方的、几乎是反向的力的推动下，前期在中国东部因太平洋板块等西向挤压而形成的许多北北东向逆断层，普遍转化为正断层。主要正断层有：郯城-庐江、依兰-伊通、敦化-密山、大兴安岭东侧、沧东、十万大山-绍兴、崇安-河源、丽水-莲花山、长乐-南澳、寿丰等。这些北北东向正断层发育的重要结果为形成了"盆岭构造"，奠定了中国东部现代地貌发育的基础。白垩纪时期形成的盆地，至今仍是沉积盆地，白垩系通常是中国东部大多数现代沉积盆地中的第一个沉积盖层。由于结晶基底性质的不同，东北、华北发育大型断陷盆地，如松嫩、三江、海拉尔-二连浩特、渤海湾、辽东湾、苏北-南黄海等。华南结晶基底比较破碎，形成了许多中小型红色盆地，这种相间分布的中小型盆、岭构成了华南现代低山-丘陵-盆地景观的基调。

中国东部白垩纪时期形成的盆地对矿产资源的聚集有很大意义。大庆油田就发育在早白垩世形成的松嫩盆地内，主要生油层为下白垩统。黄渤海等海盆中聚集的矿产资源

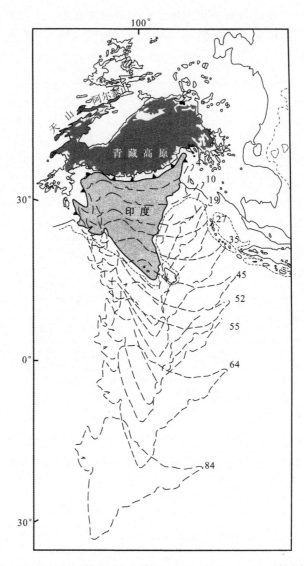

图 1.24　84Ma B.P. 以来印度板块运移（据 Royden et al.，1997，转引自万天丰，2004）

图中印度板块旁边的数字为同位素年代（单位：Ma B.P.），印度板块运移速度是逐渐减慢的，

运移方向和磁北方位也在变化

正有待勘探、开发。南方的许多盆地，在干旱炎热气候条件下，生成石膏、岩盐矿床，如四川自贡及湖北、江西的许多地点。盆地边缘的断层带附近有可能形成多种热液矿床，如湖南水口山的铅锌矿以及其他地点的热液型铀矿。

晚燕山期也出现比较强烈的岩浆活动，但岩浆岩分布的面积不及前期，约为燕山期岩浆岩出露面积的 1/5。

经过侏罗纪时期的"调整"之后，白垩纪时期中国大陆的磁北方位变化不大，与现代磁北方向的差值保持在 10°以内。但纬度的变化较大，普遍继续北移，在整个白垩纪期间，华北陆块继续向北移动 8°，扬子陆块向北移动 7.4°。中国大陆附近的大陆块也都几乎同步地向北运移，逐渐向现代的纬度位置靠近（表 1.4～表 1.6）。

表 1.4　中国陆块群中华北陆块的漂移古地磁数据（据万天丰，2004）

地层年代/Ma B. P.	N	φ_p/(°)	λ_p/(°)	α_{95}	D/(°)	P/(°)	资料来源
Q 2.5～0	8	25.2	84.9	4.0	353.6	36.8	Liu et al., 1983
N 23～2.6	9	208.0	86.2	4.4	4.7	36.7	Liu et al., 1985；程国良等，1991
E 65～24	4	203.5	79.7	9.1	12.9	36.6	程国良等，1991
K₂ 100～66	1	170.7	79.6	5.5	11.6	42.3	Zheng and Kono, 1991
K₁ 137～101	1	210.8	75.9	9.7	17.1	34.3	马醒华等，1993
J₃ 165～137	2	221.8	69.4	15.4	22.2	28.0	方大钧等，1988
J₂ 190～166	5	229.7	76.8	5.6	3.6	31.0	马醒华等，1993；程国良等，1993
J₁ 205～191	1	286.0	82.4	6.8	0.9	30.4	马醒华等，1993
T₃ 227～206	1	7.7	62.3	3.8	30.0	27.0	马醒华等，1993
T₂ 241～228	7	2.0	61.0	2.9	330.1	24.1	方大钧等，1988；马醒华等，1993
T₁ 250～242	6	353.7	56.9	4.6	329.6	18.2	方大钧等，1988；马醒华等，1993
P₂ 277～251	11	355.1	50.3	5.7	324.0	14.2	Zhao et al., 1990；马醒华等，1993
P₁ 295～278	1	359.2	47.0	4.5	319.7	13.9	马醒华等，1993
C 354～296	3	333.3	56.5	6.0	338.2	10.8	Liu et al., 1985；吴汉宁，1991
O₁₋₂ 490～455	6	323.4	33.4	8.5	333.5	−12.9	杨振宇等，1998；Huang et al., 1999
Є₃ 500～491	11	323.0	28.3	7.3	331.6	−17.6	Huang et al., 1999
Є₂ 513～501	17	324.1	30.6	7.4	331.7	−15.1	Huang et al., 1999
Є₁ 543～514	8	332.4	20.6	10.3	319.7	−20.2	Huang et al., 1999

注：华北陆块（NC）中心参考点：J₃ 以前为 112°E，38°N；K₁ 以后为 115°E，37°N。
　　地层代号按国内通用的代号；N 为参加平均的古地磁极数；φ_p 与 λ_p 为古地磁极的经度与纬度；α_{95} 为 95%
水平的置信圆锥半顶角；D 为古磁偏角；P 为古纬度；地块代号与构造古地理图件相同；负号为南半球的
古纬度。本表中 D 与 P 的数据，均在原始数据的基础上，用所列的中心参考点重新计算的，下同。

表 1.5　中国陆块群中塔里木陆块的漂移古地磁数据（据万天丰，2004）

地层年代/Ma B. P.	N	φ_p/(°)	λ_p/(°)	α_{95}	D/(°)	P/(°)	资料来源
N 20	3	268.3	79.2	1.5	358.9	28.9	李永安等，1989
E 40	3	223.7	75.5	10.6	10.3	27.8	李永安等，1989
K 105	1	211.6	69.7	8.0	17.5	25.4	Li et al., 1988
K 134	3	217.1	68.1	15.7	16.9	22.9	Li et al., 1988；张正坤，1989；孟自芳，1990
J 150	1	219.9	65.6	14.0	17.5	20.3	李永安等，1989
J 172	1	185.9	62.7	13.5	30.8	29.1	方大钧等，1992
T 238	4	181.5	63.7	10.7	30.9	31.3	李永安等，1989；方大钧等，1992
P 250	4	193.1	70.8	6.3	21.1	30.9	白云虹等，1985；方大钧等，1992
C 306	5	171.3	51.9	9.0	46.0	31.0	方大钧等，1992
D 390	2	153.7	10.0	1.9	94.5	21.2	方大钧等，1996；Li et al., 1990
S₁ 427	3	215.7	25.1	4.0	79.3	−12.0	孟自芳，1990
O 481	1	4.0	−45.7	15.4	227.1	−18.4	李永安等，1995
Є 520	1	44.7	−46.7	9.8	208.2	−6.3	李永安等，1995

注：塔里木陆块（TR）中心参考点：83°E，39.5°N。

表 1.6　中国陆块群中扬子陆块的漂移古地磁数据（据万天丰，2004）

地层年代/Ma B.P.	N	$\varphi_p/(°)$	$\lambda_p/(°)$	α_{95}	$D/(°)$	$P/(°)$	资料来源
Q 2.5～0	4	222.6	87.5	11.3	2.6	28.4	翟永健，1989
N 23～2.6	8	18.8	85.7	9.8	355.1	29.6	刘椿，1976；林金录，1987
E 65～24	8	200.2	81.1	7.5	10.0	28.5	李华梅等，1965；梁其中，1986；庄忠海，1988
K₂ 100～66	4	185.4	75.1	5.9	17.2	31.3	Kent et al.，1986；Hang et al.，1993；朱志文等，1988
K₂ 137～101	4	219.3	77.1	5.0	13.0	23.9	Kent et al.，1986；Hang et al.，1993；朱志文等，1988
J₃ 165～138	2	214.9	65.7	9.1	24.2	19.5	梁其中，1990；程国良等，1996
J₂ 190～166	5	205.7	70.8	7.6	20.9	24.8	梁其中，1990；朱志文等，1988；Enkin et al.，1992a
J₁ 205～191	1	190.9	65.5	5.3	28.1	28.7	Huang et al.，1993
T₃ 227～206	23	190.2	55.8	6.5	39.0	27.0	梁其中，1990；朱志文等，1988；程国良等，1996；周姚秀等，1988
T₂ 241～228	4	228.6	69.8	16.8	17.6	17.7	Chan et al.，1984；Obdyke et al.，1986；朱志文等，1988
T₁ 250～242	9	218.3	52.0	5.6	35.1	10.6	Enkin et al.，1992；朱志文等，1988；Obdyke et al.，1986
P₂ 257～251	13	243.6	55.3	5.2	22.1	2.4	刘椿，1987；Zhao et al.，1996；黄开年，1986；马醒华等，1989；吴汉宁等，1999
P₁ 295～258	1	228.8	48.7	12.3	33.3	3.3	刘宝珺等，1993；吴汉宁等，1999
C₂₋₃ 320～296	1	229.9	53.5	24.0	29.4	6.2	张世红等，2001
C₁ 354～321	1	229.1	47.5	9.6	34.0	2.3	张世红等，2001
D₃ 372～355	1	234.1	45.4	6.6	33.0	−1.6	张世红等，2001
D₁₋₂ 410～373	1	231.4	36.1	12.1	40.9	−6.9	张世红等，2001
S₂₋₃ 420～411	1	195.7	6.8	5.3	83.8	2.8	Obdyke et al.，1987
S₁₋₂ 438～420	1	157.0	−55.7	7.9	153.5	−6.5	吴汉宁等，1999
O₁₋₂ 490～460	1	154.9	−38.4	13.7	144.6	−8.8	吴汉宁等，1999
€₂ 513～500	1	185.1	−39.5	7.8	129.1	−11.7	白立新等，1998

注：扬子陆块（YZ）中心参考点：J₃ 以前为 105°E，30°N；K₁ 以后为 106.5°E，29.5°N。

中国陆块群经过中生代的碰撞拼接，相互间的位置固定下来，中国大陆的现代轮廓基本成型，并已成为欧亚大陆东南部的组成部分（图 1.25）。

中国陆块群曾经经历过的大规模海侵、海退过程结束，海水从此基本上撤出大陆。在原先由纬度位置控制的地带分异基础之上，中国大陆出现了东西间的区域差异。出现了控制现代地文结构的新华夏构造体系。盆岭相间的格局也为现代地貌形态奠定了基础。

上述的各种变化，为生物界在中国大陆的发展提供了广阔的空间。而南北之间纬度

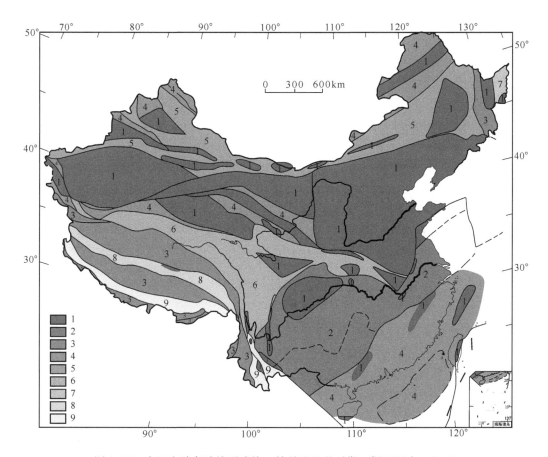

图1.25　中国大陆各陆块形成统一结晶基地的时期（据万天丰，2004）

1. 古元古代末期（1800Ma B.P.），包括中朝、塔里木、阿拉善-敦煌、中祁连、柴达木、阿尔泰、伊犁-巴尔喀什、吐鲁番-星星峡、库鲁克塔格、红石山、雅干、巴彦淖尔北、托托尚-锡林浩特、佳木斯-布列亚和兴凯的局部、松潘-甘孜、川南-滇东、哀牢山、临沧、中甸、兰坪-思茅、海南南部、成都（四川）、黄陵、庐山、肥东、云开大山、浙西南-闽北、虎皮礁-渔山突起、台湾玉山、冈底斯北缘、局部喜马拉雅等陆块；2. 青白口纪末期（1000Ma B.P.），包括扬子陆块。3. 震旦纪（泛非事件，680～520Ma B.P.），包括喜马拉雅、羌塘与冈底斯、额尔古纳、佳木斯-布列亚西侧陆块；4. 早古生代末期（390Ma B.P.），包括阿尔泰、伊犁-巴尔喀什北侧、北祁连、南祁连、阿尔金、西昆仑、祁漫塔格（柴达木南缘）、华夏等；5. 晚古生代末期（257Ma B.P.），包括天山-大兴安岭；6. 三叠纪末期（203Ma B.P.），包括秦岭-大别、巴颜喀拉-康滇；7. 侏罗纪末期（140Ma B.P.），包括完达山；8. 白垩纪-古新世末期（53Ma B.P.），包括班公错-怒江；9. 渐新世末期（23.3Ma B.P.），包括雅鲁藏布江带、兰坪-思茅

的差异、成为欧亚大陆组成部分所引起的东部海洋性和西部大陆性的差异以及盆岭结构导致的山丘起伏，又进一步提供了多种类型的生态环境，有利于生物种的发展、演进和分化。燕山期频繁的火山喷发虽对区域植被和生态系统一再造成大规模的破坏，但却有利于新的生态系统的不断重建。于是，中生代晚期，以现今辽西、冀北原热河省建制的地区为中心，孕育了全球著名的"热河生物群"。

"热河生物群"的发现和研究始于20世纪初。随着不断的新发现和研究的深入，到20世纪末，有了一个惊人的结论：中生代晚期这里所发生的淡水和陆生生物界的革命性爆发和大辐射出现了在当今地球上占统治地位的生物分布格局的最初雏形，是地球陆相生态系统向现代转变的关键性阶段（陈丕基，2000）。可以看到，许多在新生代才开始出现最大辐射的生物群，在"热河生物群"中已奠定了它们的系统发育和形态发生的基础。

新生代是被子植物的时代，是哺乳动物的时代，是鸟类的时代。

热河植物群中发现的古果属（*Archaefructus*）和中华古果属（*Sinocarpus*）都被认为是被子植物或至少与被子植物有关，这是全球所有报道的最早期被子植物产地中，唯一具有同位素绝对年龄和化石记录的。热河植物群中的银杏、买麻藤类、木贼类化石等，在多方面表现了中生代植物和现生种类之间的过渡特点。

中生代哺乳动物个体一般都很小，热河动物群中的巨爬兽个体却已大于同期的一些小型恐龙，而且化石标本中还出现哺乳类捕食恐龙幼体的证据。

热河动物群中的鸟类，经过研究发表的已多达23属26种，大多以昆虫等无脊椎动物为主要食物来源，也有不少食植物和鱼类的种类。对所发现的鸟类化石的研究，推翻了学术界原先认为鸟类的始祖源自德国巴伐利亚森林的说法，证明了鸟类的真正始祖起源于中国辽西。

热河生物群中的昆虫种类和数量都极为丰富。它们是鸟类也是哺乳动物的重要食物来源，而昆虫和被子植物的早期辐射存在着明显的协同关系，食果鸟类和喜花昆虫是被子植物种子和花粉的传播者。

地质历史上复杂多元的生存环境导致了热河生物群生物的多样性，根据化石研究所了解的各种古生物的习性：树栖、攀缘、地栖、奔跑、水生以及食物来源等等，现在又成为恢复古时东亚古环境的依据：山地、丘陵、森林、草地、湖盆错落分布，而且基本上都处于湿润温暖的气候条件之下。

与陆生生物相对应，热河生物群中的水生动物在数量和种类上也很丰富，包括鱼类和水生昆虫。侏罗纪晚期，水生的经线叶肢介（*Pseudogvapta*）从欧洲进入东亚，之后快速演化，到晚白垩世平行演化成三大叶肢介群：真瘤膜叶肢介群（*Euestherites* fauna）、临海叶肢介群（*Liuhaiella* fauna）和华美叶肢介群（*Aglestheria* fauna）。根据它们的分布范围分别存在于现今中国大陆的东北、华中和西南，可以认为，中生代末，中国东部已经具备了东北松-黑水系、中部江-淮水系以及西南川滇湖群现代流域分野的格局。

总之，中生代的发展、变化完成了中国自然地理环境从古代向现代的过渡。

第二章　现代自然地理环境的显现

始于 0.65 亿年前的新生代是地史发展的最近阶段，由古近纪 [原称老（早）第三纪，65～23.3Ma B. P.]、新近纪 [原称新（晚）第三纪，23.3～2.6Ma B. P.] 和第四纪（2.6Ma B. P. 以来）三个纪构成，其中，第四纪历时仅约 260 万年，因而，古近纪和新近纪占了新生代全部时间的 96%。

古近纪可以进一步划分为古新世（65～56.5Ma B. P.）、始新世（56.5～32Ma B. P.）和渐新世（32～23.3Ma B. P.）三个世，新近纪包括中新世（23.3～5.30Ma B. P.）和上新世（5.30～2.60Ma B. P.）（全国地层委员会，2002）。这五个世最初是根据各时期无脊椎动物中现代种所占的比例而划分的。在新生代，无论陆上还是海洋中的动物或是植物，都逐渐发展形成崭新的面貌：脊椎动物中的恐龙、海龙、翼龙在中生代之末已经绝灭，哺乳动物和鸟类乘机而起，得到迅速的发展，取代了爬行动物在地球上的统治地位，并成为陆地上脊椎动物的优势群体，使新生代有"哺乳动物的时代"之称；在海洋中，随着海生爬行类的绝灭，真骨鱼类繁盛，双壳类逐渐变成无脊椎动物中的重要类群；在植物界，被子植物以多种不同的形态适应日益多样化的环境，取代了裸子植物，使植物群落出现了不同于以往的面貌；因而古近纪和新近纪的来临实际上是标志着现代生物界的开始。

新生代是地球岩石圈构造发生巨大变动的时期，这一时期称为喜马拉雅构造阶段。通过这一阶段，印度洋、大西洋继续扩大，太平洋带的海沟-岛弧-海盆体系形成，大陆内部出现活跃的裂谷作用，使海陆分布、地势起伏及地形都逐渐接近于现代。在此过程中，现代中国陆地与海洋的格局最终形成，并整体向高纬度漂移，中国现代地形的基本格局得以奠定。

中生代末期全球气候转凉。在古新世和始新世之间一度略转为温暖。其后，即进入所谓的"新生代衰退"期，虽稍有起伏变化，但气候总趋势是逐渐变凉。至中新世，南极冰盖已达到相当规模，上新世晚期北大西洋地区也开始出现冰川活动，终至进入第四纪冰期，形成现代环流形势和现代气候。古近纪和新近纪期间对中国自然地理环境形成和发展影响重大的另一事件是季风环流的出现，它打破了行星风系控制的自然地带格局，中国境内自然环境的东西分异开始显现。

气候变化与构造活动、山系形成和大陆漂移等因素有密切关系，生物界的发展受气候变化和地形变化的直接影响，组成中国自然环境的各要素相互制约，从古近纪之始总体地向现代化迈进，古近纪和新近纪是中国现代自然地理环境开始形成的重要时期。

第一节　喜马拉雅运动与现代海陆形势的发育

古近纪中国古地理面貌基本继承了晚中生代的格局。中生代燕山运动结束之后，我国境内曾有一段时期地壳处于相对宁静的阶段，燕山运动所形成的盆岭地形，经过长期侵蚀与堆积，地势起伏逐渐缓和。古近纪初期，整个中国大陆整体地势为东高西低，以低山、丘陵、平原和河湖为主，呈准平原状态，西部古阿尔泰山、祁连山、西秦岭和云贵高原构成了东部古太平洋水系和西部古地中海和西西伯利亚海（北冰洋）水系的分水岭（谷祖纲、陈丕基，1987），东南沿海存在环太平洋带状山系，成为当时水系的重要分水岭（汪品先，2005）。中国陆地总体面积比现在要小，四周是浅海，东部的今黄海、东海和南海地区均被海水淹没，西部地区仍有与古地中海沟通的喜马拉雅和塔里木西部海湾，东部的台湾岛弧和东海及南海盆地也尚未形成（图2.1）。

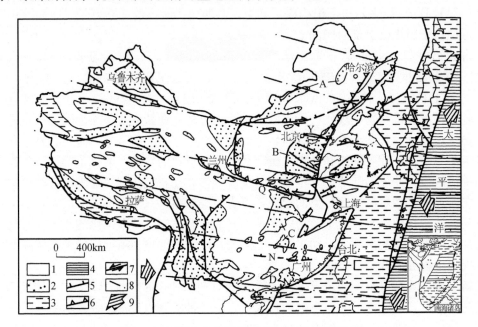

图 2.1　52～23.5Ma B.P. 中国的构造与变形（据万天丰，2004）

1. 山地区；2. 沉积盆地区；3. 浅海区；4. 大洋；5. 正断层；6. 逆断层；7. 平移断层；8. 最大主应力轴迹线；9. 板块挤压方向。A. 黑龙江、辽河和内蒙古内陆盆地；B. 黄河汇水盆地；C. 扬子江汇水盆地；D. 珠江汇水盆地；Y. 阴山-燕山；Q. 秦岭-大别山；N. 南岭

喜马拉雅运动打破了古近纪前期的准平原状态。受印度-澳大利亚-菲律宾海板块向北俯冲、挤压的影响，中国地质构造发生重大变化（图2.1）。喜马拉雅运动可分为三期（贾承造等，2004），其中，早喜马拉雅运动（I期）发生在始新世晚期的50～40Ma B.P.；中喜马拉雅运动（II期）发生在古近纪、新近纪之间，这次地壳运动在整个喜马拉雅期中最为强烈；晚喜马拉雅运动（III期）发生在新近纪末期。以贺兰山—龙门山一线为界，可把我国大陆分为东部和西部，各期喜马拉雅运动在东西部地区表现不同，对地貌发育所造成的影响也存在明显差异。西部地区由于印度板块的强烈楔入，使得青藏高原地壳发生强烈的缩短增厚，低密度的地壳物质大量聚集，在重力均衡作用下，致使中国西部各台阶依次抬升；与此同时，东部大陆整体上以拉伸为主，中生代以来沿北东到北北东的华夏与新华夏构造体系发育的凹陷和隆起过程继续进行，由于南北向缩短引发东西向的伸展作用，因此在大陆东部出现了日本海、台湾海峡和南海等大陆

边缘扩张带（《中国地质学》扩编委员会，1999）。

喜马拉雅运动奠定了中国现代地形特征的基础。我国地势西高东低的地形阶梯格局开始形成，构成我国地形骨架的山脉、高原、盆地、平原也逐步成形，陆地轮廓已经和现在相似。

一、西部青藏高原的隆升与高山巨盆格局的初显

贺兰山—龙门山一线以西地区，新生代的地貌演化主要受印度板块强烈楔入的影响，在强烈的挤压作用下形成了褶皱隆起的喜马拉雅山脉与整体抬升的青藏高原以及断块抬升的高山与断陷沉降的巨盆。

古近纪之初，西藏拉萨陆块与印度板块之间的藏南地区还为新特提斯洋所占据，当时属于印度次大陆北部广阔大陆架的喜马拉雅地区仍被浅海覆盖。随着印度板块以10cm/a的速度向欧亚大陆推进，海洋快速向北退缩。

始新世至渐新世，印度板块继续向北运移，并开始与亚洲大陆发生陆陆碰撞，板块运移速度显著地减慢为5～6cm/a，喜马拉雅与冈底斯地块之间的洋壳（即现代的雅鲁藏布江断裂带出露处）逐渐消亡，至渐新世末期（23.3Ma B.P.）陆块间的地壳缩短了1000km左右；直到渐新世末期之后，雅鲁藏布江碰撞带得以完全形成（万天丰、朱鸿，2002）。印度板块的北移，使新特提斯洋不断缩小，海水随之退出，藏南地区整体上转变为陆地环境。藏南地区古近纪下部以碳酸盐相沉积为主，上部为夹有少量碳酸盐岩的碎屑岩，含有孔虫、腹足类、双壳类以及珊瑚、海胆和各种海生藻类等化石，属于古地中海区的温暖浅海环境；新近纪沉积不发育，仅见零星分布的陆相沉积，反映了环境自海转陆的明显变化。

印度大陆与亚洲大陆碰撞后，青藏地区进入一个以造山运动、断裂和岩浆活动为主的全新发展阶段，主要发生三期阶段性隆升：30Ma B.P.以前、23～15Ma B.P.和3.6Ma B.P.以来（施雅风等，1998a）。

发生于30Ma B.P.之前的隆升作用造成青藏高原地区最大高度不超过2000m的抬升。在隆升之后的相对稳定期，大致以狮泉河—改则—班戈—丁青一线为界，在以南地区发育了热带气候条件下接近于当时海平面的准平原；在以北地区发育了在亚热带干旱气候条件下形成的山麓剥蚀平原，两者构成的联合夷平面当时海拔高度在500m以下（崔之久等，1996a，1996b）。此夷平面现今大多残存在青藏高原海拔5500m左右的高山山顶和少数河谷地区，故称之为山顶面。

23～15Ma B.P.的隆升作用持续时间长，断裂和火山活动剧烈。高原沿两侧深大断裂呈现显著的抬升，主体上升到2000m左右，与印度大陆和塔里木盆地产生地形高差，高原地貌的轮廓基本形成。这是一次掀斜式抬升，南部抬升快，喜马拉雅山已经明显抬升成山。在此次隆升期后所形成的夷平面上可见三趾马红土、古土壤、三趾马动物群、高山栎植物化石和喀斯特地貌，推测当时处于热带-亚热带环境之下，海拔大约在1000～2000m。此期夷平面随着3.6Ma B.P.至今的高原整体强烈、快速的隆升而被抬升到4000～4500m以上的高度，构成了高原及周边山地的主体，被称为主夷平面（崔之久等，1996a，1996b）。

受到印度板块的向北运移，北部塔里木等稳定陆块的顶托以及太平洋板块的强烈向西俯冲、挤压三个方面的共同作用，红河-金沙江和90°E海岭两断裂带之间的中缅马苏和印支陆块朝东南方向逐渐挤出达上千千米（万天丰、朱鸿，2002），青藏高原东缘地区形成了南北向的不对称波状褶皱与巨大断裂带，该地区的演化呈现出与青藏高原同步抬升的过程，其主体地貌面为与青藏高原主夷平面同期的夷平面，且随青藏高原共同被抬升到目前4000m以上的高度。

位于青藏高原北面的塔里木刚性陆块是中国大陆最古老的陆块之一，它抑制了青藏高原的向北扩展。在南北向挤压力的作用下，塔里木陆块的刚性特征决定了其内部未发生强烈变形，而是整体发生了巨幅沉降，并向天山及昆仑山脉下俯冲；塔里木盆地以逆冲断裂系、走滑断裂系与周缘山脉分界，周边山地强烈隆起，盆地西部强烈收缩闭合，显现出现今构造及其盆山地貌格局。

古近纪初，塔里木、准噶尔、柴达木等盆地周缘的山脉均呈剥蚀夷平状态。塔里木尚未形成统一的盆地，中央隆起区为遭受剥蚀的高地丘陵，由于地势整体向西倾斜，西部仍被海水淹没，为与新特提斯洋相通的海湾，古近系沉积了滨浅海-台地相的碎屑岩和碳酸盐岩，富含有孔虫和海相双壳类化石。

古近纪，受印度板块的碰撞与青藏高原隆升的影响，天山、昆仑和祁连等主要山系在北东东及北西西两组断裂的控制下开始强烈上隆，成为断块状山脉。喀喇昆仑地区偶有少量海相层，其他山系内部除了少量山间盆地以外，一般没有见到古近系出露；盆地边缘的沉积也明显变粗，以山麓洪积-河流冲积相的砾岩、砂砾岩为主；特别是在一些主要的山系前缘，常可见粗碎屑岩所形成的磨拉石建造，显示了山地强烈抬升的影响。古近纪期间，塔里木西部和喀喇昆仑部分地区有海相沉积；柴达木、准噶尔、东塔里木等大盆地内部大部分地区为陆相河流-湖泊沉积，沉积物多为在干燥气候条件下所形成的红色碎屑岩，其中柴达木盆地的深湖相中形成重要的生油岩（刘训，2004a，2004b）。

从渐新世至中新世初开始，在强烈的挤压作用下，帕米尔地块向北运动，西昆仑山抬升并向北逆冲，塔里木盆地西部被强烈逆掩，至中新世海水完全退出西塔里木盆地；26～10Ma B. P. 塔里木盆地西端受帕米尔强力推挤，西北缘开始向北俯冲，西南天山于25～13Ma B. P. 开始隆升。帕米尔向北运动使帕米尔外缘与西南天山之间新生代期间缩短距离超过300km，塔里木盆地西部南北缘的新生代褶皱冲断带聚合，并最终使盆地西端闭合，与西面的塔吉克盆地分隔，仅以狭窄的阿赖走廊连通。在塔里木盆地与南天山及西昆仑山交界处，形成库车等与山地平行的新生代盆地及褶皱冲断带。塔里木盆地东南缘的阿尔金山于中新世早中期开始隆升，阿尔金山前长达1000km的阿尔金主走滑断裂西连西昆仑山，东接祁连山，构成了塔里木盆地的东南边界，受阿尔金断裂左行走滑变形的影响，塔里木盆地东部形成拉分盆地，使面积增大（李江海等，2007）。

至上新世，在强烈的挤压作用下，塔里木盆地周边的天山、祁连山、阿尔金山、昆仑山等山地都发生了规模较大的断块上升，许多地区已经上升为中高山，其中天山山地在新近纪末海拔达3000m左右。同期，准噶尔盆地西部和南部的拗陷加大，我国西北地区与现代相近的高山巨盆的格局开始显现，并在盆地内均接受了巨厚的河湖相新生代沉积。

二、东部差异升降与阶梯地形格局基础的奠定

与西部地区以挤压作用为主导的构造运动和地貌演化不同，我国贺兰山—龙门山一线以东的东部大陆在古近纪和新近纪期间整体上以拉伸作用为主。中生代以来沿北东至北北东的华夏与新华夏构造体系发育的凹陷和隆起过程继续进行，形成自西向东三列构造盆地和三列隆起相间分布的格局（图2.2）。三列盆地分别为：二连盆地、陕甘宁（鄂尔多斯）盆地、四川盆地、滇中盆地、松辽盆地、华北盆地（渤海湾盆地）、江汉盆地、华南的三水盆地以及黄海-苏北盆地、东海盆地、南海盆地；三列隆起分别为：大兴安岭—太行山—武陵山，长白山—山东丘陵—江南丘陵，台湾岛。以大兴安岭—太行山—武陵山一线为界，此线以西作总体隆起上升，构造活动性较弱，不见火山活动；以东地区总的来说以断裂沉降为主，形成了许多内陆与近海盆地，盆地内火山活动比较普遍。

始新世至渐新世，在印度板块与亚洲大陆碰撞造成青藏地区构造抬升的同时，东亚大陆东部遭受到太平洋板块比较强烈的向西俯冲、挤压，日本、琉球、台湾和菲律宾等岛弧形成，中国大陆普遍发生了近东西向的缩短和近南北向伸展的构造变形，形成一系列北北东或南北向的褶皱和逆断层带、北东向右行走滑断裂、北西向左行走滑断裂以及北西西-东西向的伸展拆离断裂带（万天丰、朱鸿，2002）。

古近纪中国东部在南北伸展作用下，形成三条东西向分布的伸展断层带，分别是阴山-大青山-燕山南缘正断层、秦岭-大别山南北两侧正断层带和南岭东西向正断层带（图2.1），在此控制下，形成了三条东西向山脉和四个汇水盆地，形成了以东西向为特征的盆地和低山分布格局。三条东西向山脉分别为阴山-燕山、秦岭-大别山和南岭，它们隆升的高度有限，在我国自然地带分异方面的分界线意义还不明显。四个汇水盆地分别为阴山-燕山以北的松花江-辽河与内蒙古内陆汇水盆地、阴山-燕山和秦岭-大别山之间的古黄河汇水盆地、秦岭-大别山和南岭之间的扬子江汇水盆地以及南岭以南的珠江汇水盆地。这些汇水盆地形成一系列湖盆和独立的水系，各盆地因气候干湿环境的不同而分别沉积了巨厚的河湖相含油气的碎屑岩系或膏盐层（万天丰、朱鸿，2002）。

始于古近纪与新近纪之交的喜马拉雅运动II期是构造活跃期。与前期以东西向为主的构造应力场不同，新近纪中国东部大陆构造应力作用方向以南北向的缩短和近东西向的伸展作用为主要特征（万天丰，2004）。近南北向的断裂转变为正断层，近东西向的断裂演变为逆断层或逆掩断层，导致中国大陆东部地区喜马拉雅运动构造变形主要表现为使原来南北向的断裂发生张裂，并伴随有北北东向断裂一定程度的左行走滑，出现了一些南北向的断裂，形成了以大雪山东缘—小江正断层带、大兴安岭东侧—太行山东侧—武陵山—大明山正断层带、闽粤正断层、钓鱼岛隆褶带东侧正断层和冲绳俯冲带—台东纵谷—菲律宾西左行走滑正断层五条断层。以此五条主要断层为边界，在喜马拉雅运动活跃时期，各区域均发生不同程度差异升降，由此产生显著地势差异，从太平洋盆到我国青藏高原形成了自西向东六大地形台阶，依次为青藏高原，西北—内蒙古—鄂尔多斯—云贵高原，东部平原、丘陵、低山，浅海大陆架，日本琉球岛屿和台湾-菲律宾地块，太平洋盆。在各台阶内，受次级北北东向正断层系的控制，形成了一系列北北东向条块的隆起和断陷盆地。自此我国现代地形的基本格局初步形成。

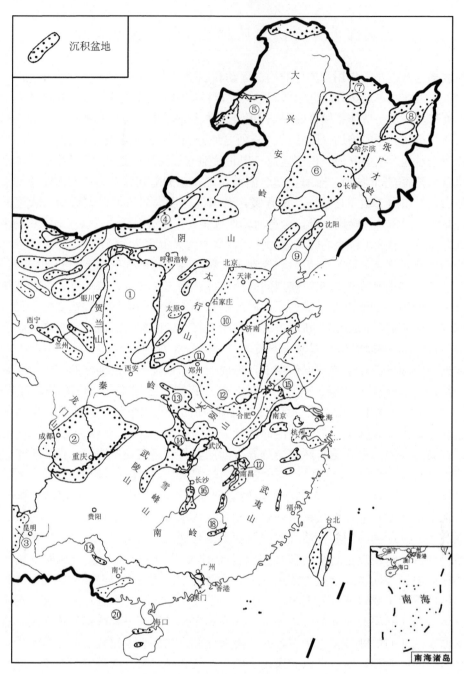

图 2.2　中国东部中、新生代沉积盆地分布图（据林宗满，1992）

主要盆地名称：① 鄂尔多斯；② 四川；③ 楚雄；④ 二连；⑤ 海拉尔；⑥ 松辽；⑦ 孙吴；⑧ 三江；⑨ 下辽河；⑩ 渤海—华北；⑪ 开封；⑫ 周口；⑬ 南阳；⑭ 江汉；⑮ 苏北—南黄海；⑯ 衡阳；⑰ 鄱阳；⑱ 南雄；⑲ 百色；⑳ 北部湾

　　大兴安岭—太行山—武陵山一线在我国东部构造上的分界意义从中生代燕山运动开始即已逐渐明显，古近纪和新近纪期间，此线以西作总体隆起上升，中生代时期在此区域内发育的二连盆地、陕甘宁（鄂尔多斯）盆地、四川盆地、滇中盆地等大型构造沉降盆地（图 2.2），随着隆升而转为隆起剥蚀区，各盆地内部发生次级的断陷活动，形成规模不等的次级地堑式断陷盆地，许多盆地内发育了湖泊。在阶段性构造抬升的作用下，区域内形成 2～3 级夷平面或宽谷面。

现代的内蒙古高原是由经长期夷平所形成的准平原面隆升而形成的剥蚀高原。自中生代末期开始隆升，遭受剥蚀夷平作用，古近纪和新近纪亦是重要的隆升期。随着阶段性的构造抬升，形成多期夷平面。目前晚白垩纪末至古新世形成的"古夷平面"，一部分残存于当地最高的山顶面上，如在高原南缘抬升强烈的阴山山脉的大青山，晚白垩纪末至古新世形成的"古夷平面"为 2300m 的山顶面；另一部分在沉降过程中拗曲成一系列新生代湖盆的基底面。中新世形成的"蒙古准平面"遗迹现今保留在高原的山地、低山丘陵带中，在桌子山大致与海拔 1500～1600m 的平坦面相当，在中蒙边境一带相当于低丘陵的顶面（任美锷、包浩生，1992）。上新世时期形成的戈壁"侵蚀面"现今分布最广、保存最完整，构成了内蒙古高原面的主体，在大青山形成 1400m 山前侵蚀台地，同期内蒙古高原内沿断裂带还发生多次基性岩浆的喷发堆积形成了在今锡林郭勒波状高原的中部阿巴嘎-达里诺尔大片的熔岩台地及乌拉盖盆地周沿断续分布的小片熔岩台地（万波、钟以章，1997；吴中海、吴珍汉，2003；孙金铸，2003）。

中生代长期沉降的鄂尔多斯盆地在古近纪和新近纪整体抬升，到上新世末，大部地区已抬升到接近海拔大于 700m 的高度而成为高原（赵景波、朱显谟，1999）。中新世之前，鄂尔多斯盆地东部的晋陕地区一直都是相对隆起剥蚀区，形成晋陕高地，该地区白垩纪至古新世所形成的准平原面或夷平面目前残存在当地的最高山地面上，称为北台面，因构成今华北最高峰五台山的山顶面（2400～3000m）而得名，五台山周围的管涔山（2603m）、荷叶坪（2783m）、黄草梁（2721m）、小五台山（2882m）等的山顶面均为同期夷平面（李容全、高善明，1998）；盆地西部为相对沉降区，自中生代以来一直接受堆积，沉积盆地的东界逐步向西迁移，盆地的范围由于东部边缘的不断隆升而缩小。中新世晚期，鄂尔多斯盆地持续达两亿多年的东隆西降格局发生反转，使鄂尔多斯夷平面瓦解。盆地东部开始沉降，结束以剥蚀为主的改造，广泛接受沉积；六盘山和鄂尔多斯地块西缘开始隆升，遭受剥蚀改造。西隆东降地貌格局的形成为红黏土的广泛堆积和保存，即大型红黏土盆地的发育奠定了地貌基础。从 8Ma B.P. 开始，红黏土沉积作为鄂尔多斯地块东部最老的新生代地层，覆盖在前新生代不同时代地层之上，占据盆地东南大半部，南起渭北隆起，北达今毛乌素沙漠边界，西自六盘山东麓，东抵吕梁山前（图 2.3），厚度一般在 40～80m，在盆地西南（朝那-灵台）及中东部（涧峪岔-吴堡）的两个堆积中心最厚均达 130m（刘池洋等，2006）。至上新世末，海拔大于 700m 的鄂尔多斯地块上约 3/5 被红黏土堆积覆盖（赵景波、朱显谟，1999）。由于中新世晚期—上新世气候相对第四纪湿润，红黏土沉积仅在当时的洼地得以保留，现断续分布在现今黄土高原的低洼地区，形成覆盖不连续的"红土高原"。

从始新世早中期开始，鄂尔多斯盆地边缘地带发生裂陷解体，形成河套、渭河、银川等地堑式断陷，与此同时，渭河地堑南缘的华山在 57～42Ma B.P. 快速隆升（吴中海等，2003）；银川等地堑边缘的贺兰山于 50.1～42.0Ma B.P. 大规模快速隆升（刘池洋等，2006）。至渐新世，各地堑快速沉降，开始接受河湖相沉积。古近纪末，受挤压

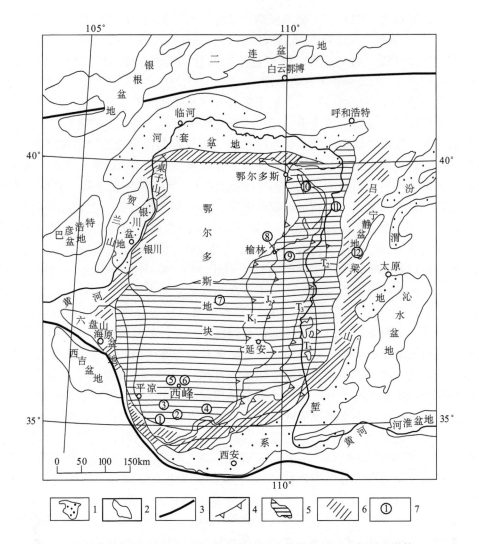

图 2.3 　鄂尔多斯地块及邻区红黏土分布及其形成背景关系图（据刘池洋等，2006）

1. 新生代盆地；2. 中生代盆地；3. 华北克拉通边界；4. 中生代地层尖灭线；5. 红黏土分布范围；
6. 隆起区；7. 红黏土剖面位置及序号；① 朝那；② 灵台；③ 泾川；④ 旬邑；⑤ 巴家嘴；⑥ 赵家
川；⑦ 靖边郭家梁；⑧ 榆林三岗畔；⑨ 佳县方塌；⑩ 府谷老高川；⑪ 保德冀家沟；⑫ 静乐贺丰

应力影响，鄂尔多斯地块及周邻地堑、山系普遍抬升，并遭剥蚀；河套、银川和渭河等
地堑盆地缩小，沉积间断，前期沉积地层遭受剥蚀。新近纪以来，特别是上新世以来，
周缘各地堑盆地重新发生快速沉降，沉积范围明显扩展，同时其周边的华山、吕梁山、
大青山等山地强烈抬升（刘池洋等，2006）。中新世初，渭河地堑的沉积范围向东北部
扩展至山西运城地区；中新世晚期，临汾及其以北的山西地堑系内诸断陷相继形成，并
快速沉降和沉积。至上新世，平面上呈"S"形展布的山西地堑系最终形成，是其周缘
断陷盆地系中形成最晚的。新近纪至第四纪初，这些盆地广泛发育了湖泊，同期黄河中
游较大规模的古湖泊还有银川、河套古湖，属内陆湖泊。上新世北部河套地堑的沉积范
围向东、南隆起区扩展，最大沉积厚度达 6000m；渭河地堑沉积向南北边缘大面积超

覆，最大沉积厚度达 3100m；此前一直遭剥蚀的西部宝鸡-眉县隆起区，开始沉降接受沉积；银川地堑沉积厚度为 1400m，山西地堑系各断陷沉积厚度在 3400～900m（刘池洋等，2006）。而从中新世起，包括六盘山在内的宁夏中南部诸断陷隆起，到晚中新世晚期，诸断陷盆地抬升消亡，此后，该区主要遭受挤压抬升和剥蚀改造（张进等，2005）。

秦岭以南的四川盆地形成于中生代，侏罗纪为最鼎盛时期，盆地范围东部与鄂中荆（门）当（阳）盆地相连，南界达黔中、滇中，北界至陕西西乡，面积达 $58×10^4$ km²，为现今四川构造盆地面积的三倍。始新世中期，印度板块与欧亚板块发生碰撞，强烈的构造运动使四川盆地边缘的沉积地层先后崛起成山，并渐次向盆地迁徙，沉积盆地逐渐缩小，结束了大面积的陆相沉积。进入新近纪，随着盆地东南缘的七曜山和西南缘的大相岭褶皱成山，形成了现代四川盆地的基本格局。自晚始新世起，四川盆地全面进入以风化剥蚀为主的阶段，川东和川南遭受风化剥蚀的主要时期在中新世后，川北和川中主要在上新世后，川西在第四纪。出露地表的中生代紫色砂页岩质地疏松、极易风化，以此为母质的风化壳和土壤呈现紫红色或紫红棕色，反映出强烈的母质的理化特性（邓康龄，1992）。

云贵地区自燕山运动（侏罗纪末）地壳抬升以后，到古近纪处于构造相对宁静阶段，总体趋于被夷平的状态中，并形成起伏不大的夷平面，称为云南准平原（林钧枢，1997）。夷平面上发育了典型的热带亚热带喀斯特地貌。渐新世末到中新世中期，山地、高原再度隆升，同时，高原上的断陷盆地进一步扩大加深，并产生一系列新的断陷盆地（杨宗干、赵汝植，1994），古近纪的夷平面随之解体。目前云南高原面上的缓起伏山顶面是此夷平面的残遗，夷平面上残留有低矮的喀斯特丘陵浅洼地、漏斗和落水洞、喀斯特湖和石林等，其上广泛分布古近纪至新近纪红土。其中，滇东地区仅在海拔约 2700m 左右的乌蒙山保留较好，此外，在昆明 2500m 处也有夷平面的存留；在滇东南，此期夷平面广泛遭受解体，仅残存峰顶面，个旧、蒙自一带海拔 2400～2500m，向南降低。在贵州中部，此期夷平面已无完整保存，主要为海拔 1500m 以上残存的峰顶面（图 2.4）（中国科学院《中国自然地理》编辑委员会，1980；袁道先，1994）。

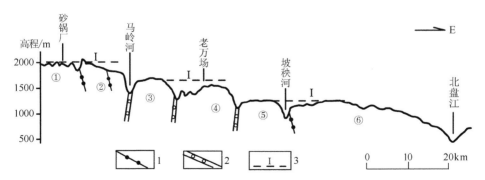

图 2.4　贵州盘县砂锅厂至晴隆老万场一带 I 级夷平面变位示意图（据李兴中，2001a）

1. 地层岩性示意界线；2. 北东向、北东东向活动性断裂构造；3. I 级夷平面。

①上石炭统—下二叠统石灰岩；②上二叠统—下三叠统玄武岩、碎屑岩；③上二叠统—下三叠统碎屑岩、石灰岩；④下二叠统石灰岩；⑤上二叠统—下三叠统碎屑岩；⑥中、下三叠统白云岩、石灰岩

进入中新世中期以后，云贵地区进入第二次构造宁静期与湿热化时期，形成新的一级夷平面。此期夷平面受后期青藏高原隆起的影响而解体，由于滇黔桂地区受青藏高原隆升影响幅度的东西差异，现今残留下来的此期夷平面的分布高度差别很大，但整体表现为从滇西北向东南逐渐降低。夷平面解体的时间也存在差异，云南西部地区上新世末期夷平面就开始解体，被切割成为山原或山地；东部夷平面解体的时间略滞后，大约从早更新世中期开始（程捷等，2001）；中部迄今保持夷平面形态，顶部平旷坦缓，由一些高差相对较小的浑圆状山丘组成，上有上新世早期的红色风化壳（中国科学院地质研究所岩溶研究组，1979），现在已被抬升到海拔 2000～2500m，成为起伏和缓的红层高原面。受活动断裂构造控制，新生代的云南高原内部发育有近百个断陷盆地和断陷谷（杨景春，1993），如元谋、大理盆地等，这些盆地形成时间不一，盆地内发育有上新世—早更新世湖相沉积。

大兴安岭—太行山—武陵山一线以东地区，新生代自北而南发育了松辽、渤海湾（华北）、江汉及华南的一系列北东向雁列盆地（图 2.2）。它们都是中生代开始形成的构造沉降盆地，总的说来，以断裂沉降为主，各大盆地内发育了上千米的新生代沉积物，地层产状平缓，多数地区没有显著的褶皱活动，为我国主要的油气产区。盆地以东的长白山地、山东丘陵和江南丘陵，在新生代都是相对隆起区，有不同程度的抬升。喜马拉雅运动早期，在北北东构造线控制下形成的许多内陆与近海盆地内火山活动比较普遍，以玄武岩喷发为主。新近纪以后，发生南北分异，北部各盆地以大面积下降为主，长江以南的南方地区总体以微弱抬升为主，形成南方高地剥蚀区。

松辽盆地大湖盆的鼎盛时期为白垩纪，松辽和哈巴罗夫斯克-三江盆地是呈北东东向延伸的统一盆地，早白垩世与海相通，因此在松辽盆地多次出现泛海沉积。晚白垩世后，松辽盆地的湖泊大部消失，转化为剥蚀区。始新世中期形成东北地区北北东向的挤压型盆-山结构，即大兴安岭、松辽盆地和张广才岭—古长白山，其发育受大兴安岭东侧的嫩江断裂、张广才岭西侧郯庐断裂北延的佳（木斯）—依（兰）断裂、那丹哈达岭-长白山西侧敦（化）—密（山）断裂的正断层与地堑型断陷活动控制。同期，在张广才岭以东出现了包括延吉、宁安、鸡西、勃利、三江等盆地在内的泛盆地（完达盆地）。从晚白垩世到中新世—上新世，松辽盆地一直以双辽—大安—安达—孙吴一线为中央拗陷或大湖盆地的主轴，而且这种盆地的构造面貌一直延续到中更新世的中晚期，但新生代以来的松辽盆地已较白垩纪松辽盆地大湖盆鼎盛时期的规模大为缩小。东北东部的完达-三江盆地新近纪属于地堑式的快速堆积盆地，沉积深厚，底部有相当厚的玄武岩及凝灰岩分布。

始新世晚期—渐新世，东北东部的古长白山、张广才岭、朝鲜半岛以隆升为主，张广才岭以东的古近纪泛盆地被侵蚀肢解为相互分隔的小盆地，随后的夷平作用使该地区在古近纪后期大面积准平原化（葛肖虹、马文璞，2007）。中新世—上新世的裂隙性玄武岩喷发，覆盖在古近纪末剥蚀夷平而成的准平原面上，形成大面积的玄武岩溢流平台和岩被，现今成为高台玄武岩，如绵延千里的老爷岭山脊覆盖的玄武岩（10～8.9Ma B. P.）面积达 $1 \times 10^4 km^2$，上新世玄武岩喷发形成的"盖马高原"熔岩台地跨越中朝两国，面积达 $1.5 \times 10^4 km^2$。

华北盆地（渤海湾盆地）的断陷始于中生代晚期晚侏罗世—早白垩世（150～

110Ma B.P.），盆地较宽缓，在渤海西部盆地长轴呈北西向，是郯庐断裂带以西的北西向雁列断堑系最北的一个断堑系；而在渤海东部盆地的长轴为北北东向，是中生代郯庐断裂带的海域部分，走滑构造运动和火山活动均十分强烈。晚白垩世至古新世（110～56Ma B.P.），盆地整体抬升，缺失该期的沉积。新生代华北盆地格局是在始新世（42Ma B.P.）确定的，具有典型的菱形几何形态，为大规模走滑伸展的拉分盆地。56～42Ma B.P. 渤海湾盆地又开始发生裂陷，与中生代盆地有一定的继承性，但规模比中生代的盆地狭窄；42～32Ma B.P. 在走滑拉分作用下，沿北北东向的郯庐断裂系方向形成巨大的华北盆地（也称渤海湾断陷盆地），确定了新生代盆地的基本格局；32～25Ma B.P. 在新一期的走滑拉分作用下，盆地更加广阔（图2.5）。华北盆地古近纪的沉积厚度达5000～6000m，其深水湖相沉积中沉积了中国最重要的生油岩。新近纪以来

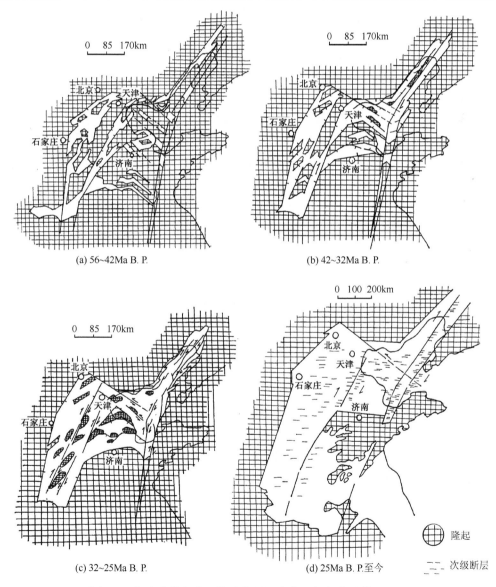

(a) 56～42Ma B.P.　　　　　　　(b) 42～32Ma B.P.

(c) 32～25Ma B.P.　　　　　　　(d) 25Ma B.P.至今

图2.5　新生代华北盆地构造格局的变化（据侯贵廷等，2001）

由于构造活动减弱，华北盆地整体沉降，形成更开阔的拗陷盆地。自始新世至中新世，盆地的沉积中心从盆地边缘向渤海中部的渤中地区迁移（侯贵廷等，2001），华北平原上的湖泊基本消亡，主要接受河流相沉积，在沉积过程中或与海水发生短暂连通，因而陆相地层中常出现一些海相标志。盆地中，玄武岩喷溢频繁，厚度甚至可达千米。

与华北盆地相邻的山东低山丘陵现今海拔多在千米以上，以1524m的泰山为最高，是新生代以来受北东和北西的网格状断裂控制的断块抬升区。泰山作为一个年轻的断块山自新生代进入快速抬升期，于48Ma B.P. 开始抬升，44～37Ma B.P. 和 23～20Ma B.P. 经历了两次快速抬升（李理、钟大赉，2006），古近纪夷平面和中新世夷平面现分别存在于1000～1500m 和 600～800m 的高度（张明利等，2000）。鲁中南山地古近纪的"鲁中期"夷平面海拔500m 左右，上覆中新世中期的山旺玄武岩；上新世的"唐县期"夷平面平均海拔300m 左右，上覆上新世晚期的"唐县砾岩"和玄武岩，略高于同级胶东丘陵的夷平面（中国科学院《中国自然地理》编辑委员会，1980）。

在南方地区，新生代以缓慢的阶段性整体抬升为主，兼有断块差异升降。中生代发育的中、小型山间盆地一直延续到古近纪，在干燥炎热气候环境条件下，低山、丘陵形成红壤型风化壳，同时遭受一定程度的剥蚀作用；中、新生代盆地中形成了山麓相及河流相为主的红色碎屑岩。新近纪以后，除江汉、苏北等大型盆地继续发育外，众多中、小型盆地均被抬升而遭受切割，开始形成现今以低山丘陵为主的地貌轮廓。东南沿海丘陵（杭州湾以南至广西北部湾的东南沿海地区），由若干略呈弧形的平行岭谷组成。新生代以来北东向断裂活动趋于平静，北西向断裂活跃，许多山脉走向和河流走向受该组断裂的控制（杨景春等，1993），比内陆丘陵抬升相对强烈。

三、边缘海的出现与台湾的褶皱隆升

我国东部的各边缘海均为喜马拉雅构造阶段的产物，中生代时期为欧亚大陆东缘的一部分。始新世至渐新世时，东亚大陆东部遭受到太平洋板块第一次比较强烈的向西俯冲、挤压，日本、琉球、中国台湾和菲律宾等变成岛弧岛屿（万天丰、朱鸿，2002）；晚渐新世至早中新世在西太平洋形成一系列张裂性边缘海盆，自北而南有千岛海盆（30～15Ma B.P.）、日本海盆（28～15Ma B.P.）、四国海盆（日本列岛南方，27～13Ma B.P.）、南海海盆（32～17Ma B.P.）、帕里西维拉海盆（37～17Ma B.P.）等（金性春，1995）。受此影响，我国东部大陆边缘的陆上或大陆架构造盆地发育。新近纪是中国大陆东缘边缘海盆地带的主要发育时期，我国东部的东海、黄海及南海开始出现，由南向北陆续被海水淹没，接受海相沉积，台湾则演化成岛弧型岛屿。

黄海和渤海在构造上是东部沉降区陆上盆地的一部分。渤海在古近纪和新近纪是华北盆地的一个组成部分，渤海拗陷的中心部分，是新近纪以来华北盆地的沉降中心（侯贵廷等，2001；龚再升，2005），新生代陆相沉积厚度达到 7000m，其中夹有火山沉积和海侵沉积。黄海海盆与苏北盆地相连，古近纪和新近纪沉积也以陆相为主，但有过短期海侵，苏北-南黄海新近纪以来的沉积厚度可达 2000m。

古新世至始新世，包括东海、台湾海峡盆地和南海北部陆缘在内的中国东南沿海地区处于统一的边缘海盆构造背景之下；自晚始新世起，南海北部大陆边缘与其北部的台湾海峡地区和东海逐渐走上了不同的演化道路。台湾海峡地区和东海继续其自古新世—始新世以来的演化进程，形成了从古新世至晚中新世有序分布的裂陷盆地群和相应的盆间弧体系，而南海北部大陆边缘则向非典型的被动大陆边缘演变（图 2.6）（刘振湖等，2006）。

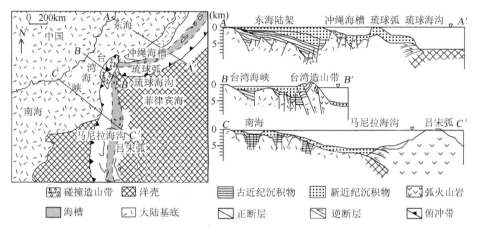

图 2.6　中国边缘海古近纪和新近纪板块构造格局（据邓属予、张健，1994）

东海陆架盆地位于亚洲板块东南缘，是西太平洋构造体系的一部分，古近纪、新近纪的大部分时间东海呈现南海北陆的格局，其南部自白垩纪以来大部分为海域所占；而北部则以陆地环境占主导地位，仅在沉陷较深部位间歇性地有海侵性沉积环境出现，上新世晚期才广泛地为浅海所淹没（陈颐亨，1989）。东海陆架盆地的形成和发展与库拉-太平洋板块的活动以及菲律宾海板块的形成和扩张有着密切的关系。晚白垩世晚期至始新世，东海陆架盆地由侏罗纪—早白垩世挤压构造环境的拗陷盆地转为拉张环境下的断陷盆地，在陆架盆地西部开始发生裂陷（图 2.7）。古近纪，裂陷的中心逐步由西向东迁移。古新世的断陷中心在东海陆架盆地西部的长江凹陷、瓯江凹陷；晚古新世，随着盆地裂陷由西向东逐渐迁移，中部隆起带开始接受沉积。始新世时，断陷中心向东迁移，以陆架盆地东部的西湖凹陷为主，西部断陷带和中部隆起带均转为拗陷。到了渐新世，由于太平洋板块俯冲方向的改变和菲律宾海板块的作用，东海陆架盆地发生拗陷，拗陷中心以东部为主。中新世时，裂陷盆地东迁至冲绳海槽盆地，陆架盆地转为整体沉降，西部拗陷带以古新世断陷、始新世拗陷和中新世—第四纪区域沉降为特征；中新世晚期，冲绳海槽和琉球岛弧形成，6Ma B. P. 前后，吕宋岛弧在台湾地区与中国大陆发生碰撞，台湾岛上升露出水面，形成了台西盆地现今的面貌（郑求根等，2005）。

台湾是我国东部唯一的喜马拉雅褶皱带，北北东向平行岭谷构成了台湾岛的主体，构造运动的主要表现为台湾褶皱山系的形成以及伴随着中部山地的上升山地东西两侧都形成拗陷，西部拗陷发育深厚的海陆交互相沉积，东部拗陷发生多次火山喷发的侵入，形成复杂的火山岩系和山麓岩堆积。古近纪初台湾地区尚处于海洋环境中。自上新世以来，陆洋之间的斜向俯冲作用加强，最终在东亚环太平洋地区出现成型的海沟、岛弧及边缘海盆系统（图 2.6），台湾中央山脉不断褶皱隆起，台湾

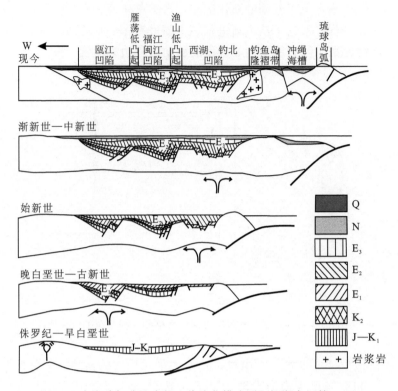

图 2.7　东海陆架盆地中新生代演化模式图（据郑求根等，2005）

海峡形成，阿里山和台东山脉抬升成陆。台湾海峡盆地东部拗陷东缘快速加深，开始接受来自中央山脉的碎屑物质，沉积速率急剧加快，在 4Ma B. P. 内堆积了 4～5km 厚的上新统—下、中更新统沉积。上新世晚期，吕宋弧北段与台湾逐步缝合，直至形成海岸山脉（刘振湖等，2006）。

南海是太平洋最西缘的边缘海，其中陆架海占南海海域的 1/2 以上。南海北部的陆架海是华南低山丘陵向海底延伸的部分，地形坡降比黄海、东海要大得多，水平延伸距离较小。南海北部新生代以来以下陷沉降为主，受北东东或近东西向构造带控制，在大陆架、大陆坡的几个拗陷区内广泛堆积了 3000～8000m 厚的海相或海陆交互相古近纪和新近纪沉积（林长松等，2007）。南海盆地是渐新世到中新世的中期西太平洋张裂形成的一系列边缘海之一。西沙及以南的南海海区是渐新世后期拉伸形成的深海盆，南海的主体扩展发生在中新世，其基本格局在那时就已经奠定，约 20～15Ma B. P. 在南海西南部构成向西南方向延伸的楔形洋壳。

第二节　协同演进——自然环境向现代趋近

古近纪和新近纪历时只有 6000 余万年，在这相对短暂的时期内，相应于全球环境的演进，中国自然地理环境经历了一个飞跃，通过了"近代化"——"古近"和"新近"两个阶段，向现代趋近。在此期间，最为重要的事件是：古近纪和新近纪之交，季风环流形势取代了原来的行星风系环流形势，从纬度地带性主导的地带性格局转变为三大自然区配置的现代格局。

在自然环境向现代趋近的过程中，岩石圈、大气圈、生物圈以及各圈层内部各成分之间（如动物与植物之间）协同演化，中生代之初开始出现的被子植物、哺乳动物和鸟类，在此期间都随着生境的变化而迅速崛起、强烈辐射，最终在陆地生态系统中处于主导地位，促使自然环境面貌改观（图 2.8）。

图 2.8　中国古近纪生物景观（据殷鸿福等，1988）

1. 恐角兽类；2. 古食肉类；3. 始新马；4. 紫萁；5. 莲；6. 水松；7. 槲叶；8. 樟；9. 拟萨巴榈；10. 水杉

一、古近纪自然地带格局及其演化

新生代之初，全球处于温暖环境，中国也不例外。对于现今处于暖温带北部边缘的抚顺煤田中的孢粉与植物化石研究表明，古新世，当地发育以落叶阔叶林为主的森林植被，桦、榛、桤木、胡桃、鹅耳枥、榆属等温带成分占 70%～80%，热带、亚热带成分如莎草蕨属、杉科、杨梅、枫香属、漆树属、龙眼属等占有 20%～30%。

始新世早期，亚热带成分上升到主要地位，杉科、常绿栎类、枫香、棕榈、山核桃等属占 60%，温带成分占 40%，退居次要地位，反映了以亚热带常绿林和落叶阔叶林为主的森林植被。始新世中期，棕榈等明显增加，亚热带成分更上升到占 70% 左右。始新世晚期气温似略有下降，但亚热带常绿林的主导地位没有改变（表 2.1）。

表 2.1 抚顺地区古新世、始新世植被与气候（据孙湘君等，1980）

时代		古植被	古气候
始新世	晚期	亚热带常绿和阔叶落叶混交林与针叶林	温暖湿润
	中期	亚热带常绿和阔叶落叶混交林	炎热、湿润
	早期	亚热带常绿和阔叶落叶混交林	温暖、干燥
古新世		温带阔叶落叶林	温和湿润

除了气候温暖甚至炎热、亚热带北界的纬度位置升高以外，中国古近纪自然环境方面的第一个不同于现代的、标志性的特征是有一条宽阔的干旱带自西北向东南横跨全境。在古新世几乎占全国 2/3 以上的面积。石膏、岩盐、芒硝等蒸发岩在这一范围内广泛分布，且在其中发现指示干旱气候的麻黄粉、山龙眼粉等孢粉。现今位于东部湿润区的江西境内，古新世沉积盆地内的岩盐沉积中，麻黄粉占孢粉总数的 10%～50%。江汉盆地始新世中晚期蒸发岩的孢粉分析样品，岩盐中 30%、钙芒硝中 20%、紫色泥岩中 15% 都是麻黄粉。这样一个范围广阔且与当时的古纬度走向一致的干旱区，当然是副热带高压影响下的产物，从而表明古近纪中国处在行星风系的控制下。

在自然地带分布方面，第二个不同于现代的突出现象是古近纪自然地带与现代纬度不平行，存在一个很大的交角，总体呈西北-东南走向。西北地区古近纪红色系的沉积以红色系、绿色系的交替为特征，但在东北的松辽盆地中，一般以杂色至暗色岩系为主，表明在西北地区亚热带气候带伸展所及的现代纬度高于东北地区。我国广大地区的古近纪红色系中分布着石膏等蒸发岩，表明属于干旱气候带，此干旱气候带的北界和南界所处的现代纬度也都是西部高于东部。新疆吐鲁番-哈密盆地的古新统和始新统沉积物中具有钙质结核层，渐新统沉积物中含有石膏夹层；华北平原和鲁西的始新统沉积物中出现石膏、盐岩，现代纬度位置远低于吐鲁番-哈密盆地。干旱气候带的南界，西部在雅鲁藏布江以北，往东向南偏斜直到南岭以南。这种与现代自然带分布斜交的分布形势表明中国大陆后期受印度板块挤压发生了旋移。

从古新世、始新世到渐新世，自然地带格局有所变化，但本质上大体相同（图 2.9）。从北向南，全国基本上分属于三个地带。在我国自然地带分异方面，当时秦岭的分界线意义还不是很大，但天山与阴山、南岭山地都有明显的分界作用。

始新世，北部亚热带湿润气候-植被带和中部亚热带-热带干旱气候-植被带的性质与古新世无多大变化，只是南界都略为北移。北方湿润暖温带-亚热带常绿与阔叶落叶混交林带南界从天山南麓经阴山南麓而至山东境内，即哈密—济南一线，带内的沉积物主要为湖泊沼泽碎屑岩，煤和油页岩沉积广泛分布。中部干旱植被带的南界以南岭山麓南缘和冈底斯山为界，区内广布红色、杂色岩系以及白云岩、石膏、盐岩、芒硝等蒸发岩；孢粉组合以麻黄的高含量为特征，植被多为旱生化稀树草原和荒漠景观。大体在冈底斯和南岭以南的范围内，沉积盆地中不再见蒸发岩，却广泛分布煤和油页岩，并见大量蕨类、水生植物和常绿植物的大化石，为热带湿润气候-植被带。始新世是对被子植物分布、分化有重大影响的时期。在这一时期印度板块靠近欧亚板块引起了新特提斯洋（古地中海）的退却，冈瓦纳大陆的成分得以和东亚植物区系进行交流，同时古地中海成分发生分化，一部分古地中海成分进入东亚植物区，变成东亚植物区系的一部分

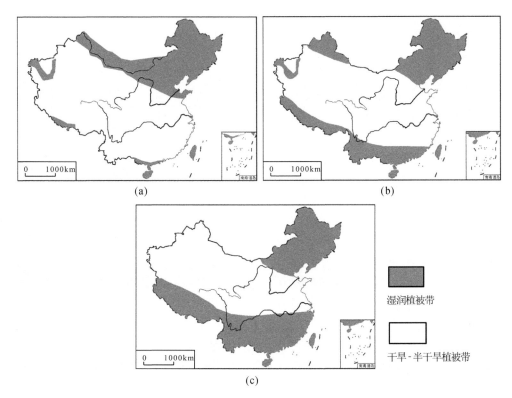

图 2.9 孢粉与古植被资料反映的中国古近纪气候带演变（据孙湘君、汪品先，2005）
(a) 古新世；(b) 始新世；(c) 渐新世

（孙航，2002）。始新世是我国地史上哺乳动物最为兴旺、繁荣的时期之一，当时我国大部分地区基本上还处在同一个动物地理区系，南方和北方哺乳动物群的组成比较均一，彼此含有很多相同的科，甚至是相同的属，说明始新世我国南、北方的气候和自然环境都比较接近，地形上也不存在多数哺乳动物迁移和扩散的障碍（邱铸鼎、李传夔，2004）。

渐新世，纬向分布的三个气候-植被带的格局更加明确，叶化石和孢粉资料表明，东北地区保持着温带湿润气候-植被带的性质，但西北已趋向干旱，以前穿过内蒙古到达新疆北部的湿润气候带已不复存在。中部亚热带干旱、半干旱气候-植被带的幅度在东部沿海收缩变窄，南界已北移到长江南侧，在西部扩展变宽且干旱程度增大，带内植被的重要变化是麻黄被藜科和白刺等 C_4 植物替代（孙湘君、汪品先，2005），在始新世时还不多见的草本植物在渐新世时期已占较大比重，干旱程度最强的地区似与现代接近。南部热带、亚热带湿润气候-植被带的范围进一步扩大，已向北包括了整个江南地区，这一带此时许多含煤小盆地中发现的化石都指示亚热带常绿阔叶林的性质。渐新世我国哺乳动物在演化上有两个显著的现象：一是渐新世中期大量古老动物类型的消失，二是蒙新高原区出现了一些高冠草原型小哺乳动物（如查干鼠和鼠兔），与西北地区的气候变得干旱并出现了草原景观相呼应；但南北动物群中依然存在共同的成分，如西北地区上渐新统中发现的巨犀化石，同样可以在云南和印度次大陆上找到（邱铸鼎、李传夔，2004）。

随着古近纪发生的这一系列变动、调整，中国自然地带格局的一场剧变已悄然逼近，这一剧变的推动力便来自于季风的形成和日益强化。

二、季风的出现、演变与影响

中国自然地理环境的"近"代化过程是通过季风环流的出现、发展而实现的。季风气候的显现极大地破坏了行星风系对东亚近地层的控制，改变了我国境内热量、水分条件的空间分布与季节变化，从而决定了我国境内现代自然地带的格局和区域分异。

对我国季风气候形成时间的推断最初就是根据古近纪和新近纪自然地带分布格局的差别做出的，近年得到了进一步的证实，推测应发生在渐新世到中新世之际（周廷儒，1960；张兰生，1992；刘东生等，1998；孙湘君、汪品先，2005；张仲石、郭正堂，2005）。渐新世晚期到中新世早期，我国自然带格局发生了巨大变化。原先在行星风系控制下东西向伸展的气候和自然带格局被打破，呈现出一种全新的气候和自然带分布模式，与古近纪相比，最大的变化在于横贯东西的干旱带消失，干旱带退缩到我国西北地区，我国东部地区干旱带的位置为湿润的自然带所取代，即我的自然带分布出现了东西分异（图 2.10），新的自然带分布格局更多地表现为季风气候的特征，在古近纪我国已开始显现趋向于现代的自然带格局。

近年来从沉积记录中获得了大量有关季风气候形成的沉积证据与具体的年代信息。我国北方地区风成的新近纪红黏土和第四纪黄土序列具有记录完整、连续性好和分辨率较高的优点，是反映长尺度环境变化的良好环境感应体，作为远距离风力搬运的风尘堆积，它们均被作为指示季风环流存在的证据。

六盘山以西甘肃秦安地区发现的中新世黄（红）土-古土壤沉积被认为是我国迄今最早的风尘堆积。该套沉积底界的年龄为 22Ma B.P.，顶界的年龄为 6.2Ma B.P.，沉积连续，几乎覆盖了整个中新世。秦安黄土沉积披覆在数百平方千米不同高程、相对平缓的高地上，产状近水平，由粉砂质黏土与具有淋滤特征的古土壤组成的互层构成，秦安黄土中的古土壤呈现典型季风区黄土所具有的同一年内发生古土壤风化成壤作用和风尘堆积作用的加积特征，在常量、微量和稀土元素地球化学特征及其他沉积学特征上也与第四纪的黄土有相似性，属于风尘堆积和古土壤。上述沉积特性标志着当时已有强大的风力把风尘从亚洲内陆的干旱物源区搬运到黄土高原沉积；在风尘堆积区又具有湿润化特征，有大量来自海洋的水汽到达，从而形成具有淋溶特征的古土壤；一年中在风向和干湿方面均呈现出明显的季节变化，源自西北干旱区的风尘所主导的堆积作用和源自东部海洋的水汽所主导的风化成壤作用相互交替，形成加积型古土壤。秦安黄（红）土-古土壤序列的上述特征说明该地区已从原来副热带高压控制的干旱环境转变为季风环境，亚洲冬季风环流系统至少在 22Ma B.P. 前就开始形成（Guo et al.，2002）。

早中新世季风发育也得到南海深海沉积记录的支持，深海沉积中黑碳的稳定同位素分析显示早中新世（大约 20Ma B.P.）东亚植被中就有更适应季风气候的 C_4 植物出现，可能已有季风环流存在；同期南海北部 Al/Ti，Al/K，Rb/Sr 和 La/Lu 等一系列指示化学风化程度的元素比值突然升高，反映湿度增大，可能和东亚季风的形成有关

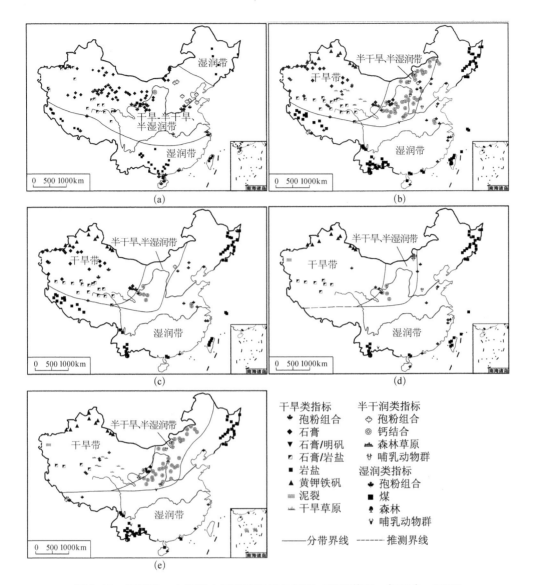

图 2.10 渐新世、中新世中国环境格局的复原（据张仲石、郭正堂，2005）

(a) 渐新世（约 38～24Ma B.P.）；(b) 中新世（约 24～5.3Ma B.P.）；(c) 早中新世（约 24～16Ma B.P.）；
(d) 中中新世（约 16～11Ma B.P.）；(e) 晚中新世（约 11～5Ma B.P.）

（孙湘君、汪品先，2005）。此外，北太平洋中主要源自中亚内陆干旱区的粉尘通量也在约 24～22Ma B.P. 时明显加强（Rea et al.，1985）。

　　季风自 24～22Ma B.P. 形成以后，在新近纪经历了不断加强的过程。黄土的粒度，尤其是粗颗粒的含量，可视为东亚冬季风的代用指标；磁化率和 δ^{13}C 值可视为东亚夏季风的代用指标。根据分布于不同地形地貌部位的黄土-红黏土或粉尘堆积序列以其标志性的起始年龄和上述指标的变化可以识别出新近纪东亚季风的演变存在 16～14Ma B.P.、10～7Ma B.P. 和 3.6～2.6Ma B.P. 等几个重要的转折点（图 2.11）（安芷生等，2006）。

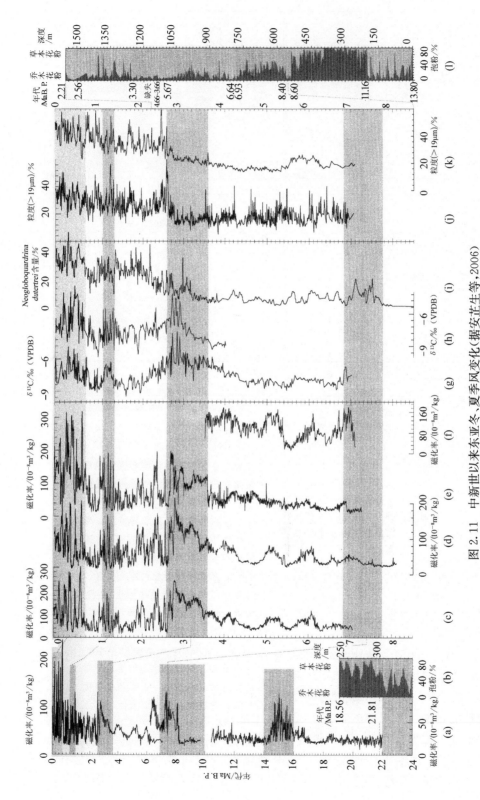

图 2.11 中新世以来东亚冬、夏季风变化(据安芷生等,2006)

(a)磁化率:7~0Ma B.P. 取自西峰剖面,22.0~6.2Ma B.P. 取自秦安 I 剖面;(b)临夏盆地孢粉图谱(250~340m);(c)灵台剖面磁化率;(d)朝那剖面磁化率;(e)段家坡剖面磁化率;(f)董湾剖面磁化率;(g)灵台剖面 $\delta^{13}C$;(h)段家坡剖面 $\delta^{13}C$;(i)南海 ODP1146 孔浮游有孔虫 Neogloboquardrina dutertrei(%)变化;(j)灵台剖面>19μm 粒度(%)变化;(k)西峰剖面>19μm 粒度(%)变化;(l)酒西盆地孢粉图谱

秦安剖面（22.0～6.2Ma B.P.）磁化率最高值分别出现在约16～14Ma B.P. 和8.2～6.2Ma B.P. 前后，记录了成壤作用加强和夏季风增强的事件。16～14Ma B.P.，秦安粉尘堆积磁化率均值从$25 \times 10^{-8} \mathrm{m^3/kg}$增加到$95 \times 10^{-8} \mathrm{m^3/kg}$，黄土高原粉尘堆积速率和北太平洋粉尘通量显著增加，两者同时在15Ma B.P. 达到峰值，表明夏季风与亚洲内陆干旱化同步加强，我国西北干旱区进一步扩大；南海1148孔所记录的底栖有孔虫$\delta^{13}C$值从17Ma B.P. 开始增加，在16Ma B.P. 达到高峰，$\delta^{13}C$重值期持续至14Ma B.P. 也从另一侧面指示了南海夏季风的增强。

磁化率和沉积速率所反映的夏季风与亚洲内陆干旱化程度都在10～7Ma B.P. 加强，在此期间，中国黄土高原广泛发育风成红黏土堆积。六盘山以东黄土高原多个风尘堆积序列底界年龄集中于8～7Ma B.P. 前后。与秦安剖面类似，7Ma B.P. 前后董湾剖面的磁化率也出现高值，表明夏季风增强。黄土高原黄土-古土壤的$\delta^{13}C$值记录了8～7Ma B.P. 期间C_4类型植被的扩张事件；8.5Ma B.P. 前甘肃酒西盆地的植被由针阔叶混交林向草原植被转化，均指示了在8～7Ma B.P. 时由于C_4草灌植被的扩张，东亚陆地生态系统发生了重大变化。8Ma B.P. 左右季风增强的现象在南海沉积记录中也有表现。北太平洋记录显示，距今8～7Ma B.P.，由西风环流携带至北太平洋的亚洲内陆粉尘沉积通量显著增大，记录了内陆干旱化增强的事件。

3.6～2.6Ma B.P. 风尘堆积序列的磁化率值急剧增大，红黏土序列在这一时段中以深红色、Fe/Mn胶膜发育、棱柱状结构和高磁化率为特征，显示了成壤程度增强；代表冬季风的粗颗粒含量也明显增多，反映东亚冬、夏季风同时增强。红黏土$\delta^{13}C$值的偏重所指示C_4植被的又一次扩张意味着东亚夏季风的加强；黄土高原粉尘通量和堆积速率在3.6～2.6Ma B.P. 的持续增大，与北太平洋记录一起反映了内陆干旱化急剧扩展的事件。

中新世以来季风环境和内陆型干旱环境的产生和发展是相互关联的现象，东部干旱区的消失，意味着行星风系中副高系统对近地面层的控制被打破，影响我国东部地区降水的夏季风系统出现。正是东亚夏季风把海洋的水分带到了中国东部；而西北地区则是由于夏季风无法到达而成为干旱区；但新近纪的季风现象与现代季风存在明显差别。当时三趾马动物群和红土层从东到西广泛分布在中国境内，向北直达辽宁和内蒙古南部，表明亚热带占有极为广阔的范围，"冬季风"强度不大，影响的空间地区有限。青藏高原新近纪晚期的沉积岩相，在空间上存在很大不同，南部是含煤层建造的暗色岩系，北部却是含石膏层的红色碎屑建造，南北之间分布着含油页岩的杂色碎屑建造。这种地带现象表明"夏季风"力量也不强，当时虽然还没有出现地形上的障碍，"夏季风"仍未能打破行星风系中副热带高压对青藏地区近地面层的控制，因此，新近纪的季风可称为"古季风"，直到2.6Ma B.P. 青藏高原强烈隆起以后，中国季风发生重大调整，现代季风气候才得以形成。

新近纪季风气候的形成可能是青藏高原在中新世初的隆升、亚洲边缘海的裂开扩大及中亚地区新特提斯洋的东延部分收缩和消失等多种因素共同作用的结果（施雅风等，1998b）。但对具体的形成原因，仍然有多种不同的看法。一种观点认为：青藏高原隆升和面积扩展是亚洲季风环流形成并加强的重要原因，并通过对水汽的阻挡和对大气环流的改变而加强亚洲内陆的干旱程度。另一种观点则认为：海陆之间的热力差异是形成季风系统最基本的因素，新特提斯洋在渐新世晚期到中新世晚期的关闭，导致季风环流的形成和亚洲内陆干旱程度的加剧；而我国南部边缘海的形成也可能对季风环境的形成有十分重要的影响。此外，新近纪以来的全球变冷，无疑也会加强内陆地区的干旱程度（张仲石、郭正堂，2005）。对季风成因的不同认识，涉及对青藏高原的隆升过程及不同时期隆升高度的认识问题。高原隆升主导的观点，认为发生在渐新世和中新世之交的喜马拉雅运动使得 24～22Ma B. P. 前后青藏高原就已经隆升到对季风环流的形成起关键性影响的 2000m 以上高度，且高原是阶段性持续隆升和扩大。根据大气环流模式模拟结果，随着高原的生长及其在生长过程中由南向北的不断扩张，中亚地区由夏季降水率所反映的干旱程度不断加剧，与此同时，亚洲大陆上的夏季海平面气压反映的夏季风强度不断增强，说明青藏高原的隆升生长与亚洲季风及内陆干旱化的发展存在着直接的因果联系（安芷生等，2006）。海陆热力主导的观点认为，从渐新世（约 30Ma B. P.）到中新世中期（10Ma B. P.），特提斯洋消失，退缩到现代咸海、里海和黑海相邻地带附近一隅之地，印度次大陆与欧亚大陆连为一体，中亚和西亚广大地区成陆，可引发亚洲西南季风（印度季风）的出现，同时使大陆高压从我国北部迁移到西伯利亚（Ramstein et al.，1997）。南中国海在 24Ma B. P. 的渐新世之末被拉开成为深海，其形成演化对中国气候具有举足轻重的意义。作为世界最大的边缘海，南中国海的面积达 297×10^4 km²，它的主要部分处于西太平洋暖池之中，因而有条件成为向中国大陆输送水汽的主要源地，是名副其实的中国最主要的季风通道。现代中国大陆夏季降水中水汽的56%来自南中国海的低空越赤道气流，而印度洋的西南气流占 33%，由西太平洋副热带高压驱动的东南季风仅输送总水汽的 11%（陈隆勋等，1991）。很可能是南中国海在古近纪末的初步形成，使得中国大陆首次出现了季风环流系统，从而导致中国东部变湿，行星风系统治中国的局面被打破（施雅风等，1998c）。究竟哪种原因更为主要，尚待更多的探讨。

三、新近纪自然地带格局及其演变

进入新近纪，我国自然带格局发生了巨大变化，随着季风气候的显现，我国的自然环境出现东、西之间的分异。与古近纪相比，最大的变化在于横贯东西的干旱亚热带消失，东部地区气候变湿，干旱带缩小到我国西北地区，且干旱化程度进一步增强（图2.12）。与此相应，中新世开始出现从 C_3 植物为主导的生态系统向更适应季风气候的C_4 植物为主导的生态系统转变，并进一步表现为森林环境的退缩和草原植被的大规模扩张。与之密切相关的是，新生代哺乳动物群也发生重要演替。

在新近纪，植物群落中草本逐渐增多，植物群的组成成分比古近纪复杂。藜科、伞形科、禾本科数量众多，菊科的蒿属大为繁盛，灯心草科、车前科等也在中新世开始出现。与此同时，古老类型的蕨类、裸子植物以及原始类型的被子植物比古近纪少，分布区也逐渐向南缩小；花序蕨属、红杉属、日本金松属、帕尼宾属、香蕨木属在我国已不存在；许多现代种属大量出现。植被的地域分异较前增强。由于干旱程度加大，西北内陆地区出现森林草原和草原景观，藜科、蒺藜科、菊科、禾本科、麻黄科植物在这里得到大量发展。至上新世晚期，生物种群已经与现代比较接近了。

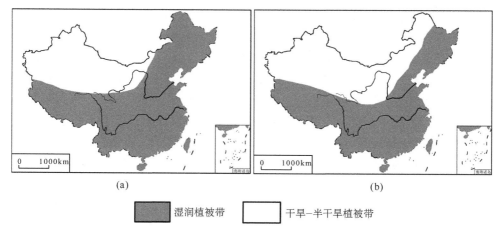

湿润植被带 干旱–半干旱植被带

图 2.12 孢粉与古植被资料反映的中国新近纪气候带演变（据孙湘君、汪品先，2005）
(a) 中新世；(b) 上新世

新近纪期间，哺乳动物的发展跨进了一个新的时期，古老类型已大量、急剧绝灭，现生科已占半数以上。中新世是我国哺乳动物向现代转变的一个重要时期，我国发现的中新世哺乳动物化石都可归入现生目，而且到了晚中新世现生科已占绝对优势。上新世的哺乳动物更进一步向现代趋近，古老类型已基本绝灭，当时生存的科约有 80％延续生存于现代，起源于北美的奇蹄目三趾马越过白令海峡迅速在旧大陆繁衍，在上新世动物群中占有极重要的位置，因而欧亚的上新世物群被称为"三趾马动物群"，我国现代动物群就是直接从上新世"三趾马动物群"发展而来的（图 2.13）。

图 2.13 中国新近纪生物景观图（据殷鸿福等，1988）

1. 犀牛；2. 羚羊；3. 古鳞；4. 古猿；5. 乳齿象；6. 古鹿；7. 三趾马；8. 剑齿虎；9. 赤杨；
10. 甘姜；11. 绣球；12. 金鱼藻；13. 凤尾蕨；14. 莎草；15. 山核桃；16. 枫杨

自新近纪开始，随着季风气候的形成，我国现代自然区的格局已开始显现，大体上可以分为东部季风区和西北干旱区的暖温带-亚热带和青藏南部高原暖湿带等自然地带。新近纪期间，西北干旱区有向东扩展的趋势（孙湘君、汪品先，2005），在南北方向上，各植被带随着全球性气温的降低而向南退缩。中新世的哺乳动物群已发生了明显的南、北方分化，而且此后分异越来越明显，在北方地区还出现了东西方向的差异；到上新世和更新世，北方适应食用硬草的草原型动物大量增加，而在南方则繁衍了喜湿热的森林型动物。构成现代中国北部属古北区（界）的温带动物的分布区和南部属东洋区（界）的热带、亚热带动物分布区，南北两大动物地理区系已经显现（邱铸鼎、李传夔，2004）。

东部湿润地区内，东北北部已属于暖温带针阔叶混交林地带，略相当于目前的华北；秦岭—淮阳山地的分界意义开始明显化，此线以北属于暖温带-亚热带常绿与落叶阔叶混交林带，此线以南直至南岭南麓属于亚热带-热带常绿林带；南岭以南属于热带常绿林带。

东北湿润暖温带西至大兴安岭，南界大约在 40°N 一线，以东、以北则延伸出国界。与古近纪相比，北方温带范围内新近纪植物群的最大变化是受全球变冷影响，喜暖的裸子植物如银杏、水松、落羽杉、红杉、水杉等减少。落叶栎类为主的阔叶被子植物和以松属为主的针叶树组成的混交林占主要地位，虽仍掺杂着一些亚热带分子，如山核桃属、枫香属和冬青属等，但为数很少。植物叶片大小中等，叶薄，叶缘多有齿，代表中生环境（李星学，1995）。松辽盆地和平原地区，基本上是阔叶林，孢粉中富含赤杨、桦和杨等阔叶林成分，而少见针叶孢粉。只是在海拔稍高的大兴安岭、长白山和张广才岭等山地，耐寒的针叶林成分增加，反映了凉湿的气候特征。由于气候温湿，植被发育，因此新近纪在东北地区仍是主要的成煤期。

华北湿润暖温带-亚热带北接东北湿润暖温带，东毗大海，西至山西等地，南以秦岭—淮阳山地为界。进入新近纪之后，秦岭—淮阳山地开始成为一条重要的自然环境的分界线。此带内，新近纪植物群的特征是：被子植物非常繁育，落叶植物占优势，常绿植物也得到适当的发展。温带被子植物如桦科、胡桃科、榆科和落叶型栎属等，与亚热带成分如常绿型山毛榉科和栗属与栎属、山核桃属、枫香属、漆树属、木樨科、楝科、梧桐科、樟科等相混生，形成掺杂常绿成分的落叶阔叶林。植物叶片较大，叶多纸质，叶缘常有齿，反映亚热带湿润气候条件。在山东山旺植物群中，中新世时生长有杨柳科、桦科、胡桃科、榆科、鹅耳枥、椴、桦等落叶阔叶林树种，也含有少量的山核桃属、山毛榉属、栗属和木兰等亚热带植物，具有显著的温带与亚热带过渡的植被特征（李星学，1995）。至上新世晚期，华北平原草本植物大量增加，喜湿热的亚热带成分基本消失，从森林退化为森林草原，显示出气候明显变冷变干效应（孙启高等，2002）。

湿润亚热带北界为秦岭—淮阳山地，南界为南岭，东濒大海，西毗青藏高原东缘。本带在新近纪属亚热带-热带植物群分布的范围，特征是温带成分很少或几乎缺乏，例如，湿润暖温带-亚热带内极为丰富的桦科，在本带内种属单一，数量很少；常绿植物大量增加，山毛榉科的常绿属种占明显优势，金缕梅科、黄杨科、冬青科和芸香科都有代表，木兰科、樟科以及目前仅分布于南亚热带地区的番荔枝科也都有存在，反映了南亚热带的气候特征。江汉盆地以被子植物为主，有较多的木本落叶阔叶植物，其中以胡桃科、山核桃属、栎属、栗属和桦科为最多，松科含量可以达到 15%～20%，还有许多喜湿的水龙骨科等蕨类。浙江、福建和江西低地生长枫香-香蕨木群落。

南岭以南的湿润热带包括台湾、两广、云贵和西藏的南部。植被以亚热带和热带种属为主。常绿、半常绿植物占优势，樟科、山毛榉科和豆科最为丰富，都是现代常见的科属，植被类型属小叶常绿阔叶林。台湾台北东南石底组煤田的中新世植物群中，樟科属种最多，数量也多；山毛榉科中只出现常绿种属如栲属、柯属等，缺少典型的温带种属；目前仅生长于低纬地区的凤丫蕨属、莉竹属、刚竹属的出现，说明当时这一植物群属于热带性质。中中新世以前，华南地区植物含较多的亚热带-热带成分，温带和暖温带成分也有分布。上新世时，亚热带、热带成分在本区减少，草本植物花粉有所增加（王伟铭，1992）。在海南岛，中新世时由于海侵进一步加大，海滨红树林面积大大增加，在盆地的中心则发育了由金缕梅科、阿丁枫科、木兰科、桃金娘科、胡桃科、棕榈科等组成的低地热带雨林；上新世时，气候较干凉，为热带到亚热带过渡的性质，各盆地曾一度发生海退，红树林减少或消失，草本植物（如藜科、禾本科和菊科等）开始繁盛（李星学，1995；蒋有绪等，2002）。

新近纪期间，哺乳动物在我国的分布出现了明显的南北分异和东西分异。南北分异尤以小哺乳动物更为显著，在东部地区，南方晚中新世的元谋小河动物群和禄丰石灰坝动物群，其现生科除河狸科和仓鼠科外，均为现代东洋界特有或热带-亚热带的主要成员，如树鼩科、毛猬亚科、狐蝠科、刺山鼠科、竹鼠科和豪猪科等；而北方地区均为现代全北界或古北界特有或主要分布的成员，如河狸科、山河狸科、睡鼠科、林跳鼠科和鼠兔科等，无一为现代东洋界所特有。南方动物群指示了热带-亚热带森林环境，具有现代东洋界的特色，表明了东洋界的形成可能开始于中新世。北方东部地区内的动物多是适应森林环境的动物为群，早期有真象、剑齿虎等，山东山旺动物群属由古北界中喜暖湿的成员组成；到了新近纪晚期，由于气候变干，狼、野驴、鹿、羚羊和三趾马等草原动物较多。由于中新世在华北和华南间不存在妨碍动物交流的天然屏障，因此其间有一个明显的动物分布过渡区，这一地区混杂了南方和北方的动物类型。如早中新世的泗洪动物群，既有北方类型的河狸科、睡鼠科和鼠兔科，也有南方类型的毛猬亚科、刺山鼠科和竹鼠科（邱铸鼎、李传夔，2004）。

新近纪以来，西北地区干旱化程度日益加深，祁连山、天山、阿尔泰山和昆仑山的隆起，逐步改变了西北地区的自然地理环境，因此西北地区的自然带也发生了巨大的改变。虽然西北地区在古近纪和新近纪都存在干旱带，但干旱的成因和强度并不相同，前者是行星风系副热带高压带控制下的干旱，而后者是内陆性干旱（张仲石、郭正堂，2005）。

西北地区幅员广阔，自然地理的地域分异较大，植被景观可以分为三个带，即温带草原带、暖温带疏林草原带和亚热带荒漠带。

北部温带草原带包括阴山、大青山以北地区。中新世是以针叶树和草本植物为主的森林草原，针叶植物主要有松，少量的桦及山毛榉科等阔叶树种，草本植物有菊科、百合科、豆科、藜科等。从这些生物特征和组合来看，中新世时，本区还分布有一定的湖泊沼泽，虽以草类占优势，但森林仍占相当的比重；但至上新世，气候进一步趋于干燥，植被以草本为主，基本上演变为干草原景观，动物则以适于草原环境的鼠类和兔类为主了。

　　南部暖温带疏林草原带北接阴山、大青山，南至秦岭，东到太行山，西达祁连山。由于地处内陆，当时冬、夏季风势力都尚不够强，因此气候较为干热，植被是疏林草原。沉积的孢粉记录显示：中新世时树林的主要成分是针叶树和落叶阔叶树，落叶阔叶多是小型树种，很少有高大乔木，针叶林分布在较高的山地上；草本主要是禾本科、藜科和蒿属，是典型的暖温带疏林草原景观。中新世尚生活有大型的哺乳动物，如三棱齿象、巨犀等，表明森林草原上还分布有较多的湖沼。进入上新世，气候干冷化加剧，森林草原演变为疏林干草原。

　　亚热带-暖温带荒漠带大体上分布在河西走廊及其以西和昆仑山以北的西北内陆地区。在青海的最东部，中新统沉积中木本被子植物仍比较发达，泽库、尖扎等地可见青海紫杉、毛茛属、假有翅槭等，夏季风可能仍有一定的影响。新疆西部，中新世初期的孢粉组合总特征是草本植物的藜科、菊科及水生的眼子菜科等含量较高，但仍见木本的桦科、榆科、胡桃科、山毛榉科和椴科等的生长，并可见亚热带成分如冬青科、桃金娘科等；至新近纪晚期，亚热带成分几乎绝灭，木本被子植物也相应减少，表明了古地中海气候影响的逐渐消失与向现代干旱气候发展的过程。柴达木和河西走廊地区的中新统孢粉组合都表明，当地主要属于草原灌丛植被类群，蒿属、菊科、藜科和白刺属等占优势，木本被子植物很少。裸子植物以松科为主，局部地区的森林草原与林地是受地形影响而形成的，只有山地才可能有林地的发育。塔里木盆地自然环境与现代很相似，为暖温带荒漠，受地下水润泽的地区生长有诺林杨、小叶榆、槭、铁线莲、萍蓬草及单子叶植物的禾本科和莎草科；而铁线莲、萍蓬草的出现意味着荒漠地区可能有间歇性的内陆湖。

　　北方西部地区的半干旱甚至干旱状态只适于耐旱动物生存，从早中新世的青海谢家动物群到中中新世甘肃泉头沟动物群和晚中新世的和政动物群，主要由耐寒、耐旱的草原型动物组成。北方上新世哺乳动物群主要由适应草原生活的成员组成，如三趾马、骆驼、羚羊、跳鼠、沙鼠、原鼢鼠、鼠平鼠和鼠兔等。与晚中新世相比，啮齿类动物不仅在种类和数量上明显增加，而且齿冠也高，适应食硬草的能力得到加强，表明上新世时华北和西北地区的草原化和荒漠化比中新世更为明显（邱铸鼎、李传夔，2004）。

　　在新近纪，由于喜马拉雅运动的影响，青藏高原及东部的横断山脉地区整体抬升，尤其是晚期，高原呈现加速隆升的趋势。受高原隆升的影响，古近纪时的纬向地带性被打破，非地带性和垂直地带性开始显现。相应的自然带也呈现出比较特别的面貌，既有原来古地中海遗留的植物，也有从南方迁移来的旱生植物，甚至出现了耐高寒条件的新种属，发育成高原植物区系。上新世时期山南地区的垂直地带性开始显现，当时喜马拉雅山还没有上升到现在的高度，植被中也包含了喜暖湿的种属，有高山栎等组成的乔木林，这些乔木林多是常绿栎种，且伴生许多松属、凤尾蕨、水龙骨和卷柏等，反映出亚热带景观；在较高山地则发育冷杉、铁杉和桦木组成的喜冷湿的针阔混交林；在山地最高处，则是高山草原植被，包括唇形科、莎草科等草本植物。上新世后期，高原加速隆升，森林成分发生显著变化，喜冷湿的冷杉成分增加，出现了云杉、松属和较多的灌木和草本，植被明显向高山化和凉寒化发展。青藏高原的东部，在上新世晚期的孢粉记录中以栎属为主，还有杨属、榆属和一些针叶林植被，针叶林主要有松、冷杉、雪松、铁杉等；灌木有木兰科等，显示当时高原东部是亚热带山地针阔混交林。唐古拉山以北，随着气候趋于干冷，到上新世，演变为灌木草原景观。

中中新世以前，青藏地区和横断山脉地区尚属同一森林植物类型区，主要分布常绿类型与喜暖类型的植物，均含有丰富的栎、松属花粉和光面水龙骨单缝孢属。青藏地区也有一定数量的灌木和草本植物，横断山脉的河谷中仍有繁多的热带、亚热带植物。中中新世以后，西藏地区、云南地区开始呈现高原特征，随着青藏高原的逐渐抬升，高原面上开始形成高原植被。横断山脉地区一方面由于地形、气候复杂，天然避难所多，保留了许多古老的孑遗植物；另一方面由于垂直幅度大，上升运动的延续和持久，不仅有不断出现的新生类型的分布，而且演化过程中的中间类型也得以保留。因此，青藏地区和横断山脉地区从此分别发展成为两个不同的植物亚区。在上新世孢粉组合中，青藏高原植物亚区的裸子植物花粉含量丰富，被子植物花粉主要都是温带成分；灌木植物花粉也有一定数量；草本植物以代表干旱的藜科和菊科花粉为主；蕨类孢子个别地区占相当数量。而上新世时期横断山脉森林植物亚区除保留以往的部分特征外，又有进一步的发展，不仅有繁多的亚热带成分分布，而且还有丰富的松科和温带植物花粉分布。草本植物也有一定含量，说明该植物亚区不仅垂直分带明显，而且还保留了不同区系来源的植物成分（王伟铭，1992）。

第三章　现代自然地理环境的形成

第四纪是地球发展历史的最新阶段，也是现代自然地理环境的形成阶段。由于定年方法和研究区域的不同，第四纪的划分存在很多争议，通常将第四纪的底界划分在 $2.4 \sim 2.6$ Ma B. P.，全国地层委员会（2002）以 2.6Ma B. P. 为第四纪的底界。进入第四纪，北半球冰量突然增大，气候变化主周期改变；中国地层中开始出现覆盖在红黏土之上的黄土，标志着东亚现代季风的形成。第四纪期间进一步划分为早更新世、中更新世、晚更新世和全新世。中更新世与早更新世界线为 0.78Ma B. P.，即布容正向极性世与松山反向极性世（B/M）界线，在黄土地层中位于 L_8 中下部，处于古气候变化主导周期转型阶段。晚更新世与中更新世界线为 0.128Ma B. P.，相当于黄土地层中 S_1 和 L_2 的界线，代表末次间冰期的开始。全新世与更新世的界线为 0.011Ma B. P.，相当于黄土 S_0 和 L_1 的界线，代表冰期气候结束，温暖气候开始（刘嘉麒、王文远，1997）。

第四纪时期，全球海陆分布格局与现代基本一致，但强烈的新构造运动使陆地表面形态产生巨大的起伏变化；全球气候转冷进入地球发展史上的又一个大冰期，气候与环境发生了以冰期与间冰期交替出现为特征的频繁、迅速的变化，使得陆地上的广大地区经历了冰川的洗礼和反复作用；也正是在这一时期，人类出现并演变进化为现代人，随着人类的发展进化，环境变化从纯粹的自然变化转变为自然演变背景之上人类参与影响共同作用的结果。

第四纪时期中国的地理环境演变在许多方面与全球变化具有一致性，但由于我国地

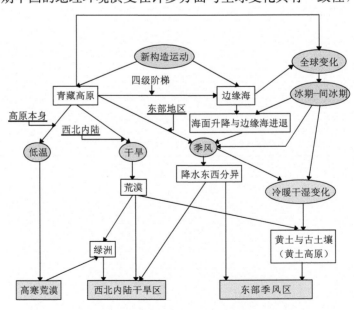

图 3.1　我国第四纪环境演变概念模式（据张兰生等，2000）

理环境独特，因此存在着突出的地域特征：一是与古近纪以来的板块运动相联系的青藏高原隆起及现代季风的形成演化与自然带调整；二是在全球冰期-间冰期旋回变化中表现为冬、夏季风的彼此消长和边缘海的大幅度进退。上述两个方面共同决定了我国第四纪环境演变的主要特征（图 3.1），形成了包括青藏高原的隆起、现代季风气候的形成、温带沙漠的出现、黄土的堆积、自然区域分异的格局演变等一系列独特的地理现象或事件；也决定了我国现代自然环境的基本特征，逐渐形成了今天中国的自然地理面貌。

第一节　新构造运动与现代地形轮廓的形成

新近纪结束时，我国的海陆格局与现代基本一致。步入第四纪，我国境内广大范围都属于新构造运动的活跃地区，块状断裂，阶段性（间歇性、节奏性）抬升、沉降以及水平运动，是我国新构造运动的基本形式。新构造运动升降的强烈、形式的多样和地区性差异的存在，造成我国地表形态起伏多变。特别是印度板块-欧亚板块-太平洋板块之间的挤压、冲撞，促使青藏高原强烈快速隆升并牵动了我国边缘海的最终形成，西部高原山地强烈隆起，大陆内部断裂运动增加，东部冀辽平原继续沉降，自西向东高差日益扩大，西高东低，阶梯状下降的地势格局得以形成，由此决定了我国地表水顺势东下、大江大河发育成长。

一、第四纪青藏高原的强烈隆升

青藏高原是我国新构造运动最强烈的地区，新构造运动首先表现为整体由西南向北东剧烈的掀斜式大幅度不均匀抬升，构成第四纪我国环境演变中最突出的区域性事件。强烈隆升从 3.6Ma B. P. 以后开始，青藏高原从海拔约 1000m 的夷平面演变为现今海拔 4000～4500m 的大高原，累计上升量达 3000～3500m。抬升过程呈阶段性加速抬升的特点，2.5～2Ma B. P. 以来隆升速率达 5mm/a 以上，0.5Ma B. P. 以来隆升速率超过 10mm/a，青藏高原至今仍在快速抬升，喜马拉雅块体上升速率可达（7.6±5.2）mm/a（刘经南等，2000）。高原在整体抬升的同时，存在着内部差异性的相对运动，高原内部产生大量的褶皱和逆冲、逆掩断层，形成断块山（如喜马拉雅山脉、冈底斯山脉、唐古拉山脉、昆仑山脉、阿尔金山脉）、断陷盆地（如柴达木盆地、青海湖盆地）和谷地（藏南谷地等），受近东西向主断裂带控制，高原的山脉和湖盆呈现以东西向分布为主的特点，而第四纪新形成的北东、北西及南北向斜向湖盆带主要受北西、北东、南北向第四纪活动断裂的影响（陈兆恩、林秋雁，1993）。

3.6Ma B. P. 以来，青藏高原的抬升可划分为三个快速抬升的阶段：第一阶段命名为"青藏运动"（3.6～1.7Ma B. P.），除 3.6Ma B. P. 的"青藏运动"A 幕外均发生在第四纪，包括 B 幕（2.6Ma B. P.）和 C 幕（1.7Ma B. P.）；第二阶段为"昆仑-黄河运动"（1.1～0.6Ma B. P.），也包括三个阶段（1.1Ma B. P.、0.8Ma B. P. 和 0.6Ma B. P.）；第三阶段是"共和运动"（0.15Ma B. P. 以来）(图 3.2)（李吉均，1993；崔之久等，1998；李吉均、方小敏，1998）。

在 2.6Ma B. P. "青藏运动"B 幕的隆升之后，高原主体的高度达到 2000m 以上，

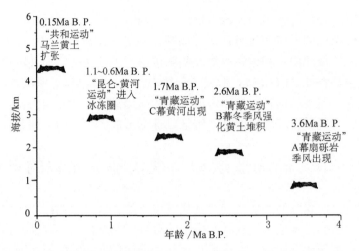

图 3.2　青藏高原隆起过程示意图（据李吉均、方小敏，1998）

从而形成了青藏高原的基本轮廓；青藏高原周边的山足剥蚀面发育，喜马拉雅山南麓波特瓦尔高原形成（1.9~1.8Ma B.P.）（李吉均，1993）。1.7Ma B.P. 的"青藏运动"C 幕，使发源于青藏高原的水系组织成新的河流系统，黄河、长江等大河上游的干流水系开始出现，形成于 7~5Ma B.P. 的吉隆盆地、昆仑山垭口盆地，在 1.7Ma B.P. 左右相继萎缩、封闭（钟大赉、丁林，1996）。

　　奠定了现代青藏高原的基本面貌的"昆仑-黄河运动"（简称为昆黄运动）发生在 1.1~0.6Ma B.P.，以昆仑山强烈隆起和黄河溯源侵蚀进入青藏高原为突出标志。昆黄运动也包括三幕，分别发生在 1.1Ma B.P.、0.8Ma B.P. 和 0.6Ma B.P.。昆黄运动中，青藏高原先是大面积抬升，后期发生突发性、大幅度断块隆起与沉陷的构造运动（崔之久等，1998）。昆黄运动使高原平均海拔抬升到 3000m 以上，山地高达 4000m 以上，高原大范围进入冰冻圈；在高原内部，早期张性裂陷被压扭性应力场代替，形成新的拉分盆地，盆地展布方向受第四纪北西、北东、南北向活动断裂控制。随着昆仑山强烈隆起成山，柴达木盆地相对沉陷，早更新世时期彼此相通或联为一体的柴达木古湖和昆仑山垭口湖泊在 1.1Ma B.P. 之后均明显收缩，扇三角洲相代替湖泊相沉积。0.7Ma B.P. 前后，昆仑山垭口盆地尚位于山麓地带，海拔在 1500m 左右，具有较为温和、潮湿的环境；0.6Ma B.P. 以来昆仑山垭口被抬升到现今的高度，抬升幅度在 3000m 左右，垭口盆地的冰碛物等沉积也被抬升至今昆仑山主脊的高度（崔之久等，1998）。

　　"共和运动"发生在 0.15Ma B.P. 以来，期间青藏高原的隆升量达 1500~2000m，平均上升速率为 20mm/a（杨景春等，1993），使高原面达到现今 4000~4500m 的高度，喜马拉雅山普遍超过海拔 6000m，成为阻挡西南气流的屏障，高原内部冰川规模相对缩小，多年冻土广泛发育。高原周边地区河流溯源侵蚀并强烈下切，形成深切谷地，若尔盖盆地在 20ka B.P. 前被切开，黄河切穿龙羊峡，近 10 万年下切深度达 800~1000m。

二、西高东低地势格局的形成

　　第四纪青藏高原的强烈隆升改变了我国的地势格局，形成了西高东低呈阶梯状的地势。高原隆升时的地壳应力传导至周边地区，导致周边地区构造运动方式、速度和方向的变化，造成侵蚀、堆积过程的转换，并形成不同形式的网格状地形结构。我国各种地表景观都受到高原强烈隆升的影响进而重塑面貌。

在我国西北部，昆仑山脉山前深大断裂以北，属山体线形强烈隆起、盆地大面积相对拗陷的新构造运动区，青藏高原边缘山地强烈隆起、北部塔里木盆地大面积相对拗陷，逐渐形成了今天一、二级阶梯的北部交界（祁连山地和昆仑山-喀喇昆仑山），阶梯两侧海拔相差 2000～3000m（杨景春等，1993）。青藏高原的隆起并向北及北东推挤导致北西西-北西向和北东东-近东西向两组老断裂的复活，并在此两组方向上形成了一些新的断裂。此两组断裂带决定了塔里木盆地和准噶尔盆地的菱形轮廓，并控制了山地与盆地的界线。受此两组断裂控制的新构造运动，使得中生代燕山运动中奠定的新疆山盆构造体系向现代高山巨盆地貌格局的方向演变。

东西向天山山地横亘于塔里木盆地和准噶尔盆地之间，在第四纪时期的新构造运动以差异隆升、逆冲推覆和走滑运动为特征（李锦轶等，2006）。天山山地第四纪期间在新近纪末海拔在 3000m 左右的基础上整体抬升了 2200～3000m，其中早更新世的抬升量估计达到 1500～2500m，晚更新世至今又抬升 700～1500m，一些主要山峰海拔达到4000～6000m，最高峰超过 7000m（杨景春等，1993），高大山体的形成为山区第四纪冰川的发育提供了条件。差异隆升使得山区内部形成与山体走向一致的继承性断陷盆地与谷地。逆冲推覆主要发生在天山山脉南北两侧的山脉与盆地之间，在天山大幅度抬升的同时，分布于高山之间的盆地大面积相对拗陷下沉，以发育陆内沉积和构造变形为特征，第四纪时期接受周围高山流水带来的第四纪沉积物，在逆冲推覆的作用下，包括新近纪沉积和第四纪早期沉积在内的盆地堆积物被卷入到山系之中，亦即山脉向盆地方向生长（李锦轶等，2006）。天山北麓的乌鲁木齐拗陷东西长 600km、南北宽 60km，中、新生代总沉积厚度 13000m，其中古近纪和新近纪沉积 6000m，第四纪沉积 2000m，该拗陷带自新近纪末—早更新世初隆起至今海拔高度已达 2000～2500m，高出准噶尔盆地约 1500m。同样，天山南麓的库车拗陷带现代最大海拔高度在 2500～3000m，高出塔里木盆地 2000m 左右（王树基、阎顺，1987）。走滑运动主要是沿共轭的北东走向的左行走滑断裂和北西走向的右行走滑断裂发生的，其中北东走向的左行走滑断裂更为发育。在走滑运动作用下，伴随着山体强烈的上升活动也出现了大型的断层水平位移，达到数千米的量级，在各山脉山前地貌和水系结构上反映得最为清晰。

大高原以东，大兴安岭、太行山、湘西山地以西的内蒙古高原、黄土高原、四川盆地与云贵高原，都是随周围强烈上升或中等强度构造活动山系的隆起而沿断裂作整体抬升的地区，由此构成的我国地势的第二阶梯平均海拔为 1000～2000m，与青藏高原东缘之间的高差一般在 2000～3000m。二级阶梯内部，差异上升运动形成了山地与高原或盆地相间分布的格局，强烈或中等活动强度的山地构成了各高原盆地之间的分界，特别是处于黄土高原与四川盆地之间的秦岭山地在第四纪期间强烈隆起，累计抬升量超过500～1000m，中更新世以后，海拔抬高到约 1500m 以上（滕志宏、王晓红，1996），对我国南北方自然屏障的作用明显显现，成为我国最重要的自然地理环境南北分界线。各高原因地质演化历史、构造特征以及第四纪环境特征等诸多因素的不同而各具特色（表 3.1），在各高原内部，由于断裂活动的发育，形成了许多规模不等的断陷盆地，在断陷过程中发育河湖相沉积。形式、幅度不同的新构造运动和所伴生的侵蚀过程与沉积物，决定着各地区的现代地貌特征与景观分异。

表 3.1　我国高原成因分类表（据李容全等，2005，修改）

类型名称	亚类型	主要特征	实例
剥蚀高原	结晶基底型	高原面为古老结晶基底经长期夷平形成的准平原面	内蒙古高原
构造高原	沉积盆地型	高原面由构造抬升的沉积盆地水平岩层组成	鄂尔多斯高原
	山系内部型	高原两侧各有山系，高原面由轻微变形的沉积岩层组成	青藏高原
熔岩高原	熔岩型	高原面主要由玄武岩熔岩堆叠而成	张北高原
喀斯特高原	—	高原面广泛出露厚层可溶性岩，喀斯特地貌发育	云贵高原
黄土高原	—	高原面主要由叠加的松散黄土层组成，且现代仍在接受降尘堆积	陕北高原

现代内蒙古高原面的主体是上新世末期—早更新世期间形成的戈壁"准平面"，第四纪以来，夷平面被整体抬升为现今海拔 1000～1500m 的高原（孙金铸，2003）。全新世以来，内蒙古高原基本上处于缓慢的上升阶段，西部上升较大，中部次之，向东表现出微弱的下沉趋势。受北东向和东西向构造控制的第四纪隆起和相对沉陷，制约着高原内部地貌分异的基本格局，在隆起区，古老的地层久经剥蚀而形成残丘和岗阜；而在构造沉降区则是第四纪冲积、湖积和风沙堆积沉积之所在。受到北东向断裂构造的控制，高原东部第四纪玄武岩火山群呈北东向雁列式排列，分布于新近纪末到第四纪初的玄武岩熔岩台地之上。在第四纪寒冷干旱的气候条件下，流水过程对高原的切割作用有限，因此高原上夷平面保存相对完整，但强烈的风力侵蚀和搬运作用，在高原表面上形成了戈壁和沙漠景观。

黄土高原是以构造抬升作用为主，以第四纪黄土层加积作用为特点，二者共同作用而成的类型独特的叠加高原（李容全等，2005）。晚新生代以来，黄土高原为间歇性抬升的新构造运动上升区，平均抬升速度呈逐渐递增的趋势（表 3.2），且目前仍处在缓慢上升阶段，若以近百万年来黄河下切形成的晋陕峡谷地区为代表，地壳相对上升幅度累计达 180～210m。除岛状山地与河流峡谷段出露基岩外，黄土高原大部分被以远距离风力搬运堆积为主导的第四纪松散黄土堆积覆盖，且现代仍在接受降尘堆积。黄土层覆盖在不同类型的基底地形之上，基底地形按其形成的地质时代由老到新的顺序有：古近纪盆地与晋陕高地，新近纪盆地与宽谷，更新世湖盆、宽谷以及各级河流阶地。基底地形的年代与类型的不同，决定了其上黄土层厚度与黄土地貌的差异。直接不整合覆盖在古近纪沉积层之上的黄土层非常薄，地形上以梁状黄土地形为主。新近纪沉积广布的盆地中许多在新近纪末和第四纪初均保持了盆地底部平原地形，在这种平原地形基础上堆积了从午城黄土到全新世黄土的完整剖面，是第四纪黄土堆积起始早、堆积厚、保存完整的地区，对应的黄土地貌是塬（称为原塬）。而沉积于新近纪时期由黄河雕刻出的主要分布在晋陕峡谷段宽谷地形面上的第四纪黄土层，因处于剥蚀环境，故保留下来的总厚度比较薄，多为几十米，黄土堆积的连续性差，以形成梁状黄土地形为主，在宽谷地形面上发育的黄土塬（麓塬）残留极少。新近纪末和第四纪初，受北北东向雁行式剪切拉张破裂断陷带所控制的汾渭地堑系断陷盆地广泛发育了湖泊，同期黄河中游较大规模的古湖泊还有银川、河套古湖，属内陆湖泊，这些古湖近于同期生成，其消亡时期也很接近，大致在250～200ka B. P.，不晚于晚更新世。在古湖泊长达2Ma以上的历史过程中，既可接受当时当地的降尘堆积，又有从湖盆区周围侵蚀、搬运携入湖泊的黄土堆积（夏正楷，1992）。湖泊消亡之后，湖相层之上为离石晚期薄层黄土所覆盖，再上为10～20m厚的马兰期黄土层和顶部的全新世黄土。由于湖相层近乎水平，因此这里的黄土地貌也以塬（即积塬）为主，受黄河水系发育及侵蚀作用的影响，积塬在规模、黄土层厚度以及沉积的连续性上均远不及新近纪盆地区的原塬剖面。早更新世宽谷主要分布于今晋陕峡谷段，形成于1.0～1.1Ma B. P.，在此宽谷中，保存着部分午城黄土及全部离石及离石期以来各期黄土堆积层，只在河网密度最小的吉县地区形成了规模较大的黄土塬（继塬），其余或为小型继塬，或为梁状黄土地形，并以梁状地形居多。更新世黄河中游及其支流阶段性下切所形成的各级阶地面上，都叠加略晚于阶地形成时间的黄土层，厚度从310～320m到不足1m不等，因阶地规模所限，故成为黄土塬的极为少见（图3.3）（李容全等，2005）。

表3.2　晋陕峡谷与青藏高原新构造运动平均上升
速度对比表（据李容全等，2005）　　　　　（单位：mm/a）

时代	晋陕峡谷	青藏高原
早更新世	0.04	0.59
中更新世	0.8	1.7
晚更新世	1～0.9	6.2
全新世	6	8.3

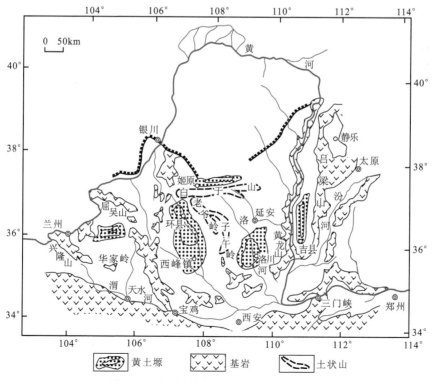

图3.3　黄土塬分布图（据刘东生，1985）

现代四川盆地格局形成于新近纪。第四纪期间一直处于广泛剥蚀时期(邓康龄，1992)。龙泉山以西的成都平原为第四纪相对沉降区，有 $50\sim520m$ 的第四纪沉积(邓康龄，1992)。龙泉山以东的地区第四纪期间因构造抬升和长江贯通三峡而受到不同程度的侵蚀切割。在第四纪期间整体间歇性缓慢抬升的中部地区，$0.73\sim0.7Ma$ B.P. 以来长江下切深度不超过 $200m$，中生代的红层沉积被侵蚀切割，中部海拔不过 $400m$，产状极为平缓近于水平，相对切割深度仅百米，形成典型的方山；边缘稍陡则形成单斜式的方山丘陵，海拔 $700\sim800m$，相对切割深度不超过 $200m$。华蓥山以东属于呈北东向展布的川东平行岭谷地区，新构造运动表现为不同断块间的隆起和掀斜，各级构造地貌面的高度自西北向东南递降，$0.73\sim0.7Ma$ B.P. 以来长江在此段(重庆—万县)下切深度在 $200m$ 上下，显示构造抬升较盆地中部更为强烈(杨景春等，1993；向芳等，2005)。

四川盆地以南的云贵高原包括云南高原和贵州高原，高原面上广泛出露厚层的碳酸盐沉积，喀斯特地貌发育，属于喀斯特高原。云南高原上海拔 $2000\sim2500m$ 的和缓起伏山顶面是中新世晚期形成的夷平面，其上古近纪至新近纪红土广泛分布。云贵高原的整体抬升始于上新世与第四纪之交的"青藏运动"B幕，第四纪期间抬升的幅度自西北向东南减弱，总地势西北高、东南低，云南高原的海拔达 $2000m$ 左右，在其与青藏高原高差达 $2000\sim3000m$ 的狭窄过渡带上，地形自青藏高原向云南高原层层降低，伴以自北西向东南掀斜、呈典型北东向阶梯式块断构造地貌特征(高名修，1996)。贵州高原抬升幅度小于云南高原，海拔 $1000\sim1500m$。在整体抬升的同时，高原内部的差异运动显著，高原内部断陷盆地进一步发育，如大理早更新世以来抬升的苍山与相对沉降的洱海之间相对运动达 $1240m$(王铠元等，1983)，早更新世统一的丽江-鹤庆盆地已被分解成丽江拉石坝盆地和鹤庆盆地，二者高差达 $400m$(虢顺民等，1991)。早更新世以来的构造抬升导致河流水系的重大调整，形成了今日云南独特的"帚状"水系总体格局，与河流水系的演变相对应，云南湖泊经历了上新世时期的成湖期—早更新世的山地湖盆期—中更新世以来的高山河谷发育和湖泊消亡衰退期(明庆忠、潘玉君，2002)。盆地内河流强烈下切，形成镶嵌在盆地中的深切河谷，伴以中、晚更新世河流相沉积。早更新世中期以后，贵州地区现代主要河流的两侧通常发育 $4\sim5$ 级阶地，体现了地壳的间歇式抬升，其中，中、西部的河流阶地的高程为 $180\sim200m$，明显高出黔东南、黔东 $30\sim60m$，呈现自西向东掀斜的性质(周德全等，2005)。

大兴安岭—湘西山地一线以东的地区是我国地貌的第三级地势阶梯，第四纪期间除形成丘陵山地的长江以南的低山、丘陵区，东北的长白山地，胶辽鲁西一带的丘陵地区等轻度与中度抬升地区外，大面积为沉降区，在地貌上表现为广阔的大平原。东部平原和山地丘陵的走向受燕山运动中奠定的新华夏构造体系控制大致呈北北东走向，各沉降带的地形西陡东缓，各隆起带西缓东陡，平原上的现代湖泊和水系的汇聚点往往与强烈沉降活动的中心有成因上的关联(张兰生，1992)。

华北平原的北部属于剧烈沉降区，第四纪沉积物的厚度一般达 $300\sim400m$，其下埋藏着许多由基岩构成的断块盆地与隆起，沧州、霸县、衡水一带古湖泊发育区都是沉降中心，沧州钻孔记录 $774m$ 才遇到奥陶纪灰岩，岩心大部属河湖陆相沉积，但在 $40\sim245m$ 之间夹有海相双壳类化石。与华北平原强烈下沉形成鲜明对照的是，构成第二级和第三级地势阶梯分界的太行山和燕山在第四纪期间的隆起幅度分别为 $1100\sim1500m$ 和 $600\sim1000m$，均占该山地新生代总隆起幅度的 60%～70%（吴忱等，1999a）。

东北平原在第四纪总体上继承了新生代坳陷下沉的特征，属于中等下降幅度的地区，但内部存在差异。松辽平原、三江平原和兴凯湖平原堆积了 $100\sim400m$ 的第四纪沉积物，有两级阶地被埋藏。松嫩平原的嫩江中下游、辽河平原的辽河口地带、三江平原的中东部地区均为构造下沉中心，曾形成大规模的湖泊，现代为大片的沼泽湿地、溺谷和低平原（裘善文，2008）。由于北西西走向构造活动的影响，在大平原内部形成一系列轴向北西向的隆起与凹陷，这些隆起带的地貌表现即使只是低山丘陵，也常成为平原河流的分水岭，如海拔不过 $200\sim250m$ 的长岭-怀德隆起带为松、辽分水岭，这一北西向隆起是晚更新世抬升形成的，它导致西辽河与松嫩水系分离，形成辽河水系（杨景春等，1993）。平原周边的大兴安岭、小兴安岭、东部山地和辽西山地继续发生不同幅度的抬升，沿断裂有火山喷发和构造断裂湖形成。

位于我国南北方过渡带上的淮河平原，属华北坳陷的南部，向东与苏北坳陷相连，长期为构造上缓慢隆起的地区，地表被夷平为有散残丘分布的准平原面，淮河中游地表覆盖的第四系厚度一般只有数米至十数米，属于新构造活动沉降微弱的类型。苏北平原属于中等下降幅度的地区，第四系厚度一般为 200m 左右；建湖、阜宁一带，西部第四系厚度为 $50\sim100m$，向东增厚到 200m，至黄海海滨可达到 300m。

珠江三角洲平原上第四系覆盖层的厚度一般仅 $20\sim30m$，局部地区可超过 50m，基岩组成的岛丘突露在三角洲平原上，历历在目，也属于新构造运动沉降微弱的类型。

长江中下游平原各部分第四纪的沉降幅度存在明显差异。鄱阳湖平原和江汉-洞庭湖平原都是白垩纪以来的坳陷盆地，第四纪以来盆地的地壳活动以断块间歇性差异运动为特征。江汉平原第四纪沉积的厚度为 $200\sim300m$；鄱阳湖盆地第四纪沉积 $50\sim80m$；长江谷地安庆—马鞍山段谷地内第四纪沉积厚度为 $20\sim50m$，主要为晚更新世至全新世堆积（宋方敏等，2008）；长江三角洲地区第四纪以来除西部及西南部低山丘陵区表现为新构造运动上升区外，长期处于不断沉降中，第四系沉积厚度达 360m 左右（哈承祐等，2005）。

山东低山丘陵是新生代以来受北东和北西网格状断裂控制的断块抬升区，海拔多在千米以上，以 1524m 的泰山为最高。东部胶东丘陵新近纪的"唐县期"夷平面分布于海拔 300m 左右，早更新世发育的"临城期"夷平面广泛分布于百米左右的高度上，常构成河谷盆地和侵蚀平原。西部鲁中南山地的各夷平面的海拔均略高于同级胶东丘陵的夷平面，显示相对强烈的构造抬升。两丘陵之间的胶莱河-沂河平原第四纪沉积的厚度不超过 50m（杨景春等，1993）。

东南沿海低山丘陵（杭州湾以南至广西北部湾的东南沿海地区），由若干略呈弧形的平行岭谷组成。现今的地貌轮廓奠定于中生代时期，在构造抬升相对稳定环境下形成的红壤型风化壳是东南沿海丘陵最常见的第四系沉积。新生代以来北东向断裂活动趋于平静，北西向断裂活跃，许多山脉走向和河流走向受该组断裂的控制，北西向断裂还控制了沿海第四系盆地的发生、发展，形成断块型三角洲（杨景春等，1993）。

长江以南、南岭以北、武夷山以西、武陵山以东的华南山地丘陵占湘赣两省大部分地区，新生代以来以整体、缓慢、间歇性抬升为主，兼有断块差异性升降。黄山、庐山、衡山等均呈加速抬升，黄山在第四纪的隆升达千米以上。

近海大陆架和岛缘陆架构成我国现代地势的第四级阶梯，是大陆向海洋延伸的部分，其上分布台湾和海南两个我国最大的岛屿，外缘的大陆坡由海面以下 160～200m 陡降至 3500m（杨景春等，1993）。我国的近海大陆架形成于晚新近纪末期（杨子赓，1991），第四纪期间主要表现为不等量水平扩张和沉降或倾斜沉降，且绝大部分地区随着第四纪冰期-间冰期气候波动所导致的海面升降而交替接受海相和陆相沉积。台湾岛中部山地表现为强烈上升，主要发生在上新世末更新世初，形成巨大的高山山脉；台湾西部平原强烈沉陷，第四系厚 200～1000m（杨达源、李徐生，1998）；海南岛除北部有沉降断裂外，断块上升活动在第四纪一直持续。

黄海和渤海的海底都是大陆架，南黄海海盆与苏北盆地相连，第四纪沉积小于 300m。渤海古近纪和新近纪时期是华北盆地一个组成部分，第四纪沉积厚度一般为 300～500m（龚再升，2005），第四纪的沉降中心分别为渤中拗陷和莱州湾拗陷，呈南北向展布，最大沉积厚度近 600m（龚再升，2004）。东海海底大陆架占 2/3，在构造上是东部沉降区的一部分；东海陆架的沉积一般大于 400m（龚再升，2005）。南海陆架占南海海域的 1/2 以上。北部陆架是华南低山丘陵向海底延伸的部分，地形坡降相对于黄海、东海要大得多，水平延伸距离也较小，第四纪呈东强西弱的差异性断块上升，陆架东部的外缘地带发育规模大的陡崖地形，可能是第四纪以来断块活动在地貌上的反映（冯文科、鲍才旺，1982）。

三、江河水系的形成和演变

伴随着青藏高原的隆起与现代地形轮廓的奠定，我国境内诸大水系（如长江、黄河、松花江等）都经历了巨大规模调整、演变，现代江河水系逐步形成。水系调整的重大事件与青藏高原的阶段性隆升存在内在联系，在时间上有良好的对应关系。

现在黄河上游的青藏高原昆仑山东段地区，在 3.0～1.6Ma B. P. 期间湖泊发育，水系较为分散，主要是以湖泊为中心的短程河流，无统一的大河存在。1.7Ma B. P. 左右的“青藏运动”C 幕使发源于青藏高原东北部的水系组织成新的河流系统，地表水系从散流汇集成统一的大河，黄河上游干流水系形成。此后，河流开始阶段性下切、袭夺和溯源侵蚀过程，1.6～0.15Ma B. P. 期间是黄河上游大量早更新世湖泊消失或萎缩、古黄河上游形成的时期。最初的黄河上源应在祁连山湟水河一带（李吉均、方小敏，1998），1.1～0.6Ma B. P. 的昆黄运动使黄河切开刘家峡而进入临夏-兰州盆地，使现在的刘家峡黄河主河道成为黄河的一个支流。随着后来高原隆升的不断增强，这一支流发展较快，其源头迅速向高原溯源侵蚀、加长，0.15Ma B. P. 以来的“共和运动”溯源侵蚀到龙羊峡以上的共和盆地，东昆仑黄河源区水系重组，早、中更新世发育的湖泊大量消失，为以河流为主要特征的水系网所取代，现代黄河上游水系格局基本定型（李吉均等，1996；李吉均，1999；程捷等，2007）。

兰州以下至小浪底的黄河水系由一系列串珠状盆地构成，其演化经历了外流河—内流湖—外流河的演变过程（李容全，1988）。贯通各盆地的古黄河可能至少自上新世早期即已存在，在长期稳定的构造背景下，塑造出壮年期河谷。受“青藏运动”影响，我国北方断块活动再次活跃，上新世末及早更新世时期有一系列的断陷盆地在黄河中游形成内陆湖，原贯通入海的黄河消失，变为注入各盆地的多段内流河流，盆地潜水成湖（图3.4）。其中，三门峡古湖盆位于晋、豫、陕之间的黄河和渭河谷地及其支流谷地，呈东西向展布，东起三门峡，西部边缘远至宝鸡。中更新世晚期黄河完全切穿三门峡，其切穿的时间估计在0.25～0.20Ma B.P.（李容全，1988）或稍晚的0.15Ma B.P.左右（吴锡浩等，1998；王苏民等，2001），内陆湖泊外泄，三门湖盆地结束湖相沉积，各盆地重新贯通并东流入海，成为今日的黄河。在黄河由内陆水系变为外流水系之后，黄河三门峡以上河流侵蚀基准面降低40～60m（张抗，1989），黄土高原地区出现强烈的沟谷侵蚀，大量的黄土物质从黄土高原地区输送到处于地壳下沉区的华北地区堆积，与永定河水系沉积共同塑造出华北大平原（李容全，1988；袁宝印、王振海，1995；于洪军，1999；张宗祜，2000；王苏民等，2001）。

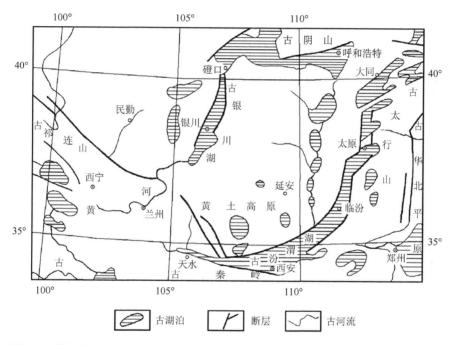

图3.4 黄河中上游地区更新世（内流时期）湖泊水系示意图（据李容全等，2005）

华北平原上的海河、滦河上游各主要支流的水系至少在上新世或更早就已存在，第四纪以来，随着太行山、燕山山地的快速抬升，漳河、滹沱河、永定河、滦河等沿上新世曲流河床下切，在山区形成了现在的深切曲流河谷（吴忱等，1999a），其中海河重要支流永定河等一些河流还经历了与黄河相似的重新贯通内陆盆地湖泊的过程。上新世晚期开始，原本外流的永定河水系出现规模可观的内陆湖泊，在永定河段有怀来古湖，桑干河段有大同—泥河湾及蔚县庞大的古湖系统，它们都是断陷潜水成湖。河段下游很短一段仍继续东流入海（海河），大体在黄河重新贯通三门峡的同时，永定河也先后切穿延庆-怀来盆地、阳原盆地和大同盆地，重新变为外流河（李容全，1988）

长江在早更新世时期还分为数段，第四纪时期也经历了逐步贯通的过程。早更新世晚期至中更新世初，是长江水系形成的主要时期，金沙江下段与川江的贯通及长江三峡段的贯通均发生于此。

长江上游的金沙江水系大致在"青藏运动"C幕时切穿连通昔格达古湖而诞生（孙鸿烈、郑度，1998）。古金沙江可能是向南经过白汉场—剑川—漾濞流入古红河的，与怒江、澜沧江一样南流入海（任美锷，1959；任雪梅等，2006），古金沙江下段及在川江贯通前存在一些独立水系（图3.5）。受青藏高原隆升和昆黄运动影响，川江溯源侵蚀，河流袭夺，使金沙江改道，在云南丽江的石鼓镇由南南东向急转为北北东向进入四川盆地，成为长江的上游水系。金沙江虎跳峡以下河段河谷最高阶地是以昔格达组（3.30～1.78Ma B.P.）的湖相沉积为基座的基座阶地，虎跳峡以上金沙江最高阶地上的汪不顶动物群骨骼化石的年代为（1.54±0.178）Ma B.P.。金沙江与同样发源于东昆仑地区的澜沧江、怒江一道构成三条并流滇西北的大江，它们都是早更新世末以来受青藏高原隆升特别是昆黄运动影响，滇西北高原迅速隆起、河流溯源侵蚀及快速下切形成的，金沙江、怒江、澜沧江三条大江的阶地、河谷主要沉积物均为中更新世以来所形成，由此造就了西南纵向岭谷区三江并流这一独特地貌-水文现象（明庆忠、史正涛，2006）。

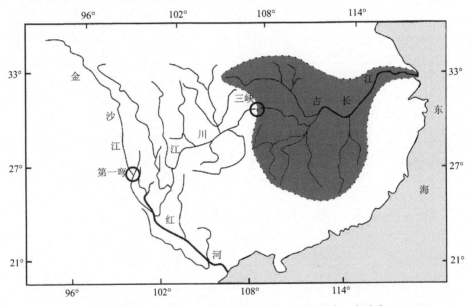

图3.5　长江流域古水系分布（据杨达源，2004；范代读、李从先，2007）
陆地上阴影区为古长江流域

三峡的贯通被认为是现代长江水系形成的重要标志。三峡地区在2.04～1.80Ma B.P.之前发育了现在分布于800～1200m的剥夷面，该剥夷面以岩溶盆地、山间盆地、岩溶台面、河谷盆地、岩溶洼地及河流宽谷等多种地貌形式存在，各地面的高度不一致，有各自的局部侵蚀基面，反映当时地面夷平程度较低，尚未形成统一的水文网。在此剥夷面形成之后，三峡地区进入以深切峡谷为特点的河谷发育时期，现三峡长江段河谷已下切到海拔最低处不足百米（谢世友等，2006）。长江三峡地区形成于0.73～0.70Ma B.P.的最老一级阶地在重庆、三峡、宜昌地区均可见到，长江三峡贯通的时间不晚于此（谢明，1991；杨达源，2004；向芳等，2005）。

通常认为，三峡以下的长江中、下游在上游水系贯穿三峡之前就已经贯通（范代读、李从先，2007）。古湘江、古赣江等水系在新近纪晚期至第四纪早期之间、伴随新构造运动开始发育，并在第四纪之内全线贯通，形成洞庭湖、鄱阳湖两大向心水系。直到长江贯通三峡之前，位于江汉盆地边缘的宜昌至枝江地区尚存在扇三角洲-内陆湖相的沉积产物（向芳等，2005），在此之后，古洞庭湖至皖鄂一带的湖泊，历经分解、缩小，经流水串连形成大江的下游河段，向东经古太湖入海，至晚更新世晚期又向北改道，从崇明方向入海，成为现代格局。

珠江水系的西江、北江和东江都是在新近纪甚至更早就已存在的古老河流，新近纪期间，西江即已打通广西盆地，把汇入广西盆地诸河纳入其水系（杨钟健，1935），北江通过河流袭夺，将原来六大片孤立的红岩盆地水系逐步连接起来而形成北江水系；100Ma B.P. 以来，现代北江水系格局已经确定，西江、北江亦是如此（刘尚仁，1987）。

松花江水系是在古松嫩大湖向心水系的基础上发育而成的。早、中更新世，在松嫩平原西部齐齐哈尔—双辽—乾安—肇源—大庆—林甸面积约 $5 \times 10^4 \, \text{km}^2$ 的范围内，存在一个松嫩大湖盆（裘善文，1984），周围河流如嫩江、第二松花江、西辽河等均注入其中，现今的松花江干流当时也向西倒流入湖，组成向心水系。大约在早更新世末或中更新世初，第二松花江切穿三姓分水岭，袭夺了古松花江，注入黑龙江，转为外流水系（杨秉赓等，1983）。至中更新世晚期，松辽水系继中更新世初松花江被袭夺后发生第二次重大变迁，松辽平原中更新世形成的巨大湖泊大大萎缩，被分割为星罗棋布的小湖泊，在古河床及河曲带形成湖泊群。晚更新世以前，辽河源头在铁岭-法库丘陵地区；晚更新世，渤海海面下降，松辽分水岭缓慢上升，使辽河溯源侵蚀，切穿铁法丘陵，袭夺了西辽河和东辽河，使东、西辽河成倒插状河流南流，经下辽河注入渤海湾（裘善文，2008）。

第二节　现代季风气候与三大自然区分异的形成

青藏高原的隆起不仅使本身自然面貌发生急剧变化，而且对周围地区现代环境的形成产生广泛的影响。现代季风环流系统的建立是第四纪青藏高原抬升最重要的环境效应之一，是我国现代自然环境形成与演化的关键性事件。随着与青藏高原隆起相联系的现代地形轮廓的形成和现代季风气候的形成与加强，第四纪时期我国陆上环境地域分异更加明显，青藏高原本身由于其巨大的高度使自然地理过程以干寒化为主，成为独特的高寒环境系统；西北干旱区深居大陆内部，青藏高原隆起后，干燥少雨干旱化程度加强；东部地区成为受季风环流控制的、季节变化显著的季风区。第四纪期间逐渐发展起来的东部季风区、青藏高寒区和西北干旱区三大自然区体现了我国现代地表自然情况最主要的差异。

一、现代季风环流的形成与演化

第四纪期间现代季风环流系统的建立与演化是我国现代自然环境形成与演化的关键性事件，季风环流极大地破坏了行星风系对东亚近地层的控制，控制着我国境内热量、水分条件的空间分布与季节变化，从而决定了我国境内现代自然地理环境的形成和区域分异。

新近纪时，我国虽已出现季风现象，但当时"古冬季风"和"古夏季风"强度均不大，影响的空间范围有限。2.6Ma B. P. "青藏运动" B 幕中，青藏高原抬升到海拔 2000m 左右，这是一个导致大气环流发生质变、从而开始形成现代季风环流的重要临界高度。地质记录和气候模式模拟的结果均显示，没有青藏高原，就不存在现代的季风环流。

黄土是第四纪全球性的陆相沉积物，且都形成于干寒气候条件下，但我国黄土和物质来源却与欧洲、北美不同。欧美黄土沉积都位于大陆冰盖外缘，物质来源与冰碛和冰水沉积紧密关联；我国的黄土是一种风成沉积，主要由粒径为 0.01～0.05mm 的粉砂级颗粒组成，成分包括石英（约占 60%）、长石、云母等和少量重矿物，富含碳酸钙（7%～30%），其物质来源于蒙古-新疆的温带荒漠，现代偶或出现于华北地区的特殊尘暴天气，便是黄土沉积过程的实际例证（刘东生，2002）。温带荒漠的存在和强盛的西北气流，既是产生搬运黄土物质的必要条件，又都只有在季风形成之后才能具备，因而，青藏高原隆起到某一临界高度—季风形成—温带荒漠出现—黄土沉积便成为前后承接的统一过程。

中国黄土主要分布于黄河中上游的甘肃、陕西、宁夏、山西、河南与青海等省区；其次为河北、山东、辽宁、吉林、黑龙江、内蒙古和新疆等省区；除此之外，在长江中下游地区还有同期的、风成作用是主因的、颗粒组成类似的黏性土堆积，如下蜀黏土（亦称"下蜀黄土"）（图 3.6）。以上总面积约 $63 \times 10^4 km^2$，占中国陆地面积的 6.6%（徐张建等，2007），其中，黄河中游厚层黄土连续覆盖的面积约达 $27.3 \times 10^4 km^2$，沉积厚度达到 100～200m，构成全球罕见的黄土高原。

广泛、深厚、基本连续沉积的黄土层内，包含着极其丰富的过去环境变化信息。2.6Ma B. P. 我国北方风尘堆积从上新世三趾马红土（红黏土）沉积向第四纪黄土沉积的转变直观地指示了大气环流的重构和气候类型的显著转变，是现代季风格局开始形成的最突出沉积标志（刘东生等，1997；郑度、姚檀栋，2004；安芷生等，2006）。

作为远距离风力搬运的风尘堆积，我国北方新近纪红黏土和第四纪黄土均被作为指示季风环流存在的证据，但导致两者堆积的大气环流的特点存在明显差别。现在的冬季风和西风环流均可将中国内陆沙漠的粉尘搬运到黄土高原，冬季风主导风向为由北往南，但冬季风并不深厚，它对粉尘的搬运以中低空为主（基本在 3000m 以下），以蒙古国南部及与之相邻的包括巴丹吉林、腾格里、乌兰布和、库布齐、毛乌素等在内的戈壁、沙漠地区为主要物质来源区，是黄土高原黄土物质的主要来源；西风环流由西往东，对中亚和中国西部塔里木盆地的内陆粉尘的从西至东搬运而降落在北太平洋地区有着重要的贡献（图 3.7）（孙继敏，2004）。第四纪黄土层与古土壤层的颗粒组成均呈从北向南变细的空间分布，意味着第四纪期间黄土高原第四纪黄土堆积搬运营力与现代相近，即冬季风是黄土高原第四纪粉尘的主要搬运营力（An et al.，1991；Xiao et al.，1995；丁仲礼等，1999a；安芷生、刘晓东，2000）。而黄土高原上红黏土的颗粒组成在黄土高原的南北方向上没有明显的变化，红黏土可能主要由西风环流搬运，冬季风对红黏土的搬运作用很小。第四纪黄土沉积替代红黏土沉积表明，在 2.6Ma B. P. 前后搬运

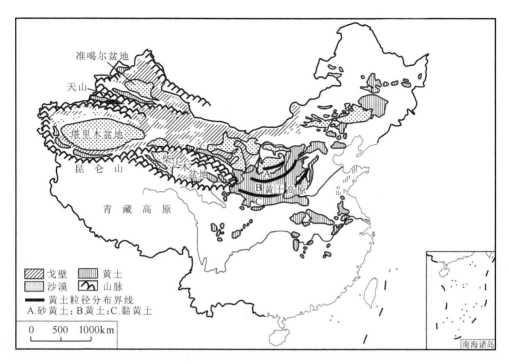

图 3.6　中国黄土、戈壁、沙漠分布与黄土高原粒径分布带（据刘东生，1985；Sun，2002）

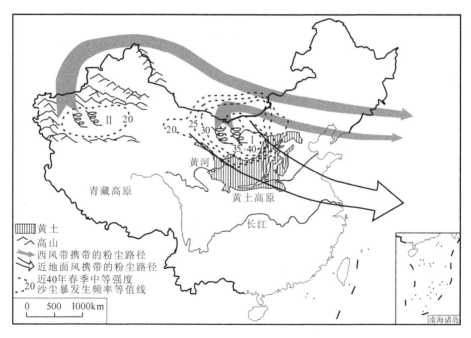

图 3.7　源自两个尘暴高发区（I，II）的粉尘风力搬运路径（引自 Sun，2002）

I. 戈壁沙漠；II. 塔克拉玛干沙漠

大气粉尘的环流格局可能发生了重大的改变，即发生了所谓"大气环流重构"事件，冬季风开始形成或加强（丁仲礼等，1999a）。

我国黄土高原的黄土自下而上可划分为早更新世的午城黄土、中更新世的离石黄土和晚更新世的马兰黄土三组。以中国第四纪地层的典型剖面陕西洛川黄土剖面为例，洛川剖面由上新世红黏土、更新世午城黄土、离石黄土、马兰黄土和全新世黄土堆积组成。红黏土厚约13m，为暗红色黏土质古土壤和其间的红色细粉砂-亚黏土物质组成，具棱柱状结构、黏粒胶膜和钙结核层。午城黄土厚约47m，由多层浅红褐色古土壤层和其间的风化黄土层组成。离石黄土厚约79m，由多层灰黄色厚层黄土和发育好的红褐色古土壤组成，古土壤层底部常见钙质结核。马兰黄土厚约7.0m，为灰黄色疏松黄土层。全新世黑垆土厚约1m（刘东生等，2000）。

午城黄土多出露于黄河中游的泾河和洛河流域以及山西西南部；离石黄土是高原黄土层的主体，分布范围比午城黄土大，向东可见于太行山东麓以及山东泰山与鲁山北侧，向南可达秦岭，向北直达长城附近，同时期的黄土堆积也见于西北天山、昆仑山、祁连山等山地，长江以南地区有同时期风成的红土堆积；马兰黄土的分布范围进一步扩大，西起塔里木盆地西缘，东至山东半岛等地都有分布，在长江中下游地区的下蜀黄土亦属于马兰黄土时期的堆积。从早更新世的午城黄土到中更新世的离石黄土，再到晚更新世的马兰黄土，黄土沉积速率增大，粒径变粗，沉积的范围扩大到整个黄土高原以至长江下游，反映了第四纪期间冬季风环流日趋加强的趋势。2.6Ma B.P. 以来洛川剖面粒度组成变化趋势也表明，西风环流对风尘沉积的贡献减小、强度减弱；而季风环流对风尘沉积的贡献增加、强度增大，显示第四纪期间冬季风环流的逐步加强（孙东怀等，2003）。

黄土-古土壤交替及作为反映冬季风强弱的黄土粒度和反映夏季风强弱的磁化率等指标的相关分析记录显示，第四纪冬、夏季风环流强度的变化有两个重要的转折点：一是大致在1.6Ma B.P. 前后，黄土平均堆积速率明显增加、平均粒径变粗，意味着冬季风的强度比以前略有增加，且气候从400ka、66ka及23ka等多种周期转变为以41ka为主导周期；二是在0.8Ma B.P. 前后，磁化率和粒度的变化幅度均比以前明显增大，变化周期由以40ka为主转变为以100ka为主，这种波动特征一直持续到现代（图3.8）。这反映出冬、夏季风环流均明显增强，季风气候变动幅度明显增大，且周期性变化特征更为明显，同时周期长度也加长，干冷趋势更为加剧（刘东生，1997）。

现代季风的形成及其在第四纪时期的演化（增强）与青藏高原的间歇性抬升关联密切，第四纪期间伴随着高原的隆起，现代季风呈现并逐步加强。2.6Ma B.P. 现代季风的出现与青藏高原急剧隆起至2000m相对应，1.6Ma B.P. 我国气候变化从400ka、66ka及23ka等多种周期转变为以41ka为主导周期在时间上与"青藏运动"C幕相对应，0.8Ma B.P. 的气候转折与昆黄运动的第二幕（1.1～0.8Ma B.P.）相对应（图3.8）。

第四纪之初，青藏高原抬升到海拔2000m是一个重要的临界高度。东亚地区强烈的海陆热力差异和青藏高原急剧隆升的作用，使大气环流在东西和南北方向上的运行都受到干扰，引起我国乃至全球大气环流格局的明显变化，形成了具有现代意义的亚洲季风，且其强度和影响范围随高原的继续升高而不断加大（张兰生，1984；An et al.，2001；郑度、姚檀栋，2004）。由于青藏高原的热力作用，高原面相对于四周自由大气来说，冬季是冷源，夏季是热源。夏季形成青藏低压（南亚低压的一部分），影响南亚

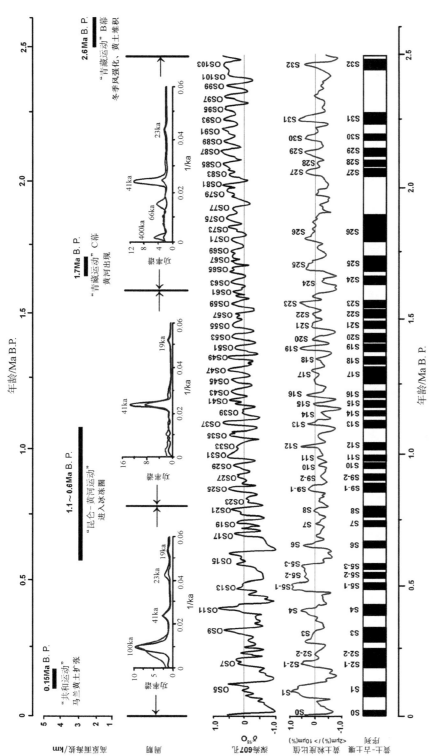

图 3.8　黄土记录的第四纪气候变化及其与青藏高原抬升过程的对比

（据刘东生，1997；李吉均、方小敏，1998 等有关图件编绘）

自下而上依次为陕西宝鸡黄土剖面黄土-古土壤序列（S0～S32 分别表示古土壤层，陕西宝鸡黄土剖面粒度曲线，大西洋 607 孔氧同位素曲线（OS5～OS103 分别表示间冰阶），0.6～0Ma B. P.，1.6～0.6Ma B. P. 和 2.5～1.6Ma B. P. 三个时段深海氧同位素序列（粗线）和宝鸡黄土粒度序列（细线）的功率谱、青藏高原各构造运动阶段发生的时间及高原所达海拔高度

季风环流。冬季随着行星风带南移，高原本身形成闭合冷高压，其影响叠加在蒙古冷高压之上，从而大大增加了冬季风的强度。青藏高原的动力作用体现在高耸的青藏高原阻挡了来自印度洋向北输送的水汽，中国北方与蒙古、西伯利亚一带冬季因此不再易受印度洋气流带来的暖平流的影响，冷空气因而得以聚集成为强大的冷高压；位于高原以南的印度次大陆因地形屏障而受冷空气影响较小，热低压得以维持、兴盛；西南地区成为孟加拉湾暖湿气流向北输送的重要通道，使西南季风也相应加强，给我国东部地区带来季风雨。气候模式模拟结果显示，在青藏高原不存在时，东亚大陆上冬季的西伯利亚高压和夏季的印度低压都不存在，即不存在近地面冬、夏季风向相反的现代季风现象，我国东部的季风雨也不存在；在高原隆升达到现代高度的一半（2000m 左右）时，出现与现代季风环流相近的高低压分布形式（图 3.9）。

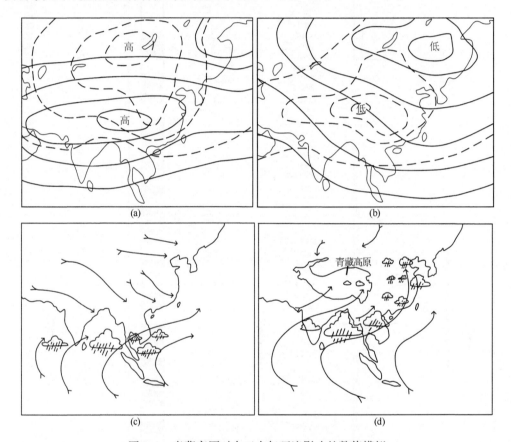

图 3.9　青藏高原对东亚大气环流影响的数值模拟

（a）1 月北半球 1000 百帕位势高度；（b）7 月北半球 1000 百帕位势高度，图中实线：不存在高原大地形影响，虚线：考虑了高原大地形影响（据真锅淑郎，1979，转引自张兰生，1992）；（c）无青藏高原时的夏季雨带位置；（d）有青藏高原时的夏季雨带位置（据朱抱真，1990）

　　昆黄运动中，青藏高原面抬升到海拔 3000～3500m。3000m 是西风从以爬越高原的气流为主转变成以绕流为主的高度（方小敏等，1999）。高原抬升至 3000m 的影响是西风带在冬季越过高原时发生分流，并在长江中下游汇合，四川盆地则成为背风"死水区"。由于南支西风急流的建立和北撤是西南季风撤离和爆发的重要条件，因此在冰期中，南支西风急流可能会全年稳定存在，有效地阻止了夏季风跨越华南深入华北；而冬季风活动范围扩大，发生"黄土南侵"的扩张现象（图3.10），中更新世晚期开始在长江以南地区出现有风成的红土和下蜀黄土（朱丽东等，2006）。

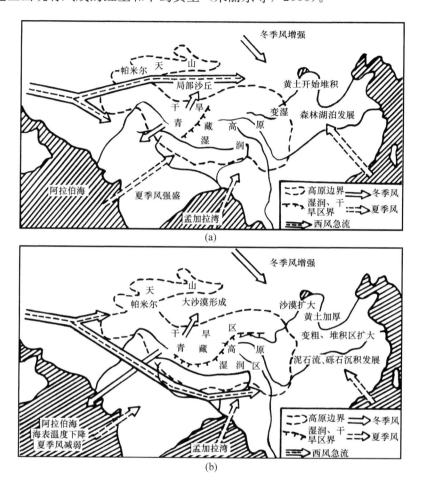

图3.10 青藏高原在0.8~0.6Ma B.P. 进入冰冻圈或最大冰期对季风和环境的影响
（据施雅风等，2006）

（a）早更新世进入冰冻圈前；（b）中更新世最大冰期

中更新世晚期的"共和运动"使喜马拉雅山平均高度超过6000m，成为西南季风难以逾越的障碍，青藏高原和中国西北进一步变干。冬季风进一步强化，黄土的堆积南界已达长江中下游地区（刘东生，1985）。马兰黄土分布范围更广，已跨过长江，甚至在南亚的波特瓦尔高原也开始有晚更新世黄土堆积，昆仑山北坡晚更新世黄土开始爬升到海拔4000m以上的高度（李吉均，1999）。

二、东部季风环境的形成和发展

早在新近纪时期，中国东部已存在冬季干冷、夏季暖湿的季节变化，但当时的"古冬季风"与现代季风之间存在本质差异。第四纪期间，现代季风环流格局的形成和加强破坏了原来基本呈纬向平直的行星风系对东亚近地层的控制，扩大了冬、夏季风的影响范围，使我国东部地区成为受季风环流控制的、季节变化显著的季风区。只有在现代季风形成之后，热量、水分条件的空间分布与季节变化才出现现代的面貌，在东亚冬、夏季风的影响下，冬季盛行偏北风、偏西风，夏季盛行偏南风、偏东风。与世界上同纬度的其他地区相比，我国东部季风区冬季天气干冷，温度带更为偏南；夏季风带来的充沛降水使该地区夏季湿热，成为湿润-半湿润地区。

第四纪全球变冷，我国东部地区亚热带北界南退十余个纬度到秦岭—淮河以南地区，加之第四纪以来我国地貌的差异性，特别是 1.15Ma B.P. 以来秦岭作为南北自然屏障作用的日趋显著，我国东部季风区内部的环境特征及其演化随着现代季风形成和发展呈现不同趋势。我国北方地区呈现冷干化的趋势，第四纪期间北方地区草原、沙漠和黄土堆积的扩张是干旱化的突出表现，也对现代自然景观具有深远的影响。在秦岭、淮河以南地区，0.85～0.40Ma B.P. 长江中下游广泛发育网纹红土，0.40～0.10Ma B.P. 形成均质红土及棕黄色土，中更新世晚期黄土的堆积南界已达长江中下游地区（朱丽东等，2006），显示江南地区受到冬季风强烈影响，温度和降水的季节性加大，但总体上现代季风气候的增强为南方地区提供了充足的降水，加上秦岭自然屏障作用的日趋显著，维持了相对温暖湿润的气候，第四纪南方地区自然环境相对稳定，促进了中国南方亚热带植被的生存与发展。与此相对应，第四纪我国植物区系基本稳定，维持了新近纪以来植物区系，基本成分一直保存至今。但随着现代季风气候的形成与发展，我国东部季风区气候的季节性加剧、冬季更为干冷，华北地区干旱化的趋势更为显著，促成植物区系的分异和重新组合，各地区、特别是北方地区植物成分普遍出现更新，那些不能忍受严寒、干旱气候的类群，难以继续生存而退出，而具有耐寒、耐旱能力类群则适应能力日益增强，扩大其分布区，植被结构的区域分异日趋显著。这一明显的变化出现在中更新世。

第四纪北方植物群的变化特征为草本迅速发展、干旱植物成分增多，木本成分中喜暖成分逐步减少，而喜温成分增多并占据优势，植被景观从森林向森林草原和草原发展。更新世早期，现代半干旱草原区东部和南部的许多地点，如嫩江平原和甘肃南部，有温带针阔叶林分布，而在中部的河套一带则为森林草原景观占优势。随着第四纪气候变冷变干和季节性的加剧，耐旱的草本植物以其强有力的适应能力，得到进一步发展，以蒿属和藜科植物为主的草本花粉在孢粉组合中的数量越来越大，耐旱的草本植物迅速发展成为第四纪期间我国温带草原植被发展的主要特点，草原区和草原植被分布的范围显著扩张，草原植被景观最南分布到秦岭—淮河一线（李文漪，1998）。在寒冷的冰期，荒漠区向南扩张到现今的草原区，中更新世以后在现今东部季风尾闾区鄂尔多斯高原和内蒙古高原东部的草原区内出现了毛乌素、浑善达克等黄色沙漠（董光荣等，1991，1996，1999）。由风力（现代冬季风）从荒漠区搬运输送的粉尘在干旱荒漠区外围的半干旱草原区沉积形成黄土，在第四纪黄土沉积最为集中的甘肃、陕西、山西等地形成黄土高原（徐张建等，2007），1.2Ma B.P. 以来黄土堆积范围显著扩大，中更新世晚期在长江以南地区出现有风成成因的红土和下蜀黄土（朱丽东等，2006）。

随着草原的扩张，位于草原区南面和东面森林区的范围在第四纪期间明显向南退缩，森林区中自南向北草本植被成分的含量显著增加，疏林草原或森林草原为更新世期间华北平原地区的基本植被景观类型。北方地区温性森林植物区系自新近纪以来基本维持稳定，其基本成分一直保存至今，主要的树木种类变化不大，针叶树以松科和柏科为主，阔叶树以桦科、榆科、山毛榉科和胡桃科为主。第四纪时的植物群组成以栎、榆、椴等温带落叶树为主，耐寒的云杉、冷杉、桦木等木本成分以及耐旱的草本植物明显增加，而喜暖的亚热带成分逐步减少，甚至在北方消失，退缩到现代的亚热带地区。第四纪在北方消失的亚热带植物成分中最主要的四属为在上新世末期以后逐步减少并消失的山核桃属、枫杨属、枫香属，于中更新世早期消失的铁杉属。进入中更新世后在北方地区很快消失的古近纪和新近纪孑遗植物物种，还有银杏、银杉、鹅掌楸等（李文漪，1998）。

秦岭—淮河以南我国南方地区第四纪植被的发展与北方有显著不同，第四纪期间处于相对稳定的潮湿气候条件下，气候变化并未造成植物的根本性改变，新近纪以来的植物群与现代植物区系之间很少存在重大分异。与北美、欧洲大陆许多新近纪的植物成分在第四纪冰期中遭受毁灭性打击不同，我国第四纪期间在北方消失的亚热带成分，在南方地区得以继续生存和发展。尤其是西南的滇黔桂地区，受温暖湿润的西南季风惠顾，且很少受到寒冷冬季风的影响，为保存多种多样的植物区系和植被类型提供了特别有利的气候条件，成为古代遗留植物的避难所，是我国古老植物物种保存最为丰富的地区（李文漪，1998）。

三、西北温带荒漠环境的扩张

青藏高原北侧和东北侧，从新疆、甘肃、宁夏以至内蒙古，范围广大的现代温带干旱荒漠的形成以及华北地区干旱化程度的增强，是高原隆起和现代季风环流形势奠定所直接引起的结果。

第四纪初，青藏高原抬升至2000m，现代东亚季风系统建立。高原此时的高度还不足以阻挡湿润夏季风向北深入，高原周围地区，由于现代季风环流的出现在近地面层打破了行星风系副热带高压的控制，迎来了气候比较湿润的时期（张兰生，1992）。新疆、甘肃境内的干荒漠中，普遍存在目前已经干涸的古水道网遗迹，大面积的遗迹都属于中更新世或早更新世时期。罗布泊周围分布着大面积的早、中更新世湖泊沉积物，湖盆中部钻孔剖面中含有较多以松、杉、桦、榆、栎等植被为主的针叶、阔叶林和草原植被孢粉沉积（闫顺等，1998）；同时，中更新世时期，甘新地区的各高大山系均有大规模的冰川发育，除了一定的温度条件外，充足的水分供应也是必不可少的条件。

青藏高原在昆黄运动中上升到3000m的高度后，高原隆升加强西北旱化趋势的作用凸现出来（图3.10）。青藏高原隆起的影响至少表现在三个方面：一是青藏高原阻挡了西南暖湿气流携带的水汽进入内陆；二是高原与新疆干旱区之间所产生的地区性环流使高原以北夏季受下沉气流控制；三是高原对冬季风的阻挡作用使干冷空气不能顺利南下而集聚于西北内陆，使这里的冬季较同纬度其他地区更为寒冷。我国西北内陆距大西洋和北冰洋等水汽源地距离遥远、受东部夏季风影响微弱，本就干旱少雨，青藏高原的隆起又至少从上述三个方面强化了这一地区的干旱程度，从而在西北内陆盆地造就了独特的温带荒漠环境。湖泊演变、黄土沉积等多方面证据显示，随着青藏高原高度的增加我国西部地区乃至华北地区自中更新世以来呈现出明显干旱化的趋势（张兰生，1984），表现在湖泊水位下降，趋于缩减、盐化和消亡，高山冰川规模减小以及较古近纪和新近纪更为冷干的气候，并使得沙漠由亚热带红色沙漠转变为温带黄色沙漠。

第四纪我国西北地区的山地随着青藏高原隆起而强烈抬升，在进入冰冻圈后发育了山地冰川，高山冰川在响应全球冰期间冰期旋回变化波动而发生进退的同时，也反映了西北地区干旱化程度不断加强的历史。西北地区于早更新世晚期开始发育零星的山地冰川，随着山地高度普遍进入冰冻圈，大规模的冰川活动开始，各山地在中更新世最大冰期（0.8～0.6Ma B.P.）达到最大规模，自此之后，各山地冰川发育规模也日渐缩小。冰川范围的缩小可以有两方面的原因：一是气温增高，消融加大，不利于冰雪的积累；二是在气温不变的情况下降雪量减少。第一种解释与此时期黄土沉积所反映的严寒气候相矛盾，而且第四纪期间当地山地都处于不断隆升阶段，即使不受其他降温因素影响，山上同一地点也应经历着因抬升而致的降温过程，因而只有第二种解释才是合适的（张兰生，1992），表明甘新地区自中更新世以来降水量总体呈减少趋势，干旱化程度在持续加强。

我国西北干旱区的绝大多数河流湖泊均属于内流水系，河流发源于周边的高山，主要受山地降水和冰川与积雪融水补给，河流向盆地内部汇集，在出山口形成规模不等的洪积扇，为山前绿洲之所在，多数湖泊为发育在一些规模较大河流尾闾的咸水湖或盐湖。作为对西北地区干旱化程度不断加强的响应，这些湖泊在第四纪期间经历了显著的变化。新疆、甘肃境内的干荒漠中，普遍存在目前已经干涸的古水道网遗迹，大面积的遗迹都属于中更新世或早更新世时期。随着气候干旱化的发展，中更新世以后区内湖泊退缩，湖面积缩小，湖水位降低，许多原先的外流湖逐渐转变成内流湖，许多原先具有统一湖面的大湖分裂成许多小湖，许多原先的淡水湖逐渐向咸水湖或盐湖方向发展。

西北干旱区第四纪植物以单调的耐旱类群为主，从植被景观类型的变化上也体现了气候干旱化的趋势。准噶尔盆地南缘的玛纳斯地区，上新世为温带稀疏落叶林-荒漠草原景观，早更新世转变为荒漠和荒漠草原交替，中更新世植物群以温带草原化荒漠为特征，至晚更新世，出现以蒿属、麻黄、藜科、白刺为主的荒漠-荒漠草原（王树基，1997）；准噶尔盆地北部新近纪以来的演变与盆地南部基本一致。塔里木盆地的大部分地区在早更新世早中期为相对暖湿的干旱荒漠草原环境。罗布泊湖盆在早更新世为含有较多的松、杉、桦、榆、栎等植被为主的针叶、阔叶林和草原植被，至中更新世植被景观已转化为荒漠和荒漠草原交替出现，且地层中含有大量膏质泥岩与石膏沉积（闫顺等，1998）。晚更新世以来塔里木盆地北缘植物稀少，属温带荒漠草原-荒漠景观（闫顺、穆桂金，1990）；在3000～4000m的昆仑山北坡也呈现温带荒漠景观。

从早更新世开始，在我国西北干旱区开始出现温带黄色沙漠，但沙漠面积小而分散。塔里木盆地最早的沙漠出现在塔里木河下游以西、车尔臣河以北现今的塔克拉玛干沙漠东部地区（吴正，1981）；腾格里沙漠至少在1.8Ma B.P.开始形成（杨东等，2006a）。早更新世晚期至中更新世，我国西北地区总体上已转变为温带内陆干旱荒漠气候，沙漠面积迅速扩大，奠定了温带黄色沙漠的基本格局。塔里木盆地、准噶尔盆地、吐鄯托盆地、巴里坤盆地、库木库里盆地、柴达木盆地、青海湖盆地、共和盆地、河西走廊盆地区、阿拉善高原都出现了黄色沙漠，在东部季风尾闾区鄂尔多斯高原和内蒙古高原东部也出现了黄色沙漠。各盆地、高原上的黄色沙漠断续相连，形成了一个横贯北方的黄色沙漠带。晚更新世后期的冰期东部沙区再次活化时，沙漠范围可能没有超出中更新世时期的范围（董光荣等，1991，1997，1999）。在西北干旱荒漠区外围形成的黄土沉积是荒漠出现后的产物，在贺兰山—乌鞘岭一线以西，受山地、盆地地形格局的影响，黄土主要分布于高于沙漠、戈壁的外围山地迎风坡，沿着沙漠带外缘的下风方向展布；在贺兰山—乌鞘岭一线以东，戈壁、沙漠、黄土自北而南呈带状排列，黄色沙漠带同位于其下风向的黄土带的北缘、西北缘交错接触（董光荣等，1991）。荒漠是黄土的物源，冬季风是黄土物质的搬运营力，由黄土开始沉积的年龄可以推算沙漠开始大规模发育的具体时间。昆仑山北坡黄土形成于约 0.88Ma B. P. 前（方小敏等，2001）、天山北坡黄土形成于约 0.80Ma B. P.（方小敏等，2002），意味着 0.9～0.8Ma B. P. 前后现代塔克拉玛干沙漠、古尔班通古特沙漠的雏形和与此相对应的极端干旱气候与环流格局已经形成，巴丹吉林沙漠和腾格里沙漠也于 0.8Ma B. P. 前后开始形成或大规模扩张（Pan et al.，2001；杨东等，2006a，2006b）。0.50Ma B. P. 以来干旱化进一步明显增强，各沙漠急剧扩大加厚，最终成为现今的规模（李保生等，1998；潘保田等，2000；方小敏等，2001，2002）。

四、青藏高原环境的干寒化

第四纪青藏高原的隆起使高原自身景观向干寒化方向转化。在"青藏运动"前（3.6Ma B. P.），高原的平均高度在 1000m 以下，亚热带植被生长，喀斯特地貌发育，环境表现了亚热带气候的特点。第四纪期间，青藏高原抬升与全球第四纪气候寒冷化的共同作用，导致自身向干寒方向演化为高寒荒漠与草原环境。

更新世早期高原面平均海拔约达 2000m，山地高度可能超过 3000m，早更新世冰期时，高原上开始有局部山地冰川存在（李吉均，1999）。但当时高原高度还不足以阻挡季风深入，所以高原本身随高度的抬升而变得相对湿润，1.7Ma B. P. 是早更新世最湿润的时期，高原面上湖泊广布。柴达木盆地内从新近纪以来出现过两次成盐期，第一次成盐期从上新世延续至早更新世初期，成盐高峰在上新世晚期，出现硫酸盐类沉积。1.95～1.3Ma B. P. 为柴达木盆地出现湖面扩大和水深增大的湖浸阶段，柴达木古湖与昆仑山垭口古湖彼此相通或连为一体，成盐期被中断（刘泽纯等，1991）。

1.1～0.6Ma B. P. 左右的昆黄运动使青藏高原海拔达 3000m 左右。一方面，高原大范围进入冰冻圈，当时高原上许多山地都已达到在世界性降温下足以普遍发育冰川的高度；另一方面，一般高原面的高度大致处在最大降雨带附近，而高原南侧和西侧，山地对湿润空气的屏障作用也都还不明显。因此，在中更新世的间冰期，高原湖泊广布、流水侵蚀十分活跃，冰碛物上发育的土壤一般为棕壤或红壤，相应的植被为针阔叶混交林或常绿阔叶林。许多湖泊在此时出现了第四纪最高湖面，当时的湖面积比今日大 3～6 倍，大多湖泊的最高湖岸线都高出现今湖面数十米甚至一二百米。雅鲁藏布江、印度河及横断山脉地区的河流都在此时强烈下切，象泉河在扎达盆地中切穿巨厚的上新世—早更新世的湖河相地层，形成雄伟的峡谷。降水丰富、河水流量巨大是湖面扩张、侵蚀切割活跃所必须具备的重要条件。在冰期，充足的水分供应有利于冰川发育，出现了高原上第四纪规模最大的冰川，0.65～0.5Ma B.P. 高原冰川作用可能达到最盛，高原中、东部的冰川面积比现代要大 18 倍；西北部山区冰川面积为现代冰川的 2.3 倍；希夏邦马北坡那克多拉河流域的冰川面积比现代冰川面积大 15 倍；喜马拉雅山北坡形成宽广的山麓冰川，留下了大面积的冰碛和冰水平原，但高原上的第四纪冰川始终没有形成过统一的大冰盖（施雅风等，1995）。

在中更新世的湿润期以后，高原的抬升对高原自然环境干寒化的影响开始显现，青藏高原在进一步变冷的同时，旱化趋势更为突出。虽然高原高度在增大，高原上温度在降低，然而青藏高原上的冰川发育规模愈来愈小，这是水汽来源受到阻碍、水分供应不足的缘故；而高原东南缘海洋性的冰川规模则有所扩展，高原上冰川发育的地域性差异日益增大。总体上，中更新世以后高原上湖泊面积普遍缩小，许多湖泊演化为盐湖。柴达木盆地第二次成盐期开始于晚更新世，延续至现代，干旱程度愈演愈烈，形成巨型石盐矿床和钾盐矿床，与上新世至早更新世初的第一成盐期相比，两者在成因上有明显的差别，第一成盐期应是副热带高压控制下的结果，其中断是现代季风环流建立的标志；而第二成盐期则只能是现代季风受阻于高原、湿润气流不能深入、气候旱化的结果。高原上现在的第二大湖色林错，面积为 1640km² ，仅相当于古色林错面积最大时期的1/6，现在分布在色林错周围的班戈错、鄂错等十几个较小的湖泊当时都是古色林错的一部分。高原南部大湖班公错曾是印度河的上源，现今已成为内陆湖，最高古湖岸线高出现代湖面 80m 之多，而西部与协约克河之间的分水垭口仅高出现代湖面约 12m。

随着地势的升高，原先生活在青藏高原和其他许多山地上的动植物不得不相对向下迁徙，让位于更能适应高山环境的生物群。西藏高原现代海拔 4000m 以上的高寒草原地区存在三趾马化石，估计三趾马生活的新近纪当地应属于森林草原环境，高程只有1000m 左右；希夏邦马峰北坡现代海拔 5700～5900m 的野博康加勒层中埋藏着高山栎植物化石，现在主要分布在 3100～3900m 的地区，相对高差为 1800～2600m。新近纪以来高原上的植被经历了针阔叶林—针叶林—灌丛草原—高山草原、荒漠或草甸的演化过程，自晚更新世起高原上森林消失，高山草甸、高山灌丛取得了主要地位，植物种群在适应高原干寒化的过程中发生进化，形成与新近纪不同的新的植物区系和植被。

第三节　冰期与间冰期交替及其环境响应

第四纪全球气候显著变冷，进入地质历史上的又一次大冰期，期间以地球轨道参数变化造成的 Milankovich 周期为主导，呈现出冰期与间冰期的相互交替变化。尽管因青藏高原的隆起，我国第四纪环境演变表现出强烈的区域独特性，但第四纪的周期性冰期与间冰期旋回变化在我国仍有显著表现，即使在青藏高原强烈隆起、环境演变异乎寻常的时期也不例外。但青藏高原的强烈隆起与存在加大了我国冬夏气候的差异，也使我国大多数地区冬季较其他同纬度地区更为干冷，而夏季则更为暖湿。与冰期时我国冬季风增强、夏季风减弱所形成的冷干环境相对应，我国不像北美和欧洲那样发生大规模的大陆冰川推进，而是发生了显著的永久冻土扩展与自然地带南移、山地冰川前进、海面下降、干旱区扩展与黄土堆积区扩大等现象；间冰期时情况相反。

一、第四纪冰期-间冰期气候旋回在中国的表现

发育在我国黄土高原地区的第四纪黄土沉积是陆地上气候变化最好的记录，黄土-古土壤序列极为清晰地显示了以冷干-暖湿的周期性振荡为主要表现形式的冰期与间冰期气候旋回性变化。冰期时，冬季风强劲，气候干冷，中国北方地区年平均温度降温幅度达 10℃ 以上，并广泛沉积来自荒漠草原环境下的黄土；间冰期时，夏季风相对偏强，气候暖湿，气候与现在相当甚至较现代更为温暖，发育森林草原甚至森林土壤，从而形成了层次清晰的黄土层与古土壤层的交替（刘东生等，1985）。陕西宝鸡的黄土剖面中有 37 次黄土-古土壤交替，表明 2.6Ma B.P. 以来东亚季风气候曾出现过 37 次冷干-暖湿旋回。这一黄土-古土壤序列与深海氧同位素记录之间存在良好的对应关系，其中温暖湿润的古土壤发育期均对应于指示间冰期环境的 $\delta^{18}O$ 的奇数（负偏高值）阶段，而冷干的黄土发育期均对应于指示冰期环境的 $\delta^{18}O$ 的偶数（正偏高值）阶段（图 3.8），表明中国万年以上尺度的冷干-暖湿旋回与全球第四纪的冰期-间冰期阶段性旋回是一致的（Ding et al.，1994）。

在黄土高原黄土-古土壤序列的各种理化指标中，磁化率的变化指示夏季风变化，粒度的变化主要反映风力强度（主要是冬季风）的变化（刘东生、丁仲礼，1992）。冰期时粒度大、磁化率低，显示冬季风强、夏季风弱，而间冰期时粒度小、磁化率高，显示冬季风变弱，夏季风相对偏强（An et al.，1991；Ding et al.，1994）。现代南海深海沉积的黏土矿物伊利石和绿泥石主要来自中国大陆和台湾，蒙脱石主要来自南海南侧的岛屿和吕宋岛，蒙脱石与伊利石加绿泥石的比值可以表征夏季风相对于冬季风的强度。中国南海北部陆坡底部的深海沉积显示，2Ma B.P. 以来的上述比值间冰期一般增高，反映夏季风强；冰期一般较低，说明冬季风强，而且近 0.4Ma B.P. 以来此值变幅减小，说明即使在间冰期时冬季风也十分强盛；深海钻探剖面中钙质超微化石和蛋白石（主要是硅藻和放射虫）的丰度变化也说明南沙海区夏季风引起的上升流间冰期时强化，冬季风在冰期时强化（图 3.11）（汪品先等，2003）。

与深海氧同位素序列一样，在我国第四纪沉积的黄土-古土壤的磁化率和粒度序列中也可检测出地球轨道参数变化的几个特征周期，即 412ka、100ka 的偏心率周期，41ka 的地轴倾斜率周期以及 23ka 和 19ka 的岁差周期。但是在不同阶段，主导周期有明显的差别，其中 2.6～1.6Ma B.P. 期间，412ka、66ka、41ka、23ka 等多种周期并存，且以 41ka 的周期最为明显；1.6～1.2Ma B.P. 期间，41ka 的周期振荡占据了绝对主导地位，其他周期尺度的能谱则非常微弱；1.2～0.8Ma B.P. 期间，41ka 与 100ka 的周期共存；0.8Ma B.P. 以后，主导周期变为 100ka、41ka 及其他周期尺度的能谱明显变弱（Ding et al.，1994）。

不仅如此，Dansgaard-Oeschger 旋回、Heinrich 事件和新仙女木事件等千年尺度的气候振荡在我国黄土中也有明显的表现，它们与格陵兰冰芯和北大西洋深海沉积记录的晚第四纪气候千年尺度振荡基本一致（图 3.12）（Ding，1997）。湖北神农架洞穴的石笋所记录的 $\delta^{18}O$ 含量也清晰表明（Wang et al.，2008）：东亚季风强度在千年-万年尺度上的变化与地球轨道参数变化的周期几乎完全一致，并与南极东方站（Vostok）冰

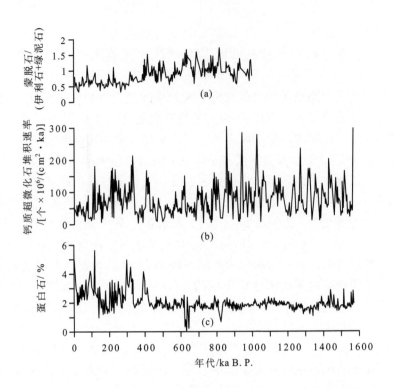

图 3.11　南海季风变化标志（据汪品先等，2003，略作修改）

（a）南海北部 1144 站黏土矿物中蒙脱石/（伊利石＋绿泥石）的值；（b）南海南部 1143
站钙质超微化石堆积速率；（c）南海南部 1143 站蛋白石

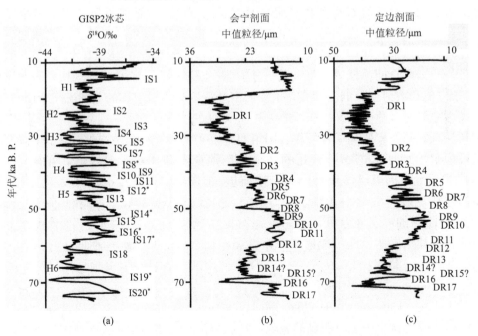

图 3.12　中国黄土粒度曲线记录的千年尺度震荡事件及其与格陵兰冰芯氧同位素曲线及北大
西洋的 Heinrich 事件对比（据刘东生，2009）

DR 表示沙漠后退事件；＊表示事件跨度较长，在南极与北极均存在的间冰阶

芯 $\delta^{18}O$ 所指示的千年-万年尺度气候波动极为吻合（图 3.13）。南海陆架 Q4 钻孔的孢粉同样也记录了 14.7～13.9ka B.P. 和 22.9～20.6ka B.P. 两次明显的降温事件，它们在时间上也分别与第一、二次 Heinrich 事件吻合（吕厚远等，1996）。

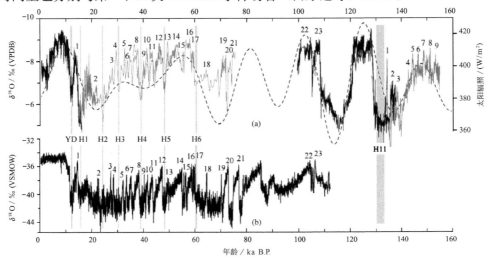

图 3.13　葫芦洞（灰色曲线）、董歌洞石笋（黑色曲线）氧同位素记录与北半球日照曲线
（虚线）（a）、格陵冰芯记录（GRIP）（b）对比（据程海等，2005）

（a）垂直条带示意 Heinrich 事件，两组数字分别代表末次冰期和倒数第二次冰期中亚洲夏季风强段；
（b）数字代表格陵兰间冰段

二、冰 川 进 退

冰川消长是第四纪冰期-间冰期旋回变化的最突出表现之一。第四纪期间，东亚、中国境内没有出现过大冰盖，即使是在冰川最发达的中更新世时期，在青藏大高原上也没有形成过统一的大冰盖（李吉均等，1991；施雅风等，1995）。这是季风环流形势下，冬季虽低温却干旱，水分供应不足，不利于冰雪积累；夏季虽多雨却高温，有利于冰雪消融的结果。但在强烈新构造运动影响下形成的许多高山山地上，山谷冰川得到广泛的发育：东部如台湾的玉山、陕西秦岭主峰太白山、长白山，冰期时都曾受冰川作用的影响；西北的阿尔泰山、天山、昆仑山、祁连山，西南青藏高原上的许多山地和南缘的喜马拉雅山脉，不仅冰期时古冰川多次推进甚至直达山麓地带，而且许多山地的高山冰川在整个第四纪从未消失，现代山谷冰川或冰斗冰川实际上就是第四纪古冰川的残迹。

第四纪期间我国冰川进退与全球冰期-间冰期旋回存在良好的对应（表 3.3）（刘东生等，2000；施雅风，2002）。在西部的喜马拉雅与青藏高原以及天山与阿尔泰山地区，目前已知最古老的冰川活动发生在 0.8Ma B.P. 以前早更新世晚期或更早，在青藏高原称希夏邦马冰期，因在希夏邦马峰发现的冰碛而得名，为小型山麓冰川，在天山地区称阿合布隆冰期。0.8Ma B.P. 以来，在我国西部可识别六次冰期，各次冰期均可与深海氧同位素对比，从老到新分别发生在 MIS18—MIS16、MIS12、MIS6、MIS4、MIS3b 和 MIS2，其中，MIS16、MIS12、MIS6 和 MIS2 等均是 100ka 周期 $\delta^{18}O$ 值的特低时期，也是冰川发育规模明显偏大的时期，分别和北美和欧洲的 Nebraska-Günz 冰期、

Kansan-Mindel 冰期、Illinoian-Riss 冰期和 Wisconsin-Würm 冰期相当。青藏高原最大的一次冰期是昆仑冰期（最大冰期或聂拉木冰期），此次冰期起始于 MIS20 或 MIS18，可能在 MIS16 进入最盛期，昆仑山垭口该期冰碛测年中值为 0.71Ma B.P.，相当于 MIS18—MIS16 阶段，是持续时间最长的一次冰期。当时高原已隆升到 3500m 左右，进入冰冻圈，高原上的冰川规模远较现代大，在高原各山系都发育大规模的山麓冰川，冰川面积超过 $50 \times 10^4 km^2$。青藏高原中东部四个山区最大冰期面积为现代冰川的 18 倍，西部的 3 个地点最大冰期冰川规模为现代冰川的 2.4 倍（表 3.3）。天山与阿尔泰

表 3.3 中国冰期与海洋同位素阶段（MIS）的比较（据施雅风，2002）

年代/ka B.P.	MIS(综合SPECMAP与DSDP607)	中国冰期(据古里雅冰芯与冰川沉积记录)	喜马拉雅山与青藏高原	天山与阿尔泰山	东部山区
11	1	1.冰后期	小冰期与新冰期冰进（4ka B.P.以来），绒布德寺阶段，大暖期冰退，新仙女木、早全新世冰进	小冰期与新冰期冰进(4ka B.P.以来)，土格别进而齐阶段，大暖期冰退，新仙女木、早全新世冰进	—
32~28	2	2.末次冰期晚冰阶，末次冰期冰盛期(LGM)	珠穆朗玛冰期 Ⅱ (绒布寺阶段)：贡嘎冰期 Ⅱ(¹⁴C为19.7ka B.P.)，大理冰期 Ⅱ(ESR为16kaB.P.)	破城子冰期（?），上望峰冰期(AMS¹⁴C为23~17ka B.P.)，哈纳斯冰期(?)	太白冰期 Ⅱ (TL为19ka B.P.)，水源阶段（台湾，TL为19~14ka B.P.)
44	3	3a.间冰期	大湖期(40~30ka B.P.左右)，藏东南(¹⁴C为36ka B.P.)	大湖期(40~30ka B.P.)	山庄阶段（台湾,TL为44ka B.P.左右)
		3b.末次冰期中冰阶	冰川前进，阿尔金山计方桥冰碛(³He为44~41ka B.P.)	乌鲁木齐河谷哈依萨鼓丘冰碛(ESR为4ka B.P.)	
54		3c.间冰阶			
60~58	4	4.末次冰期早冰阶	珠穆朗玛绒布谷地高侧碛风化凹坑为60~72ka B.P.	乌鲁木齐河谷下望峰期部分冰碛(ESR为72~58ka B.P.)	太白冰期 Ⅱ
75	5a, 5b, 5c, 5d, 5e	5.末次间冰期	高湖岸、纳木错 70~90m，湖岸铀系测年91~78kaB.P.，甜水海铀系测年为145~74ka B.P.	天山柴窝堡第三湖相系(120~75ka B.P.)	—
130	6	6.倒数第二冰期，开始时间可能 MIS8 或 MIS10阶段	珠穆朗玛冰期 Ⅰ (基龙寺阶段)，藏东南古乡冰期，西昆仑布拉克巴什冰川、冰碛砂(TL为206ka B.P.左右)	天山台兰河谷契克达坂冰期(?)	—
		间冰期			
420	12	12.中梁赣冰期	祁连山摆浪河中梁赣冰碛(ESR为463ka B.P.左右)	乌鲁木齐河谷高望峰冰碛(ESR为477~460ka B.P.)	—
480	13, 14, 15	大间冰期	若尔盖钻孔针阔叶林植被，藏南红色风化度	柴窝堡钻孔550~400ka B.P.湖相沉积	—
600	16, 17, 18, 19, 20	昆仑冰期(最大冰期)	青海昆仑山垭口冰碛(ESR为710ka B.P.)，磁性地层(<780ka B.P.)，古里雅冰芯底部(³⁶Cl为760ka B.P.)	台兰河谷柯克台不爽冰期(?)	—
800		间冰期	—	—	—
		希夏邦马冰期	希夏邦马冰期(时间待定)	阿合布隆冰期(时间待定)	—

山地区冰川规模最大的一次冰期为契克达坂冰期（倒数第二次冰期），亦称台兰冰期（？～130ka B. P.），与MIS6相对应，天山最高峰托木尔峰和第二高峰汗腾格里峰南坡当时存在溢出山谷的宽尾冰川，台兰冰川长达80km（较末次冰期长20km），木扎尔特冰川长约180km，但没有连片成为大规模的山麓冰川，当时的冰川面积很有可能覆盖了山地面积90％以上，可称为基本覆盖型冰川。

我国东部地区地势较低，超过3000m的山地不多，冰期时气候寒冷干旱，不利于冰川的发育，因此在第四纪期间并未发生大规模的冰川活动，确切的冰川遗迹仅存于四川螺髻山、陕西太白山、东北长白山和台湾中央山脉等少数高山区。除四川螺髻山外均属末次冰期（75～11ka B. P.），对应于MIS4、MIS3b和MIS2。太白山冰斗集中发育于向西南缓倾斜的古山顶夷平面上，分早晚两期，晚期斗底海拔3600～3650m，形成辐射状的冰斗冰川与小型冰斗-山谷冰川，侧碛测年为19ka B. P.，是末次冰期冰盛期时冰川所成，相当于MIS2阶段，其时雪线高度在3300m左右，推测平均温度低于现代5.5～7℃（Rost，1994）；早期冰斗底海拔3400～3500m，推测相当于MIS4阶段。中朝边界长白山大约只保留了末次冰期冰盛期的冰川地形，当时的雪线高度为2200～2300m，较现代雪线低约900m。台湾中央山脉末次冰期冰川的发育分三期，其中，山庄期（第二期）冰碛的TL年代为（44.25±4.52）ka B. P.，与MIS3b相当，其时雪山（3884m）的冰川长4.5km，末端降至海拔3100m，平衡线海拔3300m；水源期〔TL年代为（18.6±4.52）ka B. P.〕相当于MIS2阶段末次冰期冰盛期，冰川规模长3km，末端海拔3300m，平衡线海拔3500m（崔之久等，1999a）。

三、海面升降与海陆变迁

第四纪时期海面随冰期-间冰期的交替而升降变化，寒冷时期大陆冰川发展，大量淡水停留冰结在陆地冰川中，海面下降；气候转暖，冰川溶解，海面升高。我国陆架面积广大、坡度平缓，海面数十米升降可造成岸线在数百千米范围内进退，发生大规模的海陆变迁，是我国响应第四纪全球变化最突出的特征之一。

存在于现代陆地上的古海相沉积物、海生生物化石，是判断和恢复第四纪古高海面的依据。保存在现代海面以下的陆相沉积、陆相生物化石和地貌型态，是判断和恢复低海面的依据。第四纪晚期以来，来自各海区的海底和沿海陆地序列完整并详细定年的沉积和地貌证据，都显示我国海退-海进沉积旋回变化与全球冰期-间冰期的海面变化有良好的对应关系。末次间冰期以来的各海区的三期海面上升与海侵期主要相当于温暖时期的氧同位素的MIS5、MIS3和MIS1阶段，期间的冷期为海面下降与海退期（图3.14）。根据东海外陆架沉积，海进和海退序列与氧同位素阶段的对比可以延伸到氧同位素阶段的MIS8（250ka B. P.）以来。在东海外陆架，由于长江的大量输沙，水下三角洲和潮流沙脊的规模都很大，水下三角洲代表海退层序，是海面下降时长江三角洲向海进积而形成的；潮流沙脊代表海进层序，是海面上升时太平洋潮波活跃而形成的。自氧同位素MIS8期以来，东海陆架海进层序与海退层序交替分布，共发育了三期较大潮流沙脊和四期大规模的水下三角洲，它们与海面变化曲线存在很好的对应关系（图3.14）。三期较大潮流沙脊分别形成于氧同位素MIS8—MIS7阶段（244～240ka

B. P.）、MIS6—MIS5 阶段和 MIS2—MIS1 阶段发生海侵的早期；四期大规模的水下三角洲有两次形成于氧同位素 MIS7—MIS6 阶段的海退时期，另两次分别形成于氧同位素 MIS5—MIS4 阶段和 MIS3—MIS2 阶段的海退时期（刘振夏等，2001）。

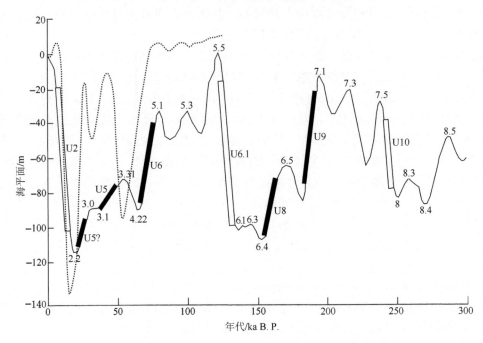

图 3.14　东海海进-海退地层层序与中国、全球海面变化［中国海面变化曲线（点线）据王靖泰、汪品先，1980；东海海进-海退地层层序和全球海面变化（实线）据刘振夏等，2001］
空心的长柱代表东海海进层序，实心的长柱代表东海海退层序

　　东海氧同位素 7 期期间的海侵在黄海海底沉积中也有记录，时间为 270～200ka B. P. （杨子庚，1993）。MIS5 期期间（128～125ka B. P.）的海侵是东海晚更新世最大的一次海侵，在渤海称沧州海侵。全新世海侵（MIS1）也是东海地区较大规模的一次海侵，在内陆架浅海均有不同厚度的海相层沉积，外陆架海域沉积很薄。MIS3 气候变暖幅度不大，海面上升和海侵的影响范围远不如 MIS5 的海侵和冰后期海侵，当时东海面积和水深均小于目前。但由于其持续时间长，在东海留下了较厚的沉积物，当时海域受周边河流的影响远大于现在，因此河流三角洲分布延伸很远。MIS6（倒数第二次冰期）陆相地层在东海陆架上分布最广泛，这次海退幅度大、持续时间长。末次冰期（MIS2—MIS4）有三次小冷期，海面下降，陆架裸露，其上发育河湖沼泽，为一套杂乱的陆相沉积。在外陆架，末次冰期中的三次亚冰期留下了明显的侵蚀界面和薄的陆相层（刘振夏等，1999，2001；王张华等，2008）。

　　在氧同位素 MIS8 阶段以前，我国第四纪最早的一次海侵可能发生在 2.26Ma B. P.，在北京平原顺义地面以下 428.6m 的沉积层中发现透明虫——抱球虫类有孔虫化石，因而称为"北京海侵"。北京海侵之后，在渤海湾地区至少还发生过以下海侵，分别为渤海海侵，海相层埋深分别为 270～290m 和 336m，海侵范围较大，北京东南地下 265～287m 见小海兴介、小黑海介等化石，时代晚于吉萨尔事件（约 1.60Ma B. P.）；兴海海侵，海相层埋深分别为 185～244.5m 和 71.6～334.5m，发生在布容世与哈拉米洛事件之间，即 1～0.7Ma B.P.，规模较小；黄骅海侵，海相层埋深在拗陷单元和隆起单元分别为 130～176.7m 和 204～244m，出现在布容正极性世之初，约 0.7Ma B.P.，海侵范围较小，限于渤海湾沿岸地带；在南黄海陆架区也存在 0.97～0.73Ma B.P. 海侵的记录（杨子庚，1993）。

第四纪多次海面上升，曾使我国东部平原大面积陆地多次沦陷海底；多次海面下降，下降幅度最大时曾使整个黄渤海、东海除东部海沟以外的绝大部分以及南海相当大的部分出露为陆地。根据末次冰期冰盛期以来海面进退的情况，可以估算出我国海陆面积变化的幅度和海面升降速率。在末次冰期冰盛期的最低海面时期，我国东部各海洋面积减少约 1/3，其中，整个东海陆架（东海陆架、黄海、渤海）出露了约 $85 \times 10^4 km^2$ 的陆地，渤海全部、黄海和东海大部都变成了陆地，海岸线东移 600～900km（汪品先等，1992）；南海北部大陆架出露面积达 $40 \times 10^4 km^2$（孙湘君、罗运利，2004）。在 22～20ka B.P. 的末次冰期冰盛期（LGM），海平面的位置在 -135m；16ka B.P. 时，东、黄海的海平面已上升至 -100m 左右，海水已达到济州岛附近，东海约有 2/3 面积被海水淹没；到 11ka B.P. 海平面达到 -50m 左右，东海绝大部分和黄海中部海槽区被海水淹没；8.5ka B.P. 左右的海平面升至 -10m 左右，与现代海面接近，此时连接东海与日本海的对马海峡和朝鲜海峡早已连通（李铁刚等，2007），据此推算，20～8.5ka B.P. 海面的平均上升速率为 10.9mm/a，其中，20～16ka B.P. 为 8.8mm/a，16～11ka B.P. 为 10mm/a，11～8.5ka B.P. 为 16mm/a。

四、沙漠与黄土堆积的进退

冬夏季风的消长与冷干-暖湿气候的周期性振荡是我国响应第四纪冰期与间冰期旋回性变化的主要表现形式。与冬季风强弱变化密切相关的风力变化和与夏季风强弱变化密切相关的降水变化，控制着我国北方地区第四纪环境变化过程。冰期时，我国北方地区气候寒冷干旱，处在干旱和半干旱的荒漠到草原的气候控制之下，在北方冷高压强度增加的情况下，冬季风强劲，在其主导之下风力侵蚀和搬运堆积过程强盛，沙漠扩张，沙漠地区的风蚀作用加强，粉尘搬运通量增加；在荒漠区之外，风尘黄土堆积强盛，黄土的风化微弱。间冰期时，气候温暖湿润，冬季风强度减弱，沙漠范围退缩或多处于固定、半固定沙丘状态，沙漠的风蚀作用减弱，黄土的搬运通量减小，风尘黄土堆积的范围和强度明显减弱，黄土高原以接受地表风化为主，或以冷期时堆积的黄土为母质，形成一定类型的古土壤。

沙漠进退和风尘黄土堆积的强弱变化是我国北方地区响应第四纪冰期-间冰期气候变化最重要的、也是对现代景观格局有深远影响的过程，类似的响应过程在轨道周期尺度以下的时间尺度上也有显著表现。在不同地区，沙漠进退和风尘黄土堆积变化对气候变化响应的敏感性和具体的表现方式存在明显的差异。

黄土高原是我国黄土沉积发育最典型的地区，黄土地区黄土-古土壤序列与第四纪全球冰期与间冰期气候旋回性变化特征的良好对应关系是我国第四纪环境变化与深受全球变化背景影响、冷干-暖湿旋回与全球冰期-间冰期旋回相一致的最有力证据，黄土高原的黄土剖面（如陕西洛川剖面、宝鸡剖面）的黄土-古土壤交替均与深海氧同位素记录之间存在良好的对应关系，反映了冰期与间冰期之间黄土高原地区荒漠草原环境与森林草原甚至森林环境的变化（图 3.15）（刘东生等，1985；Ding，1994），不仅如此，黄土-古土壤序列也反映了冰期与间冰期之间风尘堆积速率和降尘方式的显著差别，冰期时以频繁发生的沙尘暴为主要降尘方式，沉积速率为 0.1mm/a（刘东生等，1985）。Dansgaard-Oeschger 旋回等千年尺度的气候振荡在我国黄土记录中也有明显的表现。

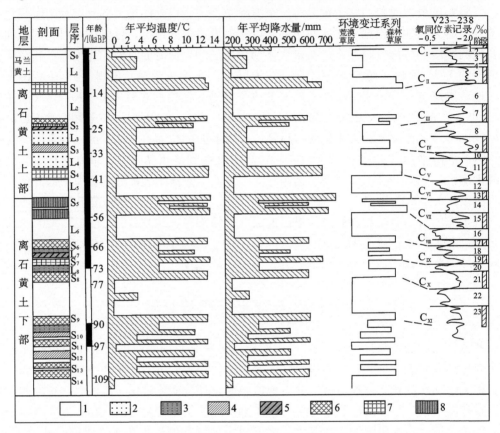

图 3.15　110 万年以来洛川黄土剖面反映的环境变化（据刘东生等，1985）

1. 弱风化黄土；2. 中等风化黄土；3. 显著风化黄土；4. 黑垆土；5. 碳酸盐褐土；6. 褐土；
7. 淋溶褐土；8. 棕褐土

在我国北方第四纪期间发育的大湖区，冰期时降落于湖中形成的水下黄土沉积与间冰期的河湖相沉积随着气候干冷-温湿变化交替出现，泥河湾盆地中 17 个河湖相堆积-水下黄土旋回，反映了第四纪期间 17 次以上气候干冷-温湿的循环变化。与黄土地层中古气候记录以及深海岩心的氧同位素周期完全可以对比，尤其是 0.73Ma B.P. 以来，三者几乎完全一致（夏正楷，1992）。

黄土沉积以其上风向的荒漠为其物质来源。在贺兰山—乌鞘岭一线以西，受山地、盆地地形格局的影响，黄土主要分布在高于沙漠、戈壁的外围山地迎风坡，沿着沙漠带外缘的下风方向展布；在贺兰山—乌鞘岭一线以东，戈壁、沙漠、黄土自北而南呈带状排列，黄色沙漠带同位于其下风向的黄土带的北缘与西北缘交错接触（董光荣等，

1991）。在沙漠区与黄土区的边界附近，风沙沉积和黄土沉积随着气候变化而互为消长，在沉积剖面上风沙沉积与黄土等非风沙沉积的交替，在空间上则表现为沙漠与黄土分界线的摆动。

位于鄂尔多斯高原的毛乌素沙漠，流动沙丘与固定半固定沙地在冰期-间冰期旋回中呈现相互转换。毛乌素沙漠南缘的沙漠-黄土边界带对气候干湿冷暖变化的反映非常灵敏，暖湿期河湖相沉积和古土壤发育，干冷期形成风成沙丘砂堆积。毛乌素沙漠的沙漠-黄土边界带的榆林剖面记录了 1.1Ma B. P. 以来该区地层中风成砂、黄土和古土壤的叠覆更替，反映了土地沙漠化正、逆过程随时间的变化过程，其中包括有风成砂代表的 15 次沙漠化增强过程、古土壤代表的 18 次沙漠化减弱过程，以及黄土代表的 16 次沙漠化强弱转变的过渡过程。这些沙漠化强弱变化过程在时间上可与黄土高原黄土-古土壤地层、深海氧同位素所揭示的万年和数万年时间尺度的气候变化相对应（图 3.16）（董光荣，1998；李保生等，2002）。萨拉乌苏河流域米浪沟湾剖面高分辨率的沉积记录显示，150ka B. P. 以来存在 27 个砂丘砂与河湖相和古土壤相互叠覆的沉积序列，反映了沙区 150ka B. P. 以来经历了 27 次沙漠扩张与沙漠退缩交替堆积时期。其中，在末次间冰期的地层中含有六个层位的风成砂丘堆积；在末次冰期地层中含有 15 个层位的风成砂丘堆积，末次冰期冰盛期期间（28～14ka B. P.）的风成砂丘堆积就有五个层位（李保生等，2005）。

与上述时间变化对应的是沙漠分布界线在空间上的摆动。末次间冰期以来毛乌素沙漠南界的位置在冷干末次冰期冰盛期（MIS2，25ka B. P.）位于榆林—靖边—定边一线，整个毛乌素沙漠都活化为流动型沙漠；在相对冷干的 MIS4 阶段（65ka B. P.）沙漠南界的位置较末次冰期冰盛期时略为偏北，毛乌素沙漠大部活化；而在暖湿的末次间冰期（MIS5，120ka B. P.）沙漠南界的位置已在现毛乌素沙漠北界之外，整个毛乌素沙漠都被固定；在相对暖湿的 MIS3 阶段（55ka B. P.）沙漠南界的位置较末次间冰期时略为偏南，位于毛乌素沙漠的北缘，沙漠大部被固定。

处在我国东、西部沙区过渡地带上的巴丹吉林沙漠位于贺兰山以西内蒙古阿拉善高原，其大规模发育始于 0.8Ma B. P. 之后（Pan et al.，2001；杨东等，2006a，2006b）。无论在冰期还是间冰期均为流动型沙漠，现代流动沙丘的分布面积占沙漠的83％，是我国现代第二大流动型沙漠。在巴丹吉林沙漠东南部边缘高分辨率的查格勒布鲁剖面，大约 150ka B. P. 以来，25 层风成砂丘砂与湖相沼泽相、砂土砾石层、黄土和古土壤相互超覆构成的沉积韵律构成了 25 个沉积旋回，反映了 150ka B. P. 以来在北半球气候冷暖波动影响下 25 个轮回的冬夏古季风与气候的干湿波动，以及中国北方干旱沙质荒漠区域以沙丘活化与固定为标志的沙漠期与间沙漠期多次正逆交替演变的过程。150～10ka B. P. 查格剖面记录的沙漠期与间沙漠期变化与毛乌素沙漠米浪沟湾剖面所反映的变化存在良好的关系，反映了 150ka B. P. 以来我国季风与非季风沙区对气候变化的响应具有同步性（李保生等，2005）。

由冬季风搬运的风尘堆积不仅局限于黄土高原或北方地区，随着冬季风环流的强盛，中更新世晚期黄土的堆积南界已达长江中下游地区，风成红土堆积随着冰期-间冰期的气候变化也呈现相应的强弱变化（朱丽东等，2006）。

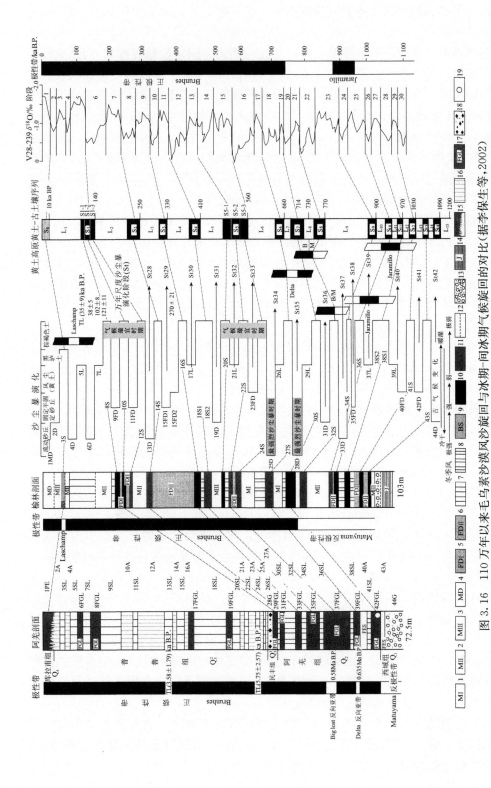

图 3.16　110 万年以来毛乌素沙漠风沙旋回与冰期-间冰期气候旋回的对比(据李保生等，2002)

1. 古流动砂丘砂(中砂)；2. 古流动砂丘砂(细砂)；3. 古流动砂丘砂(极细砂)；4. 现代流动砂丘砂(粉砂质细砂)；5. 古固定-半固定砂丘砂；6. 古固定-半固定砂丘砂
(粉砂质极细砂)；7. 马兰黄土或粗粒黄土；8. 离石黄土或粗粒黄土；9. 黑垆土；10. 粉砂质棕褐色土；11. 砂质棕褐色土；12. 胶结砾石层；13. 剥蚀面；14. 侏罗系砂页
岩；15. 生草层；16. 亚砂土；17. 细粒黄土；18. 冲积坡积砂砾石层；19. 宇宙生埃

五、植被与动物种群变化

冰期-间冰期冷干、暖湿气候旋回的多次更替，使得第四纪期间我国境内的自然带在经向、纬向与垂直方向上都发生显著变化，为了适应环境的变化，动物群和植物群都频繁迁徙与分化。我国冰期时冷干的气候特点，使得动植物种群未像欧洲和北美那样屡遭大规模冰川破坏作用的厄运，只有少数种属，特别是陆上哺乳动物的一些种属因此而绝灭。

除强烈隆升的青藏高原地区外，第四纪时期我国植物区系基本稳定，植物的类群没有发生重大变化，植物对气候变化的响应主要表现为随着冷暖期的交替而发生迁移、聚散和植被的分化与重组，可以根据与现代植物群的比较来了解它们对气候变化的响应过程。与北美和欧洲北部屡遭冰川破坏作用的植被发展历史不同，我国植被第四纪对冰期-间冰期气候变化响应的突出特点为：在寒冷干旱的冰期时北方地区耐旱植物和荒漠、草原植被的扩展与南方地区山地植被带的下降，而在温暖湿润的间冰期植被迅速恢复为与现代相近的景观格局（李文漪，1998）。

我国西北干旱区，第四纪以来以藜科为主的干旱植物类群始终占有优势，并有加强的趋势。第四纪暖期，强烈的蒸发促进了荒漠植被的发展；而冷期，冰雪的消融量虽然减少了，但蒸发量也下降了，因而有可能在一定程度上缓解了干旱，花粉组合中云杉和蒿属的花粉增多，荒漠草原植被得到相对的改善。

东北地区植被的东西分异始于早更新世。西部松嫩平原冷期的干旱程度明显加强，主要孢粉类型为菊科、藜科、麻黄科和禾本科花粉，以草原植被为主，其间分布桦木、柳等耐寒的乔木，分布区域向东扩张；暖期时阔叶落叶乔木桦木、榆、栎等花粉有所增加，也有较大数量耐旱的草本植物，出现稀树草原景观。在气候湿润的东部三江平原地区，暖期植被为温带针叶阔叶落叶林，冰期时为冷湿环境下的云杉暗针叶林植被。

在第四纪寒冷的冰期时，我国自天山向东直达秦岭淮河以北的广大地带，除了水分条件较好的东北东部山地和局部沿河谷地、山地阴坡可能有松、桦木等耐寒的树木分布外，均为森林草原、草原或荒漠草原、荒漠所覆盖的开阔植被景观，松、蒿、藜是我国北方区域第四纪寒冷冰期草原植被花粉中出现最多最普遍的成分。冰期广泛分布于北方的草原植被在间冰期分异为北部的草原区和南部的落叶阔叶林区。

在第四纪温暖的间冰期时半干旱区的黄土高原及其以东地区，以草原植被为主，在水分条件较好的低山地段有松和落叶阔叶树的生长，因此在花粉组合中以蒿属花粉出现较多，其次为藜科、禾本科，亦有少量的松及阔叶落叶的桦、栎等花粉。冰期时沉积中花粉含量十分稀少，仅见少量蒿、藜等草本植物花粉，绝大部分地区变为荒漠草原，甚至荒漠植被景观，在荒漠区有大范围的沙漠发育，在荒漠外围的荒漠草原区沙尘暴过程导致的黄土堆积作用强盛。

在现今半湿润的华北地区，第四纪间冰期时的植被为温带针阔叶疏林和草原景观。在离石黄土层中 S_5 古土壤层形成时期，华北气候暖湿，延续时间也长，植被为阔叶林或针阔叶混交林，含有许多亚热带成分（如枫香、樟、合欢等），属于北亚热带范围。冰期时普遍出现的以大量蒿属为主，并伴生藜科、菊科、禾本科等旱生成分的花粉组合，说明草原植被为华北第四纪冷期具代表性的植被类型，其特征可能与现代寒温带的蒿类草原相似。在华北平原，花粉组合反映的冰期-间冰期旋回植被演变过程为：寒冷半干旱或干旱的草原(蒿-藜组合)—寒凉半干旱的松树疏林草原（松-蒿组合）—温和半湿润的针阔叶疏林草原（松-栎-榆-椴-蒿组合）—温凉半湿润的松、云杉及草原（松-云杉-桦木-蒿组合）—寒凉半干旱的松林草原（松-桦木-蒿组合）(李文漪，1998)。

在秦岭—淮河以南的南方地区，丰富的热带、亚热带植物区系，并没有为冰期气候所毁灭。冰期时一些喜暖的常绿阔叶树向更低的纬度迁移，而落叶阔叶树和针叶树类群则从山地的高海拔地区向低海拔的低山及平原扩展。冰期时南方平原丘陵区云杉、冷杉、松和铁杉等针叶树分布较现代更为广泛，形成以针叶与落叶阔叶树为主或混交、或散生的植被景观。台湾东北部中更新世期间暖期以栲属为代表，冷期以水青冈占优势，栎和桤木在暖期和冷期均有出现。

第四纪在强烈隆起的青藏高原上，植被呈现出向高寒干旱环境方向发展的趋势，新近纪以来经历了针阔叶林—针叶林—灌丛草原—高山草原、荒漠或草甸的演化过程，植被响应第四纪冰期-间冰期气候旋回的波动性变化叠加在此趋势性变化之上。早更新世暖期青藏高原南部保持着针阔叶混交林，帕里地区出现桦、鹅耳枥、榆、栎、松、冷杉等；北部沱沱河一带出现以云杉、松为优势的暗针叶林，唐古拉山一带出现桦林、桦-栎林、松-栎林以及高山灌丛。中更新世冷期，青藏高原主要发育了以藜、蒿、麻黄占优势的高寒草原，但在藏南仍能见到暗针叶林的分布；中更新世暖期，藏北高原以云杉林占优势，藏南出现阔叶林或针阔叶混交林，以栎为主，夹有少量云杉、冷杉、松等。在相当于 MIS13 阶段的间冰期（最大冰期与倒数第二次冰期之间，过去也称为大间冰期），现在为干旱稀疏草原植被的青海昆仑山与唐古拉山间的长江源区，当时为针阔叶混交林，且以阔叶林占优势；而最大冰期时此处为稀疏森林草原至荒漠状态。

我国哺乳动物群的演化比较明显，进入第四纪，上新世三趾马动物群的许多成分都已绝灭；更新世时期的一些典型成分至晚期也有绝灭的。1.15Ma B.P. 以来秦岭强烈隆起到足以成为南北自然环境分异界线的高度，不仅加剧了南北气候的分异，而且也切断了动植物交流的南北通道。与南、北气候的分异相应，我国第四纪哺乳动物群可以划分为南方型和北方型，北方属古北区，南方属东洋区，两大区系之间存在一个过渡性地区，大体位于长江、淮河之间。

早更新世北方泥河湾动物群中，上新世成分尚残存有三趾马和剑齿虎等，同时出现大量第四纪种属，称为长鼻三趾马-真马动物群。南方柳城巨猿动物群又称为巨猿-大熊猫-剑齿象动物群，属于热带、亚热带森林环境。云南北部元谋动物群的上部含有较多的云南马化石，并有大量北方迁来的种类可与泥河湾动物群对比；与柳城动物群之间虽有关系，却缺乏其中的典型种（如大熊猫、貘、猩猩、猕猴等），表明与北方关系更为密切及北方成分的南迁。早更新世晚期的公王岭蓝田人头骨和相伴的动物群埋藏于粉砂质黄土层（相当于 L_{15}）中的钙淀积层中。黄土指示了干冷的气候，但动物群却具有强烈的中国南方动物群的色彩，含有大熊猫、剑齿虎、貘、猎豹、水鹿等，反映了当时秦岭山脉尚未强烈隆起，尚存在南北动物交流的通道（安芷生等，1990a）。

中更新世北方周口店动物群中，新近纪残遗成分只有剑齿虎，大量是更新世属种（如三门马、肿骨鹿等）。组成成分相当复杂，整个动物群属于古北区性质，但也含少数东洋区成分（如水牛、豪猪、熊猫等）；按照生活习性，既有栖息于森林中的种类，也有生活在疏林草原、湖沼地区的种类。中更新世南方动物群的代表地点是四川万县盐井沟的石灰岩裂隙洞穴堆积，称盐井沟动物群，代表性动物是大熊猫、东方剑齿象，也称大熊猫-剑齿象动物群，其他成员有大猩猩、獏、豪猪、竹鼠、水鹿等，都是典型南方成分，也有少数北方成分（如纳玛象）。发现于安徽和县石灰岩裂隙洞穴中的和县动物群带有明显的过渡性，既含有剑齿虎、肿骨鹿等周口店动物群成分，又含有大熊猫、剑齿象等南方成分。

晚更新世北方动物群以内蒙古萨拉乌苏动物群为代表，中更新世前的一些种类（如剑齿虎、三门马、肿骨鹿等）至此都已绝灭，洞穴鬣狗、大角鹿、披毛犀等得到发展，并出现许多现生种，如野马、野驴、野牛、骆驼、狼、獾等。这一动物群中包含喜温湿的类型，也有喜干冷的类型。在东北地区，晚更新世的猛犸象-披毛犀动物群，主要成分有披毛犀、猛犸象、骆鹿、袍子等典型喜冷成分，表明了最后冰期寒冷气候的出现。晚更新世南方动物群仍是大熊猫-剑齿象动物群，但这一动物群的分布范围有所缩小，体现了气候转冷的影响。

六、末次冰期冰盛期的环境格局

与北半球同纬度地区相似，在末次冰期冰盛期我国均出现了不同程度的降温，多年平均温度比现代温度低得多，并有显著的冬季降温大于夏季、高纬降温大于低纬特征（图3.17，表3.4）。各地降温幅度的差异极为明显，在东部，东北地区年平均气温较今低10℃以上，华北地区低10℃左右，华中地区低8～9℃；而华南地区只低1～4℃，其中，两广和海南为3～4℃，闽南和粤东为2～3℃，滇南为1～2℃；南海海域降温幅度为1.6～2.4℃。那时，中国东部地区最北部的年平均温度达－15℃以下；最南部仍属热带、亚热带性质，年平均温度在20℃以上；年均气温0℃的等温线从辽东半岛南端经燕山、太行山山麓延至黄土高原南缘、川西、滇北至雅鲁藏布江下游；陆上南北年平均气温最大差异达50℃以上。在西部，西北地区年平均气温较今低10℃以上，西南地区低7℃，降幅略小于东部同纬度地区，青藏高原低6～9℃（张兰生，1980；安芷生等，1991；施雅风等，1997；黄镇国、张伟强，2000；王乃昂等，2000；汪永进等，2002）。而且冬季降温更为强烈，其中华北和东北地区1月气温较今低15℃以上，华南地区也达10℃以上；当时1月0℃等温线在南岭附近，较今的秦岭—淮河一线南移约8～10个纬度。但夏季降温幅度较小，且南北差异也略小，其中7月东北、华北和华中地区均较今低6～7℃，华南、西南较今低3～4℃；因此，当时最热月份的气温与今相比并不是很低，估计当时大部分地区最热月份的气温大体与今5月中旬的状况基本相当，即从温度来说恰好不存在现代的夏季（张兰生，1980）。

表3.4　我国各地末次冰期冰盛期气温与今气温的差异幅度（单位：℃）（据张兰生，1980）

地区	东北	华北	华中	华南	西南	北疆	青藏高原
年平均气温	10～11	10	8～9	<5	7	11	4～6（6～9）*
7月平均气温	6～7	6～7	6	3	4	—	—
1月平均气温	15～16	16～17	14	10	12	—	—

＊表示据施雅风等，1997。

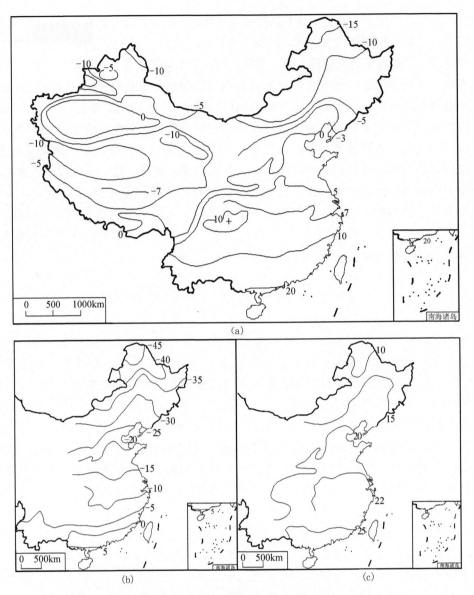

图 3.17 末次冰期冰盛期时我国陆上气温的分布（据张兰生，1980）

（a）年平均温度（单位：℃）；（b）1 月平均温度（单位：℃）；（c）7 月平均温度（单位：℃）

  我国南海和东海末次冰期冰盛期时海水表层温度比现代低 3.5～6℃，其中南海北部冬季海水表层温度低 6～9℃，夏季低 2～3℃，年平均低 5℃；南海南部冬季低 5.3℃，夏季低 1.7℃，年平均低 3.5℃（谢传礼等，1996）。

  在末次冰期冰盛期，我国同属于季风环流控制下的水分、热量情势与现代没有本质的不同，只有程度上的差异以及出现时间、分布位置方面的移动（张兰生，1980）。在季风控制下的中国，雨季的开始、终结和雨量的地区分布与季风阶段性进退之间的关系是十分明显的。高空环流一年中只存在冬季环流和夏季环流两种基本环流型式，两者的转换是一种突然的急剧变化，分别发生在春季和冬季，突变发生的原因在于温度场的改变，当赤道、极地之间的温度对比达到某种临界状态时，原来的环流形势让位于另一种形势。地面风场的转变与高空形势具有明显的对应。东亚高空风场的冬季形势在 5 月底或 6 月初发生变化；6 月初到 7 月初，对应着长江中下游的梅雨期，属于从冬入夏的过渡型式；10 月中夏季形势发生变化，9 月初到 10 月中属于从夏入冬的过渡型式。各阶段发生转变的日期具有相当大的稳定性。

基于末次冰期冰盛期最热月（7 月）的气温与 5 月中旬的气温相当这一事实推断（张兰生，1980）：末次冰期冰盛期时，中国高空风场全年可能都维持与现代冬季季风环流相似的形势。其后虽应进入冬季形势发生转变的阶段，但在冰期，刚一达到此阶段便转入降温时期，不具备现代环流转变所需的后期继续增温的条件，因而，从冬入夏的过渡形势并未出现。同样，现代从夏入冬的过渡形势也不存在。这样，冰期时 3～7 月的环流形势分别与现代 1～5 月的相对应，冰期 8 月仍维持现代 5 月的环流形势，冰期 9～11 月的环流形势与现代 11 至次年 1 月相对应。与高空形势相对应，冰期时并没有与现代夏季降水相似的降水场出现，地面夏季风活动范围的北界只能到达江南丘陵南部和云贵高原中部，这也就是控制我国东部降水的主要因子——极锋当时所能到达的最北位置，在它的影响下，此时雨区的平均范围不超出江南丘陵和云贵高原，恰好在晚更新世黄土沉积区南界之外。按照各月环流的对应关系，可以概略计算冰期时各月的降水量，以及定量估算出盛冰期年降水量及与现代年降水量的比率分布（图 3.18）。

综合各种研究成果显示，末次冰期冰盛期我国降水量的分布仍保持着现代从东南向西北逐渐减少的趋势，但绝大部分地区降水量都较现代有不同程度的降低。青藏高原西部、甘肃西部、新疆南部以及宁夏、内蒙古，年降水量在 100mm 以下，为全国降水量最少的地区，南疆东部和柴达木盆地甚至不足 10mm。200mm 等雨量线大体从东北的松嫩平原西部，经长城沿线，向西延伸到青海的共和盆地，与马兰黄土堆积的北缘相当，此线以西，除新疆北部部分地区外，年降水量均在 200mm 以下，属荒漠气候，广义上的荒漠带在我国北方连为一体（董光荣等，1997）。华北大部地区和东北中部地区退化为草原气候，降水量在 200～400mm，成为季风尾闾区，但东北东部山地降水在 400mm 以上。江淮之间为降雨量急剧减少的地带，秦岭—淮河一线降水量在 500mm 左右。长江以南的大多数地区降水仍可达 1000mm 以上，其中江南丘陵地区年降水量可达 1200～1400mm，成为当时全国降水量最大的地区，而华南地区的年降雨量反低于江南丘陵地区，原因是冰期环流形势的改变使之失去了在现代降雨中占很大比重的台风降雨。四川盆地西部，在成都晚更新世黄土堆积平原，出现了年降雨量少于 400mm 的低中心；川西和云南高原，在丧失了西南季风带来的降水后，绝大部分地区的年降水量低于 500mm，成为少雨区。

相对现代而言，全国出现两个降水量剧烈减少的中心：一是华北、东北两大平原及其间的冀北、辽西山地，降水量不及现代降水量的 30%。这一带，冰期已是夏季风所不能到达的地区，而又处在欧亚大陆西风带的最东部，且位于背风雨影面上。二是青藏高原，主体部分年降水量不及现代的 30% 甚至低于 20%。现代西南季风进入青藏的时间与长江中下游入梅是一致的，因而在冰期，大高原上不出现现代的雨季，造成干旱。

全国存在两个相对高降水中心：一是在长江和南岭之间，降水量可达到现代的 80%～90%。这里，现代的春、冬两季都是极锋锋面徘徊的地区，在冰期更是全年多锋面活动的

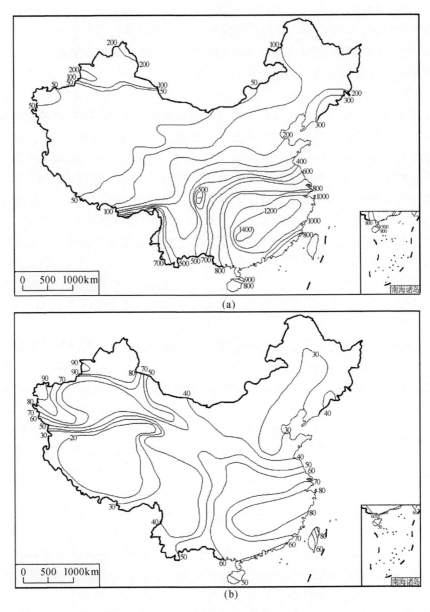

图 3.18　由环流形势推断的末次冰期冰盛期时我国的降水状况（据张兰生，1980）
(a) 冰期年降水量（单位：mm）；(b) 冰期与现代降水量的比率（单位：%）

所在。二是新疆的北部和西部，降水全由西风气流控制，都是现代多春雨地区，而西风气流的活动在冰期并不减弱，因而年降水量也相当于现代的 80% 以上（图 3.18）。

由于降水显著减少，因此即使是东部地区的气候也较现代明显偏干；而在青藏高原西北部、新疆等西部地区，尽管多数地区降水较现代少，但由于冰期的强烈降温与冰冻季节的延长，蒸发显著减少，因而使得这些地区的相对湿度明显高于现代，气候反而相对湿润，这也与当时我国西部大多数湖泊均出现高湖面现象对应（施雅风等，1997；于革等，2000）。

末次冰期冰盛期时东海陆架、黄海、渤海出露了约 $85×10^4 km^2$ 的陆地，古海岸线向太平洋方向东退 600～900km。其中，黄海、渤海陆架区全部成陆，总面积达 $45.7×10^4 km^2$，朝鲜半岛完全与大陆相连，分隔日本九州岛与朝鲜半岛的对马海峡也被关闭。与华北平原连成一片的黄渤海陆架构成亚洲东部最大的南北向低平原，其上生长着干旱、半干旱的草原与荒漠草原植被，披毛犀等喜冷动物游荡于成为陆地的渤海平原之上，大陆上许多哺乳动物通过目前的海底或大陆桥迁移到日本等地。东海仅残存冲绳海槽，面积约 $35×10^4 km^2$，是现代东海面积的 1/2 左右（谢传礼等，1996），当时的海岸线在今长江口以东 600km 处，古钱塘江延伸至现今陆架外入海，河口距今海岸线 550km（张桂甲、李从先，1998），台湾海峡成陆，台湾与大陆连在一起。在末次冰期冰盛期出露的东部陆架上至少出现两个沙漠-黄土堆积群，其一为受西北气流控制，在古季风通道上的黄渤海陆架浅海出露地区，富盐陆架沉积受风力作用而发生陆架荒漠化过程，在荒漠化地区的边缘出现衍生的黄土堆积形成了渤海沙漠-黄土堆积群，渤海海底的埋藏黄土，辽东半岛、庙岛群岛和山东半岛的黄土属此；其二为东海、黄海海底陆架以及华北、苏北浅滩等地，都沉积有半干旱气候条件下形成的具有砂层原生层理构造、钙质胶结、以风成为主的陆相砂岩，在东北气流控制下形成黄海沙漠-黄土堆积群，南京一带的下蜀黄土和全新世长江三角洲沉积以下的含有孔虫的硬黏土沉积，均属当时的黄土堆积，其堆积的南界达到江西庐山与江苏的太湖地区（图 3.19）。

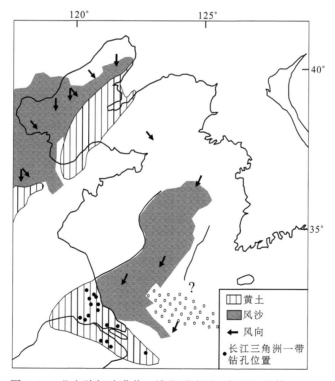

图 3.19　北方陆架沙漠黄土堆积群略图（据赵松龄等，1996）

现代黑潮携带着高温、高盐水体经台湾东部海域和冲绳海槽北上，对我国乃至东亚气候影响巨大，特别是与黑潮有密切成因联系的台湾暖流和对马暖流流经我国东海、黄海海区，作为东海、黄海以及日本海最主要的热量和盐分供应者，其所携带的高温高盐水对于这几个海域的海洋和大气环流格局都存在着深刻的影响。在末次冰期冰盛期时，黑潮的强度显著减弱（李铁刚等，2007），甚至可能东移出冲绳海槽（翦知湣等，1998），受其影响，对马暖流消失（李铁刚等，2007），东海陆架南部海区指示黑潮影响的大多数热带浮游有孔虫种属消失（余华等，2006）。

末次冰期冰盛期，南海海面下降 $100\sim120m$，面积减少 1/5（谢传礼等，1996），南海北部大陆架出露面积达 $40\times10^4km^2$（孙湘君、罗运利，2004），包括南海南部大陆架在内的巽他陆架（即"亚洲大浅滩"），出露面积达 $180\times10^4km^2$，与苏门答腊、爪哇、加里曼丹相连，形成一个联合的"巽他古陆"（"Sunda Land"）（汪品先等，1997）。在末次冰期冰盛期期间，珠江、红河、湄公河等河流从南海西部入海（谢传礼等，1996）。随着海面的下降，南海北部大陆架上的植被发生从草本植物向地带性亚热带植物的演替。在低海面初期，草本植物是裸露的大陆架前缘的先锋，亚热带植被原生长于大陆架的后缘沿岸的陆地上。随着大陆架出露的面积的不断扩展，大陆架上的生长环境也在不断地改变，原生长在岸上的亚热带植物也就随之迁移到大陆架上繁衍生殖了。因此，推测在 $20\sim15ka\,B.P.$ 时段大陆架上的滨海浅水区生长着红树林，在裸露的大陆架前缘生长草本植物，远离滩地土壤条件较好的土地上，生长着灌木丛和以青栲类为主的常绿阔叶林（图 3.20），形成具有亚热带性质的草地、灌木丛和常绿阔叶林植被景观（刘金陵、王伟铭，2004；刘金陵，2007）。

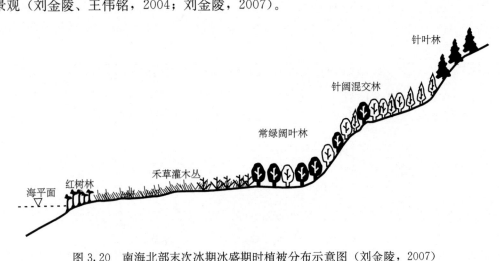

图 3.20　南海北部末次冰期冰盛期时植被分布示意图（刘金陵，2007）

盛冰期时南海残存的面积约 $280\times10^4km^2$，海区呈半封闭状态，与印度洋的通道被关闭，只保留巴士海峡和民都洛海峡与太平洋相通，赤道暖流和黑潮都不能进入南海，环流形式和海水表层温度分布发生明显变化。在西南，印度洋热带暖水停止注入南海；在东北，北太平洋极锋南移使温带冷水得以进入巴士海峡，造成南海表层水降温（汪品先等，1992；汪品先，1995；汪品先、李荣凤，1995）。南海作为暖池的功能大大减弱乃至消失。最后冰期时南海表层水温较现代低 $2\sim5℃$，其中南海北部冬季温度低 $2.7\sim5.9℃$，夏季低 $1.1\sim2.2℃$；南海南部冬季低 $3.8\sim4.5℃$，夏季低 $0.9\sim3.0℃$（图 3.21）。现代的南海和同纬度的太平洋开放海域的温度无明显差别，但冰期时的南海表层水温比同纬度的太平洋开放海域明显偏低，而且冬夏季温差偏大：南海夏季在26～28℃，而太平洋在29℃以上；南海冬季在16～23℃，太平洋达24～28℃；南海冬夏季温差达5～10℃，而同纬度太平洋温差只有1～4℃。现代由季风造成的跨越盆地的双向海流（冬季由东北流向西南，夏季由西南流向东北），在冰期时变为夏季顺时针、冬季逆时针的半封闭环流。

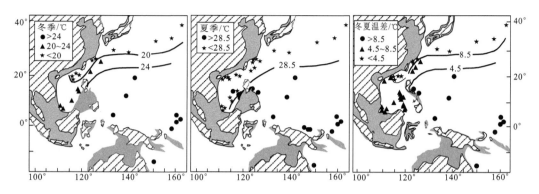

图 3.21 末次冰期冰盛期时我国南海的水面温度（据汪品先等，1992）

末次冰期冰盛期时，我国边缘海与西太平洋浅海的大面积出露，至少通过三个过程对东亚地区的气候产生影响，导致水汽供应量大幅度减少，是除全球性的蒸发减弱和夏季风环流减弱因素外在冰期时加强中国内陆干旱化的因素之一：第一，陆架出露岸线外移使中国内陆与海洋的距离增大达上千千米，由海洋带来的水汽向内陆递减，必然增加我国内陆的干旱度。第二，西太平洋的三大浅海区中有两大区（亚洲大浅滩和澳大利亚浅滩）基本上位于"西太平洋暖池"区内，面积约达 $300×10^4 km^2$。热带海洋本身就是全球大气运动的主要能源区，"暖池"是全球平均表层水温最高的海区，一旦面积减小，暖池效应将减弱。第三，海面减少、陆地增加，蒸发量减少，从而影响对陆地水汽的供应。据估算，三者合计蒸发量至少较今减少 $89×10^8 m^3/a$，相当于我国现代河流年排水量的 1/3（汪品先等，1997）。

与末次冰期冰盛期气候显著变冷、变干相适应，我国自然带的格局出现重大调整（图 3.22），各自然带南移，最大可达 8～9 个纬度；荒漠和草原扩张，占据我国北方和青藏高原的绝大部分地区；山地冰川、冰缘和山地草甸和森林植被带的上限明显下移1000～1200m；在北方、特别是西北内陆干旱区，荒漠和草原植被的上线则呈上移的特点。

末次冰期冰盛期我国北方地区整体上为寒温带和温带的荒漠、草原景观所占据。贺兰山以西的沙漠连成一体，柴达木、共和盆地也有沙漠出现，最南达35°N，塔里木和准噶尔盆地沙漠从腹地向四周扩展；贺兰山以东的呼伦贝尔、松嫩、科尔沁、浑善达克、毛乌素等沙地在末次冰期冰盛期时都出现流动性沙漠，最东可达125°E；各沙漠之间是以戈壁为主的荒漠环境，因此广义上的荒漠在我国北方已连为一体，其东界在今呼伦贝尔沙地、松嫩沙地、科尔沁沙地的东缘，其南界与古长城相当（图 3.23）。根据岛状多年冻土推断末次冰期冰盛期时东部地区寒温带南界南移8～9个纬度，到达辽东半岛南端和华北平原北部的大连—北京一线的39°～40°N附近，向西在黄土高原到达37°N

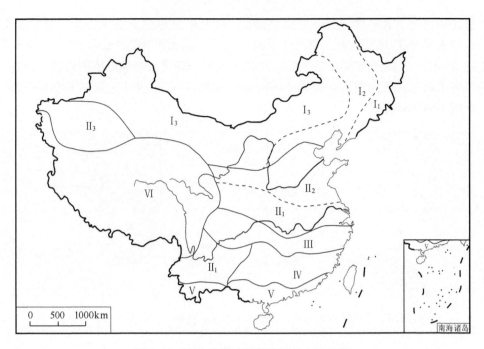

图 3.22　末次冰期冰盛期我国的自然地带

（据张兰生，1992；李文漪，1998；安芷生等，1990b；中国第四纪孢粉数据库小组，2000 编绘）

I_1. 寒温带森林、森林草原；I_2. 寒温带草原；I_3. 寒温带荒漠；II_1. 温带森林、森林草原；

II_2. 温带草原；II_3. 温带荒漠；III. 暖温带森林；IV. 北亚热带森林；V. 中亚热带森林；

VI. 高原寒温带森林、灌丛、草原与荒漠

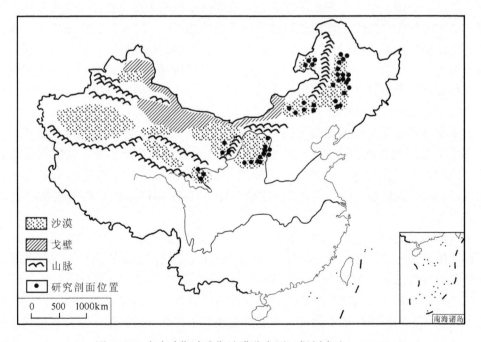

图 3.23　末次冰期冰盛期沙漠分布图（据刘东生，2009）

附近的榆林—靖边—中宁一线，再向西到达河西走廊的酒泉、敦煌（39°～40°N）（张兰生，1980；崔之久等，2004a），此线以北地区均为寒温带环境，有大量的古冰楔、冰卷泥等冰缘现象发育，因此，末次冰期冰盛期时我国北方地区的荒漠除塔里木盆地大部（主要在中西部）和准噶尔盆地部分地区（主要在西部）可能为温带环境外，其余均为寒温带荒漠，其地带性植被为荒漠、荒漠草原，东西差异较现代大为减小。

西北地区天山两侧塔里木和准噶尔盆地的自然景观在末次冰期冰盛期时仍为荒漠-荒漠草原，干旱程度的相对降低使植物的组分相对丰富，周边山地的垂直自然带也有显著变化。天山北麓是以蒿属、麻黄、藜科、白刺为主的荒漠-荒漠草原；天山南麓温宿县破城子煤矿冰碛层中的孢粉分析表明植物稀少，几乎不见乔木，只有个别云杉花粉，藜科、蒿、麻黄、禾本科、菊科占绝对优势，形成荒漠草原-荒漠（张兰生，1992），由于冰川和积雪的消融受到低温抑制，流水作用较弱。盆地受西伯利亚-蒙古反气旋西支侵入该地后形成的东北和西北风系影响较大，寒冷多风，沙尘暴活动强烈，自盆地中央向南，形成沙漠、亚砂土和黄土堆积。从盆地到周边山地，区域内植被分化较小，荒漠植被带升高，从盆地到山地相当广泛的范围内为普遍一致的类似荒漠草原的植被，山地云杉林有一定程度的下降（李文漪，1998）。在盆地周边山地的上部，末次冰期冰盛期时冰川平衡线海拔较现代下降600～800m，冰川长度和规模明显增大。天山普遍发育山谷冰川，天山的冰川面积（扣除冰原石山面积）为34566.05km²，比现代冰川面积大3.7倍。阿尔泰山发育了大规模的山谷冰川，冰川面积为105km²，相当于现代冰川的4.2倍（施雅风等，2006）。在冰川区之下，天山北麓的冻土下界在2200m，没有与经过准噶尔盆地东部的纬度冻土南界相连，塔里木盆地海拔低于1000m的绝大部分沙漠地区（主要在中西部）和准噶尔盆地（主要在西部）可能为非多年冻土区（崔之久等，2004a）。

东北地区除松嫩沙地、科尔沁沙漠东缘一线以西的寒温带半荒漠、荒漠草原景观外，在降水较多的东部山地，寒温带暗针叶林植被带和冻土带下限已下降到与纬度冻土带相接，山地低海拔地区为寒温带暗针叶林景观，三江平原此时期沉积物中云杉、冷杉花粉含量占40%，阔叶树中桦木稍多，同时也含不少藜、蒿、禾草等；在长白山地雪线高度下降到2200～2300m，较现代雪线低约900m，有冰川发育。两者之间的东北平原东部为草原、森林草原景观（裘善文，2008），局部地区有片状流沙。因此，东北地区末次冰期冰盛期时总体上为寒温带景观，自西向东随降水的增加而呈现从寒温带荒漠到暗针叶林的分异。在北部，可能存在苔原景观，分布有生活于冰缘环境的猛犸象-披毛犀动物群。

末次冰期冰盛期温带的南界已南退到长江三角洲南部，由山地针叶林和落叶阔叶林带下降而形成的针阔混交林景观取代了现代所见的常绿阔叶林。从华北平原北部直到现代的常绿阔叶林区的北缘基本为温带草原所占据（中国第四纪孢粉数据库小组，2000），保守估计，草原南界在秦岭—淮河一线（李文漪，1998），在华北南部到现代的常绿阔叶林区的北缘可能有一条北东向展布的森林草原带。华北平原和海面下降而出露成陆的黄渤海陆架平原基本为温带草原。藜、蒿和禾本科植物为代表的干寒草原是华北平原在冰期最盛期的典型景观（李文漪，1998），森林植被呈不连续的片状分布。在31°～39°N广阔的黄渤海陆架低平原上，自南向北依次出现森林草原、疏林草原和草原。草原和疏林草原界线大约在 31.5°N 附近，甚至包括芜湖-江阴一带在内的长江中下游地区也呈稀树草原、干草原景观（徐馨等，1992；董光荣等，1997），在此区域内，风尘黄土堆积发育，长城以南至秦岭以北的黄土高原地区是末次冰期冰盛期黄土堆积最集中的地区，属于温带草原景观类型。下蜀组黄土沉积的南界与草原植被分布曾达的南界大体一致，在现代的常绿阔叶林区的北缘（刘金陵、王伟铭，2004）；局部地区有片状沙地形成，其中，在古季风通道上的黄渤海陆架浅海出露地区的沙区成为下风向黄土堆积的物源，出现了渤海沙漠-黄土堆积群和黄海沙漠-黄土堆积群（图 3.19）；南方长江中下游一带片状沙地的南界位于杭州、南昌、长沙北折至成都一线（董光荣等，1996）。上述草原区内，山地的自然带在末次冰期冰盛期时下移 1000～1200mm 以上，华北平原北部山地耐寒的松、云杉等森林植被下移到山麓地带附近（李文漪，1998）；华北燕山、太行山山地古石海分布的下线到达 1700m 左右（李容全，1990）；由于气候干旱，不利于冰川的发育，在华北的山地中只有太白山在末次冰期冰盛期时发育了冰斗冰川与小型冰斗-山谷冰川，冰斗斗底 3600～3650m，其时雪线高度在 3300m 左右，较今低 900m（施雅风等，2006）。

从 31°N 左右以南的温带针阔混交林带向南，末次冰期冰盛期时基本为森林植被景观，并随温度的增高而呈现从温带到亚热带森林植被类型的递变，各植被带的位置均较现代有不同程度的南移，山地垂直自然带一般下降 800～1000m。

在长江中下游平原的温带针阔混交林内，上海地区生长以云杉、冷杉、落叶松、松和少量阔叶树组成的针叶林；江汉平原为以松、云杉、冷杉和铁杉占优势，缺乏被子植物的针叶林。而在浙江西部 950m 的山地可见云杉、冷杉、松等组成的暗针叶林（张兰生，1992）。

暖温带落叶阔叶林植被压缩到长江以南的 28°～31°N 的区域内，东部地区的亚热带森林带南退 5～8 个纬度，北界南退到 28°N 附近，南界从现今的 23°～24°N 左右向南退至海南岛以南的 18°N 左右（图 3.22）。其中，中亚热带的北界从现今为 29°N 左右（长江中下游南侧）大幅度南移至北回归线上下，南岭北坡江西定南县落叶阔叶的栲木占木本花粉的 80%，它们现今分布在 1300～1700m 山地。南亚热带北界从 24°N 移至 22°N，南海北部、粤西及广西沿海、海南岛以及云南西双版纳地区均为南亚热带范围，云南省西双版纳勐海地区为以泪杉属为代表的山地季雨林，腾冲云杉、云南铁杉、云南松，还有常绿的栎、栲、柯等植被下降了 600m；广东韩江三角洲有较多的亚热带山地落叶阔叶树青冈属、鹅耳枥属；海南岛北部文昌所见主要木本花粉为现分布在 500m 以上的山地栎、栗、枫香等（黄镇国、张伟强，2007），因海面下降出露的南海北部陆架上为具有亚热带性质的草地、灌木丛和常绿阔叶林植被景观（刘金陵等，2007）。台湾主要为亚热带景观，台湾岛南部附近海区的珊瑚礁中止发育（黄镇国、张伟强，2007），北部地区已属于北亚热带性质，在台湾中央山脉，玉山西坡现今属于山地亚热带的吉潭（海拔 750m）已为温带森林性质，大量生长的是台湾杉木、栎、榆、榉、胡桃、女贞和柳等温带树种；台湾雪山（3884m）水源期［TL 年代为（18.6±4.52）ka B. P.］的冰川长 3km，末端海拔 3300m，平衡线海拔 3500m，较今低 800m（崔之久等，1999a）。热带已南移至 18°N 以南的南海陆架平原和残余海区，从海南岛南岸海域到南沙海域，珊瑚礁仍可发育（黄镇国、张伟强，2000）。

四川盆地为暖温带性质，川西南的螺髻山、马鞍山、小相岭等末次冰期冰盛期冰斗高度在3800~3900m，冰川作用带降到3500~3600m。

云南高原和贵州高原西缘2000m左右以上出现云杉、冷杉、松等组成的暗针叶林，较今下降1000m左右，为寒温带针叶林景观（张兰生，1980；黄镇国、张伟强，2000）。在海拔2000m以下的盆地，栎等温带落叶成分增加（孙湘君、吴玉书，1987），在高原深切谷地之中，亚热带的成分仍得以保留。而在滇北的拱王山和滇西的点苍山等高海拔山地，冰川的平衡线较今降低900~100m，其中，拱王山冰川作用带降到3500~3600m，森林的上限在3000m左右，两者之间为冰缘作用带（施雅风等，2006）。

在末次冰期冰盛期寒冷干旱的严酷气候下，青藏高原上的自然带与自然景观既有水平方向的摆动，也有垂直方向的变化。末次冰期冰盛期时冰川平衡线除高原内部较现代下降300~500m外，其余地区下降800m以至1000~1200m，青藏高原包括周边高山的冰川范围比现代冰川面积大7.5倍，为350000km²，其平均厚度按250m计，总冰量达87500km³，高原上现代分布范围最广的亚极地型冰川被挤压到高原东部、南缘的现代温型冰川分布区内，其分布区域被极地型冰川占据。高原东北部多年冻土的下限也比现代降低1200~1400m，到达海拔2200~2400m，高原多年冻土的分布范围面积达220×10⁴ km²，比现代大40%左右，向南到达雅鲁藏布江上游谷地。高原上大部分地区的湖泊因降水量急剧减少而出现低湖面或干涸湖盆，甚至出现原生石盐沉积。植被以高山草甸与高寒荒漠为主，荒漠草原占据了绝大部分地区，森林退向高原东缘与南缘，唯有喜马拉雅山南坡吉隆、樟木、亚东、墨脱、察隅等地保留了部分亚热带针阔叶混交林，或亚热带常绿季雨林（施雅风等，1997）。

第四章　现代间冰期环境与人类活动的印记

全新世是第四纪冰期-间冰期旋回中的现代间冰期时段，它以新仙女木（Younger Dryas，简称 YD）事件结束为开端，一般认为该事件发生于[14]C 年代 11～10ka B. P. （Broecker et al.，1988），Bond 等（1997）标定的日历年界限是 12.9～11.5ka B. P.，本章的年代数据除特别标注外均采用日历年代（cal.）体系。

相对于冰期而言，全新世时期整个地球系统处于一种以温暖为特征的新的相对稳定状态，这种状态已维持了 1 万余年。在此期间，人类社会结束长达数十万年的旧石器时代进入新石器时代，并经历了从早期的农业文明，到近代的工业文明，再到现代生态文明的迅速发展历程。

与以前各地质时期相比较，全新世的环境演变只是现代间冰期环境模态中的扰动，其变化的绝对幅度实际上是很小的，且许多变化是可逆的。但由于在此期间，环境演变已经与人类社会的发展互为因果、融为一体，从对人类社会的影响来说，这 1 万多年来的环境演变具有特别重要的意义。

对引起全新世时期环境演变具有全局性意义的自然因素首先是气候波动，中国也是如此。全新世的气候变化足以引起冰川消长、海面升降、动植物迁移，特别是影响人类农业生产的状况，成为影响人类文明发展的主要因素。而随着农业的出现，特别是工业化时代到来，人类活动对环境变化的影响也越来越强烈，成为导致环境变化的一个重要营力。全新世环境演变与人类的相互作用在我国的表现尤其显著。

第一节　全新世环境演变过程

末次冰期之后，中国气候经历了与全球气候相似的在波动中快速转暖的过程。15.0ka B. P. 左右和 13.0ka B. P. 左右中国分别出现了各 1ka 左右的相对暖湿期，而在暖期前、后及中间为三次冷干事件，时间上分别对应于格陵兰冰芯中界定的博令（Bölling）暖期和阿勒罗得（Allerôd）暖期以及老仙女木、中仙女木和新仙女木事件（马春梅等，2008）。

新仙女木事件（12.9～11.5ka B. P.）在中国各地均有显著表现，主要表现为不同幅度的快速降温。河西走廊地区的气温下降到较现代低 6～8℃（王乃昂等，2000）；南海冬季温度可能较今低 1.5～3.3℃（汪品先等，1996；魏国彦等，1999）。青藏高原古里雅冰芯记录的降温低到接近末次冰期冰盛期的平均水平（姚檀栋，1999）。

新仙女木事件在中国绝大部分地区同时表现出变干的特点。主要表现包括：风尘堆积增加，如黄土堆积加速、颗粒变粗、冰芯粉尘含量明显增加、湖泊粉尘大量堆积、沉积粒径明显粗化；沉积物中孢粉显著减少或草本植被花粉比例增加；湖面急剧下降等（周卫建等，1996；周杰等，1999；秦大河等，2005；周静等，2006；孙爱芝等，2007；

喻春霞等，2008；刘玉英等，2009；曹广超等，2009）。

从千年及其以下的时间尺度来看，从新仙女木事件结束（11.5ka B. P.）至今的全新世环境仍存在显著的变化，其中，气候变化居于主导地位。气候变化间接地控制了其他环境要素的变化，诸如植物和动物分布、海面升降、地貌和土壤发育等过程的调整，从而成为控制全新世环境变化的主过程。在全新世时期，伴随气温升高或降低、降水增加或减少，其他自然地理因素均发生相应的变化，这些变化体现了自然环境对全新世气候变化的响应，其中全新世早期的响应中包含了间冰期环境状态的调整和适应。

一、气候变化

中国全新世温度变化过程与全球相似，可分为早期的增暖、中期的温暖和晚期的转冷三个基本阶段，其中早期以迅速增暖为主要特征；中期是一个较现代更为温暖且相对稳定的时期，通常也称为"全新世暖期"或"全新世大暖期"（Megathermal）；全新世暖期过后，气候进入全新世后期的降温阶段，气候以小幅的波动式变冷变干为主要特征（图 4.1）。

对三个时期分界点的时间判定存在一定的分歧（施雅风、孔昭宸，1992），这其中有研究区域不同和所用证据不同方面的因素，也有在不同时期的研究成果中分别采用的是[14]C 年代体系和日历年代（cal.）体系的因素，但大多数关于早、中期分界划分的意见落在 cal. 10.2～8.8ka B. P.（[14]C 9.0～8.0ka B. P.）时段内，中、晚期的分界落在 cal. 4.5～3.2ka B. P.（[14]C 4.0～3.0ka B. P.）时段内。施雅风先生认为全新世大暖期（Megathermal）大约始于[14]C 8.5ka B. P.（cal. 9.5ka B. P.），结束于 3.0ka B. P.（cal. 3.2ka B. P.）（施雅风、孔昭宸，1992）。

在 cal. 11.5ka B. P. 以后 3000 多年的时间里，全国各地升温过程显著，进入到全新世暖期。此后升温过程虽有所减缓，但大多数地区的升温过程一直持续到 8.2ka B. P. 左右。cal. 11.5～8.2ka B. P. 期间的升温过程不时被短期的寒冷事件所打断（Bond et al.，1997）。从北大西洋深海沉积物中冰漂沉积（ice-raffed debris，简称 IRD）辨识出的全新世九次冷事件中前四次（11.1ka B. P.、10.3ka B. P.、9.5ka B. P.、8.2ka B. P.）在我国均有相应的表现（王绍武等，2002；方修琦等，2004）。其中，8.2ka B. P. 的降温事件（始于 8.4ka B. P.，结束于 8ka B. P.）被认为是进入全新世以来发生的最强的全球性降温事件（Aelly et al.，1997），该事件以寒冷、干旱和风力增强为特征，波及从热带低纬大洋到高纬极地的广大区域，在全球很大范围内出现干、凉的气候环境，格陵兰 GRIP 冰芯的研究表明温度降幅约为 7.4℃。我国许多地区存在与此极端气候事件对应的记录，表现为变冷、变干及夏季风的减弱（图 4.2）（金章东等，2007）。古里雅冰芯中的 δ^{18}O 值显示这次降温事件开始于 8.4ka B. P.，在 8.4～8.3ka B. P. 的 100 年时间里，δ^{18}O 值从 −11.6‰ 急剧下降到 −17.9‰；到 8.0ka B. P. 时，气温又开始回升到降温前的水平（王宁练等，2002）。在西昆仑山古里雅冰帽地区、祁连山敦德冰帽地区及川西稻城古冰帽等地区发现了与 8.2ka B. P. 的降温事件相对应的冰川终碛，在青海共和盆地也发现有这一时期形成的冻融褶皱。青海湖在 8.4～8.0ka B. P. 期间孢粉浓度显著降低，温性阔叶桦属被寒温性的暗针叶云杉属、冷

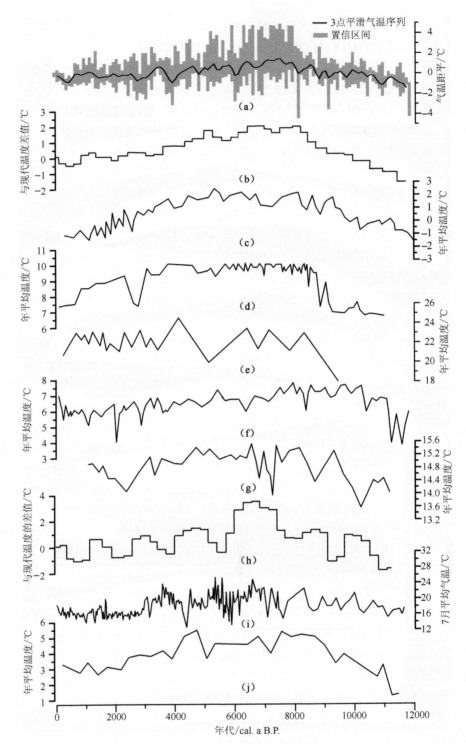

图 4.1　中国全新世冷暖变化

（a）全国集成据方修琦、侯光良，2011；（b）全国十区平均据王绍武等，2000；（c）西藏海登湖曲线据唐领余等，2004；（d）贵州梵净山曲线据乔玉楼等，1996；（e）珠江三角洲据李平日等，1991；（f）神农架大九湖据朱诚等，2008；（g）江苏建湖据唐领余等，1993；（h）青海湖据孔昭宸等，1992，转引自王绍武等，2002；（i）内蒙古岱海据许清海等，2003；（j）长白山孤山屯据沈才明、唐领余，1992；各序列均校正到日历年

杉属等代替，并出现一些喜冷干的唐松草，最冷期出现在 8.2ka B.P. 左右。内蒙古岱海显示在 8.28～7.8ka B.P. 有一次强冷事件，湖泊周围地区植物生产力下降，冬季风增强，降水减少（王苏民、李建仁，1991）。贵州董歌洞、湖北宝山洞的石笋记录均显示在 8.2ka B.P. 前后降水急剧减少（覃嘉铭等，2004；邵晓华等，2006）。

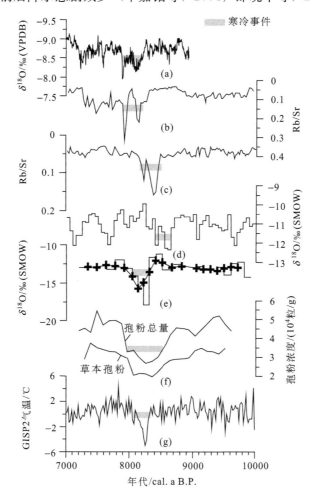

图 4.2　湖泊沉积物、冰芯、石笋等记录的 8.2ka B.P. 气候突变（据金章东等，2007）
(a) 贵州荔波石笋；(b) 内蒙古岱海；(c) 西藏错鄂；(d) 敦德冰芯；(e) 古里雅冰芯；
(f) 青海湖孢粉；(g) 格陵兰冰芯

　　我国大多数地区全新世温度上升的趋势持续到 8.0ka B.P. 前后，8.0～4.3ka B.P. 的全新世中期就总体状态而言是一个较现代更为温暖的时期，其中 14C 6.0ka B.P. 前后是鼎盛时期，全国年均气温比近百年平均约高 2℃（王绍武、龚道溢，2000）。北大西洋冰漂沉积记录的九次冷事件中只有 5.9ka B.P. 一次寒冷事件发生在此期间（Bond et al.，1997），该寒冷事件在古里雅冰芯记录里表现为显著的低温，我国西部发生冰川前进；关中盆地的古土壤发育中断（Huang，2000）。

　　4.3～4.0ka B.P. 前后开始，我国发生强烈的环境恶化事件，我国许多地区广泛出现明显的寒冷、干旱、洪水等极端气候事件，是全新世暖期环境结束的重要标志（方修琦，1999）。变冷过程是全国性的，发生了冰川前进、喜冷植物花粉增加等现象（方修琦、孙宁，1998）。云南滇池花粉沉积率（尤其是阔叶树花粉）突然下降，草本植物中喜温或喜热的类型也明显减少，反映气候变冷变干（孙湘君、吴玉书，1987）。其后的全新世晚期，气候呈现显著的变冷、变干趋势。从北大西洋深海沉积物辨识出的 4.3ka B.P.、2.8ka B.P.、1.4ka B.P. 和 0.4ka B.P. 四次寒冷事件（Bond et al.，1997）在我国均有冰川前进事件相对应。

我国全新世降水的变化与温度变化存在一定的对应关系，但降水变化存在明显的区域差异。从总体上看，全新世早期迅速升温的同时，夏季风显著增强，全国绝大多数地区降水增加，气候开始由冷干向暖湿转变，西南季风影响范围内的贵州董歌洞石笋记录显示，在 11.5ka B.P. 以后约 1ka 的时间里，降水开始急剧增多，西南季风迅速加强；地处夏季风边缘区的青海湖的孢粉记录显示，从 ^{14}C 10.4ka B.P. 开始孢粉浓度急剧增大，显示迅速的升温过程，^{14}C 10.4～8.6ka B.P. 期间，木本孢粉伴随孢粉总浓度的同步升高，尤其是桦含量增长最大，植被由原来的草原向森林草原过渡，显示在变暖的同时变湿的过程（图 4.3）（张丕远，1996）。

全新世暖期，中国的气候状况总体上以温暖湿润为主，降水量较现代普遍偏多，同期森林-草原分界线位置也较今偏西偏北，我国北部及新疆、西藏等地的内陆湖泊普遍出现高湖面和湖水淡化现象，沙地和黄土地区普遍发育古土壤，当时我国北方地区的年降水量多年平均至少较今多 100～200mm（张兰生等，1997；董光荣等，1997；方修琦等，1998）；而长江中下游地区的年降水量约较今多 200～400mm（刘为纶等，1994）。

4.3～3.5ka B.P. 期间，我国许多地区也发生了显著地变干现象。西藏西部的扎令仓卡盐湖和柴达木盆地别勒滩盐湖均显示新的一次盐期开始；新疆地区沼泽逐渐消失，泥炭明显减少或停止发育，湖泊开始浓缩或成盐湖（韩淑媞，1985）；位于季风尾闾区的湖泊、孢粉和古土壤发育等均记录气候显著地变干（方修琦等，1997），根据陕北和鄂尔多斯地区考古学文化变化推断，4～3.5ka B.P. 期间的降水突变事件中降水减少的幅度达 150～200mm（方修琦等，2002）；湖北神农架石笋记录显示，4.2ka B.P. 前后为季风变化和气候干湿变化的转折点，季风降水突然减少，东部湿润期结束，干旱期开始到来（邵晓华等，2006）；同期在我国的黄河流域、淮河流域、海河流域和长江流域等许多地区也有极端洪水事件的记录（夏正楷、杨晓燕，2003；夏正楷等，2003a，2003b）。在此之后的全新世晚期，气温普遍下降的同时，降水显著减少，夏季风势力变弱，影响范围收缩，冬季风势力增强。4ka B.P. 以后季风边缘的青海湖孢粉浓度已经降得很低，而且木本孢粉基本消失了，草本蒿开始占主导，气候向凉干化发展。

全新世降水变化区域差异明显。我国南方地区全新世降水峰值出现的时间较早，全新世暖期的盛期并不是降水最多的时期。贵州茂兰董歌洞的石笋、湖北神农架山宝洞（SB10）石笋和大九湖湖泊沉积，以及广东湖光岩玛珥湖沉积等记录显示全新世最大降水出现在 9.5～9.0ka B.P. 前后，此前为季风降水持续增长期；此后至 4.2ka B.P. 前后为降雨丰沛的湿润期，降水缓慢减少或基本维持稳定；4.2ka B.P. 前后发生以降水急剧减少为特征的季风降水突变，进入降水较少的干旱期（图 4.3）（Dykoski et al.，2005；邵晓华等，2006；Yancheva et al.，2007；马春梅等，2008）。上述降水变化趋

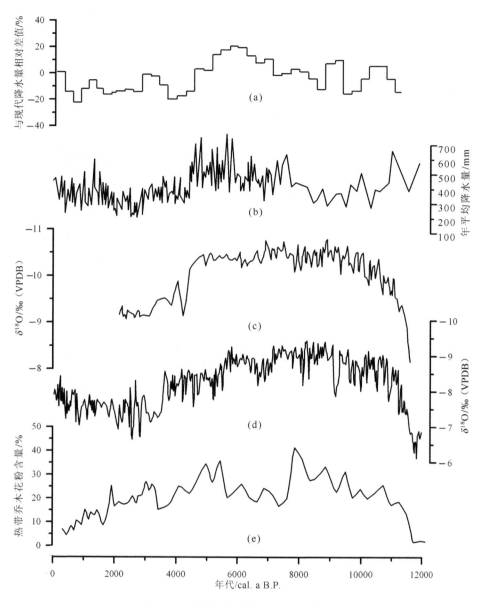

图 4.3　我国全新世降水变化序列对比

（a）青海湖曲线据孔昭宸等，1992，转引自王绍武等，2002；（b）内蒙古岱海曲线据许清海等，2003；
（c）湖北神农架曲线据邵晓华等，2006；（d）贵州董歌洞曲线据 Dykoski et al.，2005；（e）广东湖光
岩曲线据王淑云等，2007

势与非洲和印度季风区的变化特征相似，大致类同于 33°N 夏季太阳辐射能量变化曲
线，反映了太阳辐射能量变化对全新世气候变化的宏观调控作用。

北方地区的降水变化则表现出总体上与温度变化相对应的暖湿与冷干组合特征。北方
地区岱海与猪野泽以及青海湖等内陆湖泊的水位和湖泊沉积特征、泥炭和平原湖沼沉积、
沙地和黄土中的古土壤发育、孢粉组合特点、原始农业文化发展等信息均显示全新世降水
最多的时期出现在全新世暖期的盛期，[14]C 3.5ka B.P. 以后的全新世晚期呈现变冷变干的

特点。位于季风尾间区的内蒙古岱海湖泊沉积和孢粉记录显示，虽然在^{14}C 10.2～9.0ka B. P. 存在湿润的阶段，但 9.0～6.7ka B. P. （日历年龄约 10～7.6ka B. P.）相对干旱，6.7～3.5ka B. P. （日历年约 7.6～3.6ka B. P.）为流域降水最为充沛、植被丰盛的时期，3.5ka B. P. 以后降水显著减少（图 4.3）（孙千里等，2006；隆浩等，2007）。

　　我国的全新世气候变化也存在明显的千年周期振荡特征；这一特征在多种气候变化代用资料序列的周期检测分析中都得到了证实（表 4.1）。我国千年际的气候波动在全新世期间主要有 2300～3000a、1300～1500a 与 1000a 三个准周期，其中以 1300～1500a 最为显著（方修琦等，2004），与北大西洋深海沉积物所指示的气候突变事件重现周期［(1470±500)a］基本对应（Bond et al.，1997）；此外，也还存在约 500a、200a 等百年尺度的准周期。从 1300～1500a 周期旋回的过程看，其中包含一个持续时间较长的寒冷时段，一般持续 400～800a，通常由两个（或两个以上）长达百年以上的冷峰组成；也包括一个持续时间较短的寒冷事件，一般持续 100～200a；它们与出现在这些寒冷时段及寒冷事件间的温暖时段与温暖事件构成了一个完整的千年冷暖旋回；从长、短寒冷时段或寒冷事件出现的时间间隔看，它们的重现期最长间隔 1600a，最短间隔 1100a，平均为 1310a；其中大多数 1300～1500a，也反映了冷暖波动的 1300～1500a 周期旋回。黑潮暖流在约 9.4ka B. P.、8.1ka B. P.、5.9ka B. P.、4.6ka B. P.、3.3ka B. P.、1.7ka B. P. 和 0.6ka B. P. 曾明显减弱，与全新世的寒冷事件相对应，约 1500a 重现一次（翦知湣、黄维，2003）。对比根据北大西洋有关记录等确定的全新世寒冷事件（Bond et al.，1997）以及国内学者根据冰芯、湖泊沉积和泥炭沉积等高分辨率序列所识别出的寒冷事件（表 4.2），可以看出这些记录所识别的寒冷事件主要集中在每个千年冷暖旋回中持续 400～800a 的长寒冷时段中。

表 4.1　全新世以来中国若干气候变化代用资料序列的周期检测分析结果

代用资料及其来源：时段、地区/点、代用指标及资料出处	准周期长度/a	
	千年际变化	百年际变化
10ka B. P. 广东湛江湖光岩玛珥湖沉积物干密度（刘嘉麒等，2000）	2930，1140	490，250，220
5.5～0.5ka B. P. 神农架石笋的 δ^{18}O（董进国等，2006）	—	526
13ka B. P. 以来若尔盖高原泥炭总有机碳含量（周卫建等，2001）	1463	512，427，353，270，213，113
11.0～0.1ka B. P. 秦安地区的孢粉浓度（Feng et al.，2006）	2300，1060	650，390
全新世兰州九州台剖面沉积物粒径（陈发虎、吴海斌，1999）	1500	—
12ka B. P. 以来甘肃三角城剖面总有机碳含量（靳立亚等，2004）	1553，1190	686，504，180
10ka B. P. 以来中国每百年的寒冷事件频次（方修琦等，2004）	2300，1300，1000	500

　　此外，1300～1500a 的千年振荡在干湿变化上也可能存在。如夏季风边缘区——甘肃民勤盆地石羊河流域湖泊沉积物的有机碳（TOC）序列，就反映出该地区全新世以来气候干湿波动在 1.5ka 的周期上最为明显，其中 TOC 序列的高位相峰值（湿润期）出现在约 9500a B. P.、8000a B. P.、6000a B. P.、4000a B. P.、2300a B. P. 前后；而低位相时期（干旱期）则出现在约 10500a B. P.、8700a B. P.、7000a B. P.、5000a B. P. 以及 3000a B. P.（靳立亚等，2004）。

表 4.2　根据冰川前进、冰缘发育及其他寒冷现象辨识的中国全新世以来的寒冷时段（事件）及其与其他自然证据所指示的寒冷事件出现时间（ka B. P.）的对比（引自方修琦等，2004，有修改）

寒冷时段/事件	冷峰出现时间	若尔盖湖泊沉积	湖光岩湖泊沉积	敦德冰芯	冲绳黑潮	北大西洋海洋沉积	非洲西海岸海洋沉积
0.1~0.8	0.1, 0.3	—	0.68	0.1, 0.4	0.6	0.4	0.35~0.80
1.1	1.1	—	1.2	—	—	—	—
1.4~1.8	1.4, 1.7	1.5	1.64	1.5	1.7	1.4	1.9
2.2~2.3	2.3	—	—	—	—	—	—
2.7~3.4	2.8, 3.3	2.8	2.68	3.0	3.3	3.0	3.0
3.7~4.0	3.8	3.7	3.83	4.0		4.0	—
4.3~4.6	4.5	4.4	4.25	4.6	4.6	—	4.6
4.9	4.9	—	—	—	—	—	—
5.4~6.0	5.5, 5.9	—		5.4, 5.6, 5.9	5.9	5.4	6.0
6.2~6.4	6.3	6.4	6.29	6.5	—	—	—
6.7~7.0	6.7, 7.0	—	—	—	—	—	—
7.4	7.4	7.3, 7.53	—	—	—	—	—
8.0~8.5	8.0, 8.4	—	—	8.1	8.1	8.0	8.0
8.9	8.9	8.9	8.68	8.7~8.9	—	—	—
9.5~10.0	9.5, 10.0	9.58	9.83	9.7	9.4	9.4	

另外，还有一些气候变化代用序列显示，千年尺度气候变化的主周期信号在不同阶段与不同地区也存在一定差异。如在广东湛江湖光岩玛珥湖沉积物干密度序列中，准1140a 的周期波动信号在全新世早期最大，但至中、晚全新世其信号就明显减弱，而百年尺度的准 500a 与 200a 的周期信号在全新世早期较弱，后期则逐渐增强。甘肃民勤盆地的三角城剖面 TOC 变化的准 1500a 周期信号在整个全新世都比较明显，而百年尺度的周期变化在早中全新世较为明显，但到中、晚全新世，其振幅则逐渐减小。

二、边缘海海面与海洋的响应

从末次冰期到全新世，全球海平面随着气候变暖和极地冰川大规模融化而显著上升，气候波动所引起的海面升降在我国边缘海也有相应的表现，高海面期对应于温暖阶段，低海面对应寒冷阶段（赵希涛，1996）。我国边缘海的变化在表现出与全球海面一致地显著上升的同时，还表现出面积的显著扩大和洋流系统的重大调整。

16ka B. P. 时，我国东部海区的海平面已上升至约−100m，海水已达到济州岛附近，东海约有 2/3 面积被海水淹没，黑潮水从表层到温跃层的深度上同时加强了对冲绳海槽的影响，并导致对马暖流开始发育（图 4.4）。在 12～11ka B. P.，由于 YD 强烈的降温事件，海平面回升到约−56m 时海侵突然停止，黑潮发育出现变弱过程。到 11ka B. P.，海平面达到−50m 左右（李铁刚等，2007），东海绝大部分和黄海中部海槽区被海水淹没。

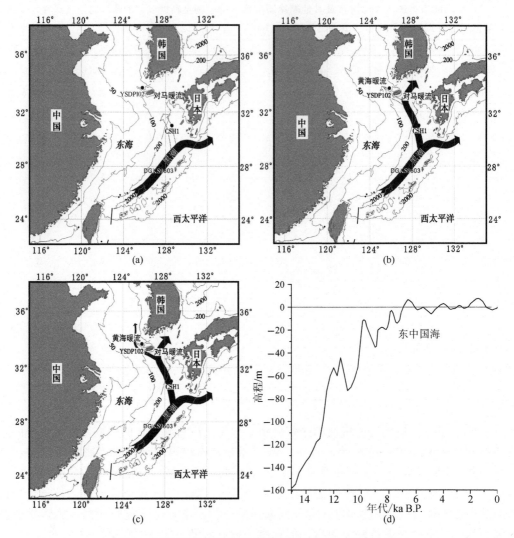

图 4.4　冰后期东黄海暖流系统的演化模式与海平面变化

东黄海暖流系统的演化模式：（a）16ka B. P.；（b）8.5ka B. P.；（c）6.4ka B. P.（据李铁刚等，2007）；
（d）15ka B. P. 以来中国东部海平面变化（据赵希涛等，1996）

11ka B. P. 以后，海面随气候转暖而迅速回升，我国的全新世海面变化大体以 6.5ka B. P. 为界分为两个阶段（沈明洁等，2002）：6.5ka B. P. 之前，海面在波动中急剧上升，经历了 9.75～9.5ka B. P.、7.75～7.5ka B. P.、6.75～6.5ka B. P. 三个海面波峰期，海面波动幅度较大；6.5ka B. P. 以来，海面波动呈现出上升和下降交替进行的特点，海面最高已超过现今海面高度达 2m 左右，经历了 6～5.75ka B. P.、4～3.75ka B. P.、3.5～3ka B. P.、2.75～2.5ka B. P.、2～1.75ka B. P.、1.5～1ka B. P. 六个海面波动波峰期，波动幅较小，波动速率较缓和，但不同地区海面波动的记录在时间和高程的对比上尚存在一定的出入。东部海区江苏建湖全新世海面波动显示具有 [14]C 年龄 9.8～9.2ka B. P.、8.5～7.75ka B. P.、7～6ka B. P.、6～5ka B. P.、4.5～4ka B. P.、2.5～2.25ka B. P.、1.25～1ka B. P. 七次波峰和期间的六次波谷，其中后五次波峰均为高于现今海面的高海面。高海面期对应于温暖阶段，低海面对应于寒冷阶段（赵希涛，1996）。南海海面快速上升到 8ka B. P. 开始放缓，其后海平面基本较为稳定（周斌等，2008），最高海面高于现代。南海北部至少存在过四期相对高海平面阶段：cal. 7.3～6ka B. P.、4.8～4.7ka B. P.、4.3～4.2ka B. P. 和 3.1～2.9ka B. P.，其中 cal. 7.3～6ka B. P. 是整个全新世最高海平面时期；此外，在 cal. 930～1240AD 可能也存在一期高海面，与中世纪暖期相对应（黄德银等，2005）。长江三角洲和宁绍平原地区的遗址分布和考古地层学研究显示，最高海面出现在 7ka B. P. 前，经历了全新世初至 7ka B. P. 的高海面、7～5ka B. P. 的低海面，以及 5～3.9ka B. P. 受海面上升影响洪水频发三个阶段（朱诚等，2003）。

11ka B. P. 以后，随着海面迅速回升，我国沿海又重新发生海侵，并发生洋流的调整。14.5ka B. P. 海平面升至 −90m，与现代台湾海峡深度相当，台湾海峡可能在此时与东海连通，南海与印度洋等海道可能开通（周斌等，2008）。约 10.23ka B. P. 左右，南海大陆架周边海峡有可能开通（冯伟民，2001）。在 11～10ka B. P. 的全新世初期，海侵已经到达黄海胶州湾沿岸（韩有松、孟广兰，1984），在长江三角洲已到上海地区；9ka B. P. 海水进入渤海（刘振夏等，1996）。8.5ka B. P. 左右海平面已升至约 −10m（李铁刚等，2007），与现代海面接近。黑潮对冲绳海槽北部的影响达到相对稳定强盛期，意味着对马暖流的正式形成，同时也标志着在冲绳海槽区域类似于现代环流的格局基本形成（图 4.4）。大约在 8～7.5ka B. P.，我国东部海面基本上已快速上升到现在的高度，8～5ka B. P. 海侵达到最大强度，在我国沿海地区普遍可以见到全新世暖期海侵时的海相地层或海岸地貌；黑潮暖流和对马暖流也达到全新世以来的最强；约 6.4ka B. P. 左右黄海暖流开始出现，东黄海暖流系统的基本格局已完全形成（图 4.4）。5ka B. P. 之后，随着海面在波动中下降，东部沿海绝大部分海岸段表现为海退，在华北平原海岸线后退 100～200km，但在港湾平原和中小河流的三角洲海退幅度较小，一般只有几米到数十千米。在 5.3～2.8ka B. P. 期间，与全新世的寒冷事件相对应，在西太平洋晚全新世变冷事件（"普林虫低值事件"）期间，黑潮曾两次明显地减弱（分别在约 4.6ka B. P. 和 3.3ka B. P. 以前），对马暖流主流轴在 3ka B. P. 左右发生了一次向太平洋方向偏转的事件，低温、高营养物质含量的陆架冷水团对冲绳海槽北部影响加强，期间在黄海暖流附近冷水体下面堆积了巨厚的泥质沉积体系。此后，由黑潮暖流、对马暖流和黄海暖流组成的东黄海暖流系统显著加强，直至达到现代的态势（翦知湣、黄维，2003；李铁刚等，2007）。

三、陆地系统的响应

进入全新世，随着气温的升高，冰川大量融化，总体上以冰退为主，东部太白山、长白山和台湾中央山脉的冰川均消融殆尽，西部的青藏高原和新疆地区的山地冰川也明显退缩。8.2ka B. P. 寒冷事件使得我国西部的冰川发生冰进，目前在中国西昆仑山古里雅冰帽地区 〔（8290±160）a B. P.〕、祁连山敦德冰帽地区 〔8455±265）a B. P.〕及川西稻城古冰帽地区等发现了与此次冷事件相对应的终碛。8.0～4.0ka B. P. 期间，冰川活动比较微弱，只有 6ka B. P. 前后在可可西里和点苍山等地记录到冰进活动（崔之久等，2004；施雅风等，2006）。

从 4.0ka B.P. 开始，气候开始变冷，我国青藏高原、天山、阿尔泰山等地多次发生冰川前进，标志着新冰期的开始。其中，在 4~3.5ka B.P.、3.1~2.7ka B.P.，以及 15~19 世纪的小冰期，从川西和藏东南的海洋性冰川区到青藏高原和西北内陆山地的大陆性冰川区均发现冰川前进的证据；2.5~2.3ka B.P. 冰川前进的证据见于祁连山冷龙岭和贡嘎山东坡海螺沟；1.95~1.4ka B.P. 冰川前进的证据主要见于藏东南和川西海洋性冰川类型区；1150~950a B.P. 期间，（1150±80）a B.P. 以后藏东南阿扎冰川前进，940a B.P. 以前川西海螺沟冰川前进。15~19 世纪小冰期的冰川前进，在各地均留下 3~4 次冰川活动的记录，其时间主要集中在 500~400a B.P.、300~250a B.P.，180~50a B.P.（其间可进一步区分出 180~130a B.P. 和 80~50a B.P. 两个冰川前进阶段）（葛全胜等，2002；施雅风等，2006）。

全新世时期，中国北方沙漠、沙地总的趋势是流沙固定、缩小，与最后冰期最盛期时相比，沙漠和风成堆积的范围已大幅退缩。随着全新世的气候波动、沙漠的固定和活化过程频繁发生，在空间上表现为黄土-沙漠边界的摆动（图 4.5）。全新世早期气温逐渐升高，在沙漠-黄土边界带普遍发育弱成壤的沙质古土壤，沙漠-黄土边界带的南界较现代沙漠-黄土边界带略偏西北。全新世暖期，东部地区沙漠-黄土带南界向西或西北移动幅度较大，约为 200~250km；在鄂尔多斯高原以西地区，移动幅度小，约为 100~150km。贺兰山以东的沙漠基本被固定，东北松嫩沙地，浑善达克沙地北缘，鄂尔多斯高原的大部分沙地，甚至在巴丹吉林东南缘和腾格里沙漠，兰州、西宁、共和盆地，全新世时期都属草原至森林草原环境。西部的沙漠地区（如塔克拉玛干沙漠）虽未发现古

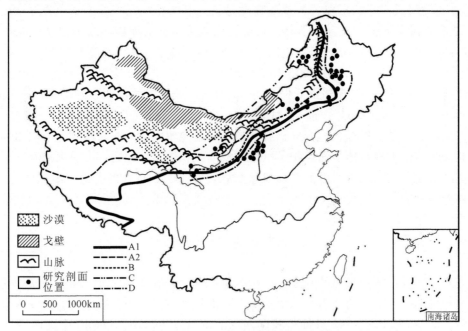

图 4.5　中国全新世沙漠-黄土边界带南界变化和全新世大暖期沙漠分布
（据靳鹤龄等，2001；刘东生，2009）

A1. 现代南界；A2. 现代北界；B. 全新世早期南界；C. 全新世中期南界；D. 全新世晚期南界

土壤，仍被风沙活动控制，但强度有所减弱、面积也有所减少，到了全新世晚期，气候向干冷化发展，中国北方广泛表现出沙地扩展，部分固定沙地重新开始活动（董光荣等，1995a）、呼伦贝尔沙地、科尔沁沙地、浑善达克沙地、毛乌素沙地、腾格里沙漠和共和盆地沙地均处在活动区内，沙漠-黄土边界带南界的最南位置较现代的偏东南50km。

全新世沙漠随着气候波动的固定和活化过程在剖面中表现为风沙沉积与古土壤的交替（董光荣等，1997），其中，在全新世相对温暖湿润的时期，沙地活动显著收缩，形成多层古土壤，在毛乌素沙漠边缘的榆林全新世期间共发育了五层古土壤、六层风成砂，其中发育最好的三层古土壤都在全新世大暖期，而在全新世早期和晚期为两层弱沙质古土壤（图4.6）。在巴丹吉林沙漠东南缘地区，也有1～2层发育较弱的古土壤；古尔班通古特沙漠在全新世大暖期中发育了多层沙质古土壤和弱沙质古土壤，古土壤层共有三层，分别形成于7ka B.P.、6ka B.P.、4.8ka B.P.，说明流沙活动停止、草原植被发育（陈惠中等，2001）。

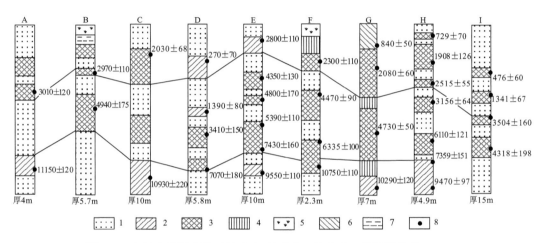

图4.6　全新世季风边缘区风成砂-沙质古土壤序列（据靳鹤龄等，2001）

A. 呼伦贝尔沙地；B. 松嫩沙地西缘；C. 科尔沁沙地西缘；D. 浑善达克沙地南缘；E. 毛乌素沙地东南缘；F. 毛乌素沙地南缘；G. 青海湖；H、I. 青海共和盆地；1. 风成砂；2. 弱发育古土壤；3. 古土壤；4. 黄土；5. 含植物残体的细沙；6. 耕作土；7. 粉砂质细沙；8. ^{14}C测年（单位：a B.P.）

从进入全新世直到全新世暖期，东部地区的森林植被迅速向高纬度地区扩展，形成与现代相近的格局，温带森林和草原重新占据东北地区，华北地区的温带草原为暖温带森林和森林草原所取代，北方地区的草原植被带向西迁移，贺兰山以东地区的沙地均被固定，流动型沙漠和荒漠退缩到贺兰山以西地区。亚热带森林植被重新在长江以南地区占主导地位，山地温带、寒温带植被退缩回高海拔山地。全新世暖期过后，亚热带森林植被带随着气候的变冷变干而发生南退东缩，草原范围进一步扩展。

^{14}C 11～8.0ka B.P. 期间，我国东部各植被带均表现为北移的趋势，其中，北方植被带的变化幅度明显大于南方；^{14}C 8.0～6.5ka B.P. 温带针阔混交林和暖温带阔叶阔叶林带均达到最北位置；在^{14}C 6.5～5.0ka B.P. 温带针阔混交林出现明显的南退调整后，植被带格局基本稳定，随气候变化而呈小幅度波动，其中 2.5～0.5ka B.P.

期间华北地区的暖温带落叶阔叶林退缩可能反映了人类活动的影响（图 4.7）（张丕远，1996）。

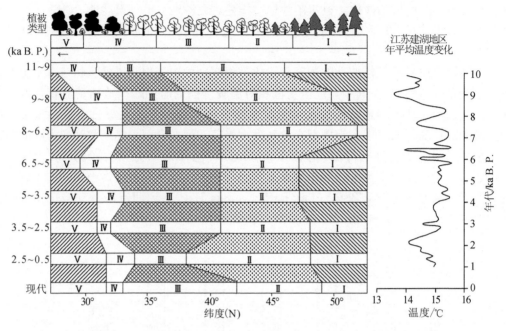

图 4.7　中国东部全新世植被带变迁及其与温度变化的对比（据张丕远，1996，改绘）
I. 寒温带针叶林；II. 温带针阔叶混交林；III. 暖温带落叶阔叶林；IV. 北亚热带落叶常绿混交林；
V. 中亚热带常绿阔叶林；时间为 [14]C 年代

第二节　全新世暖期的自然格局

一、气　候　格　局

　　全新世暖期总体上暖于现代，其鼎盛时期的全国气温比现今高 2℃以上（王绍武、龚道溢，2000），升温幅度高于北半球同纬度的其他地区。增温幅度具有明显的区域差异及显著的季节差异。从地区差异来看，在全新世大暖期盛期，青藏高原地区增温幅度最大，估计当时年气温最大较今高 4～5℃；而东部地区年均气温较现代约高 2.5℃左右，其中，长江流域以南大体在 2℃以下，长城以外地区在 3℃以上，增幅北方大于南方（图 4.8）（施雅风等，1993）。

　　从季节差异看，中国暖期冬季的升温程度远高于夏季。全新世暖期时，华北地区白洋淀、北京、天津、鲁北、胶州湾、莱州湾等地有水蕨生长；渤海湾、胶州湾出现北亚热带成分的水青冈；鲁北平原（禹城、惠民）的暖温带阔叶林植被中含有现生长在亚热带的枫香和山毛榉花粉（施雅风等，1993），意味着全新世暖期时华北地区 1 月的气温较今高 5℃以上。据孢粉推算，南京冬季增温 5℃；青海湖暖期盛期 7 月平均气温高于现今 1～2℃（杜乃秋等，1989）；青藏高原的八宿和墨竹工卡地区 1 月气温高出现在 2℃和 3℃，7 月气温分别高出 1.5℃和 2.5℃（唐领余、李春海，2001）。

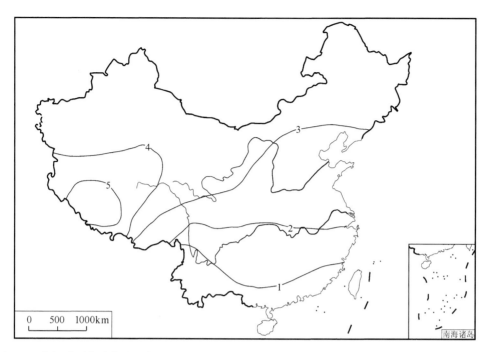

图 4.8　全新世暖期盛期我国年平均温度与现代温度的差异幅度（据施雅风等，1993）（单位：℃）

边缘海区和江南沿海地区的变暖更为显著。6500a B. P. 海南岛南岸夏季海洋表面温度（SST）月均温较现代高 1.0～1.5℃（韦刚健等，2004），现今以高雄和绿岛（22°30′N）为北界的珊瑚礁曾分布到台湾岛北岸（25°20′N）（黄镇国、张伟强，2008），现今生活在南海的喜暖假轮虫属和星轮虫属有孔虫，曾分布到宁波、上海、连云港水域，沿海地区这种强暖冬现象可能与暖期时海洋的高水温和黑潮较现代更强有关。以浙江河姆渡遗址第四文化层为代表的长江中下游以南地区，在全新世温暖期鼎盛期（7～6ka B. P.）处于中亚热带南部（现处于北亚热带南部），年均气温 18～20℃，较今高出 2～4℃；1 月气温 9～11℃，较今高出 5～7℃（刘为纶等，1994）。

全新世暖期中国降水量普遍较现代偏多，旱作区和稻作区的北界都较现今偏北 2～3 个纬度，森林、草原分界线位置向西向北摆动，北方地区及新疆、西藏的内陆湖泊普遍出现高湖面和湖水淡化现象，沙地和黄土地区普遍发育古土壤。综合全国已有的 ^{14}C 6ka B. P. 前后降水定量重建结果，得到全新世暖期降水分布图（图 4.9），当时，300mm 等雨量线与现代 200mm 等雨量线位置相当，贺兰山以西的我国西北部地区降水较现代高 50～100mm；1000mm 等雨量线与现代 800mm 等雨量线位置相当，秦岭—淮河以北的我国北方地区和青藏高原的降水较现代高 100～200mm；1600mm 等雨量线与现代 1400mm 等雨量线位置相当，我国南方地区降水较现代高 200mm 左右（方修琦等，2011）。

作为现代"南稻北麦"分界线的秦淮线是我国伏旱区的北界，线南春雨伏旱，宜种水稻；线北春旱夏雨，宜种小麦。伏旱区是副热带高压作用的产物，从伏旱区的位置可

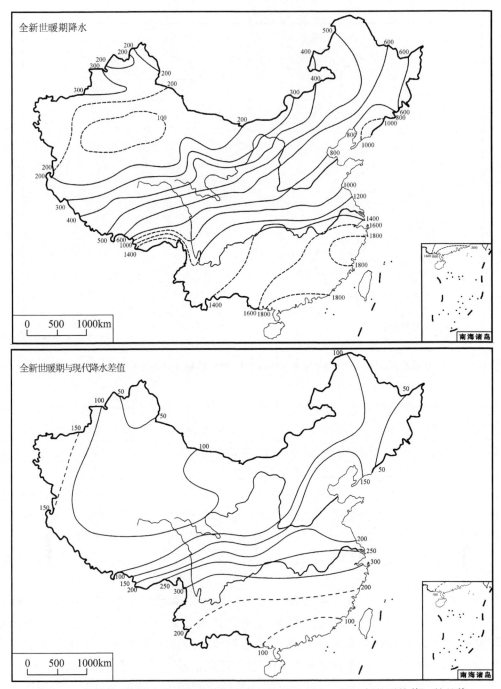

图 4.9 全新世暖期降水量分布及其与现代（相对于 1951～1980 年的平均值）的差值

（据方修琦等，2011）（单位：mm）

图中虚线为推测等值线

以推断副高的位置。全新世暖期水稻北界北移 2～3 个纬度到达 35°N 附近，相应地，古伏旱区的北界较现代偏北约 2～3 个纬度；进而可以推断，古副高（相应地，古副高脊线）也向北移动了 2～3 个纬度（方修琦等，1998）。

二、自然带分布格局

全新世暖期盛期的自然带和植被景观类型较今天有非常显著的差别,表现为东部森林北移、森林-草原界线和草原-荒漠界线西推,青藏高原冻原面积缩小,树线比现今升高300~500m。

在全新世暖期,东部地区森林植被整体地向北推移。东北地区以落叶松为代表的寒温带北方针叶林的南界北迁至50°N以北的漠河一带;现在只能到达辽东地区的暖温带落叶阔叶林北扩了500~600km,北界达到47~48°N。北亚热带植被越过了秦岭向北扩展到西安—兖州一线,较现代偏北2~3个纬度;中亚热带常绿林植被北界大约达成都—合肥—南京一线,较现代偏北约1个纬度;热带植被带迁移不到1个纬度(图4.10)(施雅风等,1993)。

孢粉中木本花粉含量40%的等值线(相当于森林-草原分界线)位置从东北的农安—双辽—兰旗卡一线,向西南延伸到赤峰—张家口—延安—宝鸡附近一线(任国玉等,1998);根据全新世暖期时黑沙土的分布及相应的孢粉组合推断,呼伦贝尔沙地、松嫩沙地、科尔沁沙地、浑善达克沙地、库布齐沙地、毛乌素沙地、腾格里沙漠、共和盆地沙漠、古尔班通古特沙漠等均已被疏林草原或草原环境取代;巴丹吉林沙漠南部亦为植被所固定;荒漠只分布在塔里木中部和内蒙古西部,面积只有末次冰期冰盛期时的1/3。

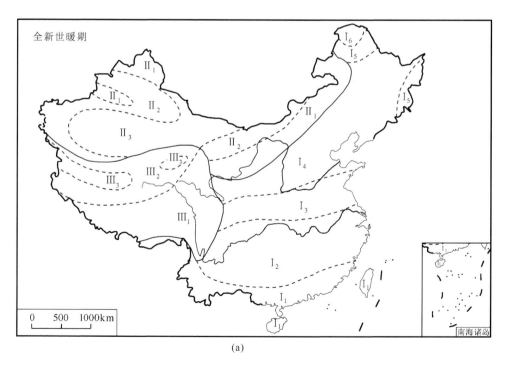

(a)

图4.10 中国全新世暖期盛期植被分区及其与现代植被分区的对比(据施雅风等,1993)

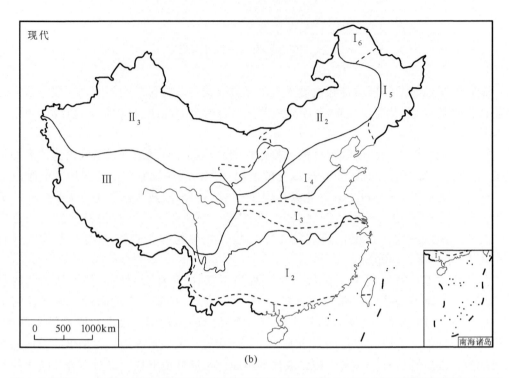

(b)

图 4.10（续）　中国全新世暖期盛期植被分区及其与现代植被分区的对比（据施雅风等，1993）

I. 森林植被；I_1. 季雨林；I_2. 常绿阔叶林；I_3. 常绿落叶阔叶林；I_4. 落叶阔叶林；I_5. 针阔混交林；I_6. 北方针叶林；II. 草原植被；II_1. 森林-草原；II_2. 草原；II_3. 荒漠；III. 高原植被；III_1. 高原森林和草原；III_2. 高原草原；III_3. 高原荒漠

　　青藏高原地区自然植被以高原森林-草原和高原草原为主，高寒半荒漠和荒漠范围缩小，冻土区显著地向高原核心退缩、面积缩小。荒漠主要分布在昆仑山南侧及柴达木盆地的中西部，在高原西北部发育有高原草原植被，青藏高原的南部和横断山区植被带有向北迁移的表现，高原东缘的森林植被向高海拔地区迁移（施雅风等，1993）。

三、边缘海与海岸线

　　全新世暖期我国出现高出现代海面 1～3m 的高海面（表 4.3）（施雅风、孔昭宸，1992）。沿海地区因海面升高而广泛受到海侵的影响，环渤海沉降带（包括华北平原、渤海和辽河平原）和杭州湾-江苏北部沉降带两个强烈构造下沉的地区受海侵影响最大，共有约 $7 \times 10^4 km^2$ 的土地被海水淹没与受海水影响（图 4.11），东南部地区的各河口，包括珠江口、闽江口、韩江口等，也不同程度地受到海侵的影响。

　　环渤海西岸地区，于 ^{14}C 6.5～6ka B.P. 出现最高海面和最大海侵，高海面一直延续到 ^{14}C 5ka B.P. 前后，海平面比今天高出 2～3m。根据贝壳堤、牡蛎礁等海岸环境指示物，全新世暖期时最大海侵的古海岸线北起秦皇岛，沿滦河古冲积扇的前缘，东至乐亭县马头营和昌黎海岸，中部从宝坻县城起，经天津西、静海，穿过黄骅与沧州之间，向南经渤海湾西岸，到黄河三角洲平原；在莱州湾地区，海岸线分布于莱州、昌邑、潍

表 4.3　中国沿海地区全新世高海面（据施雅风等，1993）

地区	^{14}C 时代/ka B.P.	高出现今海面/m
渤海西侧天津市宁河县	6.5～5	2
山东半岛北侧（莱州湾）	6～5	2
山东半岛南侧（胶州湾）	6～5	2～3
苏北建湖庆丰	6.5～4	1～2
长江口、钱塘江口	7～4	2.5～3
广东东部	6.3～6.5，3.4～3.7	2，—
珠江三角洲	6.0左右，2.8～3.2	1，1.5
海南岛三亚市鹿回头	6.5～5	2
中国沿海综合的高海面	6.5～4	1.5～3

图 4.11　中国沿海低地全新世暖期的海岸线

渤海、黄海岸线据施雅风等，1993；珠江口岸线据李平日、方国祥，1991

坊、广饶北部一带。辽宁沿海全新世最大海侵时，海岸线可以到达盘锦，深入内陆数十千米（沈明洁等，2002）。环渤海地区相比现代海岸向内陆海侵数十千米到 200km，淹没陆地范围达 $2.7×10^4 km^2$（施雅风等，1993）。天津宁河 ^{14}C 6.5～6ka B.P. 间为深水海湾，是古渤海的一部分；^{14}C 6.0～4.6ka B.P. 为牡蛎礁发育时期，显示近岸的浅海环境。由于海平面上升，造成东部沿海平原、滨海平原地区排水不畅，又加之大暖期气候温暖湿润，华北平原广泛发育有大面积湖沼洼淀，在华北平原中部，从河北到山东，发育着许多淡水湖沼；滨海平原则多为低盐的洼淀，文安洼在全新世暖期西接白洋淀、东连古渤海湾，湖面面积是现今的8～10倍。

长江三角洲和宁绍平原最大海侵可能发生在7ka B. P. 之前，在太湖西岸骆驼墩遗址马家浜文化层之下的泥炭层中发现海相有孔虫的存在（李兰等，2008）。上海附近发现了6.1ka B. P. 贝壳堤和沙坝潟湖体系，应该是当时的海岸线所在位置；全新世暖期的长江口在现在的扬州、镇江一带，并形成喇叭形河口。苏北盐城岸线较现代西移60～100km，建湖与兴化附近发现该时期海侵留下的潟湖、沙坝等，海水通过某些通道波及大运河东侧（施雅风等，1993）。

珠江三角洲全新世暖期也受到海侵，在大约5ka B. P. 海侵到达广州北40km的花县附近（李平日、方国祥，1991）。

第三节　全新世环境变化与人类活动

中华文明的历史可以概括为"超百万年的文化根系，上万年的文明起步，五千年的古国，两千年的中华统一实体"（苏秉琦，1999）。全新世是中华文明形成和发展的重要时期，中国的地理环境及其演变与中华文明的产生与发展之间存在着多样而复杂的相互影响关系。

一、全新世环境变化对中华文明的影响

我国是世界重要的农业起源地之一，尤其是粟作物和稻作物，被公认为起源于中国。中国史前农业的形成和发展可以分为五个阶段（图4.12）（石兴邦，2000）：第一阶段狩猎采集时期（16～14ka B. P. 左右），对应的是旧石器时代末期，人们的经济生活主要以狩猎为主，兼有采集。第二阶段采集农业时期（14～12ka B. P. 左右），是新旧石器时代过渡时期，人们的经济生活包含了采集和狩猎广谱性的，但最显著的变化是，在此时段人们采集禾本植物的果实，并开始人工栽培、驯化和培育种子，形成了从事农业工作的技能和经验，创造了适合农业生产的工具。第三阶段原始农业时期（12～10ka B. P. 左右）开始进入新石器时代，农业的产生、陶器的制作、聚落的形成是新石器时代出现的标志。第四阶段锄耕农业时期（10～4ka B. P. 左右），又分为锄耕农业前期（10～8ka B. P.）和锄耕农业后期（8～4ka B. P.），锄耕农业前期的突出特点是聚落文化已经产生，农业开始发展并走向发达的锄耕阶段，在8ka B. P. 时农业在我国南北都已经成为人们赖以生存的主导产业；在8ka B. P. 之后的锄耕农业后期，我国北方的粟作农业和南方的稻作农业有了进一步的发展，开始进入发达的锄耕农业时期，发现农业遗存的遗址数量更多，分布地域进一步扩大。第五阶段犁耕农业时期，大概在龙山文化的晚期和青铜时代，是我国农业成熟时期，人们可以用各种犁制工具进行耕作、生产力有了很大的提高、种植规模扩大和形成稳定的聚落，乃至产生城邦，为国家和文明的形成做了最后的铺垫。

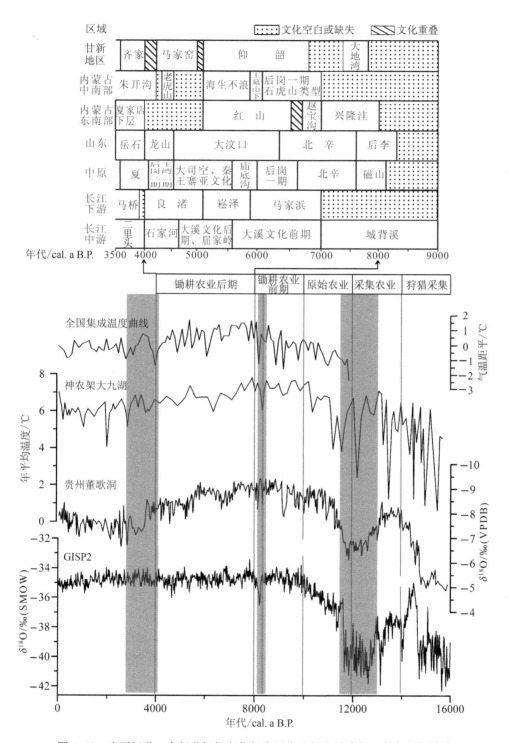

图 4.12　晚更新世—全新世气候变化与中国农业的发展阶段、考古文化谱系

考古文化序列据方辉, 1987；戴向明, 1998；宋建, 2001；田广金、秋山进午, 2001；谢端琚, 2002；索秀芬,
2005；朱诚, 2005；张昌平, 2006 等编制。全国集成温度曲线据方修琦、侯光良, 2011。神农架大九湖温度曲
线据朱诚等, 2008。贵州董歌洞与 GISP2 的 δ^{18}O 曲线据覃嘉铭等, 2004；灰色阴影分别指示新仙女木事件、
8.2ka B.P. 冷事件和 4ka B.P. 气候突变

环境演变是文明兴衰的自然基础，尽管并非所有的暖期中华文明都繁盛，但中华文明繁盛的时期往往是各种时间尺度上的暖期。之所以存在上述对应关系，是因为中华文明的发展变化不仅受政治和社会方面因素的影响，环境变化及由此而引发的资源供需关系改变和自然灾害强度与频度变化也是一个不容忽视的原因。在中国，气候处于暖期时，国家整体上有相对优越的自然资源条件，为生产与文化的发展提供有利的环境条件，因而也必然会促进文明的兴旺。对于建立在农业文明基础之上的中华文明尤其如此。

在进入文明社会之前的旧石器时代，至少距今 70 万年来的古人类、古文化繁衍时期大多与气候环境较好的古土壤发育时期相对应，古土壤发育期温暖、湿润的气候环境无疑为古人类的发展提供了良好的条件（祝一志、周明镇，1997；刘嘉麒等，1998）。

进入全新世以后，我国北方广大地区内的气温和降水量迅速增加，华北地区已由冰期寒冷干燥环境转变为温暖的温带、暖温带草原或疏林草原环境，农业发展的气候条件在我国绝大部分地区已基本具备，作为中华文明基础的农业随之出现。在黄河流域和长江流域新石器时代早期（11～9ka B. P.）遗址中都发现了年代超过万年的陶器；黄河流域为粟（小米）、黍（黄米）等旱地农作物的起源地，长江流域为水稻的起源地，最早的农作物遗存已经逼近旧石器与新石器衔接的阶段（严文明，1982，1989）。

以农业为主要经济形态的锄耕农业后期（8～4ka B. P.）发育于全新世暖期。在我国甘青地区、北方（主要包括现在的内蒙古中东部、东北南部、河北北部）、中原地区、黄河下游、长江中游和长江下游地区形成了六个发达的原始农业文化中心和文化谱系（图 4.12）。

公元前 6500～5000 年，北方旱作与南方稻作的土地利用格局已经确立，稻作农业区和旱作农业区的界线大致在 33°N，与现代相当或较今略为偏北，黄河中下游流域的老官台、磁山、裴李岗、北辛等一系列新石器遗址中出土了许多农业遗迹和遗物，普遍发现粟类作物的粮食遗存，旱作农业分布的北界到达甘肃的大地湾、内蒙古的赤峰一线，与现代农业北界相近。原始农业文化最为鼎盛的仰韶文化（5000～3000BC）和龙山文化（3000～2000BC）时期正是全新世暖期的盛期，当时我国华北地区较现在暖 2～3℃，降水高 100～200mm。在原始农业文化鼎盛时期，旱作区和稻作区的北界都向北推进到较现今偏北 2～3 个纬度的位置，稻作栽培的北界大致推进到了 35°N 附近的扶风—户县—华县—渑池—洛阳—郑州—兖州—日照一线，北方旱作农业文化遗存的北界也向北扩展到现今以牧业为主或半农半牧的内蒙古长城地带及西北的甘青地区（图4.13）；整个黄淮地区为稻、粟混作区或稻栽培区，很少单一的粟、黍栽培区；华南地区渔猎采集居主要地位，并可能存在种植块茎、果树类植物的园圃式农业；在内蒙古阿拉善地区的沙漠、半沙漠地带和现代藏北无人区亦有人类活动。

过去 3ka 中国社会经济发展呈现周期性的兴衰波动（傅筑夫，1981），这种社会经济波动在大多情况下被归因于人文因素。尽管与史前时期相比，人文因素对社会发展的影响显著增加，但同样存在另一个不容忽视的事实，即我国历史上的经济波动、社会兴衰、国家分合、人口增减和迁徙的变化过程与气候变化过程之间仍存在良好的对应关系：经济发达、社会安定、国力强盛、人口增加、疆域扩展的时期往往出现在暖湿时期；相反的情况则发生在冷期（张兰生等，2000）。环境演变对社会的影响是通过对农业生产的影响而起作用的，暖期可耕地扩大、单位面积产量提高，北方农牧交错带界限

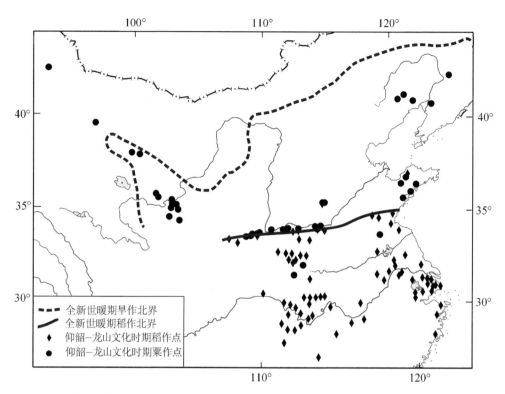

图 4.13　仰韶-龙山文化时期土地利用的区域分异（据方修琦等，1998；孔昭宸等，2003）

（张丕远，1996；张兰生等，1997）、亚热带作物种植界限均北移（满志敏、张修桂，1993）。从农业产量看，过去 300 年中，温暖时期秋作物的收成普遍比寒冷时期平均高10％以上（张丕远，1996）。

中华文明的起源和发展具有"连续性"特征，但从具体区域看，文明发展在这个"连续"的演进过程中，也出现某种程度的文化倒退甚至"断裂"，这种现象往往与重大环境恶化事件相联系。然而，环境恶化事件对中华文明发展的影响并不能全都看成是消极的，人们对不利环境影响的积极响应在一定程度上也是社会与文明发展的机遇。中华民族对不利环境挑战的态度不是消极承受，而是主动适应。

晚更新世—全新世早期气候变化中，最突出的是 YD 和 8.2ka B. P. 气候突变事件。将农业发展阶段和气候变化序列相对比（图 4.12），不难发现，原始农业出现于 YD 事件之时；锄耕农业前期（10～8ka B. P.）和锄耕农业后期（8～4ka B. P.）的分界对应于 8.2ka B. P. 气候突变事件，中国北方的粟作农业文化，如磁山文化、裴李岗文化、北辛文化和大地湾文化，都是在 8.2ka B. P. 后才繁荣起来的，可见，环境的突变，在农业兴起、并取代采集狩猎业成为人类主要经济活动方式的过程中，扮演了重要的角色。

4ka B. P. 前后的气候突变是古埃及、巴比伦、印度等早期人类文明走向衰亡的重要原因，对中华文明发展的影响也甚为深远。在此前后，寒冷、干旱、洪水等极端气候事件使得我国许多区域的文明相继衰落，内蒙古中南部及陕北、晋西北等北方长城沿线地区是原始农业文化衰落最为显著的地区，原始旱作农业蜕变为以半农半牧、时农时牧的土地利用方式为特征的农牧交错带，与其临近的甘青地区也发生了由农向牧转变；山东境内的岳石文化、江浙地区的马桥文化分别与各自前期的龙山文化、良渚文化之间存在缺环，并呈现退化现象。而同时，这一突变事件又是中华文明由"多源"向"一体"转变的关键点，正是在与不利环境的顽强斗争之中，4ka B. P. 后依次占据华夏腹地的夏、商、周文明不仅在周边诸多区域文明纷纷衰落之时得以幸存，还在吸收了其他地区文化要素的基础上把中华文明推向了新的高峰（方修琦等，2004）。

二、人类活动对自然环境的影响

"中国景观上最重要的因素，不是土壤、植物或气候，而是人民"，"中国人民生活的根基，深入到土地里面"（葛德石，1934）。中国历史悠久、人口众多，长期人类活动极大地改变了全国自然环境状况，使得中国的地理环境深深地打上了人类的烙印。

人类活动对自然环境较大的改变始于农业的出现，根据人类活动对自然环境影响方式和影响强度的不同，可将约10000BC我国农业出现以来人类活动对自然环境演变的影响划分为三个阶段：原始农业时期（10000～500BC）、传统农业时期（500BC～1950AD）和现代工业化时期（1950年以后）。

原始农业时期主要以石器为农业工具，可以分为两个阶段：史前的锄耕时期（2000BC以前）和夏商周的犁耕时期（2000～500BC）。史前时期（2000BC以前）人类活动的范围已与现代相当，可以按原始农业的起源和生产方式分为南北两大系统：南方是稻的发源地，形成以长江中下游为重心的稻作农业系统；北方是粟、黍等作物的发源地，形成以黄河中下游为重心的粟作农业系统（任式楠，2005）。

原始农业时期的土地利用方式是掠夺式的。火耕方式、木石制工具、熟荒农作制构成了原始农业耕作制度的主要成分，以牺牲天然植被为代价的"火耕"开始（生荒地），在"火耕"之后使用石器或木制工具进行进一步地耕作，通过数年的撂荒使地力自然恢复后再重新开垦（熟荒地）。总体来说，原始农业时期的开发区域主要集中在较平坦的地段，人口数量和开发规模有限，人类活动对自然环境的影响主要表现在对植被的破坏方面。古生态资料表明，自 5ka B. P. 以来，我国关中盆地、黄土高原东南部、华北平原以及胶东半岛和辽东半岛等地区及其外围附近森林覆盖率呈持续下降趋势，6ka B. P. 由花粉资料确定的森林-草原边界在黄土高原中部和华北平原北部通过，近代则退至淮河干流一带，近代华北地区的森林覆盖是近 6ka 来最低的，意味着华北地区原始森林在5～6ka 年前就已经受到破坏，且人类活动对植被的破坏在不断加强；在东北中南部、西北东部、淮河以南地区，森林覆盖率开始显著下降的时间发生在 4～2ka B. P. ，森林累积减少的数量也比较大；而西藏、新疆和东北北部等地区在最近的6ka 内森林覆盖率没有明显减少（图 4.14）（Ren and Beug，2002）。

在旱作农业系统的北方和稻作系统的南方，由于具体耕作方式的显著差别，其对水土流失的影响也有所不同，但总体上，人类活动引起的水土流失仍十分有限，水土流失基本属于自然侵蚀范畴（方修琦等，2008）。史前北方旱地农业长期实施的可能是火耕与耜耕结合兼用的耕作方式，不仅破坏了原始植被，而且对土壤造成扰动，在火耕比例

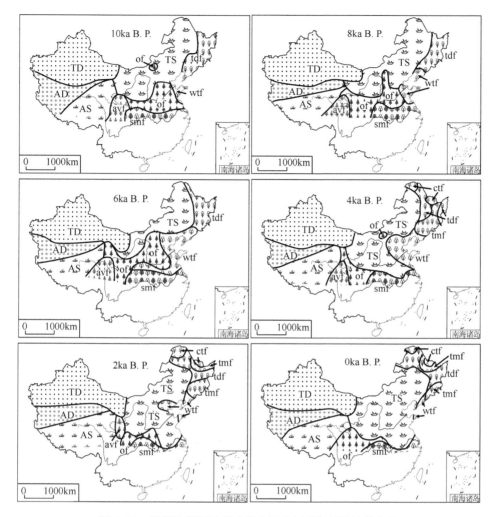

图 4.14 根据孢粉记录重建的中国全新世期间植被带变化

(据 Ren and Beug，2002)

ctf. 寒温带针叶林；tmf. 温带针阔混交林；tdf. 温带落叶阔叶林；wtf. 暖温带落叶阔叶林；smf. 亚热带
常绿-落叶阔叶混交林；avf. 高山河谷森林；of. 其他森林；TS. 温带草原；TD. 温带荒漠；AS. 高原/
高山草原；AD. 高原/高山荒漠。空白区域为缺少数据

渐次降低、耜耕地位日益上升的总趋势下，其对环境的影响程度也呈逐步加强的趋势。据估算，全新世中期（6000～3000BC）黄土高原土壤年均侵蚀量为 10.75×10^8 t，当时黄河泥沙起因与人类活动的关系较小，黄土高原仍处于以自然侵蚀为主的阶段（景可、陈永宗，1983）。史前稻作农业基本耕作方式可能是火耕、踩耕与耜耕相结合进行，对水土流失的影响较之北方地区更为轻微。冰后期以来到秦汉之前（约 15～2ka B. P.），长江年均输沙量长期保持在现代值（1951～1985 年长江年均输沙量 4.68×10^8 t）一半左右的水平上（李保华等，2002）。

西周时期（公元前 11 世纪）我国农耕区主要集中在黄河中下游地区，西周以前我国的农业以游耕为主，西周时开始采用休耕，通过自然恢复解决地力耗竭的问题。战国时期，随着铁器工具的普遍使用及牛耕技术的推广，人类改造自然的能力增大，开始进入传统农业时期。中国传统农业是一种循环式农业，其思想基础是承认自然环境的限制作用，强调在此前提下主动地适应自然环境，从以人为本的基点出发去保护自然环境、追求人与自然环境的和谐（方修琦、牟神州，2005；方修琦、萧凌波，2007）。尽管在历史时期我国的自然环境随着人口的增加和开发强度的不断增大而呈现日趋恶化的趋势，但中国的传统农业有效地延缓了环境问题发展的速度，以相对较小的环境破坏代价，承载了世界上最多的人口。

早期的游耕或是轮耕都是以地旷人稀、土地相对过剩为前提的，进入春秋战国时代，虽然大部分地区仍是地广人稀，但在人口聚居的许多地方出现了"土地狭小，人民众"的土地紧张局面，已垦耕地不再大片地休耕，为提高土地利用率，同时保持土壤肥力，出现了多种补偿方法，包括粟后种麦或麦后种粟、豆的复种轮作制，以及人工施肥等。在战国时期的文献中，有关"粪田"的记载就多起来了，可知战国时期人工施肥已很普遍；为提高产量，还发展了自流灌溉和汲水灌溉农业。到战国时期，人类活动对周围森林所造成的破坏已受到关注，战国前期已强调"斧斤以时入山林，材木不可胜用也"（《孟子·梁惠王上》），到战国后期出现了"十年之计，莫如树木"（《管子》）。战国以后，传统农业区从原来的中心黄河流域逐步向其他地区扩展，极大地改变了我国的土地覆盖状况，并对某些自然过程产生深刻影响。纵观我国传统农业区扩张的历史，有三个重要的快速扩张时期（图 4.15），分别发生在西汉、两宋和清中叶，人类对自然环境的影响也随着农业的扩张而加剧（方修琦等，2008）。

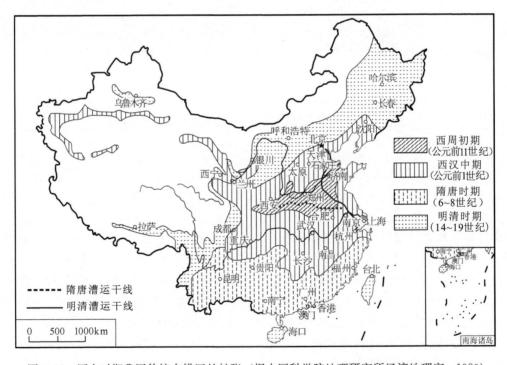

图 4.15　历史时期我国传统农耕区的扩张（据中国科学院地理研究所经济地理室，1980）

第一个农业快速扩张的时期在西汉,主要是北方农耕区基本格局建立,水土流失已经较为明显。西汉 200 年是我国历史上人口第一次快速增长时期,人口由汉初的五、六百万增加到 5900 万;同期土地开垦的速度惊人,平帝元始二年(2AD),已有垦田8.27 多亿亩[①],较汉初耕地面积增加了 6.4 倍。西汉的土地开垦主要集中在以黄河中游为中心的北方地区,垦田包括内地民垦和边郡屯田两种类型,前者大多是重新开垦因战乱而大量荒芜的土地,至汉武帝时北方农耕区基本格局已经建立,农区北界的位置在西北远至新疆、河西走廊、陇西地区,东北至山西、河北北部和辽宁。此后的 2000 多年中,我国传统农耕区北界的位置变化不大,只是随中原汉民族与周边少数民族势力的彼此消长而发生一定幅度的摆动,我国北方地区的耕地面积也随社会战乱与稳定局面的交替而出现多次增减。北方地区农业区的扩展,使一部分草地和林地受到破坏,加剧了自然侵蚀过程。在吕梁山以西、六盘山以东的黄土丘陵区,西汉时期的水土流失量已经比较大,《汉书·沟洫志》上曾有"泾水一石,其泥数斗"、"河水重浊,号为一石水而六斗泥"的记载,表明至少从西汉时起,黄土高原等北方地区农业开垦引起的水土流失与黄河泥沙增多已经较为明显。

魏晋南北朝时期,北方人口大量南移,对农田的需求急剧增加,江南地区围湖造田的活动逐渐增多。从湖田衍变出的围田也叫"圩田"、"坝田"、"垸田",主要推行于古云梦泽及长江沿岸沼泽地区的这种"与水争地"的开发活动,在超过了一定的限度后,就会破坏天然的水文和生态平衡。

8 世纪中叶安史之乱以后,由于江南地区土著人口的繁殖和北方避难人口的南来,平原土地开垦殆尽,南方丘陵地区的农业开发开始加速,主要以三种方式破坏南方低山丘陵地区植被,加剧水土流失。其一是耕地开垦,以"畲田"为代表,烧山种植,刀耕火种,经三四年后地力耗尽时,弃耕任其自然恢复,而另寻新地重开畲田。畲田蔓延于上起三峡,经武陵,包括湘赣五岭以下,至于东南诸山地,这种掠夺式的农业开发方式不仅破坏了山坡上的植被,也加剧了水土流失,沿丘陵坡地等高线修筑的梯田便继之而起。梯田的发明加快了山地开发速度,至南宋时,长江流域的丘陵低山农业景观已蔚为壮观。其二是茶树种植,唐宋元时盛极一时的种茶之风是南方丘陵开垦的另一重要原因。茶树栽培早在先秦时期即已开始,唐代以来,随着茶的生产商品化,长江流域种茶区域从唐时 30 州发展到宋时 70 余州,其实际植茶面积不下 500 万亩;至元代进一步扩大。茶树适宜在丘陵低山地带生长,为植茶使得丘陵区大面积的森林遭到砍伐。其三是商业采伐林木。唐宋时期造船、井盐、冶炼业兴盛,商业采伐的林木日渐增多,对森林的破坏也有重要影响。

两宋时期以江南地区为主的土地开发构成了我国第二个农业快速扩张的时期。南方地区对丘陵山区的开发致使大量的地表植被破坏,水土流失问题开始突出。从南宋开始长江流域水土流失明显化,并随着开发力度的加重而加剧。从北宋到南宋,三峡地区的江河从"黔波绿如蓝"变为"江水浑浑野渡间"、"上有瑶簪十二尖,下有黄湍三百尺"。据洪痕测量和古文献综合考证,荆江洪水位在汉-宋元时期平均上升量为 0.16cm/a,而从宋元至今平均上升量为 1.39cm/a(刘沛林,1998)。与此同时,北方地区人类活动对

---

① 1 亩≈0.067hm²。

自然环境的影响持续加剧，黄土丘陵、山地在唐代已是"泾水黄，陇野茫"、"去马来牛不复辨，浊泾清渭何当分"；至金代时，北方"田多山坂硗瘠"。据估计，1020BC 和 1194AD 之间黄土高原土壤年均侵蚀量 $11.6 \times 10^8 t$，较全新世中期增加 $0.85 \times 10^8 t$，增长率约 7.9%（景可、陈永宗，1983）。黄河下游沉积速率变化显示，过去 2300 年从战国到南北朝时期，黄河下游沉积速率为 $2 \sim 4 mm/a$；公元 7～10 世纪沉积速率发生阶梯式跃升，达到 $2.0 cm/a$，并保持至清代中期（许炯心、孙季，2003）。

第三个农业快速扩展时期在明清，特别是清代以来，以东北等边疆地区的拓垦和南方山地开发为特征。经历明清之际的人口减少后，清康熙至乾隆的 100 多年间全国人口由不足 1 亿骤然增至 3 亿，约 50 年后的 1840 年突破 4 亿大关，是历史上人口的第二个快速增长期。在巨大的人口压力下，全国各地都加大了土地开发的强度，不仅已有农耕区内的山地被大规模开垦，大量涌入的人口又把农耕区向内蒙古、东北、西南和北疆等地区扩展。全国耕地面积由清初的 $5.3 \times 10^7 hm^2$（1661 年）上升到 $8.2 \times 10^7 hm^2$（1913 年），森林覆盖率则由 25.9%（1700 年）下降为 16.7%（1900 年）（葛全胜等，2008）。

16～19 世纪，适于山地种植的玉米、花生、甘薯、马铃薯等作物传入我国并普遍推广，推动了对长江流域、云贵川和西北大片丘陵山地的开发利用，特别是清中期以后，山地开发明显加速，一些地区"遍山漫谷，皆包谷矣"，红薯"处处有之"。南方的许多地区，如川陕鄂交界的秦巴山区、湘西和鄂西地区、赣闽浙山区、安徽皖南、云贵川的山地都记载了清中叶以后山地开垦导致水土流失加剧的情况。除毁林开荒外，伐木烧炭、经营木材、采矿冶炼等人类活动进一步加剧了森林破坏和水土流失。

在传统农业区如黄土高原，耕地已经扩展到了一些坡度很陡的丘陵沟壑区，大于 25°的坡耕地很多。乾隆时，山西省"实无遗弃未尽可以开垦地土"，就连以前人烟稀少的深山、高山区也逐渐被开垦。1850AD 以来，黄河下游沉积速率再次跃升，由 $2.0 cm/a$ 激增至 $8.0 cm/a$，系人类活动破坏地表植被的结果（许炯心、孙季，2003）。据推算，1494～1855 年，黄土高原土壤年均侵蚀量 $13.3 \times 10^8 t$，较 1020BC～1194AD 增长约 14.6%；至 20 世纪上半叶，水土流失继续加剧，1919～1949 年黄土高原土壤年均侵蚀量约 $16.8 \times 10^8 t$，较 1194～1855 年增加约 26.3%（景可、陈永宗，1983）。

东北和内蒙古地区在清代本是满族龙兴之地及蒙古族聚居的牧区，耕地开垦受到严格的限制，但至清末，特别是光绪年间以后，随着"开放蒙荒"、"移民实边"等开放垦殖政策的实施，东北和内蒙古地区成为北方开垦的重要区域，也是我国过去 300 年中最重要的新增农垦区，在清代，东北三省的耕地面积从 $5.4 \times 10^5 hm^2$（1683 年）增加到 $8.1 \times 10^6 hm^2$（1908 年）（叶瑜等，2009）。随着农耕区的大幅度向北推进，耕地面积迅速增加，生态与环境遭到空前破坏。

自 20 世纪 50 年代开始，我国经历了从传统的农业国向工业国迅速转变的过程，生产方式发生了革命性的变革，人口从 1949 年的 4.5 亿增至 2008 年的 13.3 亿，踏上有史以来基数最大、增长最快的倍增特大台阶。加上"与天斗与地斗"的指导思想，在改变了人们对自然资源依赖的模式与性质的同时，给自然环境带来前所未有的冲击，导致地理环境的重大改变（葛全胜等，2005）。

1949 年以后新垦耕地主要来自于东北三江平原、西北半干旱地区（包括内蒙古草原、陕甘黄土高原、新疆绿洲等）及西南山地等。耕地面积净增加的趋势一直持续到

20 世纪 70 年代末期，根据订正后的耕地数据推算，1949～1979 年全国耕地面积从约 $1.00 \times 10^8 \, hm^2$ 增加到 $1.34 \times 10^8 \, hm^2$（封志明等，2005）；此后，中国耕地面积呈减少的趋势，2008 年全国耕地 $1.30 \times 10^8 \, hm^2$。东部传统农业区内耕地的减少主要归因于城市、交通等建设用地扩张对农田的占用（刘纪远等，2003）；半干旱草原、黄土高原和山地等地区耕地的减少是水土流失、石漠化、沙漠化和土壤盐渍化等土地退化自然因素与生态退耕和农业结构调整等政策性因素共同作用的结果。在耕地总体减少的情况下，化肥、农药、机械动力、灌溉等技术的大量使用以提高粮食单产成为中国粮食产量增加的主要途径，2004 年全国化肥施用量高达 $4412 \times 10^4 \, t$，是 20 世纪 50 年代初的近 10 倍；21 世纪初全国农业机械总动力为 $55225 \times 10^4 \, kW$，是 20 世纪 50 年代初的 27 万多倍；1998～2000 年每公顷耕地农药施用量 12.73kg。高投入农业不仅严重地损害了耕地的自然生产力，而且成为环境的重要污染源。

进入 20 世纪以后，我国森林的破坏随着以木材采伐为目的的森林工业兴盛而加速。30～40 年代日本占领东北时期东北的森林资源遭到掠夺性的开发。20 世纪 50 年代以来，天然林面积因森林资源的过度开发而显著下降，70 年代末期全国有林地面积为 $267 \times 10^6 \, hm^2$，森林面积为 $115.28 \times 10^6 \, hm^2$，森林覆盖率为 12%，总蓄积量为 $9.028 \times 10^6 \, m^3$；20 世纪 70 年代末以后，国家开始大面积造林和封山育林，先后建设了三北防护林体系、长江中上游防护林体系和沿海防护林体系、太行山绿化工程和平原绿化工程五大防护林体系，以及用材和防护林基地、南方速生林基地、特种林基地和果树生产基地四大基地，实施了天然林保护工程。2005 年第六次森林清查结果显示，中国森林覆盖率上升到 18.21%，森林资源总面积达 $1.75 \times 10^8 \, hm^2$，蓄积量稳步增加。天然林面积减少，人工林和次生林面积增加成为 20 世纪 50 年代以来我国森林变化的总体特征。

我国的草场同样存在过度利用问题。1949 年，中国草场面积约为 $392 \times 10^6 \, hm^2$，1990 年为 $339 \times 10^6 \, hm^2$，减少了 13.61%，草地面积减少主要是人们盲目垦荒和过度放牧造成的。整个 20 世纪 90 年代，中国草地面积净减少 $344 \times 10^4 \, hm^2$，草原减少总量的 60% 以上源于耕地开垦。目前中国天然草地退化严重，2000 年退化草地约占草地总面积的 60.8%，其中轻度退化草地占草地总面积的 34.6%，中度退化草地占 19.9%，重度和极重度退化草地面积分别占 6.0% 和 0.3%。退化草场主要分布在内蒙古、西北和西南等传统重要牧区。20 世纪 90 年代较 60 年代初，北方天然草地产量下降 30%～50%，载畜能力成倍降低（刘黎明等，2003）。

自春秋战国时期以来，我国就有都江堰、大运河等一批著名的水利工程，江河治理与堤防建设在过去几千年中更是有增无减，但都属于适应性利用的性质，远不能与 20 世纪 50 年代以来人类活动的影响相比。作为世界上水坝和人工堤防最多、用水量最多、污水排放量最大的国家，我国的天然水体和水文过程受到严重干扰。1949 年以来全国累计修建、加固堤防 26 万多千米，建成大中小型水库 8.6 万多座。堤坝初步控制了大江大河的常遇洪水，形成了 $5600 \times 10^8 \, m^3$ 的年供水能力，灌溉了 $5.33 \times 10^7 \, hm^2$ 农田（汪恕诚，1999）。近年大型水利枢纽和水电站的建设正处高潮，人工水域面积继续增加。受农田开垦、城市开发和上游水库建设等人类活动的影响，中国自然湖泊湿地面积严重萎缩。全国由于围垦湖泊而失去调剂库容 $325 \times 10^8 \, m^3$ 以上，每年因此而失去淡水蓄量约 $350 \times 10^8 \, m^3$，特别是内陆湖泊、外流湖泊面积快速萎缩甚至干涸，造成湖泊生态灾难。

过去 60 年，特别是近 30 年以来，人类的开发从陆地扩展到海洋，中国近海及滩涂开发发展迅速。水深 15m 以内的可利用浅海水域基本利用殆尽，海水养殖已扩展到 50m 以内的水域（李勃生等，2001），2005 年全国海水养殖总产量为 1385×10^4 t，占世界海水养殖总产量的 70% 左右；同年，我国海水养殖面积已达 154.68×10^4 hm^2。

自 20 世纪 50 年代中国建立起工业体系之后，经过 50 多年的发展，已成为世界制造业大国——"世界的工厂"，与此相对应，中国消耗的资源、每年产生的工业和生活废物急剧增加，许多污染物的排放在世界上位居前列。一方面，危险废物、微量有机污染物和持久性有机污染物（POPS）等新的环境问题不断涌现；另一方面，原有的大气污染、水污染和固体废弃物污染等环境问题依然存在且日趋严重。中国有 1/5 的城市人口居住在空气污染严重的环境中；酸雨面积占国土面积的三成左右，局部地区酸沉降污染严重；越来越多的水域因污染丧失了水体功能，水质性缺水问题日趋严重，全国 1/3 的水体不适宜鱼类生存，1/4 的水体不适宜灌溉，50% 的城镇水源不符合饮用水标准，40% 的水源已不能饮用；全国约一半的耕地面积因工业污水灌溉和化肥农药的大量使用而遭到不同程度的污染，每年仅土壤重金属污染造成的粮食减产在 1000×10^4 t 以上，还有 1200×10^4 t 粮食受重金属污染，农业经济损失超过 200 亿元。

就国内而言，上述环境问题都是事关国家社会经济发展和人民健康的重大问题，一些地区的环境污染已处于极限状态，但从全球变化的角度看，其中的绝大多数还只是区域尺度上的问题。与全球变暖密切相关的人为 CO_2 排放问题更是备受关注。1978 年以前，我国因为化石燃料造成的碳排放总量并不大，但近 30 多年来的温室气体年排放量迅速增长。2007 年中国的 CO_2 排放量约为 62.84×10^8 t，约占当年全球 CO_2 排放总量为 299.14×10^8 t 的 21.01%，超过美国（20.08%）成为世界第一排放大国，在国际气候变化谈判中备受压力。

第五章 青藏地块抬升与高寒高原、边缘深切峡谷自然地理环境的形成

青藏陆块由若干小陆块拼合而成，也是与中国大陆最晚完成拼接的陆块。作为中国新生代古地理环境演化中抬升最强烈的区域，由整体隆升所形成的青藏高原平均海拔4000m以上，号称"世界屋脊"，总面积约257.24×10⁴km²（张镱锂等，2002），是世界上最高大的高原。

受来自南方印度板块俯冲的巨大挤压，高原内部小陆块之间的拼合带强烈褶皱，成为沿东西方向展布的高山，与夹在其间由陆块形成的断陷盆地或高原面形成了条块相间的构造地貌格局。高原上地质、地貌现象十分年轻，构造活动十分活跃。高原的急剧抬升与周边地区形成数千米不等的高差，高原抬升过程中边缘地区在构造与河流切割作用下形成高山深谷，高原东南部的横断山区尤其显著。

高原地势格局和大气环流的共同作用，制约着高原本身自然地域分异的特点，从而形成了独特的自然地域系统（郑度，2001）。强烈隆升的高原使得自身的环境向干寒化方向发展，成为地球上可与南、北极并称的"第三极"，高原上的动植物适应高原的抬升，形成了适应高原寒旱环境的新物种和高原动植物区系，高原边缘深切的峡谷地形造就了丰富多样的山地垂直自然带谱。

青藏高原不仅构成了一个在世界上独具特色的自然地理景观区，而且通过对中国地势分布格局和季风气候形成、演变的影响，成为中国现代自然环境形成的决定性因子。

第一节 青藏地区成陆与高原隆升过程

青藏高原的隆升大约从45Ma B. P. 前后印度板块和欧亚板块正式碰撞开始，在此之前的演化是成陆过程主导的时期，在此之后则是环境演化最为剧烈、复杂的隆升主导时期。

一、青藏地区的成陆过程与特提斯洋的消亡

高原的地质构造单元可划分为六块地体和五条缝合带，由北向南依次是：塔里木地体、昆仑地体、巴颜喀拉地体、羌塘地体、拉萨地体和喜马拉雅地体，其间依次是西昆仑-阿尔金-祁连缝合带、昆仑南缘缝合带、金沙江缝合带、班公错-怒江缝合带和雅鲁藏布江缝合带（图5.1）。

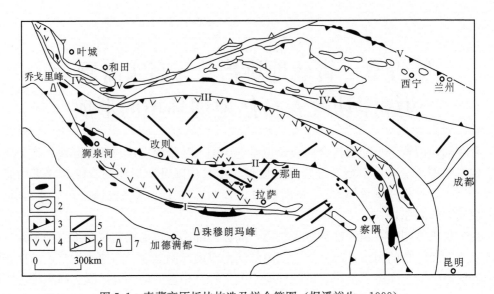

图 5.1　青藏高原板块构造及拼合简图（据潘裕生，1999）
1. 蛇绿岩；2. 岛弧深成岩；3. 缝合带及其编号；4. 岛弧火山岩；5. 断裂；6. 盆地边界；7. 山峰。
缝合带：Ⅰ. 雅鲁藏布江缝合带；Ⅱ. 班公错-怒江缝合带；Ⅲ. 金沙江缝合带；
Ⅳ. 昆仑南缘缝合带；Ⅴ. 西昆仑-阿尔金-祁连缝合带

　　构成青藏高原各个地块的古老基底可能在 1100Ma B. P. 的罗迪尼亚（Rodinia）古陆时期就已存在，罗迪尼亚古陆解体后，它们在长期的地质演化过程中逐步碰撞、拼合，伴随着不同地体的拼合过程在不同时期产生挤压、变形和褶皱、抬升，形成了高原高大山系的基本骨架。这一拼合过程与特提斯洋从原特提斯洋、到古特提斯洋、再到新特提斯洋三个演化阶段的兴衰变化有着密切的联系（图 5.2）（潘裕生，1999）。

　　昆仑地体与塔里木地体的拼合发生在早古生代加里东运动期间，成为包括阿拉善块体在内的"西域板块"的一部分，与之相伴的是原特提斯洋在青藏地区的消亡。上述碰撞事件发生之前，今昆仑山、阿尔金山、祁连山一带的青藏高原的北区属罗迪尼亚破裂后所形成的原特提斯洋盆区，岩石成分表明具有远洋深海沉积特征（王东安、陈瑞君，1989）。主碰撞带位于沿西昆仑的奥依塔格、库底、于田县南甫鲁与苏巴什之间的草场口，到阿尔金、祁连山一线，由此形成了长约 1000km、宽数千米至十余千米的广泛分布有震旦纪至奥陶纪蛇绿岩的昆仑山-阿尔金山-祁连山缝合带（王荃、刘雪亚，1976；肖序常等，1978，1999；吴功建等，1989；潘裕生，1990，1992，1999），青藏高原的北界及其构造线从此奠定。与消减碰撞作用相伴生，在由西昆仑的南部、东昆仑的全部以及柴达木盆地和南祁连等组成的昆仑地体南侧形成一条规模巨大的西昆仑南部和中祁连岛弧带，并发生大规模的岩浆和火山活动，随着岛弧带的成熟和原特提斯洋的封闭，弧后盆地亦逐渐发育成熟，西昆仑慕士塔格到甜水海在奥陶纪或奥陶纪—志留纪成为原特提斯洋封闭后的半深水过渡沉积区（潘裕生，2003）。

　　羌塘地体和巴颜喀拉地体的拼接完成于晚古生代至中生代早期的海西-印支运动，与之相伴的是古特提斯洋在青藏地区的消亡。泥盆纪至石炭纪，昆仑地体以南的巴颜喀

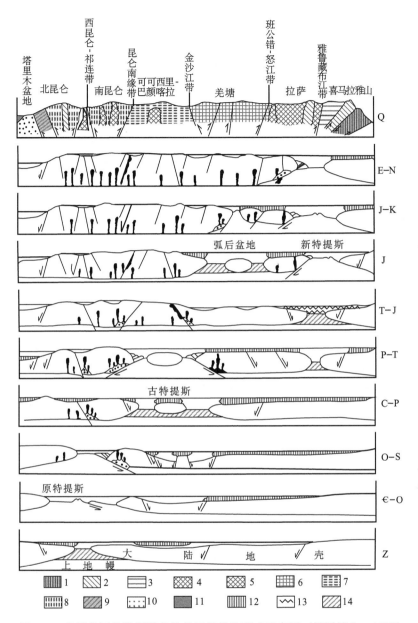

图 5.2 青藏高原特提斯洋的演化及其构造形成示意图（据潘裕生，1999）
1. 低喜马拉雅沉积物；2. 基底变质岩；3. 特提斯喜马拉雅沉积；4. 花岗岩；5. 拉萨地
体沉积物；6. 羌塘地体沉积物；7. 巴颜喀拉群；8. 昆仑山沉积变质岩；9. 北昆仑晚古
生代沉积；10. 昆仑山前中生代沉积；11. 新生代盆地堆积；12. 大洋台地沉积；13. 大
洋浅水沉积；14. 大洋壳及深水沉积

拉—可可西里—甜水海—塔什库尔干一带由弧后盆地演变为古特提斯洋的洋盆（潘裕
生，1992），石炭纪—二叠纪，该区域为深水大洋沉积，洋盆中心可能在可可西里一带。
石炭纪晚期至二叠纪，古特提斯洋壳北侧沿慕士塔格—昆仑山口—玛沁一线插向昆仑山
地体之下，发育石炭纪、二叠纪的蛇绿岩，并使昆仑山形成岛弧和发生火山活动，呈岛

链状抬升，形成昆仑南缘缝合带；南侧沿帕米尔到塔什库尔干县城南、伊力克、红山湖，然后沿喀喇昆山北麓经过西金乌兰湖向东，沿风火山、沱沱河、金沙江河谷一带插入羌塘地体向南削减，形成长达 3000km 的由石炭纪和二叠纪蛇绿混杂岩带构成的西金乌兰-金沙江缝合带（潘裕生，2003），同时沿羌塘地体北侧的乌丽、拖把等地形成水下岛链，并伴有抬升，形成海陆交互相的含煤沉积。二叠纪晚期—三叠纪，古特提斯陆壳岛链与两侧大陆发生碰撞，使羌塘地体、巴颜喀拉地体、昆仑地体拼合；古特提斯洋消亡。上述海西-印支运动，不仅使昆仑地体、羌塘地体、巴颜喀拉地体完全拼接形成陆地，成为亚洲大陆新的组成部分，同时使昆仑地体的格局发生重大变化，东昆仑隆升发育成山，柴达木地块下沉成盆地与周围山地产生分异，高原北部的陆地和地貌格局基本形成。

拉萨地体与羌塘地体的拼合完成于中生代的燕山运动。拉萨地体于二叠纪晚期脱离冈瓦纳大陆成为独立块体。侏罗纪时期，拉萨地体南面新特提斯洋北部边缘的洋壳消减插入拉萨地体之下，在冈底斯地区桑日、曲水一带开始出现侏罗纪时期的岛弧和火山，岛弧北面由于共轭剪切作用形成一系列菱形盆地，在班公错—东巧—丁青—怒江上游形成最大的盆地带（潘裕生，2003），这些盆地淹没于海水下接受沉积，成为羌塘地体和拉萨地体的分隔带。在羌塘以北地区，侏罗纪时期已抬升成陆，只有零星的陆相小盆地，沉积了具有磨拉石建造的含煤粗碎屑岩，柴达木盆地和塔里木盆地与周边山地已经发生分异，形成北部两个相对沉降的沉积中心。

侏罗纪晚期的燕山运动，使拉萨地体和羌塘地体之间的一系列弧后小洋盆、岛弧和南北两侧大陆碰撞、拼合、焊接，缝合带在沿喀喇昆仑南翼，经日土的班公错、改则、东巧、安多、丁青、八宿至怒江河谷一带（潘裕生，2003），从而形成东西延伸长达 2500km 以上的班公错-怒江缝合带，该带由于洋盆发育时间短，蛇绿岩组合极不完整，分布也十分零星。在这次碰撞过程中，羌塘地体发生盖层褶皱并抬升成陆，而拉萨地体北部发生前陆式褶皱冲断，经短暂成陆后又被浅海覆盖，继续接受碳酸盐沉积和碎屑物质沉积。

白垩纪是新特提斯洋的最盛时期，古地磁资料推算证明当时海洋宽度大约 1500km（董学斌等，1990），深水远洋硅质岩复理石沉积最发育。白垩纪中期，印度板块也已脱离了非洲、印度洋板块，以 12cm/a 的速度快速向北漂移（潘裕生等，1998）。由于新特提斯洋壳快速插向冈底斯之下，岛弧开始发育并逐渐抬升，在白垩纪末已露出水面，拉萨地体上从浅海碳酸盐、海陆相交互杂色细碎屑岩到陆相火山岩的沉积，反映了拉萨地体由海相到陆地的演变过程。班公错-怒江以北的广大地区则有零星沉积的陆相红色碎屑岩，柴达木盆地仍是北部最大的沉积区。古近纪高原北部开始出现含膏盐的红色陆相碎屑岩沉积，昆仑山北侧还有海相沉积夹层，但南部喜马拉雅缝合带内存在的深水放射虫硅质岩（丁林，2003），说明当时拉萨地体和南部喜马拉雅地体之间还是大洋环境，继续接受着深水大洋的沉积，向两侧开始过渡到陆源物质的半深水和浅水堆积，但是当时海洋可能正在快速向北消减；最南边的喜马拉雅地区当时还是印度次大陆广阔的大陆架，被浅海覆盖，形成陆表海沉积。喜马拉雅地区海相沉积地层从前寒武系一直发育到古近系，除少数几层外，其余均整合接触，具有良好的持续性，也说明海洋环境一直持续发育到古近纪。喜马拉雅地体的拼合发生于古近纪时期，与之相伴的是新特提斯洋在青藏地区南部的退出。始新世早期，新特提斯洋水体向西退至地中海，印度次大陆和亚洲主大陆发生碰撞，把喜马拉雅地体和拉萨地体拼接在一起，青藏高原连成一个整体，进入一个全新的发展阶段。

在上述南北向发生拼合作用形成青藏地块的同时，青藏地块与其东侧的扬子地块亦发生拼合作用，使得该地区的古特提斯洋和新特提斯洋先后闭合。拼合的时间跨度从二叠纪直至白垩纪末，主要形成于中生代，拼合的位置在今金沙江、澜沧江和怒江三江并流地区，亦称为三江造山带。三江造山带是古特提斯洋中一系列岛弧和微陆块渐次拼合的产物，从西到东包括缅泰、腾冲、保山、昌宁-孟连缝合带（澜沧江缝合带）、兰坪-思茅、金沙江-哀牢山缝合带和华南地块（图 5.3）。金沙江-哀牢山缝合带是由晚古生代时从扬子克拉通裂解出去的思茅地块与扬子克拉通碰撞形成的，是弧后盆地闭合的产物，发生在古特提斯洋闭合前，二叠纪时期思茅地块上的生物组合已与扬子陆块上同属华夏型，应已完成拼接。澜沧江缝合带位于思茅-印支地块与保山地块之间，为晚二叠纪古特提斯洋闭合的产物，一般被认为是冈瓦那大陆亲缘地块和华夏大陆亲缘地块间的分界线，保山地块石炭纪时位于冈瓦纳大陆的北缘，发育了冰碛岩；二叠纪早期生物为冈瓦纳型，晚期已转变为华夏型。班公错-怒江缝合带位于保山地块之西，是早白垩世时拉萨地块与古亚洲大陆的碰撞新特提斯洋闭合而形成的（王清晨、蔡立国，2007）。

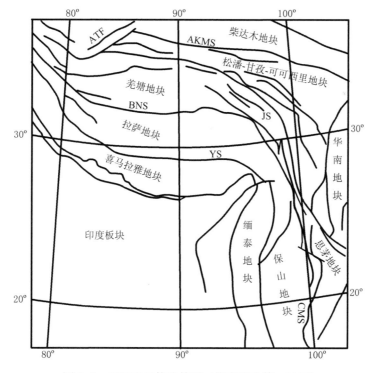

图 5.3　三江地区构造简图（据李朋武等，2003）

YS. 雅鲁藏布江缝合带；BNS. 班公错-怒江缝合带；JS. 金沙江缝合带；AKMS. 阿尼玛

卿-昆仑-木孜塔格缝合带；CMS. 昌宁-孟连缝合带；ATF. 阿尔金断裂

二、青藏高原的早期隆升和夷平

欧亚板块和印度板块的碰撞，一方面有效减缓了印度板块向北漂移的运动速度，从1.35～0.65亿年前的12cm/a降低到5cm/a（潘裕生等，1998）；另一方面则使高原板块挤压变形，南北方向上压扁缩短，垂直方向上增厚隆升，同时高原板块物质向东滑移流展，沿东西方向伸展而形成大规模的走滑断层。

始新世大陆碰撞后整个高原进入以造山运动、断裂和岩浆活动为主的喜马拉雅运动阶段，高原各构造单元开始变得活跃起来。青藏高原地区的喜马拉雅运动分为三期（黄汲清，1987）：第一期以发生在早、晚始新世（40Ma B. P. 左右）的冈底斯磨拉石建造为标志；第二期以中新世和上新世之间（22～17Ma B. P.）的西瓦利克初期磨拉石建造为标志；第三期以发生在上新世与早更新世之间（3.6～1.7Ma B. P.）的西瓦利克主磨拉石建造为标志。除沉积砾岩和断层的错动等证据指示高原的隆升以外，火山活动也是地壳剧烈活动和构造上升的重要表现。40Ma B. P. 以来青藏高原大规模火山岩发育的年代主要有三个时期（刘嘉麒，1990；邓万明，1993，1995）：第一期主要在30MaB. P. 以前，集中发育在冈底斯山地区，有大量的岩浆岩侵入；第二期主要发育在20～10Ma B. P. 间，在北羌塘地区形成数百平方千米的熔岩台地，喜马拉雅地区形成大量的侵入岩体；第三期主要发生在最近的2Ma B. P. 以来，在昆仑山地区发育了大量的熔岩流、熔岩被、火山口等。

在喜马拉雅运动影响下的高原隆升构成了新生代以来中国乃至全球环境演化中最突出的事件（孙鸿烈，1996）。普遍认为高原大致经历了三期隆升，即30Ma B. P、23～15Ma B. P 和3.6Ma B. P. 以来，其中前两期的隆升高度最大不超过2000m，且隆升后经历了夷平过程（图5.4）。

50～40Ma B. P. 青藏高原南、北部几乎同时开始隆升和变形。受印度板块的碰撞，高原南北两侧的陆内俯冲最为显著，北部塔里木楔向昆仑之下，引起高原北部的火山活动；南部喜马拉雅陆内俯冲自雅鲁藏布江缝合带开始，逐步向南发展，形成了一系列大规模独特的陆内俯冲叠加楔（邓万明，1995）。因此，45～30Ma B. P. 间高原构造变形主要集中在青藏地块南北边缘，是一种构造抬升。这次运动使冈底斯山强烈隆起，但高原本身隆升有限。冈底斯南缘和祁连山南北侧沉积的渐新世红色磨拉石建造，说明高原南、北部的隆升和变形几乎同时开始于50～40Ma B. P. （Yin et al.，2000，2002）。

昆仑山北侧的塔里木盆地在始新世至渐新世表现为由海相到陆相的连续堆积作用。祁连山南北两侧发育的渐新世红色磨拉石建造（张青松，1998）及北侧河西走廊结束于33.4Ma B. P. 前的新生代火烧沟组沉积物，总体岩性较粗，大致呈向上变细的趋势，沉积速率向上减小，其厚度向盆地中央急剧减薄和消失，沉积相演变、砾石排列、砂体走向和磁化率等都指示水流向盆地中心汇聚，说明当时周边山地已经隆升。火烧沟组与上覆地层的不整合接触，表明当时可能发生了强烈抬升，导致其中部和上部上千米的地层被剥蚀（戴霜等，2005）。

青藏高原的东南缘受到印度板块向北碰撞及东缘向东的斜向冲撞挤压，横断山区再度发生断裂和褶皱，在挤压压缩最紧的怒江、澜沧江和长江上游三江并流地区形成紧束

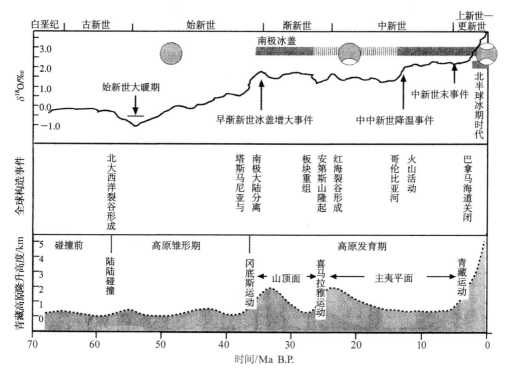

图 5.4　青藏高原新生代的隆升过程及其与全球构造、
气候的耦合关系（据郑度、姚檀栋，2004）

的构造结构，不仅控制了纵向岭谷区北部地质构造发展演化，而且制约着该区域的地貌演化，在三江并流区以密集分布的高山峡谷地貌为主，这一紧束构造结以南不太受约束的陆块向中南半岛扩散挤离，山势迅速低缓（明庆忠，2007）。晚始新世—早渐新世（38～33Ma B.P.）横断山地区开始进入统一的区域挤压-走滑拉分阶段，形成一系列狭长的古近纪盆地，并开始接受巨厚的粗碎屑岩沉积。渐新世期间，丽江-香格里拉、元谋-楚雄、兰坪-思茅等地区沉积了大量含盐建造的红色沉积岩系，说明古近纪时期横断山区属于海拔较低、地势起伏不大的亚热带干热气候环境。

　　高原内部及周边地区的盆地在新生代以来都被活化。高原北部由于受伸展构造控制，柴达木形成了拉张断陷盆地，并在盆地南缘发生北向逆冲，演化为前陆盆地，阿尔金断裂挤压走滑发育了酒泉盆地，南部金沙江缝合带发生走滑运动形成可可西里走滑拉分盆地，并受南部挤压作用的影响发育前陆盆地，约 30Ma B.P. 前后，北部形成两个次级前陆拗陷带。羌塘盆地、可可西里盆地、囊谦盆地以及金沙江—红河一线 52～33Ma B.P. 发育了断续延展达 2500km 的浅成富钾中酸性侵入花岗斑岩（马鸿文，1990；张玉泉等，1987），班公错—怒江一线以北的兰坪-思茅地块发生断块上升，形成了伦坡拉盆地、兰坪-思茅盆地等，盆地普遍接受了始新世—渐新世紫红色河湖相碎屑沉积，生长着亚热带阔叶植物。东北边缘的临夏盆地在 35～32Ma B.P. 期间也发生钾玄质火山喷发（邓万明，1995）。

　　在高原南部，冈底斯山南侧的前陆盆地堆积了 2～4km 厚的红色砾岩并伴生山麓磨拉石相堆积（张青松等，1998），反映当时冈底斯山快速抬升、地形高差较大、地势陡峻。在冈底斯山地区大量的钙性岩、中酸性岩浆岩和大量钙碱性火山岩喷出，证明当时这个地区地质构造活跃。当时特提斯洋已经完全退出青藏和滇西地区，而喜马拉雅南麓来自于印度地盾的始新世—渐新世穆里系沉积物，则说明当时喜马拉雅山脉高度还很低。

37～22Ma B. P. 青藏地区曾处于长期相对稳定的构造环境，地表接受夷平作用，喜马拉雅山还没有崛起，昆仑山和塔里木盆地的地形反差相对较小。此时期形成的夷平面目前主要分布在青藏高原大多数高山山顶和少数河谷地区，称为山顶夷平面，被山顶夷平面普遍切削的最新地层是始新世晚期沉积和古近纪早期侵入岩体。在冈底斯山及雅鲁藏布江两岸，山顶面分别切削白垩纪和始新世构造及白垩纪和古近纪火山岩，藏南林周盆地附近被切削的林子宗群火山岩年代为 63.32～38.7Ma B. P. （周肃等，2001）；藏北高原布尔罕布达山山顶夷平面上堆积有中新统地层（崔之久等，1996a），唐古拉山西段和祖尔肯乌拉山地区的夷平面上覆盖有高原第二期（晚渐新世或晚中新世）火山熔岩。高原内部古近纪断陷盆地中发育的渐新统至中新统下部的地层，以及柴达木盆地渐新统至下中新统的干柴沟组、河西走廊的火烧沟组和拉萨地区的渐新统地层，底部多为砾岩和砂砾岩，上部以砂岩和泥岩为主，岩性变化表明地形早期起伏较大，而后期基本被夷平，应是夷平面的相关沉积。

藏北和藏南普遍分布的古近系的岩相特征及其孢粉组合表明，当时生物气候带的展布具有明显的纬向差异。狮泉河—改则—班戈—丁青一线以南，气候湿热、森林茂密、煤系地层发育，为热带雨林植被；以北气候炎热干燥，多含石膏，为亚热带稀林草原景观，说明古近纪期间，整个青藏地区的海拔高度较低，垂直气候分异不明显。因此，山顶夷平面在当时应是在热带气候条件下发育的准平原和亚热带干旱气候条件下形成的山麓剥蚀平原的联合夷平面，其中，准平原十分接近海平面，山麓剥蚀平原的高度在500m 以下（崔之久等，1996a）。

这级夷平面因为形成年代久远，经多次抬升、侵蚀，在高原上残存很少（图 5.5），规模相对也较小。黄河上游阿尼玛卿峰和年宝玉则峰附近地区海拔 4500m 以上第四纪冰帽下（郑本兴、马秋华，1995）、唐古拉山地区海拔 5600m 以上现代冰川下、念青唐古拉山、可可西里山、昆仑山中西段、祁连山和喜马拉雅山等地区都残留有高山山顶夷平面。除此之外，高原东部的甘肃武都白龙江河谷两侧、海拔 2800～3000m 的地区也有山顶面的遗存。

中新世早期开始，高原进入第二期喜马拉雅运动，高原整体发生了强烈的变形、隆升、断裂和火山活动。

高原南北两侧深大断裂发育，北侧为长达上千千米的西昆仑山-阿尔金山前断裂；南侧有两条规模较大的冲断层，一条是喜马拉雅山中部主脊线南侧的主中央冲断层，另一条是喜马拉雅山南部边缘的主边界冲断层（Gansser，1964，1977）。高原上已有的构造再次复活，断块间发生明显的差异性运动，高原中部的走滑运动进一步加强，出现了一系列南北向的正断层和地堑。高原东部和横断山区产生一系列大型走滑断裂，沿这些走滑断裂形成一系列走滑拉分盆地，普遍沉积灰色、杂色含煤湖沼相泥岩、碎屑岩沉积。

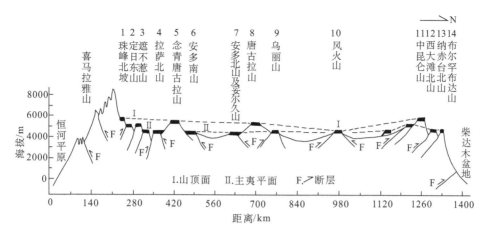

图 5.5　青藏高原中段南北方向上夷平面分布与特征示意图（据崔之久等，1996）

（沿东经 86°～91°往东北至 90°～95°）

1. 基岩为花岗岩，山顶发育石海；2. 由侏罗系灰岩组成，发育古岩溶，残留古红色风化壳；3. 由始新统—渐新统生物灰岩和拉轨岗日花岗岩（10Ma B. P.）组成，古喀斯特年代为 12Ma B. P.；4. 侏罗系灰岩和捷嘎热帮雄马安山岩〔（23.1±0.3）Ma B. P.〕，古喀斯特年代为 19～7Ma B. P.；5. 被削平的岩石为片麻岩（50Ma B. P.），山顶发育冰斗冰川；6. 削平侏罗系地层，夷平面上有年代 10.6Ma B. P. 的安山岩；7. 侏罗系灰岩，古喀斯特年代为 12.2Ma B. P.，山顶残留古红色风化壳；8. 中新世火山岩覆盖，现发育小型冰帽；9. 侏罗系灰岩，夷平面上残留古喀斯特；10. 夷平中始新统—渐新统红层，上有年代为 32～30Ma B. P. 的火山岩；11. 夷平面上粗面岩时代为 19～18Ma B. P. 和 12～10Ma B. P.，顶面残留古喀斯特，II 级面古喀斯特年代为 12.2Ma B. P.；12. 夷平三叠系红层和侏罗系砂岩；13. 构成夷平面的山地有年代为 5Ma 的花岗岩，山顶存在石海；14. 夷平石炭系玄武岩和更早时期的大理岩，顶部有末次冰期冰斗

　　高原沿南北两侧的深大断裂呈现显著的抬升，并冲覆于印度地盾和塔里木地块之上，其中，南部抬升幅度比北部更大，呈掀斜式抬升的特点。在高原北部，从渐新世—中新世初开始，帕米尔地区在强烈的挤压作用下向北运动，西昆仑山抬升并向北逆冲，导致塔里木盆地西部被强烈逆掩，并最终闭合；阿尔金山于中新世早中期开始隆升，导致柴达木盆地的封闭（李江海等，2007）。在高原南部喜马拉雅山已经明显抬升成山，在喜马拉雅南坡山前出现巨大的凹陷带、大规模的西瓦利克群（18Ma B. P. 以前）和大量的哺乳动物化石，均反映高原抬升明显。

　　此次抬升使得高原南部喜马拉雅山开始崛起，高原东北边缘的小积石山抬升，高原北侧的祁连山大幅隆升，高原与周边地区已形成较大的地形反差，高原内部众多山间断陷盆地生成，青藏高原内部东西向展布的山盆相间的构造地貌轮廓基本形成。高原主体的海拔虽仍不到 2000m（施雅风等，1998b），但已处于对大气环流具有显著作用的 1.5～2km 的临界海拔高度范围，对东亚乃至全球的环境产生深刻的影响，亚洲季风环境和内陆非行星风系型荒漠的形成在时间上与此次青藏高原的隆升相对应。

　　20～3.6Ma B. P. 青藏高原地区构造活动相对稳定，构成现今高原面主体的主夷平面被认为形成于此相对稳定时期。19～7Ma B. P. 高原内部喀斯特地貌普遍发育，形成众多古喀斯特溶洞，被认为是当时夷平面发育的产物（崔之久等，1996a）。

　　在可可西里地区大帽山-大坎顶火山地貌区 24 个火山熔岩年代数据除六个超过 20Ma B. P. 以外，其余均在 17～7.5Ma B. P.，向阳湖火山区 17 个测年数据为 15.0～

6.95Ma B. P.，昆仑山南侧黑驼峰火山区四个火山熔岩测年数据为 18～7.09Ma B. P.，这些火山熔岩喷发后经历了较长时间的剥蚀夷平过程，被切削、剥蚀成极为接近侵蚀基准面的老年期地形面（图 5.6）。因此，发育于 20～3.6Ma B. P. 的主夷平面的最终形成时代应在上新世时期的 7～3.6Ma B. P. 。

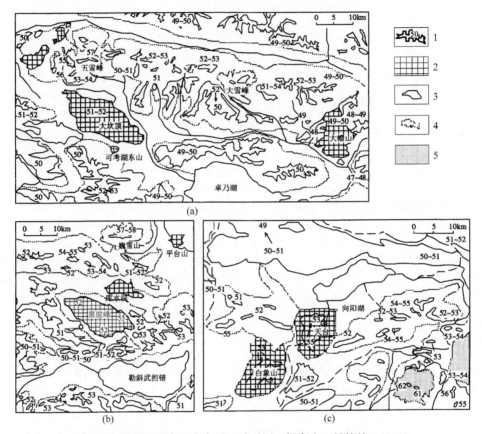

图 5.6 可可西里火山和夷平面关系图（据郑度、姚檀栋，2004）

（a）大帽山-大坎顶火山区；（b）黑驼峰火山区；（c）向阳湖火山区；

1. 夷平面及其海拔（100m）；2. 火山熔岩；3. 湖泊；4. 现代冰川；5. 冰帽

大约距今 8～3Ma B. P.，青藏地区高原面发育的红色风化壳（SiO_2/Al_2O_3 值为 3.38）、黏土矿物（高岭石含量最高为 34%）以及高原内部盆地沉积层中广泛分布的三趾马动物群化石和热带森林植被的孢粉，反映当时气温高、降水多，化学风化作用强烈，而且海拔高度不高，高原和周边山地的生物还不存在交流障碍，应属于热带-亚热带湿润和半湿润气候。根据红色风化壳、古土壤、三趾马动物群、高山栎植物化石等推测，当时的高原面海拔高度大约在 1000～2000m（崔之久等，1996）。

在青藏高原东部边缘地区，滇西横断山区的山间盆地在中新世早中期是含煤的湖沼相砂泥岩沉积，当时植物茂盛，属热带-亚热带环境，地面海拔 700～800m；但是中新世晚期—早上新世地层缺失，暗示当时已达到准平原化（何科昭等，1996）。甘肃临夏盆地（王家山剖面）20～4.0Ma B. P. 的沉积物从早期较粗的砂岩和砂砾岩变为晚期较细的泥岩，反映晚期周围山地已基本被夷平，其后覆盖在其上部巨大的砾岩层则表明主夷平面停止发育。

目前，高原上主夷平面已被抬升到海拔高度4000～4500m，普遍分布在各大河流的源头及河间分水岭地带，西高东低，可可西里东部地区的主夷平面十分平缓，整个地面坡度很小。受后期差异构造抬升的影响，高原边缘地区同期夷平面的高度与高原面有所差别，祁连山东段地区的主夷平面主要分布在山顶面的外围，面积较大，形态较为完整，占据山脉的大部分区域，以冬青顶、大鄂博掌、草大坂、莲花山、百花掌等为代表，其海拔高度基本稳定在3000～3300m，构成现代水系的分水岭；高原东北兰州附近的哈拉古准平原和甘南美武地区保存良好的两块夷平面也与主夷平面同期。

三、青藏高原的加剧隆升与现代高原的形成

青藏高原从3.6Ma B.P. 以后开始阶段性加速抬升，且隆升速度有不断加大的趋势，2.5～2Ma B.P. 以来隆升速率达到5mm/a以上，0.5Ma B.P. 以来隆升速率超过10mm/a。这次构造运动在青藏高原周围的喜马拉雅山、横断山、祁连山地区都有明显的反映，它标志着青藏高原进入整体隆升阶段（图5.7）。3.6Ma B.P. 以来，三个快速抬升的阶段分别为发生在3.6～1.7Ma B.P. 的"青藏运动"、1.1～0.6Ma B.P. 的"昆仑-黄河运动"和0.15Ma B.P. 以来的"共和运动"（李吉均、方小敏，1998）。在整体抬升的同时，高原内部存在着差异性的相对运动（孙鸿烈、郑度，1998），产生大量的褶皱和逆冲、逆掩断层，形成断块山（如喜马拉雅山、冈底斯山脉、唐古拉山脉、昆仑山脉、阿尔金山脉）、断陷盆地（如柴达木盆地、青海湖盆地）和谷地（如藏南谷地等）。

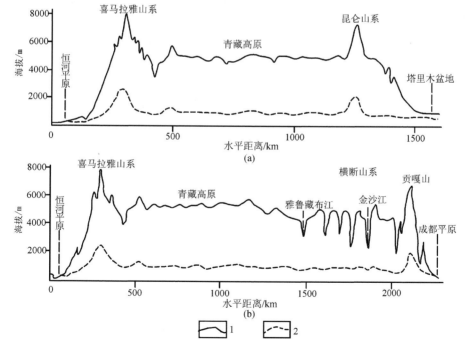

图5.7 上新世末以来青藏高原地势的抬升（据陈富斌，1992）

1. 现今地形，2. 距今3.4Ma的地形；（a）南北向剖面位置87°～88°E；（b）东西向剖面位置29°～30°N

3.6～1.7Ma B.P. 的"青藏运动"使高原内部统一的高原主夷平面开始大规模解体。受高原强烈抬升影响，青藏高原周边地区出现与下伏的细砾岩呈不整合接触的巨厚粗大砾岩层，如昆仑山北麓 2.97Ma B.P. 的西域砾岩、祁连山北麓 2.46Ma B.P. 的玉门砾岩、临夏盆地覆盖于湖相沉积之上的 3.4～2.48Ma B.P. 的积石山砾岩层（方小敏等，2004）、高原南侧吉隆盆地 2.4Ma B.P. 的贡巴砾岩、西瓦利克山脉 2.1Ma B.P. 的砾岩等。在强烈抬升的同时，喜马拉雅南麓的主边界断层以很小的角度向南逆冲，上下西瓦利克群强烈褶皱和冲断，推覆距离多达 20～30km，阿亚克库姆库勒盆地的缩短量达到 60km；昆仑山和祁连山北缘断裂向北逆冲，山前上新世地层发生强烈褶皱和冲断，2.5Ma B.P. 以来祁连山北麓的地壳缩短了 6.4km（陈杰等，1999b）。高原内部发育了一系列断陷盆地。北部昆仑山垭口在 3.6Ma B.P. 前主夷平面解体之后开始拉张下陷成盆地并堆积砾石层（崔之久等，1996b）；唐古拉山口 4Ma B.P. 前下沉并接受曲果组沉积，青海湖等早期湖盆继续断陷；在喜马拉雅山强烈断块隆升的同时，喜马拉雅山西段克什米尔盆地沉积下陷堆积卡列瓦系，中段定日盆地于 3.4Ma B.P. 前下陷接受加布拉组河湖相沉积（王富葆等，1996）；横断山区以红土风化壳为代表的夷平面随着 3.6Ma 后的强烈隆起而瓦解，部分地区断陷成为盆地（陈富斌，1992；何科昭等，1996）。

2.6Ma B.P. "青藏运动"B 幕的隆升之后，高原主体抬升到 2000m 以上，已显现青藏高原的基本轮廓，但统一的高原面尚未形成。青藏高原内部湖泊广布，湖泊面积约占高原总面积的 1/7（吴锡浩等，1992）。1.7Ma B.P. 的"青藏运动"C 幕，使发源于青藏高原的水系组织成新的河流系统，黄河、长江等大河上游的干流水系开始出现；期间高原部分盆地的古湖泊消失，如形成于 7～5Ma B.P. 的吉隆盆地、昆仑山垭口盆地在 1.7Ma B.P. 左右相继封闭（钟大赉、丁林，1996）；早更新世时期柴达木古湖和昆仑山垭口湖泊尚彼此相通或连为一体，随着昆仑山的强烈隆起与柴达木盆地的相对沉陷，1.2Ma B.P. 之后两湖均明显收缩，扇三角洲相代替湖泊相沉积；陇西盆地和祁连山东段剥蚀面解体，喜马拉雅山南麓的西瓦利克褶皱成山，并在其上堆积了巨砾岩。

1.1～0.6Ma B.P. 的"昆仑-黄河运动"（简称为昆黄运动）奠定了现代青藏高原的基本面貌，在昆黄运动中，青藏高原平均海拔达到 3000m 以上，山地高达 4000m 以上，高原大范围进入冰冻圈。上新世至早更新世的古湖消亡，代之以河流相、河湖相及冰碛层等粗粒沉积物的广泛发育，形成了宽广的堆积高原，即一般所称的青藏高原面。0.7Ma B.P. 前后，昆仑山垭口盆地尚位于山麓地带，具有较为温和、潮湿的生态环境，其海拔高度在 1500m 左右；0.6Ma B.P. 以来昆仑山垭口被抬升到现今的海拔高度，抬升幅度在 3000m 左右，垭口盆地的冰碛物等沉积也被抬升至今昆仑山主脊。在高原内部，早期张性裂陷被压扭性应力场代替，发生大规模左行走滑断裂，形成新的拉分盆地，与高原上第四纪以前形成的山脉和湖盆受近东西向主断裂带控制而呈现东西向分布为主的特点不同，第四纪受北西、北东、南北向活动断裂控制而新形成的斜向湖盆带呈北东、北西及南北向展布（陈兆恩、林秋雁等，1993）。川西地区明显抬升，西昌盆地沉陷，南亚波特瓦尔高原成为真正意义的高原，高原周边地区的地形大切割正式开始。

0.15Ma B.P. 以来的"共和运动"使得青藏高原隆升 1000～1500m，达到现今 4000～4500m 的高度，喜马拉雅山普遍超过海拔 6000m，高原周边地区河流溯源侵蚀并强烈下切，形成深切谷地。

第二节　气候干寒化与高寒高原景观的形成

在新生代全球气候变冷的背景下，强烈隆升的青藏高原，以其高大突起的陆面所产生的热力、动力作用，不仅深刻制约着大气环流形势的变化、支配着亚洲季风的许多特色，而且通过大地势结构的不同对高原本身自然地域的分异有着决定性的影响，从而形成了以高寒为特征的独特的自然地域系统（郑度，2001）。

一、古近纪高原地区气候的南北分异

古近纪时期青藏高原地区的气候受行星风系控制，呈纬度地带性分布。高原北部广大地区属副热带高压控制下的干旱地带，与华北南部和长江下游的干旱带相接，都广泛发育有石膏层；高原南部则属热带海洋性气候，与我国东部华南热带亚热带湿热气候带相连，南北的分界线位于日土—改则—班戈—丁青一线，在此界线附近及唐古拉地区，是热带亚热带湿热气候带与亚热带干旱带间的过渡地区，古近系为紫色、灰色、灰绿色、黄色的碎屑沉积，底层中偶有石膏夹层（张青松等，1998；潘保田等，1998）。

在日土—改则—班戈—丁青一线以北的地区古近系地层为红色碎屑岩建造，多含石膏夹层，气候干燥炎热。昆仑山西北侧古近系含有巨厚的石膏层，其上部覆盖紫红色泥岩占较大比例的杂色碎屑岩，其中夹有石膏、含盐分很高的蒸发岩以及介壳灰岩和海相化石等，厚度达百米以上，说明当时正由海洋向陆地环境转化。昆仑山以南至日土—改则—班戈—丁青一线的可可西里-巴颜喀拉山地区广泛分布有封闭湖泊（图5.8）（张青松等，1998），湖相和河湖相沉积物中上部夹有多层膏盐（沙金庚，1995），东昆仑地区湖泊沉积也有类似的石膏夹层（中国地质科学院成都地质矿产研究所等，1988），且以盐湖为主，羌塘北部的涌波湖东岸约350m厚的红色砂岩、粉砂岩中，厚度一般小于10cm的石膏层达几十至百余层之多（文世宣，1981）。柴达木盆地从介形类性状来看为中盐—真盐的封闭湖泊（青海石油管理局勘探开发研究院等，1988），湖水盐度不大，为河湖相交互沉积，古近纪早期以灰色至黄绿色细砂岩、砂质泥岩沉积为主，盆地中心含较多石膏和岩盐，孢粉组合为热带亚热带植物成分比例较大的荒漠草原型植物群，麻黄、楝、栎等旱生成分含量高，显示干热环境；始新世晚期沉积物以棕红、浅棕红砾岩、砂岩为主，所含介形类淡水相种属明显减少，半咸水相种属大量繁殖；始新世至渐新世，沉积物以棕红色粉砂岩等为主，孢粉组合属亚热带干旱灌丛或稀树草原的针叶林-森林草原景观，但是在早渐新世气温降低，松柏类花粉明显升高，云杉居多，热带、亚热带成分减少，山麓堆积物中含有大量菊科、十字花科、禾本科等草本植物花粉，党河南段发现渐新世古刺猬、古鼠兔、古竹鼠、巨犀等古哺乳类动物群，并在盆地中发现一枚鸵鸟蛋化石，至晚渐新世麻黄类花粉增高到25％以上，藜等草本花粉开始增加，麻黄、拟白刺、藜等组合反映亚热带干旱灌丛草原景观，其干旱程度最强的地区似与现代接近。盆地周围的云杉、栎、楝孢粉组合反映当时已有明显的植被垂直分异，基带为亚热带树林灌丛，显示当时高原北部广大地区为副热带高压控制下的干旱地带（青海石油管理局勘探开发研究院等，1988）。

日土—改则—班戈—丁青一线以南的高原南部在始新世时期仍有残留海洋。雅鲁藏

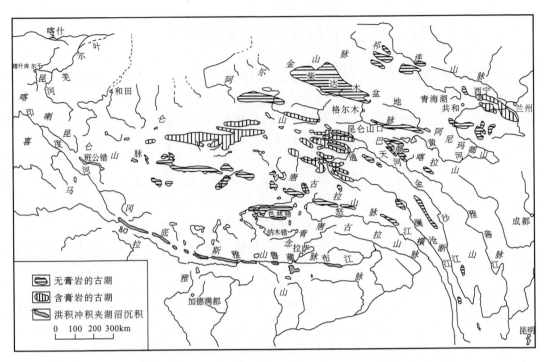

图 5.8　青藏高原渐新世—晚中新世古湖盆分布图（据施雅风等，1998c）

布江以北的冈底斯山系及念青唐古拉山西端，古近系沉积局部夹海相地层，新近系为陆相沉积；雅鲁藏布江以南地区以含多种典型特提斯洋有孔虫的灰色厚层海相灰岩和含有孔虫、腹足类、双壳类以及珊瑚、海胆和各种海生藻类等化石的灰黑色泥岩、页岩为主，属于特提斯洋区的温暖浅海环境。始新世后期海水退出，海相沉积历史结束。高原南部地区古近系为含煤的杂色碎屑岩沉积（张青松等，1998），属热带湿润气候。西藏阿里葛尔县门士地区夹有数层煤层的灰绿、灰黑色砂页岩地层中含有桉、榕等植物化石（徐仁，1981），班戈县伦坡拉盆地沉积地层中含有樟、桃金娘、水杉和栎等植物花粉（王开发，1975），比如县布隆盆地西藏三趾马、唐古拉大唇犀、黑河低冠竹鼠动物群地层中含有山核桃、桦、棕榈等（吴玉书、于浅黎，1980；计宏祥等，1981），反映高原南部当时处于低海拔的湿润热带气候环境；至晚渐新世，气候仍然湿热，泽当盆地杂色沉积砂岩中含栎、棕榈等（肖序常等，1988）。

　　渐新世晚期，高原地区针叶树成分明显增多，显示了高原上升和气候变冷的影响（张林源，1994），但是变冷的幅度很小，高原北部地区由于南北两侧海洋完全退出本区以及高原陆面的抬升，干旱化趋势明显加强。

二、22Ma B. P. 的隆升与自然景观高原化的显现

　　22Ma B. P. 的高原隆升事件，使高原与周边地区形成较大的地形反差，高原高度可能达到了对大气环流具有显著作用的 1500～2000m 的临界高度（汤懋苍等，2001），地形对爬坡气流的动力强迫，可能使高原夏季降水量明显增加。

22Ma B.P. 以后，受高原抬升与古季风气候形成，以及全球气候变冷等因素的影响，我国受行星风系控制的自然带分布格局被打破，高原上的自然带与我国东部地区出现分异。高原不少植物种类与现代种一致或相似，并在分布上开始出现垂直地带和南北水平地带，昆仑山北部地区发生由山地森林—稀树草原—草原—荒漠的过渡，整体表现为向干冷趋势发展，高原北部边缘地区形成干旱荒漠与荒漠草原；中部地区演变为亚热带森林草原；雅鲁藏布江河谷以南地区为热带、亚热带湿热常绿林带（图5.9）。

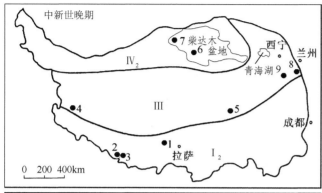

采样点：1.南木林；2.卧马；3.吉隆加莫沟；4.噶尔；5.伦坡拉；6.柴达木红峡口；7.柴达木油沙山；8.临夏盆地；9.青海泽库

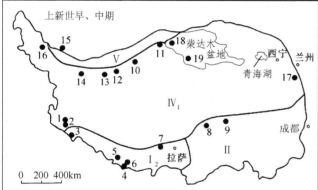

采样点：1.札达；2.香孜、西夕、曲松；3.普兰；4.亚汝雄拉；5.吉隆；6.野博康加勒；7.南木林；8.比如；9.伦坡拉；10.振泉错；11.五雪峰；12.羊湖；13.八一营地；14.泉水沟；15.柯克亚；16.瓦恰；17.临夏东山；18.柴达木油沙山；19.柴达木茫崖

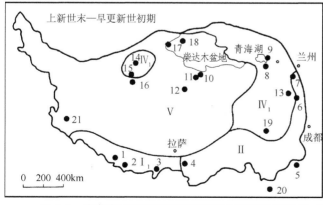

采样点：1.吉隆；2.亚汝雄拉；3.帕里；4.邛多江；5.四川德昌；6.松潘；7.临夏东山；8.共和盆地达连海；9.青海湖哈达湾；10.昆仑山垭口；11.清水河；12.沱沱河；13.若尔盖；14.振泉错；15.玛尔果茶卡；16.玛尔盖茶卡；17.狮子沟；18.大浪滩；19.理塘；20.兰坪；21.香孜、西夕、曲松

图5.9 青藏高原中新世至早更新世初期植被示意图（据施雅风等，1998c）

I₁. 亚热带常绿硬叶阔叶林；I₂. 亚热带常绿硬叶阔叶林-雪松林；II. 亚热带针阔叶混交林；III. 暖温带落叶阔叶林及灌丛；IV₁. 山地常绿针叶林；IV₂. 山地常绿针叶林及森林草原；V. 灌丛草原

I₁. 亚热带常绿硬叶阔叶林；I₂. 亚热带常绿硬叶阔叶林-雪松林；II. 亚热带针阔叶混交林；
III. 暖温带落叶阔叶林及灌丛；IV₁. 山地常绿针叶林；IV₂. 山地常绿针叶林及森林草原；V. 灌丛草原

进入中新世，高原气温下降了 7～10℃，同时湿度也有所降低（陶君容，1992）。高原北部柴达木盆地从中新世早期的亚热带稀树草原植被向干旱荒漠草原过渡，在中中新世寒冷事件后，盆地周围和高原边缘地区气候、植被和土壤的垂直带显著发育（潘保田等，1998）。高原中部的那曲盆地、伦坡拉盆地等向落叶阔叶林、针叶林和草本植物混生的植被景观演变，热带亚热带植物减少甚至濒临消失，草本植物和针叶林含量增高，草本植物以藜含量最高，同时出现较多的松、栎等喜温凉树种，水生植物明显降低，说明当时进一步向温凉气候和干旱环境演变（吴珍汉等，2006）。高原南部吉隆、宗当等盆地早期为热带山区常绿和落叶阔叶混交林（陶君容，2000）；但在中新世晚期噶尔等地区发育了杨树、柳树及柏树等（耿国仓、陶君容，1982），宗当盆地以云杉、松、冷杉为主，落叶阔叶树和草本植物含量略有增加（李浩敏、郭双兴，1976），反映当时气候变干、变凉。

中新世晚期 8～7Ma B.P.，亚洲乃至全球环境又一次发生重大变化，北极地区开始出现大量冰筏，北极冰盖进一步发育；同时巴基斯坦北部气候开始变干，植被生态类型发生明显的变化，C_4 植物替代了 C_3 植物（Quade et al.，1989；Cerling et al.，1997）。青藏高原气候也进一步向干冷方向发展，当时昆仑山和喜马拉雅山海拔高度可能达到或超过 2000m，但高原面海拔应在 1000m 以下，地表起伏和缓，高原已明显分为三个纬向植被景观带。昆仑山以北为亚热带干旱荒漠草原景观，柴达木盆地极为干旱，出现荒漠草原植被；高原东北部地区的贵德盆地 7.2Ma B.P. 开始形成大量的扇三角洲相洪积物（宋春晖等，2001，2003），表明中新世末期气候干旱化；临夏盆地在 8～7Ma B.P. 也表现为 C_4 草本植物突然大发展，C_3 乔木植物迅速减少（马玉贞等，1998）。雅砻江河谷以南为热带亚热带常绿林景观，藏南札达湖盆（李文漪、梁玉莲，1983）、普兰盆地（曹流，1982）、宗当古湖盆（黄赐璇等，1980）出现以雪松、高山栎为主的常绿针叶林和针阔叶混交林，并在邻近山地可能存在常绿针叶林—针阔混交林—灌丛草原的垂直分带。中间广大地区为亚热带森林和森林草原景观，通天河盆地和冈底斯山乌郁盆地显示干旱稀树草原和针叶林植被景观，热带亚热带植物基本消失，属暖温带-温带高寒环境（吴珍汉等，2006）。

上新世中晚期，大量喜热古动物群发现于高原东北部的西宁盆地（间型三棱齿象、维氏锯齿象）、贵德盆地（三趾马）、乐都盆地（青海皇冠鹿）以及西藏布隆盆地（西藏三趾马、唐古拉大唇犀、羚羊等）、札达盆地（小古长颈鹿），以及喜马拉雅北坡的吉隆盆地（巨犀、古象、长颈鹿、三趾马）等地区（李炳元等，1983），古喀斯特地貌和红色风化壳在高原也广泛发育，高原内部主要以亚热带山地森林及森林草原景观为主；高原周边古湖盆均以细颗粒沉积为主，岩相一致，反映了当时高原广大地区起伏和缓，高原海拔应在 1000m 左右，气候较为温暖（黄万波、计宏祥，1979；李炳元等，1983）。但是山地植被趋向于温带类型，高原南部山地喜暖湿森林—喜温凉森林—高山草原的垂直自然植被带初步形成，具有向凉寒方向发展的特征（中国科学院《中国自然地理》编辑委员会，1984）。

上新世青藏高原曾有一个湖泊广泛发育的时期，根据湖相地层推断湖泊面积比现在大数倍至十余倍。柴达木盆地沉积物中虽仍有中盐-真盐介形类化石，但碎屑沉积岩由先前的红色转变为灰色、绿色、黄绿色，膏盐沉积结束，针叶林和阔叶林成分增多，湖水面积明显增大，被认为是柴达木盆地历史上古湖发育最大的时期（青海石油管理局勘探开发研究院等，1988）；昆仑山南麓玉龙塔格西南泉水沟、羊湖、振泉湖北、平台山附近、五雪峰西南、秀沟断陷盆地和可可西里地区马尔盖茶卡、玛尼、盼来沟、清水河、沱沱河沿、尕尔曲河等都有这一时期的古湖泊分布，绝大部分古湖沉积以河湖相为主，湖相沉积地层中所含水生生物化石显示以淡水相为主（张青松等，1998）；唐古拉山曲果、羌塘高原等地区古湖泊大多数具有淡水湖泊的古生物，仅局部地区有微咸水湖分布；7~2.5Ma B. P.还在喜马拉雅山北侧形成扎达、普兰、吉隆、野博康加勒、亚汝雄拉、加布拉贡达甫、莎尔、帕里等数十个小湖泊（李炳元等，1983），虽没有较大的古湖发育，但气候明显变湿。

三、青藏高原的急剧隆升与现代高寒高原自然景观的形成

3.6Ma B. P. 以前，高原内部除少数山系以外，大多数地区的海拔应该不超过2000m

表 5.1　上新世以来青藏高原自然环境的演化（据郑度、李炳元，1990）

时代		冰期与间冰期	冰川作用	地貌发育	植被演替	气候变化
全新世	晚全新世	小冰期	17~19世纪冰进	加速上升，边缘深切，内部寒旱化，冰缘广布，中全新世高湖面后，湖泊普遍退缩，盐湖继续发展	灌丛草甸、草原为主，南部中全新世有山地针叶林，西北部荒漠草原、半荒漠、荒漠	寒冷干燥
		新冰期	冰进(若果1.92ka B. P.；雪当2.98ka B. P.；崇测3.983ka B. P.)			
	中全新世	气候最宜期	冰川退缩，冰斗大部空出			较温湿
	早全新世	较暖期				较凉干
更新世	晚更新世	绒布寺冰期（白玉冰期）	冰进(28~16ka B. P.)规模小于前期	加速上升，大河峡谷形成，晚期湖泊退缩，外流水系向内流水系转化，北部局部出现盐湖沉积，冻土发育，高原面约4000m	草原、荒漠草原，西北部有荒漠	十分寒冷干燥
		末次间冰期	冰川消融后退		山地针叶林、灌丛草原、草甸、荒漠草原	温和湿润
		基隆寺冰期（古乡冰期）	冰进，规模小于前期，但藏东南一些冰川达到最大，麦地卡有小冰盖		草原、荒漠草原为主	寒冷半湿润
				第三次强烈隆起		
	中更新世	大间冰期	冰川消失	大河第三个大裂点形成，边缘河流大切割，峡谷初具规模，高原内部出现高湖面，高原面约3000m	南部为亚热带棕红壤，针阔叶混交林	温暖湿润
		聂拉木冰期（聂聂雄拉冰期）	冰川规模最大，有较大山麓冰川，唐古拉山口和稻城有小冰盖		草原为主	寒冷湿润
				第二次强烈隆起		
	早更新世	第一间冰期	冰川消失	大河第二个大裂点形成，边缘河流下切成壮年期宽谷，疏乡切割上新世湖泊，内部湖泊广布，高原面约2000m	高原面针阔叶混交林、山地针叶林	温暖湿润间干旱
		希夏邦马冰期	希夏邦马峰等极少数高山发育冰川		草原为主	寒冷湿润
				第三次强烈隆起		
上新世			冰前	大河第一个大裂点形成，地面上升缓慢，内部继续夷平，河湖广布，末期柴达木有盐湖沉积，高原面约1000m	亚热带山地森林和森林草原	暖湿后期干凉

（施雅风，1998a）。3.6Ma B. P. 以来的强烈隆升使青藏高原达到现今 4000～4500m 的高度，喜马拉雅山普遍超过海拔 6000m。高原急剧抬升与全球第四纪气候寒冷化的共同作用，促使高原自身演化为高寒环境，高原上的动植物为适应高原环境的干寒化演化形成了高原生物区系。至晚更新世，寒温的高山灌丛、草原、荒漠草原植被景观在青藏高原已经形成，末次冰期冰盛期时西北部出现荒漠景观（表 5.1，图 5.10）。

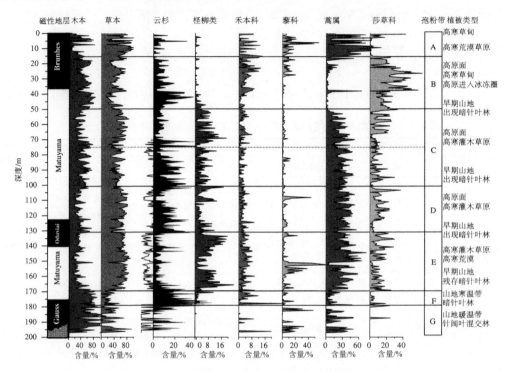

图 5.10　错鄂湖湖芯钻孔孢粉组合带和环境演变图式
（据吕厚远等，2001，转引自郑度、姚檀栋，2004）

　　2.8Ma B. P. 开始的强烈构造运动使中部高原面开始解体，西藏那曲错鄂地区断陷成盆。2.8～2.6Ma B. P. 的孢粉组合显示，错鄂地区属于山地暖温带针阔叶混交林植被类型，从出现喜暖的和常绿类花粉看，盆地边缘的山地高度不超过 2500m，当时的原面高度应该更低；2.6Ma B. P. 左右，沉积岩性明显变粗，云杉花粉突然增加，植被类型从早期的山地暖温带针阔叶混交林快速向山地寒温带暗针叶林变化，目前山地寒温带暗针叶林分布的海拔高度一般在约 3000～4000m，说明当时错鄂地区的山地快速隆升，隆升幅度可能达到 1000～1500m，如果考虑到当时全球气候处于变冷期，隆起高度可能要低一些（图 5.10）（吕厚远等，2001）。上新世晚期气候与植被重大变化的证据在青藏高原的其他地区也普遍存在，青藏高原腹地的可可西里山地区孢粉中增加了更多的云杉、冷杉，雪松和铁杉甚少（孔昭宸等，1996），以白刺、麻黄、柽柳、蒿、藜等组成的旱生及盐生植物在昆仑山区迅速增加，其与柴达木盆地植物联系更为密切，与唐古拉山以南植物区系成分相差较远；喜马拉雅山南坡及横断山区植被形成以常绿硬叶栎类为主，伴生雪松的亚热带山地暖温带针阔叶林（孔昭宸等，1996）。

2.6Ma B.P. 以来的强烈隆升，使高原上许多山地达到足以发育冰川的高度，早更新世冰期时，高原上开始有局部山地冰川存在（李吉均，1999）。随着高原高度的增加，降水也逐渐增加，2.6~1.7Ma B.P. 前后为早更新世期间降水最大和湖泊最为发育时期，高原面上湖泊广布（图 5.11），出现了昆仑山垭口、鹤庆蛇山、共和、临夏东山、加布拉贡达甫等新的古湖（施雅风等，2003），绝大多数湖泊以淡水为主（张彭熹等，1987）；唐古拉果古湖等一些高原湖泊则因湖水外泻而迅速干涸，湖泊总面积不断缩小；1.95~1.3Ma B.P. 柴达木盆地湖面扩大且水深增大，从上新世延续至早更新世初期的成盐期被中断（杨逸畴等，1983；刘泽纯等，1991；刘晓东、汤懋苍，1996）。早更新世的间冰期时，高原南部仍发育着针阔叶混交林，帕里地区出现桦、鹅耳枥、榆、栎、松、冷杉等（周昆叔等，1976）；黄河源区出现亚热带山地针叶林植被景观，沉积物中木本植物花粉占 30.4%~94.5%，以云杉属、松属等针叶植物花粉为主，灌木植物花粉有麻黄属、杜鹃科和白刺属等，草本植物花粉仅占 4.4%~69.6%，有蒿属、禾本科、藜科、毛茛科、豆科和唇形科等，另外还有喜湿的蕨类植物孢子卷柏属和水龙骨科（张森琦等，2006）；沱沱河一带出现以云杉、松为优势的暗针叶林（唐领余、王睿，1976），唐古拉山一带出现桦林、桦-栎林、松-栎林以及高山灌丛。

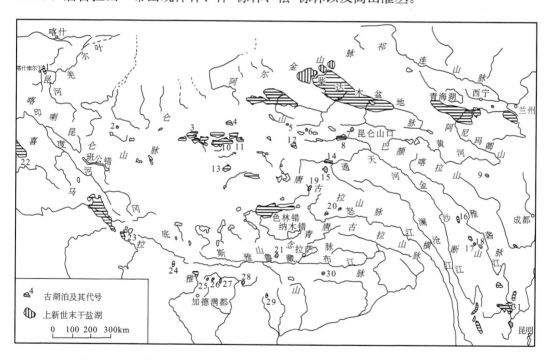

图 5.11　青藏高原晚中新世—早更新世古湖盆分布图（据施雅风等，1998c）

1. 瓦卡；2. 泉水沟；3. 羊湖；4. 振泉湖；5. 平台山；6. 五雪峰；7. 昆仑山垭口；8. 清水河；9. 阿坝；10. 马尔盖茶卡；11. 玛尼；12. 盼来沟；13. 马尔果茶卡；14. 沱沱河沿；15. 尕尔曲河沿；16. 昌台；17. 甲洼；18. 木拉；19. 瓦里百里淌；20. 布隆；21. 南木林乌郁；22. 克什米尔；23. 普兰；24. 木斯塘；25. 野博康加勒；26. 亚汝雄拉；27. 加布拉-贡达甫；28. 莎尔；29. 帕里；30. 邛多江；31. 昔格达

0.8~0.6Ma B.P. 以前，高原高度还不足以阻挡湿润夏季风的向北深入，山地降水在抬升作用下随海拔高度的增大而增加；高原隆升的环境效应表现为高原上温度降低但降水增加。因此，高原本身特别是北部地区，由于现代季风的出现而迎来了气候比较湿润的时期。0.8~0.6Ma B.P. 青藏高原海拔达 3000m 左右，高原大范围进入冰冻圈（施雅风，1998b；施雅风等，1999），从 0.8~0.7Ma 开始，高原上出现了大规模的冰川活动（施雅风等，1995），0.65~0.5Ma B.P. 的冰期时发育了第四纪规模最大的冰川（表 5.2，图 5.12），留下了大面积的冰碛和冰水平原，冰川作用达到最盛，但高原上的第四纪冰川始终都没有形成过统一的大冰盖（施雅风等，1995）。

表 5.2　现代冰川与中更新世青藏高原最大冰期时的冰川比较（据施雅风等，2006）

	地区与地点	山峰高度/m	现代冰川面积/km²	现代平衡线高度/m	最大冰期冰川面积（km²）	及相当于现代冰川面积的倍数	最大冰期平衡线上升至现代高度/m
高原中东部	唐古拉山	6621	2085	5400~5700	24517	12	5200~5350
	阿尼玛卿山	6282	138	4926~5230	6469	47	4700~4800
	年保玉则山	5369	5	5100	1903	380	4200~4300
	海子山	5398	0	5400	6965	—	4600
	小计	—	2228		39854	18	—
高原西北部	木孜塔格北坡	6973	248	5540~5700	1913	7.7	
	西昆仑山	7167	2963	6000	5609	1.9	
	小计	—	3211		7522	2.3	

注：高原中东部数据由郑本兴统计，高原西北部数据由苏珍统计。

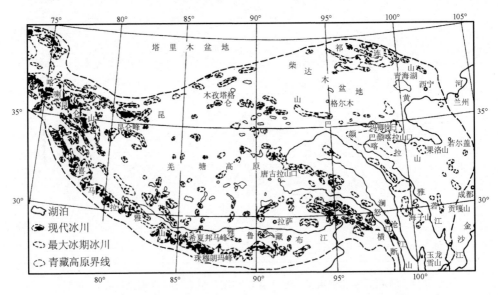

图 5.12　青藏高原最大冰期冰川与现代冰川分布示意图（据施雅风等，1998c）

0.8Ma B.P. 左右高原面开始发育典型的高寒草甸草原，中更新世冰期，高原地区干草原和荒漠草原广泛发育。高原中部的西藏那曲错鄂湖地区已无暗针叶林生长，开始发育以藜、蒿、麻黄占优势的高寒草原（吕厚远等，2001）；巴颜喀拉山南麓清水河地区冰期时云杉减少，藜、麻黄等明显增加，最后向冻荒漠过渡（唐领余等，1976）；昆仑山垭口露头剖面的湖相沉积中，藜、蒿、麻黄等占优势，属荒漠草原（唐领余等，1976）；若尔盖地区虽有柏、云杉和冷杉等乔木花粉，但花粉浓度极低，当时应无森林生长，植被主要由莎草科、禾本科、藜科、菊科和蒿属构成（刘光琇等，1994）；青海湖二郎剑钻孔中更新世只含有松、蒿、藜、麻黄、菊科等少量花粉（山发寿等，1993），说明周边地区森林植被退缩，气候冷干，发育着荒漠草原植被；但在藏南仍能见到暗针叶林的分布。

最大冰期结束后的中更新世间冰期，高原气候相对温暖湿润。巴颜喀拉山南麓清水河地区的孢粉显示主要为阔叶树种占优势的针阔混交林，应较最大冰期时的温度高7℃（唐领余、沈才明，1996），降水是现代降水的2～3倍（施雅风等，2006）。藏北高原以云杉林占优势。青海湖二郎剑开始出现松、桦、云杉、冷杉、桤、榛、栎等组成针叶林或针阔混交林，出现较多的淡水狐尾藻和盘星藻等水生植物花粉（山发寿等，1993），说明湖水面积增大，湖水淡化，降水增多。若尔盖地区湖泊沉积物的总有机碳含量达到最高，植被主要以云杉、冷杉、栎、桦、蔷薇科等针叶树占优势的针阔叶混交林，形成常绿暗针叶林，并有较多莎草科花粉出现（刘光琇等，1994，1995），指示气温较前明显上升。藏南出现阔叶林或针阔叶混交林，以栎为主，夹有少量云杉、冷杉、松等。

从中更新世最大冰川规模时期至今，高原抬升了1000m左右（施雅风等，1995）。高原隆升的环境效应表现为在温度降低的同时降水也趋于减少，高原环境向干寒化演化，并最终形成现代高寒高原的环境。大高原上的冰川规模愈来愈小，而高原东南缘海洋性的冰川规模有所增大，高原上冰川发育的地域性差异日益增大。随着干旱化趋势的发展，高原腹地许多外流湖开始封闭转为内流湖，湖泊水面缩小、水位下降，大湖分裂，淡水湖转变为咸水湖和盐湖。高原北部柴达木盆地由于高大地形的阻挡夏季风湿暖气流不能深入到内部，干旱程度日趋严重，自晚更新世再次进入成盐期，此次成盐期一直延续至现代，形成巨型石盐矿床和钾盐矿床（张彭熹、张保珍，1991）。羌塘高原的湖泊衰退趋势逐渐明显，由外流湖变为内流湖。色林错从10000km² 面积的大湖，分裂成班戈湖、鄂错等十几个小湖（郑绵平等，1989；李炳元，2000）。高原南部的大湖班公错，最高古湖线比现在湖面高出80m，湖水曾向西流入协约克河，为印度河的上源，但现今已成为内陆湖，当时与协约克河的分水垭口已在现代湖面之上约12m（李炳元等，1991）。藏南羊卓雍错湖原曾通过曼曲流入雅鲁藏布江，而今此通道已被洪积扇堵塞，洪积扇组成的分水垭口高出现代湖面仅约6.5m，最高湖成阶地高出现代湖面30m（李炳元等，1981）。共和盆地中更新世晚期以来的沉积物可分为湖相、河流-风成相两个阶段，早期湖相阶段孢粉组合为松-水龙骨科（水龙骨属）-蒿和松-桦-蒿，气候相对湿润；而在河流-风成沉积阶段，孢粉组合为松-蒿-藜，气候相对变干（施炜等，2004）。

晚更新世以来，高原的地貌格局已基本形成并接近于现代的海拔高度，南部喜马拉雅山已经隆起，构成阻挡西南印度洋湿暖气流进入高原内部的屏障，使得高原东南部山地降水较多，高原内部开始变得十分干燥。高原上的动植物随着高原的抬升而发生适应性进化，形成了适应高原寒旱环境的新物种和高原动植物区系，随着青藏高原的强烈隆升而形成的高原高寒植被，是第四纪以来发展形成的新生类型。

高原所处的地理位置、高亢的地势、广阔的面积以及由此形成的独特气候条件，使得青藏高原上自然地带的水平分异和自然带的垂直变化犬牙交错、互相结合，形成独特的高原自然地域分异格局，高原植被带谱的结构类型和分布模式体现出高原巨大的山体效应（图5.13）。在高原面上，由东南至西北形成了高寒草甸与灌丛—高寒草原—荒漠与高寒荒漠的高原植被地带性变化，具有水平地带分异的特点。高原内部矗立的高差达千米的高山，形成不同的垂直自然带，其基带或优势垂直自然分带在高原面上联结、展布，既反映自然地带的水平分异，又制约着其上的垂直自然带；高原边缘山地形成差异显著、各具特色的两大山地垂直自然带谱系统，即南部和东部以山地森林各分带为主体的季风性山地垂直自然带谱以及北部和西部以草原和荒漠各分带为主体的大陆性山地垂直自然带谱。高原边缘的植被类型和区系组成其丰富程度远大于高原内部，同时又和毗邻地区的水平地带密切相关，高原植被地带的形成、构成类型与区系成分与高原周围的水平地带性分布的植物区系存在着密切的联系和亲缘关系，高原高寒草甸、灌丛植被和区系与东亚山地的森林、灌丛有大量的交流（张新时，1978）。

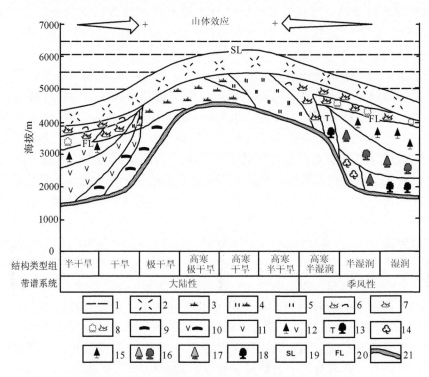

图5.13　青藏高原垂直自然带结构类型分布模式（据郑度、李炳元，1990）

1. 冰雪带；2. 亚冰雪带；3. 高山荒漠带；4. 高山荒漠草原带；5. 高山草原带；6. 高山草甸、座垫植被带；7. 高山草甸带；8. 高山灌丛草甸带；9. 山地荒漠带；10. 山地荒漠草原带；11. 山地草原带；12. 山地森林、草原带；13. 山地灌丛草甸；14. 干旱河谷灌丛带；15. 山地暗针叶林带；16. 山地针阔叶混交林带；17. 山地（暖热性）松林；18. 山地常绿阔叶林带；19. 现代雪线；20. 森林上限；21. 山麓线

四、冰期与间冰期对青藏高原自然环境的影响

即使在第四纪强烈隆起、日趋干冷的青藏高原，对全球第四纪冰期-间冰期旋回仍有显著响应，在中更新世晚期以来尤其如此，高分辨率的冰芯记录显示末次间冰期以来高原环境变化与全球环境变化即使在诸多细节上均有良好的对应（图 5.14），高原上末次冰期冰盛期和全新世间冰期两种环境状态反映了在高寒高原环境形成以后冰期和间冰期气候对青藏高原的影响。

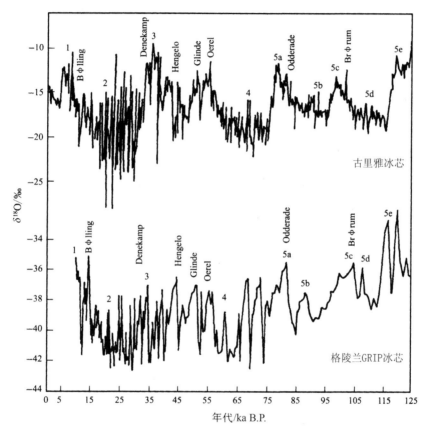

图 5.14　古里雅冰芯中末次间冰期以来 $\delta^{18}O$ 变化与
格陵兰 GRIP 冰芯记录比较（据施雅风等，2006）

在末次冰期冰盛期时，青藏高原较现代降温 7℃ 左右，降水为现代的 30%～70%（姚檀栋等，1997）。在寒冷干旱的严酷气候下，高原上的自然带与自然景观既有水平方向的摆动，又有垂直方向的变化。森林退向高原东缘与南缘，唯有喜马拉雅山南坡吉隆、樟木、亚东、墨脱、察隅等地保留部分亚热带针阔叶混交林或亚热带常绿季雨林。高原上植被以高山草甸与高寒荒漠为主，荒漠草原占据了绝大部分地区：高原中部扎仑茶卡湖地区为蒿属为主的草原（黄赐璇，1983）；可可西里地区的苟弄错沉积中仅有少量旱生灌林、藜科、莎草科、麻黄属等的花粉（李炳元，1994）；柴达木察尔汗地区广

泛分布以藜科为主的荒漠灌丛；西藏东南部八宿县现为亚高山森林草甸的仁错（海拔4450m），湖盆周围当时是以藜、蒿为主的荒漠草原；若尔盖盆地为蒿、莎草科、蔷薇科为主的草原、草甸景观；而在红原地区花粉贫乏，是荒漠草原景观，森林上限下降了1200m（施雅风等，1997）（图5.15）。

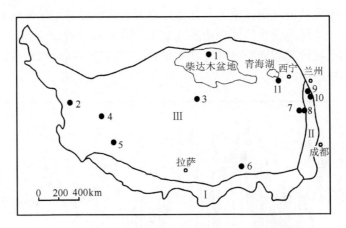

图 5.15 青藏高原末次冰期冰盛期（25～15ka B. P.）
植被示意图（据施雅风等，1998c）

I. 亚热带常绿硬叶阔叶林；II. 针叶林或针阔叶混交林；III. 荒漠草原；
1. 柴达木别勒滩（20～15ka B. P.）麻黄、藜、蒿、白刺组成的荒漠植被（杜乃秋等，1983）；2. 班公错（28～24ka B. P.）藜科为主的荒漠植被（黄赐璇等，1989）；3. 苟弄错（19.21～17.2ka B. P.）藜科、麻黄为主的荒漠植被；4. 扎仑茶卡（20～15.4ka B. P.）蒿草草原（黄赐璇，1983）；5. 扎布耶茶卡[（22130±2350）a B. P.]荒漠植被（肖家仪等，1996）；6. 西藏仁错[（18250±1030）a B. P.]以藜科蒿属为主的荒漠草原（唐领余等，1996）；7. 若尔盖12M孔（32～11ka B. P.）高山荒漠草原（沈才明等，1996）；8. 若尔盖（19.8～17.5ka B. P.）高寒荒漠（王富葆等，1996）；9. 临夏塬堡（23～15ka B. P.）暗针叶林（马玉贞等，1995）；10. 甘肃岷县（23～15ka B. P.）亚高山灌丛（马玉贞等，1995）；11. 青海湖（山发寿等，1993）

在冰川规模大大增加的同时，冰川类型的空间分布也发生显著变化。青藏高原内部的冰川平衡线较现代下降500～300m，其余地区下降800m至1000～1200m。青藏高原包括周边高山的冰川范围是现代的7.5倍，为35×10⁴km²，若平均厚度按250m计，总冰量达87500km³；在极其干燥寒冷的西昆仑山和羌塘地区，末次冰期冰盛期冰川规模仅是现代的1.9～3.4倍；而在高原东部横断山系和昆仑山东段，末次冰期冰盛期冰川规模分别是现代的40倍和145倍（施雅风等，1997）（表5.3）。由于高原上气候的大陆性明显增强，极地型冰川显著扩张，高原上现代分布范围最广的亚极地型冰川被挤压到高原东部、南缘及西缘，其分布区域被极地型冰川占据，温型冰川分布区仅局限在高原的东南部。青藏高原东南部以及其他高原边缘的现代海洋型温型冰川，在末次冰期冰盛期时可能大部分成为亚大陆型或亚极地型冰川（图5.16）。

表 5.3 青藏高原各山系末次冰期-冰盛期冰川面积及其与现代冰川面积的比较（据施雅风等，1997）

山区	现代冰川面积/km²	末次冰期冰盛期冰川面积/km²	比例
祁连山	1972	17102	1：8.7
昆仑山西段	8818	18234	1：2.2
昆仑山中段	3572	12033	1：3.41
昆仑山东段	149	21511	1：145
喀喇昆仑山	4647（中国境内）	27409	1：5.4
羌塘高原	3109	6001	1：1.9
唐古拉山	2082	23200	1：11.2
念青唐古拉山	7536	59315	1：7.9
冈底斯山	1667	24941	1：15
喜马拉雅山	11055（中国境内）	71155	1：6.4
横断山系	1618	64846	1：40
合计	46170	346709	1：7.5

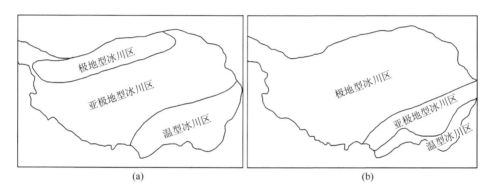

图 5.16 青藏高原现代和末次冰期冰盛期冰川类型分布区的比较（据施雅风等，1997）

（a）现代；（b）末次冰期冰盛期

高原多年冻土的分布范围也大为发展，其分布区北面包括柴达木盆地的大部、青海湖流域和共和盆地，南面包括雅鲁藏布江上游谷地，向东也有显著扩展，面积达 $220\times10^4 km^2$，比现代大 40% 左右（张青松等，1998）（图 5.17），高原东北部多年冻土的下限比现代降低 1200～1400m，到达海拔 2200～2400m，向南到达雅鲁藏布江上游谷地（施雅风等，1997）。

青藏高原大部分地区的湖泊在末次冰期冰盛期时随降水量的急剧减少而普遍退缩，出现低湖面湖泊或干涸湖盆。高原西北部统一大湖解体（李炳元等，1991），从外流水系向内流水系转化。青海湖与柴达木察尔汗盐湖在末次冰期冰盛期时寒冷干燥，湖泊干涸或接近干涸，察尔汗湖沉积了多层原生石盐（陈克造、Bowler，1985）。而位于青藏高原中西部的甜水海等湖泊，可能由于西风带的南移，西风急流在一定程度上增加了水分补给，呈现次高湖面，即湖水水位高于全新世及现代湖面，但低于 3 万年以前间冰阶暖温时期湖面（施雅风等，1998c）。

全新世暖期时，青藏高原地区冰川和冻土显著退缩，森林植被明显扩张，自然植被以高原森林-草原为主，温带干旱灌丛、草原和荒漠面积扩大，冻原显著地向高原核心

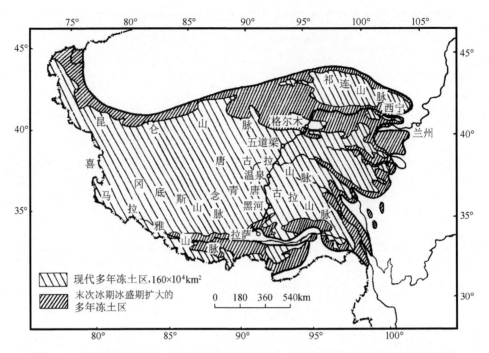

图 5.17　青藏高原现代和末次冰期冰盛期多年冻土范围比较（据施雅风等，1997）

退缩，面积缩小。高原东北部的青海湖在 8～3.5ka B. P. 森林植被明显扩张，以云杉、松、桦组成的针叶林或针阔叶混交林广布于湖区附近，高海拔地区尚分布有暗针叶林（孔昭宸等，1990）。在高原北部地区，整个全新世均以草本和半灌木为主，荒漠只在昆仑山南侧及柴达木盆地的中西部仍有分布，在高原西北部发育有高原草原植被景观。青藏高原中部 cal. 8.2～6.5ka B. P.，尤其是 cal. 8.2～7.2ka B. P.，植被以草甸-草原混合生态群落为主，显示青藏高原中部受季风的影响强烈；cal. 6.5ka B. P. 以后季风气候的影响减弱，开始出现接近于现今的环境（唐领余等，2009）。班公错 7.7～3.8ka B. P. 孢粉浓度达到最大，蒿属明显高于藜科（Gasse et al.，1996）。青藏高原的南部和横断山区植被带有向北迁移的表现，东缘森林植被向高海拔地区迁移，藏南地区全新世木本成分增加，7.5～3ka B. P. 孢粉达到最丰富，森林分布当时可能扩展到海拔 4500m 的高原面上（李炳元等，1982）。

全新世暖期高原南部地区的湖泊普遍为淡水湖，水位明显增高，很多湖泊成为外流湖。高原中部地区佩枯错 [(6.325±0.2) ka B. P.]、沉错 [(3.05±0.15) ka B. P.]、拿日雍错 [(6.38±0.1) ka B. P. 和 (3.625±0.1) ka B. P.]、扎日南木错 [(7.01±0.15) ka B. P.]等不少湖泊发育宽广的第三级湖滨阶地（杨逸畴等，1983）；而有些地区由于气候十分干燥，湖泊明显收缩，在全新世发展成为咸水湖、盐湖，如羌塘高原内部的扎布耶茶卡、扎仓茶卡、班戈湖等（郑绵平、向军，1989），扎仓茶卡等湖泊沉积了芒硝和石膏（李炳元等，1982），柴达木盆地的诸多盐湖在 9ka B. P. 以来为成盐期。

青藏高原上人类活动的足迹可以追溯到旧石器时代中晚期，在高原采集到旧石器时代晚期或新石器时代早期的细石器 300 余件。全新世暖期期间，高原新石器时代的石器分布相当广泛，青海的河湟谷地、拉萨河谷地、雅鲁藏布江流域、青南高原以及滇西北、川西、甘南等地均发现大量新石器时代的遗迹，其中川西北、滇西北、青南高原和西藏的新石器文化具有较强的一致性。西藏地区迄今发现新石器遗址近150处，分布在西藏东部高山峡谷地区的卡若文化距今5.3～4.3ka B.P.，与甘青地区的马家窑-齐家文化相当，以农业文化为主，有狐、麝、狍子、鹿、藏羊、青羊、兔、藏羚等大量兽骨和猪骨，狩猎可能是当时高原人类活动的重要组成部分，推测当时高原气候良好，适宜农事活动，动物资源丰富（杨曦，2006）。

　　青藏高原现代自然环境是全新世暖期以后气候显著变冷变干而最终形成的。青藏高原中部地区4ka B.P. 开始气候变冷，3.9～2.8ka B.P. 期间草原和草甸植被之间曾几次变化，但没有出现典型的草原；2.8～1.8ka B.P. 期间草原植被占优势；1.8ka B.P. 以后生态群落逐渐演变为与现今比较相似的草甸植被（图5.18）（唐领余等，2009）。4～3ka B.P. 以后随着气候变干，除藏东一小部分湖泊为淡水湖外，湖泊普遍萎缩、封闭（杨逸畴等，1983；李炳元，2000），一些外流湖变为内流湖，大部分湖泊均成为咸水湖和盐湖，进入高原湖泊的成盐期（施雅风等，1998）。藏南和藏北南侧的湖泊湖面普遍下降达10～20m，羊卓雍错、沉错、巴纠错等解体分离，佩枯错等由外流转为内流湖泊，湖水进一步咸化（张青松等，1998），班公错、松稀错（3.9～3.2ka B.P.）、色林错（4.2ka B.P.）、青海湖（3.0ka B.P.）也都表现出明显的干旱化趋势（Gasse et al.，1991；顾兆炎等，1993）。青海湖地区经历了3.4ka B.P.、2.0ka B.P. 及1～0.5ka B.P. 三次显著的降温事件后，森林大规模退居到降水量较多的山地地段，湖区周围分布有大范围蒿、藜、白刺、麻黄等组成的疏林草原，气候明显向温干方向发展（孔昭宸等，1990）。同时西藏东南部、高原北部大量冰川前进，冻土带扩展；高原多年冻土南界向南扩展了200km，到达羊八井—当雄一带（施雅风，1998）。

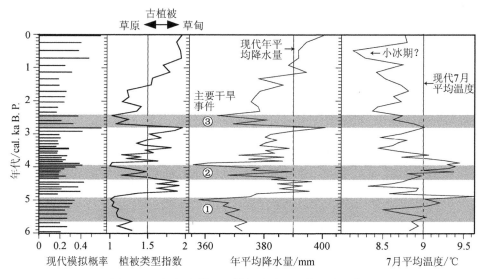

图5.18　根据孢粉记录恢复的错那植被迁移示意图
和估算的年均降水量、7月平均温度变化曲线（据唐领余等，2009）
①～③指示主要干旱事件；虚线表示现今的指标

受气候变冷变干的影响，4ka B.P. 前后高原人类的生产方式由农业改为受温度和降水制约相对较小的牧业，部分地区还有着农牧兼作的性质。青海具有牧业文化性质的卡约文化向高海拔地区扩展（刘峰贵等，2005）；雅鲁藏布江中游及西藏中部与南部地区距今约 4～3.5ka B.P. 的曲贡文化遗址分布范围明显扩大，并且农牧兼作，驯养有牦牛、绵羊和狗，有大量青稞种植（杨曦，2006）；分布于拉萨河谷与藏北高原过渡区距今约 3.2～2.9ka B.P. 的加日塘文化，主要依赖于大面积的高山草甸和湿地，正式进入游牧为主的生活方式。

第三节　高原东南部高山峡谷与垂直自然带的形成

上新世末以来，青藏高原大面积整体性、阶段性的强烈隆升，高原海拔高度达到4000～4500m，高原边缘的山地海拔在 6000m 以上。青藏高原隆升直接影响了高原水系发育和周边地区深切峡谷的形成，现代高原上大河水系的流向在上新世已基本形成，中更新世前河流下切作用活跃时，高原上许多湖盆被切割疏干，局部地区出现河流袭夺；中更新世以后，高原内部河流下切作用逐渐减弱，仅在高原边缘继续保持强烈的下切作用。因此，高原隆起引起的河谷形态和河流的下切侵蚀过程的效应在高原内部和边缘地区具有明显差异，高原面上的河流至今仍保持着以宽缓河谷形态为主的高原宽谷，而在高原边缘，受多次下切侵蚀作用的影响，河流向高原内部迅速溯源侵蚀，形成深切峡谷。在高原西部，象泉河在扎达盆地中切穿巨厚的上新世—早更新世的湖河相地层，形成雄伟的峡谷。在高原西北边缘的喀喇昆仑山-西昆仑山地区，叶尔羌河和盖孜河等横贯西昆仑山，形成深度达数百米的深切河谷，在山区河谷中普遍形成 4～5 级洪积或冰水堆积的基座阶地（张青松、李炳元，1989）；而在山前地带，由于盆地相对下降，形成了一系列规模宏大的叠置洪积扇。在高原东北部的祁连山地区，1.8Ma B.P. 以后，疏勒河和北大河等河流随着祁连山的隆起开始下切侵蚀（潘保田等，1996；傅开道等，2001；宋春晖等，2001）；1.7Ma B.P. 以来，黄河切穿了龙羊峡、松巴峡、积石峡，贯通了共和盆地、贵德盆地、循化盆地，在祁连山东段形成了一系列横切山体的高山峡谷，龙羊峡谷肩的沉积物与黄河水面的高差为 800m，贵德盆地第五阶地与黄河水面的高差为 600m（潘保田，1994）（图 5.19）。

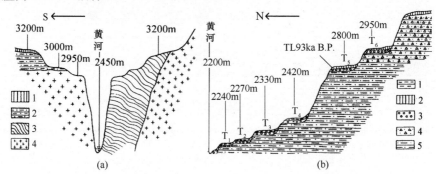

图 5.19　龙羊峡和贵德盆地黄河河谷地貌剖面（据潘保田，1994）

（a）龙羊峡：1. 砂质黄土；2. 新近系；3. 三叠系；4. 花岗岩侵入体。（b）贵德盆地：1. 黄土状沉积；
2. 黄土；3. 新近系冲积砾石层；4. 砂砾岩；5. 贵德群砂泥岩

青藏高原东南部的横断山区自上新世末期以来经历与青藏高原主体同步的抬升过程，随着高原强烈上升，怒江、澜沧江和长江上游的金沙江等南北向河流强烈下切侵蚀，形成深达 2000～3000m 的高山峡谷群，与雅鲁藏布江在南迦巴瓦峰陡然折转形成的南北向大峡弯一道，形成了一组呈向南展开的巨大喇叭口状的南北走向山系河谷区。

横断山-东喜马拉雅地区南北走向山系河谷区构成了湿热气流进入青藏高原的通道，对高原气候产生直接影响，并使通道上的自然环境和生物区系变化，产生特殊的地理现象。受全球温度地带性规律、高原大气环流和局地复杂地形的影响，该地区气候变化多端，具有明显的从东向西、从南向北、从谷地向高山的三维空间变化特征（郑度，1996）。

一、深切高山峡谷的形成

现代的横断山脉高山峡谷相间的构造地貌格局，是新生代构造运动的结果（表5.4），其形成过程经历了挤压对冲、夷平、隆升与裂解四个阶段（期）（图 5.20）。其中，中新世至上新世是横断山区夷平面及准平原发育时期，经历了长时期的剥蚀夷平过程，与当时的青藏高原夷平面属同一夷平面，是自青藏经滇黔至湘桂一线统一夷平面的一部分，在夷平面上发育了较厚的红色风化壳（何科昭等，1996；崔之久等，2001）。

表 5.4　青藏高原东南部地貌边界附近的地貌过程（据吴锡浩，1989，略作修改）

时代	分期	距今年龄 /Ma B. P.	地面发育	边界地貌	水系特征
全新世 晚更新世	阶地期	0.4～0	三江发育多级堆积阶地或基座阶地	环绕高原边界发生同步差异运动，高原整体隆升	大河继续溯源侵蚀
中更新世	甲洼运动	0.5～0.4	三江深切作用，下蚀达到或接近现代江面		现代水系深切，河流溯源侵蚀，长江贯通东流入海
	峡谷期	1.2～0.5	三江大幅度深切，形成峡谷和多级基岩阶地或以下更新统为基座的阶地		
早更新世	元谋运动	1.5～1.2	高原面开始被分割，各坡地上部发育多级高位剥蚀面	出现连续的高原边界阶地	出现现代水系雏形
上新世	高原面期	2.5～1.5*	山地剥夷作用和低地加积作用强烈，形成区域性高原面	在龙门山等局部地段出现不连续边界阶坡	古谷地和盆地加积强烈
	青藏运动*	3.7*～2.5	形成断陷盆地和断裂谷地，山顶面被古水系切割		古水系深切发育
晚中新世	山顶面期	8.0～7.0	剥夷作用强烈形成广布的平坦山顶面，构造被切平，其上堆积有中新统及其前地层	无边界地貌阶坡，地势由北向南微倾	无古水系残迹
	晚期喜马拉雅运动	>8.0	岩浆侵入、火山喷发、断层活动，强烈的造山运动		

注：* 为本章作者添加。

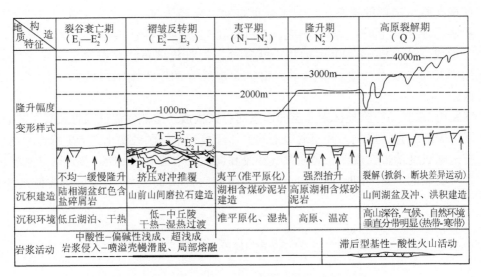

地质特征 \ 构造	裂谷衰亡期 （$E_1—E_2^2$）	褶皱反转期 （$E_2^3—E_3$）	夷平期 （$N_1—N_2^1$）	隆升期 （N_2^2）	高原裂解期 （Q）
隆升幅度 变形样式	不均一缓慢隆升	挤压对冲推覆	夷平（准平原化）	强烈抬升	裂解（掀斜、断块差异运动）
沉积建造	陆相湖盆红色含盐碎屑岩	山前山间磨拉石建造	湖相含煤砂泥岩建造	高原湖相含煤砂泥岩	山间湖盆及冲、洪积建造
沉积环境	低丘湖泊、干热	低-中丘陵 干热—湿热过渡	准平原化、湿热	高原、温凉	高山深谷，气候、自然环境垂直分带明显（热带-寒带）
岩浆活动	中酸性-偏碱性浅成、超浅成岩浆侵入—喷溢壳幔滑脱、局部熔融			滞后型基性-酸性火山活动	

图 5.20　新生代滇西造山带的形成演化（据何科昭等，1996）

3.6Ma B. P. 以后，川西、滇西北地区经历了与青藏高原主体同步的抬升过程。3.6～1.7Ma B. P. 的"青藏运动"使川西、滇西北地区新近纪发育的红色风化壳夷平面发生解体，总体上表现为断块抬升，部分断块相对陷落成为断陷盆地和谷地（陈富斌，1992），滇西北三江并流区纵向岭谷地貌具有了雏形。2.6Ma B. P. 青藏高原东南部龙门山—大相岭—锦屏山—玉龙山—碧罗雪山一线的地貌边界形成（蒋复初等，1998），青藏高原面已达海拔 2000m，滇西地区抬升幅度达 1200m 以上，形成了 2000～2500m 的滇西高原，整个滇西地势较平坦，古气候、古环境无明显差别，植物群以高山栎类为主（邱莲卿，1957）。第四纪，滇西地区表现为掀斜抬升和断块差异运动（蒋复初等，1998）。现在滇西北的德钦已抬升到海拔 4500m，与青藏高原面高度相当；而丽江、剑川的海拔只有 3000～3200m。哀牢山-金沙江、澜沧江、怒江断裂以及红河、剑川、龙川江、大盈江等次级北北西向大断裂，第四纪均呈现张扭性特点，由此形成了一系列的第四纪断陷谷地和断块山地，使云南高原面发生断裂解体，第四纪断陷谷地继承了前期谷地由南向北发展的特点，断裂两侧相对升降的垂直位移量，由南向北递减，剑川断裂在沙溪、剑川、白汉场，分别为 1650m、1300～1400m、500～700m；怒江断裂在道街西侧达 1850m；大盈江断裂由梁河到腾冲瑞滇北，垂直位移量由 1300m 递减到 850m（何科昭等，1996）。早更新世初，红河断裂以西水系发生了很大变革，形成了以河流为主体的地面水流系统；早更新世晚期，以金沙江全线贯通为标志，滇西北和滇中地区的水系发生重大调整（程捷等，2001），随着断块差异运动的继续，山地不断上升，断陷谷地不断下沉，侵蚀作用不断增强，逐渐形成了现代高山深谷相间与向南撒开的横断山系。与此相对应，山地逐步脱离此前夷平面发育时期所处的热带、亚热带环境，向山地温带、乃至寒带的环境演化。

在横断山区 2000～3000m 的高山峡谷群中，高原隆升形成的成层地貌在大河剖面上表现为上部的"U"形宽谷与下部为"V"形谷相互叠加，受抬升影响从堆积向侵蚀转变过程的痕迹保留得十分清楚（张荣祖等，1997）。更新世早期，横断山地区普遍发育着宽谷，在泸定大渡河西侧的海子坪距河面920m的谷肩上沉积了更新世早期至上新世中、晚期的河湖相地层（蒋复初等，1999）。中更新世以来，上升运动不断加剧，河谷阶地窄小，甚至缺失，河谷也以深切峡谷和窄谷为主。中更新世晚期新构造运动不仅使喜马拉雅山全面抬升，同时使横断山地快速隆升，河流强烈下切侵蚀，统一的高原夷平面最终解体（何浩生等，1985）。发育在地堑和凹陷盆地中的深切峡谷的谷坡下部呈"V"形或悬崖，由于地面抬升，两岸阶地颇为发育，特别是在支流河口冲洪积扇上，通常为4～5级，相对高度自数米至100m、甚至500m（表5.4）（吴锡浩，1989）。全新世以来，该地区继续受到板块构造运动的影响，在不断隆起抬升的同时，断裂带强烈活动，成为我国地震灾害多发地区。

二、高山峡谷区植物区系的演化与垂直自然带的发育

在高原强烈上升与河流强烈下切所形成的纵向高山峡谷区，3.6Ma B. P. 高原强烈隆升之后逐步脱离此前夷平面发育时期所处的热带、亚热带环境，向山地温带、乃至寒带的环境演化。上新世晚期，以常绿硬叶栎和雪松为主组成的亚热带山地暖温带针阔混交林在横断山区已广泛分布（孔昭宸等，1996）；最晚在600～550ka B. P. 前后横断山区的山地已抬升到海拔3500～3700m的高度，进入冰冻圈并普遍出现冰川作用，其后至今又抬升了约1000m（周尚哲、李吉均，2003）；而在深切的峡谷底部热带、亚热带环境始终得以保留，从而形成了从深切达2000～3000m谷底到海拔4000m以上山顶面的从热带、亚热带景观到高山寒漠的独特垂直自然带谱。

横断山区及东喜马拉雅山脉雅鲁藏布江大拐弯以下的南北纵向高山峡谷构成了低纬度地区水汽进入高原的"输送通道"，水分、热量不断沿山谷由低纬度和低海拔地区向高纬度及高海拔地区输送（杨逸畴等，1987）。印度洋湿暖气流沿峡谷北上所产生的气候效应，使得纵向高山峡谷区纬度地带与垂直地带的界线位置都高于同纬度其他地区。其中，热带森林分布的北界偏北3～4个纬度，可达28°N左右，东喜马拉雅山脉最湿润的地段，热带森林溯江而上进入低山带，可达29°N，远超出其他大陆热带所在的纬度界限；而热带森林的上界可达海拔1100m，比东部季风区海南岛20°N以南海拔800m的热带森林上限还要高（郑度、陈伟烈，1981）。此外，在有些深切谷地的下部还出现了独特的干热河谷，这些干热河谷呈不连续、隐域水平分布在湿润、半湿润背景之下。其中以横断山脉中段约在28°～30°N间的怒江、澜沧江和金沙江峡谷段干热河谷最为典型，其优势植被类型以旱、中生小叶落叶具刺灌木或肉质具刺灌木及耐旱草本（禾草为主）植物为主，具有生长稀疏、覆盖度较低等特点，土壤偏干、淋溶较弱，有碳酸钙残留，呈碱性反应等旱成土的特征。

垂直的气候分异和复杂多样的生境条件为植物区系在喜马拉雅—横断山地区汇集、交流和分化提供了优越的自然条件。横断山地区一方面由于地形、气候复杂而产生的天然避难所多，保留了许多古老的子遗植物；另一方面由于垂直幅度大，上升运动的延续和持久，不仅不断有新生类型的出现，而且演化过程中的中间类型也得以保留。现代的横断山和东喜马拉雅植物区系拥有了欧亚高山绝大多数的科属和复杂的植物区系成分，并有十分丰富的特有成分，是许多重要的现代高山植物类群的分布和分化中心，是我国

的新特有物种中心。横断山区有中国 2/3 以上旧世界温带分布的属；地中海、西亚至中亚以及中亚分布类型虽然在中国主体分布在新疆等干旱地区，但仍有 1/10 左右的类群可以在横断山区找到（Wu，1988）。在植物区系区划中，以这一地区为核心划分出了中国-的喜马拉雅植物亚区。

古近纪时期，横断山地区的植物与青藏高原相同，当时青藏高原南部的大部分地区位于南方湿热植物区的范围中。东喜马拉雅及横断山地区处于特提斯洋的滨海地带，其植物区系的主体属特提斯暖湿植物区系，是一个以喜湿热的常绿乔灌木为特征的亚热带类型，即特提斯晚白垩植物群，或称为北特提斯植物区系，当时特征植被是以常绿的樟科和壳斗科为主的照叶林（常绿阔叶林）。特提斯植物区系的特征植物包括了樟科、壳斗科较为丰富的类群，另外棕榈科植物也是这一区系的组分，并且该植物群中也混生有桉叶类的硬叶旱生种类，与欧洲特提斯旱生硬叶常绿阔叶林形成以前始新世中期混生有旱生硬叶树种的照叶林相似。

始新世以后，随着特提斯洋（古地中海）的退却和喜马拉雅及横断山的隆起，气候进一步干旱化，在地中海地区原来中生的常绿阔叶林及喜湿的成分逐步消失，逐步被适应干旱化气候的旱生硬叶常绿阔叶林取代，并向旱生的现代地中海区系发展（孙航、李志敏，2003）。在横断山和东喜马拉雅地区，渐新世以后旱生硬叶植物种类也显著增加，晚渐新世以后，横断山腹地丽江和理塘的化石区系组成如旱梅属、类桉叶类植物、榉木属等，以旱生硬叶的种类为代表也反应了这一点（孙航，2002）；但由于青藏高原隆升和季风环流体系的逐步形成，暖湿植物区系在横断山区和东喜马拉雅复杂的亚热带（或热带）环境条件下得到了进一步发展，成为横断山及东喜马拉雅地区亚热带森林区系的重要组成部分，现代横断山及东喜马拉雅的亚热带森林即是其后裔。在现代的横断山植物区系组成上仍有 20% 左右的热带成分（Wu，1988），主要分布在其南麓及部分河谷地区。它们中许多特征科属（如壳斗科，樟科）均源自特提斯晚白垩世植物群（孙航、李志敏，2003）。

旱生的地中海植物区系的形成与发展对喜马拉雅和横断山植物区系产生了深远的影响，并且在这些地区高山植物区系的形成中扮演了重要的角色。新近纪以来，随着气候的进一步旱化及青藏高原的剧烈隆升，原来的古地中海成分发生了分化，一部分随着晚上新世后冬湿夏干的地中海式气候的成型，演化为现代地中海植物区系；一部分形成中亚植物区系；一部分则成为旧世界温带的主体成分和北温带成分；也有部分适应高山环境而形成了中国-喜马拉雅成分。喜马拉雅和横断山的古地中海植物区系在新近纪以后由于高原的隆起、干热的地中海式气候被潮湿温凉的山地季风气候替代而转向适应高山和季风环境，有些成分消亡，有些残存在河谷地带，有些则分化形成新的类群和新的分化中心，进而成了喜马拉雅-横断山现代高山植物区系及中国-喜马拉雅成分的重要组成部分。现代的喜马拉雅-横断山的高山植物区系以及中国-喜马拉雅成分中有相当的一部分是起源于新生代旱生的地中海植物区系，黄花木属、独一味属等众多中国-喜马拉雅成分，以及铁筷子属、绿绒蒿属、芒苞草属、假百合属及马桑属的地中海、喜马拉雅-横断山间断分布，都是古地中海植物区系残遗的体现。硬叶常绿阔叶林是青藏高原最有代表性的森林植被，由栎类属硬叶的高山栎类植物组成，在青藏高原南麓至东南缘广泛分布，是其森林生态系统主要组成成分之一。青藏高原东南缘的横断山区是高山栎类的分布中心，共有 11 种之多，该地区几乎集中分布了全部高山栎的种类。硬叶常绿阔叶林可能是古地中海植被的直接衍生物，在晚中新世以前，青藏高原和横断山区已是以栎类孢粉为特征的组合，而高山栎真正的繁荣则是在上新世晚期，现生的高山栎以2400～3600m地区最为丰富。青藏高原硬叶常绿阔叶林与地中海地区硬叶常绿阔叶林的形成和发展有着共同的背景和历史条件，它们都是在特提斯古近纪常绿阔叶林或樟叶林的退却和环境变迁后发展起来的，但硬叶栎类在青藏高原的发展分化不是对现代地中海夏干冬湿气候适应的产物，而是对喜马拉雅及横断山的隆升后在东喜马拉雅和横断山区西南季风影响下的陡峻山地和河谷形成的高山环境的适应，它意味着随着喜马拉雅和横断山的进一步隆升，原旱生的植物区系一部分转向适应高山寒化及旱化的环境，获得了进一步的发展和分化，从而成为高山植物区系或中国-喜马拉雅成分的一个重要来源（孙航、李志敏，2003）。

横断山和东喜马拉雅植物区系除了继承了特提斯古近纪喜暖的植物区系成分外，另一个很重要的来源是北极-第三纪植物区系成分。古近纪时期，从西北到东南分布的广阔的干旱带构成了喜马拉雅和横断山地区同北方植物区系交流的天然屏障，此间北极-第三纪植物区系成分主要分布于我国北方地区，主要是喜湿的植被，是北方温带植被向南方亚热带植被过渡的类型，为暖性针叶林、落叶阔叶林和常绿阔叶林等共同组成的暖性针阔叶混交林。中新世后，北半球高纬度地区的北极-第三纪植物群解体，北极-第三纪成分大量南迁侵入，现代东亚植物区系的主体基本形成。随着季风气候的出现，存在于西北至东南的广阔的干旱气候带退至西北，横断山区原来干热的地中海式气候也被潮湿温凉的山地季风气候替代，北方植物区系南移通道已打开，北极-第三纪成分赤杨、白桦、鹅耳枥、榆属、槭、蜡瓣花、核桃、杜鹃等进入了喜马拉雅和西南地区，使得喜马拉雅-横断山地区植物区系发生了改观（陶君容，2000），并且迅速分化繁荣起来。第四纪期间的每次冰期和间冰期的作用都对这一地区南北成分融会交流产生深远的影响，南北向的河流和山脉成了南北或热带温带植物交流的通道，使得在冰期时喜温的类群能向低海拔和向南避难，而冰后期又顺利返回甚至向其他地区迁移，进而为现代温带和高山植物区系中心的形成奠定了基础。目前该地区广泛分布的以云杉、冷杉、松、柏、槭、杨、沙柳、白桦、杜鹃等为代表的山地落叶阔叶林、针叶林植被表明了北极-第三纪成分晚新生代以来在该地区的发展（孙航、李志敏，2003）。

第六章　甘新高山巨盆与绿洲、沙漠自然地理环境的形成

高山巨盆相间分布是位居西部内陆的甘新地区地貌的突出特征，也是制约该地区现代自然地理景观分异的关键因素。在新疆，由北往南可见到依次由阿尔泰山、准噶尔盆地、天山、塔里木盆地和昆仑山组成的"三山两盆"的地貌格局。向东，从北面中蒙边界的北山，向南到河西走廊盆地、祁连山，同样可以见到这一格局在延续。阿尔泰山、天山和昆仑山—阿尔金山—祁连山等山地山峰的海拔一般都在3500～4000m以上，昆仑山和天山最高峰均超过7000m；准噶尔盆地西部山地、北塔山、北山—马鬃山等为海拔一般不高于2500m的中山或低山；平均海拔1000～1200m的塔里木盆地是世界第一大内陆盆地，与周边高大山地的相对高差在2500m以上。

甘新地区高山巨盆相间分布地貌格局的形成、演化，是一个漫长的地质过程，大部分山系都呈现出明显的"多旋回构造"特征，经历了多次的构造隆升-剥蚀夷平过程，在地貌形态上表现出多层的高山夷平面分布，而盆地相应断陷下降，接受巨厚剥蚀碎屑物沉积。

深居内陆、远离夏季风、青藏高原及山脉的阻挡与高原下沉气流等因素的共同作用，致使该区成为我国气候最为干旱的地区，除高大山地上部及北疆西部的伊犁、塔城等地区外，区内年均降水量均低于250mm，大部分地区都呈现干旱荒漠或荒漠草原特征，地表广泛分布砂质荒漠、戈壁、亚砂土或黄土。其中，准噶尔盆地内年降水量在100～200mm之间，塔里木盆地年降水量普遍低于80mm，阿拉善地区东部受季风影响，年降水量增加到100～250mm左右。受干旱气候影响，除古尔班通古特沙漠以固定、半固定沙丘为主外，区域内的塔克拉玛干沙漠、库姆塔格沙漠、巴丹吉林沙漠等均以流动型沙丘为主体。

区内各高大山系截留较多的高空湿润气流形成降水，高山带的年降水量可达400～500mm以上，成为荒漠中的"湿岛"。山盆间的巨大高差造成了显著的气候垂直分异，孕育了垂直自然带系统。一般而言，从山麓向上依次呈现出干旱荒漠带—半干旱草原带—湿润森林带—高寒高山草甸带—高寒亚冰雪及冰雪带的垂直地带分异，其中在4000m以上的高山上部一般发育有大面积冰川，冰川融水是当地众多内陆河流及湖泊补给的主要来源。

受积雪、冰川、冻土融水和山地降水补给的大小山区河流，在出山口形成规模不等的冲、洪积扇，此后流入沙漠，许多河流逐渐干涸消失在沙漠之中，规模较大的河流则穿越沙漠，最后在盆地低洼区汇聚成尾闾湖。受地表水和地下水影响，在山前洪积扇前缘及沿河两侧和环湖平原地区，形成大片绿洲沃野，改变了荒漠地区的单调景色，也成为干旱区人类生产与生活的中心。

内陆干旱区高山巨盆相间分布的地貌格局，形成了由山地垂直自然带系统和荒漠盆地同心环状自然地带系统所构成的独特的高山冰川积雪-高山草甸、森林-绿洲-沙漠-湖泊的景观组合，体现了气候地带和非气候（非地带性）地带相互作用的结合。

第一节　高山巨盆地貌格局的形成和演化

甘新地区高山巨盆地貌格局的形成、演化经过了漫长的地质时期。其主要盆地的基底，如塔里木、准噶尔、阿拉善等均为在10多亿年前罗迪尼亚（Rodinia）超级古大陆时期就已存在的古陆块，其上有古生代以来巨厚沉积盖层；而主要山系，如阿尔泰山、天山、昆仑山、祁连山等，都是古陆块之间的古生代或早中生代的造山带。甘新地区现代山盆构造体系的基本构造框架是在中生代奠定的，新生代以来、特别是第四纪期间受青藏高原强烈隆起的影响，在强烈的水平挤压作用下，基底断裂复活，天山、阿尔泰山、祁连山、昆仑山脉等山体呈线形强烈隆起，形成断块状高山；而塔里木、准噶尔盆地等大面积相对断陷或拗陷，从而形成高山巨盆的格局。

一、陆块拼接过程与陆内山盆构造体系的形成

现代甘新地区的陆地板块的形成过程与古生代以来位于西伯利亚、华北及塔里木三大陆块之间的古亚洲洋和南部的特提斯洋的形成、发展、消亡过程密切相关（图6.1）。

塔里木、哈萨克斯坦-准噶尔、阿拉善等陆块均是在太古代古陆核的基础上发育起来的，新太古代—新元古代期间陆壳围绕古陆核迅速增生、成熟，最晚在800Ma B. P. 各原始古陆块均已形成（成守德、张湘江，2000）。其中，塔里木古陆块上最老的岩石见于塔里木盆地东北缘库鲁克塔格地区的托格拉克布拉克杂岩中，为（3263±129）Ma B. P. （胡霭琴等，1993）。古元古代为塔里木陆块快速增生、扩大的时期，1800Ma B. P. 原始古陆已基本形成，1800~800Ma B. P. 在已固结的塔里木原始古陆的主体上沉积了中、新元古代的浅海相陆源碎屑岩-碳酸盐岩沉积盖层。中新元古代，伊犁地块与塔里木地块间的洋壳萎缩，伊犁地块俯冲消减在巴仑台—那拉提一带形成岛弧，新元古代末伊犁地块与塔里木地块以南天山为缝合带碰撞拼贴。而中、新元古代为准噶尔和阿尔泰古陆壳的增生和最终形成时期（成守德、王元龙，1998；王元龙、成守德，2001）。

古生代是本区各陆块彼此拼合成统一大陆的时期，其过程与古亚洲洋形成、发展与消亡密切相关。新元古代末—早古生代早期，随着罗迪尼亚超级古大陆的解体，阿尔泰、准噶尔、伊犁、中天山等地块，先后与古大陆分离，并向北漂移，成为西伯利亚古陆与塔里木古陆间广阔古亚洲洋中大小不一的块体。其后至晚古生代，西伯利亚板块与由漂移于古亚洲洋中的各陆块拼贴而成的哈萨克斯坦-准噶尔板块及塔里木板块相继碰撞缝合，古亚洲洋消亡，成为统一亚洲北大陆的组成部分（成守德、张湘江，2000；王元龙、成守德，2001）。

中奥陶世早期，阿尔泰与西伯利亚古陆碰撞，萨伊-蒙古洋（古亚洲洋北支）最终消亡，使阿尔泰成为西伯利亚西南缘的增生陆壳，成为西伯利亚板块的组成部分。

晚志留世末，漂移在北天山洋（古亚洲洋中支）中的准噶尔、中天山、伊犁以及中

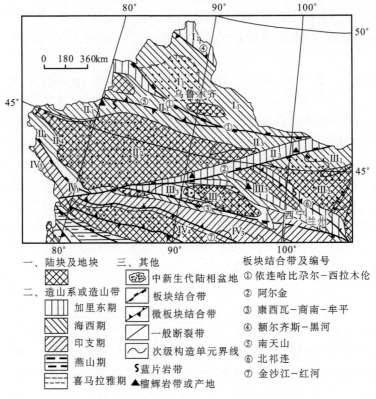

图 6.1　西北地区地质构造简图（据中国地质调查局，2004）

构造单元：I. 西伯利亚板块；I₁. 准噶尔-兴安造山带；II. 塔里木板块；II₁. 天山造山
带，II₂. 塔里木陆块，II₃. 阿尔金造山带，II₄. 中央造山系西昆仑造山带（北）；III. 华
北板块；III₁. 赤峰造山带，III₂. 华北陆块，III₃. 中央造山系北部（包括柴达木微板块
与祁连、北秦岭造山带）；IV. 扬子板块；IV₁. 中央造山系南部（包括昆仑、南秦岭、
大别、苏鲁造山带），IV₃. 喀喇昆仑-松潘-甘孜造山带，IV₄. 羌北-昌都微板块

哈萨克斯坦等多个陆块拼贴在一起，形成统一的哈萨克斯坦-准噶尔板块，北天山洋主
体关闭，退缩到西伯利亚板块南缘的斋桑—额尔齐斯一带，成为分隔西伯利亚板块与哈
萨克斯坦-准噶尔板块间的大洋盆地。

　　南天山洋（古亚洲洋南支）最晚在晚奥陶世时已拉开形成，志留纪时已发展成相当
规模的多岛洋，其中存在汗腾格里、库米什等老地块。晚志留世至泥盆纪，南天山洋关
闭，塔里木板块与哈萨克斯坦-准噶尔板块拼贴在一起，缝合线在那拉提—红柳河一线。
与此同期，塔里木、柴达木、阿拉善等陆块碰撞拼合到一起，成为一个独立的新板块，
或称为"西域板块"，在板块拼合形成的祁连-阿尔金碰撞带，开始形成古祁连山。

　　在南天山洋消亡的同时，北天山洋在斋桑—额尔齐斯一带仍在发育并向南、北双向
俯冲，形成了萨吾尔山一带的晚古生代沟弧盆系，使阿尔泰陆缘转化为活动陆缘及弧后
拉张盆地。至泥盆纪—石炭纪早期北天山洋封闭，哈萨克斯坦-准噶尔板块与西伯利亚
板块碰撞缝合，缝合带在额尔齐斯—布尔根一线，古亚洲洋主体消亡，西伯利亚、哈萨
克斯坦-准噶尔、塔里木等陆块完成拼合，形成统一的亚洲北大陆。

早石炭世中期—中石炭世末期是洋、陆转化的一个重要时期，构造运动及岩浆活动十分强烈，形成了类型众多的各类矿产，为新疆内生成矿作用最强烈的时期。准噶尔地区有大规模陆相火山喷发及花岗岩侵入，表明晚古生代末形成的有限小洋盆关闭并由洋壳-过渡壳而进入新生陆壳的发展阶段。北天山的依连哈比尔尕—康古尔塔格、南天山的米什布拉克一带，表现为新的扩张，形成裂陷槽，塔里木盆地由挤压转向张裂。

晚石炭世—二叠纪，是陆壳进一步扩大、同时也是陆内裂谷发展与关闭的时期，至古生代末期，除个别地方还遭受海侵外，大部分地区都已成为陆地。早二叠世后地壳抬升，上二叠统不整合于下二叠统之上，新疆北部海水全部退出，准噶尔盆地已由石炭纪的开放型海相盆地向封闭型内陆盆地转化；此时的塔里木盆地正处于古亚洲洋残留海盆的最后消亡与特提斯洋发展演化的过渡阶段。

古特提斯洋的开合及其与两侧大陆间的碰撞对甘新地区，特别是新疆南部中生代地壳的演化至关重要。古特提斯洋是石炭纪—二叠纪地壳强烈拉张形成的，位于现青藏板块和北部的塔里木、扬子板块之间。受古特提斯洋开启影响，塔里木盆地形成石炭纪—早二叠世的克拉通内拗陷盆地及塔西南克拉通周边拗陷盆地，再次遭受海侵；早二叠世，遭受南北构造挤压影响，海水向西退却到和田河以西的叶城西南一带；早二叠世末的天山运动，使天山造山带抬升而形成古天山，同时在天山南北两侧形成晚二叠世的前陆型陆相盆地。从晚二叠世开始，广大的中国西北地区变成了以陆相沉积为主的地区（刘训等，1997），海水仅在南祁连—西秦岭地区形成一支海湾，巴颜喀拉山以南则属特提斯海域的范畴，仍有不同的海相沉积分布（王鸿祯，1985）。

甘新地区在中新生代时期构造运动极为活跃，表现为天山、昆仑等山系的强烈上升和塔里木等大型盆地的快速下陷并接受沉积，形成西北盆-山构造体系，成为形成现代高山巨盆地貌格局的构造基础。从三叠纪到古近纪，在山盆相间分布的构造格局基础上，山地与盆地之间地貌形态的差异随着多旋回的构造隆升-剥蚀夷平过程而发生多次变化。

三叠纪时期古天山、古祁连山、古昆仑山和古阿尔金山等板块碰撞缝合带逐渐成为隆起的山系，其间的刚性陆块形成准噶尔、塔里木等盆地，两者构成了中生代古地理的基本面貌，陆内山盆构造体系开始形成（刘训，2004a）。古天山是由古生代末古亚洲洋闭合引起的陆壳碰撞形成的，三叠纪时，天山被挤压上隆，形成具有一定高度的山脉，两侧发育前陆盆地，盆地内发育巨厚的三叠系磨拉石沉积（图6.2）。祁连山系形成于早古生代末和晚古生代初，晚古生代处于一个相对平静的时期，古生代末受北方大陆拼合碰撞的影响再次抬升，三叠系在祁连地区仅有零星分布，且以粗碎屑沉积为特色。晚三叠世末古特提斯洋沿赫拉特—康西瓦—大红柳滩—若拉岗日—金沙江一带及北部的康西瓦—昆中断裂带消亡，与北部的塔里木、扬子（松潘-甘孜地块在大红柳滩尖灭于上述两缝合带间）板块拼贴在一起，成为欧亚大陆的组成部分。古昆仑山的雏型随着古特提斯洋盆的闭合开始形成，但其强烈上隆主要发生在新生代以来（王元龙、成守德，2001；刘训，2004a，2004b）。

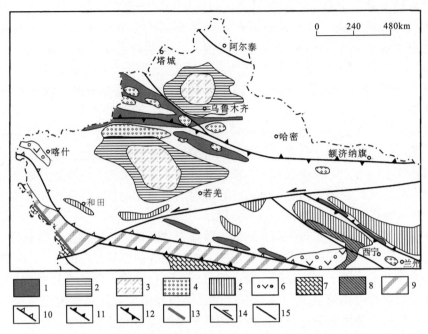

图 6.2　中国西北地区晚三叠世古地理图（据刘训，2004a）

1. 可能的中、高山区；2. 大型内陆盆地河湖相砂泥质沉积；3. 大型内陆盆地湖相泥质-泥灰质沉积；4. 山间盆地碎屑-含煤沉积；5. 山前盆地磨拉石型粗碎屑沉积；6. 山间盆地火山-碎屑沉积；7. 断陷陆棚碎屑碳酸盐岩沉积；8. 断陷海槽砂泥质沉积；9. 大陆斜坡海底扇浊流沉积；10. 三叠纪末闭合的地壳消减带；11. 早-中三叠世闭合的地壳消减带；12. 古生代闭合的地壳消减带；13. 三叠纪以后闭合的地壳消减带；14. 后期大型走滑断裂；15. 其他大型断裂；边界内白色区域为平原、低山

　　印支运动除形成了塔里木盆地周边的前陆盆地外，还形成了天山南、北两侧及其内部的一系列侏罗纪含煤盆地。下、中侏罗统以广泛分布河湖-沼泽相的含煤沉积为特色。在几个大型盆地内，如塔里木、准噶尔、吐鲁番-哈密（吐-哈）、河西走廊等，均有河湖-沼泽相的含煤岩系分布，在天山内部盆地（如伊犁、新源、那拉提和巴音布鲁克等）也可以看到这一时期的含煤岩系分布，阿尔金以及祁连等地区也都有相似的含煤岩系（图 6.3）。这些含煤地层在沉积特征上具有明显的相似性，说明它们形成时具有相似的古地理和古构造环境，三叠纪出现的古天山、古祁连山等山系已因长期的剥蚀而明显夷平，不再是具有分隔作用的高大的山系，全区的古地理面貌具有极大的相似性（刘训，2004a，2004b）。

　　晚侏罗世和早白垩世时期，受燕山运动影响，构造活动加强，再次显现山盆相间的地貌格局。天山、昆仑和祁连等山系重新开始上隆，成为分隔盆地的山系和盆地内沉积的物源区，山区隆起范围加宽，甚至有些拗陷盆地也部分地被卷入隆起范围（图 6.4）。天山受挤压作用而整体隆升，内部基本未见白垩系和古近系沉积；祁连山地区白垩系为零星仅见的山间盆地磨拉石。西昆仑地区直到白垩纪时期整体海拔还不高，喀喇昆仑地区的白垩系，特别是上白垩统，以滨浅海-陆棚台地相的碎屑岩和碳酸盐岩沉积为主，在生物的面貌上和昆仑山以北的塔南地区有所相似，很可能在当时属于同一个海域，海水可经喀喇昆仑一带进入塔里木盆地的凹陷区（刘训，2005）。

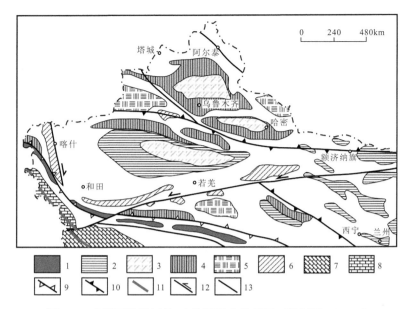

图 6.3 中国西北地区早-中侏罗世古地理图（据刘训，2004a）

1. 可能的中、高山区；2. 内陆开阔盆地河湖相碎屑-泥质岩沉积；3. 内陆开阔盆地湖相泥质-泥灰质沉积；4. 山前盆地磨拉石型粗碎屑岩-含煤沉积；5. 山间盆地粗碎屑-含煤沉积；6. 拉分盆地河湖相砂碎屑岩-含煤沉积；7. 沉陷陆棚泥质岩-碳酸盐岩沉积；8. 浅海盆地碎屑岩-碳酸盐岩沉积；9. 三叠纪闭合的地壳消减带；10. 古生代闭合的地壳消减带；11. 侏罗纪闭合的地壳消减带；12. 后期大型走滑断裂；13. 其他后期大型断裂；边界内白色区域为平原、低山

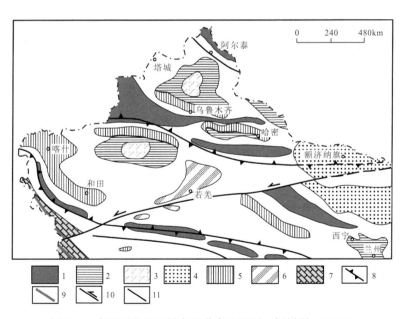

图 6.4 中国西北地区早白垩世古地理图（据刘训，2004a）

1. 可能的中、高山区；2. 内陆开阔盆地河湖相红色砂泥质岩沉积；3. 内陆开阔盆地湖相暗色砂泥质-泥灰质沉积；4. 内陆开阔浅水盆杂色砂泥质-泥灰质沉积；5. 山前盆地磨拉石型粗碎屑岩沉积；6. 拉分盆地河湖相砂泥质沉积；7. 弧后盆地碳酸盐沉积；8. 三叠纪以前闭合的地壳消减带；9. 侏罗纪闭合的地壳消减带；10. 后期大型走滑断裂；11. 其他后期大型断裂；边界内白色区域为平原、低山

经过长期的夷平作用，在古近纪初，塔里木、准噶尔等盆地周缘的山脉均呈剥蚀夷平状态，总体上地势较平坦。古近纪时期，受印度-西藏板块向北推挤、青藏高原隆升的影响，天山、昆仑和祁连等主要山系在北东东及北西西两组断裂的控制下开始强烈上隆，成为断块状山脉，除喀喇昆仑地区偶见少量海相层外，其他山系内部除少数山间盆地外一般没有见到古近系出露。塔里木尚未形成统一的盆地，中央隆起区为遭受剥蚀的高地丘陵，在地势整体向西倾斜的古塔里木盆地西部仍被海水淹没，为与古地中海相通的海湾，古近系沉积了滨浅海-台地相的碎屑岩和碳酸盐岩，富含有孔虫和海相双壳类化石。准噶尔、东塔里木等大盆地内部大部分地区古近纪期间为陆相河流-湖泊沉积（图6.5）（刘训，2004a，2004b）。

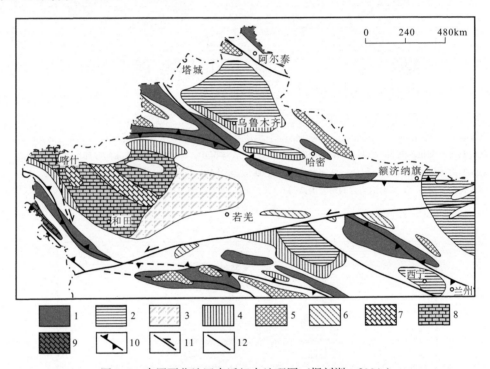

图6.5　中国西北地区古近纪古地理图（据刘训，2004a）

1. 可能的中、高山区；2. 内陆开阔盆地河湖相砂泥质岩沉积；3. 内陆大型湖盆砂泥质-泥灰岩沉积；4. 山前盆地磨拉石型粗碎屑岩沉积；5. 山间盆地红色碎屑岩沉积；6. 拉分盆地山麓洪积相-河湖相砂泥质岩沉积；7. 开阔台地-半闭塞台地碎屑岩-碳酸盐岩（含膏盐）沉积；8. 近岸滩坝碎屑岩-碳酸盐沉积；9. 残留海湾碳酸盐岩-膏盐岩沉积；10. 已闭合的地壳结合带；11. 后期大型走滑断裂；12. 其他后期大型断裂；边界内白色区域为平原、低山

二、高山巨盆地貌格局的形成

现代盆山地貌格局的雏形奠定于新近纪，最终形成于第四纪。

古近纪末至新近纪初，甘新地区再次被夷平，形成起伏不大的准平原（胡汝骥，2004）。随着印度板块碰撞后不断地向北推挤，从新近纪开始，在强烈的挤压作用下，甘新地区天山、祁连山、昆仑山和喀喇昆仑山等主要山脉陆续结束构造相对宁静期，断裂复活，开始快速断块抬升，至上新世时许多地区已经上升为中高山，其中天山山地在新近纪末海拔达3000m左右；阿尔泰山也由原先的低地逐渐上升为低山丘陵。大型盆地，如塔里木、准噶尔、吐鲁番-哈密、柴达木、河西走廊以及潮水盆地等则发育巨厚以河湖相沉积为主的沉积（图6.6），山盆构造体系开始向现代格局发展（刘训，2004a）。

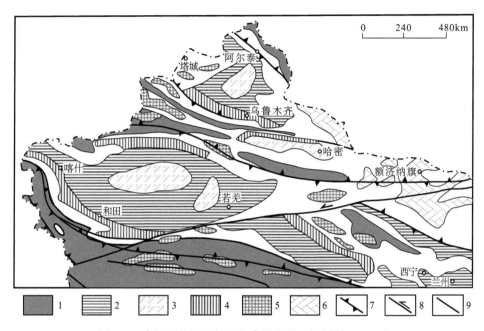

图6.6　中国西北地区新近纪古地理图（据刘训，2004a）

1. 可能的中、高山区；2. 大型内陆盆地河湖相砂泥质沉积；3. 大型内陆盆地湖相泥质-泥灰质沉积；
4. 山前盆地磨拉石型粗碎屑沉积；5. 山间盆地山麓-河流相碎屑沉积；6. 游移内陆盆地河湖相砂泥质沉积；7. 已闭合的地壳结合带；8. 大型走滑断裂；9. 其他重要断裂；边界内白色区域为平原、低山

在强烈的挤压作用下，西昆仑山从渐新世—中新世初开始抬升并向北逆冲；阿尔金山于中新世早中期开始隆升（李江海等，2007）。上新世西昆仑山发生快速抬升，约4.5～3.5Ma B. P. 时已上升为中高山（刘训，2006），其山前盆地的沉积物由中新世以细颗粒泥砂岩为主的沉积转变为上新世砂岩夹薄层砾岩沉积（柏道远等，2007）。而此时东昆仑山仍处于相对构造稳定期，与盆地保持较低的地貌反差，并一直延续到早更新世（王国灿等，2005）；东部的祁连山区直到上新世，仍处于风化夷平阶段，广泛发育新近纪夷平面，在夷平面上还发育有三趾马化石的红土层（谭利华等，1998）。

天山在中新世进入快速隆升期（方世虎等，2004）。此次隆升使古近纪末的准平原面受到破坏（乔木、袁方策，1992）。天山南北山前基底因受强烈的水平挤压，断裂复活，山体随之强烈隆起，视隆升速率达0.306mm/a，同时向两侧盆地逆掩（马前等，2006），天山两侧开始发育再生前陆盆地（贾承造等，2003）。在天山强烈抬升的同时，天山内部山间盆地发育，并堆积了巨厚的沉积物。博格达山脉南麓吐鲁番-哈密盆地北缘的山麓相沉积厚度最大可达709m，以浅棕红色、黄绿色砾岩为主，夹有不规则砂泥岩（王鸿祯，1985）；在伊犁盆地堆积的大量棕红色砂质泥岩、泥岩、砂岩、砂砾岩等

红色沉积物，厚度达 493m；尤尔都斯盆地红色砂砾岩和泥质细砂岩为主的沉积物厚度大于 169m；焉耆盆地以砖红色砂砾岩、砂岩夹泥岩等为主的沉积物厚度可达 800m（新疆地质矿产局地质矿产研究所，1988）。受印度-欧亚板块碰撞引起的区域构造变形由南向北传播的远程效应影响，天山北缘构造形成时间明显晚于天山南缘（图 6.7），天山南缘冲断带快速变形与隆升剥蚀主要形成于 25Ma B.P. 左右（卢华复等，1999；汪新等，2002），而天山北缘主要形成于 10～7Ma B.P. 以来，其中西部（齐古背斜—独山子地区）构造变形西强东弱，而东部（博格达山前—喀拉扎背斜一带）的构造隆升则自东向西减弱。10Ma B.P. 以来准噶尔南缘前陆冲断带持续扩展，形成现今地表可见的三排褶皱冲断带，在天山冲断带前缘及山前构造变形较弱的地带成为油气运聚存藏的有利部位（方世虎等，2007）。

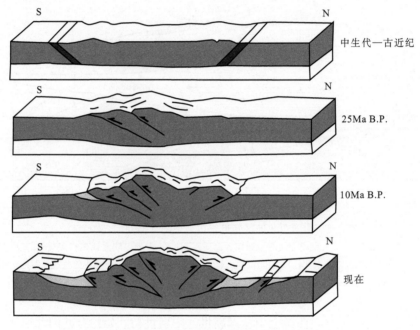

图 6.7　天山陆内造山过程演化简图（据郭召杰等，2007）

中新世是统一的塔里木盆地形成的时期。渐新世末—中新世后期（26～10Ma B.P.），在强烈的挤压作用下，帕米尔向北运动，帕米尔外缘与西南天山之间新生代的缩短距离超过 300km，并最终使塔里木盆地西端闭合，结束海侵并成为陆相沉积盆地；塔里木盆地东部受盆地东南缘的阿尔金断裂左行走滑变形的影响形成拉分盆地，使盆地面积增大（李江海等，2007）。统一的塔里木盆地接受来自西昆仑山和西天山的巨厚沉积，盆地北缘喀什以西的天山山前一带，以砾石为主，厚度达 1000～3000m；南缘昆仑山前，西部的上新世阿图什组多为灰色或红灰色砾石和砾岩，最厚达 3404m，库车前陆拗陷发育 1000～5000m 磨拉石沉积，东南前陆拗陷发育 800～1200m 河湖相碎屑岩，塔中发育了 200～1000m 河湖相碎屑岩（何登发，1994）。

阿尔泰地区新生代的隆升剥蚀强度比天山地区幅度要小得多并明显滞后，直到上新世时老的断裂构造才开始复活（郭召杰等，2006），山体以东北-西南走向呈断块式大幅度抬升，丘陵平原区则相对下降。随着阿尔泰山的上升，准噶尔盆地北缘亦稍有上升，致使盆地沉积范围在上新世时大大缩小。而准噶尔盆地南缘受北天山快速隆升并向准噶尔盆地冲断的影响，发生强烈沉降，沉积中心位于天山北缘狭长带区，平均沉降速率达83.2m/Ma，是始新世以来沉降最为快速的一个阶段（蔡忠贤等，2000）。

3.6Ma B.P. 以来青藏高原经历了三期构造抬升：青藏运动（3.6～1.7Ma B.P.）、昆黄运动（1.1～0.6Ma B.P.）和共和运动（0.15Ma B.P. 以来），受三期运动的影响，甘新地区第四纪时差异性升降运动进一步加强。山地抬升强烈，幅度自南向北呈减小的趋势，盆地相对于山地强烈下沉，现代高山巨盆相间分布的地貌格局得以最终形成。

祁连山在 3.6～1.7Ma B.P. 青藏运动时期开始大幅度隆起，海拔高度从 1330m 增加到约 3000m（李吉均等，1996；傅开道等，2001）。与快速隆升相对应，祁连山北麓发育了厚达 850m 的玉门组粗粒磨拉石建造，酒泉盆地内则形成砂、亚黏土与砾石互层的沉积物（苏建平等，2005）。在以祁连山褶皱带为基底发展起来的一些山间盆地内也堆积了大量干燥气候条件下形成的沉积物，西宁-民和盆地为一套以红色含石膏的黏土岩为主的河湖沉积，靖远-临洮盆地为含泥灰岩和石膏岩的河湖沉积（王鸿祯，1985）。到中更新世早期的昆黄运动阶段，祁连山已被抬升到海拔 3000m 以上，主峰抬升到 4000m 以上（苏建平等，2005），开始出现冰川活动（史正涛等，2000；周尚哲等，2001a）。受共和运动影响，150ka B.P. 前后祁连山区的各级水系均发生强烈的构造抬升和河流深切事件，其北山山前的早期洪积台地均为 150ka B.P. 水系强烈深切的产物。晚更新世中期以来祁连山区北大河、疏勒河等各大河流径流增加，侵蚀和剥蚀作用加强，河谷深切，出山口后在祁连山北麓前缘形成数级堆积阶地（杨景春等，1998；潘保田等，2000）。

西昆仑山地区中更新早期时一些山峰已超过当时的雪线高度，少数较高山地区出现第一次冰川作用；晚更新世时西昆仑山地区继续大幅度上升，已经接近现在的海拔高度，目前海拔 6000m 以上的山峰都超过了当时的雪线高度（张青松、李炳元，1989）。

天山山脉在第四纪经历的强烈构造运动，主要表现为逆冲推覆、走滑运动和差异隆升（李锦轶等，2006）。逆冲推覆主要发育在天山山脉南北两侧的山脉与盆地之间，导致包括新近纪乃至早更新世沉积物在内的盆地堆积物被卷入到山系之中，即山脉向盆地方向生长，形成东西走向的宽缓的不对称褶皱、台阶状逆断层等构造现象（图 6.8），在地貌上表现为东西向的低山丘陵及盆地。在天山北麓，晚更新世以来背斜的抬升速率为 0.042～0.30mm/a（王永兴、王树基，1994；舒良树等，2004）。走滑运动主要是沿共轭的北东走向的左行走滑断裂和北西走向的右行走滑断裂发生的，其中以北东走向的左行走滑断裂更为发育，天山西段地区走向约北西 340° 的塔拉斯-费尔干纳断裂第四纪以来的右旋活动速率是 10mm/a 左右，北西向斜切天山的博阿断裂，西段晚第四纪右旋活动速率为 5mm/a，东段活动速率为 1.4mm/a（杨晓平等，2008）。差异隆升运动使天山原先统一的准平原面经断块升降分异而解体，发生变形、位移，形成了现今海拔近 7000m 的高山和海拔最低为 -154m 的盆地，天山山体内部的侏罗系及含煤岩层最高被

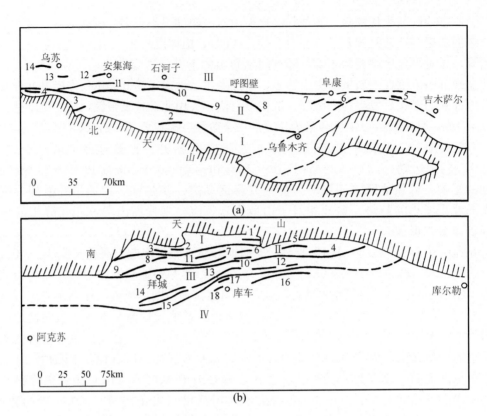

图 6.8　天山山前拗陷示意图（据王永兴、王树基，1994）

（a）天山北麓：Ⅰ. 齐古背斜带；Ⅱ. 霍尔果斯背斜带；Ⅲ. 独山子背斜带；1. 齐古构造；2. 清水河鼻状构造；3. 南安集海背斜；4. 托斯台背斜；5. 三台背斜；6. 阜康背斜；7. 古牧地背斜；8. 呼图壁背斜；9. 吐谷鲁背斜；10. 玛纳斯背斜；11. 霍尔果斯背斜；12. 安集海背斜；13. 独山子背斜；14. 西湖背斜。（b）天山南麓：Ⅰ. 陡倾斜构造带；Ⅱ. 线状褶皱带；Ⅲ. 秋立塔克褶皱带；Ⅳ. 倾没背斜构造带；1. 捷斯德里背斜；2. 艾东背斜；3. 巴什库坦背斜；4. 坎亚背斜；5. 巴什基奇克背斜；6. 库木格列姆背斜；7. 吐孜玛扎背斜；8. 吐孜咯克背斜；9. 依奇克里克背斜；10. 吉迪克背斜；11. 喀桑托开背斜；12. 东秋立塔克背斜；13. 库车他乌背斜；14. 北秋立塔克背斜；15. 南秋立塔克背斜；16. 亚肯背斜；17. 库车背斜；18. 西库车背斜

抬至大于 3000m 的海拔（舒良树等，2004），尤尔都斯盆地中新近纪红色地层被抬升到 3500m 以上，天山南坡乌恰地区新近纪和早更新世的沉积被抬升到 3000m 以上（王树基、阎顺，1987）。天山在早更新世时上升量约为 1500～2500m，山体海拔高度达 4000 余米，属强烈活动的中高山，山上开始有冰川发育；山区内分布有与山区走向一致的继承性断陷盆地及谷地，盆地内堆积有洪、湖积砂、砾、泥组合沉积物。昆黄运动（1.1～0.6Ma B.P.）时期，由于天山的持续隆升及山体的加宽，天山内部的断陷盆地逐渐缩小，吐鲁番-哈密盆地继续向西南迁移，天山南北两侧仍发育砾径粗大的西域砾岩。天山自 24Ma B.P. 以来的平均隆升速度约为 0.085～0.146mm/a（袁庆东等，2006），博格达峰山体在距今 1.11～8.01 万年的 6.9 万年中上升了 244m，平均隆升速率为 3.2mm/a（舒良树等，2004），晚更新世至全新世以来，天山隆升速率高达 9.50～23.44mm/a（袁庆东等，2006）。天山第四纪以来的阶段性差异隆升，使古夷平面被

抬升，形成不同海拔高度的山顶面，其面积占天山总面积的 1/5（王树基，1998）（图 6.9，表 6.1）。最高一级海拔为 4000m 以上，在地貌上由一些面积较大的平缓山顶面和齐平的山脊线组成，如北天山东段的喀尔力克山，具有非常典型的平缓山顶面；齐平的山脊线在天山山系各个地段分布普遍，但海拔高度不等，一般都在海拔 4000m 左右。由于长期处于古雪线以上，寒冻风化作用极为强烈，古夷平面破坏严重，大多失去原有状态。次一级的夷平面海拔 3200～2800m，为亚高山与中山带的分界段，主要由微倾斜的坡面平台和山顶面构成，这级夷平面在北天山的博洛霍罗山、依连哈比尔尕山、博格达山、巴里坤山、喀尔力克山的南北坡，以及南天山的哈尔克他乌山、科克铁克山南坡，都呈条带状微倾斜的台地分布；而在另一些山系，如北天山的科古琴山、中天山的比奇克山、南天山的霍拉山等山顶面上也有清楚的显示。在这一夷平面上，流水、冰川侵蚀普遍存在，坡面破坏严重。最低一级夷平面海拔 1800～2200m，主要分布于南天山南坡和北天山北坡的中山带与低山带的分界地段，这级夷平面保存良好。天山南北一些由中、新生代地层组成的前山带顶部的侵蚀面与此级夷平面高度相当，但它们是在第四纪冰川侵蚀作用下形成的，两者在成因上是不同的。天山山系高海拔的两级夷平面均发育在古生界或更老的地层分布区，可能是中生代形成的准平原面的残遗；第三级夷平面是古近纪准平原面的残遗，在夷平面的风化壳上覆盖未划分的渐新统和中新统砂砾质山麓相沉积（胡汝骥，2004）。

表 6.1　天山夷平面级差（据乔木、袁方策，1992）

位置	坡向	中、低级夷平面级差/m	高、中级夷平面级差/m
天山西段	南坡	900～1090	1100～1200
	北坡	1200～1250	1000～1050
天山中段	南坡	800～900	950～1000
	北坡	800～850	800～900
天山东段	南坡	800～850	900～1000
	北坡	850～900	900～1050

早更新世末，阿尔泰山上升幅度可达 1000m 左右，以中山为主；中更新世开始形成山谷冰川，分布面积较大，至中更新世末时已达到发育山麓冰川的高度（王鸿祯，1985），前端可达现代中山带；阿尔泰山低山带和走向一致的地堑谷所形成的山间盆地，如青格里盆地等，在冰雪融化时可能曾为洪水漫溢，覆有薄层的冲积层，盆地大多为周围山地的冲积物填充（中国科学院新疆综合考察队等，1978）。

天山、昆仑山的急剧隆起，使得山前地带大幅下降，早更新世塔里木盆地四周洪积扇发育，由冰水、洪积泥、砂、砾组合的西域砾石层组成，砾石层厚度可达 3000 余米；洪积扇前缘受盆地内部隆起和断裂控制，向盆地内部变薄变细，由洪积扇变为河流三角洲相沉积（王鸿祯，1985；田在艺等，1990）。昆仑-黄河运动（1.1～0.6Ma B.P.）时期，塔里木盆地与周边山体间的高差已达几千米，盆地周边，尤其在北部、西部库车拗陷一带，西南拗陷西部等处地层发生褶皱隆起，成为低山丘陵。天山山体的加宽和盆地

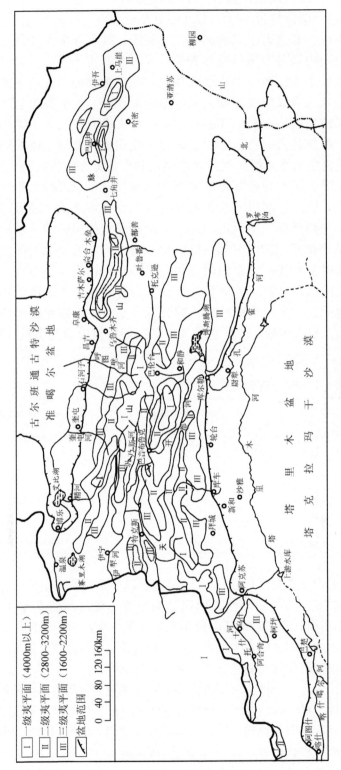

图 6.9　天山夷平面分布（据胡汝骥，2004）

内部的抬升使盆地进一步萎缩。在山前拗陷部位快速沉积了一套山麓相粗碎屑岩，即西域砾岩。西域砾岩的厚度在库车拗陷一带厚 50～600m，最大达 2000m，在西南拗陷一般为 1000～1500m，最大可达 3000m，在东南拗陷一般厚 200～1500m（闫顺、穆桂金，1990）。

随着阿尔泰山及天山的隆起，准噶尔盆地边缘形成更为开阔的台地及丘陵（王鸿祯，1985），北部上升较剧烈，沉积物很薄，仅在额尔齐斯河断裂谷地中有冲洪积泥、砂、砾堆积，盆地南缘山前拗陷普遍下沉，中晚更新世的地层中承接了大量粗砾山麓相堆积——西域砾岩（王树基，1997）。

第二节　干旱荒漠与山地冰川的发育

甘新地区高山巨盆相间分布的地貌格局，构成了独特的山盆景观体系形成与发展的基础。高大山系的形成，强化了对来自海洋的湿润气流向盆地内部运移的阻挡作用，使得甘新地区因青藏高原隆升与季风气候的形成而产生的干旱化程度进一步加剧；另一方面，隆起的高山以及高山上的夷平面进入冰冻圈，为第四纪以来的冰川形成提供了有利的水热条件和广阔的积累空间。在盆地的干旱带与高山上部的冰雪带之间，自然带类型随着温度和降水的垂直变化而呈现有规律的变化，形成一个温带荒漠带—山地草原带—山地针叶林带—高山草甸带—亚冰雪带及冰雪带的干旱区山地垂直自然带谱（表 6.2）。响应冰期-间冰期气候变化，自然带发生相应的调整。冰期时，山地冰川大幅下推，迫使森林带等垂直带上限下移，甚至消失（彭补拙，1986）；另一方面，由于降水减少，荒漠带范围扩大，界限上移，草原、森林带范围缩小或向荒漠草原、森林-草原亚带转变，甚至消失。间冰期时，气候暖湿，雪线上升，冰雪带退缩，森林带等其他垂直带上限升高，范围扩大；同时，由于降水增多，荒漠带范围缩小，界限下移。

表 6.2　甘新地区部分山地现代垂直自然带谱（据张百平等，2004；彭补拙等，1999）

冰雪带	天山北坡	天山南坡	昆仑山西段
高 ↑ 低	冰雪带	亚冰雪带	高山冰雪带
	亚冰雪带	亚冰雪带	高山垫状植被壳状地衣带
	高山草甸带	高山草甸带	高山草甸化草原带
	山地针叶林带	（高山草原亚带）	高寒荒漠带（基带）
	山地草原带	（山地森林草原亚带）	
	温带荒漠带（基带）	山地草原带	
		（山地荒漠草原亚带）	
		暖温带荒漠带（基带）	

一、从亚热带干旱环境到温带干旱环境的转变

甘新地区盆地干旱化的发展是区域内高山、高原地形变化及全球气候与大气环流形

势改变的直接结果。自中生代以来，甘新地区气候经历了由亚热带干旱环境向温带干旱环境转变的过程。

三叠纪时期，塔里木、准噶尔等均已形成大型内陆盆地，以陆相碎屑沉积为主。随着干旱气候带的扩大，区内气候开始转干，准噶尔湖盆、古天山-古祁连山山间盆地均发育有红色系沉积。三叠纪晚期干旱有所减缓，各内陆盆地均发育含煤沉积。早侏罗世至中侏罗世前期，气候普遍转向湿润，各盆地干旱沉积少见，主要发育灰色煤系地层。如早侏罗世，塔里木盆地的阳霞组（J_1y）、准噶尔盆地的八道湾组（J_1b）、三工河组（J_1s），河西走廊的大山口群（$J_{1-2}ds$）、大西沟群（J_1dx）等均为灰黄、灰绿色含煤层、炭质泥岩等湿润气候下的陆相地层；中侏罗世，塔里木盆地乌恰县塔尔尕组（J_2t）、准噶尔盆地克拉玛依的西山窑组（J_2x）、河西走廊的新河组（J_2x）和窑街组（J_2y）等地层序列下部均表现为湿润气候下的含煤灰色地层，但在顶部过渡为干旱气候下的红层（李孝泽、董光荣，2006）。晚侏罗世时期，甘新地区的亚热带干旱气候基本形成，区内以内陆红层为代表的干旱沉积大量出现，并占据主要地位，塔里木盆地、准噶尔盆地均有大量红层沉积出现，准噶尔盆地内吉木萨尔县北石树沟剖面上段还有多层次生石膏层；在河西走廊，玉门赤金桥组（J_3c）为河湖相杂色含砾砂质泥岩，含结晶灰岩和钙质泥岩，并夹石膏层；苦水峡组（J_3k）为紫色砂质泥岩（李孝泽、董光荣，2006）。

到白垩纪时，中国干旱气候带广布，西北-东南向的干旱带从新疆南部、甘青、柴达木盆地东延至闽浙沿海占据中国大部分地区。在此背景下，包括甘新在内的中国西部陆地环境普遍向干旱荒漠化方向发展，西北各盆地红色荒漠沉积广布，并发现局部有风成砂沉积。白垩纪红色沙漠的出现在西北干旱环境的形成及沙漠化的进程中是一个标志性的事件。

早白垩世甘新地区已处于相当稳定的亚热带干旱环境，西北盆地普遍发育含膏盐的陆相红层沉积，特别是在塔里木盆地还形成了大量沙漠相风成红色砂岩地层。在塔里木盆地，指示干旱气候的 Classopollis（克拉梭粉）在轮南 8 井 4521.16～4526.06m 处高达 90%，在轮南 3 井 4377.33～4418.00m 处达到 50%（雍天寿，1984；陈金华等，2001）；西南克孜勒苏群（K_1kz）在且末江格萨依剖面为红色块状疏松砂岩，并含石膏；特别值得注意的是，盆地西南拗陷还沉积有 200 多米厚的下白垩统红色风成砂岩，显示沙漠已开始发育（陈荣林等，1994）。在准噶尔盆地，吐谷鲁群（K_1tg）在克拉玛依佳木河剖面湖相沉积下部有石膏透镜体，在将军庙地区吉木萨尔县北滴水泉剖面湖相沉积中发现次生石膏薄层和钙质结核及裂隙次生盐膜。在河西走廊盆地，玉门新民堡群（K_1xn）主要为河湖相紫红、灰绿色砂泥岩，含灰岩、泥灰岩、钙质结核及石膏沉积等。在山丹新开村剖面桔红色砂泥岩中有灰岩透镜体和结核层（李孝泽、董光荣，2006）。

晚白垩世，干旱带范围进一步扩大，干旱程度进一步增强，虽然西北各盆地除局部发现少量沉积外，普遍缺失沉积，但从已有的红层及红色沙漠沉积来看，当时西北依然处于干旱炎热的亚热带干旱环境。在塔里木盆地吐依洛克组（K_2t）的库孜贡苏剖面、乌依塔克组（K_2w）的乌依塔克剖面、库克拜组（K_2k）的乌恰县库克拜剖面等均有大量膏盐沉积。在准噶尔盆地，虽然大部分地区缺失沉积，但在阜康县大红沟剖面上部为厚层褐红色砂质泥岩，并含有钙结核及石膏；河西走廊永昌新城子、肃南九条岭等地马莲沟群（K_2ml）为灰紫色、灰绿色砂泥岩，内夹砂质泥岩和石膏（李孝泽、董光荣，2006）。除此以外，在塔里木上白垩统海相沉积中还发现风成石英砂，说明尽管经历海侵，但是当地气候仍然十分干旱，红色沙漠仍在发育（王诗俳，1988）。

古近纪时期甘新地区气候的干旱程度较白垩纪有所下降，干旱带范围也有所缩减，炎热干旱的气候主要集中于南疆及甘肃的部分地区，北疆大部分地区的干旱气候有所缓和（李孝泽、董光荣，2006）。在塔里木盆地，陆相地层库木格列木群（E_{1-3}）多为棕红色厚层砂岩层夹泥岩层（曹美珍等，2001）；库车拗陷区在拜城以西和阿克苏以北的阿瓦特地区的库木格列木群（E_{1-3}）为红层，且含多层膏盐沉积。其中，古新统以喀什、英吉沙的阿尔塔什组（E_1a）为代表，为厚层硫酸盐潟湖相的白色块状晶粒状石膏层夹灰岩层；始新统卡拉塔尔组（E_2k）在和田为含石膏白云质灰岩，乌拉根组（E_2w）在和田、英吉沙为含石膏灰岩，在喀什乌恰为石膏红层；渐新统在和田的喀什群（Eks）顶部为红色含石膏泥岩，至乌恰群（$E_3—N_1wq$）下部递变为棕红色砂泥岩（李孝泽、董光荣，2006）。另外，在库车盆地古近系潟湖相白云质泥灰岩和盐湖相含沙泥灰岩中，含有部分风成石英颗粒；从颗粒磨圆度好和明显的碟形撞击坑等特征看，这些石英颗粒是由强风暴长距离搬运到盐湖和潟湖中沉积的，表明此时塔里木海湾和潟湖、盐湖以外已有风沙活动（董光荣等，1991）。在准噶尔盆地，主要为红色、灰绿色内陆盆地沉积。如古新统在紫泥泉子组为褐红色砂质泥岩与褐红色砾岩互层；始新统在安集海河组以灰绿色泥岩为主；渐新统在沙湾组表现为棕色或褐红色泥岩和砂质泥岩，反映出当地干旱环境有所减弱。另外，河西走廊玉门火烧沟组（E_3h）为红色砾砂泥岩（李孝泽、董光荣，2006）。

新近纪以来，东亚地区季风环流随着欧亚大陆的形成与青藏高原的隆起而建立，季风气候开始显现，我国自然带格局发生了巨大变化，横贯东西的干旱亚热带消失，自然带的东、西分异显现，东部地区气候变湿，干旱带缩小到我国西北地区，青藏高原及天山、昆仑山等山系的快速隆升，阻挡了海洋性湿润气流向西北内陆地区的输入，致使干旱化程度进一步增强。中新世时，包括新疆在内的我国西北地区年降水量已下降至200～300mm，其中塔里木盆地已下降至200mm以下；到上新世时，已接近于现代，盆地中心部分降水量通常不足5mm，环境走向极度干旱荒漠化。伴随着干旱程度的加强及全球性的降温过程，甘新地区呈现出从受行星风系控制的亚热带干旱荒漠环境向内陆温带干旱荒漠环境转变的特点，表现为新近纪以来，西北各盆地普遍出现浅色或黄色、灰黄色干旱沉积，并随地层时代逐渐变新，浅色干旱沉积比例逐渐加大，而红色干旱沉积比例逐渐减少；孢粉分析指示草原、荒漠草原植被逐渐占主导。

新近纪时期，准噶尔盆地、塔里木盆地、库木库里盆地、吐鲁番-哈密盆地、河西走廊山间盆地等，都不同程度地发育了红色沙漠；红色沙漠中含古风成砂的地层沉积相组合显示，此时在干旱盆地山麓带戈壁前缘已有风成沙丘（或沙带）与丘间洼地（或带间洼地）两种形态；沙漠带上风向与下风向已较为稳定地存在风砂与风尘堆积两个地貌区（董光荣等，1991）。中新世时，古风成砂颜色比以前略浅（呈红至棕红色），且多含钙结核层和钙板、钙片，古土壤层分化不明显，表明当时以半固定、半流动沙丘为主；上新世时，古风成砂颜色更浅（呈淡红至棕红色），无明显古土壤和钙结核层，却含片状石膏，以流动沙丘占优势（董光荣等，1991）。

中新世时，塔里木盆地西南乌恰群（E_3—N_1wq）底部以上为含石膏层、沙丘岩的冲洪积相红色砂泥岩。盆地北部和东部有咸化湖相介形类和有孔虫生物群（李孝泽、董光荣，2006）。在轮西 2 井，康村组（N_1^2）下部出现石膏层。至上新世时，盆地中部满西 1 井上新统中部有大量石膏夹层；盆地西南的阿图什组（N_2a）的叶城剖面含石膏的冲洪积相红层中，从 4.6Ma B. P. 开始出现黄土相夹层与灰色砾岩层，并呈逐渐增多趋势（李孝泽等，2001）；盆地北区库车组（N_2）孢粉为麻黄-藜组合，底部还出现石膏层；东部库车组不仅含有石膏，在群克 1 井 210m 处，孢粉有藜、麻黄、蒿，以及少量松属、三沟粉属、白刺、伞形科等，以草本植物占绝对优势，为干旱荒漠植被，指示炎热干旱环境（曹美珍等，2001）。7Ma B. P. 开始，在盆地中部麻扎塔格剖面的泥岩、砂岩、粉砂岩交错沉积中，含有多层风成砂，为原地生成的沙丘沉积，说明塔里木盆地腹地已出现沙漠环境（Sun et al.，2009）；在塔里木盆地西南缘昆仑山麓的桑珠剖面，5.3Ma B. P. 前后沉积相发生显著转折，从此前粒径较粗的单一冲-洪积相转变为纹理细密的风成粉砂层，反映出作为这些物质物源区的塔里木盆地已成为沙漠环境（Sun and Liu，2006；Sun et al.，2008）（图 6.10）。

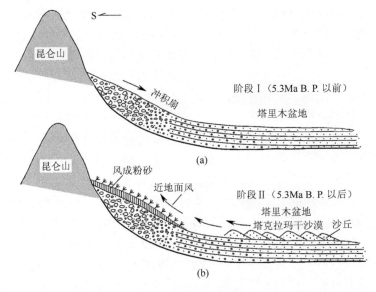

图 6.10　5.3Ma B. P. 前后塔里木盆地-昆仑山前地貌
与环境演变概念模型（据 Sun et al.，2008）

（a）5.3Ma B. P. 以前山前表面为粗砂砾石，不利于植物生长；
（b）5.3Ma B. P. 以后山前表面覆盖风成粉砂利于耐旱草本植物生长

在准噶尔盆地，中新世干旱沉积以灰白、灰绿、棕红色地层为主。在莫索湾，塔西河组（N_1t）湖相沉积中夹有大量白色粉末状、纤维状石膏；同期玛纳斯县塔西河剖面295.8m 的灰色湖相地层中有多层黄钾铁矾沉积。在沙湾县霍尔果斯河剖面 359.5m 的沙湾组（E_3—N_1s）紫色砂泥岩中有钙质结核，属干旱至半干旱环境。至上新世，在玛纳斯独山子剖面中部独山子组（N_2d）为灰黄色砂泥岩，并夹有钙结核，反映出以干旱为主。

在河西走廊盆地，中新世，玉门白杨河组（N_1b）上部为棕红色砾砂泥岩，中部为紫色泥岩夹灰绿色厚层砂岩，下部为橘红、深红色块状砂岩夹棕红色泥岩和石膏层（李孝泽、董光荣，2006）；孢粉以蒿属、菊科、藜科和白刺属等占优势，主要属于草原灌丛植被类群，木本被子植物很少。

第四纪时期，甘新地区内干旱气候的发展是继承性和持续性的（周廷儒，1964；中国科学院《中国自然地理》编辑委员会，1984），第四纪古风成砂颜色普遍发黄，反映温带干旱环境的黄色沙漠逐渐形成（董光荣等，1991）。

更新世早期，青藏高原面平均海拔达到 2000m 左右，山地高度可能超过 3000m，现代季风环流已经形成。自早更新世（2.6Ma B.P.）以来，甘新地区的塔里木盆地、准噶尔盆地、巴里坤盆地、河西走廊盆地等地区已经处于温带干旱荒漠环境。塔里木盆地西南叶城剖面的西域组（Q_1x）和乌苏群（Q_2ws）完全为灰色扇砾岩夹黄土层沉积（郑洪波等，2002）；准噶尔盆地玛纳斯和吉木萨尔一带的西域组（Q_1x）沉积为灰色砾岩夹砂泥岩条带，一般为钙质胶结（李孝泽、董光荣，2006）；河西走廊玉门组（Q_1y）一般为冰碛、冰水冲积层（张有龙等，2001）。孢粉组合显示，早更新世时天山北麓平原区植被稀疏，主要以藜科、蒿属、禾本科、麻黄属等植物为主，落叶阔叶林少有分布，已呈现出温带荒漠草原、荒漠特征（闫顺、许英勤，1988）；但中更新世晚期之前青藏高原的高度还不足以阻挡湿润夏季风向北深入，高原本身及北部甘新地区，由于现代季风的出现迎来了一个气候相对湿润的时期。新疆、甘肃境内的干荒漠中，普遍存在目前已经干涸的古水道网遗迹，大面积的遗迹都属于中更新世或早更新世时期。罗布泊早、中更新世的湖泊沉积物中含有较多以松、杉、桦、榆、栎等为主的针叶、阔叶林植被孢粉以及草原植被孢粉（闫顺等，1998）；同时，中更新世时期，甘新地区的各高大山系均有大规模的冰川发育，除了一定的温度条件外，充足的水分供应也是必不可少的条件。

中更新世以来，受昆仑-黄河运动和共和运动影响，青藏高原高度抬升到 3000m 以上，在其屏蔽作用下，湿润的西南气流难以进入甘新地区，西伯利亚冷高压的出现和加强以及一年内对这些地区控制时间的增长，也加剧了该区的干旱化程度；同时，青藏高原与周围同高度的大气之间由于热力作用会发生"高原季风"现象，在作为热源的高原上空，气流受热上升，至高原外侧，气流下降，北侧下沉气流的位置正在南疆-甘-宁一带，产生的效应与哈得来环流在副热带高压下沉部分相似，使得当地干旱化程度进一步加剧（张兰生，1992）。甘新地区的温带内陆干旱荒漠气候在中更新世后更为强化，区内冰川规模逐渐缩小，湖泊退缩乃至干枯，沙漠出现并不断扩张，黄土开始堆积，现代极端干旱环境逐渐形成。0.80Ma B.P. 左右开始，昆仑山北坡、天山北坡、祁连山北坡开始发育连续的黄土或亚沙土堆积，是盆地内出现沙漠的间接证据，这一事件与中更新世气候变冷及冰期-间冰期气候波动幅度明显增大和变化周期转型事件，以及黄土高原黄土-古土壤粒度和磁化率所代表的冬、夏季风约 80 万年来几次显著增强事件基本同步（李保生等，1998a；方小敏等，2001，2002；邬光剑等，2001）；塔里木盆地北缘晚更新世以来植物稀少，以藜科、蒿属、麻黄属、禾本科和菊科植物占绝对优势，属温带荒漠草原-荒漠景观（闫顺、穆桂金，1990）；天山北麓平原地区多生长有柽柳科、藜科、蒿属以及菊科、禾本科等灌木、小半灌木为主的植物群，呈现出温带草原荒漠特征（闫顺、许英勤，1988）。昆仑山北坡海拔 3000～4000m 的晚更新世黄土中的孢粉组合以灌木及草本植物占优势，主要是麻黄属、藜科、蒿属、禾本科等，反映出温带荒漠景观。

二、沙漠的形成和扩张

甘新地区的现代沙漠形成于第四纪，与中生代至新近纪期间曾出现的形成于亚热带干旱环境下的红色沙漠不同，现代沙漠是温带干旱荒漠环境下形成的黄色沙漠。从约 0.8Ma B.P. 开始，在塔里木盆地、准噶尔盆地、巴里坤盆地、河西走廊盆地、阿拉善高原等地区已出现了温带干旱荒漠环境下形成的黄色沙漠（董光荣等，1991），甘新地区高山巨盆的地貌格局形成了强烈的地势反差，大量山地风化破坏的产物、第四纪冰川磨蚀运动产生的大量沙物质和冰川后退形成的大面积的冰碛物，经流水搬运到盆地堆积，形成广大的三角洲和冲积平原，这些巨厚的冲洪积物在干燥气候条件下，受风力吹扬成为沙漠形成、扩展的主要物质来源。沙漠随着气候干旱化程度的加强而不断扩大，直到形成现代的规模。

在塔里木盆地，温带沙漠在早更新世早中期始见于现今的塔克拉玛干沙漠东部地区，位于塔里木河下游以西、车尔臣河以北（吴正，1981），当时为干旱荒漠草原环境，沙漠零散，规模较小。阿羌河最高阶地上的昆仑山黄土形成于约 0.88Ma B.P. 前，其物源区应为塔克拉玛干沙漠，显示塔里木盆地现代形式的环流格局与塔克拉玛干沙漠雏形已经出现（方小敏等，2001）。其后，气候日趋干燥，至约 0.50Ma B.P. 和 0.14Ma B.P.，干旱化急剧增强，塔克拉玛干沙漠扩大加厚成为现今的规模（方小敏等，2001）。因此，早更新世晚期至中更新世期间，塔里木盆地干旱气候和以流沙为主的沙漠基本定型（董光荣，1997），末次冰期以来盆地广大地区的沙漠、亚砂土和黄土在持续干旱的气候环境下经历直线式加积的过程（李保生等，1993）。第四纪以来，源于山地冰川融水的各河流将大量风化碎屑携带到盆地内形成了巨厚沉积，塔克拉玛干沙漠西部、中部和南部的广大地区，发源于昆仑山的古河流三角洲极其发育，三角洲上有明显的古水道网痕迹，从现在沙漠边缘一直伸展到沙漠内部 200～250km 的腹地；沙漠北部为发源于天山南麓诸河的洪积冲积扇和塔里木河冲积平原（吴正，1981）；塔里木河上游冲积平原第四纪覆盖层的厚度为 400～500m（中国科学院新疆综合科学考察队，1965），冲积层在钻探深度 70m 内，主要由细砂、粉砂和亚砂土组成。这些处在干旱气候环境下的巨厚的疏松冲积沙层，成为塔克拉玛干沙漠的主要沙源，塔克拉玛干沙漠的沙丘砂表面清晰或者模糊地保留着冰川和河流作用的痕迹。

天山北坡黄土沉积底部的年龄约为 0.80Ma B.P.，表明作为天山黄土物源地的准噶尔盆地古尔班通古特沙漠的雏形最迟在此时即已形成；0.80Ma B.P. 以后，北疆气候总的变化趋势是越来越干旱，并在距今 65 万年和 50 万年前干旱化进一步明显增强，沙漠急剧扩大；随着干旱化的持续，0.25Ma B.P. 北疆的干旱程度已与现代相近，古尔班通古特沙漠的格局基本形成（方小敏等，2002；史正涛等，2006）。古尔班通古特沙漠的沙丘沙主要从下伏沙演化而来，虽然风力在下伏沙向沙丘沙演化中存在"掺杂"改造作用，但"就地起沙"仍是形成沙丘的主要原因。第四纪以来，来自准噶尔盆地周围山系的各类碎屑是盆地沉积层形成的主要物源，源于天山冰川的河流挟带大量冰碛物和低山区中、新生代沉积物流入盆地南部，形成广阔的冲积平原，阿尔泰山南坡山前地带也存在冲-洪积层分布，而乌伦古河和额尔齐斯河则为当时盆地大范围湖相沉积搬运了可观的碎屑物质。准噶尔盆地北部沙漠沙主要来自发源于阿尔泰山河流的山前冲积洪积物，以及额尔齐斯河下游冲积物，主粒径多为中-细砂，中值粒径 M_d 为 0.10～0.27mm；盆地南部广大范围内沙的物源主要是天山冰川河流的第四纪冲洪积物，沉积物明显变细，古尔班通古特沙漠南部的 ZKII-5 钻孔 0～35m 深的沙层中，沙物质主要由极细砂和细砂组成，平均粒径 M_z 为 0.13～0.15mm；中部区的沙漠沙则主要来源于古（近）代湖沼相沉积层中的沙、基岩（古近系、新近系为主）风化的残积堆积物以及下伏第四纪冲积物（钱亦兵等，2000，2001）。

陇西盆地断岘黄土-古土壤剖面显示，腾格里沙漠最晚在 1.8Ma B. P. 就开始形成，并至少经历了 1.1Ma B. P. 和 0.8Ma B. P. 前后两次大的扩张与变化过程（杨东等，2006a，2006b）。祁连山东段北麓沙沟河最高阶地上的黄土底界年龄为 0.8Ma B. P. 左右（Pan et al.，2001），也意味着腾格里沙漠在 0.8Ma B. P. 开始大规模扩张。巴丹吉林沙漠的雏形也大致于 0.9～0.8Ma B. P. 形成，并经过 0.50Ma B. P. 和 0.14Ma B. P. 的急剧扩大，才形成今天的规模（潘保田等，2000；方小敏等，2002）。

三、山地冰川的发育与演化

甘新地区晚新近纪以来强烈隆起所形成的高大山系，为冰川发育提供了有利地形和水热条件，发育了数量众多的冰川。丰富的冰川资源，成为当地河川径流的重要来源，如在天山西段，冰雪融水为河川径流量的 30%～50%；东段冰川面积虽然相对较小，但由于降水量少，冰雪融水补给仍占 50% 左右；祁连山西段疏勒河流域的 30% 左右来自冰雪融水，黑河流域亦占 10% 左右，向东逐渐减至 10% 以下。一般大的河流均为冰雪融水补给，如准噶尔盆地内的玛纳斯河，冰雪融水占其年径流量的 47%；河西走廊的哈尔腾河，其年径流量的 41% 也来源于冰雪融水（任美锷、包浩生，1992）。

表 6.3　中国甘新地区主要山系的现代冰川数量分布（据施雅风等，2000，略改）

山系	山地面积 /km²	最高峰海拔/m	冰川条数		冰川面积		冰储量		冰川平均覆盖度/%
			条数	占全国百分比/%	面积/km²	占全国百分比/%	体积/km³	占全国百分比/%	
阿尔泰山	28800	4374	403	0.87	280	0.47	16	0.28	0.97
天山	211900	7435	9081	19.61	9236	15.55	1012	18.10	4.36
昆仑山	98582	7167	6580	14.21	10844	18.25	1175	21.02	11.00
阿尔金山	56300	6295	235	0.51	275	0.46	16	0.28	0.49
祁连山	132500	5827	2815	6.08	1931	3.25	93	1.67	1.46
总计	528082	—	19114	41.28	22566	37.99	2312	41.36	4.27

注：＊此处指昆仑山从塔库尔干河谷至克里雅河一段

甘新地区山地冰川的发育，是新生代气候逐渐变冷与各大山系逐渐隆升进入冰冻圈双重作用耦合的结果。从早更新世晚期开始，在某些高出雪线的高山地带发育了冰帽或小型山麓冰川。大约80~40万年前，中国西部高山和青藏高原进入最大冰川作用阶段，但由于中国各山地上升的时间、幅度不同，各地的冰期次数、冰川类型和最大冰川作用延续的时间亦有相当差别（施雅风等，2006）。之后，随着冰期-间冰期的旋回波动，各山地冰川发生相应的冰进冰退，但自中更新世以来，因气候持续干旱化，尽管山地高度持续上升，各山地的冰川规模却是逐步缩小的。在经历了末次冰期的冰川前进后，全新世冰川逐渐退缩到目前规模。

早更新世时期，西部山地还没有普遍达到冰冻圈高度。甘新地区最早的冰川活动可能为天山的阿合布隆冰期，与青藏高原大约出现于1.17~0.8Ma B.P.的希夏邦马冰期同期。此次冰期遗迹零星，在天山托木尔峰木扎尔特谷口阿合布隆水文站南岸发现的15m厚的冰碛砾岩、包孜东北冰水冰碛砾岩与冰川现象属于该次冰期（苏珍等，1985）。根据阿合布隆冰碛来看，冰川发育具有一定规模，但可能不如后来冰期规模大，以致冰川遗迹被后来更大的冰川作用覆盖或破坏（施雅风，2002）。

中更新世时期有利的地形、气候条件，促成了大规模的山地冰川活动。甘新地区各高大山地最大规模的冰川发育基本都形成于中更新世早期的昆仑冰期和中期的中梁赣冰期。

昆仑冰期年龄相当于0.8~0.6Ma B.P.，对应深海氧同位素MIS20—MIS16阶段，是青藏高原及中国西部多数高山的最大冰川作用阶段。甘新地区此次冰期最具代表性的冰川发育在昆仑山地区，"昆仑冰期"即由此命名。昆仑冰期不仅是昆仑山最早的一次冰期，也是冰川规模最大的一次冰期。

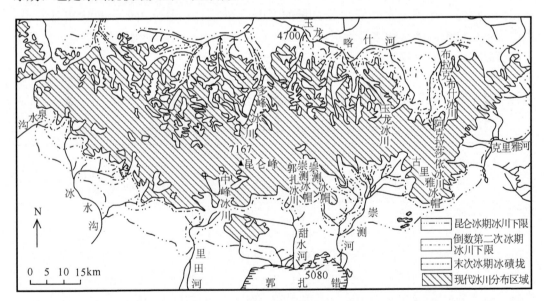

图6.11　西昆仑山区三次冰期冰川下限（据郑本兴等，1991，转引自施雅风等，2006）

该次冰期的冰碛，在西昆仑山直抵玉龙喀什河峡谷海拔4700m附近（图6.11）；根据冰碛分布范围推测当时昆仑山地区的冰川以主脊或峰区为中心向四周辐射，形成巨型的冰帽-山麓冰川，但未连成一体，其中，西昆仑最大冰期面积是现代冰川面积的1.9倍，该次冰期的冰碛直抵玉龙喀什河峡谷4700m附近。天山地区可能属于昆仑大冰期的冰川遗迹主要发现于托尔尔-汉腾格里山汇南坡台兰谷地，发育有山麓冰川，以柯克台不爽冰碛平台保存最好，冰碛层厚20～30m，海拔2400m，高出台兰河床500～600m。

中梁赣冰期（0.48～0.42Ma B. P.）相当于深海氧同位素MIS12阶段，即早于倒数第二次冰期，在祁连山北坡摆浪河源地区（图6.12）、天山乌鲁木齐河源、阿尔泰山和西昆仑均发现有冰川前进。其中，在天山地区，该次冰期称为高望峰冰期，冰碛年代为0.47～0.46Ma B. P.（周尚哲等，2001b；易朝路等，2001），是天山最大的一次冰期，此次冰期乌鲁木齐河源冰舌末端高度在3000m左右，谷首位置在山北道班岩盆后的大冰坎基部，海拔3600m，槽谷平均宽度1500m，深约100m，比降0.41％，推测当时冰川可能为平顶冰川或冰帽冰川，冰川宽缓而薄，分布面积远较以后各次冰期为大，雪线海拔高度在3500m左右（王靖泰，1981）；博格达山脉北坡三工河、四工河冰川长达30多千米，冰舌延伸至山麓，成为宽尾山谷冰川或山麓冰川，估计冰舌末端至海拔800～1000m；托木尔峰地区冰川可能规模更宏大，木扎尔特冰川可能长度在120km以上，为半覆盖式山麓冰川。在阿尔泰山地区，属于此阶段的冰川活动时期为布尔津冰期（郑本兴，1994），是阿尔泰山发现的最老的一次冰期，也是冰川规模最大的冰期，为半覆盖式山麓冰川。根据喀纳斯河漂砾的现代高度推测，冰流厚度至少达500m以上，河谷两边山梁全部被冰川覆盖，只剩少数冰原岛山出露冰面，冰川作用下限至少低于海拔1000m，雪线位置可能在相当于1650～1700m的破碎残留凹地。

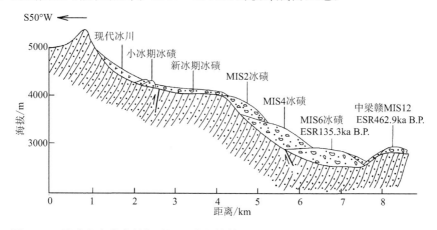

图6.12 祁连山中段北坡摆浪河源中梁赣第四纪冰碛分布（据周尚哲等，2001b）

中更新世最大冰期以后，尽管受昆黄、共和运动的影响，青藏高原及周边山地持续抬升，至晚更新世后，青藏高原高度可能已经达到4000m以上，但甘新地区因水汽来源受阻，水分供应不足，山地冰川发育规模逐渐缩小（表6.4）。

表 6.4 甘新地区部分山系第四纪冰川发育情况（据施雅风等，2006）

	冰期	阿尔泰山喀纳斯河流域及邻域	昆仑山	天山托木尔-汉腾格里山汇
中更新世	最大冰期（昆仑冰期）MIS20～16	—	以主脊或峰区为中心向四周辐射，形成巨型冰帽-山麓冰川，但未连成一体，西昆仑山的冰川面积比现代大1.9倍	推测发育山麓冰川
	中梁赣冰期 MIS12	半覆盖式冰川，冰川作用下限估计至山口外布尔津平原上	—	木扎尔特冰川长度在120km以上，为半覆盖式山麓冰川（?）
	倒数第二次冰期 MIS6	大规模的树枝状山谷冰川，冰舌末端达1250m高度，冰川长110～120km，古雪线为2200m，下降值在1000m左右	发育大型冰帽-山麓冰川，冰川规模小于昆仑冰期，西昆仑山冰川面积比现代大59%	发育溢出山谷的宽尾冰川，当时台兰冰川长78km，末端至海拔1500m左右；木扎尔特冰川长120km左右，末端在1750m左右
晚更新世	末次冰期早冰阶 MIS4	树枝状山谷冰川，古雪线为2420m，雪线下降780m	发育冰帽-山麓冰川，遗迹大部分可能被晚期冰川前进时所破坏，比现代冰川面积大	冰川规模稍大于末次冰期晚冰阶冰川，当时木扎尔特冰川长96km，面积为2616km²；台兰冰川长58.8km，面积为1013km²
	末次冰期晚冰阶 MIS2	树枝状山谷冰川，古雪线为2640m，下降值560m	发育冰帽-山麓冰川和冰帽-山谷冰川，西昆仑山为现代冰川面积的2.2倍	台兰冰川冰舌已达谷口，木扎尔特冰川冰舌已出山口
全新世	新冰期	复式山谷冰川，冰舌末端达海拔1700m，冰川规模比小冰期大，古雪线为2860m，下降值340m	冰帽-山谷冰川，冰川前进，冰川面积比现代稍大	木扎尔特冰川为树枝状山谷冰川，长47km；台兰冰川为山谷冰川，长29km
	小冰期	喀纳斯冰川末端伸至海拔2300m处，雪线较现代下降120～150m，为山谷冰川	各冰川类型并存，冰川前进，已接近现代冰川面积	冰川规模稍大于现代冰川
	现代冰川	喀纳斯冰川，长10.8km，面积为30.13km²，末端海拔2416km，为复式山谷冰川	各冰川类型并存，塔什库尔干河谷至克里雅河一段现代冰川面积为10844km²，冰川条数6580条*	冰川面积为2809km²，发育树枝状山谷冰川，其中台兰冰川长23.8km，末端高度为3080m；木扎尔特冰川长29km，末端海拔2770km

*表示冰川面积据施雅风等，2000。

发生于中更新世末的倒数第二次冰期（? ～130ka B.P.），在昆仑山发育为一大型冰帽-山麓冰川，冰川面积为现代冰川面积的1.6倍，冰川规模较末次冰期大而比昆仑冰期小。当时西昆仑山的冰川面积比现代大59%，比末次冰期大12%（施雅风等，2000）（图6.11）。在天山，发育有巨大树枝状宽尾山谷冰川，冰川规模较末次冰期冰川长大，而稍小于高望峰期。天山托木尔峰地区的木扎尔特冰川和台兰冰川冰舌末端分别下伸至海拔1750m和1400m附近，冰川长约120km与78km左右，均为巨大树枝状宽尾山谷冰川；博格达山脉北坡三工河、四工河冰川的末端至少达到海拔1200m左右，南坡古班博格达果勒冰川可能抵达山口附近。在阿尔泰山，发育有大规模的树枝状山谷冰川，冰川规模较末次冰期大，较布尔津冰期稍小。喀纳斯河冰川长达 110～120km，比现代河源的喀纳斯冰川还长 100km，冰川末端下限达海拔 1250m，雪线高度估计在 2200m，在喀纳斯湖口附近的冰川厚度可达 300～400m。祁连山在该冰期同样有较大的冰川发育。

发生于晚更新世的末次冰期（75～11ka B. P. ）是距今最近的一次大规模的冰川前进期。其中，以晚期气候最冷、冰川规模最大的末次冰期冰盛期最具代表性。

西昆仑山古里雅冰帽中冰芯记录的末次冰期冰盛期为 32.0～15.0ka B. P. ，极端最低温出现在 23.0ka B. P. 。根据冰芯中 $\delta^{18}O$ 值粗略换算，当时的温度比现代降温 9.0℃（姚檀栋等，2000）。昆仑山发育冰帽-山麓冰川，昆仑山西段的雪线降低达 300m 左右（施雅风等，2006）。西昆仑山崇测冰川的平衡线至海拔 5700m，6～8 月气温为 -5℃，年降水量小于 200mm。

末次冰期时，天山普遍发育山谷冰川，冰川规模比倒数第二次冰期冰川规模要小，比现代冰川面积要大，冰川雪线与现代位置相比下降 500～620m（表 6.5）。据统计，末次冰期天山 19 条山脉的冰川面积是现代冰川面积的 2～11.5 倍，整个天山冰川面积为（扣除冰原石山面积）34566.05km²，是现代冰川面积的 3.7 倍（表 6.6）。末次冰期冰盛期，西部托木尔峰地区冰川面积达 5618km²，为现代冰川的 2 倍（图 6.13）；东部博格达山冰川面积（1212.4km²）较现代扩大更多，达 5.7 倍；阿拉沟山是末次冰期冰盛期时天山冰川面积扩大倍数最多的冰川，达 11.5 倍。

表 6.5　中国天山部分冰川与末次冰期冰川情况对比（据施雅风等，2006，略改）

冰川名称及所属山脉	现代冰川				末次冰期冰川				冰川类型
	长度/km	面积/km²	末端高度/m	雪线高度/m	长度/km	面积/km²	末端高度/m	雪线高度/m	
天格尔山北坡乌鲁木齐河源冰川	2.2	17.81	3600	4050	19.0	124.5	2580	3440	大型山谷冰川
博格达山北坡四工河源冰川	4.3	7.46	3620	3850	24.0	70.0	1540	3300	大型山谷冰川
汗腾格里峰东坡木扎尔特冰川	33.0	1219.23	2950	4220	96.0	2616.2	1860	3600	树枝状宽尾山谷冰川

末次冰期在阿尔泰山有 2～3 次冰川波动，发育了大规模的山谷冰川。末次冰期的多列终碛出现于著名的冰蚀冰碛堰塞湖——喀纳斯湖下方，海拔 1430m。相应的大量古冰斗出现于 2600～2700m，雪线高度较现代雪线下降 600～800m。末次冰期阿尔泰山的冰川面积为 105km²，相当于现代冰川的 4.2 倍，但不如倒数第二次冰期树枝状山谷冰川规模大。其中，阿尔泰山南坡的喀纳斯冰川长近 100km，为现存冰川长度的 9.3 倍；北坡的卡通斯基冰川长度达 280km，为众多支流补给的树枝状山谷冰川，而该冰川的现存长度不超过 10～11km。

祁连山末次冰期的冰碛物分布广泛，如老龙湾沟口第二套冰碛物，白水河河口冰碛物，岗龙沟冰碛物等，其时间范围在 18.7～39.9ka B. P. 。末次冰期冰盛期，祁连山冰

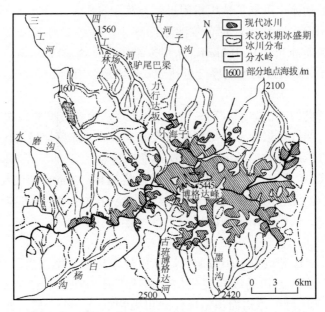

图 6.13　博格达峰地区末次（天池）冰期冰川分布示意图
（据郑本兴、张振拴，1983，转引自施雅风等，2006）

川面积为 17102km²，为现代冰川面积 1931km² 的 8.7 倍。据古冻胀泥炭推算，祁连山东端毛毛山末次冰期冰盛期比现代降温 7.0℃（徐叔鹰等，1984）；敦德冰帽中反映出末次冰期比现代降温 6.0℃（Thompson et al.，1997）。

表 6.6　天山现代冰川面积与末次冰期冰盛期冰川面积比较（据施雅风等，2006，略改）

山脉名称	现代冰川面积/km²	末次冰期冰盛期冰川面积/km²	面积对比
阿拉套山	76.37	511.68	1/6.7
别珍套山	164.17	1088.52	1/6.6
科古琴山	4.17	26.27	1/6.3
博罗克努山	641.67	3336.68	1/5.2
依连哈比尔尕山	1422.04	7636.81	1/5.3
天格尔山	230.93	1847.40	1/8.0
阿吾拉勒山	163.31	1339.15	1/8.2
阿拉沟山	19.13	219.90	1/11.5
比依克山	222.16	910.86	1/4.1
那拉提山	65.59	382.00	1/5.9
艾尔宾山	220.23	1365.43	1/6.2
霍拉山	97.33	632.65	1/6.5
科克铁克山	187.74	807.30	1/4.3
哈尔克他乌山	1773.78	4079.70	1/2.3
托木尔峰地区	2808.99	5618.00	1/2.0
天山南脉	768.67	2973.10	1/3.9
博格达山	213.85	1212.40	1/5.7
巴里坤山	29.40	200.70	1/6.8
哈尔里克山	125.89	477.50	1/3.8
总计	9235.42	34666.05	1/3.7

距今 1.1 万年左右，经历了急剧降温的新仙女木冷事件后，气候开始大幅转暖，中国西部冰川开始退缩，终碛垄上形成黄土，冰川呈阶段性后退，进入全新世冰后期的冰川退缩时期。中全新世大暖期（8～4ka B.P.），气候总体由暖湿向暖干发展，气温高出现代 2～3℃，天山乌鲁木齐河红五月桥附近云杉上限比今日高 200m（周昆叔等，1981），天山望峰终碛垄以上的冰碛石上形成钙膜（王靖泰，1981）。柴窝堡湖阶地上孢粉分析结果显示，8.5～6.5ka B.P.，云杉增长，桦减少，有阔叶、落叶类、榆、杨柳出现，莎草科达 30%以上，显示气候温和湿润；6.5～5.0ka B.P.，麻黄增长，白刺和枇杷柴含量上升，莎草科和禾本科下降，反映气候趋向干燥（李文漪、闫顺，1990）。

与全新世气候变暖相适应，西部地区冰川大幅度后退，许多低山岭上的冰川消失，虽然高山地区仍有冰川发育，且规模在全新世气候变冷期都曾比现代大些，但已远不能与更新世冰期相比。

表 6.7　天山部分地区不同新冰期阶段的冰川变化（据郑本兴、张振拴，1983）

地区		乌鲁木齐河源 1 号冰川	乌鲁木齐河源 3 号冰川	乌鲁木齐河源 6 号冰川	博格达扇状分流冰川
新冰期（I）	面积/km²	4.32	1.15	1.89	32.02
	长度/km	3.65	1.90	3.25	10.90
	雪线高度/m	3810±35	3680±25	3780±30	3725±25
	末端高度/m	3560	3580	3580	3320
新冰期（II）	面积/km²	2.48	1.05	1.67	24.63
	长度/km	3.00	1.65	2.50	8.40
	雪线高度/m	3890±20	3710±30	3835±20	3780±20
	末端高度/m	3600	3590	3640	3420
新冰期（III）（17～19世纪小冰期）	面积/km²	2.35	0.89	0.92	13.09
	长度/km	2.90	1.40	1.70	6.90
	雪线高度/m	3910±25	3740±30	3850±25	3800±20
	末端高度/m	3640	3610	3720	3540
现代冰川	面积/km²	1.95	0.53	0.88	4.82
	长度/km	2.40	0.90	1.30	6.15
	雪线高度/m	4100	—	4050	3920
	末端高度/m	3740	3630	3750	3540

全新世晚期（4～3ka B.P.）以来的新冰期，在昆仑山至少存在三次冰进，发育冰帽-山谷冰川，冰川面积比现代稍大。在天山地区，新冰期的冰川规模也比现代冰川规模大（表 6.7），乌鲁木齐河源和博格达山脉冰川多为中等规模的山谷冰川，冰川一般长 3～8km，最盛时有些冰川长度可达 10km 左右，冰川面积平均为现代冰川面积的 2.2～4 倍，冰川雪线比现代雪线降低 150～250m；托木尔峰地区此时多为大型山谷冰川，其中木扎尔特冰川长达 51km，冰舌末端至海拔 2500m，冰川雪线为 3980m，比现代冰川雪线降低 240m；台兰冰川长 29km，冰舌末端伸至海拔 1700m，冰川雪线为 4050m，比现代雪线降低 250m。阿尔泰山喀纳斯河冰川前端达到阿克库勒湖口，冰川长度约 33km，冰舌最大厚度可达 250m，末端终止于 1800m，为一复式山谷冰川。

至小冰期时，昆仑山的冰川面积虽仍比现代冰川稍大，但已接近现代冰川规模。在天山，小冰期冰川规模也比现代规模稍大，乌鲁木齐河源与博格达山脉冰川以发育小型的山谷冰川和冰斗冰川为主，乌鲁木齐1号冰川最盛时的雪线高度为3920m，比现代冰川雪线低130m（张祥松、王宗太，1995）；托木尔峰地区仍以大中型山谷冰川为主。小冰期时阿尔泰山喀纳斯冰川冰舌厚度可达250余米，长14.3km，末端高度至海拔2300m，以小的山谷冰川和冰斗冰川为主（刘潮海、王立伦，1983）。

小冰期之后，全球变暖升温，各山地冰川退缩趋势明显。阿尔泰山小冰期以来冰川面积由原来的431km²，减为现在的280km²，减少151km²，约为小冰期时冰川面积的35%；天山从小冰期盛时以来冰川面积减少2419km²，为小冰期时冰川面积（11655km²）的21%（王绍武、董光荣，2002）。祁连山西段，包括疏勒河流域、党河流域、北大河流域和哈拉湖流域共1731条冰川，自小冰期至1956年间冰川面积减小幅度为16.9%，冰川储量减少14.1%；1956～1990年间，冰川仍以退缩为主，面积减少10.3%，储量减少9.3%（刘时银等，2002）。

第三节　沙漠与绿洲的进退

甘新地区在盆地腹地分布有浩瀚的沙漠戈壁，而在山前洪积扇下部、沿河两侧、环湖平原等水源丰富地区则发育了大片绿洲（表6.8），区内现有大小绿洲69646.53km²（不含内蒙古额济纳旗和阿拉善旗），约占该区总土地面积的4.33%，集中分布于贺兰山—乌鞘岭一线以西干旱区的绿洲，属温带绿洲类型（图6.14）。沙漠-绿洲相伴而生的格局是干旱区的特有景观，而绿洲景观的存在，则与山地冰雪资源的积储有着显著的联系。

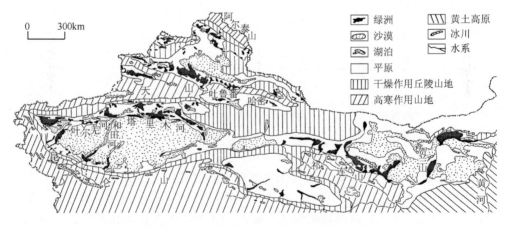

图6.14　中国绿洲分布图（据杨发相等，2006）

沙漠与绿洲的进退演化是一个此消彼长的过程，这一过程是通过水来起作用的，水既是绿洲得以存在的先决条件，又是抑制沙漠扩张的重要因素。它们的进退演化首先受到干旱环境下气候变化的控制，全新世以来，特别是历史时期，又受人类活动及河湖演变的影响。

表 6.8　甘新地区按地貌部位划分的绿洲类型（据张林源等，1995）

绿洲类型	举例	分布位置
扇形地型	甘肃河西走廊地区石羊河流域中游的武威绿洲，黑河流域中游的张掖、酒泉绿洲，疏勒河流域的玉门等绿洲；新疆喀什、和田、阿克苏、库尔勒、玛纳斯、乌鲁木齐等绿洲	山前冲积洪积扇的中、下部泉水溢出带附近
冲积平原型	甘肃河西走廊地区黑河沿岸的临泽、高台、鼎新绿洲，疏勒河沿岸的安西绿洲，新疆塔里木河上、中、下游段沿岸的绿洲等	水量较大的大、中型内陆河两岸的低阶地上，呈条带状
三角洲型	甘肃河西走廊石羊河下游的民勤绿洲，西大河下游的昌宁绿洲，北大河下游的金塔绿洲，黑河下游的居延古绿洲，摆浪河下游的骆驼城古绿洲等，新疆孔雀河下游罗布泊西北的楼兰古绿洲等	大、中型内陆河的尾闾地区附近

一、气候的周期性变化与沙漠、绿洲的进退

第四纪冰期-间冰期气候的周期性变化所造成的冰川融水及河川水量变化是制约绿洲演化的关键，甘新地区的绿洲依赖于山地降水和冰雪融水所形成的径流而存在，随水资源的多寡而演变。在地质历史时期，绿洲演变的直接证据较难获得，但从沙漠发育的强弱变化可以间接地推断绿洲的消长。

在氧同位素偶数阶段的冰期时，本区气候干冷，温度降低、降水减少、冬季风强盛，冰川融化时间缩短，河流水量下降，植被衰退，风沙活动强烈，沙漠扩张，绿洲萎缩，甘新地区的各沙漠均为流动型沙漠，广义上的沙漠和戈壁连为一体；而在氧同位素奇数阶段的间冰期或间冰阶，气候温暖湿润，降水普遍增多，流沙趋于固定、缩小，绿洲扩大，甘新地区的腾格里沙漠、巴丹吉林沙漠和古尔班通古特沙漠有较大收缩，绝大部分沙丘处于固定状态；塔克拉玛干沙漠同样收缩分裂出几个小一些的沙漠（吴海斌、郭正堂，2000）。

塔克拉玛干沙漠无论是在冰期还是间冰期均处于干旱-极干旱环境，冰期-间冰期的气候变化影响主要表现在沙漠发育强度的强弱波动。末次间冰期期间塔克拉玛干沙漠仍以干旱至极干旱的荒漠环境为主，主要为风成砂沉积，且缺少古土壤层（董光荣等，1990），但沙漠内部低洼区的河流、湖沼相冲洪积粉砂和亚黏土普遍增多，表明低洼区沙漠的逆转范围已有扩大，沙漠发育过程有所减弱（高存海，1995）。在普鲁剖面中，66.7~63ka B. P. 、45.9ka B. P. 有多层砂土砾石层发育，显示沙漠发育过程的减弱，分别对应于 73~60ka B. P. 深海氧同位素阶段 4 的冷谷向阶段 3 的暖峰变化与 46ka B. P. 左右阶段 3 的暖峰。罗布泊 K1 钻孔与 MIS3 对应的 8~17m 段孢粉组合中有较多水生植物花粉，其中香蒲（Typha）含量高达 17.2 ％，表明当时湖水体面积广阔，湖水矿化度不高，为微咸水的湖泊沉积环境（闫顺等，1998）。沙漠地层中 26ka B. P. 和 20.6ka B. P. 以后都显示为石膏胶结层，罗布泊 20.78ka B. P. 为湖相沉积，同样是沙漠发育过程减弱的证据，与 30~20ka B. P. 存在的 25.8ka B. P. 和 20ka B. P. 两个暖峰相对应。而沙漠发育增强的证据包括：普鲁剖面 41.6ka B. P. 的风成砂沉积、沙漠腹部 38.38ka B. P. 和阿尔金山北麓 37.2ka B. P. 的风成砂沉积，对应于阶段 3 中 42~37ka B. P. 之间的冷谷；民丰西南的地层中 22.6ka B. P. 的风砂沉积，于田以南 24.7ka

B. P. 的风砂沉积，对应于阶段 2 中 25.8～22ka B. P. 从暖峰向冷谷移动（图 6.15）
（李保生等，1993）。

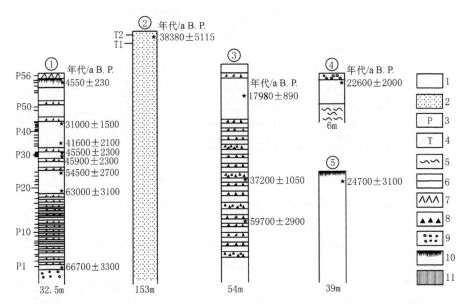

图 6.15　塔里木盆地末次冰期以来地层剖面对比（据李保生等，1993，略修改）
① 普鲁剖面；② 沙漠腹部剖面；③ 阿尔金山北麓剖面；④ 民丰西南剖面；⑤ 于田以南剖面；1. 微砂；
2. 细砂；3. 亚砂土带颗粒分析样品；4. 沙漠带颗粒分析样品；5. 冲洪积砂土；6. 风蚀面；7. 现代
亚砂土沉积；8. 冲坡积砂土砾石层；9. 冲洪积砂土砾石；10. 生草层；11. 黄土

　　腾格里沙漠自 1.8Ma B. P. 以来，随着冰期-间冰期的更替经历了多次缓慢的缩小、
固定与强烈扩展更替的过程。在陇西腾格里沙漠边缘断岘剖面午城和离石黄土下部地层
中表现为黄土（或风沙层）-古土壤层的交替变化（图 6.16），1.8～0.8Ma B. P.，古
土壤层之间的黄土层较薄，风化程度较深，沉积速率小，风成砂含量少，以半干旱环境
为主，气候变化幅度小、频率低，腾格里沙漠较为稳定，变化不大；0.8～0.13Ma
B. P.，多层古土壤和黄土叠覆更替，黄土中古风成砂含量大，出现 2～3 层砂质黄土或
古风沙层，表明气候出现多次暖湿与冷干的交替，气候变化幅度和频率明显增大，腾格
里沙漠变化频繁，多次出现扩展、延伸过程与缩小、固定过程的交替，并总体呈扩大之
势；0.13Ma B. P. 以来，末次间冰期时大于 63μm 的砂粒含量从其前的 22% 骤减到的
2% 左右，进入末次冰期后再呈现由小到大的趋势（杨东等，2006a，2006b）。在
MIS3，古居延海于 41～33ka B. P. 达到最高湖水位，由含软体动物粗砂组成的最高湖
滩比现在湖面高 22～30m，估计湖面积达到 33000km²（Pachur et al.，1995；
Lehmkuhl and Haselein，2000），现为腾格里沙漠包围的白碱湖，在 35～22ka B. P. 之
间曾发育为 20000km² 以上的"腾格里大湖"（张虎才等，2002）。腾格里沙漠东南缘风
成沉积相典型剖面（中卫南山剖面）的粒度变化显示，60～20ka B. P. 剖面中马兰黄土
细砂含量很低，腾格里沙漠的范围远没有到达现今的位置；20～10ka B. P. 剖面亚砂土
细砂含量最高，其时冬季风强盛，沙漠向东南方向大规模扩展（图 6.17）（强明瑞等，
2000）。末次冰期时，腾格里沙漠曾大规模南侵到现代沙漠以南数千米至数十千米，沙

漠南界一度抵达东祁连山北麓的山麓带及黄河北岸，在中卫、沙坡头、孟家湾、长流水、红卫及甘塘一线，古风成砂堆积厚达 5～8m（高尚玉等，2001）。

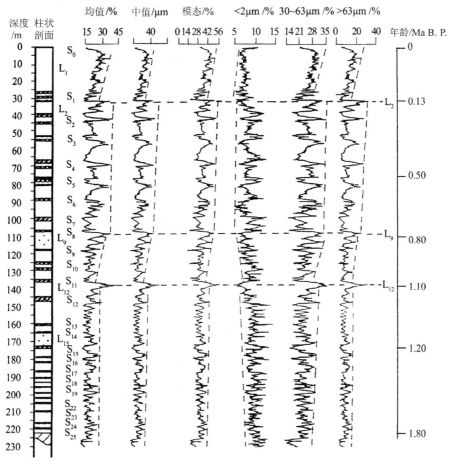

图 6.16　腾格里沙漠断岘剖面粒度变化（据杨东等，2006a）

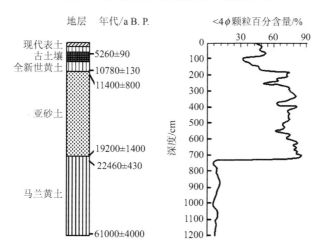

图 6.17　腾格里沙漠中卫南山剖面粒度变化
（据强明瑞等，2000）

巴丹吉林沙漠东南部边缘查格勒布鲁剖面记录了 150ka B.P. 以来 25 个旋回的沙漠与湖相等沉积交替变更的历史过程，反映了沙漠期与间沙漠期多次交替演变（李保生等，2005）。晚更新世早期（130～70ka B.P.）的末次间冰期，剖面沉积主要为细颗粒的湖相沉积物，SiO_2/Al_2O_3 的值处于低谷，$CaCO_3$ 含量处于最高峰值，表明气候暖湿，降水量增多，化学风化较强，巴丹吉林沙漠沉积表现为多层钙结层与松散风成砂互层，并埋藏有植物根管，反映当时沙漠多次固定、缩小。至晚期（70～10ka B.P.）的末次冰期，剖面以湖相与风成砂互层为特点，在 43ka B.P. 时，气候已逐渐演变到极为干冷的程度，植被以草本的蒿属和藜科为主，沙漠有所扩展；在 43～22ka B.P. 间冰阶时，气候相对暖湿，植被有所复苏，呈现荒漠草原景观，沙漠有所缩小与固定；22～10ka B.P. 的末次冰期冰盛期，气候最为干冷，植被稀疏，不仅缺少木本植被，就连蒿属和藜科等草本植被也很少，在这种严酷的环境下，沙漠再度活化，流沙面积大为扩展（董光荣等，1995b）。

对新疆博斯腾湖岩芯中的孢粉、碳酸盐含量、粒度的分析显示，全新世早期湖泊干涸，风砂沉积盛行，气候干旱；约 8ka B.P. 以来现代湖泊形成，气候相对湿润，其中约 6.0～1.5ka B.P. 期间流域湿度增加，湖泊深度最大，显示西北内陆干旱区全新世的气候变化特征与东部季风区存在明显的区别（陈发虎等，2006）。其他相邻内陆地区湖泊记录亦反映出类似变化特征，即早全新世时期气候最为干旱，中晚全新世为最湿润时段，之后逐渐降低，但仍显著高于早全新世（安成邦、陈发虎，2009）。

尽管甘新地区全新世气候变化的表现形式与东部季风区不同，但仍可辨识出全新世千年尺度上的气候波动。与千年尺度上的气候波动相对应，沙漠、绿洲出现多次相对扩张和收缩的变化。甘新地区的沙漠自全新世以来总体上至少经历了 10000～9500a B.P.、8000～7500a B.P.、5000～4500a B.P.、3000～2500a B.P.、2000～1300a B.P.、800～500a B.P.、和 300～100a B.P. 7 次沙地活化、扩大时期；以及 9500～8000a B.P.、7500～5000a B.P.、4500～3000a B.P.、2500～2000a B.P.、1300～800a B.P. 和 100a B.P. 至今

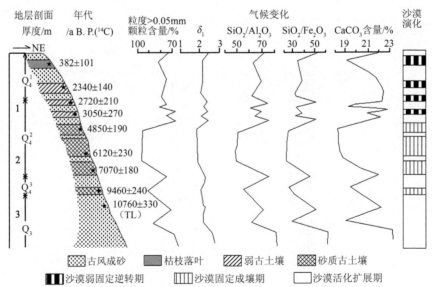

图 6.18　莫索湾地层剖面及气候变化、沙漠演化序列（据陈惠中等，2001）

的 6 次流沙固定、缩小时期（冯起等，1996）。在古尔班通古特沙漠西南隅的莫索湾剖面，全新世以来至少可见 8 次沙漠固定、缩小与沙漠活化、扩大的旋回（图 6.18），平均周期为 1250 年（陈惠中等，2001），其中，在 2800～2400a B. P. 的湿润期，莫索湾的沙丘处于固定状态（钟巍、王健力，1996）。

在一直处于干旱-极干旱环境的塔克拉玛干沙漠腹地（和田河-牙尔通古考河），普遍可见一层形成于 7.0～5.0ka B. P. 左右的白色黏土及亚黏土层，厚度在几十厘米到数米之间，被覆盖于现代风成沙之下，说明全新世中期塔里木盆地沙漠发育也曾减弱，出现过成土作用（王树基、高存海，1990）。

腾格里沙漠千年尺度气候变化的影响在沉积记录中也有反映（杨东等，2006a，2006b）。在腾格里沙漠南缘白岩沟剖面中，沙漠扩张时期的末次冰期冰盛期时砂的含量为 88％，早全新世和中全新世时期剖面中砂的含量降低至 28％左右，为整个剖面中含量的最低值；$CaCO_3$ 含量最大，高达 15％左右，为变化曲线的最高峰（图 6.19），属于沙漠强烈缩小阶段（李琼等，2006），（8090±130）a B. P. 开始发育古土壤。在大暖期中的 6000～5000a B. P.，腾格里沙漠强烈的退缩达到最盛，大部分沙漠被固定成壤，普遍出现疏林草原—草原景观，在其南缘地带发育了较好的粉砂质古土壤（高尚玉等，1993）；类似的古土壤在巴丹吉林沙漠东南缘也有发现（董光荣等，1995b，1996）。晚全新世，腾格里沙漠呈小幅扩张趋势。地球化学和孢粉分析结果显示，在 3270a B. P. 以后随着气候进入又一低温期，腾格里沙漠南缘荒漠化加剧，沙漠进一步扩张（张虎才等，1998）。巴丹吉林沙漠在 2.5ka B. P. 以后气候逐渐向冷干发展，黄土夹风成砂地层中 $CaCO_3$ 含量下降到 6％，沙丘活化强烈，流沙面积再度扩大（董光荣等，1995b）。

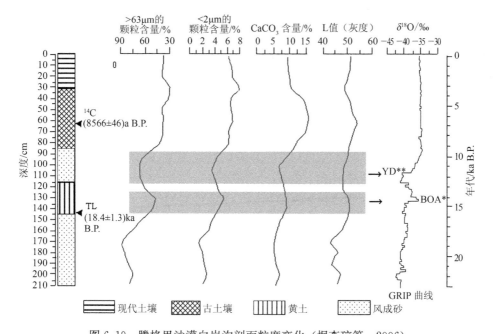

图 6.19　腾格里沙漠白岩沟剖面粒度变化（据李琼等，2006）

＊末次冰期中的 Bolling/Allerod 温暖事件；＊＊末次冰期中的新仙女木期（冷期）事件

二、人类活动影响下的沙漠与绿洲消长

随着人类社会的不断发展，绿洲的形成、演化、退缩和消亡不再仅仅是一种自然过程，更受到人类活动的深刻影响。在特定的时期里人类影响有可能超过自然过程对沙漠、绿洲进退的影响。

人类对甘新地区绿洲的利用，经历了原始绿洲、古绿洲、老绿洲、新绿洲四个阶段（张林源等，1995）。在汉代以前的原始绿洲阶段，人类活动早期的遗址多发现于低山地区有河流的山间盆地中，人类活动对绿洲的影响很小，绿洲面貌处于自然状态，其分布和演变完全受自然地理环境因素的控制。古绿洲的开发主要在汉唐时期。汉代开始，中原王朝势力深入"西域"，在河西走廊、塔里木盆地以及吐鲁番-哈密盆地广泛移民屯垦，农业蓬勃发展，绿洲受人类活动的影响逐渐增大（图 6.20）。古绿洲时期的农业"以人就水"，古聚落大量分布在河流下游三角洲上，如河西走廊石羊河下游的三角城、黑河下游的居延城、疏勒河下游的锁阳城，塔里木盆地塔里木河及孔雀河下游的楼兰、克里雅河及尼雅河下游的喀拉墩和尼雅等古城等。老绿洲的开发主要在明清至民国时期，主要在清代。唐代以后，甘新绿洲开发经历了长期的停滞，至明清，尤其是清代，又进入了兴盛时期。明清两代均有大规模向西部移民屯垦的举措，特别是清代由于将整个新疆纳入版图，移民数量更多、屯垦范围更广，随着技术的进步，对绿洲的改造力度也更大。通过大型水利工程引水灌溉，甚至迫使河流改道，自然绿洲生态开始解体，部分逐渐被人工绿洲生态代替（王乃昂等，2002）。在老绿洲时期，人类活动区域早已不再局限于下游三角洲，而是密布于河流中上游的冲积平原（如河西走廊黑河沿岸的临泽、高台绿洲，疏勒河沿岸的安西绿洲和南疆塔里木河干、支流沿岸的绿洲）及出山口处扇形地（如甘肃河西走廊地区的武威、张掖、酒泉、玉门镇和敦煌，新疆喀什、和田、阿克苏、库尔勒、玛纳斯和乌鲁木齐等绿洲），人类与绿洲的关系逐渐变成"以水就人"。新绿洲的开发主要在 20 世纪 50 年代以后。人类与绿洲的关系演变成"以地就水"，通过大型水利工程（如水库、灌渠）的兴修，人类对水资源的利用更加充分。新绿洲一般依托老绿洲向外扩展，尤其是扇形地绿洲，由于水源丰富且有保证，土层深厚且肥沃，地下水埋藏适中且水质良好，往往得到重点关注，其规模大者，还发展成为干旱区的政治、经济、文化中心和工农业生产基地。

甘新地区绿洲的发育直接受地表水与地下水条件的制约，河流、湖泊的迁徙与湖泊的退缩都会造成依附其生存的绿洲相应改变，冲积平原绿洲（沿河绿洲）和湖泊干三角洲绿洲尤其如此，在绿洲衰落的地区沙漠相应扩张，而在新生的绿洲区沙漠的扩张会受到抑制。这种变化可能引起两种形式的沙漠与绿洲的消长，即改变沙漠与绿洲之间的相对比例，或改变沙漠和绿洲的空间分布格局。

历史上天山北麓长期处于草原民族控制之下，农垦屡遭兴废，明末以前的古绿洲呈星点分布在交通沿线；直到清代才重新起步，新旧绿洲基本都是在中央政府有组织的屯垦下发展起来的，清代半农半牧时期的绿洲为断续的小片块。20 世纪 50 年代以后，新疆生产建设兵团在这里建立了 60 多个国营农场，将分散的小片联结成与天山中段相平行的绿洲群、带，使新绿洲耕地面积占到本区耕地的 70%。与塔里木和河西走廊不同，

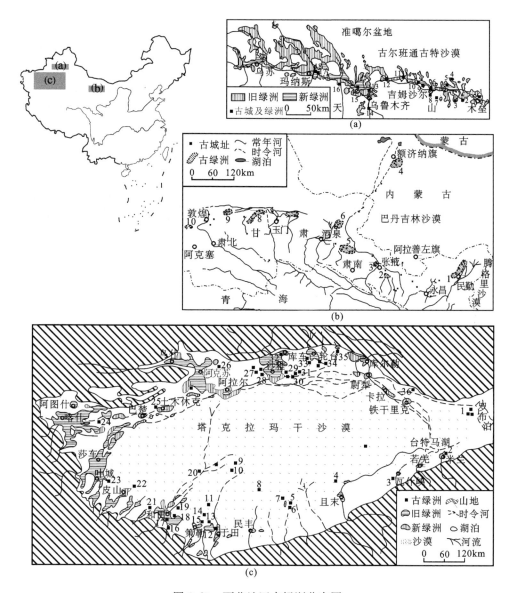

图 6.20 西北地区古绿洲分布图

(a) 天山北麓据樊自立等，2002；(b) 河西地区据李并成，1998；(c) 塔里木盆地据樊自立，1993。古绿洲形成于 17 世纪以前，旧绿洲形成于 18～20 世纪中叶，新绿洲形成于新中国成立以来。(a) 天山北麓古城：1. 新户古城；2. 英格堡古城；3. 麻沟梁古城；4. 桥子古城；5. 奇台古城；6. 北庭古城；7. 卡子湾古城；8. 水西沟古城；9. 双河古城；10. 八家户古城；11. 北庄子古城；12. 六远湖古城；13. 下沙河古城；14. 乌拉泊古城；15. 昌吉古城；16. 阿苇滩古城；17. 塔西河古城；18. 玛纳斯古城。(b) 河西地区汉唐古城：1. 民勤西沙窝；2. 民乐李寨菊花地；3. 张掖"黑水国"；4. 古居延绿洲；5. 马营河摆浪河下游；6. 金塔东沙窝；7. 玉门花海毕家滩；8. 昌马河洪积冲积扇西缘；9. 芦草沟下游；10. 古阳关绿洲。(c) 塔里木盆地古代绿洲：1. 楼兰；2. 米兰古城；3. 瓦什峡古城；4. 古且末；5. 铁英古城；6. 达乌孜勒克古城；7. 安迪尔古城；8. 尼雅；9. 喀拉墩；10. 马坚里克；11. 丹丹乌里克；12. 黑哈斯古城；13. 旧达玛沟；14. 乌曾塔提；15. 卡纳沁古城；16. 买力克阿瓦提；17. 约特干；18. 阿克斯比尔；19. 热瓦克；20. 麻扎塔格古城；21. 藏桂古城；22. 古皮山；23. 拉一晋；24. 达漫城；25. 托乎沙赖；26. 喀拉玉尔滚；27. 大望库本；28. 通古孜巴什；29. 穷沁；30. 黑太沁；31. 于什甲提；32. 皮加克；33. 黑太克尔；34. 着果特；35. 野云沟；36. 营盘

天山北麓的古绿洲、旧绿洲和新绿洲之间具有继承性（图 6.20）（樊自立等，2002），空间迁移现象不明显，古绿洲的城廓遗址几乎都在现代绿洲中，附近多是农田，极少像塔里木盆地那样沦为沙漠、戈壁、风蚀和盐碱地。

塔里木盆地、河西走廊的绿洲呈现三角洲—冲积平原—山前扇形地的迁移模式，古绿洲多分布于各支流下游，较后世位置更加深入沙漠，现多已废弃；旧绿洲与新绿洲依托出山冲积扇以及上游冲积平原发展，20 世纪 50 年代以来形成的新绿洲多分布在旧绿洲外围和边缘，位于冲积扇外缘及冲积平原中下段，为旧绿洲的扩大和外延。同一出山河流形成的古绿洲、老绿洲和新绿洲在空间分布上有从河流尾闾向山前迁移的趋势（图 6.20）。

由于干旱地区河流三角洲的自然系统十分不稳定，塔里木盆地、河西走廊均有许多古绿洲在汉、唐两个兴盛时期之后宣告废弃（表 6.9）。古绿洲的废弃大多直接与河流改道或河流下游萎缩有关，废弃的绿洲多演变为流动沙丘和风蚀地。如塔里木盆地的马坚里克和喀拉墩古绿洲，位于从现克里雅河向西北分出的阿尔喀达利亚河干三角洲上，公元 8 世纪该河改道东移，才废弃了绿洲；位于孔雀河下游的楼兰，是公元 4 世纪以后因孔雀河南移而放弃的（樊自立等，2005b）。河西走廊石羊河下游两汉魏晋时期的古民勤绿洲基本位于新绿洲以西，主要分布在古城、明长城沿线地区，汉武威县城位于入湖三角洲以南不远，较现代民勤县大为偏北，目前已因石羊河东迁而被沙漠吞噬（图 6.21）（颉耀文等，2004）。

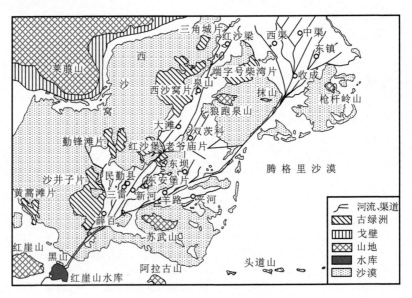

图 6.21　民勤盆地古绿洲分布图（据颉耀文、陈发虎，2008）
河流、渠道流经的空白区域为新绿洲区

气候变化通过改变河流水系对绿洲的进退产生直接影响。过去 2000 年塔里木地区有四次突变性的气候转干时期（张宏、樊自立，1998）。每次气候的转干都导致沙漠化加剧与绿洲的萎缩，并有绿洲上古城的废弃与之对应（韩德林，2001）。孔雀河下游、塔里木河下游、米兰河的中下游及若羌河中游的楼兰、海头、伊循及抒泥等古城在公元

4～6世纪初的相继废弃，与（1620±95）a B.P.之后气候持续转干相吻合。（960±70）a B.P.之后的气候转干事件使得塔克拉玛干沙漠南缘的沙漠化进程加剧，米兰（七屯城）、达乌兹勒克、阿可科修克希（唐怖仙镇）、皮山县阿塞胡加（唐勃加夷城）等相继废弃；丹丹乌里克（老策勒城）也废弃于此时，它的废弃除了战争的原因外，沙漠化的加剧也是重要因素。900～（630±60）a B.P.期间气候转干、塔里木盆地南缘沙漠化急剧，宋元时期达木沟以北的吴六麻提麻扎、阿克斯皮尔、巴尔马斯及叶城县的可汗城、安迪尔遗址群等相继废弃于此时；200a B.P.以后的环境干旱化加剧，对应于塔里木盆地南缘明清时期古城废弃时期（钟巍等，1999）。

表 6.9 塔里木盆地南缘古绿洲城镇环境变迁简录（据周兴佳，1989）

河流	古代国名	古城镇代表	废弃年代	废弃原因	环境现状
孔雀河下游、塔里木河下游、米兰河中游、若羌河中游	楼兰国（后为鄯善国）（汉晋）	楼兰	公元6世纪初	河流改道（向南）	风蚀地
		海头	公元5世纪	河流改道（向南）	风蚀地
		伊循	公元5世纪	战争	风蚀流沙地
且末河下游（北流古河道）	且末国（西汉）	且末古城	不详	河流改道（向东）	流动沙丘和风蚀地
安迪尔河下游	睹货逻故国（唐）	阿克考其喀然克	公元7世纪	河流改道	流动沙丘和风蚀地
		提英木	公元15世纪	河流改道（向南）	流动沙丘和风蚀地
		达乌兹勒克	公元15世纪	河流改道（向西）	流动沙丘和风蚀地
尼雅河下游	精绝国（汉）	精绝国故址（唐）	公元4～5世纪后	河流断流	风蚀流沙地
		尼壤城	公元8世纪	河流断流	风蚀流沙地
克里雅河下游及达玛沟下游	扞弥国（汉）	喀啦墩（西汉）	公元4～5世纪	河流改道（向东）	风蚀地和沙丘
		丹丹乌里克	公元8世纪	河改道或断流	风蚀流沙地
		卡拉沁古城	公元11世纪	河流断流	"城墙半没沙中"
		老达玛沟	公元19世纪70年代	河流断流	风蚀半固定沙丘
和田河中下游	于阗国（汉）	阿克斯皮尔古城	公元13世纪后	河流改道（向西）、战争	流动沙丘
		麻扎塔格古城堡	公元10世纪	战争	风蚀地
皮山县境各独立水系	皮山国（汉）	阿塞胡加（唐）	公元9世纪	河流改道	流动沙丘和风蚀地
		克孜勒塔木	公元3世纪	河流改道	流动沙丘和风蚀地
		牙阿其吾依力克	公元13世纪	河流改道	流动沙丘和风蚀地
		额其买力克	公元15世纪	河流断流	流动沙丘

老绿洲的开发上移至中游冲积平原和出山扇形地，山前地带人工绿洲的发展，致使大量水资源被上游地区拦截利用，上下游绿洲之间出现用水的矛盾，输往下游水量减少，常造成河水断流，加剧下游古绿洲的废弃和消亡，河西走廊因绿洲沿河向上游发展，致使位于民勤的西沙窝、金塔东沙窝、玉门花海西部、敦煌古阳关地区在唐以后和明朝以前相继沦为沙漠，规模较大的骆驼城古绿洲以及黑河下游的居延古绿洲等也都没有逃脱消亡的厄运（曲耀光、马世敏，1995）。在塔里木河干流，清末时上下游绿洲之间用水矛盾已经开始显现。清末（1911年）塔里木河"西南上游，近水城邑田畴益密，

则渠浍益多，而水势日渐分流，无复昔时浩大之势"（《新疆图志》）。由于塔里木河输往下游水量减少，罗布泊由清朝前期的"东西二百里，南北百余里"，缩小为清朝末年的"水涨时东西长八九十里，南北宽二三里或一二里不等"，"塔里木河（下游）罗布庄各屯，当播种时，上游库车迤西城邑遏流入渠，河水浅涸，难于灌溉，至秋又泄水入河，又苦泛滥"（清《辛卯侍行记》，1891 年）。

20 世纪 50 年代以来，新绿洲的开发对甘新地区绿洲、沙漠的演变与发展的影响更为强烈。一方面是人口的增加与社会经济的发展使得人工绿洲不断扩大，另一方面是自然绿洲因缺水而逐渐萎缩，绿洲荒漠化（沙漠化、盐碱化）进程加快，终至形成现代绿洲—沙漠分布格局。人工绿洲的不断扩大与水渠水库等水利工程的修建，使得输往中下游的水量越来越少，不少河流因此断流，河流尾闾湖缩小，甚至干涸（表 6.10）。天山之北玛纳斯河尾闾的玛纳斯湖、祁连山之北黑河尾闾的居延海、塔里木河下游的台特玛湖和罗布泊在 20 世纪 60 年代至 70 年代初的缩小乃至干涸皆缘于此；近 40 年来，塔里木河水系亦因此瓦解，支流喀什噶尔河、叶尔羌河、和田河、渭干河先后断流或成为间歇河，大西海子以下 320km 河道断流（谢红彬、钟巍，2002；樊自立等，2005a）。湖区和断流河道地区下游地表径流的减少与地下水位降低，造成自然植被退化，天然绿洲荒漠化，塔里木河下游绿色走廊的宽度由 50 年代的 5～10km 收缩到目前的 1～2km。沙漠化面积不断扩大，仅塔里木盆地形成的沙漠化土地面积就达 $0.86 \times 10^4 km^2$，年递增 170km^2；河西走廊绿洲边缘沙漠化土地 $0.46 \times 10^4 km^2$，其中正在发展中的为560km^2，强度发展的为 2272km^2，严重的为 1824km^2（樊自立等，2005a）。

表 6.10　近 2000 年甘新地区主要湖泊变化（据樊自立等，2005a）　（单位：km^2）

湖名	先秦两汉	清代前期	清末民国	20 世纪 50 年代	20 世纪 60 年代	20 世纪 70 年代	目前状况
罗布泊	5350	—	明显缩小	660	660	0	干涸
台特马湖	—	150		88	88	0	干涸
博斯腾湖	1390	—		960	960	—	955
艾丁湖	2000	400	230	—	—	29	时令性湖
艾比湖	3380	3185	2000	997	997	566	500
玛纳斯湖	1000	—	1000	0	0	54	干涸
巴里坤湖	—	140	—	114	114	85	干涸
居延海	2000	695	352	50	50	58	干涸

第七章　兴蒙季风尾间效应与高原草原、沙地自然地理环境的形成

大兴安岭-内蒙古高原是蒙古高原的东南部分。它的大地构造基础与天山同源，均位于华北板块与西伯利亚板块的交界带上，同是中国大陆最终与欧亚大陆连接成一体的关键褶皱带；但二者在以后的发展过程中，本质上有所不同，特别在差异升降方面有明显不同。

大兴安岭-内蒙古高原是在板块碰撞引起褶皱隆起的基础上，经显著的准平原化过程与大幅度的整体抬升而形成的。高原的主体为保存相当完整的古夷平面，辽阔坦荡、波状起伏的高原面平均海拔在 1000m 左右，自南向北徐徐下降。高原西南缘南北向的贺兰山、东缘的北东-南西向的大兴安岭，以及东西横亘高原中部的阴山山地构成了该区域地貌的脊梁，同时也是重要的自然地理界线，分别是我国现代季风区与非季风区、内流区与外流区的分界线。

在高原面上所呈现的是一组从东南半干旱温带草原向西北进入干旱沙地、戈壁的景观组合，众多大小不等、成因多样的内陆湖泊夹杂其中。这种景观组合的形成主要始于第四纪现代季风气候形成之后，是地处季风尾间区的大兴安岭-内蒙古高原地区所受夏季风影响从东南向西北逐渐减弱的反映。作为气候变化的敏感区和生态的脆弱区，第四纪以来各种时间尺度上的气候变化，尤其是第四纪冰期-间冰期的变化，均引起该地区荒漠带与草原带的显著消长，且对地区内现代景观的形成和发展打上了深深的烙印。

季风尾间区不稳定的气候与景观特征也深刻地影响了该地区人类土地利用方式与农牧业生产方式，使该地区成为在空间上半农半牧、在时间上时农时牧的农牧交错带。

第一节　夷平高原面的形成与改造

大兴安岭-内蒙古高原的大地构造单元包括晚古生代末期华北板块与西伯利亚板块碰撞拼合形成的兴蒙造山带及华北板块的北缘。中生代燕山期，大兴安岭、阴山、贺兰山等山脉以及中蒙边境丘陵地带发生褶皱隆起，隆起带两侧则相对拗陷或裂陷沉降，形成盆岭相间的地貌格局。新生代期间，经过多次间歇式构造抬升与夷平作用，形成内蒙古高原的夷平高原面。

一、板块碰撞拼合与兴蒙造山带的形成

兴蒙造山带可能是目前已知我国诸多造山带中发展历史最长、构造岩浆活动最复杂的一条巨型造山带（任纪舜，1991），它形成于华北板块与西伯利亚板块之间的挤压拼

接，是一个具有一定宽度、包含大量古老陆壳碎块的板块碰撞带。

西伯利亚板块和华北板块两大板块原为古亚洲洋所分隔。古亚洲洋形成于新元古代中期，洋中含有由一系列在新元古代前就已存在的中、小陆块，如中亚蒙古陆块、兴安陆块、锡林浩特陆块、松嫩陆块、佳木斯陆块等（李双林、欧阳自远，1998）。寒武纪至晚奥陶世（543～450Ma B.P.），两大板块纬度位置基本稳定，西伯利亚地块位于北纬低纬度位置，华北地块位于20°S左右，两者均没有明显的纬度漂移。晚奥陶世起，华北和西伯利亚板块均开始快速向北运移，西伯利亚板块北移速度快于华北板块，使得两板块间的纬度距离加宽，至晚石炭世—早二叠世（310～275Ma B.P.）时，南北两大板块的纬度差已扩大到39°，古亚洲洋的宽度约4000km，古亚洲洋中一系列亲西伯利亚板块的中、小陆块拼合成统一的微板块，称为黑龙江微板块或佳-蒙地块，南以古亚洲洋与华北板块相隔，北隔蒙古-鄂霍次克洋与西伯利亚板块相望（图7.1）（李双林、欧阳自远，1998；王成文等，2008）。早二叠世后，西伯利亚板块开始快速向南运移，而华北板块北向漂移相对缓慢，华北和西伯利亚板块相向运动，二者纬度距离开始缩小，古亚洲洋向南北两侧大陆板块消减。至二叠纪末（～250Ma B.P.），华北板块北缘

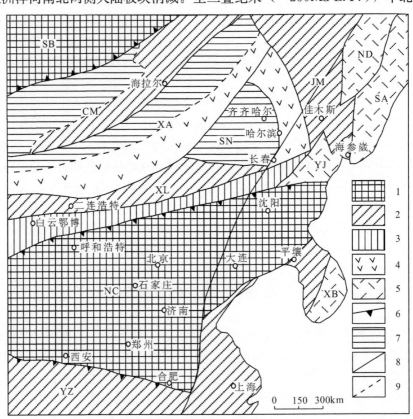

图7.1 兴蒙造山带及邻区构造略图（据李双林、欧阳自远，1998）

1. 太古宙—元古宙克拉通；2. 元古宙及前寒武纪基底；3. 华北板块北缘增生带；4. 古生代岛弧；5. 中生代地体；6. 构造对接带；7. 古生代弧后陆缘建造；8. 构造拼合带及可能边界；9. 块体内构造背景界限
SB. 西伯利亚板块；NC. 华北板块；YZ. 扬子板块；CM. 中亚蒙古地块；XA. 兴安地块；SN. 松嫩地块；JM. 佳木斯地块；XL. 锡林浩特地块；ND. 那丹哈达地体；SA. 锡霍特阿林地体；YJ. 延吉地体；XB. 小白地体

地块和西伯利亚板块南缘地块发生碰撞，其间的古亚洲洋盆闭合，形成索伦-林西缝合带。此缝合带在索伦山一带最为清楚，向西延伸至恩格尔乌苏—北山中部，与天山缝合带相接；向东沿西拉木伦河延伸至东北地区的长春—延吉一线。与缝合带的形成相对应，在索伦山—西拉木伦河—长春—延吉周边，几乎遍布全区的海相沉积在晚二叠世和早三叠世转为陆相沉积；同时，安加拉植物群向华北北部扩展，造成这一时期华夏和安加拉植物群的混生（李朋武等，2007，2009）。缝合带在空间上呈现由西向东"剪刀式"闭合的特点，表现为西部的内蒙古封闭较早，隆升、剥蚀规模较大，向东至延吉一带最后封闭。在兴蒙造山带上，与华北板块直接拼合的不是西伯利亚板块的主体，而是由亲西伯利亚板块的中、小块体群集聚形成的微板块，微板块与西伯利亚板块之间的蒙古-鄂霍次克洋直到晚侏罗纪—早白垩纪才最终消失，形成蒙古-鄂霍次克带碰撞缝合带（李双林、欧阳自远，1998；李锦轶等，2009；王成文等，2008）。

由于古亚洲洋板块向华北地块俯冲、消减以及古亚洲洋关闭、西伯利亚板块与华北板块的最终碰撞拼合，晚古生代—早中生代（晚石炭世—早侏罗世）期间，在索伦-林西缝合带以南、北票-平泉-古北口-赤城-尚义断裂以北的华北板块北缘形成了内蒙古隆起，其隆升幅度远大于断裂线以南的燕山地区。强烈构造隆升剥露过程致使内蒙古隆起内泥盆纪、石炭纪侵入岩在早侏罗纪之前大部分已出露至近地表，早前寒武纪高级变质岩广泛出露，中、新元古界及古生界地层普遍缺失，仅在丰宁-隆化断裂上存在有少量中元古代长城系沉积岩（张拴宏等，2007）。

二、盆岭格局的形成

随着兴蒙造山带的最终形成，古亚洲洋构造域对华北地区盆地构造演化的控制结束，兴蒙地区"南北对立"的构造格局消失，并逐渐为"东、西分异"的新格局所取代，从三叠纪始，区内构造演化进入滨太平洋域发展阶段（李双林、欧阳自远，1998）。在侏罗纪以后的燕山期，受来自于太平洋域板块斜向俯冲作用，以及蒙古-鄂霍次克带陆内俯冲作用的影响，印支期以前东-西向、北东东向为主的构造线受到北东、北北东向（即华夏和新华夏）构造线的改造，新老构造体系的共同作用制约着区内构造格架和山地与盆地分布格局的形成和演化。

华北陆块北缘的内蒙古隆起在经历了印支旋回长期隆起剥蚀之后，于早侏罗世在阴山地区出现了南北向拉张作用，在北东向基底断裂的控制下，形成了若干个东西向的断陷盆地，早中侏罗世断陷盆地主要沿今阴山山脉的主脊附近展布，即苏勒图、武川南、固阳南和温根一带，在盆地内沉积了下侏罗统五当沟组、中侏罗统长汉沟组、大青山组或中下侏罗统石拐群（包括五当沟组、长汉沟组）。五当沟组为稳定环境下的砂岩、页岩和煤层沉积；长汉沟组主要为砾岩、砂岩、粉砂岩和淡水灰岩构成的河湖相碎屑岩沉积；大青山组为一套具类磨拉石性质的粗碎屑岩沉积，与下伏地层不整合接触。从侏罗纪末期开始，受南北向挤压的水平运动和逐渐加强的垂直运动共同作用的影响，阴山山脉隆起，形成阴山山脉雏形，侏罗纪盆地中的沉积间断。早白垩世期间，在拉张的构造环境下阴山山脉中再次发育山间盆地，盆地受北东和近东西向两组断裂控制，相对于侏罗纪盆地呈现出向南北两侧迁移的特点，北侧有武川盆地、坤兑滩盆地、固阳盆地、海流图盆地、达格图盆地等；南侧为大青山南麓盆地和旗下营盆地。至晚白垩世，阴山在挤压作用下发生整体快速隆升剥蚀（朱绅玉、杨继贤，1998；吴中海、吴珍汉，2003）。

在阴山山脉隆起的同时，南北两侧及周边的构造盆地亦发生相应的演化。在阴山以南，华北古陆上的鄂尔多斯盆地在早白垩纪整体抬升，结束了大范围整体接受区域性广覆沉积阶段，开始进入后期改造时期（刘池洋等，2006）。在阴山南侧与隆升的鄂尔多斯盆地之间的河套地区，自白垩纪初期起从先前的隆起剥蚀状态转为断陷沉降，开始发育形成一个较大型的地堑式断陷盆地，即鄂尔多斯北缘地堑系，盆地的南缘位于托克托—达拉特旗一带，北抵大青山南麓，主要为河湖相沉积（刘正宏等，2002）。

在阴山北侧，中侏罗纪开始发育二连盆地，盆地呈北东东向，向东延入黑龙江省西南部龙江和大庆地区（吴根耀等，2008）。晚侏罗世，内蒙古东部形成北北东向大兴安岭火山岩、火山沉积岩带，分布面积占该区面积的75％，火山岩成带状或串珠状展布，火山构造十分发育，在火山喷发间隙有河湖相沉积（郑丁等，2007）；早白垩世，大兴安岭开始整体隆升，并伴随着火山岩喷发和岩浆侵入活动，沉积有火石岭组和兴安岭群火山岩组合（张岳桥等，2004）。随着大兴安岭的隆起，二连盆地范围退缩到大兴安岭以西，受北东向构造控制转为北东向的断陷盆地，在靠近大兴安岭处北东向构造表现尤为明显，在盆地内部出现次级的隆起和拗陷（吴根耀等，2008）（图7.2）。

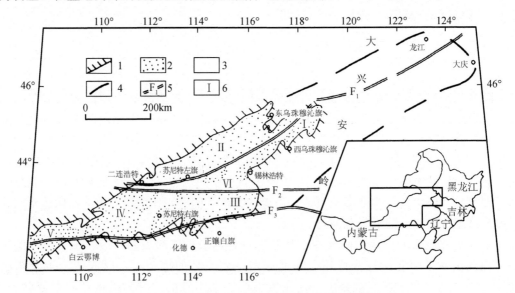

图 7.2　侏罗纪和白垩纪二连盆地范围（据吴根耀等，2008）

右下角插图中的方框为研究区的范围。1. 白垩纪盆地边界；2. 白垩纪盆地内的拗陷区；3. 白垩纪盆地内的凸起区；4. 侏罗纪盆地边界；5. 断裂及编号：F_1. 二连-贺根山断裂；F_2. 西拉木伦断裂；F_3. 温都尔庙-柯丹山断裂；6. 次级构造单元及名称：I. 乌尼特拗陷；II. 马尼特拗陷；III. 腾格尔拗陷；IV. 乌兰察布拗陷；V. 川井拗陷；VI. 苏尼特隆起

总之，至早白垩世时，兴蒙地区盆岭相间分布的地貌格局已逐步形成，由中生代火山岩堆砌而成的大兴安岭隆起带、以阴山断隆为代表的区域纬向构造带以及贺兰山断褶带、北山复背斜和阿拉善弧形构造带等，构成了本区基本构造格架；隆起带两侧为区域

拗陷带、裂陷带，多数中-新生代盆地就位其间，少数断陷盆地则残留于大青山、渣尔泰山、色尔腾山及北山山间（图7.3）。

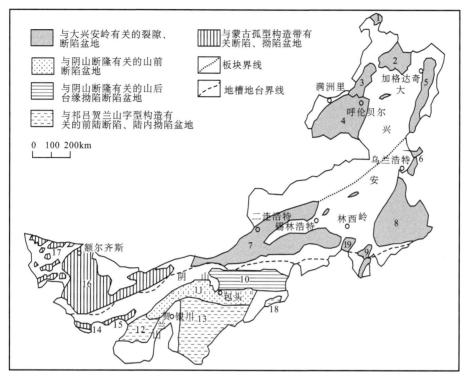

图7.3　内蒙古-大兴安岭区中、新生代盆地分布（据郑丁等，2007，修改）

盆地名称：1. 漠河；2. 根河；3. 拉布达林；4. 海拉尔；5. 大杨树；6. 扎赉特；7. 二连；8. 开鲁；9. 赤峰；10. 呼和北盆地群；11. 河套；12. 巴彦浩特；13. 鄂尔多斯；14. 潮水；15. 雅布赖；16. 银额；17. 北山盆地群；18. 丰镇；19. 林西

三、夷平高原面的形成演化

燕山运动结束后，兴蒙高原地区的构造运动表现为阶段性的差异升降和多期玄武岩喷发。在各差异性升降运动的间歇期遭受剥蚀夷平，形成夷平面；之后的区域差异升降运动使先期的夷平面解体，一部分随隆起带上升遭受剥蚀，残留部分形成平缓山顶面；另一部分在沉降过程中拗曲成一系列新生代湖盆的基底面。兴蒙高原内各盆地中的始新统、渐新统、中新统以及上新统的河湖相砂砾岩、泥岩、砂岩及砂质泥岩沉积，产状近水平，呈假整合接触关系，反映了古近纪和新近纪期间缓慢的阶段性升降的构造运动特点（孙金铸，2003）。

新生代时期，内蒙古高原至少发育了三期夷平面（石蕴宗等，1989；孙金铸，2003），在大青山可识别出四期夷平面和一级山前侵蚀台地（吴中海、吴珍汉，2003），各期夷平面在地貌上都有表现（图7.4），且可与同期异地异高的华北山地夷平面（吴忱等，1999b）相对比。早期宁静式喷发的玄武岩覆盖在夷平面之上，形成熔岩台地；晚期集中式喷发的玄武岩则形成了许多散布于熔岩台地上的火山锥。

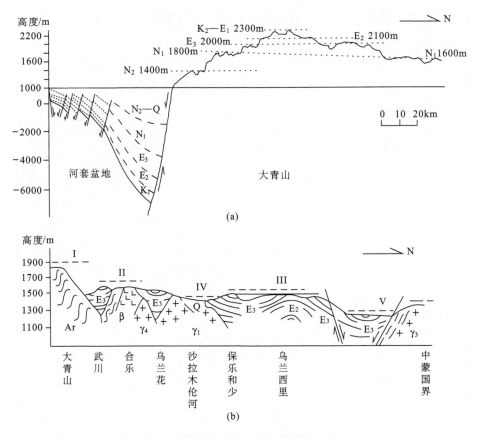

图 7.4　内蒙古高原及大青山多期夷平面剖面图

（a）大青山至河套盆地地形剖面（据吴中海、吴珍汉，2003）：K_1. 早白垩世，K_2. 晚白垩世，E_1. 古新世，E_2. 始新世，E_3. 渐新世，N_1. 中新世，N_2. 上新世，Q. 第四纪；（b）大青山至中蒙国界夷平面示意图（据石蕴琮等，1989）：I. 峰顶准平原面（白垩纪末期夷平面），II. 丘顶夷平面（蒙古准平原面），III. 戈壁侵蚀面，IV. 现代风蚀洼地侵蚀面（滂江侵蚀面），V. 现代沟谷凹地堆积面；Ar. 太古界变质岩系，β. 古近系、新近系玄武岩，γ_1. 吕梁期花岗岩，γ_3. 海西期花岗岩，γ_4. 燕山期花岗岩，E_2. 始新统泥岩及砂砾岩，E_3. 渐新统泥岩及砂砾岩，Q. 第四系亚砂土及砂砾石

　　晚白垩世至古新世是最早一级夷平面的形成发育时期，所形成的"古夷平面"现今主要残存在当地最高的山顶面，在大青山残存在海拔 2300m，可与华北山地的北台期夷平面相对应。夷平面夷平了白垩纪、侏罗纪乃至更古老的地层（孙金铸，2003）。其中，在大青山夷平了大青山逆冲推覆构造（138～119Ma B. P.）和下白垩统固阳组沉积（吴中海、吴珍汉，2003）。

　　始新世以后，受喜马拉雅运动影响，内蒙古地区再度隆起，并有挠曲、断层和玄武岩喷发，"古夷平面"开始解体。其中阴山山地的大青山、乌拉山、色尔腾山、渣尔泰山等均呈现明显的断块活动，相对抬升迅速，两侧相继发生继承性的大幅度下降，在地貌上形成地垒式断块山地。阴山以北沉降的湖盆区，接受着由隆起带冲刷下来的大量泥沙碎屑，始新世早、中期，大体是西部处于沉降接受湖相沉积，东部隆起遭受剥蚀；至末期，沉降中心转移到高原中部地区，东西两翼普遍遭受剥蚀；渐新世阶段，高原西部又沉降接受河湖相堆积，东部继续遭受剥蚀（孙金铸，2003）。

渐新世至中新世内蒙古高原地区的夷平作用形成了"蒙古准平面",大致与华北甸子梁期夷平面相对应。其遗迹在鄂尔多斯高原桌子山大致与海拔1500～1600m的平坦面相当;在中蒙边境一带相当于高出目前地面100～150m的低丘陵的顶面(任美锷、包浩生,1992);在大青山地区相当于北坡海拔1600m及南坡1800m的夷平面(形成于±2.4Ma B. P.),显示阴山山地后期经受的抬升大于南北两侧的高原面,且南坡大于北坡。

上新世时,受构造运动影响,"蒙古准平面"被破坏。高原南北两侧及中部的苏尼特丘陵隆起并遭受剥蚀,而广大的中间地带发生下沉,从东向西普遍沉积了上新统河湖相砂砾岩及红色泥岩等,中部局部地区缺失早、中上新统地层。差异升降运动使得高原面上呈现出拗陷与隆起相间排列的波状构造(孙金铸,2003)。现在内蒙古高原面上塔拉(宽浅平地)与岗阜(低缓浅丘)相间分布的地貌特征,与中新世以后构造运动有密切的关系(任美锷、包浩生,1992)。

上新世也是熔岩台面的堆积期。在白垩纪末至古近纪初广泛的准平原化阶段结束以后,内蒙古高原东部地区在古近纪至新近纪期间经历了大规模的间歇性玄武岩裂隙喷发活动,并一直持续到上新世。上新世时期沿断裂带还发生多次基性岩浆的喷发堆积,覆盖在早期的剥夷面之上,发育大面积的熔岩台地(孙金铸,2003),如在锡林郭勒波状高原中部形成的阿巴嘎-达里诺尔的大片熔岩台地及乌拉盖盆地周沿断续分布的小片熔岩台地等(中国科学院内蒙古宁夏综合考察队,1980)。上新世时延续而来的熔岩喷发活动,在早更新世—中更新世后由裂隙式喷发逐渐转变为中心式喷发,形成了许多散布于现今熔岩台地上的火山锥(孙金铸,2003)。

上新世末期—早更新世初,内蒙古高原形成的夷平面是现在分布最广、保存最完整的"戈壁侵蚀面",可与华北地区的唐县期夷平面相对应,"戈壁侵蚀面"由古近纪岩层构成,在第四纪期间被抬升到现今1000m左右的高度,但并不是一个统一的等高面,大致是由几个不同高程的层状高原面所构成,使得内蒙古高原呈现层状高原的特点(孙金铸,2003)。在后期抬升幅度更为强烈的大青山地区南坡发育的海拔1400m的山前侵蚀台地(形成于±2.4Ma B. P.)与"戈壁侵蚀面"相对应(吴中海、吴珍汉,2003)。

第四纪以来,内蒙古高原被整体抬升为现今海拔1000m左右的高原。高原总体上保持了平坦夷平面的特征,同时受内部差异构造运动影响而呈现一定的差异(石蕴琮等,1989)。东北部的呼伦贝尔高原在断裂与挠曲作用下,古近纪初的准平原面被破坏,东、西部隆起为低山和丘陵,中央相对沉陷堆积成深厚第四纪砂砾沉积的宽浅谷地平原,地势由东南略向西北倾斜,海拔600～800m。位于东部的锡林郭勒高原海拔800～1200m,在长期的流水切割作用下,古近纪湖相砂岩、砂页岩、泥岩被切割成宽缓岗地、平坦台地,熔岩台地被切割成长条状或方山形态,它们与众多大小不等的盆地、干谷、河床和低地相间分布;高原上相对沉降的盆地发育第四纪河湖相沉积,形成冲积、湖积平原。乌兰察布高原海拔从1500m降至北部的900m,五个不同高程的层状面体现了内蒙古高原层状高原的特点,现代河流稀少,且多为时令河,切割古近纪沉积的南北向或北东向台间洼地、河谷和古湖盆,均为古水文网的遗迹。西部的巴彦淖尔-阿拉善高原大部分在海拔1000～1500m,地表相对高差约200m,第四纪时期在极端干旱的环境下发生强烈的干燥剥蚀和物理风化过程,形成大面积的沙漠和戈壁;在相对沉降的盆地区发育第四纪湖相沉积。西南部的鄂尔多斯高原在中新世以后急剧上升为剥蚀的高原，第四纪期间遭受风、水侵蚀作用，表层覆盖大量的第四纪湖积物、冲积物、风积物和残积物。大兴安岭、阴山、贺兰山等山地在第四纪经历了相对更为强烈的隆升，山前断陷盆地发育，早更新世—中更新世，断块沉降区相继断陷形成湖盆，至中更新世早期，各湖盆均已积水成湖，并在中更新世中晚期达到全盛。

第二节　草原与湖泊、沙地景观的形成

兴蒙高原上草原与戈壁和沙地的景观组合是新生代以来，特别是第四纪现代季风系统建立以后逐步形成的。在气候不断干旱化的背景下，受季风尾闾效应的影响，兴蒙高原地区植被景观逐渐由森林向森林草原、典型草原、荒漠草原转变；气候干旱化也使得在海拉尔-二连盆地、鄂尔多斯盆地、河套盆地等中新生代断陷盆地基础上发育的大型古湖逐渐萎缩干涸，由成片湖盆转变为孤立的湖泊；古湖或河流退缩、变迁过程中留下的湖积、冲积、洪积物，或者基岩残积物构成了广布高原的沙地、沙漠物质的来源，在干涸的古湖底，松散的湖相沉积物在风力剥蚀、吹扬下，就地起沙，逐渐发育形成几大古沙区带、伏沙带。

一、气候干旱化与草原景观的形成

兴蒙高原的草原景观形成于新近纪以后，是在新生代气候衰落的背景下由古近纪以前的森林景观演化而来的（孙金铸，2003）。

晚古生代时期内蒙古地区气候以湿润的温带至亚热带气候为主，高大蕨类植物为主的植物繁盛，为该地区一次重要的"成煤期"，特别是鄂尔多斯高原发育了巨厚的煤层，如桌子山、乌海煤田和准格尔煤田等，都是石炭纪—二叠纪煤田。

中生代时期，高原地区曾经历了湿润的亚热带气候，是森林景观发展的主要时期。三叠纪初期，气候炎热而干燥，发育了"红层"沉积，植物向适应较干旱的环境演化，以银杏、苏铁、松柏等裸子植物为主。晚三叠世时，由于气候向潮湿转变，真蕨植物进一步发展。侏罗纪时，气候温暖湿润，森林植物繁茂，为重要的造煤期，侏罗纪煤田广布在伊盟、锡盟、赤峰市、哲盟、呼盟西部，著名的东胜-神木煤田就是此时形成的。早白垩纪继承了侏罗纪以裸子植物为主的植被景观，但至晚白垩纪时，气候逐渐变得干热，湖水退缩，沉积厚层紫红色及红色岩系，被子植物逐渐取代裸子植物而占据主导，爬行动物的一支向哺乳动物演化。

古近纪时，在构造运动相对稳定的背景下，长期的剥蚀夷平形成准平原。区内气候分带明显，亚热带北界大体南移到阴山（42°N）一线，以北为暖温带落叶阔叶林与针叶混交林地带，以南为亚热带落叶阔叶、常绿阔叶混交林地带。哺乳动物已由原始、低等类群向高等类群发展。随着气候变干，从渐新世出现了禾本科针茅属，草原景观开始显现，与此相呼应，渐新世在蒙新高原区出现了一些高冠草原型小哺乳动物，如查干鼠和鼠兔（邱铸鼎、李传夔，2004）。

新近纪时期，暖温带从 42°N 以北进一步向南推移，随着气候的干旱化，高原开始了草原化过程。渐新世末到上新世，植被由落叶阔叶林、针叶林逐渐转变为温带疏林草原。常绿树已难见到，森林中适应寒冷环境的树种如云杉、冷杉、落叶松、金钱松等增加，针叶、落叶阔叶林占据了大部分地区，其中落叶阔叶树以榆、栎、桦、椴、杨、柳等耐温凉树种为主；针叶林以松科为主，杉科、柏科大为减少。草本植物开始成为植物群落中的主要成分，特别是从渐新世出现的禾本科针茅属，在中新世有所发展，至上新世时以针茅属为主要成分的草原景观已趋形成。在鄂尔多斯、凉城、集宁地区和西辽河流域的中新世至上新世地层中，均发现大量的食草动物化石，大型食草动物有三趾马和中华马、长颈鹿、轭齿象、古犀牛等，小型食草动物有多种鼠、兔，表现出明显的草原动物特征。

第四纪以来，随着青藏高原迅速隆升，兴蒙地区被抬升成为内蒙古高原，随着现代季风气候的形成并不断加强，高原地区气候变得更为干冷，植被景观开始由森林草原向典型草原、荒漠草原、荒漠转化。早更新世时，阴山以北植被景观开始由上新世的疏林草原演变为典型草原；而阴山以南仍保持森林草原的植被景观。中更新世以后，随着干冷气候的进一步加强，区域植被类型开始向荒漠化发展，发育荒漠草原和荒漠景观。此后植被随第四纪冰期-间冰期的波动而变化于草原与荒漠之间，中更新世冰期时，阴山以南已出现以荒漠草原和荒漠为主的植被景观类型，主要建群种为蒿属、藜科、禾本科等；阴山以北地区则属寒冻荒漠；而在间冰期时则呈现与现代相近的以典型草原为核心的温带草原景观，禾本科成为植被的主要组成成分。

二、古湖泊的形成演化

中生代燕山运动前，内蒙古高原构造环境相对稳定，多为隆起剥蚀区，伴随印支运动而产生的东西向小型盆地仅限于二连、阴山等地。燕山运动时期，内蒙古高原发生广泛而和缓的拗曲运动，大兴安岭、阴山均不断隆起，在隆起带两侧发育形成海拉尔-二连盆地、河套盆地等大型的盆地，在温湿的气候条件下，积水形成淡水湖并接受巨厚沉积。白垩纪末，受早期喜马拉雅运动影响，上述中生代沉积盆地的湖泊萎缩、消亡。二连断陷地区白垩纪的湖泊沉积形成了三套中生代生油层系，早白垩世早期，湖盆沉积了厚 300～500m 的砂岩、砂砾岩和暗色泥岩；早白垩世中期，盆地发育进入了高峰时期，断陷区大幅度下沉，水体变深，水域扩大，在马尼特拗陷东部出现了几千平方千米的大湖泊，水质由咸变淡；早白垩世晚期，盆地强烈的断陷活动逐渐被平稳的沉降代替，开始向拗陷转化，湖盆开始萎缩，并接受厚 200～700m 的以河流沼泽相为主的磨拉石沉积，填平补齐，覆盖在早期凹凸不平的地形之上；至晚白垩世时，盆地受挤压为主的构造运动影响，东部和北部缓慢隆起遭受剥蚀，西部和南部沉积了较薄的二连达布苏组粗碎屑岩和泥岩（于英太，1990）。呼伦湖区早白垩世时构造盆地强烈下沉，堆积了厚达 1200m 的煤系地层，湖泊与沼泽频繁交替出现，形成呼伦湖最早的雏形（中国科学院内蒙古宁夏综合考察队，1980）。河套古湖盆也从白垩纪初期开始发育，沉积湖相地层；中白垩世时，湖浸扩大，形成浅-半深水湖相沉积；至晚白垩世时，受构造运动及气候变化影响，湖泊开始萎缩、咸化，古湖盆逐渐消失（蔡友贤，1988，1990；傅智雁等，1994）。

兴-蒙高原新近纪以来的古湖盆主要包括上新世—早更新世在继承老构造基础上发育的断陷盆地，以及新近纪以来熔岩喷发冷却形成的洼地，或堵塞河流形成的火山堰塞湖盆，湖盆规模较中生代时期大为缩小。早、中更新世时期，气候相对湿润，盆地相继积水成湖，并在中更新世中晚期普遍进入全盛发育阶段。中更新世中晚期以后，受干旱化影响，湖泊开始持续萎缩，湖面下降，片状湖群开始解体成为孤立湖泊，或者向河流演变。

位于内蒙古高原中东部的达来诺尔与大水诺尔、好鲁库以及浑善达克地区的西段（可能和二连在一起）都曾是中生代大湖盆的组成部分（中国科学院内蒙古宁夏综合考察队，1980）。而现代达来诺尔湖盆形成的时代不早于上新世，是由熔岩喷发堵塞河道而形成的火山堰塞湖。大约在早更新世时期达来诺尔地区开始积水形成古湖区，但各湖之间还未连通，处于孤立状态。中更新世初期，古湖区的各湖盆均已积水成湖，并有窄小水道或短河流相通，孤立湖盆消失，湖水转为淡水。至中更新世中晚期（0.25～0.22Ma B. P.），达来诺尔古湖区湖泊发育达到全盛，湖面曾一度占据该区整个湖盆，并淹没了入湖河流的河谷，各湖盆间直接相通或以短小水道相连，平面形态成串珠状（魏永明、宋春青，1992）。此时，达来诺尔的最高湖面高出现代湖面64m，海拔高度达1290m，在最高湖面附近现今可见残留着一套湖蚀地貌组合和湖滨砾石或砾石层（李容全等，1990）。而高原中部于中、上新世形成的浑善达克拗陷古湖，在中更新世中晚期时也达到最盛，稳定最高湖面为1300m左右。达来诺尔古湖和浑善达克古湖在全盛期可能连成一体，面积超过 $1.2 \times 10^4 km^2$，是现在拗陷区残留湖泊总面积的25倍多，且可能为外流湖（图7.5）（杨志荣，1999）。在中更新世中晚期至7万年前，达来诺尔呈现湖面萎缩、水位下降的趋势（图7.6）（李容全等，1990）。晚更新世早中期，达来诺尔古湖区开始消亡解体，并向河流演变；至晚更新世晚期，达来诺尔古湖区已仅有残留孤立湖泊。同样，浑善达克拗陷古湖也收缩解体，仅在拗陷区内及北侧留下一些彼此孤立的残留湖，由浩瀚的外流湖逐渐演变为内陆湖泊（图7.5）。大致在同一时期，鄂尔多斯高原上的萨拉乌苏等古湖也相继消失，湖相沉积为河流堆积所代替。

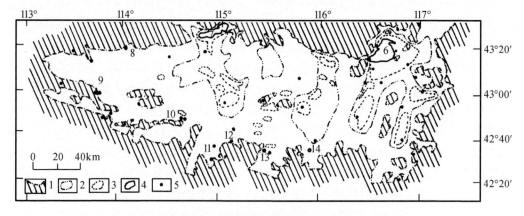

图7.5 浑善达克拗陷古湖演化过程图（据杨志荣，1999）

1. Q_2 隆起区及湖泊全盛期的界线；2. Q_3 中期湖泊范围；3. Q_4 中期湖泊范围；4. 现代湖泊；

5. 钻孔位置；6. 达来诺尔；7. 查干诺尔；8. 阿尔善戈壁；9. 都日木；10. 乌兰察布；11. 布尔都；

12. 伊和诺尔；13. 宝沙岱；14. 哈登胡少

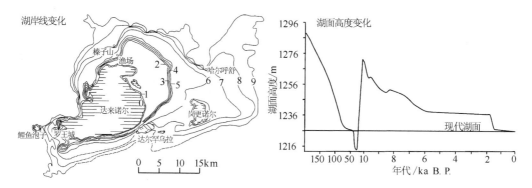

图 7.6　中更新世以来达来诺尔湖面高度变化与湖岸线变迁（据李容全等，1990）

岸线年代依次为 0. 现代湖岸线；1. 1.54ka B. P.；2. 1.7ka B. P.；3. 1.82ka B. P.；

4. 6.375ka B. P.；5. 6.25ka B. P.；6. 8.505ka B. P.；7. 9.750ka B. P.；8. 12～11ka B. P.；9. 250ka B. P.

　　阴山山前的河套盆地在第四纪期间继承了新近纪的湖泊环境特点，第四系总体上以一套湖相沉积为主，岩性以黄-灰黄-灰绿-灰黑色粉细砂夹黏土、砂砾石为特点，沉积中心主要位于西部的临河拗陷和东部的呼和拗陷，河湖相沉积厚度分别达 2400m 和 2300m，中部范围较小的白彦花拗陷沉积了 2000m 厚的河湖相沉积物。下更新统—中更新统在呼和拗陷、临河拗陷、白彦花拗陷和吉兰泰断陷盆地中普遍表现为湖相沉积，主要岩性为一套灰绿—黄褐色砂黏土与粉砂层互层，间夹舌状或透镜状砂砾层，但盆地内部的隆起区都处于湖面以上的非湖泊环境，当时河套平原可能并不存在统一的大湖泊。晚更新世期间，不仅在吉兰泰-河套盆地中的次级拗陷区，而且在河套盆地中的包头隆起区，都曾发育内陆湖泊相沉积，形成覆盖整个河套盆地的统一古湖泊。其后，湖泊开始退缩，到末次冰期冰盛期时统一大湖消失（图 7.7）（陈发虎等，2008）。

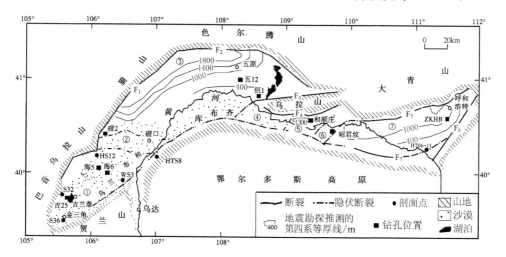

图 7.7　河套地区主要断裂（F$_1$～F$_7$）和第四纪河湖相沉积厚度分布图（据陈发虎等，2008）

① 吉兰泰拗陷；② 磴口隆起；③ 临河拗陷；④ 西山咀隆起；⑤ 白彦花拗陷；⑥ 包头隆起；⑦ 呼和拗陷；

F$_1$. 狼山山前断裂；F$_2$. 色尔腾山山前断裂；F$_3$. 乌兰山北缘断裂；F$_4$. 乌拉山山前断裂；F$_5$. 大青山山前断裂；

F$_6$. 和林格尔断裂；F$_7$. 鄂尔多斯北缘断裂

阴山山地中的岱海断陷盆地开始发育的时间为上新世，底部沉积有深红色黏土层，早更新世初开始积水成湖。湖盆发育了第四纪以湖相层为主体的堆积层，最大沉积厚度近400m，沉积层具有多韵律、多旋回特征。其中，在0.25~0.22Ma B.P. 的中更新世中晚期，岱海发育达到最盛，湖面海拔高度达1322m左右，高出现今湖面99m，最大水深在151.86m左右；中更新世中晚期至约7万年前，岱海呈现持续萎缩状态，排除新构造运动和沉积填充补偿性因素的影响，湖面降幅近百米，在岱海湖滨海拔1322~1320m最高湖蚀平台以下形成了五级湖蚀平台，变为内流湖泊，湖水开始由外流淡水湖逐渐咸化（图7.8）。

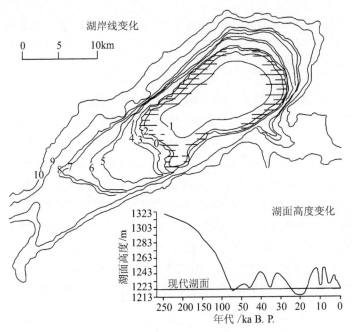

图7.8　中更新世以来岱海湖面与湖岸线变迁（据李容全等，1990）
岸线年代依次为0. 现代湖岸线；1.22~18ka B.P.；2.37ka B.P.；3.4.5ka B.P.；4.5.5ka B.P.；
5.6.125ka B.P.；6.10ka B.P.；7.8ka B.P.；8.40ka B.P.；9.120ka B.P.；10.250ka B.P.

三、沙地景观的形成

　　干旱的气候条件下形成的戈壁与沙地、沙漠是内蒙古高原面上景观组合中最重要的部分。古湖盆或河流退缩、变迁过程中留下的湖积、冲积、洪积物，或者基岩残积物是形成这些景观的物质来源。在风力吹蚀与分选作用下，河湖相砂砾层中细粒被吹蚀、搬运到下风向地区，致使地面物质粒径从西北向东南由粗到细，由中-蒙边境西段戈壁带，往东依次为古风成沙带、砂质黄土带过渡到高原外围东南边缘黄土带。

　　伴随着古湖盆的退缩以及气候旱化的趋势，自新近纪起，在内蒙古高原地区就已经有沙漠景观发育。由于当时受副热带行星风系控制，发育以红色风成砂为特征的沙地、沙漠，以固定、半固定沙丘为主（董光荣等，1991；李孝泽、董光荣，1998）。

鄂尔多斯地区的毛乌素沙地自上新世起即已存在。在毛乌素沙地东南缘的红崖剖面中发现了上新世古风成砂，并且含有沙质古土壤和钙结核（董光荣等，1991）；靖边郭家梁红黏土-黄土剖面具有 3.6Ma B. P. 以来基本完整的风成沉积地层，且在 2.6Ma B. P. 前后显示出一次重要的沙漠扩大事件（丁仲礼等，1999a）。

浑善达克地区在上新世已经存在类似于现在沙地的内部为沙丘、外缘为粉尘沉积的格局，只是颜色较红。在沙地北缘，风成砂呈砖红色，粒度分选好，并伴生较大钙质结核；在沙地北缘与灰腾梁玄武岩台地结合部位的第二、三级熔岩台地之间发现大规模高分选度的细砂沉积，两级熔岩台地玄武岩的年龄分别为 2.08Ma B. P. 和 3.27Ma B. P.，表明夹于该两级台地之间的风成砂形成于上新世或晚新近纪。在沙地南缘也可见有多处同期风成红土出露（内蒙古自治区地质矿产局，1991），红土中含多层古土壤和钙结核，红土及其古土壤粒度的构成均以粉砂占绝对优势（90%），黏粒和细砂均少于 5%，石英砂表面具有明显碟形坑、麻坑和 SiO_2 沉淀等风成特征，是沙地风成砂的近源孪生沉积（李孝泽、董光荣，1998）。

第四纪时期，随着现代季风系统在东亚地区的建立、加强，行星风系控制下的亚热带气候逐渐退出内蒙古高原，高原沙地完全处于温带季风环流的控制之下。早更新世时期，内蒙古高原地区的气候开始朝干冷方向发展，但强度较弱，与后期环境相比，总体较暖湿，为大成湖时期，浑善达克东北缘的达来诺尔湖等还都是巨大的湖泊，不利于沙地的形成。早更新世晚期—中更新世，气候虽有冷暖、干湿交替，但总的趋势却是日趋干燥，内蒙古高原现代黄色沙漠景观开始形成。其后，随着东亚季风，特别是冬季风强度加强，气候干冷化程度加剧，内蒙古高原地区的沙地总体呈扩张趋势，并在冰期-间冰期冬夏季风彼此消长的波动中，表现出活化、半活化-固定、半固定的正逆演化交替。这些黄色沙漠的发育不仅是新近纪红色沙漠带继承、演化的产物，而且是中国北方现代弧形沙漠带东段部分的雏形。

第四纪以来毛乌素沙地和库布齐沙漠的发育都与河套古湖有密切的关系。毛乌素沙地现代沙丘砂来源于河套古湖退缩过程中所残留下来的下伏沉积物，是由其下伏湖沼相沉积物、河流冲积物或基岩风化物被侵蚀吹扬，就地起沙而来（朱震达，1979；贾铁飞，1992）。毛乌素沙地南缘沙漠-黄土边界带附近的靖边剖面和榆林剖面显示古风成砂沉积的时间大致在 1.0Ma B. P.，即沙地形成于早更新世后期，并一直持续到现在（董光荣等，1983a）；陕西榆林石峁剖面中最老的古风成砂约形成于 0.50Ma B. P.，意味着毛乌素沙地至少 0.50Ma B. P. 即已扩展至此（孙继敏等，1996）。位于鄂尔多斯高原北缘的库布齐沙漠在中更新世时也已出现早期风成沙丘砂以及风成飞砂层堆积，表明库布齐沙漠的雏形此时也已基本形成（董光荣等，1983b）。

浑善达克沙地从早、中更新世即已开始发育，是在浑善达克古湖基底的基础上发育起来的。下伏的中、下更新统地层中不乏甚至大量存在风成砂或以风成砂为源的水成砂沉积（李孝泽、董光荣，1998），早、中更新世时期，浑善达克沙地发育棕黄色风成砂和砂黄土，内夹棕红色古土壤层，并伴有钙质结核，钙淋溶淀积明显。沙地中、下更新统沉积物厚达 200m 以上，为巨厚细砂夹薄层砂质泥岩。其中，在沙地东部沙里漠河谷，风成砂呈灰白或浅红色，分选较好，石英砂表面具碟形坑、蛇脊等显微结构特征。

科尔沁沙地发育在大兴安岭南麓低山丘陵与燕山北部赤峰-库仑黄土丘陵之间的西

辽河中下游平原上，东与松嫩平原相接，在构造上属于相对沉降区，第四纪河湖相沉积厚度上百米。沙漠化过程与松嫩平原西部地区同步，至少从早中更新世时便开始断续出现，古风成砂在该区第四纪地层中广泛分布。在毗邻沙漠的边缘地带，多见有早中更新世的黄色风成细砂或粉砂质细砂夹层（董光荣等，1994）；在沙地北部、南部和东部地区的中更新世地层都发现有黄土沉积，孢粉组合恢复的古植被类型为疏林草原景观。

呼伦贝尔沙地发育在高原上第四纪相对构造沉降的呼伦贝尔-巴音和硕盆地内，盆地中沉积了深厚的第四纪砂砾沉积。沙地可能在末次冰期冰盛期（21～18ka B. P. ）形成，并开始发展（刘嘉麒，2007），其沙源来自于沉积有白垩纪砂岩和页岩、古近纪和新近纪河湖相物质，以及第四纪冲积、湖积和风积层物质的呼伦贝尔—巴音和硕盆地的松散沉积物（汪佩芳，1992）。

第三节　季风消长与草原、沙地景观的变迁

第四纪季风建立以后，地处季风尾闾区的兴蒙高原地区，在各种时间尺度上的气候变化，特别第四纪冰期-间冰期尺度上的变化，突出地表现为随冬夏季风消长而发生的降水多寡变化，以及由此引起的沙漠带与草原带的显著消长，这种变化所留下的景观残遗对现代景观特征的形成具有深刻的影响。

一、冰期-间冰期气候波动与草原、沙地环境的变迁

中晚更新世内蒙古高原以草原、沙地为主的景观组合形成以后，在以冬、夏季风消长变化为主要表现形式的冰期-间冰期气候波动的控制下，草原与沙地景观表现出此消彼长的交替变化（图7.9）。冰期时，西伯利亚-蒙古高压加强，冬季风强劲、气候干冷，内蒙古高原总体呈现典型草原、荒漠草原或荒漠景观，湖泊萎缩，以沙地活化、扩张过程为主，沙漠-黄土边界带位置南移，沙漠大规模扩展；间冰期时，西伯利亚-蒙古高压减弱，夏季风相对偏强，气候暖湿，内蒙古高原典型草原、森林草原景观发育，湖泊扩张，沙地固定成壤，范围缩小，呈现出由流动沙丘向半固定、固定沙丘转移的逆转过程，沙漠-黄土边界带位置北移（董光荣等，1997；李保生等，1998b）。

晚更新世早期的末次间冰期时，夏季风活动增强，气候总体较现代更为温暖湿润，内蒙古高原地表植被覆盖度提高，风沙活动得到抑制，古土壤和河湖相沉积厚度大而普遍，脊椎动物化石与孢粉多为森林或森林草原型及草原型属种。夏季风区的北界已远超出腾格里沙漠和巴丹吉林沙漠，整个生物气候带北移，景观总体呈现为森林草原或草原。在毛乌素沙漠-黄土边界带上（图7.9），地势稍高处以中更新世上离石黄土和晚更新世马兰黄土之间的古土壤为代表，如靖边马大渠、榆林蔡家沟等地发育了褐土型古土壤（苏志珠、董光荣，1994），棕红色沙质古土壤的黏粒含量普遍增高（李保生，1988），是末次间冰期以来磁化率最高值时期（董光荣等，1997）；在地势低洼处多发育河-湖相沉积，如萨拉乌苏河滴哨沟的河湖相沉积为主的萨拉乌苏组下部和顶部测年分别为（124.9±15.8）ka B. P. 和（70.9±6.2）ka B. P. 。在萨拉乌苏组河湖相沉积中，孢粉以松属、云杉、冷杉等针叶林花粉为主，并有相当数量的桦、榛、栎、鹅耳枥属，

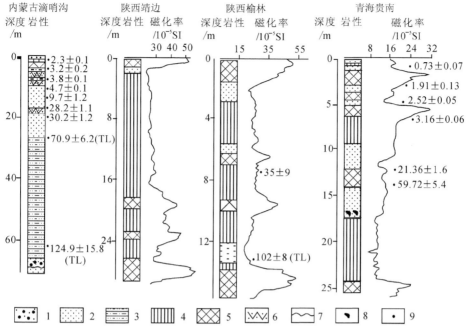

图 7.9　沙漠-黄土边界带地层及气候变化分期（据董光荣等，1997）

1. 砂砾石；2. 风成细砂；3. 河-湖相；4. 黄土；5. 古土壤；6. 冻融褶皱；
7. 侵蚀面；8. 钙质结核；9. ^{14}C 和 TL（热释光）年龄（单位：ka B. P.）

特别是山毛榉等阔叶树，属针阔叶混交森林景观；脊椎动物化石的数量和种类较多，且以斑鬣狗、野猪、河套大角鹿、马鹿、肿骨鹿、原始牛、虎，特别是诺氏象、王氏水牛等森林或森林草原动物为主，是旧石器时代中期河套人进行采集、狩猎的理想地区；同期重矿物风化系数和 Al_2O_3、Fe_2O_3、MnO、MgO、CaO 的百分含量也较高（董光荣等，1983a；邵亚军，1987）。同期，在浑善达克沙地东缘、科尔沁沙地也广泛发育反映森林环境的褐色土古土壤层。在呼伦贝尔地区则发育以"海拉尔组"砂、亚砂土、亚黏土为主的河湖相沉积物。沙漠-黄土边界带比现代窄，其南界大致在现代多年平均降水200mm 等值线附近，甚至更北；其北界，即荒漠-荒漠草原的南界，可能达到蒙古国乌兰巴托至我国马鬃山—安西一线，距现代夏季风北界达 400～500km 以上（董光荣等，1994，1996，1997）。

晚更新世晚期的末次冰期冰盛期时，冬季风强劲，气候干冷，内蒙古高原沙地、沙漠规模扩张，风成砂和黄土发育较为深厚、普遍，基本上呈现荒漠草原、荒漠景观。鄂尔多斯高原为荒漠和半荒漠环境，毛乌素沙地堆积了以流动沙丘为主的厚层古风成砂沉积，且沙丘分布范围达长城沿线及其以南地区，早期在沙漠东南缘大规模发育的萨拉乌苏组河湖相沉积，此时早已不存在，仅在地势低洼的区域有薄层湖沼相堆积，呈夹层状产出（高尚玉等，2001）；毛乌素沙地与北边的库布齐沙漠和西边的河东沙地已连成一片，大面积发育的流沙覆盖了鄂尔多斯高原的大部分，沙丘类型以流动沙丘为主；浑善达克沙地在末次冰期冰盛期时也发生全面扩张，古风成砂粒度变大，磁化率值显著降低，黏土含量减少，沙地经历强烈的沙漠化过程（王小平等，2003）。科尔沁沙地晚更新世地层沉积物中以灰黄和灰白风成细砂为主，尤其集中在 22～13ka B.P.，反映出荒漠景观，流沙广泛发育。

位于毛乌素沙地东南部边缘萨拉乌苏河流域的米浪沟湾地层剖面显示，150ka B.P. 以来毛乌素地区记录了 27 个旋回的风沙相与河湖相和古土壤沉积发育的交替演变历史，反映出受气候变化影响的沙地与草原的彼此消长不仅发生在冰期-间冰期尺度上，在千年及数百年尺度上同样存在（图 7.10）。

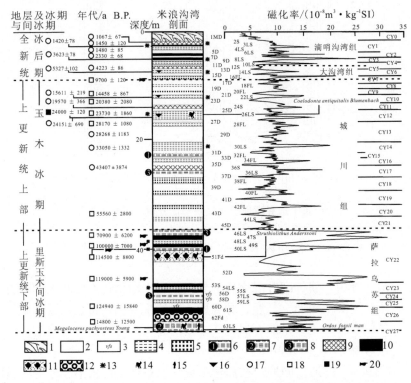

图 7.10　米浪沟湾地层剖面及其磁化率值（据李保生等，2001）

1. 现代流动沙丘；2. 古流动沙丘（细砂）；3. 古流动沙丘（极细砂）；4. 粉砂质极细砂；5. 粉砂质细砂；6. 黏土质细砂（河流相）；7. 黏土质-粉砂质细砂；8. 黏土质极细砂；9. 黑垆土；10. 棕褐色土；11. 古固定-半固定沙丘（粉砂质细砂）；12. 古固定-半固定沙丘（粉砂质极细砂）；13. 软体动物化石；14. 脊椎动物化石；15. 河套人化石；16. 冻融褶皱；17. ^{14}C 年代；18. 热释光年代；19. 铀系年代；20. 通过与萨拉乌苏河地区有关地层对比获得的年代

二、全新世气候波动与草原、沙地景观的变迁

末次冰期结束后，全球开始进入升温增暖的冰后期阶段。至 11ka B.P. 左右，在经历了突然降温的新仙女木冷事件后，以总体温暖湿润为特征的全新世间冰期开始。内蒙古高原显示出与现代相似的夏季风尾间区的气候特征，各沙地普遍固定缩小，荒漠景观逐渐为草原、疏林草原景观所代替。在此基本格局下，沙地与草原景观受全新世气候波动的影响而呈现一定幅度的波动。

全新世早期是末次冰期冬季风为主时期向冰后期夏季风为主时期的过渡期。气候开始趋向暖和，永久冻土带北移，受夏季风逐渐增强的影响，内蒙古高原东南季风边缘区湖泊湖面呈现出波动中快速上升的特点（图7.11）（王苏民等，1990；李容全等，1990）。各沙漠、沙地都出现了逆化过程，普遍发育弱成壤的古土壤，是"沙漠固定、缩小阶段"；但冬季风影响依然强盛，在内蒙古高原沙地剖面发育为两层砂夹一层弱发育的灰黑色沙土（在科尔沁多表现为薄层腐殖质层），植被呈现为以藜、蒿占优势的干旱荒漠草原景观（高尚玉等，1992），表明暖湿的夏季风虽已逐步扩及本区，但干冷的冬季风仍有相当影响，此时，沙漠-黄土边界带的北界在现代呼伦贝尔沙地东部，南界总体较现代偏北（图4.5）。

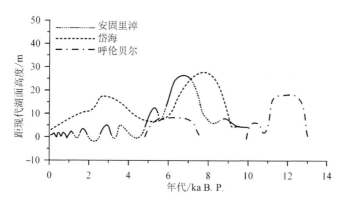

图7.11　全新世内蒙古高原湖面变化

安固里淖湖面曲线据邱维理等，1999，其虚线部分表示推测值；岱海湖面曲线

据李容全等，1990；呼伦贝尔湖面曲线据王苏民、吉磊，1995，编绘

中全新世暖期，内蒙古年平均气温比现在高 2～3℃，年降水量较现代高 150～200mm（张兰生等，1997），内蒙古高原的湖泊普遍出现高湖面或次高湖面（李容全等，1990；邱维理等，1999；张振克、王苏民，2000）。沙漠分布范围大幅度缩小，沙漠、沙地界限全面北退西撤，从末次冰期冰盛期的 125°E 退至 117°E 附近，南部界限则向北缩至 38°N 附近，范围和规模达到全新世以来最小，是风沙活动最弱、古土壤最为发育的时期，毛乌素沙地、科尔沁沙地和呼伦贝尔沙地的流动沙漠景观基本消失，只有库布齐沙漠和乌兰布和沙漠东部仍有沙漠分布。沙漠-黄土边界带大幅度向北摆动（图4.5），现代沙漠-黄土边界带内普遍发育半湿润草原型沙质黑垆土和黑色土（图4.6），带内植被景观属森林草原、灌丛草原环境（董光荣等，1996）。400mm 降水等值线，即沙漠-黄土边界带的南界大约移至达拉特—鄂托克—灵武一线，大致位于现代 200mm 降水等值线附近；其北界在距现今盛夏极锋位置约西 200～300km 的山丹—阿拉善右旗—雅布赖山至蒙古国境内一带（董光荣等，1997）。

4～3.5ka B. P. 时期，环境发生突变，大暖期结束，气候向干冷方向转化，年平均气温比现代下降 2～3℃；降水减少了 100mm 以上（方修琦、孙宁，1998；方修琦，1999；方修琦等，2002）。晚全新世，夏季风逐渐衰弱，气候总的趋势朝干冷方向发展，植被景观多为以藜、蒿等灌草为主的草原（高尚玉等，1992）。各沙地出现多次以沙化为主的过程，风成砂层增多、厚度变大，砂层之间或夹有弱发育的古土壤层，在最后一层黑沙土之上一般都覆盖有现代流沙（董光荣等，1996）。沙漠-黄土边界带南界总体较现代偏南（图4.5），其中，全新世晚期的相对暖湿期时，沙漠-黄土边界带的南界较现代的界限略偏西北或相近，而在气候冷干期，沙漠-黄土边界带南移（靳鹤龄等，2001）。

　　全新世早期毛乌素沙地总体景观为荒漠草原和典型草原，并已开始向疏林草原景观发展（高尚玉等，1993，2001），以流动沙丘为主的沙漠开始向以固定沙丘为主的沙地转换。毛乌素沙地东南部低洼区在10500～9600a B.P.的全新世早期普遍发育河湖相沉积、古风成砂、粉砂和泥质沉积，局部地区形成了暂时性湖泊，标志着沙地环境已经由末次冰期转入冰后期阶段，但气候条件尚未达到发育古土壤的程度，广大地区流沙仍在活动。自（9560±160）a B.P.前后发育弱成壤的沙质古土壤开始，毛乌素沙地在最近一万年中发育了程度不同的六层沙质古土壤，表明沙地曾经历了六个缩小、固定的阶段（图7.12）。

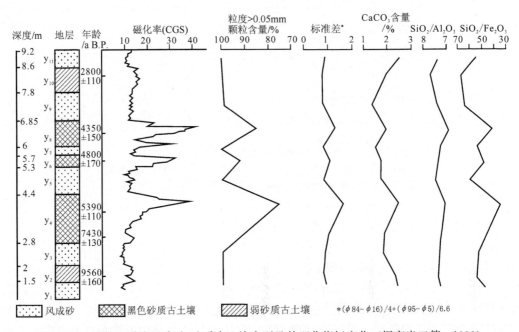

图7.12　榆林三道沟风成砂-沙质古土壤序列及其理化指标变化（据高尚玉等，1993）

　　毛乌素沙地在中全新世大部分时间内都呈现固定沙丘和疏林草原或森林草原景观，以生草成壤过程占优势，发育较厚的黑色沙质古土壤，使毛乌素沙地大部分甚至全部固定成壤。在榆林三道沟剖面（图7.12）中，先后发育三层古土壤，在古土壤之间还夹有两层风成砂沉积，表明在暖湿夏季风作用的鼎盛期内，也有两次干冷的冬季风增强期（董光荣等，1996），期间有数次较短暂的风沙活动。毛乌素沙地北及西北的乌兰布和沙漠与库布齐沙漠在全新世暖期同样经历逆化过程，面积缩小、流沙固定，规模较现代沙漠缩小。

　　全新世晚期，鄂尔多斯高原为荒漠-半荒漠或典型草原环境，毛乌素沙地又开始了新的沙漠化进程，风积作用转趋旺盛，黑色沙质古土壤被风蚀起沙，较普遍地出现风沙活动（高尚玉等，1993）。晚全新世毛乌素沙地出现多次沙漠化扩张过程，在米浪沟湾地层剖面上记录了 4ka B.P. 以来四次沙漠化过程。毛乌素沙地晚全新世黑色沙质古土壤的年龄主要分布在 2.7～2.3ka B.P. 及 1.6～1.1ka B.P. 间，但发育程度不如中全新世（李保生等，2001）。

浑善达克沙地在全新世早期总的趋势是从流动沙丘为主的状态向流沙固定、面积缩小方向发展，但其间也存在正逆波动。在沙地北部锡林浩特剖面中，10.7～9.6ka B.P. 期间，处于由末次冰期的寒冷偏干气候逐渐向温湿气候转化的过渡期，气候干冷，地层中堆积风成砂，粗颗粒含量为整个剖面中最高的阶段，但自下而上表现为由大变小；中值粒径、平均粒径和黏粒含量则由小变大（张洪等，2005）；9.8～8.8ka B.P. 期间，气候逐渐变得温湿，形成蒿、藜、十字花科及云杉为主的疏林草原，发育了全新世最早一层的弱成沙质古土壤 [底部^{14}C 年龄为（9853±301）a B.P.]；8.8ka B.P. 以后，浑善达克沙地出现强冷事件，流沙蔓延，植被稀疏单调，并有披毛犀等喜冷动物活动，呈现荒漠和荒漠草原景观，生物气候带至少向南迁移了三个纬度（李森等，1995）。

全新世中期，浑善达克沙地北部的锡林浩特剖面中也发育了三层古土壤，其间还夹有两次气候冷干期形成的较粗的砂质沉积（图 7.13），7.1～5.5ka B.P. 气候温暖湿润程度达到全新世之最，地层发育古土壤，沙丘被完全固定，植被景观是以蒿为主，且含桦、栎的疏林草原或典型草原（靳鹤龄等，2003）。

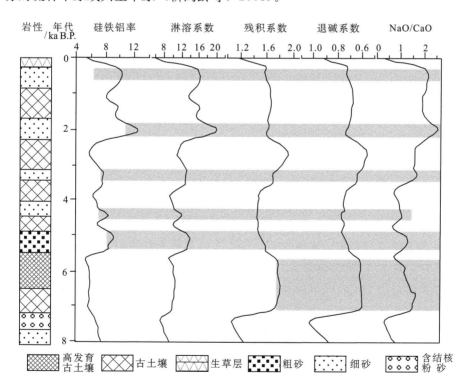

图 7.13　锡林浩特剖面化学元素环境指标在地层中的变化（据靳鹤龄等，2003）

晚全新世以来是过去 10000a 中浑善达克沙地最为干旱的时期，沙漠化过程也表现出相应的扩张（靳鹤龄等，2003），其间发育有 2～4 层古土壤，植被景观波动于蒿、麻黄和藜科占优势的典型草原和荒漠草原之间。浑善达克沙地锡林浩特剖面记录了晚全新世四层古土壤发育，最老的古土壤发育时的植被以蒿、藜及麻黄为主，中间两层的植被为草原与疏树草原，最年轻的古土壤发育时植被是以蒿、麻黄及藜等组成的典型草原，古土壤层之间的风沙沉积反映的是藜、麻黄和蒿组成的荒漠草原或荒漠。浑善达克沙地东端的沙丘中保存有两期古土壤层，[14]C年代为2.31ka B.P.与1.5～1.2ka B.P.，好鲁库北面玄武岩台地上的沙丘剖面中含有的古土壤层年代为1.205ka B.P.。

科尔沁沙地在全新世早期气候开始转暖、变湿，风沙活动减弱，流沙开始固定，形成了以蒿为主的建群种属，夹有藜科、莎草科、麻黄属等植被组成的沙地草原环境，发育了古土壤。此时沙地范围大大缩小，流动沙丘被固定，但在固定、半固定沙丘中仍有流动沙丘存在（裘善文等，2008）。

科尔沁沙地在7～3ka B.P.时，为疏林草原和典型草原环境，普遍发育了一层厚的古土壤。在内蒙古自治区东部哲里木盟境内，黑色沙质古土壤层一般可见1～2层，多者可见三层。科尔沁沙地黑色沙质古土壤发育时期的为疏林草原景观（胡孟春，1989）。

全新世晚期以来，科尔沁沙地环境经历了疏林草原—典型草原—荒漠草原的变化，植被以蒿藜为主，发育有两层古土壤。科尔沁沙地在3.5～2.8ka B.P.，气候半湿润、半干旱，流动沙丘固定，仍发育蒿、藜等植被，但土壤发育不如全新世最适宜期；在2.8～1.4ka B.P.为干旱期，风沙活动强烈；1.4～1ka B.P.为半干旱气候，降水量比现在低30mm左右，发育沙质古土壤，是以蒿为主的草原；1ka B.P.以来，气候又趋于变干，加上人类的过度开垦、放牧、采樵等经济活动，土地沙漠化日趋严重，区域环境恶化（裘善文等，2008）。

呼伦贝尔沙地早全新世早期的气候虽然转暖，但仍相对温凉，一些耐干冷的植物如沙米、差巴嘎蒿开始生长，沙地形成了全新世以来最早的古土壤，但地层中孢粉稀少，仅含有零星的桦、麻黄、藜、蒿、薹草以及稍多的苔藓孢子。在9ka B.P.左右的湿润期又形成了古土壤，海拉尔北山剖面古土壤年龄为（9390±200）a B.P.，但土壤中有机质含量很低，仅为0.13%。呼伦贝尔沙地全新世中期为蒿类草原及以榆树为主的疏林草原景观，同样发育古土壤，在海拉尔东山底部的古土壤层[14]C年龄为（5595±128）a B.P.，北山水坑的古土壤层[14]C年龄为（5420±160）a B.P.（汪佩芳，1992）。

呼伦贝尔高原晚全新世以来以草原景观为主，其沙地发育经历了两次固定期与两次扩大期，其中，在3.4～2.5ka B.P.和1ka B.P.左右，发育弱成壤的沙质古土壤，植被景观是以藜为主的草原，气候温凉、半干旱-干旱；在2.5～1.2ka B.P.及1ka B.P.以后，气候相对干冷，沙地风沙活动相对活跃，沙漠化的规模有所扩大，地层表现为风成砂，孢粉中蒿的份额上升（汪佩芳，1992）。

三、环境演变对农牧业消长的影响

兴蒙高原，尤其高原南部的农牧交错带，地处夏季风尾闾区，对气候变化，尤其对降水变化十分敏感，是对全球变化反应敏感的生态过渡带之一。农牧交错带内各种时间尺度上的土地利用方式或农牧业生产方式的消长均受环境演变的驱动，具有深刻的环境演变背景（张兰生等，1997）。

全新世以来，内蒙古高原农业的发展深受当地环境变迁的影响，这种影响集中体现在农牧交错带土地利用方式或农牧业生产方式的消长变化上。原始农业文化的兴起与发达均处在全新世暖期的温暖湿润环境内，农业文化时期的阶段性变化和文化间断事件，与全新世暖期内的气候波动事件大体对应；暖期结束时发生了由农业向牧业文化转换的事件；暖期以后的冷干期为农牧交错文化时期，农业经济随冷干程度的变化而兴衰（张兰生等，1997）。

内蒙古最早的史前原始农业为东南部的兴隆洼文化，是当地发展起来的土著文化。当时，农业、牧业都已经出现，但古老的采集和渔猎在整个社会的经济生活中仍然占有重要地位；此后至 cal. 4300a B. P. 期间的考古文化类型均为定居农业文化为主，兼营狩猎，其晚期，农业文化已十分发达（田广金，1993；张兰生等，1997）。cal. 8～7ka B. P. 兴隆洼文化出现于寒冷事件结束后，结束于环境转向恶化时，经历近千年的发展；cal. 7～6.7ka B. P. 文化发生倒退，分布区域缩小；此后的暖期中，文化再度兴盛；cal. 6～5.8ka B. P. 文化的短期波动对应于 5.8ka B. P. 环境进一步恶化事件；在此之后的暖湿期中，东南部的红山文化中段和中南部的海生不浪文化均进入仰韶文化的鼎盛时期；cal. 5ka B. P. 前后的寒冷事件使考古学文化在东南部和中南部地区同时消失，出现文化断层；中南部地区在其后气候的暖湿阶段于 cal. 4.5～4.3ka B. P. 发育了老虎山文化（张兰生等，1997；田广金、唐晓峰，2001）。

作为对全新世暖期结束环境突变的响应，我国北方地区发生了原始农业文化衰落与牧业文化兴起的过程。岱海老虎山文化随着气候变冷于 cal. 4300a B. P. 前后突然中断；之后，于 4.2～3.5ka B. P. 在较老虎山文化偏西、偏南的鄂尔多斯高原东部、陕北、晋北地区兴起朱开沟文化（图 7.14），并随着气候变干逐渐由早期（cal. 4.2ka B. P.）的农业文化，转变为中期（cal. 4～3.8ka B. P.）的半农半牧文化，至晚期（cal. 3.5ka B. P.）演变为畜牧业文化，牧业文化终从农业文化中分离出来并形成以游牧为主导的文化，中南部赤峰地区 cal. 4～3.5ka B. P. 的夏家店下层文化虽仍以农业为主体，但已含较多的牧业成分；至西周冷期之后发展起来的夏家店上层文化，已很少发现农具，是具有强烈草原游牧色彩的畜牧业文化（田广金、郭素新，1988；田广金，1993；张兰生等，1997；田广金、唐晓峰，2001）。

与全新世暖期后建立的新环境格局相对应，3.5ka B. P. 以来，随着农业文化的衰落、牧业文化的兴起，我国北方长城沿线地区成为以半农半牧、时而农时而牧的土地利用方式为特征的农牧交错带（方修琦，1999），农牧文化随着冷暖、干湿的振荡多次进退、交替。cal. 3～2.3ka B. P. 东南部地区为畜牧经济与农业经济混合的文化；春秋晚期至战国时期中南部的岱海地区为牧农文化，鄂尔多斯地区则具有更浓厚的草原游牧经济特点（田广金，1993）。汉代，农业文化在中南部地区空前繁盛，至西汉时期旱作农业北界曾达到阴山以北。360AD 以后（晋）农业北界推进到与现今相近的位置，并持续约百年左右。唐代农业文化一度兴盛，唐末辽初农业文化再次兴起，辽金农业文化空前繁盛，至金末元初（1230～1260AD）农业文化衰落。明清时期，明长城一线成了农牧业文化的分界线，其间农牧交错带曾反复推移。历史上农业文化相对兴盛、农业北界向北扩展的时期均分别对应于各暖期或相对温暖期，但由于 cal. 3.5ka B. P. 之后降水

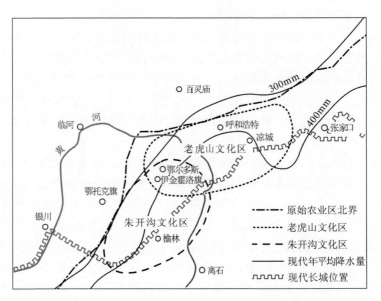

图 7.14 鄂尔多斯地区 4.3～3.5ka B. P. 前后考古学
文化区的空间变化（据田广金，1993）

总体上较气候突变前显著减少，农业的北界总体上呈向南退缩的趋势，未能再达到
cal. 3.5ka B. P. 以前的水平。现代农牧交错的土地利用格局则与 20 世纪的气候转暖相
对应（张兰生等，1997）。

第八章 秦岭屏障作用与南北自然地理环境的形成和分化

秦岭西与祁连和昆仑山相接，东与桐柏-大别山相连，东西跨约八个经度，南北宽数十千米至二、三百千米，是横亘于中国中部东西走向的巨大山脉，平均海拔 2000m。秦岭现今的基本构造格架是由印支期板块碰撞造山作用奠定、经中—新生代陆内造山作用完成的。秦岭是中国东部亚热带与暖温带（南方与北方）的重要生态分界线，并促使其南北分别形成以四川盆地为代表的亚热带湿热红盆丘陵景观和以黄土高原为代表的暖温带干冷黄土塬、梁、峁景观的显著差异。

秦岭之南的四川盆地无论在地质构造还是地貌结构上，都是一个典型的盆地，形状大致呈北东-南西菱形，盆底以中生代砂页岩组成的低山、丘陵为主，海拔一般在 250～700m 之间。盆地周围出露较古老的古生代及其以前的地层，多石灰岩、砂岩及变质岩。在褶皱带基础上形成一系列高大山脉，东北为大巴山脉，高 1000～2500m；东南为武陵山及娄山山脉，高 1000～1500m；西北及西侧有岷山山脉及大雪山、大凉山，高 2000～4000m 左右。

秦岭之北的黄土高原，海拔高度在 1000m 左右，其主体位于吕梁山与六盘山之间的陇东-陕北。从地质构造看，主体所在的鄂尔多斯盆地是在古生代华北盆地基础上发育的中-新生代盆地，虽其西翼不很完整，且多断裂，但总体还比较整齐。

四川盆地和黄土高原在大地构造上分属上扬子陆块和华北陆块，均是我国最古老陆块的一部分。三叠纪以前，两陆块彼此分离，各自经历了不同的演化历史；三叠纪中晚期南北两大陆块拼合以后，开始经历相近似的环境发展过程，直到新生代之初，南北之间的地带差异都并不是很突出的；进入第四纪后，秦岭-大巴山地不断升高，终于成为东部季风区内南北之间一道重大的屏障、南北不同景观的分界线，北方的干旱化、黄土堆积，使陇、陕、晋以至冀北发展成为半干旱黄土塬、丘，而南方四川盆地却保持着暖湿红盆丘陵的面貌。

第一节 南、北两大陆块与古秦岭洋

四川盆地和陕北-鄂尔多斯均是我国最古老陆块的一部分，它们分属不同的构造单位，前者为扬子陆块的上扬子地块重要组成部分，后者主体为华北陆块的鄂尔多斯地块（西部陆块），其间曾长期为古秦岭洋盆所分隔。自元古代末以来，华北和扬子陆块各自经过了漫长而复杂的板块漂移过程，总体上各自以北向平移为主、旋转为辅，直到晚三叠世以前，华北和扬子陆块还是相对独立的地块，各自独立演化，古地理环境多不相同。

一、鄂尔多斯古陆和上扬子古陆

鄂尔多斯陆块为目前存在的两组华北中太古代古陆块（＞2.70Ga）之一，位于华北陆块西部，是今黄土高原的主体所在。鄂尔多斯古陆块在古元古代以后的构造演化中长期保持稳定，具有古老克拉通的典型特征（图8.1）。

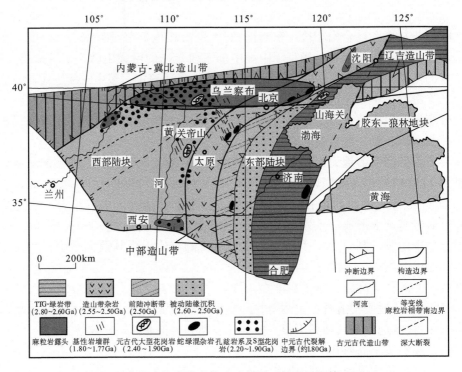

图8.1　华北克拉通基底构造区划图（据李江海等，2006）

早古生代鄂尔多斯地区位于南半球中低纬度，以陆表海环境为主，在热带及亚热带的气候环境之下，发育厚层碳酸盐岩沉积。在晚石炭世—早二叠世的滨海盆地时期，鄂尔多斯地区主要为陆表海环境，适宜的气候及地理条件，利于植物的生长、繁衍，在大面积的潮坪、河岸边缘沼泽及三角洲平原的泥炭沼泽环境中发育了较稳定的煤层，同时也构成了上古生界的主要气源岩。晚二叠世以后，鄂尔多斯沉积盆地演化为内陆拗陷盆地，区内形成以湖泊为主体的河流、湖泊共存的古地理格局，气候向半干旱—干旱转变，聚煤作用消失，形成了一套巨厚的杂色陆源碎屑岩沉积建造。其中，晚二叠世为在干燥的气候环境下形成的石千峰组红色碎屑岩沉积；早三叠世主要发育一套由粗到细的冲积扇、河流相沉积和干旱湖泊相沉积组合；中三叠世则主要发育一套河流、湖泊、三角洲相沉积和一套以河流为主体的河湖相沉积（郭英海等，1998）。

秦岭以南的四川盆地位于扬子陆块西北缘的上扬子古陆区。扬子古陆是南方最大的陆块，主体固结形成于1000Ma B.P.的晋宁运动。从新元古代末至三叠纪中晚期，四川盆地属于上扬子盆地的一部分，总体上一直维持海洋环境，以发育海相碳酸盐岩的台地沉积为主，陆源碎屑岩沉积较少，具有典型的碳酸盐台地和台缘前斜坡带沉积（胡宝清等，2001），是区域内主要的天然气储存层位（郭正吾等，1996），具体可划分为早期（震旦纪—志留纪）、中期（泥盆纪—石炭纪）和晚期（二叠纪—中三叠世）三个重要沉积期（郭正吾等，1996）。在3个沉积期的分界处均发生大规模的海退，其中，早志留世大规模海退，使上扬子地区陆地面积逐渐扩大，形成了一套海退式沉积组合，构成了四川地区的下志留统含油气系统（郭英海等，2004）；志留纪中晚期大部分地区上升成陆而普遍缺失沉积，直到中晚泥盆世上扬子地块再次发生广泛的浅海海侵；石炭纪末的海退持续到早二叠世早期，早二叠纪中期以后上扬子地区再次发生大规模海侵。

二、秦岭洋的消亡

新元古代末—志留纪，在扬子陆块与华北陆块之间的古秦岭洋为一个扩张洋盆，早奥陶世时洋盆宽度约为2000～3000km（张国伟等，1996）。晚奥陶世晚期至志留纪末期，秦岭洋开始转入板块俯冲收敛期。从泥盆纪开始，勉（县）略（阳）有限洋盆打开，将原属扬子陆块北缘的南秦岭被动陆缘分离出来，形成一个独立的块体，成为介于勉略新洋盆和商（南）丹（凤）消减俯冲带间的一个微板块——秦岭微板块，也是构成现今秦岭的主要组成部分（张国伟等，1996）。

古秦岭洋的消亡是一个漫长复杂的地质过程，可以追溯到早古生代末的加里东运动。经历了初始碰撞（残留洋盆时期）、面面接触碰撞（残余海盆时期）到全面碰撞（隆升成山时期）的长期演化。

初始碰撞作用发生于晚泥盆世到中石炭世，甚至更迟，发生在华北陆块与秦岭微板块之间的商丹带（图8.2），为秦岭主缝合带，其结果使秦岭洋盆逐渐转化为残余海盆并趋于消失，但还没有引发实质性的碰撞造山（于在平、崔海峰，2003）。

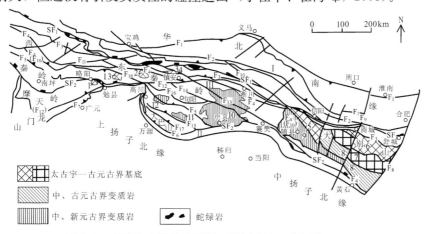

图8.2　秦岭造山带构造简图（据刘少峰、张国伟，2008）

I. 华北陆块南缘；II. 扬子陆块北缘；III. 秦岭微板块；SF₁. 商丹古缝合带；SF₂. 勉略古缝合带；F₁. 秦岭北界逆冲断裂；F₂. 洛南-栾川逆冲断裂；F₃. 山阳-磨子潭断裂；F₄. 临潭-板岩镇断裂；F₅. 迭部-武都-安康断裂；F₆. 青川-勉县-巴山断裂；F₇. 北川-宽川铺逆冲断裂；F₈. 郯庐断裂；F₉. 团风-麻城断裂；F₁₀. 渭南-黄陂断裂；F₁₁. 微成断裂；F₁₂. 阳平关-宁陕断裂；F₁₃. 郧县断裂；F₁₄. 公馆-十堰断裂；F₁₅. 红椿坝-曾家坝断裂；F₁₆. 留坝-旬阳断裂；F₁₇. 高桥断裂。基底岩块：1. 鱼洞子；2. 佛坪；3. 小磨岭；4. 陡岭；5. 桐柏；6. 北大别；7. 南大别；8. 红安(宿松)；9. 随县；10. 武当山；11. 平利；14. 牛山-凤凰山；13. 马道

石炭纪至二叠纪时期，秦岭总体收缩会聚，秦岭洋残留的洋壳消减殆尽，形成今广泛见于秦岭北侧的蛇绿岩带（图8.2），秦岭微板块两侧陆缘沿俯冲带开始全面接触。

全面的陆陆碰撞造山发生在中三叠世—晚三叠世印支构造运动时期。中、晚三叠世，扬子陆块、秦岭微板块由南向北依次沿勉略带（图8.2）和商丹带向北俯冲碰撞（胡宝清等，2001），残余海盆完全封闭，并发生全面碰撞，最终形成板块的俯冲碰撞造山带。秦岭广泛发育的印支期碰撞型花岗岩（245～211Ma B.P.），集中反映了这一时期的全面碰撞作用。

秦岭在印支期完成其板块构造的最后俯冲碰撞造山之后，在中-新生代转入陆内造山作用阶段（张国伟等，1997；周鼎武等，2002；于在平、崔海峰，2003），发生强烈陆内变形和隆升、断块升降和剪切平移走滑，形成不同方向分布的伸展盆地和以酸性为主的岩浆活动与成矿作用。其中，秦岭现代北界以南、商丹缝合带以北的华北陆块南侧活动大陆边缘逐渐演化发展为秦岭造山带后陆冲断褶皱带和北秦岭构造带（北秦岭厚皮叠瓦逆冲带）主体；商丹带以南、勉略碰撞带以北的秦岭微板块则演化构成南秦岭主体；而勉略缝合带以南扬子陆块受巨大的碰撞逆冲推覆和前陆冲断褶皱作用，叠加后期的陆内造山改造作用，逐渐形成一系列近东西向延展的大型弧形逆冲推覆构造（张国伟，1991；张国伟等，2001，2004）。

第二节　中生代南北盆地古环境的演化

一、南北盆地的演化过程

伴随着秦岭造山带的强烈隆升，其南北两侧出现了两个大型中生代陆内盆地，即北面的鄂尔多斯盆地和南面的四川盆地，它们分别发育在晚古生代华北克拉通盆地和上扬子碳酸盐岩台地的基础上。一山之隔的鄂尔多斯和上扬子（四川）两大陆相沉积盆地共同受到印支、燕山运动、秦岭隆升的影响，都成型于三叠纪晚期，都在早、中侏罗世进入稳定发展期，都在晚侏罗世、早白垩世发生构造转折并开始收缩；但鄂尔多斯盆地的发育过程以大范围升降为特点，盆地发育在中晚三叠世达到鼎盛，随着早白垩世的整体性抬升剥蚀，沉积盆地迅速消亡；而四川盆地达到鼎盛的时间在早侏罗世—中侏罗世，盆地受到周边地区的挤压作用更加强烈，其地势格局、沉积边界和沉积中心因此显得比较多变，消亡过程是在晚侏罗世至始新世的漫长时段内随着周边山地的渐次隆起而逐步收缩完成的。

鄂尔多斯盆地受秦岭造山带强烈碰撞和快速隆升的影响从近海盆地演化为大型陆内湖盆。中晚三叠世为鄂尔多斯盆地发育的鼎盛期，湖区的展布范围和水深居中生代演化各期之首，是为延长期。其沉积边界北抵阴山，南越秦岭北缘，东跨晋、豫、冀、皖，西达阿拉善-河西走廊地区，为一广阔的陆内湖盆（刘池洋等，2006）。盆地南部沉降幅度较大：地势北高南低、水体北浅南深、沉积北薄（400～800m）南厚（900～1300m），盆地沉积中心位于延安—定边—环县—庆阳连线以东，向南东东可延至郑州以西，大致平行于秦岭造山带展布（图8.3乐）。

在经历了早侏罗世的抬升剥蚀阶段后，中侏罗世鄂尔多斯盆地的沉积范围和湖区迅速扩张，鼎盛期的东界大致在大同—太原—临汾—铜川一线，与三叠纪相比有所缩小；中侏

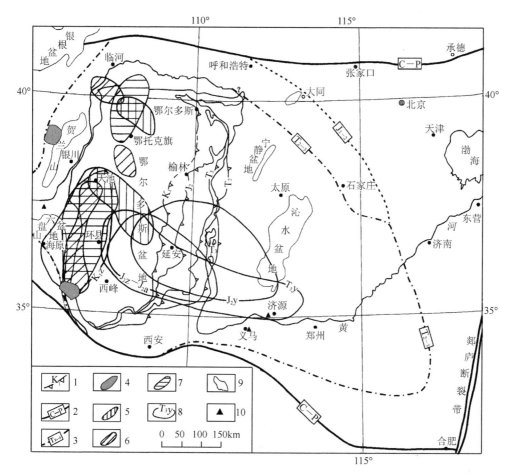

图 8.3　鄂尔多斯盆地中生代沉积边界与沉积、堆积中心变迁分布图（据刘池洋等，2006）

1. 不同时代地层尖灭线；2. 华北克拉通 C—P 沉积边界；3. 盆地 T_{2-3}、J_{1-2} 古沉积边界；4. 延长期堆积中心；5. 延安期堆积中心；6. 直罗-安定期堆积中心；7. 早白垩世堆积中心；8. 不同时期沉积中心；9. 中生代残留盆地；10. 侏罗纪残留含煤盆地

罗世延安期延安组沉积中心在米脂—靖边—吴旗—宜君一线，向东北临近宁（武）静（乐）盆地、东南可至沁水盆地南部，当时尚未隆起的吕梁山区亦在沉积范围内。该期沉积厚度大部分在 200～300m。延安期末盆地抬升，受到总体（西）北弱（东）南强的剥蚀作用（刘池洋等，2006）；随后的中侏罗世直罗-安定期湖盆重新扩张，沉积范围虽比延安期又有所缩小，但仍较为广阔，沉积中心在华池—富县一带，向东越过黄河；晚侏罗世，盆地中东部隆起接受剥蚀，西低东高的大斜坡雏形开始显现（刘池洋等，2006）。

早白垩世盆地沉积边界总体较中侏罗世明显缩小，但东界仍在今黄河以东，南达秦岭北麓，北界有所扩展，可能达大青山以北。下白垩统志丹群为一套红色碎屑岩建造，东部邻近黄河地区沉积厚约 700～800m；向西厚度渐增，在六盘山盆地沉积厚度可达 2000m。

早白垩世末，鄂尔多斯盆地整体抬升，大范围整体区域性广覆沉积结束，大型鄂尔多斯盆地消亡，开始进入后期改造时期。沉积间断经晚白垩世，一直延续到新生代古新世甚至始新世早中期，前晚白垩世地层遭受不同程度的剥蚀。剥蚀改造具有东强西弱、边缘强内部弱的特点。经过长期剥蚀，地表几近夷平，形成区域夷平面（刘池洋等，2006）。

　　四川盆地的发育始于晚三叠世，成型于侏罗纪，盆地西缘的龙门山在三叠纪末（230～200Ma B.P.）崛起，盆地北缘和东北缘的米仓山和大巴山隆起于早中侏罗世（沈传波等，2007）。盆地规模在早中侏罗世（190～170Ma B.P.）达到最大，当时东与鄂中荆（门）当（阳）盆地相连，南界达黔中、滇中，北界至陕南西乡，沉积以湖相为主。晚侏罗世晚期四川盆地发育了巨厚的碎屑沉积，特别是在底部沉积了巨厚的砾岩层（图8.4），表明周边山系有大幅度的快速抬升，构造运动急剧活化（王永标、徐海军，2001）。在白垩纪燕山晚期构造事件（早白垩世）中，随着东南褶皱山系渐次向盆地推移，盆内川东、川中转为上升隆起，盆地沉积范围开始向北、西退缩（图8.4）；从晚白垩世开始直到始新世，四川盆地进入了沉积盖层的强烈褶皱和剥蚀改造阶段，沉积盆地继续萎缩（郭正吾等，1996）。

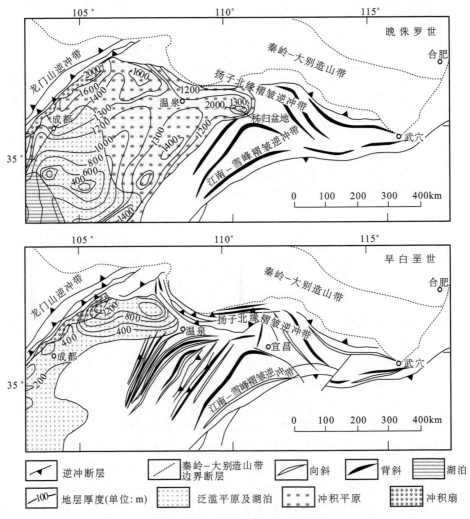

图8.4　上扬子陆块北缘及邻区晚侏罗世和早白垩世
古地理（据刘少峰、张国伟，2008）

二、南北自然环境格局的异同

秦岭的褶皱隆起结束了秦岭海盆分隔我国南、北陆块的地理格局，起源于北方的淡水双壳类珠蚌、陕西蚌动物群在晚三叠世已见于扬子地块（张国伟等，1996）。中生代秦岭隆起高度不大，作为南北地理分界线的意义还不明显，使鄂尔多斯和四川盆地自然地理环境的演化具有很大的相似性，最显著的特征是共同由早期（三叠纪晚期—侏罗纪早期）的湿润气候向晚期（侏罗纪中期—白垩纪）的干旱气候转变。

鄂尔多斯盆地晚三叠世（延长期）的地貌特征为大型内陆拗陷盆地，"南湖北河"的格局较为明显，即38°N以南主要为湖相沉积，以北则以河流相为主。总体而言，晚三叠世鄂尔多斯盆地属温带-亚热带暖湿气候，有时甚至相当湿热。盆地北部佳县秃尾河晚三叠世植物孢粉组合（31属48种）中含有大量喜暖喜湿成分，反映当时当地气候温暖潮湿，植物繁盛，在湖泊周围生长着喜暖树木，或有蚌壳蕨科高大树蕨；在沼泽湿地有紫萁科植物成丛生长，并有真蕨目草本植物伴生；湖泊外围丘陵地带分布着罗汉松科和松科针叶林，林下和溪边生长着石松、卷柏、紫萁等灌木和草本（王永栋等，2003）。同一时期盆地南部的铜川地区晚三叠世植物孢粉组合（28属46种）的构成与北部基本一致，而其中莲座蕨科含量较高，又有海金沙科出现，反映南部比北部气温更高（江德昕等，2006）。在温带-亚热带暖湿的气候背景之下，晚三叠世成为鄂尔多斯盆地重要的成煤生油时期，上三叠统延长组主体为一套河湖相含油沉积，其上段瓦窑堡组为一套河湖相含煤沉积，在盆地腹部横山县以南、甘泉县以北形成三叠纪煤田，残余厚度一般为20～230m不等。

早侏罗世末至中侏罗世延安期，沉积环境经历了一个从早期的河流相为主、到河流-浅湖相并存、再到深湖-湖泊三角洲-河流三角洲相并存，最后到以河流相沉积为主的旋回。中侏罗世延安植物孢粉组合（20属39种）以真蕨纲（占41.0%）、银杏纲（占30.8%）、松柏纲（占17.9%）为主，与晚三叠世相比，银杏纲的繁荣为最显著的变化，反映气候转凉，为暖温带-温带偏潮湿气候（葛玉辉等，2006）。在湿润温和的气候环境下，广泛发育沼泽森林，为又一个重要的含油、成煤时期，成煤条件良好，煤层分布较广，受沉积环境控制，主要煤层随湖盆水体加深变薄，至沉积中心延安一带而缺失（刘池洋等，2006）。

鄂尔多斯盆地的气候转折发生于中侏罗世晚期（直罗-安定期），其沉积相经历了一个由辫状河向曲流河、交织河、湖泊过渡的旋回，沉积物逐渐由粗变细；地层中碳质及植物化石的含量普遍减少，砂岩碎屑成分中黑云母绿泥石增多，出现紫红、蓝绿杂色的沉积物，同时钙质结核增多，说明当时地壳已开始上升，古气候亦朝干旱炎热气候转变。该时段早期对延安期成煤古气候环境尚具一定延续性，以辫状河流沉积为主，煤线和薄煤层有所发育；至晚期，周缘地貌高差减小，气候干旱，物源供给不足，以曲流河和湖泊沉积为主，透镜状砂体发育，三角洲规模不大，聚煤条件完全丧失（赵俊峰，2007）。直罗组植物化石属种较延安期明显减少，裸子植物成分略高于蕨类植物，银杏显著衰退，苏铁有所增加；安定组中裸子植物成分继续增加，以克拉梭粉属含量为最高，蕨类植物孢子分异度和丰度均很低，反映中侏罗世晚期气候转向炎热干旱，属亚热带干旱-半干旱气候（黄克兴、侯恩科，1988）。

晚侏罗世鄂尔多斯盆地于西侧长条形拗陷内沉积了一套巨砾岩和中-粗砾岩，间夹含砾粗砂岩和砂砾岩透镜体（芬芳河组）。砾岩呈棕红色和紫红色，分选差，磨圆中等，直径大者可达2～4m，一般为5～30cm，属碎屑流沉积，其中砂岩和砂砾岩透镜体代表扇面河道沉积，显示这一时期构造活动极不平静，盆地被阵发性流入的冲积扇或山麓堆积横向充填，沉积物主要来自盆地西缘构造活动区，形成于干旱的气候条件之下（张泓等，2008）。

鄂尔多斯上白垩统志丹群为一套红色碎屑岩建造，其中含有干旱环境下的沙漠相沉积。自下而上可分为两个沉积旋回：从宜君组洪积相砾岩到洛河组沙漠相厚层块状砂岩，再到华池-环河组河湖相粉砂岩和泥岩；从罗汉洞组河流-河湖-沙漠相中粗砂岩到泾川组河流-湖相砂泥岩夹含砾粗砂岩，再到喇嘛湾组长石砂岩夹泥岩、薄层煤。总体体现沉积范围由早期到晚期扩大，岩性变细，厚度增加，气候则是由干到湿。华池-环河组上段植物孢粉组合以松柏、银杏、苏铁、海金沙、莎草蕨等为主，体现亚热带偏湿气候，克拉梭粉属平均含量为18.1%，介于东北（不超过5%）和南方（大于50%）区之间，个别剖面含量高达50.4%，说明曾受干旱气候控制；泾川组中克拉梭粉属含量显著提高（26.3%），而喜湿热的海金沙科同样繁盛，说明当时气候较华池-环河组上段沉积时干热，但比典型干旱区要湿润一些，属亚热带偏干旱气候（张子福、苗淑娟，1989）。早白垩世末的喇嘛湾组植物孢粉组合以松柏类、银杏-苏铁类、海金沙科为主，克拉梭粉属含量稀少（4.1%），显示当时的气候较为温暖潮湿（张子福，1992）。可见，当时的鄂尔多斯盆地属南北气候过渡带，经历过多次干湿变迁。

四川盆地在晚三叠世经历了由海相-海陆过渡相-陆相的沉积环境转变，至晚期彻底成陆，上三叠统须家河组沉积相主要可分为冲积扇、湖相三角洲、湖泊、海相三角洲、滨岸和海湾六类，沉积范围由西向东逐步扩张（郭正吾等，1996；林良彪等，2006）。这一时期四川盆地的气候较北面的鄂尔多斯盆地更为湿热，属热带-亚热带环境，植物群落体现为以苏铁类为优势，其次为以双扇蕨科和莲座蕨科为主的蕨类植物，而同期北方植物群中苏铁类仅有少数代表，双扇蕨科植物不繁盛，银杏类则较丰富。晚三叠世也是中生代四川盆地最重要的成煤时期，其含煤地层由早期的龙门山前拗陷带扩展到晚期的华蓥山断裂东西两侧广大地区（王在霞、张玉成，1982；王全伟等，2008）。

早侏罗世时，含煤地层仅分布于四川盆地北缘和东北角的白田坝组和珍珠冲组中，盆地主体被一大型淡水湖泊覆盖，其沉积地层称为自流井组。与晚三叠世相比，在白田坝组中，裸子植物成分占绝对优势，银杏和松柏成分显著增多，苏铁成分则有所降低；在自流井组中，最显著的特点为指示干旱气候的克拉梭粉属大量出现（王全伟等，2008）。盆地主体的干旱化略先于北面的鄂尔多斯盆地发生，聚煤作用在早侏罗世时即已结束，温湿气候仅限于局部。

四川盆地中侏罗世早期的沉积以一套灰绿色砂岩与灰色、灰黑色的粉砂岩及泥岩为主，部分地层夹有介壳灰岩（新田沟组），可被认为是早侏罗世湖相沉积向河流相过渡的类型；中侏罗世晚期周边山系的隆升，使湖相沉积范围明显缩小，而河流相沉积的分布范围大为扩展，为一套灰黄绿色、灰紫色厚层砂岩与泥岩组合（沙溪庙组），初步出现红色沉积（王永标、徐海军，2001）。中侏罗世植物群以克拉梭粉属的繁盛为标志，早期孢粉组合中喜湿喜暖的桫椤科、苏铁和银杏类含量也较高，属亚热带半干旱—半湿润气候；晚期植物属种减少，双扇蕨科绝迹，松柏比例增加，总体属亚热带干旱—半干旱气候，但其间亦有温湿时段（王全伟等，2008）。

　　四川盆地晚侏罗世早期沉积以遂宁组为代表，主要为一套鲜红色泥岩、粉砂岩夹中细粒砂岩的浅水湖相沉积，普遍发育有干裂及石膏层（四川省地质矿产局，1997），显示四川盆地已开始由早中侏罗世时的温湿气候向炎热干旱气候转变，沉积层中表生生物的化石已明显减少，但穴居生物留下的钻孔及潜穴则非常发育，可能表现了生物对严酷气候的反应（王永标、徐海军，2001）。晚侏罗世植物群以克拉梭粉属及松柏类裸子植物为主，显示干旱程度较中侏罗世进一步加强（王全伟等，2008）。晚侏罗世晚期构造活动加强，使沉积环境发生分异，盆地边缘（龙门山东麓、雪峰山西麓）堆积冲积扇相砾岩及河流相砂砾岩与紫红色泥岩、粉砂岩互层，总厚度达 1700m；盆地中则为河湖相、滨浅湖相砂岩、泥岩、泥灰岩，色泽均呈紫红，厚度达 780～1200m（郭正吾等，1996；四川省地质矿产局，1997；王永标等，2001）。

　　白垩纪期间，四川盆地一直为干旱气候，干旱程度并持续加强。白垩纪初盆地大部处于隆升剥蚀状态，部分地区沉积一套紫红-砖红色粉砂岩、泥岩互层，夹紫灰色细-中粒砂岩或含砾砂岩薄层，为湖泊-河流相交替沉积，以湖相为主；其后，盆地中部、西部（成都-雅安区）接受河流、河湖相沉积，砾岩和大量的具交错层理以及冲刷面的砂岩、粉砂岩，同期盆地南部（乐山-宜宾-习水区）沉积了大量的风成砂岩。至晚白垩世，川南河湖相沉积增多，但局部仍有风成砂岩沉积，而在西部和中部已由河流发展成湖泊。由于气候干旱，湖水浓缩，沉积了大量的钙芒硝、食盐，灌口组就是这种沉积的代表，为一套棕红色、紫红色粉砂岩、泥岩夹少许泥灰岩及石膏、岩盐矿产（李玉文，1987；李玉文等，1988）。四川盆地在白垩纪期间的植物孢粉成分单调，以耐旱属种占绝对优势，至白垩纪末开始出现被子植物花粉（王全伟等，2008）。

　　中生代鄂尔多斯和四川盆地均发生显著环境变迁，以气候向干旱炎热发展为特色。早期的生油、聚煤作用至侏罗纪中期之后即告结束，四川盆地结束时代略早，在早侏罗世末。鄂尔多斯盆地为中侏罗世晚期。此后两地普遍沉积山麓、河湖相红色碎屑岩，甚至发育沙漠，植物群落中耐旱属种占据优势，体现出干旱炎热的气候特点；不同的是四川盆地干旱程度较鄂尔多斯更高，后者的沉积相和植物群落发展呈现出多次干湿旋回，反映出北方温暖潮湿气候带与南方干旱炎热气候带之间的过渡带特征。这一时期古秦岭虽已形成，但其隔绝南北的地标意义还未得到强化。两大盆地自然环境的类似以及变迁过程上的差异，除了局地构造-地貌因素外，基本可由纬度地带性解释。

第三节　秦岭强烈抬升与南北自然地理环境分异的强化

　　晚白垩纪到古近纪时期，秦岭在我国自然地带分异方面的分界线意义仍不是很明显，秦岭南北广大地区均属于半干旱-干旱亚热带稀疏阔叶乔灌木疏林草原性质，由于总体地势比较平缓，也没有成为动物来往交流的障碍，秦岭南北广大地区无论从沉积环境还是生物群落，都具有很好的一致性（薛祥煦等，1996）。

　　从新近纪开始，秦岭-淮阳山地作为我国南北方新生代自然地理景观分异的天然屏障作用逐渐强化。

第四纪时期，尤其是中更新世以来，秦岭的强烈隆起，使其分隔南北的地标意义日益突出，紧邻其南北两侧的鄂尔多斯和四川（上扬子）盆地受影响尤为明显。北侧的鄂尔多斯日趋干冷，接受来自西北内陆的风成红土（或黄土）沉积；南侧的四川则在山地的屏障下保持暖湿气候，中-新生代沉积的巨厚红层，成为发育现代"紫色土"的母质，进而造就不同的动植物群落演化和地貌发育历程。中生代分异不大的两个地区，最终成为今天看到的黄土高原和紫色盆地，呈现截然不同的自然景观。

一、秦岭山地的强烈抬升

晚白垩纪到古近纪的喜马拉雅早期运动阶段，在大规模的岩浆侵入活动结束后，秦岭造山带再度经历了一次大幅度抬升和派生伸展构造的过程，分布在秦岭内及周围的白垩纪巨厚红色粗粒砾石沉积，表明当时秦岭已快速抬升成山，奠定了秦岭现今的基本构造地貌骨架，并形成了现今海拔 3500～3700m 和 2600～2800m 的第 I、II 级古夷平面（表 8.1）。根据夷平面高度和相对地质时代，结合河流阶地、沉积厚度等初步推算，秦岭的平均上升速率晚白垩纪至古新世时约为 0.14mm/a，始新世时期约为 0.10mm/a，渐新世为 0.03mm/a（滕志宏、王晓红，1996）。

表 8.1 秦岭地区古夷平面高程及时代表（据滕志宏、王晓红，1996）

级次	夷平面期	地质时代/Ma B. P.		海拔高程/m
I	太白期	K_2—E_1	100～65	3500～3700
II	秦岭期	E_2—E_3	40	2600～2800
III	华山南峰期	N_1	24	2000～2200
IV	华山北峰期	N_2	5	1600～1700
V	洛南期	Q_1	1.8	1000～1200

自新近纪以来，秦岭开始了现今地貌景观的形成过程。中新世—上新世时期，秦岭造山带和相邻盆地差异升降迅速，山体进一步抬升，灵宝和石门盆地的赵吾砾岩和疙瘩庙组砾岩是这一隆升过程的反映（薛祥煦、赵聚发，1982）。在此期间，秦岭的上升速率约 0.2mm/a，平均海拔到达约 1000m 左右，并形成主峰上现今海拔 2000～2200m 和1600～1700m 的第 III、IV 级古夷平面。

第四纪期间，处于南北板块之间强烈隆起的秦岭山地，抬升量超过 500～1000m。早更新世是秦岭造山带新构造活动的主幕，造山带沿边界强烈隆升并伴有宽缓断褶构造，此时秦岭为快速抬升时期，隆升速率达 0.45mm/a，总体海拔抬高到约 1500m（滕志宏、王晓红，1996）。

早更新世晚期以来，秦岭山地继续急剧隆升，且速率加大，特别是从中更新世晚期开始，这种趋势更为明显（图 8.5）（滕志宏、王晓红，1996；薛祥煦等，2002，2004；王非等，2002）。天水、秦安一带大约 3.6～1.2Ma B. P. 的三门系湖相沉积，其上为包括 S_{14} 古土壤层在内的黄土所覆盖，在天水市倾伏没入渭河谷地海拔 1100m 以下，而在秦岭分水岭处此湖相层却位于 1800m 的高度，二者的高差反映了 1.2Ma B. P. 以来秦岭相对渭河谷地上升了 700m（李吉均、赵志军，2003），渭河的形成也在 1.2Ma B.P. 以后（岳乐平、薛祥熙，1996）。根据秦岭北坡哺乳动物群时代及洞穴相应的高差推断，秦岭东段在早更新世晚期至中更新世的抬升速率为 0.11～0.16mm/a（薛祥熙、张云翔，1996）。通过分析秦岭各级夷平面高度和相对地质时代，结合河流阶地、沉积厚度等推算，秦岭中更新世时隆升速率为 0.13mm/a；晚更新世增快到 0.25mm/a；到全新世，尤其是历史时期，隆升速率最大，据高陵县耿镇白家咀（唐）东渭桥遗址的考古资料准确推算骊山自公元 721 年以来隆升速率高达 6.25mm/a，渭河河床则因骊山的隆升而以 1.98mm/a 的速率水平向北迁移（滕志宏、王晓红，1996）。晚第四纪秦岭中部河谷下切速率显示，中秦岭中更新世中期抬升速率不小于 0.23mm/a，中更新世晚期至少为 0.19mm/a，而晚更新世以来隆升速率大于 0.51mm/a（王非等，2002）。中更新世以来的快速抬升，使得秦岭终至形成现今平均海拔 2000m 的山地景观。

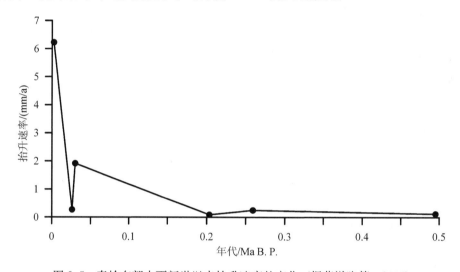

图 8.5　秦岭东部中更新世以来抬升速率的变化（据薛祥熙等，2004）

二、秦岭南北构造运动的差异

新生代以来，秦岭南北的两大中生代盆地结束了大型沉积建造时期，进入后期改造阶段，发生了不同程度的构造抬升。由于受喜马拉雅运动和新构造运动的影响存在差异，两者的构造运动过程多有不同。鄂尔多斯地块主体基本为抬升剥蚀状态，四川地块则相对下陷；前者周边发育一系列地堑盆地，后者周边则为不断隆升的断块、褶皱山系；前者内部抬升幅度不尽同步，经历数次东隆西降、西隆东降的"跷跷板"式转换，反映其在不同时期受力方向有主次之分，后者则被四周褶皱隆起的山系封闭为一个近菱形块体，并在新构造运动中整体断块下沉，反映其来自多个方向上的挤压作用均很强烈。这种构造运动上的差异使得鄂尔多斯构造盆地以构造抬升作用为主，并接受黄土层加积作用，形成类型独特的叠加高原（李容全等，2005）；四川盆地则成为无论在地质构造还是地貌结构上都非常典型的盆地。

鄂尔多斯盆地自早白垩世整体抬升、趋于消亡之后，从白垩纪末至新近纪早期，盆地主体经历了一个差异性整体抬升和强烈而不均匀的剥蚀过程，在盆地内部形成了古新世、渐新世中期、中新世早中期的三期区域侵蚀-夷平面，同时，在其周缘形成一系列断陷盆地（刘池洋等，2006）。

古新世鄂尔多斯地块总体抬升剥蚀。始新世至渐新世时期，断陷作用广泛发生在渭河、河套、银川、六盘山等周边地堑中，并沉积数百至数千米厚的河湖相碎屑岩；而各地堑外围的贺兰山、华山等断块山体则快速抬升（邓起东等，1999；刘池洋等，2006）。在周缘裂陷沉降的同时，鄂尔多斯地块主体呈东隆西降式快速差异抬升，白垩纪末至古近纪初形成的区域夷平面被肢解，地块中东部大范围缺失沉积，并遭受强烈剥蚀；地块西部则在渐新世中晚期沉积了零散分布的清水营组，厚度为几米到数十米（宁夏地质矿产局，1996）；在强烈剥蚀作用下，地貌起伏渐趋夷平，大致在渐新世中期，形成第二期区域夷平面。

渐新世晚期，受挤压应力的影响，鄂尔多斯地块总体抬升接受剥蚀，周边河套、银川和渭河等地堑盆地缩小，并曾出现沉积间断，前期沉积的地层遭受剥蚀（叶得泉等，1993）。

到中新世初，周缘各地堑盆地又开始沉降，沉积范围明显扩展，包括整个渭河盆地、山西南部的运城和临汾盆地、银川盆地、河套盆地和六盘山北部地区，同时可能波及兰州地区的临夏盆地（张岳桥等，2006），各盆地沉积的中新统厚度达 1100～3800m（刘池洋等，2006）。在鄂尔多斯地块内部，各构造单元均发生强烈抬升，其隆升速率和伴随的剥蚀强度东部明显大于西部，至中新世晚期构造事件前，形成地块内第三期区域夷平面。

中新世晚期，受青藏高原构造域挤压增强的影响，六盘山和鄂尔多斯地块西缘抬升，地块东部下沉接受沉积，长期以来的东隆西降格局发生反转，六盘山的隆起，使宁夏中南部诸断陷盆地消亡，遭受剥蚀改造（张进等，2005）。与此同时，周边诸地堑盆地快速沉降，沉积范围和湖区面积扩展，沉积速率明显增快（图 8.6）（刘池洋等，2006）。而盆地外缘的山地强烈抬升，约 8.75Ma B. P. 吕梁山的快速隆升，与其东侧山西地堑系向临汾以北扩展及裂陷活动同时发生；约 8Ma B. P. 华山的再次隆升，与其北缘渭河地堑的沉降步调一致（吴中海等，2003）。

上新世，尤其是 3.6Ma B. P. 以来，六盘山大规模加速隆升（宋友桂等，2001），鄂尔多斯地块构造活动加剧，地块主体的高度至上新世末已接近海拔 700m（赵景波等，1999）。周边地堑断陷作用加剧，沉积范围及河湖相面积扩大，沉积和沉降速率增快。河套地堑的沉积范围向东、南隆起区扩展。渭河地堑沉积向南北边缘大面积超覆，此前一直遭剥蚀的西部宝鸡-眉县隆起区开始沉降接受沉积；山西地堑系诸断陷也进入强烈发展、活动时期；除西北缘银川盆地外，周邻各地堑盆地上新世沉积速率均达新生代最高（图 8.6）。上新世各地堑的最大沉积厚度，在河套地堑临河凹陷达 6000m，渭河地堑 3100m，银川地堑 1400m，山西地堑系各断陷在 3400～900m（刘池洋等，2006）。

第四纪鄂尔多斯地块基本继承上新世的格局，持续发生间歇性差异抬升，黄河晋陕峡谷的下切主要发生在距今 140 万年以来，据峡谷中的河流阶地推算 140 万年以来鄂尔多斯高原平均隆起量可达 167m（表 8.2）。鄂尔多斯高原内部由于差异性隆升而遭受进

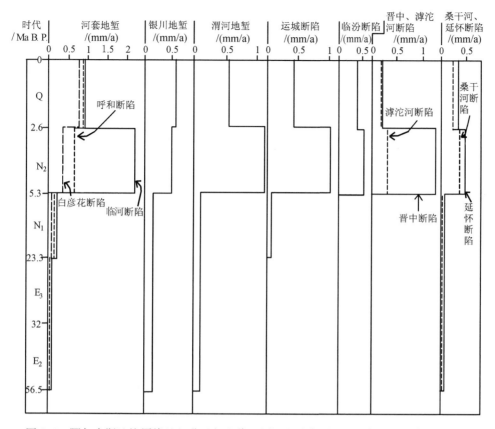

图 8.6 鄂尔多斯地块周缘地堑盆地新生代地层沉积速率对比图（据刘池洋等，2006）

一步侵蚀，周缘各地堑盆地潴水成湖（图3.4），直到中更新世晚期之前，在沿今黄河中游分布的一系列串珠状地堑盆地内仍发育内陆湖泊，将黄河分隔成注入各盆地的多段河流（李容全等，2005）。各地堑盆地内第四纪沉积-沉降速率仍然很大（图8.6），主要为河湖相沉积，其中，渭河地堑最大沉积厚度为1352m，银川和吉兰泰地堑分别为2000m和500m，河套地堑为2000～2400m（邓起东等，1999），山西地堑系除运城断陷达1200m外，其他各断陷均在500～900m（刘池洋等，2006）。

表 8.2 鄂尔多斯高原第四纪区域造陆隆起幕的量和速度（据程绍平等，1998）

区域造陆隆起幕	平均隆起量/m	造陆隆起时间/ka B.P.	平均隆起速度/(mm/a)
I	46	1409.8～196.7	0.04
II	28	196.7～76.4	0.23
III	25	76.4～44.0	0.77
IV	27	44.0～17.6	1.02
V	41	17.6～5.4	3.36

四川盆地自始新世中晚期受印度板块与欧亚板块强烈碰撞的影响，周边盖层强烈褶皱，大小凉山、大相岭及峨眉山等均被卷入，盆地整体隆升接受剥蚀，结束了中生代以来沉积盆地发展阶段，进入现代构造盆地演化阶段（郭正吾等，1996）。新近纪以来，

在来自多个方向的压力之下，四川盆地周缘山系逐次隆起，盆地西北及东北缘由冲断推覆构造组成的龙门山、大巴山进一步抬升，盆地东南及西南缘由盆地古生界的盖层褶皱组成的七曜山（齐岳山）、大相岭等山系相继出现，相对下陷核心区的四面边界均被封闭，盆地与周缘各造山带组成的盆山体系最终定型，形成无论在地质构造，还是地貌形态上都非常典型的盆地。

在四川盆地西面，龙门山受青藏和秦岭抬升的影响，于新生代晚期的 13～8Ma B. P. 开始隆升，3.6Ma B. P. 以来加速强烈隆升，并持续向盆地内部挤压推覆，其过程迄今不衰，形成海拔 5000m 以上、地形梯度极大（30km 内由 5000m 直降到 500m）的陡峻山系，同时迫使龙泉山褶断隆起与"成都断块"拗陷下沉，第四纪期间成都盆地接受了由岷江等河流带出的大量碎屑物质沉积，形成现今的平原景观（何银武，1992；王二七、孟庆任，2008）。

在四川盆地之内，由于长期受到由盆缘向盆内传递的各个方向的挤压或压扭应力的作用，形成了平行盆缘构造方向、成带分布的褶皱与断裂，盆地内有地表背斜 290 个，它们构成了大小不等的山地，成都东南的龙泉山、重庆附近的华蓥山等均为东北—西南向的背斜层构造；此外，已查明的地下潜伏构造约 200 个，这些褶曲与断裂主要形成于大范围沉积结束后的喜马拉雅运动中、晚期，其强度由盆缘向盆内逐渐减弱（邓康龄，1992）。受构造影响，四川盆地内的河流都流向盆地中心，嘉陵江、岷江、沱江、涪江、白水等重要河流，都是从盆地西北流向东南，这些河流的形成先于在盆地自边缘向内部渐次褶皱隆起的东北—西南向背斜山脉，因此侵蚀切穿诸列相互平行的东北—西南向背斜山脉而保持原来的流向。因背斜层中的侏罗纪灰色砂岩比较坚硬，在被河流切穿后都形成峡谷，从而造成了盆地内众多的峡谷。翁文灏先生在他的四川游记中曾描述道："……四川地形最可靠之规律，即红色砂岩盆地中屡生由东北走向西南之背斜构造，每一背斜皆成一山脉"，"……每一背斜与河流交截之处即成一峡，反之，每遇一峡，即为河流与山脉交截之处"（谢家荣，1934）。

三、黄土高原与紫色盆地的地貌发育

整体抬升的鄂尔多斯构造盆地在第四纪以干冷环境为主的环境中接受黄土加积作用，成为"黄土高原"，而四川盆地内紫红色的中生代沉积却在湿热的气候环境下遭受剥蚀作用，呈现紫色盆地的特点。构造运动上的差异伴随着受秦岭隆起而强化的气候地带性差异的影响，奠定了鄂尔多斯和四川盆地现代地表形态以至整体自然景观的不同格局。

鄂尔多斯地块区在新近纪接受了晚新生代红黏土沉积。红黏土是强氧化稳定环境下形成的一套红色细碎屑物沉积，含有丰富的层状或零散状钙质结核以及三趾马动物群化石，具有"红、细、广"的特征。这套地层广泛分布于青藏高原东北缘，形成一个范围广阔的红黏土盆地，也有人称其为红土高原（赵景波等，1999）。该红黏土盆地的东界位于乡宁—蒲县—离石—兴县—苛岚—五寨一线，吕梁山区将其与山西地堑分隔开来。红黏土盆地的西界位置由于受到青藏运动的强烈改造而比较复杂，大致以乌鞘岭为界。盆地的南界由秦岭北缘断裂带构成，盆地北界大致以长城为界。盆地中部分布有于中新世晚期以来形成的、走向近南北向的六盘山，将红黏土盆地划分为陇西高原和鄂尔多斯高原两部分。鄂尔多斯高原红黏土地层主要为上新统，即三趾马红土；六盘山以西的红黏土称甘肃群。在六盘山以西的陇西地区，红黏土的堆积始于中新世中期，其最老年龄可达22～18.5Ma B. P. 。现今陇西地区红黏土出露广泛，且主要呈面状分布，红黏土出露的海拔高程为1800～1940m，平均海拔为1870m，厚度一般均大于160m，红黏土顶面地形起伏较小，在剖面上呈两侧高而中部略向下弯曲的弧形，指示红黏土沉积时可能为一个广阔的汇水盆地（施炜等，2006）。在六盘山以东的鄂尔多斯高原，红黏土的底界年龄约为8Ma B. P. ，即在中新世晚期以后才出现红黏土堆积。各地红黏土沉积厚度有所差异，一般在40～80m，在盆地西南（朝那-灵台）及中东部（涧峪岔-吴堡）的两个堆积中心，最厚均达130m（刘池洋等，2006）。目前，红黏土大部分被黄土覆盖，主要出露于沟谷中或局部河段的宽谷边缘。红黏土顶面呈较为平坦的台地地貌，受六盘山山前断裂影响，其分布高度明显呈两个台阶。在高原内部，红黏土分布海拔为1280～1320m，平均海拔为1300m，在六盘山山前（鄂尔多斯高原西缘）红黏土出露于海拔1420～1480m之间，平均海拔为1450m。8Ma B. P. 前后，六盘山两侧的海拔高度大体一致，均在1000m左右，8Ma B. P. 以来的差异构造抬升，造成了现今六盘山两侧陇西高原和鄂尔多斯高原红黏土分布570m的平均高程差（图8.7）（施炜等，2006）。

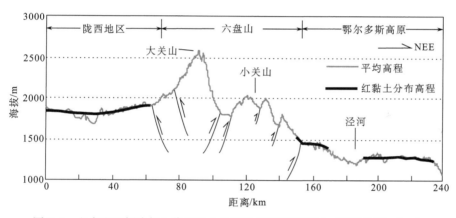

图 8.7 六盘山两侧晚新生代红黏土分布数字高程剖面图（据施炜等，2006）

第四纪以来，随着现代季风气候的建立，东亚冬季风加强，粉尘搬运量加大，加之气候由温暖半湿润为主向降水量骤减的干冷环境转变，远距离风力搬运堆积为主导的第四纪松散黄土堆积取代了红土堆积，由此转向黄土高原发育阶段。以 1.6Ma B. P. 为转折点，可将区内第四纪黄土沉积分为两个阶段：2.6～1.6Ma B. P. 气候冷暖振动幅度较小，周边地堑盆地发育一系列湖泊，高原水系分散注入，侵蚀较弱，此期多数地区稳定堆积的午城黄土厚约50m，分布主要限于鄂尔多斯地块内，在六盘山以西堆积很少（刘池洋等，2006）；1.6Ma B. P. 以来，盆地及邻区气候冷暖变化幅度较大，黄土不断堆积加厚，在午城黄土之上，又堆积了离石和马兰及全新世黄土，形成了时代齐全的黄土地层序列，同时，黄土堆积的范围不断加大，六盘山以西开始大面积堆积黄土（丁仲礼、刘东生，1989），黄土堆积进入鼎盛期。除岛状山地与河流峡谷段出露基岩外，黄土以基本连续"披盖"的形式覆盖在各种不同类型的基底地形之上，黄土高原渐趋形成。

基底地形年代与类型的不同，决定了其上黄土层厚度与黄土地貌的差异（李容全等，2005）。黄土高原地区的第四纪黄土沉积主要堆积在以下几种类型的古地形之上并发育为不同的黄土地貌：① 周边山地丘陵。如秦岭、六盘山、吕梁山、太行山等，山地主体是断块运动的强烈上升区，黄土很难在山坡上堆积，大多随流水搬运到山麓，成次生黄土沉积；而在山区附近上升运动微弱的丘陵地带，高差小，坡度和缓，适于黄土堆积，是墚峁地形的主要形成区。② 古近纪盆地。如陇中、陇东及山西垣曲等地，古近纪时期的拗陷盆地在上新世末转为上升，河湖相沉积遭受切割后形成长条状丘陵或孤立丘陵，覆盖其上的黄土层较薄，多成墚峁地形。③ 新近纪盆地。即新近纪构造运动中形成的、曾接受红土沉积的大面积侵蚀盆地，其构造运动特点为整体性平缓升降，新近纪晚期至第四纪均保持了盆地底部平坦地形。因此当第四纪黄土大量搬运而来时，这里成为最佳的沉积场所，堆积了从午城黄土到全新世黄土的完整剖面，是第四纪黄土堆积起始早、堆积厚、保存完整的地区，发育为塬状地貌（原塬），以洛川塬、董志塬为典型代表。④ 更新世湖盆。在黄河全线贯通之前，黄土高原周边地堑盆地积水成银川、河套、汾渭 3 个面积宽广的古湖，湖泊内既可接受当时当地的降尘堆积，又有从湖盆区周围侵蚀、搬运携入湖泊的黄土堆积；中更新世晚期黄河切穿三门峡后，位于晋、豫、陕之间的黄河和渭河谷地及其支流谷地三门峡古湖因湖水外泄而消亡，先后消亡的还有银川、河套古湖等一系列黄河中游的串珠状内陆湖泊，湖泊消亡后的湖相层之上为离石晚期薄层黄土覆盖，再上为 10～20m 厚的马兰期黄土层和顶部的全新世黄土。由于湖相层近乎水平，这里的黄土地貌也以塬为主，称为积塬。受黄河水系发育及侵蚀作用的影响，积塬在规模、黄土层厚度以及沉积的连续性上均远不及新近纪盆地区的原塬剖面。⑤ 新近纪宽谷。黄河及其支流的发育贯穿新近纪晚期至第四纪，新近纪时期黄河在黄土高原雕刻出的宽谷主要分布在晋陕峡谷段，时代约为上新世，古河床可宽达 10～30km，对应于华北的唐县期夷平面。堆积其上的黄土发育为麓塬，但由于峡谷两侧支流的强烈分割，保留下来的黄土土层薄、时代连续性差，多呈梁状地形，麓塬保存极少。⑥ 更新世黄河阶地。第四纪以来发育各级河流阶地，更新世中晚期（1.1～1.0Ma B. P.）形成的阶地最为宽广，其上保存着部分午城黄土及离石期以近各期黄土堆积层，亦被两岸支流切割，多成墚状地形，只有在河网密度最小的山西吉县等少数地区发育成继塬；其后形成的各级阶地面，因阶地规模所限，成为黄土塬的极为少见。

中更新世晚期黄河切穿三门峡后，河谷不断侵蚀下切，山西高原的汾河水系、陇东黄土高原上由北西向南东或向南流入黄河或渭河而呈现树枝型水系形态的诸支流水系也随之下切，黄土高原随着侵蚀基准面的不断下降而进入地貌强烈侵蚀期。高原面的大部分地方因受到连续不断的侵蚀作用，形成沟谷纵横的地貌形态，现代黄土高原除部分土石山区外，均属强烈水土流失区，大部分地区侵蚀模数都在 $10000t/(km^2 \cdot a)$ 以上。高原内的剥蚀物被黄河等河流长距离搬运并流失到区外，成为塑造华北平原的重要物质来源。

四川盆地大部分地区从中新世起进入准平原化，至上新世晚期形成统一的夷平面，其后受青藏高原急剧隆升影响，发生大幅度差异升降运动，夷平面解体。整个四川盆地自西向东可分为下陷接受沉积的成都盆地（平原）区（龙门山以东、龙泉山以西）、缓缓抬升的川中低山丘陵区（龙泉山以东、华蓥山以西）、大幅抬升的川东褶皱区（华蓥山以东、七曜山以西）。

华蓥山以东、七曜山以西地区，由于基底岩层及沉积盖层强度相对柔软，受到挤压后广泛变形褶皱，形成一系列呈北东向展布的背斜山岭，据统计，背斜轴成山的山脉有28条，长者800多千米，短者20km，被称为"川东平行岭谷"。该区受新构造运动影响强烈，上新世晚期以来的新构造运动表现为不同断块间的隆起和掀斜，各级构造地貌面的高度自西北向东南递降，川东山地丘陵广泛可见多级夷平面，可分为三期，分别形成于白垩纪晚期—古近纪末（分为两个亚期：早期海拔1400～1500m，晚期1100～1200m，均见于华蓥山）、中新世—上新世晚期（广泛见于川东褶皱山系，两级分别为海拔800～900m和600～700m）、早更新世（海拔350～500m，广泛分布于山麓丘陵顶部），并可与三峡地区的三级夷平面进行对比（刘兴诗，1983；向芳等，2005；谢世友等，2006）。0.73～0.7Ma B.P. 长江贯通三峡以来，四川盆地中东部地区（龙泉山以东）以长江为侵蚀基准面至少经历了五次侵蚀下切过程，长江在此段（重庆—万县）下切深度为200m左右，显示构造抬升较盆地中部更为强烈（向芳等，2005）。

四川盆地的主体是川中低山丘陵区，占总面积的2/3以上，以扬子陆块前寒武纪变质岩为基底，强度很大，故在各方向的强大压力之下仍保有稳定地块特征，新构造运动表现为间歇性整体缓慢抬升，因抬升幅度远较周边山系小，故形成典型盆地地貌。始新世晚期以来的全面风化剥蚀作用，使得新生代以来的沉积绝大部分被剥蚀殆尽，地表出露岩层以侏罗系、白垩系的紫红色砂页岩和泥岩为主，因砂页岩质地疏松，既易于风化亦易于侵蚀，故以此为母质的风化壳和土壤反映出强烈的母质理化特性并呈现紫红或紫红棕色，形成著名的紫色土，四川盆地因此被称为"紫色盆地"。0.73～0.7Ma B.P. 三峡贯通以来，受长江侵蚀下切影响，中生代的红层沉积被侵蚀切割形成方山丘陵，其中，中部海拔不过400m，产状极为平缓近于水平，相对切割深度仅百米，形成典型的方山（图8.8）；边缘稍陡则形成单斜式的方山丘陵，海拔700～800m，相对切割深度不超过200m（杨景春等，1993）。

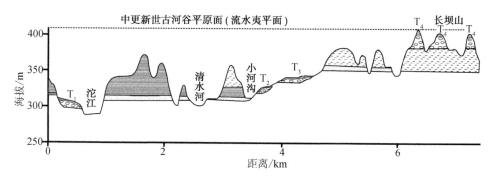

图8.8　川中丘陵区内江附近中更新世以来的丘顶夷平面（据张信宝等，2007）

龙泉山以西的成都平原是四川盆地中最大的平原，面积为6500km²，是四川盆地第四系的主要分布区，由源自龙门山的岷江等河流冲积而成，一般厚度为50～200m，最大厚度在郫县—都江堰市之间的新胜，可达541m（郭正吾等，1996）。平原及周边山地可见多级河流阶地发育，显示山地经历多期抬升；雅安地区青衣江流域可见明显的四级阶地，分别形成于早更新世末（0.79Ma B.P. 左右）、中更新世晚期（0.15Ma B.P. 左右）、晚更新世早期（0.1Ma B.P. 左右）和全新世早期（0.01Ma B.P. 左右）（袁俊杰，2008）；平原内部一般仅存两级阶地，形成于晚更新世末至全新世中期，老于Ⅱ级阶地的沉积物由于沉降作用已被掩埋（钱洪、唐荣昌，1997）。

四、南北气候与生物的分异

古近纪时期中国自然地带的分布继承了中生代晚期以来的格局，秦岭南北的广大地区均属于干旱亚热带稀疏阔叶乔灌木疏林草原景观，分异不大。

从新近纪开始，秦岭作为我国南北方自然地理景观分异天然屏障的作用开始显现。新近纪期间，尤其是8Ma B.P. 前后，青藏高原隆升对环境产生重大影响，东亚季风日趋强化，西北干旱化加剧，经向自然地带分异增强。鄂尔多斯高原地处西北部干旱荒漠区与东南部森林区之间的过渡地带，为气候波动敏感区，冷暖、干湿的变化，特别是第四纪冰期-间冰期的旋回，对其自然景观组合产生了重大影响；相形之下，处在秦岭南侧的四川盆地受到的影响要小得多，于是两者之间自然景观的差异逐渐凸现出来。

从新近纪"三趾马动物群"广布于我国南北及秦岭山区广大地区的情况看，至少在秦岭南北麓相当范围内，当时动物群不存在根本性的差别，属于初具雏形的南北动物区系之间的过渡型；尤其当处于夏季风强盛的暖湿期，秦岭南北均为亚热带森林、森林草原景观，广泛发育红黏土沉积，动物可自由往来于并不高峻的秦岭各山口，成分相近。

早更新世时期，秦岭南北动物群落交流仍很活跃，南、北方动物共生的现象在分处秦岭两麓的陕南、洛南、蓝田等地都有所发现（薛祥煦等，1996；李传令、薛祥煦，1996）。早更新世早期北方气候偏冷干，南北动物过渡带向南推移至30°～31°N（金昌柱等，2008），重庆巫山龙骨坡动物群（2.58～1.95Ma B.P.）中既有华南动物区系的斑鼯、优飞鼠、犀、貘等，又有属于华北生境的刺猬、小飞鼠、沟牙鼯鼠和转角羚羊等，是一典型南北过渡型的动物区系（刘东生等，2008）。至晚期气候转向暖湿，过渡带又向北扩展至秦岭北麓，陕西蓝田公王岭动物群（1.15Ma B.P. 前后）还带有强烈的南方色彩，41个属种中有约30%是典型的南方区动物群成员，如大熊猫、东方剑齿象、貘、苏门羚等（薛祥煦、张云翔，1994）。可见，早更新世时期秦岭的高度和陡峻程度均尚有限，气候趋向冷干时，北方区的动物可沿低缓山岭或山口向南撤退，气候转向暖湿时，南方区动物又可由此扩散到秦岭以北。

大约在早更新世至中更新世之交，秦岭已达到了生物界难以逾越的障碍高度，并进一步影响到我国北方的大气环流格局，明显地增强季风效应。动物翻越秦岭的南北迁徙变得越来越困难，即便成功抵达目的地，在迥异的自然环境中，也很难适应并长期生存，使得秦岭南北生物界的差异更为显著。其后，尽管第四纪南北动物区系之间的过渡带在秦岭以东的低缓丘陵以至江淮一线继续存在，但在秦岭南北坡及近山麓地带不复存在这种过渡性质。大致在中更新世晚期及其以后，南方区大熊猫-剑齿象动物群的化石代表仅见于陕西的山阳、白河、汉中等秦岭南坡的一些地点，翻过秦岭山岭，几乎再无这类化石的发现，秦岭山脊成为北方动物区与南方动物区的稳定界线。

中更新世以来，秦岭逐渐抬升到平均海拔2000m以上，其对季风的阻断效果越来越显著，秦岭两侧的气候、植被、土壤等由此产生一系列显著分异，在响应全球第四纪冰期-间冰期气候变化方面的差异日趋显著。

　　中更新世以来秦岭以北地区冰期-间冰期气候间的变幅显著加大，变化于寒温带荒漠草原环境到暖温带森林草原甚至森林环境之间，且总的趋势是朝着干燥、寒冷、草原型环境的方向发展。森林面积大范围缩小，草原-灌丛分布越来越广阔；草原习性动物比例增加，陕西蓝田陈家窝子动物群（0.73～0.40Ma B. P.）主要为啮齿目、兔形目动物，如中华鼢鼠、长城鼢鼠、拟布氏鼢鼠、蒙古鼠兔等。在晚更新世相对暖期（末次间冰期晚期），内蒙古的萨拉乌苏动物群处在温暖湿润的森林草原向较为干燥的荒漠草原过渡的环境，其中既有喜湿热的诺氏象和在湿润环境中生活的王氏水牛、原始牛存在，又有喜冷的蒙古野马、野驴生活，与现今环境相似；而在寒冷的末次冰期，继萨拉乌苏动物群而起的城川动物群无论从个体数量和生物种类均很贫乏，不见诺氏象、王氏水牛等喜暖种，而以干旱喜冷的种类占优势，反映干旱荒漠环境的鸵鸟比例大为增加（谢骏义等，1995）。

　　南面的四川盆地受周围山系的"庇护"，冬季风的影响无法深入盆地内部，而夏季东南湿润气流却在盆地内部延长滞留时间，从而逐渐形成终年温暖、降水丰富的亚热带暖湿气候。在第四纪期间未受到冰期严寒气候的强烈影响，成为生物生存良好的栖息地和避难所，生物种类复杂多样，生物特有种和古老孑遗种极为丰富。以中更新世盐井沟动物群为代表的"大熊猫-剑齿象动物群"种类丰富，物种变化和更替缓慢，许多古老物种一直繁衍到现代，最典型的莫过于大熊猫。现代四川有脊椎动物约1100余种，其中特有种和古老孑遗动物之多为全国罕见，除了大熊猫之外，还有金丝猴、牛羚、小熊猫、中华鲟、白鲟、长吻鮠、东坡墨鱼等，均堪称国宝（西南师范学院地理系，1982）。

第九章　滇黔桂喀斯特发育与现代地理环境的形成

以贵州为主体，向四周及于滇、桂以至川、湘、鄂边沿，从古生代延续到三叠纪沉积下来的碳酸盐岩，构成了当地现代景观形成的重要基础。这一地区是世界著名的喀斯特高原——云贵高原主体之所在，是我国喀斯特发育最为典型、分布最为集中的地区，喀斯特化从发生上成为这一区域内现代景观特色形成的共同本质。按碳酸盐岩的分布面积计算，全国裸露、覆盖（上覆第四纪沉积物）、埋藏（埋藏在非可溶岩之下）三种喀斯特类型的总面积达 $346.3 \times 10^4 km^2$；按碳酸盐岩地层出露的面积计算，为 $206 \times 10^4 km^2$；而按碳酸盐岩出露面积计算，也有 $90.7 \times 10^4 km^2$（袁道先，1994）。滇黔桂三省碳酸岩的分布面积占全国的 9.4%，裸露型喀斯特面积占全国的 29.2%。在滇黔桂三省中，贵州省的喀斯特总面积和裸露型喀斯特面积分别占到全省面积的 73.0% 和 51%，云南省为 27.1% 和 26.0%，广西壮族自治区为 37.8% 和 33.0%（图 9.1，表 9.1）。喀斯特的形成和发育深刻地影响了该地区现代自然地理环境特征，也成为该地区水土资源与环境问题产生的自然根源。

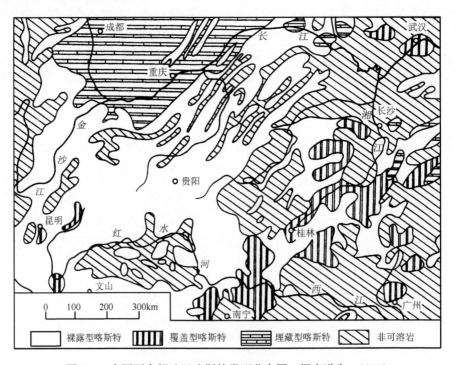

图 9.1　中国西南部地区喀斯特类型分布图（据袁道先，1994）

作为我国大陆最晚脱离海洋环境的地区，滇黔桂地区直到晚三叠纪之初尚未完全脱离海洋环境的影响，漫长的海洋环境不仅使滇黔桂地区孕育了瓮安动物群、澄江动物群等在生命进化史上具有里程碑意义的海洋生命，也成为碳酸盐岩沉积的条件。由于海陆变化过程的不同，地区内沉积的碳酸盐岩的岩性、厚度和纯度存在明显差异，这种差异为区域内现代喀斯特景观地区特色的分化提供了基础。

表 9.1　滇黔桂地区喀斯特分布情况表（据李大通、罗雁，1983）

省区	碳酸盐岩分布面积 /10^4 km^2	含碳酸盐岩地层出露面积 /10^4 km^2	碳酸盐岩出露面积 /10^4 km^2	碳酸盐岩出露面积占省区面积比例/%
云南	24.1	19.8	9.7	26
贵州	15.6	14.5	8.9	51
广西	13.9	10.3	7.9	33

古近纪和新近纪时期，地区内古气候、古地理等方面差异不大，到新近纪晚期，地区内发育形成海拔高度较低的统一夷平面，呈现与热带亚热带气候条件相对应的植物区系和喀斯特地貌，自然景观仍基本一致。3.6Ma B.P. 以来受青藏高原强烈隆升的影响，滇黔桂地区出现西强东弱的掀斜式构造抬升，古夷平面受破坏，地势整体从滇西北向东南逐渐降低，呈现出了云南高原、贵州高原与广西丘陵的分异，气候条件也相应出现差别；而同一地区内残留的夷平面发生断块差异运动，又使地形差异增大。所处环境的分化结合碳酸盐性质的不同，致使地区内喀斯特发育和现代自然景观的形成呈现多样化。

第一节　海陆变化与碳酸盐岩沉积历史

滇黔桂地区的构造单元形成于前寒武纪的扬子克拉通，以及寒武纪以来形成的右江造山带和华南造山带西部（图 9.2），其中，华南造山带为晚古生代的造山带，右江造山带为中生代造山带（王清晨、蔡立国，2007）。

滇黔桂地区的碳酸盐岩沉积始于前寒武纪，结束于三叠纪末，其中有两个碳酸盐沉积集中的时期，一个是寒武纪—奥陶纪，沉积范围较小，主要见于滇东、黔中等地；另一个是晚古生代，最盛时期是石炭纪—二叠纪，滇黔桂大部分喀斯特发育在这一时段的碳酸盐岩上。

一、早古生代的海陆变化与碳酸盐岩沉积

距今约 900～760Ma B.P. 前，今四川盆地、滇东北-黔西北地区属上扬子古陆。820～800Ma B.P.，扬子古陆西缘发生张裂（图 9.3），发育了康滇裂谷，但裂谷西侧的楚雄一带因张裂过程停止而未从扬子古陆分裂出去。古陆东侧毕节—曲靖—个旧一线以东为新元古代发育形成的南华裂谷盆地，主裂谷期为 780～750Ma B.P.。海水自古陆向东南方向逐渐变深，贵阳—安顺—南盘江一线以西、以北为滨海-浅海区，以东、以南为半深海-海槽区，整个桂东地区为深海区（图 9.3）。新元古代冰期期间，黔东、桂西等地出现海退，由原来的滨海-浅海区变为海陆交互区，但贵阳—安顺—南盘江一线以东及以南仍处于半深海、深海区。

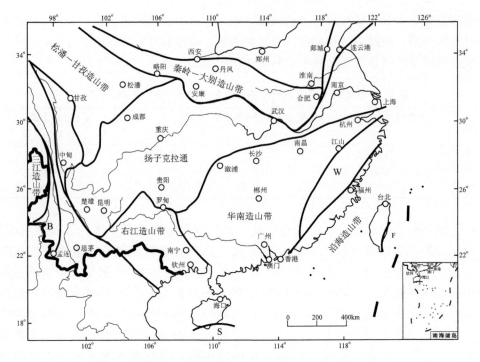

图 9.2　中国南方大地构造单元（据王清晨、蔡立国，2007）

B. 保山地块；S. 南海地块；W. 武夷地块；F. 菲律宾海板块

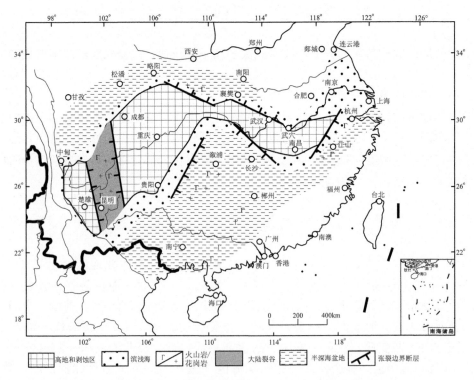

图 9.3　中国南方新元古代晚期构造古地理（据王清晨、蔡立国，2007）

新元古代冰期结束后，随着气候转暖，上扬子古陆遭受广泛的海侵，形成大片的滨海-浅海区，古陆西部的康滇山地成为海中的岛屿或潜山，半深海、深海区分布在广西中、东部地区。在温暖气候环境下，形成广泛分布的白云岩，并在多处形成石膏和盐岩夹层，白云岩直接覆盖于南沱冰碛岩之上。此时期形成的白云岩以及含杂质的碳酸盐岩岩层在今昆明附近的南北狭长地带和滇东北一带广泛出露，同期在部分地区还形成了重要磷块岩矿床，如昆明昆阳磷矿等。

寒武纪—奥陶纪为滇黔桂地区第一个碳酸盐岩主要沉积时期，但沉积范围相对较小，主要分布在滇东、黔中等地。整个寒武纪期间，滇黔桂地区处于温暖的浅海-半深海环境，出现了标志着寒武纪生物大爆发事件的澄江动物群。海水深度存在明显的东西差异，西部云贵大部分地区为稳定的海相沉积类型，东部广西为活动的海相沉积类型（图9.4），这种区域沉积差异一直持续到中-晚奥陶世上扬子海南部的滇东北、贵州大部分以及广西桂林-南宁以西及以北地区逐渐形成滇黔桂古陆为止。扬子古陆上发育了浅海碳酸盐岩，其东南侧形成宽阔的边缘海，沉积了寒武系黑色页岩和奥陶系—志留系笔石页岩等碎屑岩（王清晨、蔡立国，2007）。

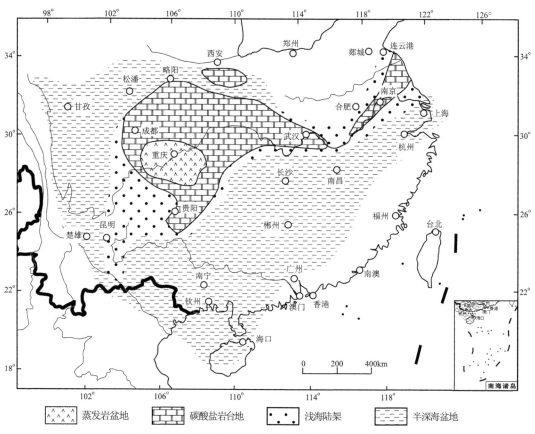

图9.4 中国南方寒武纪构造古地理图（据王清晨、蔡立国，2007）

志留纪期间的加里东运动（广西运动）使位于扬子古陆和华夏古陆之间的华南洋闭合成华南造山带，形成了中国南方统一的华南大陆，但在钦州构造带仍留下了钦防海槽，继续接受海洋沉积。华南造山带中湘桂褶皱带的前泥盆系与上古生界为角度不整合接触，表现出江南-雪峰古隆起的形态（图9.5）。广西西部、中部、北部等地区隆起成为滇黔桂古陆的一部分，云开大山、鹰阳关-大瑶山-大明山-那坡-隆林、越城岭-元宝山三个隆起带褶皱成山，海中一些古岛弧与扬子陆块碰撞拼合形成滇黔平原。上扬子海区总体呈现海退趋势，滨海边缘海水进退2～3次，呈现滨海-浅海-滨海的海陆交互相沉积。由于气候向干旱化演化，志留纪期间滨海沉积多为热带-亚热带干旱环境下的红层并广泛分布潟湖（王清晨、蔡立国，2007；崔克信等，2004）

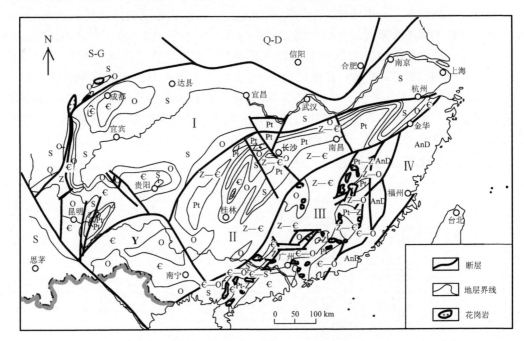

图9.5　中国南方前泥盆纪古地质图（据王清晨、蔡立国，2007）

I. 扬子克拉通；II. 湘桂褶皱带；III. 粤赣花岗岩带；IV. 武夷地块；Q-D. 秦岭—大别山造山带；
S. 三江造山带；S-G. 松潘-甘孜造山带；Y. 右江造山带；S. 志留系；O. 奥陶系；Є. 寒武系；
Z. 震旦系；Pt. 元古宇；AnD. 前泥盆纪变质岩

二、晚古生代以来的海陆变化与碳酸盐岩沉积

泥盆纪至二叠纪早期，华南大陆逐渐向北漂移并远离了冈瓦纳大陆，整体活动性较小，构造活动以张裂为主，伴随着张裂活动，形成了诸多岩浆岩。在此期间，华南大陆上发生了自南而北的海侵，海侵方向反映了北高南低的古地势特征。被海相沉积超覆的砂岩和砾岩成分成熟度极高，不少地方在不整合面上还发育了石炭系或二叠系铝土矿，反映了在遭受海侵之前经历了长时期逐渐夷平的过程。

石炭纪—二叠纪是滇黔桂地区碳酸盐岩沉积的第二个重要时期。泥盆纪时期，西南地区的大部已处在碳酸盐岩深水盆地或碳酸盐岩台地沉积的环境，石炭纪至二叠纪海侵使华南大陆全部被海水淹没，成为广阔的碳酸盐岩台地，为碳酸盐岩的发育提供了有利

环境（王清晨、蔡立国，2007）。早石炭世，海洋的扩展使得原为陆相的黔东南、广西大部分地区变为海陆交互相、三角洲相沉积；石炭纪中晚期，贵阳—安顺—南盘江一线以东以南的地区下沉为半深海-海槽区，康滇山地以东的滇黔地区则再次变为滨海—浅海。早二叠世，受大地构造以及气候变暖、冈瓦纳大陆冰川最终消融的影响，滇黔桂地区进入自寒武纪以来海域分布面积最大的时期（梅冥相、李仲远，2004），形成了最广泛的海相沉积（图9.6）；海侵达到高潮时（茅口期早期），滇黔桂地区几乎全部被淹没，形成大片海域，整个扬子古陆变为广阔的清水碳酸盐台地，沉积了以滨浅海碳酸盐沉积为主的栖霞组和以浅海碳酸盐沉积为主的茅口组石灰岩（图9.7）（王鸿祯等，1985；杨玉卿、冯增昭，2000；梅冥相、李仲远，2004）。

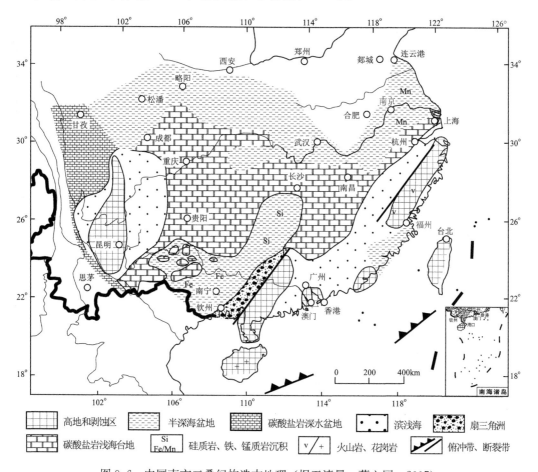

图 9.6 中国南方二叠纪构造古地理（据王清晨、蔡立国，2007）

　　由于海底台地、台洼和盆地地形的差异，滇黔桂地区晚古生代时期各地碳酸盐沉积类型、厚度均有所不同（图9.8）。在黔桂、钦防和六枝等深海盆地内沉积了碳酸盐岩、泥岩、泥质石灰岩、泥灰岩、硅岩等，晚石炭世，盆地的范围逐渐缩小，水体变浅，沉积厚度也变小。而在碳酸盐岩台地，如早石炭世岩关期和大塘期的滇黔桂湘碳酸盐岩台地、晚石炭世威宁期和马平期的西南部碳酸盐岩台地和东南部碳酸盐岩台地等，一直处于较稳定状态，碳酸盐岩厚度大，一般为500～1000m，生物繁

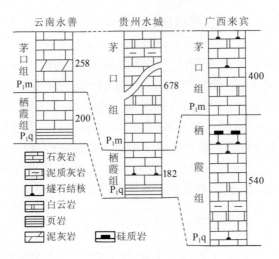

云南永善　　贵州水城　　广西来宾

图 9.7　滇黔桂栖霞、茅口期柱状剖面图（据王鸿祯等，1985）（单位：m）

盛，有机质丰富（冯增昭等，1999）。贵州南部，整个二叠纪都为深水盆地环境，在黔桂交界地区形成黔桂碳酸盐岩盆地（金振奎、冯增昭，1995）。广西东部，早二叠世栖霞期为碳酸盐岩台地区，到茅口期形成湘桂盆地，由台地石灰岩沉积转为台盆硅岩沉积（图 9.6）。

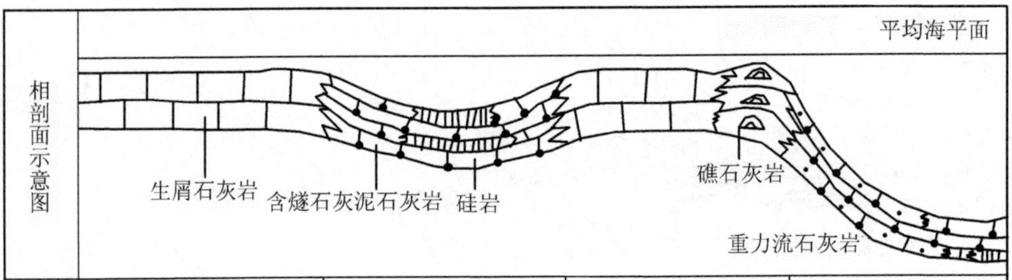

相剖面示意图				
	生屑石灰岩	含燧石灰泥石灰岩　硅岩		礁石灰岩 重力流石灰岩
环境	台地	台洼	台地	盆地
岩石类型	生屑石灰岩、生屑质灰岩石灰岩	灰泥石灰岩、硅岩	生屑石灰石、生屑质泥石灰岩、礁石灰岩	重力流石灰岩、灰泥石灰岩
颜色	浅灰色、灰色、深灰色	深灰色、灰黑色	浅灰色、灰色、深灰色	深灰色、灰黑色
层厚	厚层、块状	中层、薄层	厚层、块状	中层、薄层
构造	层理少见	水平纹理、丘状波痕	层理少见	递变层理、水平纹理、准同生褶皱
化石类型 数量	丰富（一般>30%）	稀少（一般<10%）	丰富（一般>30%）	稀少（一般<10%）
化石类型 类型	红藻、绿藻、䗴、非䗴有孔虫、腕足类、棘皮动物、介形虫等，底栖生物为主	菊石、介形虫、双壳类等，游泳生物为主	红藻、绿藻、䗴、非䗴有孔虫、腕足类、棘皮动物、介形虫等，底栖生物为主	放射虫、海绵骨针等
水深	风暴浪基面之上	风暴浪基面附近、之下	风暴浪基面之上	风暴浪基面之下
还原性	氧化-弱还原	还原-强还原	氧化-弱还原	还原-强还原

图 9.8　贵州二叠纪台洼、台地和盆地的沉积特征对比（据金振奎、冯增昭，1995）

　　三叠纪是滇黔桂地区发生大规模海退并最终结束碳酸盐岩沉积历史的时期。三叠纪晚期至侏罗纪早期，印支运动造成古特提斯洋彻底关闭，进入了统一的陆内发展时期，即中新生代陆内构造演化阶段（何科昭等，1996）。三叠纪早中期，右江盆地虽然闭合，但仍与广海相通，直到晚三叠世才逐渐与海隔绝，右江盆地二叠系和三叠系的强烈褶皱发生在侏罗纪中期（王清晨、蔡立国，2007）。

随着广西东南部的云开隆起（云开古陆）首先成为陆地剥蚀区和冲积平原（杨玉卿、冯增昭，2000），桂东南地区自早二叠世末至晚二叠世初开始发生海退过程，此后，云开古陆向北西方向不断扩大，桂林-阳朔-贺州的桂东北地区在早三叠世末至中三叠世初开始全面升起为陆。中三叠世晚期受印支运动的影响，扬子陆块因与华北陆块的碰撞挤压而整体抬升，海平面下降，形成了遍及扬子主体的拉丁期（Ladinia）大海退（殷鸿福等，1994）。明显的海退使得上扬子区整体变为浅海，江南群岛在黔、桂、湘交界区变为冲积平原。中三叠世末期，黔北、黔西北、滇东北开始隆起成陆，遭受风化剥蚀（崔克信等，2004）；而位于扬子陆块西南缘、远离扬子陆块与华北陆块碰撞带的滇黔桂的中、南部，如滇东南、桂西、桂中、黔南地区，受全球性海平面上升变化的影响，又出现了一次大规模的海侵，尤其是桂西运动（早、中三叠世之交）之后，这些地区以浅水相碳酸盐岩沉积为主的扬子碳酸盐岩台地又进一步下沉为半深海-深海海盆环境，形成了一套深水相的瘤状暗色灰泥岩和代表最大海泛面的黑色页岩沉积；直到三叠世末期，扬子台地被以陆相碎屑岩为主的沉积覆盖，才结束了其从新元古代至中三叠世末期（约从 850～236Ma B. P. ）长达约 $6.30×10^8$ a 的碳酸盐岩台地生长演化历史（李荣西等，2005）。三叠纪末，滇黔桂地区贵阳—南盘江一线以东的地区已完全成陆，形成滇

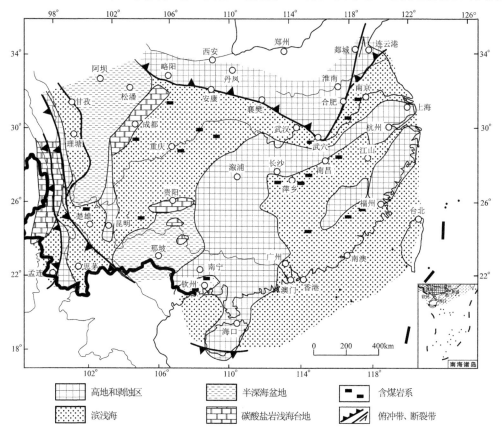

图 9.9　中国南方晚三叠世构造古地理（据王清晨、蔡立国，2007）

黔桂高地，滇东北、黔西北地区为陆相盆地区，古特提斯洋只分布在贵阳—南盘江一带及昆明以西及以北的地区（图9.9）。到侏罗纪，川滇盆地形成，滇黔桂高地进一步升高发展为西南高地，整个西南地区全部成陆（图9.10），并稳定下来，结束了漫长的海相沉积历史，此后再未发育过海相沉积；陆相沉积则发育于零星分布的湖盆中（鲍志东等，1999）。

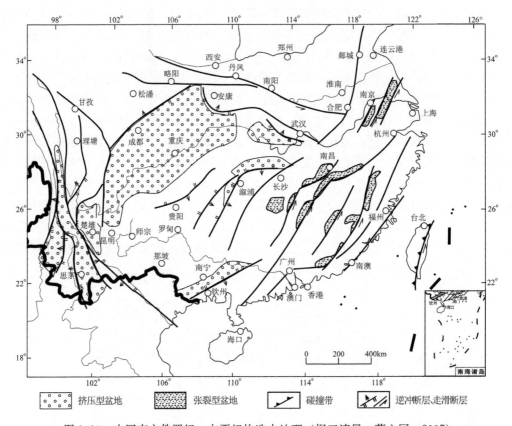

图9.10　中国南方侏罗纪—白垩纪构造古地理（据王清晨、蔡立国，2007）

　　由于在构造演化和海陆变化过程中的区位差异，滇黔桂三省沉积的碳酸盐岩的岩性、厚度和纯度存在区域差异，对其后喀斯特景观的差异构成重要影响。最典型的峰林地形，特别是峰丛地形的发育，总是与质地纯净、厚层状或块状、连续沉积厚度达百米至数百米且没有或极少有不纯夹层的坚硬石灰岩层分布区相一致；白云岩类则次之；薄层状的和时有不纯夹层的又次之。如果连续沉积厚度不足（如在数十米以内），或以薄层状为主，又有砂泥质岩夹层或间层频繁，便不会发育出峰林地形的特征。寒武纪—三叠纪，特别是中泥盆世—早二叠世，广西境内绝大部分地区长期处于稳定的海洋环境，逐渐形成了3000～5000m厚的石灰岩和白云岩，碳酸钙含量达98％～100％，岩性纯正。由于海水进退变化，致使桂东北以泥盆系—下石炭统为主，桂中以石炭系—二叠系为主，桂西南以泥盆系—二叠系为主。中-晚三叠世发生的印支运动使广西全境结束海相沉积，进入陆盆发育阶段。因此，广西典型的热带亚热带峰林地形主要发育在巨厚而质地纯正的碳酸盐岩基础之上，岩性不纯的地方，则发育为亚热带型的喀斯特丘陵景观。云南东部碳酸盐岩厚度占该地区地层总厚度的 63%，以中-上石炭统、下二叠统和中三叠统岩层喀斯特发育最强；云南中部碳酸盐岩沉积可持续到三叠纪末，其间因经历了多次大规模的海陆变迁过程，半深海、浅海、滨海、陆相沉积交互变化，碳酸盐岩沉积多次出现明显的沉积间断，其纯度也远不及广西。贵州碳酸盐岩厚度占该省地层总厚度的 50%～70%；贵州以石炭系—二叠系岩层喀斯特发育最强。

第二节　古热带-亚热带喀斯特的发育

从三叠纪末海水基本退出之后直到新近纪末，滇黔桂地区进入大陆边缘活动带陆相盆地发展的新阶段，这是滇黔桂地区环境变化中的一个重要时期。期间全球气候总体处于远较现代温暖的状态，滇黔桂地区由赤道两侧漂移到与现今相近的古纬度位置（表 9.2）（刘金荣，1997），一直处于热带-亚热带气候环境，对喀斯特发育历史来说，这是一个非常重要的阶段，在热带-亚热带环境之下，喀斯特作用强烈，为包括世界少有的路南大型剑状、塔状石林景观（国外称为针状喀斯特，pinnacle karst）、桂林典型峰林平原景观等在内的滇黔桂地区现代喀斯特景观的形成演化奠定了重要的基础。

表9.2　广西中生代、古生代古地磁纬度测试及推算值表（据刘金荣，1997）

地层时代	广州（23.1°N）古地磁纬度/(°)	桂林（25.33°N）古地磁纬度推算值/(°)	长沙（28.1°N）古地磁纬度/(°)	北海—桂林古地磁纬度推算值/(°)
K_1	22.1±2.0	24.33±2.2	27.4±2.6	20.5～24.33
J_{2-3}（平均）	—	24.83±4.14	27.6±4.6	20.1～24.83
T_3	7.2±2.6	9.43±3.4	—	5.6±9.43
T_2（花溪组）	—	—	18.9±3.0	
T_1（平均）	−6.0±4.2	−3.77±2.64	13.9±4.2	−7.6～−3.77
C_1		2.1		−1.73～2.1
D_3	—	2.2	—	−1.63～2.2

一、前新生代热带-亚热带喀斯特发育与埋藏

我国喀斯特发育最早的记录始于古生代，在贵州金沙和滇东等地岩层中均有这一时期古喀斯特的迹象，但古生代发育的喀斯特与现代自然景观关联不大。黔中地区寒武系碳酸盐岩顶面上的风化壳型铝土矿及铁矿沉积，是在早古生代直到晚古生代中期长期剥蚀夷平的准平原作用下形成的（中国科学院地质研究所岩溶研究组，1979；袁道先，1994）（图 9.11）。晚古生代中期是滇黔桂地区古喀斯特普遍发育的时期，主要发育在扬子陆块和华南准陆块的西南部，沉积间断面普遍存在于下二叠统和上二叠统之间，其上发育有古喀斯特漏斗及堆积于其中的高岭土矿（图 9.7），间断面的古地形起伏高度在滇东达 100m 以上、黔西约 20～50m、黔中在数百米的距离内可见近百米的起伏。在

广西凌云一背斜轴部可见早二叠纪栖霞期古溶洞为其后茅口期碳酸盐沉积所填充，溶洞发育在中晚泥盆世灰岩中，洞中沉积了属于早二叠世茅口期石灰岩脉和角闪灰岩体，仅数平方千米范围内见到沉积灰岩脉2000余条和角砾灰岩体20多个，沉积灰岩脉中所含化石全部是早二叠世茅口期的标准化石——鏇类，而围岩中仅含晚泥盆世的化石——石燕，沉积角砾灰岩体中的灰岩角砾分别属于石炭纪和早二叠世茅口期的生物灰岩，均含标准化石，未见早二叠世栖霞期化石，沉积角砾灰岩的胶结物均属茅口期灰岩。西南地区广泛分布的二叠纪中期（262～259Ma B.P.）峨眉山玄武岩覆盖在早二叠统茅口组灰岩的夷平面上（王清晨、蔡立国，2007）。

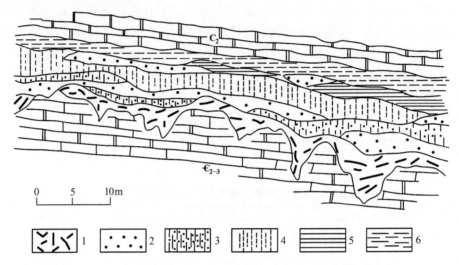

图 9.11　贵州织金寒武纪至中石炭世的古喀斯特面上原生充填的铝土矿
（据中国科学院地质研究所岩溶研究组，1979）

1. 含赤铁矿铝质岩；2. 灰色鲕状、豆状铝土矿；3. 灰黄色鲕状、土状铝土矿；4. 白色土状铝土矿；
5. 浅灰色土层状铝土矿；6. 黄灰色铝土页岩；C_2. 中石炭统白云岩；$\in_{2-3}$. 中-上寒武统碳酸盐岩

与现代景观有关联的喀斯特过程可以部分地追溯到中生代。三叠纪晚期至侏罗纪早期的印支运动和白垩世晚期的燕山运动引起了滇黔桂地区海陆分布轮廓和地貌格局的巨大变化（图 9.9、图 9.10），期间至少可区分出两次喀斯特作用，主要发生在三叠纪中晚期至侏罗纪早期和白垩纪早中期，普遍发育溶蚀洼地和洞穴，分别堆积了灰色和红色喀斯特角砾岩，并伴随铅、锌、铜及铀矿等矿化作用。

三叠纪晚期至侏罗纪早期的印支运动之后，上扬子陆块全部隆起，海水向成都方向退出而形成的陆地在海退过后出现许多湖泊沼泽。成陆的上扬子陆块地势东南高西北低，自江南丘陵地起向西北经广阔冲积平原，依次出现零星稀疏沼泽地、广阔的沼泽与湖泊间互区和湖沼区，成为河流-湖泊-沼泽遍布的地域，在湿热的气候条件下，四川盆地三叠纪煤田广泛发育。云南哀牢山古陆东西两侧发育的滇西、滇东两大盆地接受湖泊相沉积。贵州地区开始发育大型拗陷盆地，形成以陆地河湖环境为主体的新沉积环境，沉积物以淡水湖泊的陆源碎屑沉积为主，并渐变为河流相沉积。广西地壳普遍抬升成为陆地，东南部防城—钦州一线以东抬升为剥蚀区，十万大山地区块断沉降成为断陷盆地，桂东北平乐、恭城、钟山、贺县、富川等发育着一个较大的内陆湖盆 [图 9.12 (a)]，盆地内沉积了从晚三叠世中晚期一直延续到中侏罗世厚达千余米的沉积地层，沉积物东南粗、厚度大，西北细、厚度薄，沉积历时达 66.0Ma 以上，绝大部分时间为淡水内陆湖盆，只在晚三叠世晚期短时间内受到海水入侵的影响。

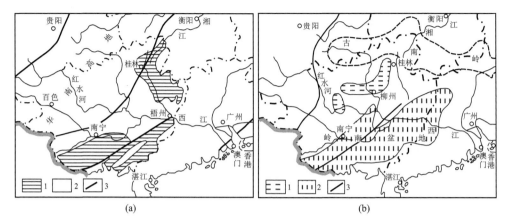

图 9.12　广西晚三叠世—早白垩世内陆湖盆示意图（据刘金荣，1997）

（a）晚三叠世—侏罗纪：1. 内陆湖盆；2. 古陆；3. 主要断裂。

（b）早白垩世：1. 山前盆地类磨拉石组合；2. 内陆断陷盆地红色砂泥质组合；3. 主要断裂

三叠纪晚期至侏罗纪早期是全国气候普遍转向湿润的时期，侏罗纪早期湿热程度达到最盛，潮湿的热带亚热带气候促进了大小湖泊和地表、地下水系的发育，对喀斯特发育非常有利。在滇黔桂地区，当时的华南高地气候潮湿，植物为苏铁杉属-锥叶蕨植物群，不仅有煤层（西湾大岭组中上部）、煤线（百姓组）的堆积，并可能伴随着喀斯特的强烈发育（刘金荣，2004）。

侏罗纪时期，除了哀牢山以西及以南地区残留海域以外，滇黔桂地区全部脱离了海洋环境，地势东高西低，以贵阳到南盘江上游一线为界，形成华南高地和川滇盆地两大地形单元（图 9.10），且华南高地的分布面积随时间的推移而不断扩大。至侏罗纪晚期，云南地壳抬升，古陆扩大，沉积盆地大为缩小，虽仍继承滇西和滇东两大湖盆的沉积格局，但多为夹有杂色条带、局部含有膏岩的红色沉积物，反映当时已经为炎热半干燥、半氧化环境。贵州地区主要为风化剥蚀区。广西地区虽经历了晚三叠世的剥蚀、堆积等变迁，但由于地势的断块差异升降运动，形成为东、西两个不同的地貌单元，桂西、桂西北和桂东大瑶山等地区仍为切割不深的高原或较高的山地；桂东南和桂东北地势较低，并在云开大山、六万大山、莲花山-西大名山等断块山脉之间发育规模不一的断陷盆地，至晚侏罗世，随着地壳逐渐抬升，湖盆萎缩，部分干枯（刘金荣，2004）。

早白垩世晚期，在燕山运动的影响下，滇黔桂地区的高地、盆地地貌格局发生东西逆转。百色至红水河上游一带的桂西地区、贵州、滇东地区，继续隆起形成西南高地，北部湾边缘发生海退，形成与现代相似的自西北向东南倾斜地形。川滇盆地仅退缩在昆明至金沙江一线以西的狭长地带，主体则保留在现在的四川盆地附近。贵州地区新生代孤立、分散的小型断陷盆地从此时开始发育，以淡水湖泊相含煤陆源碎屑红层沉积为主。白垩纪燕山运动期间，广西地区的宁明-平南-梧州、右江等地发育形成北东向宽大而深陷的断陷盆地，横亘东西的古南岭由于北部地壳抬升而形成，西部地区形成西南高地，南部发育形成岭南盆地。在燕山运动第二幕，十万大山和桂西南上升，使岭南盆地由原来北东高南西低转化为南西高中部低，总体呈现为以梧州一带为柄、东西向横放的不对称的羹匙状地形，早白垩世在岭南盆地内形成了柳州湖盆和南宁-梧州两个内陆湖盆［图 9.12（b）］；晚白垩世时，广西地区湖盆继续发育和扩大，除古南岭、桂西北部分地区和一些高大山岭的上部还暴露在湖面以上之外，其他地区可能全部被晚白垩世湖盆占据（图 9.13）。

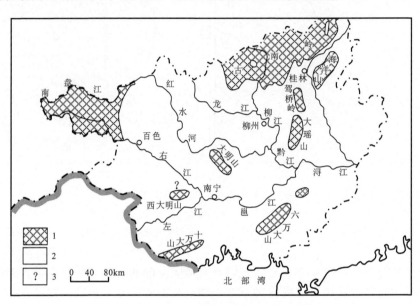

图 9.13　广西晚白垩世大湖盆示意图（据刘金荣，1997）
1. 陆地；2. 湖盆；3. 存疑处

　　侏罗纪中期以后，全国大部分地区主要受副热带高压控制，气候变得炎热干燥，从滇西、滇中直到鄂、赣、浙东一带干旱程度最大，出现大量含盐沉积（王鸿祯，1985）。滇黔桂地区便属于这条干旱带，降雨锐减，地表水、地下水活动减弱，机械风化剥蚀加强。从侏罗纪至白垩纪，干旱炎热的气候条件总体上不利于滇黔桂地区的喀斯特发育，仅在流域内的某些地区受湖盆所主导的侵蚀和沉积环境制约具备喀斯特发育的有利条件（李玉辉等，2001；刘金荣，2004）；而干旱炎热气候条件下形成的红色岩系分布广泛，并夹有厚薄不一、数量不等的石膏层。云南高原的基底就是由厚层的热带型红色风化壳及经长时间风化剥蚀所形成的红色沉积物构成。广西大部分地区在白垩纪处于湖盆环境中，在气候炎热干旱、湖水浅薄、物源丰富的情况下，沉积物堆积迅速，形成了一套厚达几百米至上千米的白垩纪红色粗碎屑岩地层，南宁-梧州湖盆堆积中心一带堆积了厚度约 3400m 左右的具有粗碎屑物质和以红色碎屑岩为主的地层，最大厚度近 5900m，巨厚的湖积物基本把广西全境喀斯特地区都覆盖和埋藏起来，使该地区的热带喀斯特地貌发育告一段落，直到早白垩世末，被埋藏的古喀斯特地貌被改造才又重新出露（刘金荣，2004）。

二、古近纪和新近纪准平原化与热带-亚热带喀斯特发育

　　古近纪和新近纪时期，滇黔桂地区受季风气候形成演变和青藏高原隆起造成的地壳上

升的影响，喀斯特地貌发育较为强烈，是滇黔桂地区现代热带-亚热带喀斯特地貌开始形成的关键时期。

古近纪，滇黔桂地区继承了白垩纪的气候特点，受行星风系控制以热带-亚热带干旱半干旱气候为主，总体上不利于喀斯特的发育。古近纪时期，云南地区形成一系列多呈箕型的断陷盆地（图9.14），滇中地区水系表现为以一个或两个相对低洼带为汇水中心的点网状水流系统，路南断陷盆地内沉积的古近系路南群厚达500多米，为一套炎热、干燥环境下的红色泥岩或红色砾岩，砾石成分全部为灰岩（朱学稳，1991），其下被路南群覆盖的石芽中未发现在规模上可与石林相比拟者（谭明，1993）。贵州地区由于受到东南方向太平洋板块的挤压，大型拗陷盆地逐渐缩小，仅分布在习水以北，小型山间断陷盆地广泛发育，台地盖层由东南向西北产生一系列褶皱。桂东南、桂南、桂东地区和右江流域，断陷盆地也普遍发育。受断裂带控制，湖泊集中分布在桂东地区两个北东向断陷带沿线。在广西白垩纪大湖盆的"红层"面上形成的古水文网，使地表水随地势向当时大湖盆堆积中心汇聚，浔江、西江作为广西地表水系总排泄道的雏形开始显现，由东部梧州总出口流出区外。流水迅速剥蚀掉巨厚的红层沉积，现代热带亚热带喀斯特地貌的继承性发育过程由此开始。由于迅速深切，促进了地下喀斯特的强烈发育，并形成了许多深大峡谷。

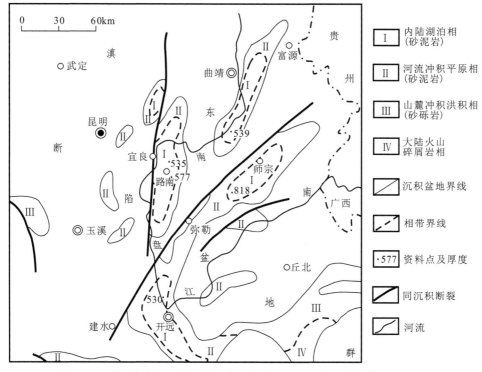

图9.14　始新世晚期—渐新世云南岩相古地理图（据石林研究组，1997）

至古近纪末或中新世早期，滇黔桂地区发育成起伏不大的原始准平原，其上没有古近系地层覆盖，在云南地区被称为云南准平原（林钧枢，1997），在贵州地区被称为大娄山期地貌面（表9.3）。该准平原面经抬升后主要分布在现今滇东地区的昆明、个旧、蒙自一带，海拔 2300～2500m；贵州中部主要为海拔 1500m 以上残存的峰顶面，而在抬升微弱的桂林地区则保留在高出现代河水面 150m 左右峰林的顶面及被破坏的溶洞层（袁道先，1994；中国科学院《中国自然地理》编辑委员会，1984）。不同地区的夷平面上叠加有多种喀斯特形态，在黔西水城、威宁，滇东六郎洞、个旧等地以及云南弥勒-路南一带，表现为低矮的喀斯特丘陵浅洼地、漏斗和落水洞以及残留的喀斯特湖和石林；在滇东地区的乌蒙山为溶洼和丘峰，个旧-蒙自一带为丘峰、溶洼、溶斗及埋藏石芽；贵州盘县石脑盆地的喀斯特形态为溶丘、浅洼地与漏斗等，但夷平面上叠加的喀斯特景观可能是后期形成的，不一定是与夷平面同期形成的产物（朱学稳，2009）。

表 9.3　中国西南地文期和高程（据袁道先，1994）

时期 地区	白垩纪—中新世		中新世—上新世		更新世—全新世	
	名称	高程/m	名称	高程/m	名称	高程/m
滇东	狮山期	2500～3000	昭鲁期	1500～2100	金沙江期	800～1000
贵州	大娄山期	1600～2200	山盆期	900～1300	乌江期	500～900
桂中	峰顶期	500～900	峰林期	100～500	红水河期	50～300

渐新世以后，特别是新近纪以后，滇黔桂地区转为潮湿的热带-亚热带气候，滇黔桂地区进入一个重要的成煤时期，多雨湿润的环境，也为喀斯特发育提供了更为有利的气候条件，我国峰丛与峰林喀斯特景观自中新世或上新世开始发育，并延续到现代（朱学稳，1991；谭明，1993）。目前，世界上的峰林及类峰林喀斯特多发现于热带至亚热带地区，年平均温度高于 13～17℃，峰丛与峰林喀斯特发育的最低降水阈值是年降水量 800～1000mm，最佳降水量是 2000～3000mm（朱学稳，1991，2009）。

渐新世末到中新世中期，受喜马拉雅运动的影响，滇黔桂地区地壳发生大面积轻微掀升，并在燕山运动奠定的构造骨架上，发生强烈的褶皱和大规模的断裂和火山活动，山地、高原再度隆升，地堑型的平原、断陷盆地进一步扩大加深，并产生一系列新的断陷盆地，古近纪末或中新世早期形成的夷平面由西北向东南倾斜并发生解体，演变为山地、高原、盆地、平原等地貌，形成滇黔桂地区现代景观格局的基本骨架。云南西部隆起的山脉以南北走向为主沿构造轴部和断裂带发生强烈切割侵蚀，塑造出滇西地区高山峡谷相间排列、山间坝子串珠分布的地貌景观雏形。滇东乌蒙山地区夷平面向南降低并解体，仅残存向南降低的峰顶面以及残留的丘峰、溶洼、溶斗及埋藏石芽；当时路南石林地区古湖因构造抬升而向西、向南收敛，湖心南移，北部抬升出露为陆，现代巴江水系雏形开始形成，分水岭地区侵蚀强烈，普遍缺失晚二叠世至始新世早期的地层，侵蚀物充填和超覆于古石芽（林）间和洼地，由于红色风化壳上发育了酸性土，土下喀斯特过程在路南石林发育过程中表现得尤为典型（彭建等，2005）。贵州大部分地区的古近系地层发生褶皱变形，夷平面自西向东递降，原先的准平原被抬升，流水作用以新的侵蚀基准，将大娄山地貌面破坏殆尽。

中新世中期以后，当时青藏高原东南部、川西高原和云南高原又形成一个高差不大的统一夷平面，青藏高原与邻区间的地貌边界尚未形成。云南地区上新世夷平面平均高度应达到 1000m，滇西地区的点苍山当时海拔只有 700m。在温暖湿润的气候条件下，以黏土岩、粉砂岩为主的稳定湖沼相沉积几乎遍及云南各地（程捷等，2001）。滇中地区的楚雄—元谋一带，大部分地区由高差相对较小的浑圆状山丘组成，削平了侏罗系和白垩系红层，发育有起伏和缓的砖红色热带型风化壳的夷平面；昆明到师宗地区形成溶原面，分布有溶盆及大型溶洞，并在师宗-罗平一带形成峰林，路南至陆良等地发育有高差为 30～50m 的溶斗与岩丘，并发育了著名的石林地形，新近纪时期路南地区海拔高度可能低于 600～800m，其喀斯特过程可能与现代云南西双版纳勐醒、勐仑等地低海拔正在发育中的石林和海南岛三亚针状喀斯特相当（林钧枢，1997）；滇东南个旧、蒙自一带当时剥蚀面内部高差为 300～500m，草坝溶盆与东山夷平面高差达到 700～800m。贵州地区发育了地区内夷平程度最高、覆盖范围最广的"山盆期"夷平面，主要表现为宽缓的、红土覆盖较少的喀斯特浅丘或残丘原野，常由喀斯特脊状山顶面及浑圆锥峰顶面组成，并成为红土型金矿的良好保存场所（王砚耕等，2000）。广西桂林地区海拔 250m 的老人峰顶面及西郊后头山山腰覆盖的红色土、砾石平台以及屏峰喀斯特洞中的黏土层可作为这级夷平面的代表。

第三节　现代喀斯特与自然景观发育的分异

古近纪和新近纪时期，云南、贵州和广西地区在岩相、沉积建造、生物群、构造变动、古气候、古地理等方面的表现均无较大差异，自然景观的发展基本趋于一致，但在 3.6Ma B. P. 以后，海拔高度、生物群、古气候等开始出现分异。受 3.6Ma B. P. 以来青藏高原强烈隆升的影响，滇黔桂的大部分地区剧烈掀斜式抬升，致使滇黔桂地区上新世末发育形成的夷平面受到破坏，产生明显倾斜和差异抬升，一方面地势整体表现为从滇西北向东南逐渐降低，呈现出了云贵高原与广西平原丘陵的分异；另一方面同一区域内残留的夷平面发生断块差异运动，地形高程差异增大，同时由于东亚季风气候加强，降水变率和流水侵蚀量加大，河流下切侵蚀普遍加强，地表破碎，使滇黔桂地区喀斯特过程的发展演化进入了一个崭新的阶段。

第四纪构造抬升和气候变化对滇黔桂地区喀斯特景观的影响和改变十分巨大，海拔高度影响导致的气候差异和由构造地貌部位决定的喀斯特动力过程差异是影响滇黔桂地区第四纪喀斯特过程的两个关键因素，使得原本同处在热带亚热带喀斯特环境的滇黔桂地区经历了不同的喀斯特发育历史，形成了不同的喀斯特景观组合类型（图 9.15）。

云南哀牢山以东（云南高原）、贵州全省以及广西北部被抬升到海拔 1000～2000m，形成我国第二级地形阶梯上的云贵高原，由于脱离了热带亚热带湿润气候环境，喀斯特过程大大减弱，残余热带亚热带喀斯特景观特征显著，以溶蚀丘陵、峰丛洼地为主，古峰林遭到侵蚀破坏，逐渐变得浑圆而低矮，相对高度仅几十米至百余米。

在云贵高原到广西盆地之间的过渡带，主要包括贵州南部和广西西北部等地区，为高原斜坡山地区，处于地貌强烈切割和地下水强烈垂直循环带上，在古气候主导的热带亚热带喀斯特景观的基础上叠加了地形和构造运动的影响，在古峰林的基础上继续强烈溶蚀，形成高大密集的峰丛、峰林，其间密布着深达 200～500m、直径不过 100～200m 的圆筒形洼地；同时，受喜马拉雅运动掀斜式、间歇性上升运动影响，地下溶洞垂向发育明显，并形成竖井与多层水平溶洞。相对高度十分接近的峰林分布在自黔西南、经桂

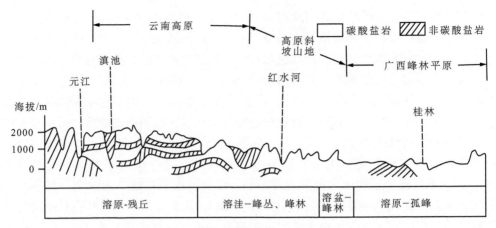

图 9.15　滇黔桂喀斯特地区现代地貌剖面与喀斯特景观类型示意图（据袁道先，1994，改编）

西北到广西中部缓缓倾斜的斜坡山地带上，构成了自西北向东南缓缓倾斜的峰顶面，随着峰顶面高度的降低，峰林密度逐渐变稀，山间圆形洼地高程渐次下降，洼地规模明显增大，逐渐出现由几个洼地联接成的串珠状洼地，不规则的长条形谷地逐步向开阔的峰林谷地和古峰平原过渡。

在广西东部的广西盆地已属于构造抬升微弱的第三级地形阶梯，海拔在 500m 以下，气候炎热潮湿，喀斯特作用旺盛，呈现继承性喀斯特的特征，以湿热型的峰丛、峰林和溶蚀平原为主，地下溶洞发育。

滇黔桂地区是我国生物多样性和特有植物最为丰富的地区。作为我国甚至欧亚大陆植物区系通过东南亚大陆与赤道热带联系的通道，滇黔桂地区的植物主要为热带亲缘，其特有植物有着强烈的热带亚热带性质，它们有不少是从华夏植物区系连续进化而来的。第四纪期间，随着大幅度抬升与东亚季风环流的逐步建立和完善，云贵高原的大部分地区逐渐脱离热带环境，而抬升较弱的广西和滇东南地区仍维持热带亚热带环境，为滇黔桂地区植物区系古老的热带、亚热带成分提供了连续生存进化的空间，孑遗了许多古老植物，成为古特有植物种中心（李锡文，1985；苏志尧、张宏达，1994；许再富，2003）。

石灰岩山地植物的特有化发展也是滇黔桂地区特有植物的显著特征，在苦苣苔科和山茶科中表现得尤为显著（苏志尧、张宏达，1994），苦苣苔科是一热带-亚热带分布的较为年轻的科，主产于我国华南和西南一带的石灰岩山地，其起源地和演化中心可能就在滇东南-桂西南的石灰岩地区。

一、云南高原地区

上新世晚期，云南地区存在统一夷平面（云南高原面）（明庆忠、潘玉君，2002），其上发育了点网状水流系统，大小湖泊星罗棋布，沼泽发育，从三趾马动物群中含有更多的森林和喜湿润的种类（如象类）推断，气候应为亚热带至温带的温暖湿润气候，平均海拔应达到 1000m 以上（程捷，1994；程捷等，2001）。进入第四纪，受青藏运动的影响，云南地区表现出差异性升降运动，并伴随产生一系列断裂和褶皱作用（表 9.4）。第四纪构造活动的影响在云南地区最先由西北部开始，再逐渐影响到东南部地区，构造活动的强度也由西北部逐渐向东南减弱。从早更新世中期开始，统一的云南高原夷平面解体，奠定了现今云南高原的基本轮廓。其中，滇西北地区夷平面的抬升幅度最大，为3200～1800m；昭通和保山地区次之，为2000～1500m；滇中地区约为1500m；文山地区约为1000m；思茅地区约为1000～1500m；而西双版纳最低，为300～400m（程捷等，2001）（表9.5），使得现今残留下来的此期夷平面的分布高度存在明显差异，整体表现为从滇西北向东南逐渐降低。早更新世晚期发生的元谋运动，造成下更新统地层褶皱变形和金沙江水系全线贯通，云南高原也从此结束了稳定的含褐煤的湖相沉积，原有的以湖盆为中心的点网状水系解体，新的河流水系建立，夷平面解体并形成崎岖高原的地表特征。由于地壳抬升，高原主体逐渐脱离热带气候的影响，大部分地区转变为亚热带季风气候，立体气候更为明显（表9.4）。与差异抬升、夷平面解体以及气候类型的变化相对应，在上古生界至三叠系碳酸盐岩中喀斯特发育的高度和形态组合也出现了自西北向东南的差异，出现了高原面上的石林原野、广泛分布的断陷喀斯特盆地，以及南部西双版纳的热带雨林喀斯特。

在滇中楚雄-元谋地区，由于迄今河流溯源尚未达到，在被削平的侏罗系—白垩系红层上发育形成的上新世夷平面尚保存完好，成为起伏和缓的红层高原面；而云南中东部夷平面因河流侵蚀而解体，时间在早更新世中期。早更新世以来，云南高原被持续抬升了约1000多米，从上新世的海拔1000m左右抬升到现在的海拔2000～2500m的高程（昆明为2000m），脱离了热带亚热带环境，热带亚热带喀斯特溶蚀过程减弱。早更新世晚期，随着金沙江的全线贯通，云南高原的水系再次发生重大变革，被抬升的高原面在河流溯源侵蚀作用下开始受到侵蚀切割。在滇东高原，1.35Ma B. P. 巴江与南盘江贯通，局部侵蚀基准面降低，巴江开始下切，不仅形成了具有二级阶地的侵蚀河谷，也使新近纪形成的夷平面开始解体，溶丘洼地大量发育，地表河流通过渗漏的河床转入地下，注入巴江，并在地表残留下一些干谷；巴江侵蚀基准面降低，裂隙发育，地表水与地下水连通，促进了地表、地下的溶蚀过程，新石芽出现和老石芽增长同步，地表各类石柱和地下石芽共存，洼地与剑状石林一起发育，加速了石林的发育；路南石林地区分别在1860m、1820m、1750m等高度发育有多层的水平溶洞，反映了喀斯特发育过程中地形的剧烈抬升。

表 9.4　云南晚新生代以来自然环境演变概况（据明庆忠、潘玉君，2002）

时期		新构造运动	自然地理环境
第四纪	全新世 晚更新世 中更新世	共和运动（腾梁运动） 金沙江运动（昆黄运动）	出现间歇性升降运动，湖盆逐渐消亡，河流阶地出现，大江大河形成，大部分地区转化为亚热带气候，立体气候更为明显，气候类型多，生物种质资源多，人类活动影响加剧
	早更新世	元谋运动 （"青藏运动"C幕）	夷平面位移解体，出现高山峡谷地貌，腾冲等安山岩喷发，立体气候特征出现，热带信风消失，西南季风出现，滇西雨量增大，猿人出现
上新世晚期		云南运动（"青藏运动"B幕） 横断运动（"青藏运动"A幕）	地表起伏平缓，断陷湖盆较多，湖沼沉积普遍，热带森林气候，煤系沉积广泛，水系较为发育

表 9.5　云南高原部分夷平面现今海拔高度（据明庆忠、潘玉君，2002）

分布地点	德钦	宁蒗-永胜断裂		鹤庆盆地		丽江盆地	
		以东	以西	东	西	东	西
海拔高度/m	4500	3500～3600	3900～4000	3600～3700	3200～3300	3200～3400	2700～2800

分布地点	松桂-邓川		石鼓-三股水		祥云、南华、姚安、永仁
	东	西	南	北	
海拔高度/m	3200～3300	3700～3800	2000～2200	3500～3700	2200～2400

分布地点	白汉场东	文笔山东南	鸣音附近	牛厚山
海拔高度/m	2800～3000	3200	3200	3200

分布地点	兰坪附近	剑川-洱源	永善-巧家	西双版纳
海拔高度/m	3500	2900	3000	1300～1400

全新世以后，云南地区的喀斯特过程因气候的不同而呈现明显的差异。云南南部自第四纪以来一直处于热带潮湿的气候环境条件下的西双版纳勐腊、景洪、澜沧江等地区，随着河流和降水的不断溶蚀，在出露的上二叠统、中石炭统、上三叠统等灰岩上，广泛发育了以峰丛洼地为特征的喀斯特形态，地下洞穴十分发育。云南东部的路南、陆良、弥勒等地区，现在海拔高达 1700～2000m，经长期剥蚀夷平后向岩丘演化，溶洼扩大形成溶盆并进一步向溶原发展。在微有起伏的喀斯特原野之上锥柱状、锥状、塔状岩体集合成石林景观，洞穴和地下河也有发育，目前高原面上比较典型的峰林、石林等是古热带亚热带喀斯特貌残留，大部分峰林已经逐渐遭到破坏而变得浑圆、矮小，相对高度仅几十米至百余米。路南石林的发育，被普遍认为是以近乎水平产出的厚层纯净灰岩为基础的。起初，石灰岩被掩埋在土层之下，岩层受到地壳应力的作用，产生高角度的节理裂隙，富含生物 CO_2 的渗流水沿棋盘格局的裂隙进行溶蚀，将岩块切割成长方形和菱形块体，同时在岩体内形成小的穿孔洞和边槽，并在漫长的时光中不断强化溶蚀力度。最后，由于上覆的土层被侵蚀或被冲刷，岩体出露于地表，从而形成石林景观。新近纪时期路南地区的喀斯特过程可能与现代云南西双版纳勐醒、勐仑等低海拔地区正在发育中的石林和海南岛三亚针状喀斯特相当，海拔高度可能低于 600～800m。目前路南石林化塑造过程已经结束，但石林原埋于土下的部分却在表土被不断侵蚀过程中剥露，增加其地表形体的高大与壮观，并使表面糙化，走向瓦解过程（林钧枢，1997）。在云南高原的昆明、大理、个旧、蒙自、草坝、开远等地区，广泛发育有断陷喀斯特盆地；在分水岭地区发育了喀斯特峰丛洼地，在滇东南盘江上游等地区老的溶原面上，构成辽阔的分水岭；昆明到师宗、乌蒙山一带分别被抬升到 1800～1900m、2100m，并发育溶盆、大型溶洞以及遗留的峰林，地下深处有地下河发育，喀斯特含水层厚达1000～2000m。

“植物王国”云南具有约 17000 种高等植物，占中国区系成分的一半多（许再富，2003）。第四纪期间，云贵高原的大部分地区逐渐脱离热带环境，但由于云南高原地处低纬度地区，且 2000m 以上的海拔高度有效地阻挡了冬季风的侵入，因此第四纪冰期-间冰期之间气候的差别相对较小，气候变化对植物的影响并不很强烈，孢粉组合反映云南高原新近纪的植物区系组成与现代的很相似，可能是从新近纪一直保存到现代的植物群，植物群类型也未遭到很大的改变（李文漪、吴细芳，1978），滇南金平老岭、屏边大围山等海拔 2000m 以上的山顶夷平面，至今仍生存着柏那参、木莲、双参、山茱萸、木爪红等古近纪和新近纪古热带残留植物（任美锷，1982）；而抬升较弱的滇东南地区仍维持热带亚热带环境，成为古特有植物种中心（苏志尧、张宏达，1994）。

二、贵州高原地区

贵州地区 3.6Ma B. P. 以来的抬升幅度介于云南和广西地区之间，地势由西向东呈阶梯状降低。目前西部高原海拔 2000～2500m，中部高原与山地海拔 1000～1500m，东部山地与丘陵海拔 600～800m，大部分地区为低山与丘陵，仅在贵州西南部的盘县、普安、兴仁等地的拗陷盆地与断陷喀斯特盆地中有红色碎屑堆积。

贵州为亚洲喀斯特发育最典型的中心区，具有大面积、大厚度的可溶性碳酸盐岩石，第四纪以来，在复杂的新构造上升及不同岩性、地形分布和全球性气候变化的制约下，喀斯特分布的面积、类型和复杂程度在滇黔桂地区居于首位。由于贵州地区构造运动以及岩性、气候等的不同，区域内部的喀斯特景观也具有明显的分区性。

贵州地区的喀斯特是在古喀斯特地形的基础上承袭发育而成的。古近纪贵州为炎热而偏干的南亚热带气候，喀斯特发育较差，其喀斯特形态为分布于今天最高夷平面上的溶丘、浅洼地与漏斗等；新近纪时期以湿热的南亚热带气候为主，喀斯特强烈发育，目前高原上的峰林-盆地、峰林-谷地均为此时期残存的古喀斯特，但当时所形成的喀斯特准平原形态已因后期的强烈改造而不复存在。现在贵州高原层状地貌面上各种喀斯特的形成时代都很年轻，大多数不早于中更新世。

早更新世开始，贵州地区发生明显的隆升活动和断块差异运动，新近纪末的山盆期夷平面抬升并开始解体，高原面随着地势的逐渐抬高而初具规模，在一些断裂带上产生深切峡谷，现代水系格局基本定型，新一轮河流切割作用随侵蚀基准相对降低而逐渐增强，河流切深 100～300m，在后期相对短暂的夷平（乌江期）过程中，普遍形成宽谷，在盘县马场（北盘江支流）、镇宁下打翁（打邦河）等地河谷两侧的宽谷中均见有古河床砾石层分布。

中更新世以来是贵州高原的主要隆升阶段，构造运动呈现间歇性自西向东掀斜上升，山盆期夷平面进一步分解和破坏，随着河流下切作用的加强，在河流裂点以下形成雄伟的高原峡谷景观，如芙蓉江峡谷、羊水河峡谷、龙水峡地缝式峡谷，在河流两侧形成小规模的阶地，并对此前形成的各级层状地貌进行破坏，原先平坦宽广、海拔不高的山盆期地面绝大部分成为支离破碎的山原面，现今分布的海拔高度自 700～800m 到 2200～2300m 不等，原始的地貌面仅在分水岭地带得以保留。山盆期的喀斯特地面景观多保留在广大分水岭地带，切割较浅，并未受多大改造，喀斯特在原先基础上继承发展，以水平方向发展为主，在古喀斯特的基础上叠加了近期喀斯特。河谷地区喀斯特以垂直作用占优势，峡谷两旁地下水垂直运动，形成复杂的喀斯特溶洞，落水洞向地下发育很深。由于河流强烈下切，在一些地区也分布有喀斯特干谷和悬谷（俞锦标，1985）。

第四纪冰期-间冰期气候的冷暖波动，导致外营力性质及作用强度频繁变化，使贵州高原喀斯特发育具有强弱交替的多轮回特点。冷期喀斯特作用微弱，是喀斯特高原面得以保存不可忽视的因素；暖期喀斯特作用强烈，使高原面的剥蚀速率大大增高。现今之高原峰林主要形成于中晚更新世以来的湿热期（李兴中，2001a）。

贵州各地从古近纪大娄山期、经新近纪山盆期，再到第四纪，由于间歇性抬升，自上而下普遍发育了三级夷平面，其上发育了不同的喀斯特景观，在黔西南兴义、安龙、晴隆等地，河间分水岭地带波状起伏的平缓山脊及浑圆锥峰顶面为I级夷平面，台地及大致等高的溶丘为II级剥夷面，喀斯特深洼地或峡谷的喀斯特悬谷、盆地及台地等为III级剥夷面（图9.16，表9.6）。

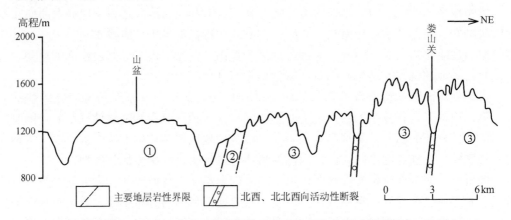

图 9.16 遵义西北娄山关至山盆喀斯特地貌及高程变化图（据李兴中，2001a）
① 下二叠统至下三叠统石灰岩为主，次有碎屑岩；② 下奥陶统至下志留统碎屑岩；③ 中上寒武统白云岩

表9.6 黔西南喀斯特区夷平面发育状况简表（据李兴中，2001b）

| 地区 | 夷平面级数及高程/m | | | 岩性及地貌概况 |
	I	II	III	
盘县砂锅厂	1900～2000	1800～1840	1750～1780	上石炭至下二叠统石灰岩；峰林洼地，锥峰较圆滑；叠套洼地发育，红土覆盖广泛
兴义市郊区	1380～1450	1250～1280	1150～1180	中三叠统白云岩；峰林盆地，峰林台地及嶂谷峡谷发育
安龙豹子洞	1620～1660	1530～1560	1450～1480	下二叠统石灰岩；以丘丛山地为主，斜坡宽展，其上圆丘发育，红土覆盖较广，次有峰丛洼地
晴隆老万场	1500～1600	1420～1450	1330～1360	下二叠统石灰岩；丘丛山地呈脊状，斜坡上丘峰及碟状洼地散布，喀斯特悬谷发育

注：资料引自《贵州西南部红土型金矿》，2000。

由于贵州地区构造运动和岩性、气候等的不同，喀斯特在继承发育过程中具有明显的区域差异性。海拔2000～2400m的黔西南高原主要为喀斯特丘陵及峰林地形，形成时代与毗邻的滇东南路南石林相同（184～48ka B. P.）（刘星，1998），同时洼地、波立谷及洞穴、地下河系统普遍发育，威宁草海由于喀斯特发育过程中落水洞和伏流洞口堵塞积水而形成波立谷湖泊；在黔西南海拔1300～1500m的地区，由于北盘江和南盘江的侵蚀下切，形成具有较多伏流的深切河谷，其他地区地形起伏较小，主要出露较薄的含非可溶岩夹层的三叠系碳酸盐岩层，形成发育较弱的喀斯特丘陵，个别地区发育形成锥状峰林和峰丛洼地。在海拔800～1200m的黔北区，由于该区向北、南、东三个方向倾斜，大娄山地区主要发育形成喀斯特丘陵洼地，并有较多的喀斯特盆地。出露的岩性控制着喀斯特地貌的类型，在寒武系灰岩和白云岩出露的地区，主要发育浅丘洼地；二叠系灰岩出露的地区，由于岩层本身起伏较大，发育形成许多重要洞穴；而在乌江左岸及遵义一带的三叠纪灰岩出露区发育形成条带状浅丘洼地。黔南地区是贵州高原的南缘斜坡区，北部海拔高达1200m，到南部降为400m，河流由北向南流入红水河，从而形成一系列深切河谷，在独山县基长溶蚀盆地中高出盆底160m的洞穴钙华形成年代为417.4ka B. P.（赵树森等，1990），而独山南部马尾等地河流尚未侵蚀的河间分水岭区，发育形成峰林平原、峰林谷地等，在罗甸大小井等诸多地区则发育形成高差可达500m以上的典型峰丛深洼，同时在地下发育了极为丰富的树枝状或网状水系。黔中海拔800～1300m起伏和缓的长江和珠江的分水岭地区，平坝、安顺、普定等地发育峰林平原、坡立谷以及峰林谷地等地形，其中普定海拔1283m的孤峰顶部高出溶原面约33m的部位发育有277ka B. P. 的钙华洞穴（谭明，1994）。而居于江南古陆的黔东地区，碳酸盐岩不发育，只有个别寒武系碳酸盐岩发育的地区形成喀斯特浅丘和洼地、落水洞。在贵州发育的诸多喀斯特洞穴中，大多数洞穴钙华年代都小于250ka B. P.，其中发现的古脊椎动物化石最早也不超出中更新世。

三、广　西　地　区

第四纪构造抬升在广西地区相对微弱，上升幅度自西北向东南逐渐减弱，因此境内的地势自北而南、自西向东逐次降低，大多数地区的海拔不超过500m。桂江、柳江、红水河和右江以自西北而东南的流向大致平行发育，这些河流的峡谷甚多，但"裂点"大多已推移至上游的贵州境内。这样的地势特点使得广西地区始终处于热带亚热带的气候环境之下，自然环境发育及热带亚热带喀斯特的过程具有明显的继承性，经过长期的演化，在广西地区最终形成现代类型发育比较齐全的典型热带亚热带喀斯特地貌。

广西现代喀斯特地貌发育是从对白垩纪古湖沉积的侵蚀切割开始的，直到第四纪才最终完成。喜马拉雅运动使广西地区地壳抬升，古湖消亡，大部地区转为剥蚀期，仅在北部湾一带产生拗陷，海水入侵，且随着从行星风系控制的干旱气候转向潮湿的亚热带、热带季风气候，降雨骤增，地表水活动强烈。从古近纪开始，在白垩纪古湖沉积形成的红层面上开始形成古水文网，河流汇聚到大湖盆中心，然后再由东部浔江、西江流出区外，巨厚的成岩不好或胶结不紧的白垩纪红层沉积被迅速剥蚀并输送到区外。新近纪的中、上新世，河流伴随地壳的强烈上升而急速深切，漓江纵穿峰丛山区而形成漓江峡谷段，柳江、红水河也纵穿峰丛山区，横切多条断裂及地层岩性界线，形成大量的峡谷地貌，在武宣-桂平地区，黔江横穿莲花山形成大藤峡谷；15Ma B. P. 左右在桂林、柳州一带分别下切深度达到60m、84m，盆地内被埋藏的古喀斯特地貌重新出露并开始继承性发育；侵蚀基准面的不断下降，也促进地下喀斯特的强烈发育，使热带亚热带喀斯特地貌发育进入新阶段。

至第四纪初，广西大地貌格局基本奠定，大部地区处于相对下降的状态，一些河流仍沿袭黏土砾石层堆积，远离河道的喀斯特平原上则堆积了棕褐、棕红色再搬运的黏土或溶余堆积物，覆盖较厚的地区喀斯特发育减弱，覆盖较薄的地方土下喀斯特强烈发育；桂西、桂西北等地则受云贵高原隆起的影响而迅速抬升，河流迅速深切，喀斯特在垂直方向上发育强烈。中更新世，广西总体处于抬升之中，气候转为温凉，河流转为开拓下切，黏土和黏土砾石层被剥蚀分割，最后形成岗垄状土丘，喀斯特洞穴又遭受一次由上而下的改造。晚更新世以来，河流继续下切，形成了Ⅰ级阶地、河漫滩及现代河流槽谷，即使冰期最盛时，全区气候仍属暖温带至北亚热带，喀斯特地貌发育过程并未中断。

桂东北区的桂林、阳朔、贺州等地第四纪以后随着湖相沉积盖层的剥蚀，喀斯特继承性发育，最终形成典型的峰林与峰丛协同共生、有序分布于一域的喀斯特系统（朱学稳，2009）（图9.17）。桂林平原中塔状石峰的峰顶洞穴形成于上新世至早更新世，中部的穿洞形成于中更新世，有大熊猫-剑齿象动物群化石堆积；石峰脚下的埋藏地面形成于晚更新世，相当于桂林附近的泥砾堆积时期；地面附近的边槽和脚洞形成于全新世。第四纪以来，峰林地形中平原地面相对下降的总幅度可达60～90m以上，这个高度内的洞穴沉积物年代均在数十万至百万年以内，其量值与桂林地区87m/Ma实测的溶蚀速率具有可比性（朱学稳，1991）。桂林中更新世以来的三层溶洞（比高5～10m，10～25m，30～45m）可与三级阶地（6～8m，15～25m，30～40m）相对应（邓自强等，1986）。由于发育时间长，构造与气候条件也比较有利，因此热带亚热带喀斯特地貌类型发育比较齐全、典型。在桂林盆地7420km² 的漓江上游流域内，喀斯特区占

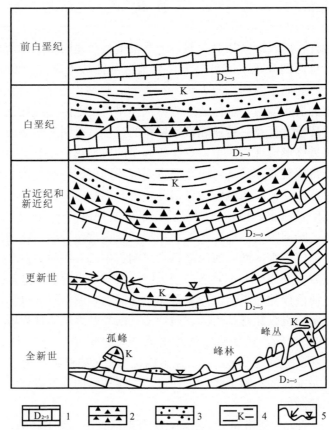

图9.17 桂林峰林地形发育过程示意图（据袁道先，1994）

1. 中、上泥盆统碳酸盐岩；2.下白垩统红色石灰角砾岩；3.下白垩统红色砂岩；
4.下白垩统红色泥岩；5.脚洞及水流方向

31.5%，达 2340km²，其中峰林和峰丛地形分别占 48%（1123.6km²）和 52%（1216.4km²），峰林分布于北、东、西三面外源水流入区和谷地地带，峰丛则依存于河间分水岭和漓江河谷两岸（朱学稳，2009）。在桂西的靖西、天等、大新、龙州等县境亦多类此。

在桂东南地区发育了典型的平原型孤峰、峰林与峰丛喀斯特系统（朱学稳，2009）。平原中残留有喀斯特孤峰、残山，石峰相对比较矮小，峰丛地形呈块状分布，平原及盆地内堆积了中生代内陆湖盆及第四纪陆相沉积物。

桂西南地区在中-晚三叠纪之交上升成陆，在上部沉积不厚或成岩不好的盖层剥蚀殆尽后，才开始强烈发育热带亚热带喀斯特地貌，由于发育稍晚，发育时间相对短，其喀斯特峰林地貌不太典型。桂西、桂西北地区热带亚热带喀斯特地貌发育最晚，迄今喀斯特地貌发育仍只局限在一些已剥露出碳酸盐岩地层的背斜核心部位。由于该区紧邻云贵高原边缘的斜坡地带，构造抬升强烈，加之第四纪气候又转向潮湿多雨的热带亚热带季风气候，使得喀斯特在垂直方向上得到强烈发育，形成以峰丛洼地为主的地貌类型。

广西地区受第四纪构造抬升及冰期气候影响较小，始终维持热带-亚热带环境，为古老的热带、亚热带成分提供了连续生存进化的空间，桂西地区与滇东南一起，是我国古特有物种的中心。广西是我国植物区系中特有种最多的省份之一，拥有中国种子植物特有属 61 个，占中国种子植物特有属总数的 23.7%；广西被子植物中含特有种的热带、亚热带科达 41 个，占广西被子植物特有种所归属科数的 39%，它们有不少是广西植物区系的表征成分，同时也是华夏植物区系的表征成分，很可能就是在当地起源的（李锡文，1985；苏志尧、张宏达，1994；许再富，2003）。

广西植物区系的另一个显著特征是石灰岩山地的特有化发展。在 696 个特有种中，有 230 种为石灰岩山地专性特有种，这种石灰岩的特有化发展在苦苣苔科和山茶科中表现得尤为显著（苏志尧、张宏达，1994）。山茶科一般在碳酸盐岩山地上比较贫乏，大多数的属种都产于非石灰岩的土山上，但广西特有的 18 种金花茶中，有 13 种是石灰岩山地的专性特有种。苦苣苔科是分布在热带亚热带中较为年轻的科，主产于我国华南和西南一带的石灰岩山地，其起源地和演化中心可能就在滇东南-桂西南的石灰岩地区。广西本地的 12 个特有属中，有 10 个特有属是苦苣苔科的；该科在广西有 66 个特有种，是广西特有种最多的一个科（苏志尧、张宏达，1994）。

石灰岩山地对植物分布的影响还表现在对植物扩散的制约方面。由于石灰岩钙质多，广西石灰岩山地不利于喜酸性土的马尾松生长，因此石山区即峰丛或峰林地形没有马尾松分布；但在广西不少土山区，土壤虽为酸性，因四周均被石灰岩石山所包围，故马尾松无法越过石山而侵入土山区，仍然未见有马尾松分布，如都安、马山等地即为如此（曾昭璇，1981）。

第十章 古陆块特征与东部低山丘陵区地理环境的演变与形成

胶辽鲁西、浙闽以及长江以南分跨南岭南北的南方丘陵三片丘陵位于我国大陆第三级阶梯上，分别以胶辽、江南和华夏等历史悠远的古陆为地质基础。虽然都呈现为丘陵地貌，但由于具有不同的大地构造基础和地貌发育过程，以及南北之间跨越热带、亚热带、暖温带、温带广阔的空间，因此各自呈现不同的自然地理景观。

山东-辽东低山丘陵区所在的胶辽古陆是中国地质历史最为悠久的地区，坚硬的古陆块受断裂构造的影响呈现地垒式断块山地与地堑式谷地或山间盆地交错分布的格局，属于古陆基底的前震旦纪结晶变质岩系由于长期的剥蚀而广泛出露，成为山地的主体。

江南红盆丘陵跨扬子板块和华夏板块，相对于构造稳定的板块中心（如四川盆地），具有更多活动带特点，地史时期曾受多次构造事件深刻影响。中生代—新生代北东-北北东宽展型褶皱和断裂构造控制的多个红层盆地经后期的抬升以及河流的贯穿切割而形成低丘、台地的红盆丘陵景观。

浙闽低山丘陵中虽存在十分古老的古陆块残体，但统一的下伏变质基底直到早古生代加里东运动才最终形成。中生代燕山期火山喷发和岩浆侵入作用强烈；新生代以来构造运动仍较为活跃，在北东-北北东、北东向断裂的共同控制下，断块运动剧烈，发育出弧形的平行岭谷。

季风的形成与第四纪冰期-间冰期气候变化对各低山丘陵区的地表堆积与土壤发育、动植物演化，以及河流的发育有着重要影响，从而导致彼此之间现代自然景观的进一步分异，并深刻地影响了人类改造利用自然的方式。

第一节 山东-辽东低山丘陵区自然地理环境的形成与演变

山东-辽东低山丘陵区，包括辽东丘陵、胶莱平原以东的胶东丘陵和以西的鲁中南山地，以低山丘陵地貌为特色。山东-辽东低山丘陵区是中国地质历史最为悠久的地区，新构造运动之前均已准平原化；长期而缓慢的阶段性抬升，形成以低山丘陵为主体的地貌；在持续不断的剥蚀作用下，低山区属于古陆基底的前震旦纪结晶变质岩系广泛出露；多个方向活跃断裂构造的影响，使得地垒式断块山地与地堑式河流谷地或山间盆地交错分布。

东亚季风气候的形成、第四纪冰期-间冰期气候的周期性变化，都对本区现代景观的形成产生了深刻的影响，主要表现在气候带变动、动植物迁移交流、陆架黄土堆积、独特的海岸地貌等方面。本区人类活动历史悠久，是红山文化、大汶口文化、龙山文化等史前文化的发祥地，人类改造自然环境的印迹深刻地遍布全区。

一、古陆块的形成与演化

我国境内最古老的一批变质岩系中，辽东的鞍山群跨越中太古代和新太古代；鲁中的沂水群对应中太古代，泰山群对应新太古代；胶东的唐家庄群和胶东群分别形成于中、新太古代（于志臣，1998）（图10.1）。当时在现在的华北板块范围内分布着多个小陆核，其中对本区影响最大的是渤海陆核和济宁陆核，前者的范围辐射整个辽东和胶东，后者则涵盖鲁中（白瑾、戴凤岩，1994）。

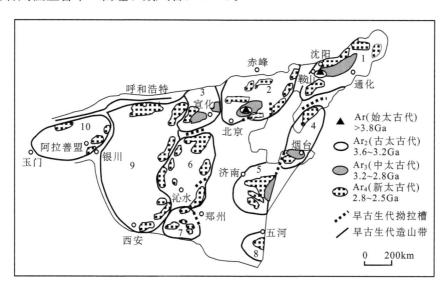

图10.1　华北陆块太古宙陆核示意图（据邓晋福等，1999）
1. 吉辽；2. 燕辽；3. 怀宣；4. 胶辽；5. 鲁西；6. 沁水；7. 太华；
8. 五淮（推测）；9. 鄂尔多斯；10. 阿拉善

在这些相对稳定的陆核之间，分布着大大小小的火山-沉积盆地和岛弧带，盆地沉积以中基性火山碎屑岩为主，夹杂正常浅海沉积。还原性大气下形成的磁铁石英岩（硅铁建造），广泛分布于各个盆地，使本区成为我国鞍山式铁矿的主产区之一。太古宙末的五台运动中，古陆核不断扩大，彼此拼贴、合并，最终都成为原始中朝板块的组成部分。

古元古代是中朝板块变质结晶基底张裂、再结合和最后统一形成的时期，也是本区（主要为胶辽地区）重要的成矿期。这一时期巨厚的沉积岩层，经过后期的变质作用，往往能形成有价值的矿产资源。

至古元古代末，伴随中朝板块的整体固结，本区最终形成变质岩结晶基底，在其后的十几亿年中，主要以稳定地块的面目出现。中元古代中朝板块主体隆起成陆，鲁中、胶东、辽东普遍缺失中元古界。进入新元古代，胶东与辽东所属的胶辽朝块体随着古郯庐断裂在新元古代的活动与鲁中所属的华北块体分离，胶东与辽东之间亦拉开了距离，这一裂解事件是罗迪尼亚（Rodinia）超大陆解体在中朝板块内部的反映，时间在青白口纪末—南华纪初（800Ma B.P. 前后）（乔秀夫、张安棣，2002；吴根耀等，2007）。

新元古代裂解事件以来，本区几个古老地块的演化史各具特色，位于华北块体内部的鲁中与中朝板块主体同步演化，为一稳定陆块；胶东位于中朝板块南缘，构造运动活跃、岩浆活动剧烈，具有更多活动带特征；辽东与鲁中构造运动特点有所不同，沉积环境则较为类似。

进入寒武纪，本区发生大规模海侵，鲁中全部和辽东大部长期处于陆表海环境。鲁中地区的海侵首先发生在沂沭裂陷槽，由东南向西北逐渐扩张，直至覆盖全境，与华北海连为一体，至晚寒武世，海水持续加深；而在辽东地区，海侵由沉积中心复州海盆向外扩展，除中部岫岩-城子坦有小片陆地外，其他全为海水所覆盖。在广阔的陆表海中，碳酸盐岩（主要是灰岩，如竹叶状灰岩、鲕状灰岩、礁灰岩等）与碎屑岩（砂岩、页岩等）交互沉积，构成巨厚的盖层。寒武纪气候特点表现为温暖潮湿与炎热干燥相间，在温暖的海水中以三叶虫为代表的寒武纪生物群大量繁殖。

奥陶纪早期，气候持续温暖，仍为陆表海环境，不同的是这一时期的沉积环境基本属于清水沉积，无碎屑加入，形成高纯度的碳酸盐岩沉积。这说明陆源区已经彻底准平原化，地壳运动趋于平静。

以碳酸盐岩为主体的寒武系—奥陶系广泛出露于鲁中丘陵和以复州湾为中心的辽南，深刻地影响了当地现代自然地理环境的发育。除对地表景观的塑造作用之外，许多重要的非金属矿产，如石灰矿、黏土矿、石英砂矿等，都以这一时期的地层储量最为丰富。蓄水性能良好的灰岩地层也是当地现代最重要的地下水来源；与之形成对比的是胶东地区，缺失早古生代灰岩层，储水条件较差的变质岩构成丘陵主体，地下水资源相应缺乏。

中奥陶世末，胶辽区绝大部分隆起成陆，接受侵蚀。历经晚奥陶世、志留纪、泥盆纪、早石炭世长达1亿多年的风化剥蚀，地形逐渐趋于准平原化。至晚石炭世，中朝板块再次发生海侵，鲁中、辽东随之转为沉积环境。由于地壳振荡频繁，海水反复进退，两地均形成滨海沼泽、潮坪等相间出现的海陆交互沉积。石炭纪气候温暖潮湿，植物十分繁盛，是重要的成煤期。在鲁中晚石炭世植物群里，石松纲占据了较为重要的地位，这类高大乔木植物指示了暖湿的森林沼泽环境（苏维等，2007）；而辽东同期地层中发现的一些苏铁、银杏类花粉化石，反映当时辽东的气候相比鲁中要凉爽干燥一些（李克，1995）。

二叠纪鲁中地区上升成陆，早期为湖泊沼泽环境，有利于煤的形成，也是当地重要的成煤期；中期为河流相，局部夹煤线；晚期则为红色碎屑岩河湖相沉积，可以看到气候逐渐由暖湿向干热转变的趋势。随之，耐旱的苏铁、银杏、松柏等裸子植物开始在生物群落中占据重要地位。辽东早二叠纪开始自北向南发生海退，至二叠纪晚期海水全部退出本区。在沉积中心复州盆地中，二叠纪地层主要是沼泽相，但仍有海相夹层。

晚古生代的胶东仍为隆升剥蚀环境，可能出现过短暂的陆壳拉张，在胶北地块与胶南造山带之间出现陆间裂谷，有海相或海陆交互相沉积。

二、现代自然地理环境格局的初步奠定

中生代的印支运动和燕山运动，结束了本区长期以来相对稳定的沉积盖层发育史，当时本区大部属于华北东部边缘的胶辽隆起带，除断裂活动及造山运动较为活跃之外，还经历了强烈的岩浆改造，构造体系由古亚洲构造域转向滨太平洋构造域。进入新生代，对中生代继承性的构造运动奠定了本区的地貌格局。新近纪形成了对现代地貌影响深远的上新世夷平面，第四纪新构造运动的差异性升降作用最终形成胶辽低山丘陵地貌。

印支期本区最重要的地质事件是郯庐断裂带强烈活动并发生左行走滑，秦岭-大别-胶南碰撞带被切断，由此在扬子与中朝板块之间形成一个嵌入构造（万天丰，2004）。在这一事件影响下，长期与鲁中分离、呈各自发展状态的胶东地块沿郯城—庐江一线平移，最终与鲁中东西并置，成为今天看到的格局。胶南造山带在挤压和拉张作用下形成一系列断裂，由碰撞造山带转为断裂造山带；胶东与鲁中的交界——沂沭断裂（郯庐断裂的一部分）从此成为本区构造运动的活跃区。同期辽东构造运动也较为活跃，上元古界、古生界沉积盖层发生强烈地褶皱变形，形成一系列断褶带。

早侏罗世本区构造活动相对平静，至中、晚侏罗世，受燕山运动影响，发生明显的差异升降运动，在主体隆升的同时，局部形成一系列断陷盆地，如位于鲁中北缘、中心的周村盆地、蒙阴盆地，辽东的普兰店-瓦房店盆地、庄河盆地、大营子盆地等；在胶东，随着胶北和胶南的隆起，中部胶莱盆地亦开始成形。

白垩纪本区构造活动在胶东表现得最为剧烈，沂沭断裂带的持续活动，使胶东出现了"二隆夹一拗"（胶北断隆、胶莱断陷、胶南断隆）的地貌格局。鲁中区沿沂沭断裂呈鱼骨状排列的盆-岭构造格局在侏罗纪即已奠定，白垩纪各盆地继承性裂陷；辽东地区则基本处于上升隆起状态。

中生代本区构造活动的另一大特征是强烈的岩浆活动，包括火山喷发和岩浆侵入。岩浆活动的强度、时间和组成成分各具特色，相对而言，鲁中更具稳定地块特点，岩浆活动较为微弱，辽东和胶东地区则具有构造活动带的某些特征，岩浆活动强烈（图10.2）。

值得一提的是，在胶东北部，早白垩世时期的岩浆侵入活动造就了我国最重要的金矿区，密布于招远、莱州、牟平、乳山一带的金矿群，无论是累计探明储量、保有储量还是潜在储量，均居全国首位（赵一鸣等，2004）。

本区三叠纪气候以干燥炎热为主，晚期转向暖湿（徐钦琦、刘时藩，1991）。在以整体性的地壳抬升运动为主的构造环境下，除部分陆相盆地中有少量河湖相碎屑沉积之外，大部地区缺失三叠系。

晚三叠世—早侏罗世，延续温和湿润的气候，鲁中、辽东的一些中小型内陆盆地（如鲁中的坊子盆地、瓦房店附近的砟窑盆地等）多积水成为湖盆，周边以蕨类和裸子植物为主的植被比较茂盛，形成浅湖相、沼泽相含煤沉积岩系（图10.3）。中-晚侏罗世气候逐渐转向干燥炎热，沉积岩层以河流相红色碎屑为主，局部有浅湖相沉积。侏罗纪末，胶莱盆地中沉积了早期的莱阳群，以洪积相、河流相碎屑岩为主（施炜等，2003）。

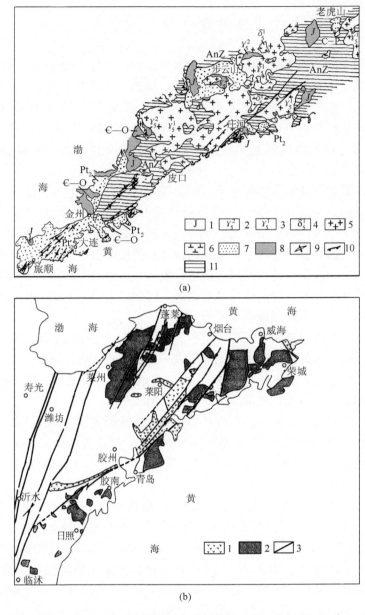

(a)

(b)

图 10.2 中生代辽东、胶东地区岩浆岩分布图（据赵光慧、李亚平，1988；徐贵忠等，2001）

（a）印支-燕山期辽东地区：1. 中生界侏罗系；2. 燕山期花岗岩；3. 印支期花岗岩；4. 印支期闪长岩；
5. 花岗岩；6. 闪长岩；7. 遭受印支期变质作用的地层；8. 未遭受变质作用的地层；9. 背斜；10. 断层；
11. 前震旦纪基底；（b）燕山期胶东地区：1. 中基性火山岩；2. 花岗质岩体；3. 断裂

　　胶东地区白垩纪的沉积记录主要集中在胶莱盆地。白垩纪初，胶莱盆地继续沉积莱阳群，为一套河湖相碎屑岩沉积，顶部多有火山碎屑岩，反映地壳活动开始加强。当时胶莱盆地气候温暖潮湿，适宜各种生物的繁衍，植物群落中蕨类、裸子植物趋于鼎盛，陆生生物中爬行类占统治地位，水体中鱼类已发展到比较高级的阶段，介形类、叶肢介类、淡水软体动物也很丰富。其后早白垩世至晚白垩世初，胶莱盆地火山活动强烈（青

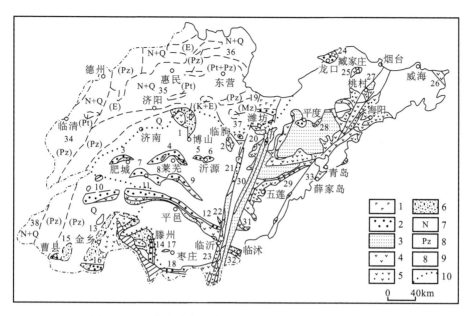

图 10.3　山东省中新生代盆地分布图（据宋奠南，2001）

1. 新近系（临朐群）；2. 古近系（官庄群等）；3. 白垩系上统（王氏群等）；4. 白垩系下统（青山群）；5. 白垩系下统（莱阳群）；6. 侏罗系（淄博群）；7. 鲁北区新近系分布区；8. 鲁北区新近系覆盖地层时代；9. 盆地编号；10. 基岩区域边界

山群），主要活动时间为 126～90Ma B.P.，经历了四次喷发旋回，喷出岩以中酸性为主。火山活动的间歇期，有碎屑沉积岩地层（大盛群）发育。晚白垩世时，胶莱盆地构造活动逐渐平静，发育一套正常的碎屑（砂砾）沉积岩系（王氏群），以河流相为主，间有浅湖相，主色调为红色，间有黄绿、灰绿色，指示温暖干旱、半干旱的气候背景。白垩纪末，胶东地壳强烈隆起，胶莱盆地随之开始消亡，由沉积区转为剥蚀区（施炜等，2003；唐华风等，2003）。

白垩纪早期，鲁中莱芜、蒙阴、平邑等盆地积水成湖，沉积河湖相莱阳群，厚度一般不足百米，蒙阴盆地中可达 700m。青山期鲁中各盆地亦有强烈的火山喷发作用，与胶莱盆地不同的是，鲁中喷出岩以中基性为主。晚白垩世鲁中整体隆起，处于裸露剥蚀状态，王氏群极不发育，沉积区集中在沂沭断裂带（图 10.3）（宋奠南，2001）。

白垩纪是山东植物区系发生重要变化的时期。环境的变化，使中生代盛极一时的蕨类、裸子植物群逐渐衰落，至晚白垩世更是急剧减少；早白垩世时数量还比较稀少的被子植物，因更能适应环境变化，此时便迅速繁盛起来（张伟、赵善伦，2001）。在诸城晚白垩世孢粉组合中，被子植物花粉已经占到 31.45%～32.2%，以榆粉和栎粉为主（王开发等，1982）。白垩纪地层，尤其是上白垩统王氏群，还是山东中生代地层中重要的恐龙化石产地，发现有谭氏龙、归氏盘足龙等著名化石。

古近纪初期，在经历了一段构造活动相对沉寂的剥蚀期之后，燕山运动形成的盆岭相间的格局开始模糊，但相比周边各陆、海盆地，本区总体地势仍较高，继续接受剥蚀，充当后者的沉积物源区。

始新世本区进入又一个构造活跃时期。这一时期的构造运动在鲁中较为明显，在中生代古盆地的基础上，又重新形成一系列沉积盆地（平邑盆地、蒙阴-大汶口盆地、莱芜盆地等）（图10.4），差异升降运动十分剧烈。泰山、鲁山、沂山、蒙山、徂徕山等千米以上的山峰，即是从本期开始急剧抬升，最终成为鲁中山地丘陵区的骨干。

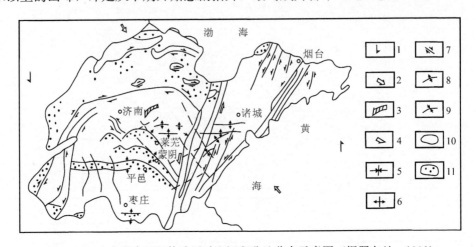

图 10.4 山东省古近纪构造活动和沉积盆地分布示意图（据瞿友兰，1991）

1. 新华夏系扭动方向；2. 新华夏系派生压力方向；3. 鲁北帚状构造砥柱旋转方向；4. 沂沭断裂扭动方向；
5. 压性断裂；6. 张性断裂；7. 剪性断裂及扭动方向；8. 背斜；9. 向斜；10. 隆起地块；11. 沉积盆地

胶东和辽东古近纪整体处于隆升剥蚀状态，除少数地区（如胶莱盆地消亡过程中残留的小湖盆）有少量沉积之外，地质记录不多。在胶东半岛北部丘陵区，现残留有古近纪时期的夷平面，主要分布于艾山、昆嵛山一带，为一片海拔 500m 左右的山顶面，其上耸立的 700～900m 低山，往往系原准平原上由坚硬的片麻岩和花岗岩组成的蚀余残丘。

到了新近纪，华北运动之后，本区地质活动转入较长的平静期，只是沿沂沭断裂带有岩浆活动，喷出岩主要为玄武岩，从早中新世牛山期到早上新世尧山期地层均有所见，其中在昌乐境内牛山组和尧山组玄武岩层中发现了重要的蓝宝石矿床。在火山活动的间歇，临朐山旺村附近形成一个火山湖，除偶有玄武岩喷溢之外，主要沉积了砂砾岩与含硅藻页岩的组合，从中出土了种类繁多的动植物化石。

新近纪时期，鲁中、胶东、辽东各区普遍经历了隆升、剥蚀、夷平的过程，至上新世时，地表再次趋于准平原化。该期夷平面对本区地表景观形态影响深远，现在本区分布最为广泛的地貌单元是海拔在 500m 以下的丘陵，如果把它们平缓的顶部连成一片，其起伏将比今天看到的地形起伏要小得多，这个想象中的平面，就是中新世到上新世形成的夷平面。这个面在各区名称不一，高度也不尽相同，如鲁中为仰平面（或称鲁中面），山地内部为 500～600m，核心地带达 700～800m，外围降至 350～400m；辽东为平山面（300～400m）；胶东为胶东面（400m 以下），形成时间基本一致，都可与华北山地的唐县面对比。

与本区的总体隆升形成鲜明对照的，是邻近地区的迅速下陷。为鲁中、胶东和辽东所环绕的渤海湾盆地（包括今天的华北平原、渤海和下辽河平原），曾是中朝板块古老结晶基底的一部分，中生代在郯庐断裂活动影响下发生断陷，形成古盆地，古近纪早期结束沉积环境后，始新世又重新开始下沉，且速度越来越快、规模越来越大，构造活动至新近纪末、第四纪初才有所减弱（图10.5）（侯贵廷等，2001）。据估计，渤海湾盆地新生代垂直断陷的深度达到8～10km，为中国大陆东部沉降幅度最大的地区。不过，古近纪和新近纪时期的渤海湾盆地仍是一个陆相盆地，地貌形态呈现为高低起伏的陆地，沉积中心则为深广的湖泊，最终形成内海是进入第四纪以后的事。古近纪和新近纪也是渤海湾盆地最重要的生油、储油时期之一。

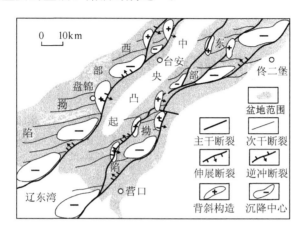

图10.5　辽河盆地渐新世晚期郯庐断裂带构造古地理图（据李宏伟、许坤，2001）

进入第四纪以来，本区在新构造运动的影响下继续隆起，其抬升幅度多在300～500m。上新世形成的夷平面，抬升数百米后成为山顶面，经河流、沟谷长期的切割、侵蚀，现今呈现的便是这样一片起伏不大的低山丘陵。那些抬升作用比较强烈、且先前已经达到一定高度的地区，如鲁中泰山、鲁山、沂山、蒙山，其顶峰相继抬升至1000m以上，泰山30Ma B. P. 以来至少上升了1300余米（张明利等，2000），成为本区第一高峰（1524m），其余如辽东的千山山脉北段诸峰（步云山、绵羊顶子山等）、胶东的崂山，也都达千米以上，它们一起组成了本区大地构造单元的骨干。抬升量相对较小、堆积作用改造强烈的地区，则形成山间盆地、河谷、平原等，星罗棋布于山峦、丘陵之间。

在本区各处山地，沟谷下切都可明显地分为几个阶段，显示抬升过程是缓慢地、分阶段、间歇性进行的，而且在进入第四纪以来这段不长的时间里，构造运动仍然存在活跃-平静的旋回。在早更新世的一段平静期中，鲁中和胶东发育了临城期山麓剥夷面，海拔150～200m（山前可降至60～70m）（吴忱等，1999b），可与辽东半岛的广宁寺面（150～200m）对照（郑应顺，1987）。

尽管同以低山丘陵地貌为特色，且在新构造运动之前均已准平原化，地貌形态差别不大，但由于原始地质构造基础不同、受新构造运动影响的方式和程度不同，因此，辽东、鲁中、胶东三地地貌演进过程及最终呈现出来的景观格局仍不一样。

辽东半岛自新元古代地台盖层刚开始发育之时，便存在北高（剥蚀区）南低（沉积区）的格局，其后历经古生代、中生代、新生代，这一格局都没有改变。现代的辽东半岛，呈现由东北向西南逐渐倾没的背斜式构造形态，东北部较高，千米以上的几座山峰都集中在这里，向西南渐低，直至在旅顺没入大海；由花岗岩和古老地层构成的千山山脉及其余脉纵贯整个半岛，是半岛中轴线上的脊梁，其两侧地貌呈阶梯状下降，由较新地层构成的低山丘陵是半岛的主体，最低的是沿海阶地和冲积平原。

鲁中低山丘陵区常被形象地比喻为一个"打碎的盾"。说它是"盾"，首先是因为该区有大面积结晶基底岩石出露地表，构造地质学上称之为鲁中地盾；其次是因为该区独特的穹隆状地貌形态——以泰山、鲁山、沂山、蒙山等片麻岩山地为支柱撑起穹顶，在山地四周，如众星拱月一般分布的丘陵、盆地、河谷、平原逐层降低高度，使鲁中像一面盾牌凸起地表之上。"盾"之所以"打碎"与其境内发达的断裂构造有关。鲁中境内新构造运动断裂活动非常强烈。在其内部发育几组网格状的"X"形断裂，在其外围，还有北侧的济南-潍坊断裂、西南侧的运河湖群断裂带和东南侧的沂沭断裂带。其中，北西向断裂常常控制了一系列隆起和拗陷的生成和发展，造成块状山地和断陷盆地沿北西西向相间排列，同时控制主要河流的流向和湖群的展布方向，并决定河流的主要迁徙方向；北东向的断裂则对次一级地貌的发育和形成具有很大的影响，它控制了一系列小盆地和一些大沟谷的形成和发展，还控制河流支流的方向并形成曲流。这些北东向的山间盆地和沟谷切割了北西西向的长条状山地，造成本区地貌具有北西西向成条、北东向成块的特点。北东向的断裂切割泰山、鲁山、沂山为三列北东-南西走向的断块山，北西向的断裂切割徂徕-沂蒙、蒙山、尼山为三列北西-南东走向的断块山（任美锷、包浩生，1992）。沿着这些活动断裂线发育的大小河流、沟谷在总体上呈现为有规律的蜿蜒曲折之状，本区主要河流如泗水、祊河等均为北西西-南东东向，其支流多呈北东-南西向，因此构成主支流近乎直交的网格状水系，河流往往沿北东向突然弯曲，形成曲流。正是这些断裂的切割和蜿蜒曲折、网格状水系的侵蚀使得鲁中南低山丘陵地表形态变得十分破碎，就像盾牌上有无数裂纹一样。

在胶东半岛，新生代以来已经闭合、夷平的中生代胶莱盆地抬升幅度相比其南北两侧的胶北和胶南要小一些，呈相对下降之势，于是白垩纪时期胶东"两隆一拗"的构造格局再现，原来的盆地重新成为沉积区，并最终演化为今天的胶莱河谷平原。

辽东、鲁中和胶东三片低山丘陵虽各具特性，但其共性也十分明显。

首先，它们都是中国最古老的地块，且经过长期的抬升侵蚀，太古代、古元古代变质基岩大面积出露地表，由于它们抗风化侵蚀能力强，因此本区境内海拔较高的地貌单元莫不由其构成。

其次，因为它们的结晶基底厚度大、硬度高，所以在后期挤压作用下难以发生褶皱变形，而是断裂构造十分常见，河谷、陡崖、海岸峭壁等许多地理现象都与大大小小的断裂发育有关。郯庐大断裂更是对本区影响至深，此断裂带新构造运动以来再次进入活跃期，有文字记录以来即发生7级以上强震多次（如公元前70年诸城-昌乐地震、1668年郯城地震、1975年海城地震等），造成巨大破坏。

第三，地貌演化过程中，外力侵蚀剥夷以流水作用为主，因邻近海洋，雨量充沛而集中，故大小河流、冲沟往往沿着发达的断裂线发育，且水流短急，使山地丘陵逐渐变得沟壑纵横。流水挟带大量泥沙下泻，在下游形成河谷和山前平原，成为人类定居的理想场所；但同时也易于带来严重的水土流失问题，在辽东半岛东南部，有些河床已高出附近平地，这在东北其他地区是很少见的。

三、气候变化与现代自然景观的显现与发展

古近纪时期，本区地跨受行星风系控制的干旱亚热带与湿润暖温带-亚热带。在主要受干旱亚热带气候控制的鲁中地区，各主要盆地中沉积了一套含膏盐的红色、灰色山麓-河湖相碎屑岩系（官庄群），厚度为1500～8400m不等（宋冀南，2001），大汶口盆地、新泰盆地、泗水盆地均形成有工业价值的石膏矿床，其中大汶口盆地除石膏储量为全国之冠外，还沉积了大量岩盐。在沂沭断裂北段附近的少量小盆地中，沉积的是可与官庄群对照的五图群，为一套含煤、油页岩的碎屑岩，表明当地已处在湿润的暖温带-北亚热带气候环境控制之下。山东境内的湖泊和平原地区，以栎粉属为代表的常绿、落叶阔叶林非常广泛，体现了较多亚热带的特点（张伟、赵善伦，2001）；而在其北面的辽宁抚顺，古新世孢粉组合则指示了暖温带-北亚热带的气候（宋之琛、曹流，1976）。

到了新近纪，本区已转受古季风气候控制，东亚季风开始越来越强烈地影响本区，使本区自然地理环境越来越多地呈现现代特点。山东山旺中新世植物群是此时期环境景观的代表。在山旺植物群中，除以温带落叶植物为主，包括桦木科、榆科、椴树科、杨柳科、蔷薇科等，还包含部分亚热带常绿阔叶和落叶阔叶植物，反映当时的气候温暖湿润，具有今日亚热带气候特点，属于温带到亚热带的过渡型（孙启高等，2002）。与古近纪时期相比，山旺中新世动植物群体现的特点是：亚热带成分减少，温带成分增加；森林以落叶阔叶树为主，多数属于温带类型，已基本形成现今植被的特征和主要区系成分（张伟、赵善伦，2001）；动物群则发展出适应季节交换的生活习性（如秋季换毛、冬蛰），反映当时当地已经初步建立冬夏分明的季风气候。当时山旺中新世古湖流域的海拔为800～1500m，年均温为7.9～15.3℃，为亚热带山地气候（杨健等，2002），比古近纪有所降低，与当时中国的大气候背景是一致的（中国科学院《中国自然地理》编辑委员会，1984）。

第四纪现代季风气候建立以后，本区季风气候的特色更加显著。伴随着冰期-间冰期旋回，海面发生上百米的升降变化，渤海、黄海发生过多次海侵、海退。庙岛群岛这个现在成为渤海、黄海界标的串珠状群岛，地史时期曾是胶辽古陆的一部分，直到上新世时期仍与胶东、辽东相连，将渤海湾封闭为内陆盆地；第四纪以来，随着渤海的海侵、海退，庙岛群岛数次被海水包围成为岛屿，又数次成陆。

末次冰期冰盛期时，中国东部海平面下降130～150m，胶辽近海均出露成陆。冰期结束后，海面回升非常迅速，到约8ka B.P.，海平面已与今天基本持平，这是全新世海侵的开始，也是胶辽海岸现代地貌发育的开始。原来的一套海岸地貌，此时已深埋水下；原来地处内陆的一套复杂的地貌单元，如河流、沟谷、丘陵、盆地，此时则变成海岸，海岸线因此变得十分曲折。

8～5ka B.P.间，海平面持续上升，最高海面出现在6.5～5ka B.P.，海面高于现代3m左右（耿秀山等，1987），由于各地地势不一，海侵范围和海相层厚度也不一样。在地势较低的胶州湾西北沿岸和辽东东沟平原，海水呈面状向陆地侵入，海侵可深入内陆20km以上（胶州湾以北蓝村附近），海相层厚度可达20m（东沟平原）（图10.6）；

而在地势较高、海岸陡峻的地区，如胶北和辽南，海侵范围很小，海水只沿河道、海湾呈小面积入侵（韩有松、孟广兰，1984；符文侠等，1992）。

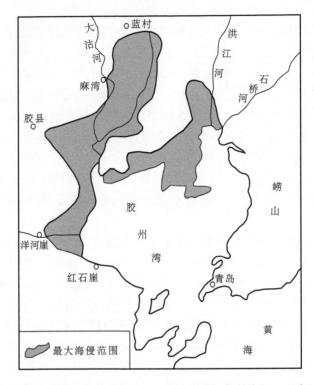

图 10.6　全新世海侵最大时胶州湾地区古海岸线（据韩有松、孟广兰，1984）

海平面达到最高之后，总的趋势为缓慢下降，期间有数次停顿，即出现海岸线相对稳定阶段。在此期间，沿岸普遍发育数道贝壳或砂砾堤、连岛沙坝、沙嘴、海积阶地等地形，指示了古岸线的位置；同时在堤坝内侧偶有潟湖相沉积，滨岸低洼处则发育湖沼相沉积。辽东大孤山附近的三道贝壳堤，受地壳上升与海侵共同作用，高程分别为 7～10m、4～5m、2～3m，^{14}C 年龄分别为 4.5～4ka B.P.、3.5～3ka B.P.、2.5～2ka B.P. 之间，很好地反映出了海退过程的阶段性（中国科学院贵阳地球化学研究所第四纪孢粉组、^{14}C 组，1977）。其后，海平面在今天的海岸线上稳定下来，胶辽沿海现代海岸地貌最终形成。

辽东半岛和胶东半岛是我国沿海良港比较集中的地区，大连、旅顺、烟台、威海、青岛，都是闻名遐迩的港口，这与全新世海侵对海岸的改造有很大关系。如胶州湾，本是一个中生代晚期至新生代形成的陆相断陷盆地，其成为海湾，正是全新世海侵的结果（赵奎寰，1998）；又如冰期时胶辽区侵蚀基准面剧降，河流在从前的大陆架上切出深广的河谷，冰后期海水上涨，便在各大小河口处广泛造就腹大口小的葫芦形溺谷，不少港湾的形成与此有关，如大连的老虎滩。

黄土是我国独具特色的第四纪堆积物，在本区开始沉积的时间多在中更新世开始以后，出露的黄土最老层位年龄为 0.8Ma B.P.（青州云门），本区的黄土在厚度和发育程度上远逊色于内陆地区。较完整的青州傅家庄剖面只有 30 余米，发育九层黄土和九层古土壤，其余厚度最多不超过 5～10m，层次少，古土壤层薄。

胶辽丘陵山地的黄土堆积主要分布于两大区域——渤海沿岸（辽东半岛西侧、庙岛群岛、莱州湾、蓬莱等地）和鲁中山前区（鲁中山地的北麓坡地和山地边缘的山间盆地）（张祖陆等，2004）。其中，前者的黄土粒度比黄土高原还要粗很多，显然不是西北气流从遥远的内陆荒漠戈壁带来的，物源地就是邻近的渤海湾。第四纪冰期海退期间，渤海陆架出露，陆架上的砂粒、粉尘随冬季风就近沉积于辽东、胶东半岛沿岸，即成为今天看到的黄土。这里的黄土中普遍含有海相微体化石，是有力的证据；而在鲁中山前地区的淄博、济南一带，黄土沉积则更多源自强西北气流带来的粉尘，内陆物质成分占据主导；其东的潍坊、青州黄土，在成因上介于两者之间，体现出过渡带的特点。

渤海湾沿岸陆架黄土最主要的沉积时期为末次冰期，当时中国东部海平面下降130～150m，渤海成为一片广阔的荒漠化平原，气候干燥寒冷、冬季风势力强劲，为黄土沉积提供了最好的环境。在庙岛群岛，第四纪期间沉积的来自渤海陆架的黄土厚度可达 20 余米，发育沟壑、台地、陡崖、海岸等多种黄土地貌；作为胶东与辽东之间的天然陆桥，庙岛群岛从旧石器时代以来一直有人类定居和迁移，从而在黄土层中保存了丰富的古人类文化遗迹（曹家欣等，1987；李培英，1987；曹家欣，1989）。渤海莱州湾南岸滨海平原上的黄土阜地貌亦形成于此时期。裸露的海底松散沉积物被强劲的北风向南吹扬搬运，于南岸平原有利地形位置上沉积下来，形成厚层砂质黄土，并顺风向形成了阜状黄土地貌（图 10.7）（张祖陆，1995）。这种独特地貌分布于鲁中山地北部东西带状滨海平原的东南部，其分布区南缘与泰鲁沂山地的山前剥蚀堆积平原相接，分布区的东部受到北北东向沂沭断裂带东缘断裂及断褶隆起所形成的低丘陵阻挡，截止潍河西岸。

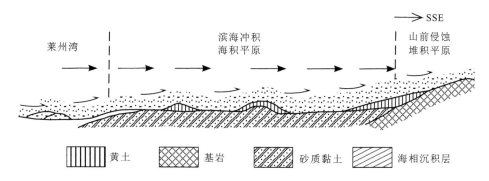

图 10.7 渤海莱州湾南岸平原黄土阜分布区风力搬运、堆积模式（据张祖陆，1995）

在今辽东半岛西北侧，黄土堆积自盖县仙人岛至旅顺老铁山长达 200 余千米的海岸带上均有分布，厚度一般为 10～25m，最厚可达 30m，上部晚更新世黄土厚度为 10～20m；下部中更新世黄土较薄，一般小于 6m（李培英等，1992）。进入全新世渤海再次成海，且发生了较大规模的海侵，辽东半岛再次形成，海岸带的黄土在冰后期受流水作用和海面升降的改造，形成了黄土海蚀崖等独具特色黄土地貌（图 10.8）。

随着第四纪以来气候的总体转冷和多次冷暖交替，本区的植物群落经历了较为复杂的更叠变化，新近纪植物群（较多亚热带特点）逐渐为第四纪植物群（暖温带针叶、落

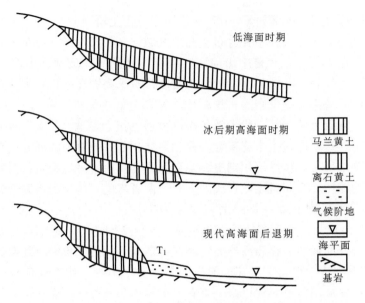

图 10.8　夏家河子一带黄土海蚀崖发育过程示意图（据肖荣寰、胡俭彬，1988）

叶阔叶林）所取代。第四纪植物群中，既有新近纪的孑遗种，如辽东的盐肤木、山紫珠等较为耐寒的亚热带植物，至今长势良好，又保存了许多自南向北或者自北向南迁入的物种，以其物种的多样性在我国植物区系中独树一帜。现代山东植物区系有为数不少的东北成分（主要分布于胶东），如红松、樟子松、辽东栎等，显然是冰期由辽东迁来的，冰期时发生海退，辽东与胶东连为一体，为植物从辽东向较温暖的胶东迁移提供了有利条件；同时还有大量南方亚热带植物区系成分，显示山东与南方的迁移管道也很畅通。而辽东多见由北面迁入的物种（如有大量长白植物区系成分渗入），与冰期环境相对应；但气候转暖后由南面迁入的却不多见，一个重要原因是间冰期时发生海侵使辽东与胶东隔海相望，阻碍植物自南面迁入。

　　本区的这种南北过渡带的地位在动物区系演化中亦有显著体现。辽东中更新世动物群（如金牛山动物群，0.3～0.2Ma B.P.）具有同期华北周口店动物群的主要种属，如三门马、梅氏犀、肿骨鹿、居氏大河狸等，反映出当时气候较为温暖（付雷，2006）。同期山东沂源动物群中有肿骨鹿、大河狸，益都动物群有剑齿象、水牛、肿骨鹿等，具有更多南方喜暖动物群的特点，气候比辽东湿热。到晚更新世最后冰期，辽东动物群［如古龙山动物群，^{14}C 年龄为（17610±240）a B.P.］发现大批适应较寒冷气候的动物化石，如最后斑鬣狗、野马、原始牛、披毛犀等，还发现了主要生活在寒带-寒温带冻土区的冰缘环境代表动物——猛犸象，显示当时气候已急剧转冷。类似情况也发生在山东，晚更新世动物群代表动物为原始牛、披毛犀、古菱齿象等，猛犸象化石亦不罕见。不过，本区晚更新世动物群在向冰缘环境"猛犸象-披毛犀动物群"过渡的同时，仍保留了一些暖期迁移至此的南方物种，如辽东仙人洞动物群（40～20ka B.P.）中有水獭、水牛、北京香麝等种类，山东保留的南方种更多。

　　本区自然环境受人类活动改造的历史悠久且非常强烈。随着末次冰期的结束，本区丰富的动植物资源和温湿的气候条件，为人类的生存与发展提供了优越的环境，史前文化进入了初始发展时期。至中全新世高温期，辽东和山东成为古人类活跃的区域，先民们在这里创造了以红山文化、大汶口文化、龙山文化等为代表的辉煌灿烂的史前文明。进入历史时期以来，这里又一直是人口高度密集的中华文明核心区。长期的开垦渔猎等生产活动，使得本区现代植物区系受人类扰动很大，已基本没有自然植被遗存；仅存于山地丘陵区面积很小的林地，也大多是人类破坏后的次生林。引进的许多外来种，如日本黑松、日本落叶松等现在已经广泛见于胶辽地区，几乎取代了本区的乡土针叶树种——赤松，类似的还有刺槐、梧桐等。本区悠久的农垦历史，也培植了丰富的栽培植物区系，丘陵地和河谷平原现今已被开发成为重要的农业生产基地。此外，由于人类活动，大型兽类，尤其是肉食哺乳动物也早已绝迹，现有的野生动物群落以鸟类较多。

第二节　江南红盆丘陵地理环境的演变与形成

"江南红盆丘陵"为云贵高原以东、长江中下游平原以南、武夷山—仙霞岭以西广大地区内的典型景观。

本区早期地质历史比较复杂，在大地构造单元上属于亲扬子板块构造域，位于扬子板块和华夏板块之间，以绍兴-云开大山断裂带为界分别受两者影响。相对于构造活动稳定的板块中心（如四川盆地），本区更多具有活动带特点，也被称为"南华活动带"（程裕淇等，1994）。地史时期曾受多次构造事件的深刻影响，尤其是中生代时期，先是印支运动使本区脱离海洋环境，随后的燕山运动形成一系列走向北东-北北东的宽展型褶皱和断裂构造，沿褶皱轴向多发育线状断陷盆地，基本奠定了本区现代地貌的轮廓。

新生代以来，本区的构造活动强度有所减弱，主要表现为继承性的差异升降，中生代时期形成的盆岭相间的地貌格局进一步强化。中生代至新生代形成的多个红层盆地经后期的抬升以及河流的贯穿切割而成为低丘、台地，是区内明显的构造地貌标志。境内的多座名山，如庐山、衡山、黄山都是在此期间加速隆升、形成的；南岭崛起于湘、赣、桂、粤四省交界之处，成为长江与珠江水系的分水岭。气候、植被、土壤等各种自然地理要素几经变迁，逐渐形成今天的亚热带季风气候-常绿阔叶林-红壤地带性特点，并在自然地理环境基础上形成了人类利用模式和特有景观。

一、古板块运动与南方大陆成形

太古宙至古元古代（1800Ma B. P. 以前）为华南早前寒武纪克拉通形成时期，原始扬子、华夏板块都出现了古老陆核，并以此为中心向外发展，两者中间以大洋相隔（程裕淇等，1994；万天丰，2004）。本区陆块的绝大部分当时都还没有形成。

中元古代（1800～1000Ma B. P.）前后，随着华南洋壳逐渐向扬子板块俯冲，沿扬子板块大陆东南缘，即今天的桂北、黔东南、湘西，经湘北、赣北、皖南至浙西一带，发育了一套前陆沟、弧、盆体系——江南古岛弧（凌洪飞等，1993；邓国辉等，2005）。中元古代晚期（蓟县纪末，华南称为四堡期）的四堡运动中，江南古岛弧（南扬子板块）向北与扬子板块主体碰撞，拼合为一体（高潮发生在1050Ma B. P. 前后）；稍后的青白口纪时期（1000～800Ma B. P.），古华夏板块与扬子板块沿绍兴—江山—十万大山带发生碰撞、实现初步拼合（图10.9），并伴随大规模的岩浆活动，是为晋宁运动；在此过程中，中元古代形成的一套火山沉积岩系发生变质，构成中国南方大陆结晶基底的一部分（马瑞士等，1994；万天丰，2004）。

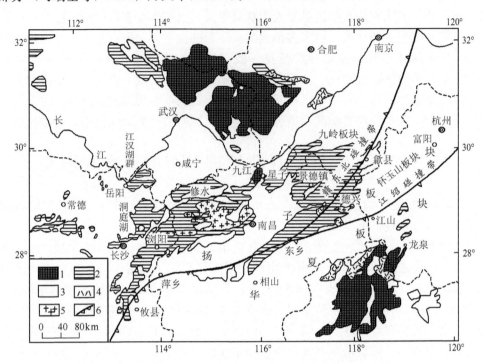

图 10.9　华南前震旦纪地质构造简图（据章泽军等，2003）
1. 古元古代；2. 中元古代；3. Z—Q盖层；4. 火山岩；5. 前震旦纪花岗岩；6. 造山带

扬子与华夏板块联合体持续时间不长，825Ma前后，受罗迪尼亚（Rodinia）超大陆裂解事件的影响，两者裂解分离，中间出现新的华南洋。扬子板块主体边缘发育诸多裂谷，分解出一系列微陆块；古华夏板块更是大部解体沉入水下，其残体在现今赣中、赣南、云开大山一带均有分布（舒良树，2006）。

南华纪时期（800～680Ma B. P.），本区大部处于扬子板块影响范围内，在裂谷系控制下形成的广大下陷地带发育了结晶基底之上第一个比较稳定的沉积盖层，主要为海陆交互相、浅海相碎屑岩、碳酸盐岩沉积，并广泛出现冰川堆积，以南沱组冰碛层为代表。

经过长期的地表夷平，加上南华纪冰川消融的影响，震旦纪扬子板块出现大范围海侵，本区除皖浙赣交界等处存在小块陆地之外，均为海域所覆盖。

古生代早期，本区继承了新元古代晚期的构造格局，各地块彼此之间继续离散。寒武纪初，海侵范围达到最大，本区几乎全为海域所覆盖，沉积中心为湘中、赣北等地。

中奥陶世之后，板块汇聚作用加强，华南洋开始关闭，本区由海侵转向海退。中元古代形成结晶基底的江南区（湘西、湘北、赣北、皖南、浙西），与扬子板块主体相比，由于结晶基底强度较弱，在外力作用下普遍发生较为强烈的变形，并隆起成陆，形成所谓的"江南古陆"（黄汲清，1954；丘元禧等，1998）。在这一新月形古陆环抱之下的前陆盆地（湘赣一带）仍被海域覆盖（江南浅海），但面积日益缩小，海水向西南方向（广西）退去；在其东面，华夏板块与扬子板块实现对接，并伴随大规模的花岗岩侵入作用，之前长期处于半深海环境的赣中、湘南、粤北等地成陆，加入本区主体部分之中（图10.10）。这一连串的变化均属加里东构造事件的一部分，至志留纪晚期，我国南方呈现为辽阔的加里东褶皱区，扬子区与华夏区连为一体，开始了统一的华南板块的演化阶段（马力等，2004）。

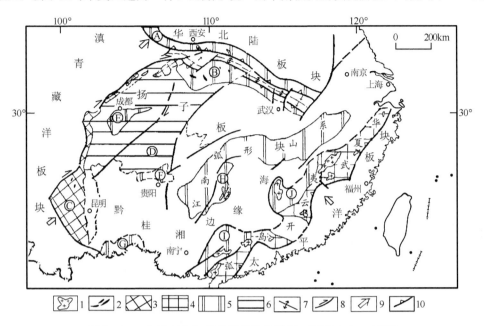

图10.10　中国南方加里东期板块构造图（据罗志立，1979）

1. 花岗岩体；2. 基性岩体；3. 板内古岛链；4. 岛弧；5. 晚期隆起或山系；6. 板内隆起；7. 推测的海洋中脊及扩张方向；8. 推测的转换断层或扭动断层；9. 板块俯冲及消减的方向；10. 板块俯冲消减带；Ⓐ 祁连-南秦岭山系；Ⓑ 大巴山-应山山系；Ⓒ 康滇-龙门山岛链；Ⓓ 川东南断阶；Ⓔ 乐山-龙女寺隆起；Ⓕ 黔中隆起；Ⓖ 滇东南隆起；Ⓗ 湘西隆起；Ⓘ 大瑶山隆起；Ⓙ 赣南隆起

中泥盆世开始至石炭纪，华南又进入了以张裂、海侵为主导的阶段，但海平面升降较之前频繁，显示地壳运动较为活跃。海水从桂北进入本区，海侵范围由西南向东北不断扩大（万天丰，2004），广泛发育碎屑岩、碳酸盐沉积，反映当时浅海、滨海、海陆交互相为主的沉积环境。湘西北、湘中、湘赣交界等地位于古海盆、海湾中的浅海-近岸地区（包括潮坪带），气候湿热（矿层中常见腕足类和珊瑚化石），海水较平静，来自古陆风化壳丰富的含铁碎屑矿物被河流带入海水发生富集，形成我国分布最广、储量最多的宁乡式沉积型铁矿床（廖士范，1964；赵一鸣、毕承思，2000）。地势较高的江南古陆为海水所分隔，形成很多岛屿、半岛、港湾，称为湘赣岛海；今天的雪峰、九岭、武功、怀玉等山脉，当时都是突出海面的岛屿或者半岛。石炭纪晚期至二叠纪早期，经过长期的夷平作用，海侵达到最大，整个华南几乎都被海水淹没（王清晨、蔡立国，2007）。

二叠纪晚期，东吴运动（257Ma B. P. 前后）后，南方总体隆起抬升，本区大部仍为海域环境，但海水普遍变浅，赣西、浙西等部分地区为海陆过渡相。

新元古代、古生代沉积的巨厚浅海-滨海相碎屑岩，后期经抬升及侵蚀以坚硬的砂岩或砂页岩互层为主体而形成峰林、峰柱、石林、峡谷、嶂谷、幽谷等美丽奇特的砂岩峰林地貌景观。最典型的当属湖南张家界风景区，此外，庐山五老峰、井冈山五指峰也是非常典型的砂岩峰林地貌（吴忱、张聪，2002；唐云松等，2005）。

二、盆岭相间地貌轮廓的奠定

本区基本的大地构造格架和地貌形态，同我国其他许多地区一样，是在中生代，尤其是燕山运动中奠定的。

二叠纪末、三叠纪初世界许多地区发生的广泛海退、沉积环境剧变及生物大灭绝，在华南表现得并不明显（芮琳等，1983）。三叠纪早期，本区无论是沉积环境（以海陆交互、滨海、浅海相沉积为主）还是生物组合（以底栖双壳类为主），都是二叠纪晚期的延续。

华夏板块与扬子板块沿江（山）绍（兴）、赣中、湘南一线对接是中三叠世末的印支运动时期最重大的构造事件，它标志着本区又进入了一个以汇聚作用为主的构造旋回。江南古陆区雪峰、九岭、怀玉诸山再次隆起，在其东南面，沉积环境迅速由海相向陆相过渡，并在板块的挤压之下开始发生褶皱变形；至三叠纪晚期，本区除湘东南、赣西、赣南、粤北等地还残留小片海域之外（为三角洲-浅海相沉积），大部已反转成陆。南方大陆地势总体呈"大隆大拗"格局，在江南隆起带与东南方向武夷隆起带之间，是广阔的沉积盆地（图10.11）（赵宗举等，2003）。

这一时期的岩浆活动主要集中在湖南，其次为两广、江西，以中深层花岗岩侵入作用为主（周新民，2003）。

侏罗纪初期，本区进入了一段短暂的平静期，沉积范围较广；至中侏罗世时，随着地壳运动的加剧，海水彻底退出华南，燕山运动拉开了帷幕。

燕山运动对本区的影响，首先体现在大规模的断块运动对地形的重塑，强大的板块挤压力，使本区不甚坚固的基底支离破碎，出现许许多多的褶皱和断裂，"大隆大拗"格局为"盆山相间"格局所取代，一系列的北东-北北东向纵列山脉之间，夹着大大小小的断陷、拗陷盆地。

在湘北，燕山运动使江南古陆西段发生断裂，陷落为宽大的洞庭盆地，即原始的洞庭湖盆，雪峰山和幕阜山从此被相互隔开，湘东北九岭-幕阜山岭在早白垩世中期（131～120Ma B. P.）隆升速度约为0.276mm/a（彭和求等，2004）；在湘西，雪峰山脉隆起的同时，强烈的局部断陷作用造就了多个与山脉走向平行的盆地，如沅（陵）麻（阳）盆地、溆浦盆地、会同盆地等；湘中、湘东整体上是一个被山地环绕的大盆地，大盆地又由一系列中小型山间盆地组成，如长（沙）平（江）盆地、醴（陵）攸（县）盆地、衡阳盆地等（湖南省志编纂委员会，1986）。在赣北，燕山运动切断江南古陆东段，形成古鄱阳盆地，为鄱阳湖的前身（梁兴等，2006）；在赣中、赣南的九岭山、武功山、万洋山、雩山之间，同样发育了与山系平行的、受断裂带控制的盆地，以赣州盆地、吉（安）泰（和）盆地为代表。在湘赣粤桂交界处，印支运动中已开始隆起的南岭迅速崛起，其形态由早期的北东向褶皱山地变为北东-南西向多排并列山系，以断裂褶皱为主要特征。

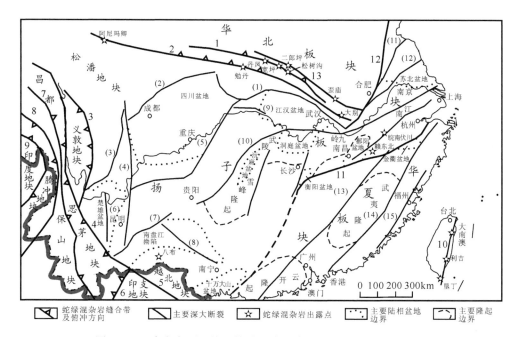

图 10.11　南方主要地块及构造要素示意图（据赵宗举等，2003）

1. 商丹晋宁、加里东缝合带；2. 阿尼玛卿-勉略-岳西印支缝合带；3. 甘孜-理塘印支缝合带；4. 金沙江-哀牢山印支缝合带；5. 马江（印支）缝合带；6. 难河（印支）缝合带；7. 昌宁-孟连印支缝合带；8. 班公错-怒江燕山缝合带；9. 雅鲁藏布江-喜马拉雅缝合带；10. 台东早燕山-晚喜马拉雅期缝合带；11. 江绍晋宁、加里东缝合带；12. 郯庐断裂；13. 二郎坪-信阳-商城-六安断裂；（1）城口-房县-襄广断裂；（2）龙门山断裂；（3）丽江-安兴场断裂；（4）小江断裂；（5）齐岳山断裂；（6）易门断裂；（7）师宗-弥勒断裂；（8）右江断裂；（9）蒲圻-咸宁-阳新断裂；（10）三都-大庸-江南断裂；（11）响水-嘉山断裂；（12）滁河断裂；（13）吴川-四会断裂；（14）丽水-海丰断裂；（15）长乐-南澳断裂

　　构造活动中形成的大量断裂，为岩浆的侵入和喷发提供了天然路径，从而形成了本区燕山运动的另一个特点——广泛而强烈的岩浆活动。岩浆活动的高潮集中在侏罗纪（尤其中-晚侏罗世）至白垩纪初，后期的强度和范围均不如前期。湘赣两省岩浆活动都主要体现为大规模的侵入作用和花岗岩造岩（湖南省志编纂委员会，1986；王昆等，1993），只是江西境内火山喷发活动远较湖南剧烈，湖南中生代火山岩也主要集中在湘东南等地（何晓亮，1985；金鹤生、傅良文，1986），这与受华夏板块影响程度的深浅有一定关系。

　　燕山期的岩浆活动，尤其是广泛的花岗岩造岩作用深刻地影响了本区的地质基础和地貌形态，本区几乎所有山脉都有燕山期花岗岩出露，它们或是以燕山期花岗岩为骨干、中生代以来才得以成形隆起的年轻山体，如南岭山脉、黄山、衡山；或是从前的古陆，在受到燕山期岩浆活动深刻影响、强烈改造之后重新隆升，如幕阜-九岭-连云山、诸广-万洋山、武功山等。花岗岩质地坚硬和垂直节理发育的特性使这些山峰得以抵御上亿年的风化剥蚀，并成就今天的雄姿，其中有许多成为久负盛名的风景名胜区，如湘中衡山、皖南黄山、九华山、赣东北三清山、浙西天目山等。

　　本区许多大型、超大型有色金属矿，如湘南柿竹园钨锡多金属矿、水口山铅锌矿、湘中锡矿山锑矿、赣南钨矿带（西华山、行洛坑为代表）、赣东北铜矿带（德兴、东乡为代表）等一系列的有色金属矿床的形成，莫不是燕山期岩浆侵入和构造活动影响下的结果（李崇佑、王发宁，2000；包家宝，2000；申志军、谢玲琳，2003；徐惠长等，2003）。

本区当时基本处于热带-亚热带半干旱-半湿润气候之下，矿物中的铁质充分氧化，使岩石风化壳呈赭红色，这些红色砂砾质碎屑岩被流水等运移到山间盆地中堆积起来，便形成了巨厚的"红层"沉积，堆积红层的盆地也因此被称为"红盆地"。中、新生代以来，印支、燕山期酸性岩浆岩广泛出露于地表，温暖潮湿的气候非常有利于风化型高岭土的形成；晚古生代含煤地层和中、新生代内陆湖相地层亦产出沉积型高岭土，江西、湖南两省的高岭土储量均在全国名列前茅。高岭土用途广泛，最为人熟知的是制造瓷器，江西景德镇具有1000多年的制瓷历史，有"千年瓷都"之称（王发宁等，1986；谢文安，1988）。

这一时期的各山间盆地多为淡水湖泊，湖泊里有双壳类、介形虫和游鱼，湖泊四周生长着裸子植物，各盆地的晚白垩统地层中广泛发现丰富的恐龙蛋化石（刘亚光，1999），表明山麓平原和河湖三角洲常有恐龙出没（刘金山，1991）。

三、断块抬升与南岭及低山山地的形成

古近纪末兴起的喜马拉雅运动和第四纪以来的新构造运动在本区主要体现为对燕山运动的继承，以间歇性断块式差异升降运动为主，总体抬升，局部沉陷。燕山期隆起的山地再度上升，而山前、山间低洼地再次相对沉降，从而使地势起伏高低对比愈发强烈。

具体而言，湘东、湘南、湘西、湘西北抬升强烈，目前仍在抬升之中；湘中地区（湘江中下游谷地）抬升缓慢，且有逐渐趋于稳定之势，只有纵贯其中的阳明山和衡山自新生代以来有多期强烈抬升；湘北洞庭湖地区则以沉降活动为主（王春林，1991）。赣中南、赣东北以大面积整体缓慢抬升为主，地形起伏较小；赣西、赣西北山地强烈抬升，赣北断块差异升降运动最为典型。驰名中外的"匡庐奇秀"——庐山与其东部典型断块盆地——鄱阳湖是密切联系和相伴生的，都是在燕山期基础上，受喜马拉雅运动和新构造运动以来断裂活动的控制，快速块断上升（造山）和块断下降（造盆）而形成的，中更新世以来庐山上升了400～500m（图10.12）。

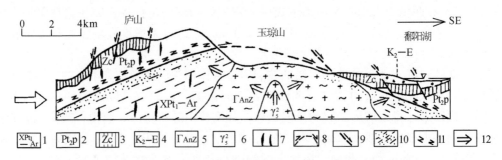

图10.12　庐山—鄱阳湖形成的动力学剖面图（据毕华等，1996）

1. 星子群；2. 彭山群；3. 地台沉积盖层；4. 晚白垩世至古近纪红层；5. 前震旦纪片麻状花岗岩体；6. 燕山期花岗岩体；7. 辉绿岩脉；8. 拆离断层；9. 正断层；10. 糜棱岩带；11. 褶叠层；12. 受力方向

本区新生代以来间歇性、多期次构造运动的重要遗存就是广泛见于区内山地丘陵的多级剥夷面。以湖南为例，剥夷面的发育主要分侏罗纪和古近纪、新近纪两个侵蚀期，分别称武陵期（J_2—J_3）和湘西期（E_3—N），因后期变形使两侵蚀期形成的剥夷面分割为 6～7 级，反映构造抬升存在多个活跃-平静的旋回。由于各地原来的高度、地形以及后期抬升的时间、强度都存在差异，不同地区保留的剥夷面的分布高度都有所不同。在盆地周遭的山地（湘东、湘南、湘西、湘西北），剥夷面在 800m 以上分布最为广泛主要在 1500m、1300m、1000m、800m，而在盆地内的湘中丘陵地，剥夷面在海拔 500m 和 300m 最为常见（湖南省志编纂委员会，1986），只是在第四纪以来上升强烈的衡山等地，在 1000m、800m 及以下均存在剥夷面（沈玉昌，1950）。

在湘赣南、两广北，呈近东西向展布的南岭山脉的强烈隆起，是新生代以来南方大陆最为引人瞩目、且有深远影响的构造事件之一。

南岭及其邻区地质历史早期属古华夏陆块影响范围，早古生代晚期遍及华南的加里东运动，在南岭一带形成了一系列近东西向的褶皱群和断裂系，并伴有若干花岗质岩体生成（舒良树等，2006）。从晚古生代石炭纪直至早三叠世，南岭与华南其他许多地区一样，处于浅海-滨海环境，以碳酸盐岩夹陆源碎屑岩夹煤层为特色，生物丰富；其间构造活动较为平静，曾有短暂的地壳抬升，几乎没有岩浆活动。在印支和燕山运动中，南岭构造带强烈褶皱隆起成陆，并沿近东西向古断裂带发生大规模花岗岩侵入作用，发育出数条巨型花岗岩带，岩体年龄大致在 180～110Ma B.P.（中侏罗世—早白垩世），具有北老南新、西老东新、朝大洋方向年轻化的迁移特点（舒良树等，2006）。

进入新生代，历经晚白垩世—渐新世初的长期地表夷平，南岭区燕山运动中形成的山脉逐渐准平原化，形成今日所能见到的南岭山地最高一级夷平面，属于当时广布于华南各地准平原的一部分，亦称粤北面（张珂、黄玉昆，1995；周尚哲等，2008）。渐新世中期，随着新的构造运动活跃期的到来，粤北面解体，南岭开始迅速抬升，近 2000 多万年来上升幅度达 1000 多米，部分地区达 2000m。与其他地区一样，南岭的抬升亦可分为多个阶段，其现代山地地貌的多层地形便是不同时期构造活动留下的痕迹（袁复礼，1993）；在粤北山地丘陵区可清楚地识别出最高夷平面以下的三级剥夷面，分别为 600～780m（形成于渐新世中期—中中新世）、400～470m（晚中新世—上新世）、300～360m（第四纪），指示了几个重要的构造转折点（张珂、黄玉昆，1995）。随着山体的抬升，原来深埋地下的侵入岩体被抬至地表以上，再历经漫长岁月的侵蚀，沉积盖层逐渐剥离，花岗岩大面积出露，最终形成今日横亘华南的雄伟花岗岩山脉。

中新生代以来，华南以至整个中国东部均处于北东-北北东走向构造体系控制之下，现代山脉多沿此方向展布，在此背景下，近东西走向的南岭构造带显得极为特殊。说明其至今仍受到前中生代古亚洲-特提斯构造域的强烈影响，中生代以来尽管叠加了北东向太平洋构造域的后期改造，但是只改变了单个山体或盆地的走向，南岭山脉和盆地主体仍沿纬向排列（舒良树等，2006）。

与中国另外两条东西向山系天山-阴山、昆仑-秦岭一样，南岭的隆起亦具有十分重要的地理意义，对华南地区水系、地貌、气候、植被、土壤诸方面的演变与分布均产生了深刻影响，成为现代自然地理区划的重要界标。

四、河流切割与红盆丘陵地貌的演化

经过构造抬升和流水侵蚀等后期改造，本区中生代形成的众多红层盆地演变为盆地式的红土丘陵（图10.13），成为本区标志性景观，红色砂岩并以形成瑰丽的丹霞地貌闻名于世。

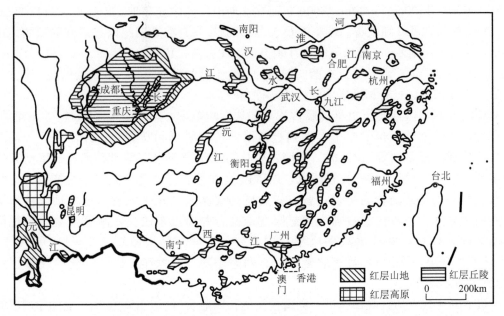

图 10.13　中国南部红层分布略图（据曾昭璇、黄少敏，1980，转引自彭华，2000）

各"红盆地"白垩纪—古近纪构造运动以沉陷为主，堆积了巨厚的红层沉积，如衡阳盆地红层厚度可达5000m。不同的红盆地，沉积相也有所不同，面积较小的盆地四面靠近山区，冲刷下来的砂砾也较为粗大，成砾岩-砂岩互层，江西、广东境内古地形起伏较大，多山区，这种小型盆地较常见；面积广阔的盆地中心往往形成规模较大的湖泊，湖相沉积多属泥质页岩和薄层砂岩，颗粒较粗的岩层在盆地边缘的洪积相沉积中才可找到，这样的大盆地在湖南境内，尤其是湘中地区（湘江流域）比较常见。

沉积相也有时代的差异，构造运动活跃时期，山地隆起剧烈，流水作用多暴流、散流，堆积坡积、洪积相物质，颗粒较粗；构造运动平静时期，随着河流的发育，山地逐渐削平，河湖相砂页岩沉积便成为主要沉积相。这种时代差异又因地而异，粤北白垩系红层典型代表"南雄层"，较古近系红层典型代表"丹霞层"颗粒细腻一些，岩层也柔软一些（曾昭璇、黄少敏，1978a，1978b）；而在江西，粗颗粒的砂砾岩层主要分布在上白垩统地层中，下白垩统和古近系中较少（郭福生等，2007）。

喜马拉雅运动和新构造运动以来，这些红盆地构造运动由沉降转为抬升，与周边山地一起抬升，再经过风化以及流水切割侵蚀，便形成了盆地式的低山丘陵地貌景观（罗来兴，1988）。

本区的各山间盆地中生代晚期至新生代早期为彼此独立的向心水系，河流从四面山岭汇入盆地中心的古湖泊（如衡阳盆地）。随着南岭的隆升，其与南北两侧的盆地丘陵区高差加剧，水系开始有了固定的流向，溯源侵蚀也随之加剧，原本彼此隔绝的山间盆地为流水所贯通，逐步形成湘江、赣江、桂江、北江、东江等多条著名河流，分别汇入长江、珠江两大水系。

在南岭北侧的湘赣地区，古湘江、古赣江等均于新近纪至第四纪早期之间伴随周边山系的隆起而开始发育，随着区内地形差异的逐步加大，溪谷水流切割侵蚀作用加强，在河流上游隆升剧烈的山区，河流切割深度可达 500～700m，产生一系列急流瀑布和嶂谷、隘谷、峡谷及深切曲流。与山地的多期次抬升同步，河流的下切也是间歇性的，反映在地貌上，就是各流域广泛发育的多级河流阶地。如湘江流域发育 5～6 级阶地，从10m 至 80m 不等，以 30m 阶地分布最广，几乎遍及整个湘江干流，而 10m、50m、60m、80m 阶地均只有局地分布（湖南省志编纂委员会，1986）。

南岭南侧的水系发育可以北江为例。北江为珠江主要支流，发育于粤北南岭山脉内部的坪石-连县、韶关-南雄等中生代红层盆地中，中生代晚期至古近纪各盆地水流彼此隔绝，沿燕山运动构造破坏带及软弱的沉积岩层发育出现代骨干水系的雏形。新近纪以来的喜马拉雅运动，使粤北地区整体抬升，幅度北大于南，从而发生自南向北的溯源侵蚀与河流袭夺，盆地之间的山岭切穿成为峡谷，北江水系于新近纪贯通。新近纪以来至第四纪早期，北江水系随粤北山区的大范围、间歇性抬升发育出多级阶地，由于年代久远加之抬升幅度较大，这些古阶地多已剥蚀。近百万年来，北江水系河道较为稳定，相继发育 4～5 级河流阶地；早期的阶地主要由阶段性构造抬升引起，以早更新世末—中更新世初（最高一级）、中更新世末—晚更新世初（第二级）两级阶地最为明显；第一级阶地形成于末次冰期，主要由冰期华南海面大幅下降引发（刘尚仁，1987）。在珠江干流的西江段，也发育四级河流阶地，其年代与北江流域有很好的对应关系（刘尚仁、彭华，2003）。

第四纪以来，流水作用是对本区红层进行后期改造的最主要营力，流水通过下切、分割、剥夷、堆积等多种方式，造就了各种各样的红层地貌景观。其中，红色岩层抗风化侵蚀能力较差，其峰顶面往往低于周边其他岩石构成的山地，故本区最广泛的红层地貌类型是红层低山丘陵，尤以缓坡低丘分布最为广泛；坡积、洪积相砾岩-砂岩沉积相相对比较坚硬，抗风化能力强，往往形成低山地貌，多分布于大盆地边缘和小型山间盆地中；河湖相的砂页岩比较柔软，经过流水的强烈剥蚀，易形成低矮而起伏和缓的丘陵，这种地貌类型以湘中丘陵区分布最为集中（曾昭璇、黄少敏，1978a，1978b；李廷勇、王建力，2002）。

丹霞地貌是江南红色低山丘陵区典型的地貌类型，它是巨厚红色砂、砾岩层在差异风化、重力崩塌、侵蚀、溶蚀等综合作用下沿垂直节理发育的方山、奇峰、赤壁、岩洞和巨石等各种特殊地貌单元的总称，因粤北丹霞山而得名。由于砂砾岩层比较坚硬，流水只能沿其裂隙进行侵蚀，而岩层多垂直节理，当其被切开时，往往呈现比较规则的形状，如呈长条形，则以"岭"名之，如金鸡岭（广东乐昌）；如呈方块状，则称为"寨"，如五寨（江西宁都）、八角寨（湖南新宁）；侵蚀深入后，进一步分割岭、寨成一座座石峰、石柱，即"峰"、"岩"、"石"，如十二峰（江西宁都）、马祖岩（江西赣县）、戈廉石（江西南城）；当水流掏空下层柔软岩层，可能形成罕见的天然桥地形，如江西上饶天生桥。由于构造环境的差异，巨厚的红色砂砾岩层在江西分布更加广泛，因而江西也是全国丹霞地貌最为发育的省区之一，丹霞地貌散见于省内各大小盆地，尤以赣东北信江中上游、赣东抚河中上游、赣东南贡水流域最为集中，其中龙虎山已列入第一批国家地质公园名录；在本区其他地区，如湖南、浙西、粤北，丹霞地貌也很常见（齐德利等，2005；郭福生等，2007）。

本区内的红盆地往往与褶皱山系交错出现，平行于褶皱轴向、呈线状延伸，一些宽仅数十千米的盆地，延伸可达数百千米，这种长条形的红盆经抬升之后，随着水系的逐渐发育，由河流串连起来，形成为河谷地带，如万安—吉安的赣江谷地、衡阳—株州的湘江谷地等（杨景春等，1993）。盆地中的河谷平原，往往成为人类活动的中心，早在新石器时代该区境内就已出现了最初的先民土著。

五、气候与海面变化对现代自然地理环境形成的影响

燕山运动之后至新生代早期，本区处于行星风系副热带高压带控制之下，气候较为炎热干燥，红层沉积在这样的气候条件下形成。至第四纪时期，东亚季风的形成和冰期-间冰期的旋回，开始对本区构成强烈影响。

江南低山丘陵区自中生代以来一直为陆地环境，自然地理环境总体变动不大，冰期气候并不严酷，加之地质地貌类型复杂、对植被形成了天然的屏障，从而使许多起源于中生代，甚至更加古老的植物种类能够躲过冰期，幸运地保存下来（李文漪，1987）。例如繁盛于中生代和新生代早期的裸子植物，在第四纪冰期中大量灭绝，如水杉属共10种植物，曾广布于北美、欧洲和中国东部，第四纪以来几乎全部灭绝，今仅存1种少量分布于本区，被誉为"活化石"；同样有"活化石"之誉的银杏，世界上仅存1科1属1种，为我国特产裸子植物，在本区内分布广泛，且多古树；此外还有苏铁科、三尖杉科、红豆杉科、金钱松属、水松属等，都是起源于中生代的古老裸子植物，可以说，本区是我国裸子植物特产古老子遗种的中心产区之一。古气候的变迁，特别是第四纪冰期-间冰期的交替，也是本区植物种类特别丰富的重要原因。在冰期-间冰期植物反复迁移的过程中，无论南下还是北上的外来植物种都能在这块侨居地上找到适宜生存繁衍的避难所。现代本区基本处于亚热带范围之内，四季分明的季风气候使本区生长发育的地带性植被为常绿阔叶林，复杂的地貌类型在很大程度上影响了区内植被分布，水平基带表现出更多的纬度地带性分异，而山地植被分布则存在明显的垂直地带性。

晚更新世冰期最盛时，黄土分布界线曾一度南推至长江以南，在湘赣北部、皖南等地均有下蜀黄土堆积出现（朱丽东等，2005），但总体来说，本区第四纪时期基本属于红土分布区。在间冰期湿热的气候环境下，红壤化过程加速，发育红壤甚至砖红壤，颜色深、颗粒细，并在长期风化淋溶作用下，形成具有灰白色网纹的"网纹红土"。冰期时，红壤化过程缓慢甚至停滞，发育的土壤颜色较浅，偏黄色、棕色，颗粒较粗；同时山地寒冻风化剥蚀作用强烈，土崩石解，在流水搬运下堆积在低洼处，使土层中常夹砾石层。在部分剖面中甚至可以辨识出冰期时来自风成堆积的沉积物。进入全新世以来，江南低山丘陵区气候全面回暖，亚热带季风湿润气候成形，在这样的气候之下，本区发育了繁茂的植被，红壤在第四纪红土沉积和红色风化壳上继续发育，成为本区主要的地

带性土壤，周边山地形成了低丘红壤—山地黄壤—山地黄棕壤—山地草甸土的垂直带谱，北部湖积平原则以潮土为主。

关于区内庐山、黄山等山地究竟是否存在第四纪冰川的争论长达半个多世纪（施雅风等，1989；李吉均等，2004）。综合各种地理要素分析，区内海拔2000m以下的山地在第四纪时期不曾发育冰川的证据更为充分一些。冰期本区气温确有明显降低，但应不足以使庐山、黄山等地发育古冰川，否则便无法解释白鳍豚、扬子鳄以及银杏、水杉这样耐寒能力很弱的古物种能存活下来，而本区第四纪时期遍布各地的红土沉积，更是与广泛发育冰川的气候不相容。庐山、黄山等地发现的疑似古冰川地形、遗迹用非冰川成因也完全可以得到解释，所谓"冰碛物"更有可能是古泥石流沉积，代表的反而是比较湿热的时期（周廷儒，1982；李吉均等，1983；施雅风等，1989；黄培华等，1998）。

冰期-间冰期的气候旋回对本区现代自然景观最直接的影响，莫过于海面变化对华南沿海地貌发育的制约。与胶辽沿海一样，两广丘陵以东以南的海岸地带多为侵蚀性海岸，新构造运动控制下密集的沿海断裂带差异升降，使海岸地形十分破碎，构造抬升区成为丘陵，断陷盆地内堆积发育了珠江、韩江等三角洲，加以第四纪气候变迁主导的周期性海平面变化，发育出以丘陵为主体、小块三角洲平原镶嵌其间、港湾与岛屿错落分布的海岸地貌格局。珠江三角洲的形成过程即为典型。

现代珠江三角洲面积8700km^2，是华南沿海最大的三角洲。该区基底为加里东期变质岩，燕山运动后曾形成多个红层沉积盆地，进入新生代逐步抬升消亡；新构造运动以断裂活动和断块差异升降运动为主要特征，珠江三角洲的西侧有北西向的西江断裂，北侧有东西向的罗浮山-三水断裂（图10.14）。在北东、北西、近东西向三组断裂的切割下，形成多个垂向上具有不同运动方向或运动速率的断块，其强度自新近纪末以来逐渐减弱；晚更新世中期（约50～30ka B.P.），新构造运动重新增强，各断块总体相对周边地区沉降成为断陷盆地，形成珠江三角洲平原基底，开始接受第四纪沉积（陈伟光等，2002；姚衍桃等，2008）。晚更新世以来的构造下陷至今仍在持续，但速度不快，由于较轻的年龄和较慢的沉降速度，三角洲第四系平均厚度仅25m、最厚63m（黄镇国、张伟强，2005）。

近4万年来，珠江三角洲沉积可分为两个海侵-海退旋回。第一个旋回发生于约40～22ka B.P.，早期基本为河流相沉积，显示当时本地远离海岸，三角洲尚未形成；晚期（末次冰期中的一个间冰阶）发生海侵，为滨海-河流相交互沉积，古三角洲开始发育。第二个旋回为22ka B.P.以来，先是末次冰期冰盛期到来，海平面大幅下降，古三角洲平原受到侵蚀，先前的河道由于河流下切而成为阶地面，普遍形成河流相堆积及风化的杂色黏土；之后全新世气候转暖，海面上升，冰期深入陆架的三角洲被海水淹没，河道成为半封闭型的河口湾，即溺谷湾，古河流阶地成为掩埋或半掩埋阶地，现代珠江三角洲平原在此基础上开始发育（赵焕庭，1982；黄镇国等，1985；徐明广等，1986；陈国能等，1994；刘尚仁，2008）。

全新世以来的海侵在珠江三角洲相当深入和广泛，海侵的影响可达广州以北，顺德7ka B.P.的红树林距海约80km（图10.15）。海侵盛期的古珠江口是一个为众多岛屿、丘陵地所环绕的半封闭浅海湾，即溺谷湾。现今星罗棋布在三角洲平原上的160多个台地和山丘（岛丘）在6ka B.P.左右的海侵盛期是浅海中散落的大大小小的基岩岛屿，

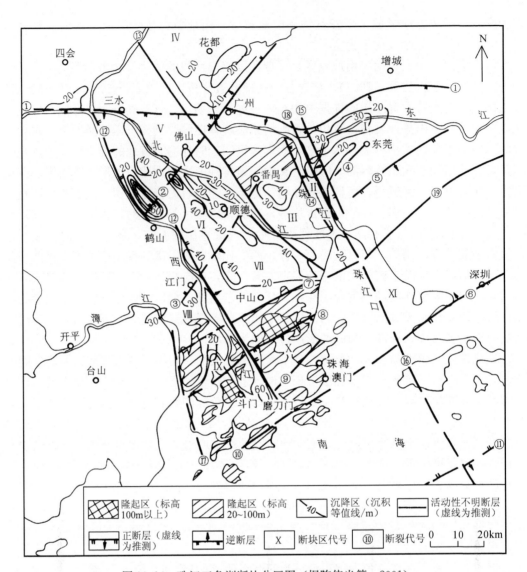

图 10.14　珠江三角洲断块分区图（据陈伟光等，2001）

I. 东江三角洲断块区；II. 珠江口地堑断块区；III. 广州-番禺断块区；IV. 广花平原断块区；V. 佛山断块区；VI. 顺德断块区；VII. 中山断块区；VIII. 新会断块区；IX. 斗门断块区；X. 五桂山断块区；XI. 深圳-香港断块区；①三水-罗浮山断裂；②广州-从化断裂；③市桥-新会断裂；④东莞-厚街断裂；⑤博罗-太平断裂；⑥五华-深圳断裂；⑦五桂山北麓断裂；⑧五桂山南麓断裂；⑨唐家-白藤断裂；⑩澳门-三灶岛断裂；⑪担杆列岛断裂；⑫西江断裂；⑬白坭-沙湾断裂；⑭化龙-黄阁断裂；⑮罗岗-太平断裂；⑯珠江口-香港断裂；⑰崖门断裂；⑱文冲-沙角断裂；⑲樟木头断裂

　　这些基岩岛屿一方面成为了古珠江河口湾的沉积核心，另一方面也促使了三角洲河网的分汊，更为重要的是其中一些基岩岛屿构成了"门"这一独特而典型的地貌单元，"门"是海湾与海洋相通的通道，并重塑了珠江三角洲的水动力结构（吴超羽等，2006）。

　　珠江三角洲是由西江、北江、东江等多条河流共同冲积而成的复合三角洲。西江、北江、东江各干支流挟带的泥沙，是珠江三角洲成长的物源，几千年来，在海面下降和

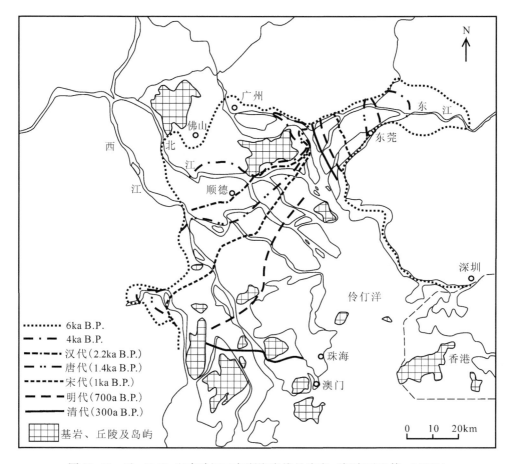

图 10.15　6ka B.P. 以来珠江三角洲海岸线的演变（据李平日等，1991b）

珠江诸河泥沙充填的共同作用下，珠江三角洲大部分区域发生了沧海桑田的变化（图
10.15）。与黄河、长江相比，珠江水系以丰水少沙为特征，含沙量（0.30kg/m³）和年
输沙量（0.962×10⁸m³）均较低，这就限制了珠江三角洲的规模和增速，至今保存着
溺谷湾形态（表 10.1）。现今的广州市处珠江三角洲北部边缘，是目前珠江三角洲中最
深入的溺谷湾，6ka B.P. 以来较少受珠江三角洲淤积的影响，且长期以来众水辐辏，
基本上能保持其活跃的水系。得益于此，地处广州溺谷湾湾头河口区的广州得以成为华
南海上丝绸之路最早的始发港，并能长期保持其交通中心的地位，也造就了千年古
港——黄埔港。

表 10.1　珠江、韩江三角洲的主要特征参数（据黄镇国、张伟强，2005）

参数	韩江	珠江
流域面积/km²	30112	453690
河流长度/km	470	2214
年径流量/10⁸m³	250	3319
年输沙量/10⁸m³	0.075	0.962
三角洲面积/km²	915	8700

参数	韩江	珠江
陆上/水下面积比值	1.1	2.9
潮流上溯距离/km	10～20	49～52
河道曲率	1.16～1.32	1.03～1.54
平原推进速度/(m/a)	2.9，4.0	15～35，63～120
岛丘数	75	160 多
第四纪沉积速率/(m/ka)	1.726	0.820

中全新世后，海平面降至现今高度，三角洲平原向海发展。由于当地自古即为人类活动的中心区，受筑堤和围垦影响，平原的推进速率较大，千年以来为 15～35m/a，百年以来为 63～120m/a（黄镇国等，1982）。

第三节　浙闽丘陵地理环境的演变与形成

浙闽低山丘陵位于我国东南沿海，北以江山—绍兴断裂带与江南丘陵地分隔，东抵东海、台湾海峡，包括了浙江中南部、福建大部、江西东部（武夷山西麓）、向南延伸至粤北。高大的武夷山脉为本区水系与长江、珠江水系的分水岭，使得本区隔绝在中国东南独处一隅。

浙闽低山丘陵区的地质基础属于早古生代加里东运动形成统一结晶基底的华南板块；燕山期经历了强烈的构造运动和岩浆活动，尤其是火山喷发和岩浆侵入作用之强烈，为同期其他地区所罕见，由此奠定了现今的构造地貌轮廓；新生代以来，本区为构造运动较为活跃的地区。在北东-北北东、北西向断裂的共同控制下，断块运动剧烈，发育出由两列北东-北北东向大山与其串珠状山间盆地构成的弧形的平行岭谷，内列为武夷山脉，外列为浙东—闽中—粤东大山带，武夷山脉北段隆升幅度最大，成为全区制高点；两列大山之间，是中生代时期形成的一系列规模不大的串珠状山间盆地，隆升幅度相对较小，在流水作用下呈红土丘陵地貌。本区地形的总趋势是西北高而东南低，但每列山脉的高度呈自东北向西南变低的趋势（杨景春等，1993）。浙东—闽中—粤东大山带之外的沿海地带新生代以来总体表现为上升运动，因幅度较小而成为本区地势最低的地区，受大小断裂活动影响而地形破碎、岛屿密布，且多良港。

本区水系发育受交叉断裂带控制，呈格网状分布，河流多为独流入海，互不统属，长度较短，在河口地带形成一系列小规模的三角洲平原。

第四纪冰期气候对本区最显著的影响体现在海平面升降对海岸地貌的塑造，而气候变冷的影响表现得并不明显，因此热带-亚热带植物区系得以保存，红色风化壳广泛发育。

一、古陆演化与早期海陆变迁

本区地质历史可以追溯到太古宙，那时区内就已出现最早的陆核，古元古代—中元古代时期（25～10 亿年），陆核逐渐增生、合并，形成范围较大的原始古陆。今日在浙江南部、福建各地及东海、南海时有出露的太古宙—古元古代变质岩，证明本区确曾存在过一个被称为"华夏古陆"的古老板块（或微陆块的集合）。受罗迪尼亚（Rodinia）超大陆裂解事件（825Ma B.P. 前后）的影响，古华夏板块肢解成许多次级块体，较大的有武夷（中心在今天浙南闽北一带的武夷山区）、赣中南、云开等，在被裂解的块体之间是裂谷或深海槽（图 10.16）。经过这一裂解事件，"华夏古陆"大部碎裂沉入水底，古陆块历史宣告结束（程裕淇等，1994；万天丰，2004；舒良树，2006；于津海等，2006）。

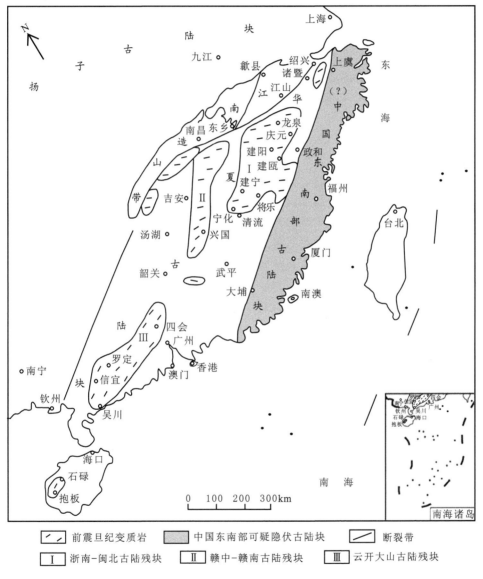

图 10.16　浙赣铁路线以南前震旦纪古陆残块分布图（据舒良树，2006）

　　震旦纪—早古生代，本区继续处于板块扩张期，海水持续加深，由震旦纪时期的广阔陆表浅海逐步转为古生代早期的深海-半深海环境，古陆残块之间的深海槽被震旦纪—早古生代碎屑岩、浊积岩充填，厚度巨大（万天丰，2004）。浙江中部、赣南和福建中部、西部等许多地区的寒武系、奥陶系均以半深海复理石沉积为特点（厚度可达数千至上万米），其中有许多较小的沉积韵律和含碎屑的砂岩，说明当时海底振荡频繁（福建师范大学地理系，1987）。

寒武纪末期至奥陶纪，板块会聚作用加强，地壳开始上升，海水逐渐变浅，沉积范围缩小；至志留纪时期，强烈的加里东运动深刻地改变了本区面貌，震旦纪—早古生代时期分隔各陆块的海槽关闭，本区基本隆起成陆。

加里东运动是本区早古生代最重要的事件，加里东运动后，本区最终形成了统一的结晶基底，并加入到了整个华南板块的演化历史之中。东南沿海（从浙南直到海南）广泛形成的加里东褶皱便是演化成为今天浙闽丘陵的地质基础；而更加古老的古陆块残体，则散见于浙南闽北等少数地区，隐藏在加里东褶皱的核部。

泥盆纪早期，本区基本延续了加里东运动中形成的构造格局，地势特征为北高南低、东高西低，以剥夷作用为主。历经长期夷平之后，至晚泥盆世（372～354Ma B. P.）—早石炭世（354～320Ma B. P.）时期，海水由西南方向徐徐入侵，地势较低的闽中南、闽西南开始发育一套陆相（主要是河流相）及滨海相碎屑沉积。岩层存在明显的韵律性，大多从砾岩、砂砾岩开始，至砂岩、粉砂岩或页岩结束，如此周而复始，组成多个沉积旋回。岩层接触面上有冲刷痕迹，砾岩中往往夹杂粉砂岩和角砾，反映当时频繁海陆变迁背景之下动荡的沉积环境。

晚石炭世（320～295Ma B. P.）时期，本区海侵面积明显扩大，沉积相亦发生显著变化，为稳定的潮坪、开阔台地、浅滩环境下发育的碳酸盐岩沉积。早期主要是灰白、灰色厚或巨厚层状白云质灰岩、白云岩及致密或结晶纯灰岩，夹少量硅质岩及含硅质层火山岩等，晚期则为一套灰、灰白或深灰色厚或巨厚层状致密纯灰岩，两期地层内均产鏽科化石。上石炭统是本区最重要的石灰岩层位之一（冯增昭等，1999b）。

二叠纪时期，海侵范围达到最大，剥蚀陆源区仅存于浙南、闽北武夷山区以及浙闽沿海等少数地区，沉积以浅海相和海陆交互相为主，岩性则以灰岩和各种碎屑岩为主（图9.6），含有丰富的古生物化石，如鏽科、珊瑚类。湿热的气候和广阔的沼泽，为以蕨类植物（如大羽羊齿）为代表的晚古生代植物群的繁盛提供了优越的环境，也使得这一时期的地层（尤其是下二叠统）成为本区最重要的含煤层位（冯增昭等，1996；梁诗经，2003）。

三叠纪初期，本区的环境仍延续了古生代晚期的面貌，从东北向西南地势逐渐降低，由褶皱山系过渡到平原、浅海；沉积中心仍在闽西南，主要为浅海相碎屑岩沉积，但与海侵最盛的二叠纪早期相比，海水变浅、海域缩小，陆地日益扩大（冯增昭等，1997）。海退至中三叠世的印支运动时期达到高潮，至三叠纪晚期，海水基本退出本区（图9.9），仅在闽西南龙岩、漳平等少数地区还有残留海湾，显示出地壳抬升作用的不均衡性，总体地势北高南低的格局依然存在（揭育金、黄廷淦，1998；郭斌等，2001）。

印支运动强烈的挤压作用使本区出现许多断裂和褶皱构造，盆岭相间的格局初现。三叠纪晚期本区的沉积特征为：地势较低的南部属冲积相、湖泊相、泥炭沼泽相和浅海相并存；地势较高的北部则呈现典型的内陆山间盆地相，多分布在迅速隆起的武夷山脉的山麓地带。这一时期本区气候炎热湿润，森林茂密，也是重要的成煤时期。

印支运动对本区最大的影响在于广泛的海退，此后本区结束了漫长的海侵历史，完全成陆。相对而言，这一时期的岩浆活动并不十分强烈。

二、燕山运动与现代地貌轮廓基础的奠定

继印支运动而起的燕山运动（广义上的，时间上从晚三叠世延续至晚白垩世）是本区各地均有强烈表现的一次划时代运动。从三叠纪末到白垩纪，断裂、褶皱、沉积、岩浆喷发、岩浆侵入作用分阶段交替（或同时）进行，彻底改变了本区的面貌，尤其是岩浆活动的强度和广度，是同期其他地区所罕见的。燕山运动后，现今自然地理环境的地质基础和地貌轮廓基本奠定。

燕山运动的影响首先体现在剧烈的构造活动上，中国大陆板块与太平洋板块的碰撞挤压，使本区产生强烈变形。以丽水—政和—大埔—莲花山深大断裂带为界，西部相对抬升，东部相对沉降，沿新华夏构造体系的北东、北北东向断裂和褶皱带发育出大大小小的纵列山系，与狭长的山间盆地交错分布（图9.10），这一基本地形格局一直延续至今。

燕山期本区的各种地质作用中，岩浆活动占据了最为突出的地位，这一时期的岩浆活动，无论在强度还是广度上都是空前的，为同期其他地区所罕见（图10.17）。所形成的各种规模宏伟的岩浆岩遍及本区各地，并几乎占据了整个东部沿海丽水—政和—大埔—莲花山断裂带以东地区，不仅深刻地改变了本区的地表形态，而且控制着各种金属、非金属矿产的形成。

燕山期本区的岩浆活动具有明显的阶段性。晚三叠世—早侏罗世岩浆活动揭开帷幕，初时为微弱的火山喷发，为一套玄武岩-流纹岩组合，以中基性为主；中侏罗世短暂平静，到晚侏罗世，大规模的岩浆喷出和侵入接踵而来，先是火山灰和熔岩铺盖各地，继而岩浆不断侵入火山堆积物中；至早白垩世，火山爆发逐渐减弱，而岩浆侵入活动仍很活跃，至白垩纪末趋于沉寂。

岩浆活动还具有明显的地区差异。在晚侏罗世岩浆活动高潮中，喷发中心在本区东部，熔岩和火山灰几乎覆盖了整个东部沿海，构成了一条规模宏伟、厚度巨大的火山岩系，为安山岩-英安岩-流纹岩连续变化组合，以流纹岩为最多，福建中生代喷出岩中流纹岩占70%以上（卢清地，2001），具有明显的中性-酸性演化旋回。而同期岩浆侵入作用的中心则在西部，在武夷山以东、大埔-政和断裂以西形成规模很大的岩基，侵入岩中酸性的花岗岩占绝对优势；到燕山晚期（白垩纪），花岗岩侵入作用的中心又向东迁移，沿浙闽沿海分布，往往呈岩基状侵入到先期的陆相火山-沉积岩系中（王德滋、沈渭洲，2003）。

总体看来，燕山期岩浆活动对本区的影响在东部以喷出岩（以晚侏罗世巨厚流纹岩为代表）对地表形态的重塑作用为特色；在西部则以花岗岩侵入作用对岩层的改造最为明显。

早、中侏罗世本区沉积主要体现为对三叠纪末期的继承，主要分布于西部，沿武夷山脉东麓的一连串小型山间盆地，以陆相沉积（河流、淡水湖泊）为主；只在闽西南的永定象牙等地还有最后的海水残留，留下了一套含菊石的海陆交互相碎屑岩沉积。

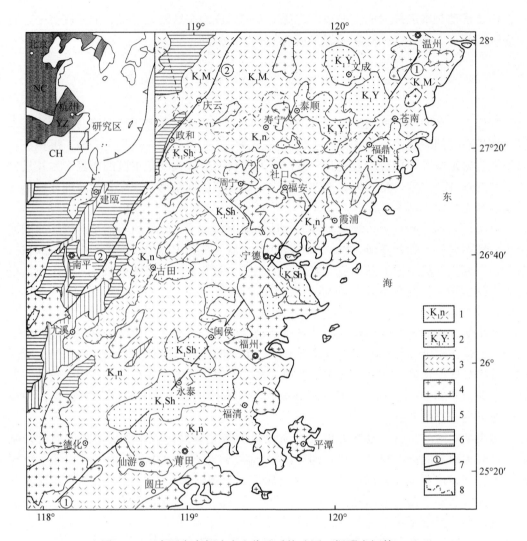

图 10.17　中国东南部晚中生代地质构造图（据邢光福等，2008）

1. 下火山岩系（K_1n. 南园组；K_1x. 小溪组；K_1M. 磨石山群）；2. 上火山岩系（K_1Sh. 石帽山群；K_1Y. 永康群）；3. 酸性碎斑熔岩；4. 中生代花岗岩；5. 三叠纪中侏罗世沉积地层；6. 前中生代地层；7. 断裂；8. 省界；① 镇海-温州-福安-南靖断裂；② 政和-大埔断裂；CH. 华夏块体；YZ. 扬子块体；NC. 华北块体

　　晚侏罗世沉积中心转向东部，为一套巨厚的火山-沉积岩系。闽东上侏罗统总厚度可达 3481～14033m（程裕淇等，1994）。

　　白垩纪早期本区沉积中心仍在东部，盆地拗陷的同时伴有火山喷溢，在沿海地带最为强烈，形成一套紫红色陆相碎屑岩沉积-火山喷发构造（浙东永康群、闽东石帽山群）；同期或稍晚，经历了强烈构造运动的西部山间盆地亦开始接受沉积，为正常的河湖相红色碎屑岩，含泥灰岩、膏盐，显示当时气候较为干燥炎热。白垩纪晚期至古近纪初，相对稳定的沉积环境和干热的气候，使一些盆地沉积了巨厚层紫红色砂砾岩、砾岩，多分布于本区西部，以浙江永康、福建武夷山、泰宁、宁化等地最为典型。

　　本区中生代晚期植物群落以裸子植物（苏铁、松柏、银杏）的繁盛为典型特征，蕨类植物（尤其是种子蕨）则已衰落；动物群以双壳类、叶肢介类、鱼类等为代表，因岩浆活动和构造运动频繁，化石保存不多（马爱双，1998），尤其缺乏大型爬行动物化石。20世纪90年代中期之后，浙东天台盆地发现种类繁多、数量丰富的恐龙蛋及恐龙骨骼化石（方晓思等，2003）。

三、浙闽平行岭谷演化与现代自然地理环境的形成

新生代喜马拉雅和新构造运动对本区的影响主要表现为继承性的断裂活动和断块隆升，全区整体抬升、局部沉降，现代地貌形态逐步形成。尤其是西部和中部两列斜贯全区的北北东走向大山的强烈隆起，构成了整个浙闽低山丘陵的骨架。

武夷山脉为本区地势最高的地区，主峰黄岗峰仅在新近纪晚期以来抬升量即达千米以上，现代海拔2158m，为东南第一高峰。沿北北东向构造带向北延伸为浙江仙霞岭、会稽山，向南为闽西南武夷山脉南段，构成内列大山带。除武夷山脉主体（浙南闽北）为古老的变质岩系和古生界地层外，其余诸山（浙中、闽西南）多经历过中生代岩浆活动尤其是花岗岩侵入的强烈改造。

燕山期为断陷构造的丽水—政和—大埔—莲花山以东地区，新生代转为断块上升，沿着这条大断裂带，由浙江的天台山、括苍山、雁荡山、洞宫山、福建的鹫峰山、戴云山、博平岭，一直延伸至粤东莲花山，构成北东-北北东走向、斜贯三省的外列山系。

外列山系以中生代岩浆岩，尤其是巨厚的流纹岩、玄武岩、凝灰岩等喷出岩构成主体，尤以流纹岩为多。流纹岩没有结晶结构，致密而坚硬，抗蚀力强，风化侵蚀只能沿其冷却凝固时形成的垂直节理进行，构成以崎岖峻峭为特色的流纹岩地貌，在外列山系诸山随处可见，以号称"东瓯三雁"的雁荡山最具代表性。

山脉的抬升经历了多个抬升—剥夷—再次抬升的过程，因而留下了多级剥夷面。由于差异升降及断块运动，同一级剥夷面在不同地带高度存在一定差异。

燕山运动之后，本区西部经历了较长时间的平静，地表趋于准平原化，其后再次抬升，形成于白垩纪末、古近纪初的最高一级剥夷面，即为现今两列大山的峰顶面，高度普遍在1600~1800m，黄岗山达2000m以上。以下可见的比较明显的各级剥夷面，如黄岗山、戴云山、博平岭、鹫峰山等均有2~4级，显示出各山隆升历史、抬升幅度的不同。在许多地区，1000~1100m和700~800m两级剥夷面保存最为完好，常形成广平的山原面，显示当时曾经历了较长时间的构造平静期，前者如福建屏南仙山，面积达20km^2，草木茂盛，是良好的牧场；而后者则往往成为人类聚落的驻地。

在两列大山之间，从东北到西南成串珠状分布着一系列山间盆地，如浙东南的新（昌）嵊（州）、永康、丽水为一串；福建的浦城、武夷山、邵武、泰宁、建宁、宁化、长汀为一串，上杭、连城、永安、三明、沙县、南平、建瓯、松溪又是另一串。这些盆地的形成首先受北东-北北东向构造带的控制，其次还受北西向构造带及水系的控制，如光泽、邵武、顺昌盆地为北西向的富屯溪串联，武夷山、建阳、建瓯盆地则为北西向的建溪所串联。

这些盆地大多是对中生代红盆地的继承，接受了来自两侧山岭巨厚的红层沉积，厚度多在2000m左右，武夷山盆地达3406m。新生代以来，它们的抬升幅度不如其两侧

山地，多为数百米，在流水的长期侵蚀之下，地貌上呈现为宽广的河谷平原和和缓的红土丘陵岗地，成为本区主要的农业地带和重要的城镇所在。

红盆地中沉积的砂砾岩层，经流水作用，发育出绮丽的丹霞地貌，同时，闽西等古生代碳酸盐岩沉积集中区，随着地壳的阶段性抬升，形成多级溶洞喀斯特地貌。

外列大山东麓的沿海地带，燕山运动之后处于稳定的剥蚀环境，其物质直接输送入海，并无红层沉积；新生代以来总体虽表现为抬升，但幅度较小，最高一级剥蚀面可以福州盆地周边的"旗鼓剥蚀面"为代表，形成年代约相当于两列大山的峰顶面，而高度仅为600~700m，其下还有400~500m（莲花峰）、200~300m（高盖山）两级剥蚀面；在地貌上表现为低山丘陵和断陷盆地交错分布。构成低山丘陵的岩石主体为中生代花岗岩，由于强烈的风化作用，常形成所谓"石蛋"地形，如厦门的日光岩和万石岩。

这样，自东向西，台海沉降带、浙闽沿海上升带（外列山系）、浙闽西部断陷带（红盆地）、武夷山脉上升带（内列山系）依次分布，北东-北北东向构造体系控制了本区现代大地貌格局。

新生代以来，在北东-北北东断裂和北西向断裂共同活动的大地貌格局之下，本区发育出了放射状（以武夷为中心）、封闭性（与邻区水系不相统属、独流入海）、格网化的独特水系，而新生或复活的北西向断裂，又在全区水系贯通（尤其是切穿中部分水岭）的过程中，起到了非常关键的作用。本区早期的水系发育受北东-北北东向断裂带影响较大，多呈北东走向，逐渐贯通浙闽各红盆地，侵蚀红层沉积，形成红土丘陵及河谷平原。急速隆起的外列大山带成为了这些原始水系的东侧分水岭，将它们与大海阻隔。新生代以来，活跃的北西向断裂与外列大山带交切，将其分割为断块山地，并大大加速了分水岭两侧河流的溯源侵蚀进程。

以闽江为例，早期的闽江水系上下游并不相连，上游（建溪、富屯溪、沙溪）发育于闽西红盆地，干流为北东向，水网密度大，多宽阔河谷，古近纪和新近纪时期已颇具规模；中下游水系成型的时代较晚一些，发源于闽中大山东麓，干流受北西向断裂控制，最终溯源侵蚀切穿闽中大山，袭夺上游水系，使其改道东流，时代约在早更新世。随着外列山系的切穿，全区水系组合为一个水网，主要河流以武夷山脉为中心呈放射状，钱塘江向东北、闽江向东各自入海。北东-北北东和北西向断裂的共同影响，使河流呈格网状分布；河流下切坚硬的花岗岩、流纹岩地区时，常形成狭谷险滩地形。随着第四纪以来水系的贯通，各河流普遍发育三级阶地，一级为堆积阶地（10m），二级为基座阶地（20~30m），三级为侵蚀阶地（50~60m）。

北西向断裂同样强烈地影响了本区沿海地貌的演化进程。本区海岸线受新华夏构造断裂控制，呈北北东—南南西向狭长伸展；新构造运动中北西向断裂活跃，横切海岸带，并发生断裂、断块的差异活动。相对抬升的部分，常形成北东—北北东及北西向半岛、岛屿、岛链，著名的舟山群岛即为北东走向的天台山延伸入海部分被切断而成；经受众多的断裂分割，本区沿海岛屿众多，新构造运动的阶段性抬升在沿海造成的多级海蚀阶地，高程主要有120~150m、60~80m、30~40m、10~20m等，可与内陆地区的多级河流阶地对比。相对沉降的部分，则形成一系列北西与北东向构造共同控制的断陷盆地，成为港湾。闽江下游的福州平原、九龙江下游的漳厦平原、韩江下游的潮汕平原，多发育在小块断陷盆地的基础之上，并在第四纪晚期的海面升降过程中改造成形，福州平原目前发现最早的沉积层始于约 56.5ka B. P.（郑荣章等，2005）。由于年龄较轻，加之河流长度较短、挟带泥沙有限，第四纪沉积较薄，最终形成的三角洲平原规模不大。

第四纪以来，冰期-间冰期的气候周期性变化引起的海面升降对本区沿海地带的地貌演化亦产生了深刻影响。尤其是在末次冰期以来的数万年间，气候变化引发的海面升降幅度，甚至要大于同期构造运动引起的陆地升降幅度，因而成为改造沿海地貌的重要营力。末次冰期时，海面大幅下降，闽江河口延伸入台湾海峡，河流侵蚀基准面降低，河谷随之拓宽、加深。

进入全新世后，海面持续上升，古海岸淹没水下，从前的河谷便形成溺谷湾，多可发展为口小腹大的深水良港。全新世大暖期时，海平面达到最高，东南沿海称为长乐海进，本区沿海许多地区被海水淹没，如福州、漳州盆地当时为一片浅海湾，分别沉积了厚达 15～20m 和 20～25m 的灰黑色海相淤泥层，现代闽江口处的琅岐岛一带变成海湾环境。大暖期之后，海面缓缓下降，在各主要河流的下游，冲积平原开始逐步向海洋伸展，在福州盆地，晚全新世（2.5ka B. P.）以来海水逐渐退出，河口重回琅岐岛附近并向外推进，现代河口湾形势奠定（蓝东兆等，1986；吴立成，1990）。

古近纪早期，本区继承了白垩纪时期的干燥炎热气候，此后由干热转向暖湿。古近纪和新近纪时期本区气候较现代更加温暖，高级的被子植物已开始占据主导地位，主要为亚热带类型，但也有许多热带科属，现代植物区系已初具雏形。这一时期发育的红色风化壳，其残迹可见于现今各山区的多级夷平面上（陈君月、周性敦，1993）。

总体而言，与全国其他地区尤其是北方相比，由于有武夷山脉这一天然屏障抵挡了来自西北面的冷空气，加之地处低纬、濒临海洋，本区第四纪冰期气候并不严酷，第四纪孢粉中没有发现如云杉、冷杉等反映寒冷气候的组合。当冰期气候到来时，这里成为众多热带、亚热带区系植物的避难所，冰期过后，这些物种再向外扩散，本区因此成为现代中国亚热带植物区系的发源地之一（曾文彬，1981）；新近纪以至中生代以前出现的许多古老物种，如山毛榉、石松、桫椤、银杏、苏铁、鹅掌楸、长叶榧等，在这里得到了很好的保护，至今仍很繁盛；同时，一些喜凉物种，如属北亚热带、温带区系的槭属、柳属、枫杨属等，也随冰期气候迁入本区，丰富了物种的多样性。

第十一章 江河水系演化与东部三大平原自然地理环境的形成

位于我国地形第三级阶梯的东北、华北和长江中下游三大平原是东部季风区东半部的基本景观单位，在大地构造上是被东西向的阴山构造带和秦岭-大别山构造带所分隔的中、新生代拗陷区，在地貌上表现为广阔的河流冲积大平原。水系发育和演化是东部平原现代地理环境形成的主要营动力和重要过程，对现代自然地理环境的形成和发展具有决定性的作用。地质构造背景与水系演化过程的不同使得东部三大平原区发育及其景观组合呈现显著的差异。呈北北东向展布的东北平原主要是由中、新生代松辽湖盆发育演化而来的，后期接受流水侵蚀与物质搬运堆积，并受冰缘、风营力等影响，地貌组合主要表现为网状河流水系、波状平原、冲洪积台地和沙地等；华北平原的形成主要是黄河、海河、淮河等河流自形成后多次徙流、改道，带来大量泥沙堆积并连通或淤平历史上众多湖泊的过程，地貌组合自山前到滨海表现为侵蚀剥蚀台地、侵蚀堆积台地、冲洪积扇平原、冲积平原、冲积海积平原及冲湖积洼地；长江中下游平原则是长江自西向东贯穿江汉盆地、鄱阳湖盆地、长江三角洲和苏北盆地等若干构造盆地而形成，地貌组合表现为冲积平原、河流与湖泊洼地相间分布。

第四纪期间，东部三大平原均经历了冰期-间冰期强烈气候变化的洗礼。冰期海面下降使黄、渤海和东海大陆架出露为广阔的沿海低平原，三大平原与上述陆架低平原连成一片，并遭受河流下切侵蚀。冰期时自然地带最大摆动幅度在十个纬度以上，现分别位于温带、暖温带和亚热带气候带的三大平原，冰期时主体分别处在寒温带、温带和暖温带内；现除东北平原西部属半干旱区外，三大平原的其他地区均属湿润或半湿润气候，而在冰期时长江以北的广大地区基本被干旱和半干旱区占据。与冰期时被冰川所覆盖的北美和欧洲平原上发生大规模生物绝灭现象不同，我国东部平原上的动植物群随着冰期-间冰期的气候变化发生大规模南北和东西向迁徙，不但古老的植物区系得以保留，而且南北植物区系混杂的现象也十分明显。土壤发育过程也随着气候和植被的变化而发生相应的变化。

作为我国最主要的农业区和现代城市、工业区，东部平原区所受人类活动的影响广泛而深刻，天然植被景观已被开发殆尽，代之以农田、道路、城市、村落等文化景观，平原上河流水文与平原发育过程也受到人类的强烈控制。

第一节 松辽水系演化与东北平原地理环境的形成

东北平原包括由大、小兴安岭，东部山地和辽西山地所包围的松嫩和辽河平原，以及三江平原。它形成于第四纪，主要是在中、新生代松辽盆地构造基础上，继消亡的中、新生代古湖而发育的松花江和辽河水系的冲积湖积作用而成，南部下辽河平原的发育则受到渤海湾盆地演变的影响。构造运动与气候变化的综合作用，对于东北平原的形成起到了重要作用，北北东向和北西西向的断裂构造活动制约着平原的发育及其内部的分异；第四纪冰期-间冰期旋回变化，尤其是末次冰期以来的冰期过程与间冰期过程分别塑造了不同特色的景观，对现代东北平原自然景观的形成有着深刻的影响。

一、松辽盆地与古湖的发育

晚古生代末至三叠纪早期东北地区经历了西伯利亚板块与华北板块之间的碰撞与拼贴，缝合带位于西拉木伦河、长春南、吉林中部、延吉市南一线，碰撞对接后，中生代以前的多个小块体最终拼接在一起，形成"东北块体"（程裕淇等，1994；李兆鼐等，2003；葛肖虹、马文璞，2007）。

中、新生代期间，东北地区的构造运动转受北北东向的新华夏构造系控制，东北块体内部发生差异运动，并经历多期强烈的火山-岩浆侵入活动（图11.1）（李兆鼐等，2003）。

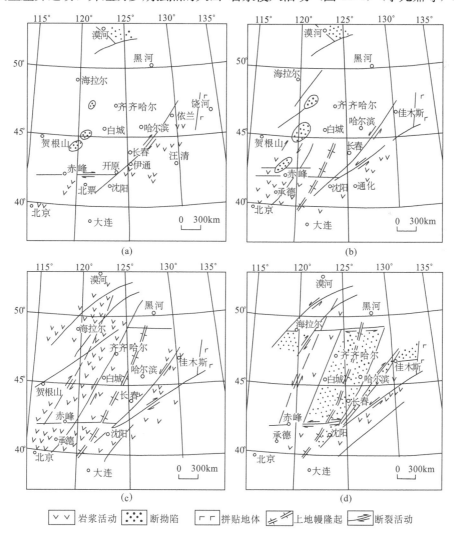

图11.1 东北地区中生代—新生代的块体活动（据李兆鼐等，2003）

（a）晚三叠世至早侏罗世；（b）中侏罗世；（c）晚侏罗世至早白垩世；（d）晚白垩世至古近纪

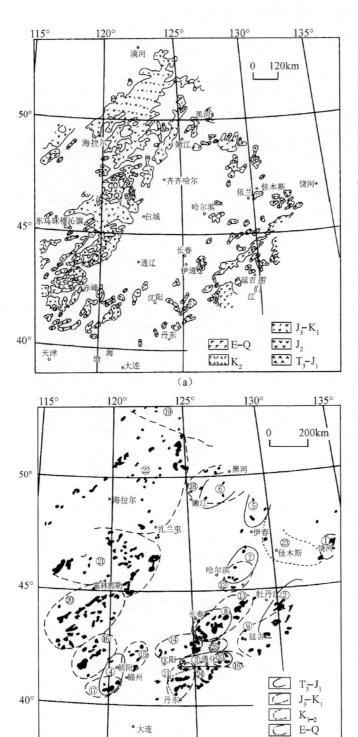

图 11.2 东北地区中生代-新生代火山岩（a）和中生代花岗岩（b）出露分布（据李兆鼐等，2003）

火山-侵入岩带分区编号：①饶河蛇绿岩-花岗岩亚区（T_3—J_1）；②老黑山-大兴沟火山-侵入岩亚带（T_3—J_1）；③白山-抚顺火山-侵入岩亚区（T_3—J_1）；④北票-朝阳-兴城火山-侵入岩亚区（T_3—J_1）；⑤伊春-逊克火山-侵入岩亚区（T_3）；⑥德都-黑河火山-侵入岩亚区（T_3）；⑦尚志-南岔火山-侵入岩亚区（T_3—J_1）；⑧磐石-舒兰火山-侵入岩亚区（T_3—J_1）；⑨延吉-东宁火山-侵入岩亚区（J_2）；⑩抚松-白山火山-侵入岩亚区（J_2—K_1）；⑪抚顺-丹东火山-侵入岩亚区（J_2—K_1）；⑫铁力-延寿火山-侵入岩亚区（J_2—K_1）；⑬吉林-五常火山-侵入岩亚区（J_2—K_1）；⑭西丰-辽源火山-侵入岩亚区（J_2—K_1）；⑮义县-阜新火山-侵入岩亚区（J_2—K_1）；⑯敖汉-凌源火山-侵入岩亚区（J_2—K_1）；⑰建昌-锦州火山-侵入岩亚区（J_2—K_1）；⑱孙吴-嫩江火山-侵入岩亚区（J_3—K_1）；⑲呼玛-塔河火山-侵入岩亚区（J_3—K_1）；⑳大兴安岭南段火山-侵入岩亚区（J_2—K_1）；㉑大兴安岭中段火山-侵入岩亚区（J_2—K_1）；㉒大兴安岭北段火山-侵入岩亚区（J_3—K_1）；㉓佳木斯火山-侵入岩亚区（K_{1-2}）；㉔集安-本溪中生代晚期火山-侵入岩亚区（K_{1-2}）；㉕桦甸古近纪碱性侵入岩亚区（E）；㉖长白山火山岩亚带（宽甸-长白山-东宁，E—Q）；㉗镜泊湖火山岩亚带（抚顺-敦化-鸡东，E—Q）；㉘大屯火山岩亚带（伊通/双辽-依兰/桦南，E—Q）；㉙五大连池火山岩区（黑河、嫩江、五大连池、克东、逊克，N—Q）；㉚五叉沟火山岩带（霍林河-伊敏河，N—Q）

晚三叠世至早侏罗世，东北地区处于南北向和北西—南东向的挤压环境，大致以目前的赤峰-开原断裂和依兰-伊通断裂为界分为两个区，断裂以南、以东地区处在大陆边缘构造-岩浆活动带，火山-岩浆活动主要发生在该区域；而在上述断裂以西、以北的广大地区处在稳定的隆起环境，局部地区形成拗陷盆地。中侏罗世格局与前期相似，南部的辽西地区火山活动比较强烈，且向北扩展到西拉木伦河断裂一带，大兴安岭断裂构造和地壳升降开始加剧，大兴安岭东麓山前断裂带的南段开始形成并向北延伸。

晚侏罗世—早白垩世，东北地区受北北东向新华夏系构造控制，贯穿整个大兴安岭北北东向的大兴安岭山前断裂或大兴安岭主脊断裂形成，北东东向裂陷-伸展盆地和剥蚀山岭相间的地貌轮廓开始显现；火山-岩浆侵入活动达到最盛，火山-侵入岩遍布全区，以松辽盆地—下辽河盆地为界，西部的大兴安岭和辽西地区岩浆活动表现得十分强烈，而东部的小兴安岭、张广才岭及辽东-吉南地区活动相对微弱。

晚白垩世至古近纪，东北地区北北东向的挤压型盆-山结构开始形成，块体活动主要表现为隆升和断陷作用，断陷块体包括松辽-下辽河裂陷块体、依兰-伊通裂陷块体、海拉尔地堑块体和三江平原地堑块体，其余为稳定隆起区，见有少量酸性火山岩。

在新生代构造沉降区，中、新生代火山岩被后期堆积的沉积物埋藏，而在构造抬升遭受剥蚀的山地，中、新生代火山岩和剥蚀出露的花岗岩广泛分布，构成了高大山岭的主要组成部分（图 11.2）。

早白垩世至晚白垩世早期是中生代松辽大型盆地断陷发展的全盛时期（刘德来等，1996；马力等，1990；李娟、舒良树，2002）。在松辽盆地形成了统一的内陆淡水湖盆——松辽湖，在湿热的气候环境下，湖生生物爆发性繁盛，沉积了一套富含有机质的巨厚较深-深湖相地层（黄清华等，1999）。其中，白垩纪中期，松辽大湖经历了两次大的湖侵：第一次大的湖侵湖水面积近 $9 \times 10^4 \, km^2$，第二次湖水面积远远超过 $10 \times 10^4 \, km^2$（高瑞祺，1980）。在湖泊扩张期，以湖泊、三角洲相中细碎屑岩沉积为主；在湖盆萎缩期，以湖泊、三角洲相中粗碎屑岩沉积为主，构成一个由粗到细再到粗的沉积旋回。巨厚的白垩系沉积富含有机质，形成了中生代最好的油源层系和一个大型的区域含油带，著名的大庆油田即属于该层系。晚白垩世至古近纪松辽盆地萎缩，盆地沉降中心向西或西北转移，至古近纪初，白垩纪松辽大湖的残留部分仅限于依安、安达和泰康地区，形成了依安湖。随着古湖盆的萎缩，沉积面积逐渐缩小，造成晚白垩世到古近纪的长期沉积间断。

在经历了古新世至始新世的准平原化阶段之后，从始新世中期开始，受太平洋板块南东东-北西西向挤压变形的影响，松辽、三江、兴凯湖等内陆断陷及一些山间断陷盆地和依舒地堑谷地继续下沉，古长白山、张广才岭推覆隆升，造就了中国东北地区北北东向的挤压型盆-山结构，即大兴安岭、松辽盆地和张广才岭-古长白山（图11.3）。

新近纪至第四纪，东北平原总体来说主要继承了北北东走向的新生代沉降运动的特征，北北东向的嫩江断裂、佳木斯-依兰断裂、敦化-密山断裂控制着东北地区山盆结构的格局；但由于北西西向构造活动的影响而表现出了新的构造地貌格局，即在主体走向（北北东走向）的大平原上出现一系列轴向北西向的隆起与拗陷（图 11.4），自北而南分别为小兴安岭隆起带、第二松花江拗陷带、长岭-怀德隆起带、西辽河拗陷带、康平-

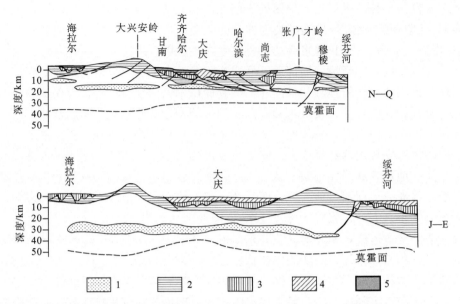

图 11.3　中国东北地区北北东向挤压型盆-山结构的解释剖面（据葛肖虹、马文璞，2007）

1. 壳内低速层；2. 古生界—三叠系；3. 侏罗系—下白垩统；4. 上白垩统—渐新统；5. 中新统—更新统

铁岭隆起带以及下辽河拗陷带。这些构造单元均对松辽水系演化与东北平原发育有着重要的影响。

中新世至上新世到早更新世，沿大兴安岭东侧的嫩江断裂、张广才岭西侧的佳木斯-依兰断裂、那丹哈达岭-长白山西侧的敦化-密山断裂发生差异升降运动，大兴安岭、张广才岭、那丹哈达岭-长白山掀斜抬升成山，松辽-下辽河盆地断陷成为盆地，在挤压作用下自东向西形成叠瓦状逆冲推覆构造，并又一次形成了北北东向伸展型盆-山地貌的格架（图 11.4）。与此同时，沿这些断裂带发生幔源玄武岩喷发，中新世早期发生的裂隙式玄武岩火山喷发，覆盖在大兴安岭与长白山地区的古近纪夷平面上，形成了广泛的溢流玄武岩平台。受嫩江断裂的影响，盆地沉降中心西移，松辽盆地成为西陷东扬的箕状盆地，沉降中心轴所在的双辽—大安—安达—孙吴深断裂一线，在中—上新世一直是中央拗陷或大湖盆地的主轴（图 11.4）。

中新世晚期，松辽平原一度下沉，以铁岭-法库低丘相隔，出现了大安-大布苏湖和盘山-田庄台湖南北两大沉积区。上新世早期，松辽向心状水系进一步发展，河网密集、河流横向摆动幅度较大，平原的大部分地区遭受流水的剥蚀和侵蚀。上新世晚期，松辽拗陷大幅度急剧下沉，为新近纪以来湖盆最大、范围最广、湖水最深的松嫩大湖全盛期，在湖盆区沉积了较厚的灰绿色、黄绿色泥岩。湖盆受构造控制明显，中央拗陷出现三处深湖区，分别在长岭、大布苏和大安附近；此外，开鲁断陷也出现了较深湖区（图 11.5）（杨秉赓等，1983）。

在构造运动相对稳定的古近纪末期和上新世晚期—早更新世早期，东北地区两次经受夷平作用，所形成的两期夷平面在兴安岭、长白山等山地广泛分布。早更新世以来，兴安岭、长白山地区再次抬升，松嫩平原整体相对下降。早更新世初期，大兴安岭山地的高度仅 400 余米，经早更新世的较大幅度抬升，大兴安岭脊线高度达到

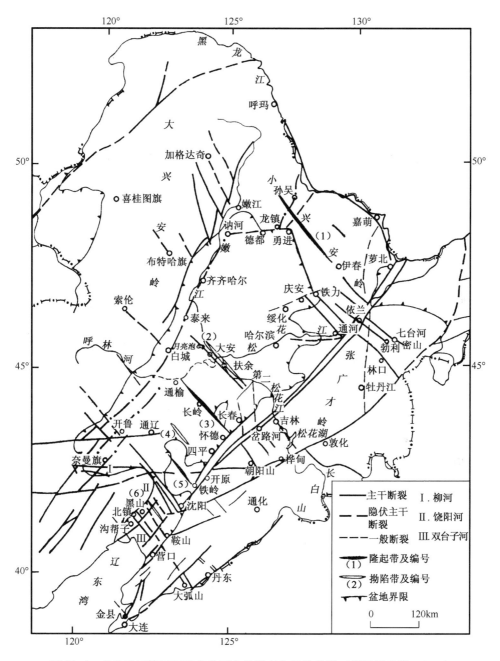

图 11.4　东北地区第四纪以来北西向的隆起与坳陷构造（据杨景春等，1993）

（1）小兴安岭隆起带；（2）第二松花江坳陷带；（3）长岭-怀德隆起带；（4）西辽河坳陷带；

（5）康平-铁岭隆起带；（6）下辽河坳陷带

1000m 左右（裴善文，2008）。松嫩平原西部沉降带在早、中更新世继续缓慢下沉，形成一个较大的沉降中心和汇水盆地，在齐齐哈尔—双辽—乾安—肇源—大庆—林甸—齐齐哈尔这一长椭圆形的范围内，形成了面积约 $5 \times 10^4 km^2$ 左右的松嫩大湖盆

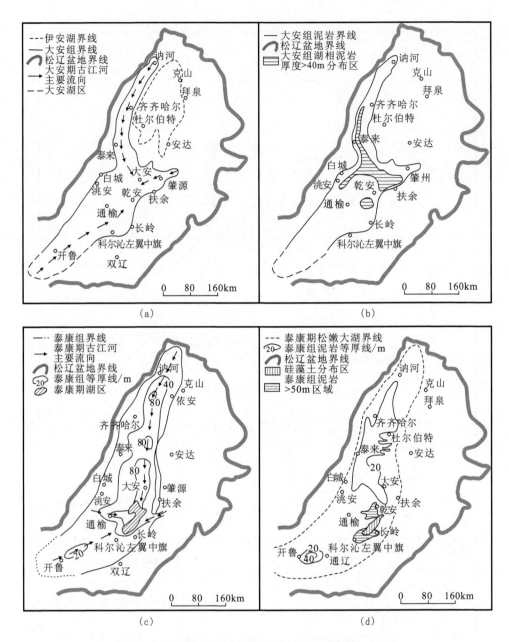

图 11.5　新近纪松辽水系的变迁（据杨秉赓等，1983）

(a) 中新世早期；(b) 中新世晚期；(c) 上新世早期；(d) 上新世晚期

（图 11.6），在相对稳定的静水环境下沉积了厚 30～70m 的黏土层（林甸组），平均沉积速率为 3～4cm/ka（图 11.7，表 11.1），黏土层的有机质含量普遍较高，并具有腥臭味，还含有菱铁矿，从黏土层中发现大量喜湿性藻类及螺、贝类化石（张殿发、林年丰，2000a；裴善文，2008）。松辽分水岭以南的开鲁盆地在更新世也发育了河湖相沉积。

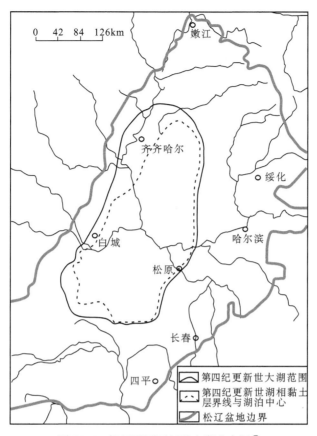

图 11.6　松辽平原更新世大湖分布图[①]

表 11.1　松嫩古湖更新世沉积速率（据裴善文，2008）

地点	时代	时间/Ma B. P.	厚度/m	沉积速率/(cm/ka)
乾安令字井孔	中更新世	0.73～0.2	25	4.72
	早更新世	1.87～0.73	30	2.63
大庆 7901 孔	中更新世	0.73～0.2	21	3.96
	早更新世	2.01～0.73	40	2.13

二、松辽水系演化与东北平原的发育

　　早、中更新世松辽平原内的水系为典型的向心状水系，发源于东部长白山、北部小兴安岭、西部大兴安岭的第二松花江、嫩江、洮儿河、霍林河等水系均流向松辽平原中心的湖泊（图 11.8），在湖盆的东偏北方向有一个出口，松花江向东经三姓流向三江平原（裴善文，2008）。此时，辽河水系尚未全部形成，浑河、太子河尚未发育完整，下

---

① 原图为大庆油田水文地质队资料改编，裴善文提供。

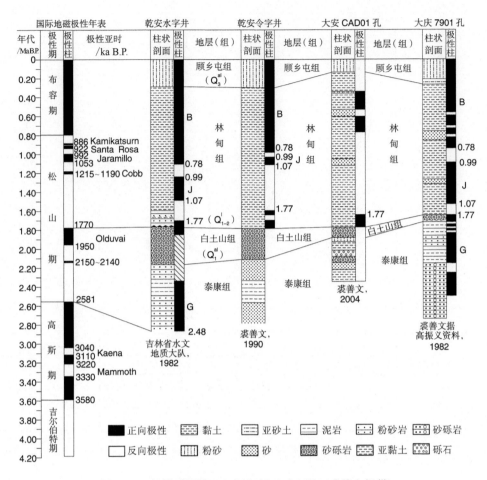

图 11.7　松嫩平原第四纪沉积剖面对比图（裘善文提供）

辽河平原四周发育一些向心河系，规模较小，堆积了一套河湖相的灰白色中细砂和粉细砂层（杨文才，1990a）。

　　大约在早更新世末或中更新世初，第二松花江溯源侵蚀切穿三姓分水岭，袭夺了古松花江，注入黑龙江（杨秉赓等，1983），自此第二松花江转为外流水系（图 11.8），第二松花江中游段因此缺失下更新统地层，仅有中更新世形成的三级阶地及河流相沉积。中更新世初期，小兴安岭隆起，原流入松嫩盆地的洁亚河被黑龙江袭夺，形成现今的黑龙江和松花江水系。松辽分水岭在中更新世开始隆起，把平原分隔成南北两个盆地，下辽河平原的不断下沉导致松辽分水岭逐渐向北迁移，晚更新世以前，辽河源头在铁岭-法库丘陵地区，比现代松辽分水岭偏南 150km；晚更新世，渤海海面下降，松辽分水岭缓慢上升，辽河溯源侵蚀，切穿铁法丘陵，袭夺了西辽河和东辽河，使东、西辽河成倒插状河流南流，经下辽河注入渤海湾，松辽两个水系的分布格局从此形成（图 11.8）（杨秉赓等，1983；裘善文，2008）。此后，嫩江、松花江、西辽河及其支流多次改道，形成松辽平原中西部地区现今的河道网络与星罗棋布的湖泡群，并留下许多古河道遗迹（姜琦刚等，2004）。

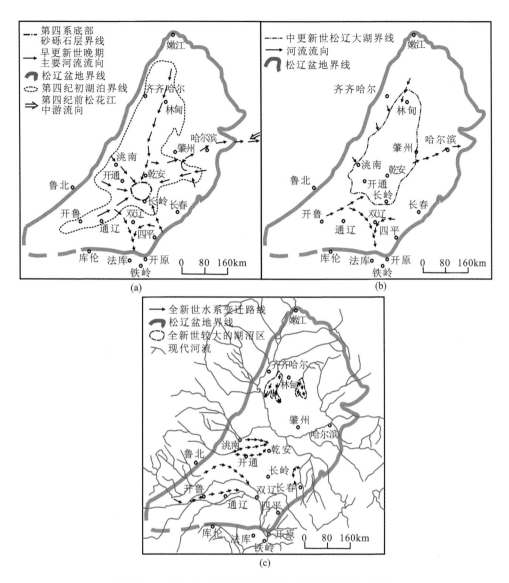

图 11.8　松辽水系第四纪演化图（据杨秉赓等，1983）
(a) 早更新世；(b) 中更新世；(c) 全新世

　　全新世洮儿河进入平原区以后，曾一度汇入霍林河，经查干泡、库里泡入嫩江，后受松辽分水岭抬升的影响，向北迁移改为现在河道。此外，教来河、双阳河、第二松花江下游段、新开河下游段等以及平原中部的大布苏泡、花敖泡等，也都多次发生变迁（杨秉赓等，1983）。晚更新世末，古西辽河主河道大致位于现代新开河的位置，在全新世的 $1 \times 10^4 a$ 中大规模迁移至现代的位置，向南平均推移了60km（刘祥等，2002）。

　　在中更新世松嫩古湖衰亡及现代松辽水系基本形成之后，东北平原的发育进入新的受河流作用主导时期。由于新构造运动的差异，平原内部的演化呈现明显的分异。在平原中部，自中更新世开始隆起的松辽分水岭继续缓慢抬升到现今的海拔 200～300m，成为高出两侧平原 50～100m 的丘陵状平原，早更新世的冲、湖积物被侵蚀，其上覆盖着黄土（裘善文，2008）。东西延伸 300km、南北宽度 200km 的松辽分水岭，将处在沉降状态的下辽河平原和松嫩平原分隔成两个相对独立的单元。

下辽河平原属于渤海断陷带的北部，在古近纪辽河断陷空前发育，郯庐断裂活动加强，河湖相夹火山岩相含油建造相当发育；新近纪以来，辽河盆地由裂谷断陷转化为整体拗陷，发育了以河流相为主的地层。自古近纪以来的沉降幅度一般为 3000～5000m，最大可达 8000m，其中，第四纪的最大沉积厚度达 550m（许坤等，2002）。第四系沉积厚度由东西两侧向中间和由北向南逐渐增加（图 11.9），并形成了田庄台、盘山以及鞍山与辽中等几个与古近纪拗陷单元基本一致的沉降中心，辽中以北沉积厚度一般为 60～120m，辽中与台安间为 150～180m，台安以南为 200～359m（唐成田，1989）。受盆地内北北东向中央凸起的影响，第四纪下辽河平原的沉积中心主要位于东、西两个拗陷区内（图 11.9）。晚更新世以来，下辽河平原的不断下沉，导致松辽分水岭逐渐向北迁移，袭夺了西辽河和东辽河。下辽河平原目前还在沉降中，在辽河口形成溺谷、大片沼泽湿地和低平原，许多通向平原的山地河谷的谷口段也出现溺谷形态（裘善文，2008）。

松嫩平原受东升西降的掀斜运动控制，呈现明显的东西分异（图 11.10）。在东部抬升区的高平原区，自中更新世以来河流下切，一般形成三级阶地；在西部沉降区的低平原区，继续接受河流堆积，有二级河流阶地被埋藏。在掀斜作用下，松嫩平原的沉积中心不断缩小并向西移，湖盆面积逐渐萎缩，与此相对应，盆地中西部的湖相堆积由兴盛转为衰退，至晚更新世晚期，形成了广泛的冲、湖积低平原，萎缩的中更新世的松嫩大湖之上普遍被晚更新世的黄色亚黏土、黄土状亚砂土和黄土状亚黏土等沉积覆盖。受东升西降掀斜运动的影响，嫩江河道间歇性地向西滚移，形成了南北向断续延伸的古河道洼地。现代湖泊群主要集中在依安—安达—前郭—长岭一线以西的低平原（吕金福等，2000），而处在掀斜抬升区的东部高平原晚更新世新构造运动振荡强烈，多为侵蚀、剥蚀区，较大河流已具备现代河流的基本轮廓，河谷中沉积物二元结构典型，即早期冲-湖积层及晚期顾乡屯组冲积层。自中更新世以来一般发育 3 级河流阶地，哈尔滨附近松花江的一级阶地相对高度为 10～20m，二级阶地相对高度为 30～40m，三级阶地相对高度为 70～80m，均为堆积阶地，表层均为黄土状亚砂土、亚黏土（裘善文，2008）。在平原边缘，大兴安岭和小兴安岭山前冲积扇发育，诸扇相连构成扇形平原，因后期新构造隆升作用而遭到微弱剥蚀（张殿发、林年丰，2000a）。

三江平原是黑龙江中下游低平原的组成部分，其发育的构造基础为中、新生代断陷盆地，中新生代沉积厚达千米以上，第四纪期间总体上为沉降地区。区内新构造运动存在显著差异，平原东部的抚远拗陷和西部萝北拗陷等自第四纪以来以连续下沉为主；而平原中部富锦隆起在中更新世以后由构造下沉转为构造抬升，对水系和平原发育影响很大。富锦隆起在中更新世时期以下沉为主，沉积了厚 80m 以上的向阳川组地层。之后发生构造抬升与河流下切，古河道以东地区的中更新世沉积形成了广阔的二级河流堆积阶地；中更新世松花江由哈尔滨的荒山一带穿过依兰（三姓）谷地，经佳木斯、富锦地区转向东及东南的方向，流经挠力河流域，汇入古乌苏里江，河流下切二级阶地在富锦

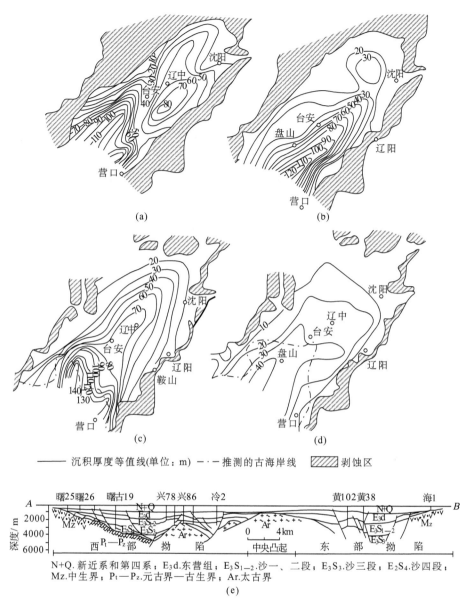

图 11.9　下辽河平原第四纪各时期沉积厚度图（据唐成田，1989）与构造横剖面

（据许坤等，2002）

（a）早更新世；（b）中更新世；（c）晚更新世；（d）全新世；（e）辽河盆地曙光-黄金剖面

隆起附近形成一级阶地。晚更新世末、全新世初，由于富锦隆起继续上升且以西地区连续下沉，致使向东南注入乌苏里江的松花江，改道向东北流，经莲花泡（同江—富锦以东），从街津口附近注入黑龙江。至全新世中、晚期，松花江再次改道，在同江注入黑龙江，从而形成了现今三江水系的格局（图 11.11）（裴善文等，1979）。经过两次地壳的抬升及河流改造，三江平原成为黑龙江、松花江和乌苏里江的汇流地带，以一、二级河流堆积阶地分布最广，河漫滩的面积亦相当可观，从而构成阶地与河漫滩相间分布的平原地貌总特征。

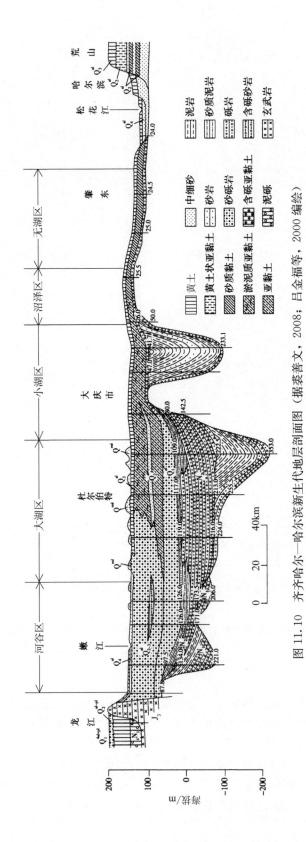

图 11.10 齐齐哈尔—哈尔滨新生代地层剖面图（据裴善文，2008；吕金福等，2000 编绘）

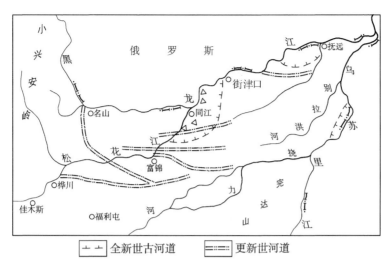

图 11.11　三江平原古河道变迁略图（裴善文提供）

三、冰期–间冰期气候变化对现代自然景观形成的影响

第四纪冰期–间冰期旋回变化，尤其是末次冰期以来冰期过程与间冰期过程对现代东北平原自然景观形成的影响主要包括随着冰期与间冰期气候变化而发生的自然地带的大幅度摆动，冰缘过程、风沙活动、黄土堆积、土壤发育等的强弱变化，水系变迁，海面升降与海进海退等。

第四纪期间，东北地区的植物随着冰期–间冰期的波动而发生大规模的南北和东西迁徙，东北现今的冷湿性森林和草甸草原景观就是由末次冰期以来植物群演替、残留而形成的（裴善文，2008）。冰期时期东北地区总体上属于寒带与寒温带环境，气候严寒而干燥。在末次冰期冰盛期，东北地区连续多年冻土南界大致沿 43°N 伸展，由西部西拉木伦河以南的敖汉旗、甘旗卡和双辽一带，向东到东部山地的辉南、磐石和敦化（郭东信、李作福，1981）（图 11.12），不连续多年冻土或岛状多年冻土区的南界位于 39°～40°N，二者大致分别对应于当时苔原和森林苔原带、北方针叶林的南界（崔之久、谢又予，1984）。冰期中亚洲植物依次南移，甚至欧洲植物经过西伯利亚、东北和朝鲜迁入华北（夏玉梅、汪佩芳，1984；刘慎谔，1985；裴善文等，1988；许坤等，1997；张殿发、林年丰，2000a，2000b）。

东北地区植被的东西分异始自早更新世，随冰期与间冰期气候的变化，松嫩平原上森林与草原植被的界线发生东西摆动。末次冰期冰盛期，东北地区的森林–草原界限曾东达汤旺河、牡丹江，南至永吉一线，整个松嫩平原区为无林带，构成荒漠冻原–稀疏草原耐冷干环境的植被景观，而下辽河平原区以疏桦林和北温带针阔混交林为主。进入全新世，松辽平原森林–草原生态过渡带持续向西迁移，最偏西时较今偏西 100 多千米（任国玉，1998，1999），以栎、榆为主的暖温带阔叶林遍布东北平原，而林间低地、河漫滩和湖沼地区草本植物茂盛；晚全新世以来，随着气候变冷，阔叶树显著减少（裴善

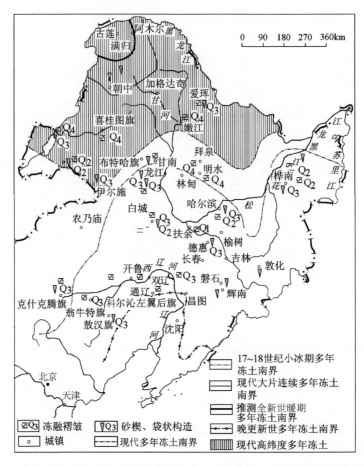

图 11.12　东北古冻土遗迹及晚更新世以来冻土南界变化（据郭东信、李作福，1981）

文，2008），东北平原的森林-草原界线东退到现代的哈尔滨稍东—长春—四平一线附近（吴征镒，1980），进一步沿辽河平原东缘向南延伸到熊岳附近。在气候湿润的东部三江平原地区，冰期时为冷湿环境下的云杉暗针叶林植被，暖期植被为温带针叶阔叶落叶林。

　　末次冰期冰盛期东北地区位于亚洲冰缘区的东南部边缘，在东北平原，43°N以北为连续多年冻土区、以南为岛状多年冻土区。进入全新世，除三江平原及北部黑龙江沿岸地区仍处于冰缘环境外，其他广大地区的冰缘地貌则受到温暖环境的改造（肖荣寰、胡俭彬，1988；裴善文等，1981）。全新世期间冻土的南界随气候变化而南北摆动，在全新世暖期，冻土南界退到现今连续冻土带北半部地区；晚全新世寒冷时期，岛状冻土区越过了现今冻土区南界（图11.12）。冰期期间，在冰缘环境下塑造了多种多样的古冰缘地貌景观，对现今东北平原的景观发育均有广泛而深刻的影响。在松嫩平原的西部和三江平原多见热融洼地和热融湖，主要是由于冰冻融化陷落而成或者冰期的化石冰融解塌陷而成的，形态为椭圆形、勺形或不规则形，大小不等，均积水成湖沼，尤其是三江平原上广泛分布的圆形湖群和浅碟形洼地，颇具特色。冰缘流水作用的一个重要特点是暂时性流水作用于永冻土层及其上部的融土，这种流水作用于东北地区由黄土状土构成的台地上，形成东北平原独具特色的浅谷和"漫岗"，使台地呈微波起伏的状态。台地被稀疏的浅谷切割，谷底宽阔平坦、谷坡平缓漫长，是在冻土条件下主要由融雪水和夏季雨水形成的坡面径流塑造的。

冰期期间，东北平原土壤停止发育甚至遭受侵蚀（崔明等，2008）。在平原的西部发育风沙堆积，在中东部和南部则广泛堆积了黄土；进入全新世，特别是全新世暖期以后，东北平原主体上处于森林草原到草原环境，在相对暖湿的气候条件下，东北平原地区普遍经历了强烈的土壤化过程，自东到西广泛发育了黑土和黑钙土，以及在沼泽湿地环境下形成的草甸土等土壤。

松辽平原西部为沙地或沙丘所覆盖的冲积平原。沙地以第四系松散冲、洪积物为其风沙沉积来源，尽管在中更新世已有风沙沉积出现于松嫩大湖西侧（裘善文，1990a），但风沙沉积主要形成于末次冰期（图11.13）。在冰期干冷气候条件下，降水和径流量大幅度减少，风力强盛，风沙活动增强，在大兴安岭东侧山前地带下风方向的扎龙—舍力—通榆—开鲁一线，冲、洪积物在强劲的西北风作用下形成了一条由北西向纵向沙垄构成的、并沿河谷条带状分布的北东向风沙带（裘善文，1990a，1990b；刘嘉麒，2007）。整个松辽盆地西部为流沙所占据，在松嫩平原和西辽河冲积平原上均形成了流动沙丘，松嫩平原上的松嫩沙地与西辽河平原上的科尔沁沙地连为一体。科尔沁流动沙丘的范围比现今大数倍，现今长岭、通榆一带的弧形垄状沙带就是晚更新世晚期末次冰期流动沙丘型沙漠的遗存（裘善文，1990a）；受冻土发育的影响，大庆市西部的沙地受风的改造作用较浅，仅在沙地上形成了一些规模不大的低缓沙丘（马凤荣等，2006）。

进入全新世，最后冰期时的沙漠被古土壤覆盖，从而转变为固定与半固定沙地。受全新世气候干湿波动的影响，气候带宽度发生经度约为5°～8°的进退，使西部沙区的全

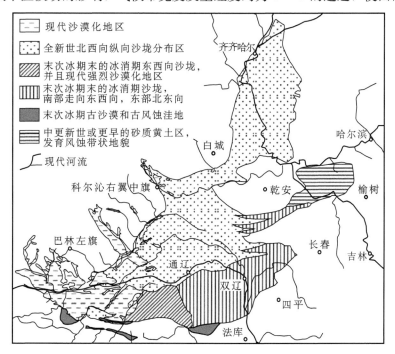

图11.13 科尔沁与松嫩地区古沙漠分布（据刘嘉麒，2007）

新世土壤发育数次被风沙活动打断。科尔沁沙地与松嫩沙地沙丘中的四次古土壤发育时期，即11～7ka B.P.、5.5～4.5ka B.P.、3.5～2.8ka B.P.和1.4～1ka B.P.，显示全新世期间四个由干旱到半干旱半湿润的气候旋回，在半干旱气候带向东南扩展的时期，植被为荒漠草原，流沙面积扩大；在半湿润气候带向平原西北推进的沙地逆转（缩小）时期，植被为稀树（榆树）蒿类草原，流沙被固定，发育古土壤和沼泽湿地，有机质含量较丰富的古土壤与浅黄色细砂层形成互层。全新世暖期期间形成的两层较厚的古土壤普遍可见于北起齐齐哈尔，东至前郭县，南到赤峰、彰武等地的沙地中；全新世晚期，沙区古土壤分布范围缩小，古土壤层中耐干旱的植物花粉增多，无论是古土壤还是风成沙层，都有从下往上变粗的趋势，反映气候环境都在不断变干，成土作用不断减弱，风沙活动不断增强（裘善文等，1992，2005）。

东北地区最早的黄土沉积始于中更新世，在科尔沁沙地北部、南部和东部，大兴安岭东坡山麓典型的黄土、风成砂剖面中均发现有离石黄土，其物质来源于就地起沙。在晚更新世冰期干冷气候条件下，东北地区的黄土堆积分布于风沙堆积区以外的松嫩盆地东部及科尔沁南部地区（王曼华，1990；汪佩芳，1990；夏玉梅，1990），受后期流水侵蚀作用，位于山前扇形地平原和东部高平原上的黄土堆积常形成黄土台地或阶地，如吉林永吉县达家沟后坡二级阶地上的黄土状亚黏土即为晚更新世冰缘黄土（裘善文，2008）。

进入全新世，特别是全新世暖期以后，松嫩平原中东部黄土堆积区内的降尘过程减弱，为黑土、黑钙土发育过程所取代，其发育过程一直持续到现代（任国玉，1999；崔明等，2005）。全新世黑土和黑钙土广泛覆盖从一级阶地到平原向山区过渡的漫川漫岗地上，典型黑土的主要分布区与冰期的黄土堆积区大体吻合，成为东北平原的标志性景观之一。

末次冰期冰盛期，由于气候干旱、径流减少，松花江和西辽河的诸多主要支流均不再汇入干流水系，嫩江、洮儿河、霍林河和西拉木伦河等都被松嫩平原西部的沙带限制，成为消失在沙地之中的内流河。进入全新世后，随着降水与河流径流的增加，西辽河全程贯通成为一条统一的河流，嫩江、洮儿河、绰尔河等河流汇合后也贯穿沙地与第二松花江汇合，流入三江平原（刘嘉麒，2007）。全新世时期中西部的低平原沉降基本处于休止状态，河流在有限的范围内做迂回摆动，古河床、河曲带积水形成星罗棋布的湖泊群，沼泽、湿地广布，现在松嫩平原的大多数湖泊如扎龙湖、连环湖、向阳湖、西湖、茂兴湖、月亮泡、库里泡、查干泡等，是由嫩江、松花江、乌裕尔河、洮儿河、霍林河等河流汇水迁移而形成的，均属河成湖泊（裘善文，1990b）。全新世以后，三江平原上广泛分布的古河道、牛轭湖、綮岗的岗间洼地，常年或季节性积水，形成沼泽、湿地。

冰期时海面下降上百米，整个渤海出露为陆地，成为下辽河平原与海滦河平原的一部分，东北和华北两大平原因此贯通为一体；海面下降使辽河等流经渤海陆架平原河流下切侵蚀形成深广的河谷，并发生水系重组。进入全新世渤海再次成海，且发生了较大规模的海侵，全新世中期成面状向陆地推进，在下辽河平原海岸线较今深入内陆约40～50km（图11.14）。冰期河流下切形成的深谷，随着冰后期海水上涨，在各大小河口处广泛造就腹大口小的葫芦形溺谷，不少港湾的形成与此有关。河流携带的泥砂物质不断补偿堆积，促使海岸线向渤海湾后退，逐渐形成了当今的泥砂质海岸轮廓。12世纪时，渤海海岸线尚位于右卫、闾阳、沙岭、牛庄、盘山以南一线，当时营口尚未成陆；17

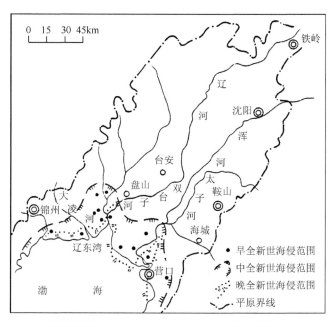

图 11.14　下辽河平原晚更新世与全新世海侵范围（据杨文才，1990b）

世纪时，辽河口距牛庄不远，而现在牛庄已距海岸线 40 多千米。

第二节　黄淮海水系演化与黄淮海平原地理环境的形成

黄淮海平原（即广义的华北平原）三面环山，呈簸箕状倾向渤海、黄海，北部及西部周边为燕山与太行山，西南为伏牛山低山与丘陵，南及东南为江淮低山丘陵。平原为黄、淮、海河三大水系贯穿，泰沂山地坐落于东部。总的格局是：山前形成一系列洪冲积扇，在与广大冲积平原相交接处形成一系列交接洼地，其下从冲积平原逐渐过渡到冲海积、海积平原。

黄河、海河、滦河和淮河水系所携带的泥沙沉积是华北平原沉积建造的主要物质来源，各水系多年平均含沙量、输沙量有很大差别，在大量水库修建以前，黄河陕县站的多年平均含沙量和年输沙量分别为 36.9kg/m³ 和 15.7×10⁸t（1919～1958 年），海河主要泥沙来源永定河卢沟桥站分别为 60.9kg/m³ 和 8070×10⁴t（1925～1952 年），淮河蚌埠站分别为 0.45kg/m³ 和 1269×10⁴t（1950～1979 年），滦河滦县站分别为 4.76kg/m³ 和 2270×10⁴t（1929～1979 年）。因此，黄河下游平原的物质供应条件最好，海河下游平原次之，滦河下游平原再次之，淮河中下游平原居最末。本区除海河和淮河流域冲积平原外，大部分地区为黄河冲积构成，黄河的变化对华北平原的发育影响深远。利用华北平原 456 个地点的 ¹⁴C 年龄与样品埋深资料，计算出距今 4×10⁴a 以来华北平原的平均沉积速率为 0.9mm/a，近 4×10⁴a 以来华北平原的沉积总厚度为 36m；且 4×10⁴a 来，沉积速率有明显的增大趋势，反映了后期人类活动变化与自然条件对平原发育的共同作用（许炯心，2007）。

一、新构造运动与黄淮海水系的形成

黄淮海平原的基础是受燕山运动影响、于白垩纪前后形成的断陷盆地。古近纪时还是若干孤立的小盆地，新近纪时才连成一片。该盆地在喜马拉雅运动和新构造运动期间继续下陷，沉积了厚达三四千米的古近纪和新近纪地层和厚达三四百米的第四纪散松沉积物。在盆地边缘，太行山、燕山第四纪以来急剧上升，隆起幅度分别达 1100～1500m 和 600～1000m（吴忱等，1999a），泰山新生代期间至少上升了 1300 余米（张明利等，2000）。

盆地内部的构造分异对华北平原新生代以来各地堆积厚度有深刻的影响。大致以豫北的商丘-新乡断裂为界，可将盆地分为南北两个不同的构造体系。北部沿北北东或北东向拗陷或隆起，自太行山往东依次为冀中拗陷、沧县隆起、黄骅拗陷、无棣隆起（图11.15）；华北平原南部，隐伏构造的方向逐渐由北西-南东向转为东-西向，其中有郑州拗陷、许昌隆起、太和拗陷、阜南隆起与合肥拗陷等。上述隐伏的隆起与拗陷构造之间的边界往往是同样走向的大断裂，不同方向的断裂相互交切，形成许多小断块，河流的流向常受平原下方隐伏断裂的影响，尤其在三大水系间没有基岩分水岭，更助长了河流

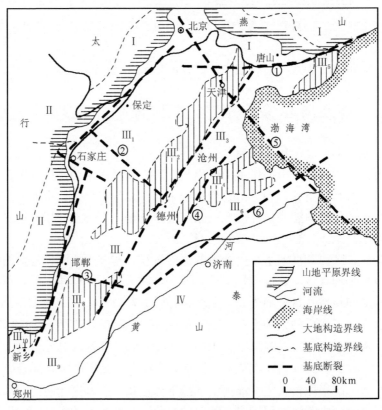

图 11.15　华北平原北部基底构造图（据吴忱，2008）

I. 燕山褶皱带；II. 山西台背斜；III. 华北拗陷；III_1. 冀中拗陷；III_2. 沧州隆起；III_3. 黄骅拗陷；III_4. 埕宁隆起；III_5. 渤海中部隆起；III_6. 济阳拗陷；III_7. 临漳拗陷；III_8. 内黄隆起；III_9. 开封拗陷；III_{10}. 武陟隆起；IV. 鲁西中台隆；①固安-昌黎隐伏大断裂，②无极-衡水隐伏大断裂，③临漳-魏县隐伏大断裂，④海兴-宁津隐伏大断裂，⑤北京-蓬莱隐伏大断裂，⑥庙西北-黄河-聊城隐伏大断裂

的游荡性。

华北平原上的黄河、海滦河与淮河水系具有相似的形成发育过程，且都与青藏高原隆起、全球气候变化等背景有关。

黄河水系的形成与演化对于黄淮海平原的塑造和发育至关重要。晚燕山运动之后，古祁连山、古秦岭、古阴山和晋陕高地处于构造活动长期稳定状态，经过长久的剥蚀作用形成准夷平面，河网分别向邻近内陆盆地汇聚，构成新生代初期内流向心水系。中新世中期，断块活动十分强烈，祁连山—晋陕高地的广大准平原解体，上升断块被抬升为低山，下降地块则断陷为盆地，出现更多的内陆盆地和断陷内陆盆地，向心水系得到强化和发展。中新世晚期以及上新世时期，构造活动十分平静，断块之间少有相对运动，使那些随盆地生成而出现的向心水系得到不断调整流向与持续溯源侵蚀的机会，在不晚于上新世初期各内陆水系相互串连贯通，形成最古老的黄河，东流入海（李容全，1988）。此时期的黄河呈宽谷曲流形态，塑造出现今各峡谷段的壮年河谷，现今黄河盆地峡谷相间、多个向心水系组成集合体系的特征，均继承了黄河雏形出现前后的基本特征。

上新世末至早更新世初期，随着青藏高原隆起，中国北方断块活动也活跃起来，导致黄河中游一些盆地地块再次发生断陷下沉，形成中国北方统一大成湖时期的湖泊，这一时期出现的湖泊有银川古湖、五原-包头-呼和浩特古湖、山陕峡谷区一系列小型湖泊、汾渭三门峡古湖等。古黄河被湖泊分割成几段，原贯通入海的古黄河消失。由于构造环境相对稳定，侵蚀作用较弱，这些古湖的存在持续了很长的时间，大约从上新世末至中更新世晚期一直有若干湖泊存在，湖泊消失的时间也各不相同。现今黄河是第四纪古湖消亡之后在古黄河故道基础上再次出现的河流（李容全，1993）。

在现代黄河水系形成的过程中，三门峡古湖的发育演变至关重要，与黄河贯通外流有着密切的关系。在黄河中游湖泊发育时期，汾渭平原和三门峡地区形成广阔的三门峡古湖，位于中国大陆地势二级阶梯和三级阶梯的过渡地区，也是黄土高原与黄淮海平原的流域转折区。当黄河上、中游各自独立的湖泊水系逐渐连通使得黄河水量不断增加时，大量河水汇入三门峡古湖，湖水位逐渐升高并开始从东部三门峡基岩山地的分水垭口向东溢流，至中更新世晚期，三门峡最终被切穿，湖水外泄，古湖消亡，黄河上、中游河流汇集于三门峡并东流入海，现代黄河至此形成。因此，中更新世晚期黄河切穿三门峡成为黄河形成的重要标志（李容全，2002）。三门峡湖盆沉积记录反映古三门峡湖水开始外流或三门峡部分切开的时代最早出现在 0.41～0.35Ma B. P.，黄河完全切穿三门峡，贯通东流入海的时代为 0.15Ma B. P.（王苏民等，2001）。郑州附近邙山黄土堆积记录与之呼应，在邙山中更新世晚期以来的黄土地层中，大约 0.15Ma B. P. 前后沉积速率突然变大。这一事件表明，三门峡被切穿之后，黄河挟带大量物质在孟津以东沉积形成巨大的古冲积扇，为邙山黄土沉积带来丰富粉尘物源，并在偏北冬季风吹扬下形成巨厚的邙山晚更新世黄土（蒋复初等，2005）。这也就直接表明黄河大约在 0.15Ma B. P. 左右贯通三门峡，并成为外流水系。

海河、滦河水系都是黄淮海平原的主要水系，在黄淮海平原塑造的过程中扮演着重要的角色。海河、滦河上游各主要支流的水系均十分古老，至少在上新世或更早就已存在，第四纪以来，随着太行山、燕山山地的快速抬升，漳河、滹沱河、永定河、滦河等沿上新世曲流河床下切，在山区形成了现在的深切曲流河谷（图 11.16）（吴忱等，1999a）。海河重要的支流之一——永定河的形成过程可揭示海滦河水系的形成与演变，永定河的形成与演变过程大致与黄河一致。在上新世晚期，由于青藏高原隆起引起北方地区普遍的强烈断陷活动，永定河上游段也出现断陷形成早期古湖，这大约与黄河流域出现古湖的时间一致。泥河湾古湖与怀来古湖的研究表明，上新世晚期开始永定河流域的上、中游都断陷形成湖泊，桑干河、永定河分别汇流于大同-泥河湾-蔚县古湖和怀来古湖。大约与黄河切穿三门峡东流入海的时间相仿，永定河也在同一时期切穿贯通北京官厅峡谷，东流入海（李容全，1988）。

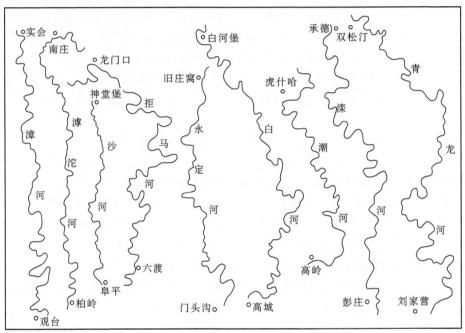

图 11.16　太行山、燕山主要河流深切河曲（据吴忱，2008）

　　淮河流域是叠加在东西构造带基础之上的北东走向的复式向斜盆地，属华北拗陷的南部，向东与苏北拗陷相连，盆地内断块式的凸起与拗陷相间出现（哈承祐等，2005）。淮河主流发源于河南省西南的桐柏山，干流流向总体上与东西向构造线一致；北岸的支流，源出于河南省西部的伏牛山、嵩山及桐柏山，沿北西向构造线由西北向东南流；南岸的支流，源出于安徽、河南与湖北分界的大别山与鸡公山，沿南北向构造线由南向北流（谷德振、戴广秀，1954）。淮河亦是一条古老的河流，其上游河段至少在早更新世初期就已存在，河口就在安徽省阜南县三河尖的附近（张义丰，1985）。早更新世和中更新世时期，淮河从八公山南向东流，大致在中更新世末和晚更新世初淮河在八公山西改道北流，形成现代水系格局（傅先兰、李容全，1998）。中更新世晚期黄河水系贯通之后，淮河水系发育受黄河冲积扇向东南推进的影响，淮河迅速向下游伸延。至晚更新世，豫皖苏平原低洼部分已被黄河堆积物填平。原从苏皖流向西北的河流，逐渐改变流向东南，淮北平原与苏北平原构成一体；晚更新世末期，沿淮河一线低洼处发育的河流切穿了东部苏皖之间的高地，贯通苏北，形成淮河（邵时雄等，1989）。

二、冲积扇堆积与山前平原发育

华北平原的山前平原位于平原与山地交接的山前地带，由黄河、海滦河和淮河等河流所形成的冲洪积扇组成，除黄河冲积扇外，自北向南还有滦河、潮白河、永定河、滹沱河、漳河、颍河、汝河以及大别山和鲁中南山地周围的冲洪积扇（图 11.17）。冲积扇的发育受地质构造运动、河流作用等因素的影响，各期冲积扇的发育过程反映了当时环境下的建扇过程。

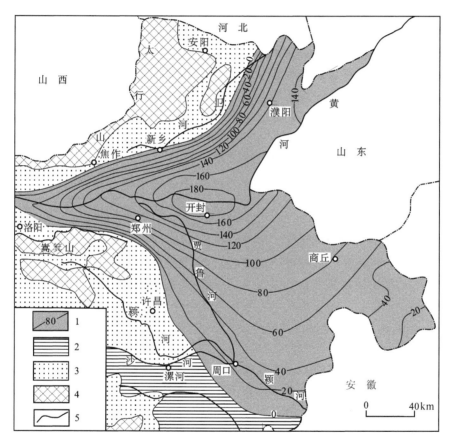

图 11.17　河南省黄河冲积扇等厚度图（据刘书丹等，1988）
1. 黄河冲积扇及等厚线（单位：m）；2. 淮河冲积平原；3. 山前倾斜平原；
4. 山区和第四纪剥蚀区；5. 主要河流

黄河冲积扇的规模在黄河贯通三门峡前后有显著差别。黄河贯通三门峡之前，郑州以下郑州—周口地区以北的早更新世沉积物主要来自于其西、西北和东部山区（左正金等，2006）。黄河自中更新世晚期切穿三门峡东流入海以后，从黄河中游地区第四纪黄土堆积区侵蚀、携带了大量泥沙，在山前形成了巨大的黄河冲积扇（图 11.17）。黄河冲积扇西起孟津宁咀口，西北沿着太行山麓与漳河冲积扇交错，西南沿嵩山山麓与淮河上游冲洪积扇相接，东临南四湖，海拔在 40～100m，东西长约 355km，南北宽约

410km，总面积约 72144km^2，为黄淮海平原山前地带最大的河流冲积扇（叶青超等，1990）。随着黄土高原侵蚀的加剧，在地球内、外营力和人类活动等因素的作用下，黄河建造了古冲积扇、老冲积扇和现代复合冲积扇体，各期冲积扇有着在空间上相互切割叠置的关系，共同组成巨大的黄河冲积扇平原。

中更新世晚期黄河穿越三门峡之后，随着三门峡古湖逐渐外泄消亡，在孟津以东地区逐渐形成了黄河古冲积扇。这期古冲积扇残留的范围较小，西起孟津宁咀口，北靠太行山南麓，南接嵩山北麓黄土塬，粗粒带前缘在坡头—武陟—新乡—滑县—濮阳—封丘—开封—杞县—通许—郑州一带，并有多条古河道呈放射状从扇体的前缘流出伸向东北和东南方向，其中以东北向的河道为主体，致使扇体呈西南-东北方向延伸[图11.18（a）]（李玉信等，1987）。冲积扇岩性为中粗、中细、粉细砂层、亚砂土、亚黏土，具有明显的下粗上细的冲积扇二元结构。冲积扇前缘地形低洼，组成物质颗粒较细。在地表形态上，中更新世晚期冲积扇以郑州为界大致可分为东西两个区域：郑州以西冲积扇的顶部因受山区持续的构造抬升影响而上升，形成黄河古阶地；郑州以东平原区的冲积扇则因此后不断下沉而被全新世地层覆盖埋藏，一般埋深大多在60m以下。

晚更新世早期黄河冲积扇在原有基础上不断扩展发育，黄淮海平原山前冲积扇平原地层埋深15m以下的沙砾石堆积为该时期的沉积产物。晚更新世晚期黄河冲积扇发育达到鼎盛时期，扇体总体向南偏东方向移动，范围也扩至最大，达到孟县—武陟—新乡—滑县—濮阳—兰考—开封—通许—郑州一带[图11.18（b）]（李玉信等，1987）。该时期的冲积扇沉积堆积了厚10～20m的砂质地层（吴忱等，1991a；吴忱，1992）。在晚更新世早期和晚期冲积扇之间，发育有河湖环境下沉积的黏土地层，厚约0.5～1m。此期冲积扇的东部由于地壳相对沉降，大量物质的覆盖堆积将冲积扇埋于地下，古河道带密布；西部因受构造抬升影响河流不断下切成为黄河河流阶地。在新郑以南和尉氏西南地区分布着许多由于地表水流割切而呈南北方向平行排列的条带状砂质岗地，属晚更新世晚期古冲积扇的边缘残留部分。这些岗地原来由砂黏土和细砂组成，在流水、风力等因素长期作用下形成分选性好、磨圆度高的沙丘（叶青超等，1990）。

末次冰期结束后，随着气候逐渐变暖，降雨丰沛，在流域侵蚀活动的不断加强下黄河冲积扇进入新的发育阶段，沉积了一套以河流冲积相为主、兼有山麓洪积冲积相和湖沼相沉积物的全新世冲积扇。受构造差异升降影响，全新世时期，晚更新世晚期形成的古冲积扇面在西部被切割、在东部被覆盖。全新世冲积扇有着由东北向东南方向明显的偏移，使得扇体由西南—东北向转为西北—东南向延伸；粗粒相带在孟县—温县—武陟—新乡—长垣—开封—兰考—杞县—通许—尉氏—郑州一带[图11.18（c）]（李玉信等，1987）。该期沉积物颗粒相对较细，除主河道相带为粉细砂外，多为黏质砂土和砂质黏土。完整的冲积扇地层上部为3～8m的黄土状物质，往下是细粉砂、中细砂和中粗沙砾石；被河流切割的冲积扇地层上部为厚约2～3m的黄土状物质和亚砂土，中部为含淤泥质细粉砂（约厚1～2m）和中细砂（厚2～3m），再往下是厚5～8m的中粗砂砾石（吴忱等，1991a）。由于黄河古河道在冲积扇上往复摆动，河道淤积速度快于扇面沉积速度，扇面淤高，脊背迁移，从而形成三期扇形地叠置的全新世黄河冲积扇复合体。先期冲积扇在3ka B.P.已经成型，以郑州桃花峪为扇体顶点。在金明昌五年（公元1194年）黄河稳定夺淮入海之后，冲积扇顶点逐渐向下游兰考移动，在先期冲积扇

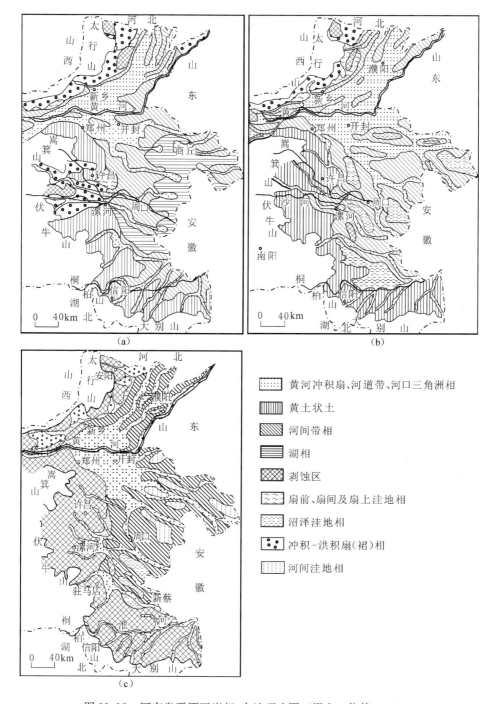

图 11.18　河南省平原区岩相-古地理略图（据李玉信等，1987）

(a) 中更新世；(b) 晚更新世；(c) 全新世

图例：

- 黄河冲积扇、河道带、河口三角洲相
- 黄土状土
- 河间带相
- 湖相
- 剥蚀区
- 扇前、扇间及扇上洼地相
- 沼泽洼地相
- 冲积-洪积扇（裙）相
- 河间洼地相

上叠置了中期兰考冲积扇。公元 1855 年黄河铜瓦厢决口复回山东入渤海，特别是 1938～1946 年因人为扒口形成了以花园口为顶点的近期黄河冲积扇，因此黄河全新世冲积扇是经过多次改道影响下形成的冲积扇复合体（叶青超等，1990）。

淮河上游冲积扇的发育在黄河贯通三门峡之后受黄河扇的影响，基本上局限在驻马店一线以南，沉积物质来源于淮河上游干支流的桐柏山、大别山区。晚更新世期间，受山区构造抬升影响，中更新世山前地带的沉积被抬升遭受侵蚀；全新世的抬升又使晚更新世山前沉积遭受侵蚀。全新世沉积主要在淮河主干道和沿南部支流河道发育，所处位置在一级阶地、现代河床等地带（左正金等，2006）。淮河以南的安徽中部广大地区，为波状平原，第四纪以来，相对淮北平原而言以缓慢上升为主，第四系厚度小于50m，除河谷中为河流相沉积外，广大波状平原区为山麓相堆积（于振江、彭玉怀，2008）。

在郑州以北，切穿了太行山和燕山的海滦河诸水系的主要干支流在山前形成一系列的冲洪积扇，自北向南有滦河、潮白河、永定河、滹沱河、漳河等冲洪积扇，各冲积扇渐次相接，构成黄河冲积扇以北的山前冲积平原（图11.19）。

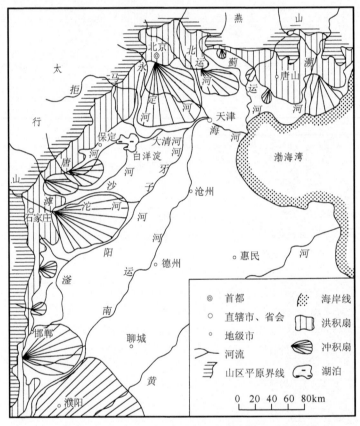

图11.19 黄河以北华北平原的洪积-冲积扇分布图（据吴忱，2008）

第四纪以来太行山前海河水系诸河的洪积扇堆积与山前平原发育可从海河重要支流之一的永定河洪积扇堆积和山前平原形成过程见其一斑。北京西山山前平原是永定河冲积扇和其他小河冲积扇共同堆积形成的，地势由西向东或东南倾斜。

永定河出山后，先后发育四条古河道，各条古河道在山前地带的砾石层连成一个砾石扇，扇的前缘边界从北往南经紫竹院—右安门—黄土岗一线，在砾石扇以东四条古河道才各自分开，由北而南分别为古清河、古金沟河、漯水和古无定河（王乃樑等，1982）。晚更新世后期到全新世早期阶段，大约在7200年以前，发育的古河道是古金沟河和古清河。此时形成的洪积扇切割了晚更新世地层，形成向东辐射的扇状水系，由于这一时期洪水经常泛滥，大量的泥沙覆盖在晚更新世地层上，形成地下约5～30m深处广泛堆积的一层灰黄色砂层。早全新世时期，永定河冲积扇前缘固安—廊坊一带开始出现湖泊沼泽堆积；中全新世早期，湖沼相沉积在北京的通州、大兴分布较广；中全新世晚期，在北京南郊零星分布较多。在永定河流域几次洪积相砂层广泛分布时期，北京山前一些不受永定河等大河洪水影响的地方仍有沼泽泥炭发育，如房山的坟庄、海淀的高里掌等地（姚鲁烽，1991）。受北东向八宝山断裂和高丽营断裂及北西向南口-孙河断裂活动所造成的地块倾斜的影响，在全新世中后期，大约1400年以前，永定河逐渐移到漯水和古无定河的位置。由于大兴隆起不断上升，漯水和古无定河被迫向西南迁移，移至现今永定河的位置（图11.20）。

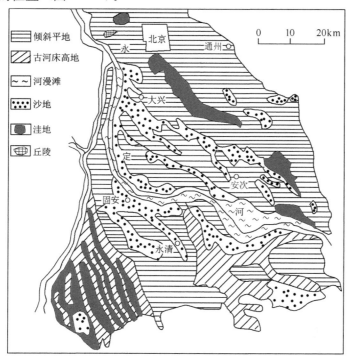

图 11.20　永定河冲洪积扇地貌图（据叶青超，1989）

　　滦河冲积扇处于构造隆起带，且后缘山体构造活动强烈（李从先等，2008）。第四纪以来，滦河分别在唐山东、西两侧山前建造了新、老两个冲积扇体系。早-中更新世，滦河在丰润山前沿还乡河故道建造了古冲积扇体系，因后期受河流侧蚀破坏和海水改造作用，目前只在丰润城关镇以东残留下一部分洪积扇台地，还乡河西南大部分地区已夷成平地（高善明，1985）。晚更新世，滦河出迁西山地，在山前建造了一个以迁西县峡口村为顶点的晚更新世早、中期冲积扇，以滦县为顶点发育了晚更新世晚期和全新世冲积扇，三个冲积扇由老至新呈逐渐切割关系（图11.21）（许清海等，1994）。末次冰期滦河扇三角洲地区的河谷随海面下降而下切侵蚀，下切河谷由山口至现今海岸线长约60km，呈扇形向南展开，宽度为2～70km，下切深度为30～60m，下切河谷的形状和范围基本上与现今的扇三角洲相当，谷底侵蚀面发育在晚更新世早期的黄褐色、稍有固结的冲积层内。全新世冲积平原嵌于老的冲积扇之中，两侧皆以2～10m的陡坡与老冲积扇为界，把扇体分成东西两块，它由出山口呈扇形向南展开，进入平原，先为冲积扇，后为三角洲，表面坡度较大（李从先等，2008）。由于全新世中期开始发育的滦河老三角洲经历了西大于东的不等量抬升，其西界为高2～5m的陡坎，东界则为一缓坡，滦河干流以滦县为原点，像单摆一样，由西向东摆动，从而留下了一条条从西向东由老至新的古河道（胡镜荣、石凤英，1983）。叠加在扇面上并向下游分岔的沙丘沙带，是古水系遗迹，显示冲积扇辫状河道的格局（李从先，1985）。

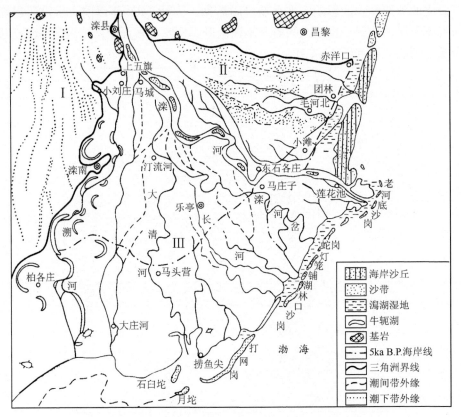

图 11.21　全新世滦河冲积扇发育平面（据许清海等，1994）

I. 晚更新世早、中期冲积扇；II. 晚更新世晚期冲积扇；III. 全新世冲积扇

三、平原河道变迁与泛滥平原的发育

　　黄淮海平原发育在巨大的新生代华北拗陷盆地内，第四纪以来沉降拗陷强烈，处于一直不断的沉降过程中，拗陷区内堆积了深厚的沉积物。山前冲积扇平原以下的泛滥平原是盆地的拗陷中心之所在，其中在黄河以北、接近太行山的冀中拗陷区新生代沉积物厚度达2000～5000m；济源拗陷和开封拗陷的新生代沉积物厚约1500～3000m；黄河以南的周口拗陷沉积物厚约2000～2500m（叶青超等，1990）。位于黄淮海平原南缘的淮北平原，第四纪以来新构造运动以大面积沉降为主，但沉降幅度明显偏小，第四系厚度为80～200m，除宿州—萧县低山丘陵地区有山麓相堆积外，广大平原区主要是河湖相

沉积，地形平坦（于振江、彭玉怀，2008）。

中更新世晚期黄河贯通形成之后，黄淮海平原的沉积速率明显增大。郑州一带黄河的堆积速率在早、中、晚更新世和全新世分别为 0.05mm/a、0.13mm/a、0.64mm/a 和 8mm/a。淮北平原早、中、晚更新世和全新世的沉积速率分别为 0.046～0.11mm/a、0～0.95mm/a、0.17mm/a 和 1.1mm/a（吴忱，2008）。

过去 4 万年，华北平原的平均沉积速率随时间而变，变化过程中存在 4 个突变点，分别为 10000a B.P.、5000a B.P.、3000a B.P. 和 1400a B.P.，将近 4 万年以来的变化分成 5 个阶段（图 11.22）。从古至今，整条曲线斜率的增大，反映了平原沉积的加速过程，其中，从阶段 1 到阶段 2 的加速与从冰期到间冰期的转变相对应，阶段 3 沉积速率的加速也主要是自然原因，均反映了气候变化对平原发育的影响；阶段 4 和阶段 5 沉积速率的加速则是由自然和人为原因共同造成的（许炯心，2007）。

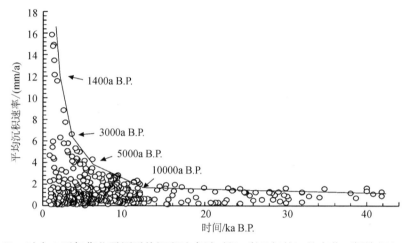

图 11.22　过去 4 万年华北平原平均沉积速率随时间（^{14}C 年龄）的变化（据许炯心，2007）

华北盆地北部多发育一系列相间排列的北北东向次一级拗陷和隆起以及它们之间的断裂构造，盆地南部则为近东西向的拗陷和隆起，以及它们之间的断裂构造，这为华北平原河流的纵横迁徙提供了有利的地质条件。在受人工堤防限制之前，泛滥平原上的黄河、淮河和海滦河诸河流均呈自由摆动状态，古河道就是河道变化过程中产生的废弃河道的残余，河流改道迁徙同时带来的大量泥沙大部分沉积在平原上，直接影响到泛滥平原的发育过程。黄淮海平原埋深 100m 以下至 400～500m，分布着早更新世早期、晚期，中更新世早期、晚期以及晚更新世早期、中期古河道带，均以中、细砂沉积为主。从黄淮海平原深埋古河道带分布图上可以看出（图 11.23），黄河可能从早更新世便开始介入黄淮海平原，在贯通三门峡后黄河的影响显著增强；海河各支流从早更新世开始有着向天津汇聚的趋势；漳河古河道带的主支位置基本未发生大的改变，为向东北方向不断延展的过程；滹沱河、永定河、拒马河等河流由于洪积-冲积扇的不断生长而使得古河道带的流路发生迁移（吴忱，2008）。

在不同的气候条件下，古河道的沉积特征有明显差别。气候寒冷干燥时，正是低海平面时期，河流侵蚀基准面降低，河流侵蚀切割能力强，平原以古河道沉积为主；而气候温暖湿润时，正值高海平面时期，河道弯曲，以侧蚀和裁弯取直为主，形成许多牛轭

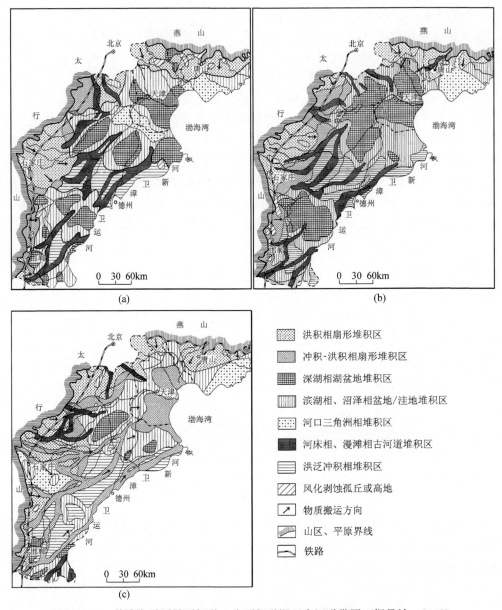

图 11.23　黄淮海平原早更新世—晚更新世深埋古河道带图（据吴忱，2008）

(a) 早更新世晚期；(b) 中更新世晚期；(c) 晚更新世中期

湖，整个平原以湖沼相沉积为主，因此，温暖湿润时古河道期也是湖沼发育期（吴忱等，1991b；吴忱，1992，2008）。

　　黄淮海平原上埋深在 60m 以内的古河道带主要为黄河、清河、漳河、滹沱河等河流发育形成，由古河道的沉积特征与气候变化特点所存在的对应关系，可分辨出晚更新世以来的六个不同的时期（图 11.24），分别为晚更新世早冰阶、晚更新世间冰阶、更新世晚期最后冰期主冰阶、早全新世、中全新世和晚全新世时期，各期古河道带均反映出当时的地理环境状况（吴忱，2008）。

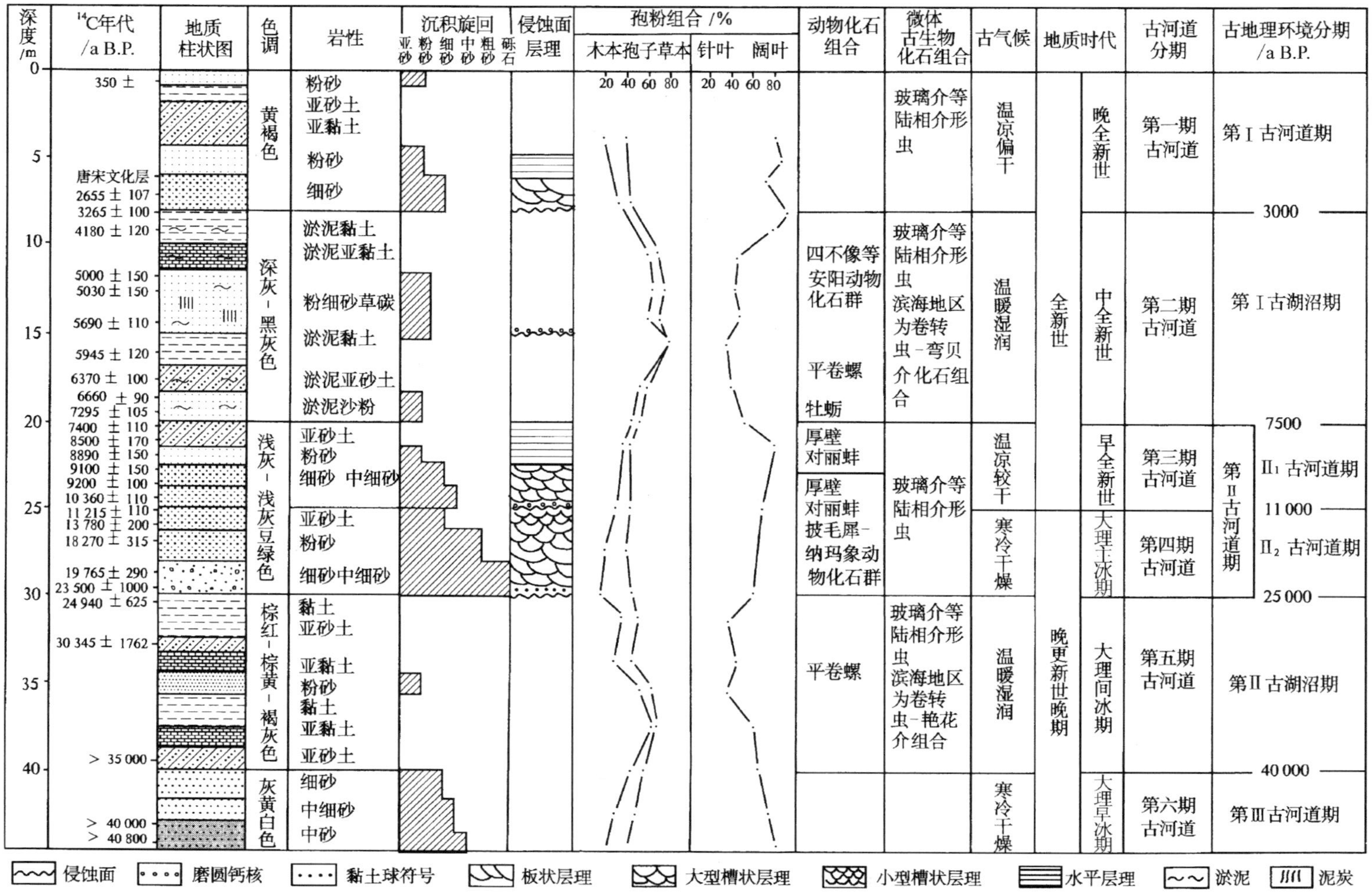

华北平原古河道与古地理环境关系图

深度/m	¹⁴C年代/a B.P.	磨圆钙核	地质柱状图	色调	岩性	沉积旋回	侵蚀面 层理	孢粉组合/%	动物化石组合	微体古生物化石组合	古气候	地质时代	古河道分期	古地理环境分期/a B.P.
0	350± 唐宋文化层 2655±107 3265±100 4180±120			黄褐色	粉砂 亚黏土 亚黏土 粉砂 细砂			木本 草本 孢子 针叶 阔叶	四不像等安阳动物化石群	玻璃介等陆相介形虫	温凉偏干	晚全新世	第一期古河道	第Ⅰ古河道期 3000
5 10	5000±150 5030±150 5690±110 5945±120			深灰—黑灰色	淤泥黏土 淤泥亚黏土 粉细砂草碳 淤泥亚黏土				平卷螺 牡蛎	玻璃介等陆相介形虫 滨海地区为卷贝 弯一弯介形组合	温暖湿润	中全新世 全新世	第二期古河道	第Ⅰ古湖沼期 7500
15 20	6370±100 6660±90 7295±105 7400±110 8500±170 8890±150 9100±100 9200±100 10360±110 11215±200 11780±315			浅灰—浅灰豆绿色	淤泥沙粉 亚砂土 粉砂 细粉砂 中细砂				厚壁 对丽蚌 厚壁对丽蚌—披毛犀—纳玛象动物化石群	玻璃介等陆相介形虫	温凉较干	早全新世 晚更新世晚期	第三期古河道	Ⅱ₁古河道期 11000
25	18270±315			棕红—棕黄色	亚砂土 粉砂				平卷螺	玻璃介等陆相介形虫 滨海地区为卷螺—艳花介组合	寒冷干燥	大理干冰期	第四期古河道	Ⅱ₂古河道期 25000
30 35	19765±290 23500±1000 24940±625 30345±1762			褐黄—褐灰色	细砂中细砂 黏土 亚黏土 亚砂土 黏土 亚黏土 亚砂土				厚壁对丽蚌		温暖湿润	大理间冰期	第五期古河道	第Ⅱ古湖沼期
40	>35000 >40000 >40800			灰黄白色	细砂 中细砂 中砂						寒冷干燥	大理早冰期	第六期古河道	第Ⅲ古河道期 40000

图 11.24 华北平原古河道与古地理环境关系图（吴忱，2008）

图例：⌇ 侵蚀面　⋯⋯ 磨圆钙核　…… 黏土钙核　⌇⌇ 水平层理　▤ 小型槽状层理　⟨⟨ 大型槽状层理　⟋⟋ 板状层理　Ⅲ 泥炭　⌇ 淤泥

晚更新世早冰阶时（40ka B. P. 以前）为第六期古河道发育期。气候寒冷干燥，孢粉组合为以藜、蒿为主的稀树草原植被。黄河携带泥沙出山后在洪积扇前缘以下形成了砂质古河道和古河道带，并一直延伸至滨海平原地区。黄淮海平原以河流相的沙砾石、中细砂、细粉砂和泛滥平原相的亚砂土、亚黏土堆积为主，埋深在 40m 以下。

晚更新世间冰阶（40～25ka B. P.）为第五期古河道发育期，同时多有湖泊洼地发育，黄淮海平原以河流相粉砂和湖沼相黏土交互沉积为主，褐灰色粉砂夹在厚层黏土、亚黏土中间，埋深约 30（35）～40m，有大量水生植物孢子和薄壳螺化石，气候温暖较湿润。黏土层所指示的湖泊沼泽相沉积范围向西和向北至少已达到山东莘县、河北石家庄、廊坊和乐亭一带，占据了黄淮海平原的广大地区。后期气候转为寒冷干燥，湖沼渐渐消退，在湖沼相黏土上形成有钙质结核，黏土表面风化为棕红和棕黄色，大面积的湖泊沼泽消失（吴忱等，1991b；吴忱，1992）。

更新世晚期末次冰期冰盛期（25～11.5ka B. P.）和早全新世（11.5～8.5ka B. P.）为第三、四期古河道发育期，两期古河道在多数地区连在一起，或可看作同一期，由浅灰色含淤泥质的中细砂、细砂、粉砂组成，埋深为 20～30（35）m。早全新世初期随着气候转暖，降水增加，河流切割侵蚀末次冰期时的沉积物，在其上形成侵蚀面；此后，在此侵蚀面上快速堆积具河床相的细、粉砂和泛滥平原相的亚砂土、亚黏土，埋深约 20～25m（吴忱等，1991b）。黄淮海平原上大量的第四纪钻孔沉积资料表明，在全新统之下，晚更新世末次冰期冰盛期时的晚更新统上部细砂层平面分布连续而稳定，埋深一般为 20～40m，厚度约为 5～20m；在黄渤海区海底十几米至 40m 左右也发现有该细砂层，厚约 15～30m，该细砂层被确认为风成沉积，意味着在晚更新世末次冰期冰盛期（21～13ka B. P.）时无论是黄淮海平原区还是大陆架区，都未发育以粉砂为主的黄河沉积，当时在华北平原上的黄河有可能解体消亡而未能东流入海，这与冰期时华北地区干旱、半干旱的气候与环境特点相符合（夏东兴等，1996）。进入全新世之后，随着气候转暖，降水增加，黄河在黄淮海平原上自由摆动，前期流向东北，在天津、河北、山东等地入渤海，9.6～8.5ka B. P. 时曾向东流经苏北北部附近入黄海，并建造有南黄海黄河古三角洲（薛春汀等，2004）。

中全新世（8.5～4.0ka B. P.）为第二期古河道发育期，同时发育有大规模的湖泊、沼泽。此期沉积主要由深灰-灰黑色淤泥质粉砂夹草炭组成，河床为粉砂堆积，河漫滩和河间洼地有牛轭湖和湖沼相堆积，湖沼相的含淤泥质黏土面积占平原面积的 60％以上（吴忱，1992），埋深为 8～20m，底部为一侵蚀面，含大量水生、沼生以及亚热带植物孢粉，表明气候温暖湿润。全新世海平面不断升高造成黄河等河流流程缩短，地表水排泄不畅，加之丰沛的降水使得河流来水量增加，在扇前洼地和背河洼地沥水停积，发育有大规模的湖泊、沼泽。湖泊大多位于冲积扇之间，以及冲积扇前缘的低洼地带，是伴随着黄河、滹沱河等河流冲积扇的发育而逐渐形成的。黄河流向东北，在天津、河北、山东等地入渤海，全新世黄河冲积扇向北、南、东方向微微倾斜，北面与漳河、滹沱河、永定河等河流共同作用在冲积扇前缘洼地形成了大陆泽—宁晋泊、白洋淀和文庄洼等湖群；南面则为淮北湖群的发育提供了有利的条件；东面在扇前洼地则发育了大野泽、南四湖以及北五湖。中全新世海侵的最高海岸线曾到达无棣—孟村—青县—武清—宝坻—丰南—唐海—马头营—团林一线，此线向东向北至冲积扇前缘地区都普遍有沼泽、洼地、牛轭湖及河流分布（吴忱，1992）。当时黄淮海平原北部的大陆泽—白洋淀—文庄洼湖群可能一度连成一片水域，形成自西南-东北向的湖淀带（张春山等，1995）。新石器时代晚期及夏商周时期的遗址大多分布在山前冲积扇台地上，可能与黄淮海平原区洪水频繁、大面积湖泊沼泽环境不利于人类活动有关（殷春敏等，2001）。

晚全新世（4.0ka B. P. 以来）发育的第一期古河道，在初期形成的侵蚀面上堆积有河流相的细、粉砂，河漫滩相的粉砂，泛滥平原相的亚砂土、亚黏土以及河间相的黏质土，埋深在 0～8m。这一时期河流继续堆积由古河道高地和古河间低地组成的泛滥平原（吴忱等，1991b）。进入晚全新世之后，气候转为凉干，海平面逐步下降，冲积扇向前推进，渐渐掩埋了原处于冲积扇前缘的湖沼洼淀。与此同时，晚全新世以来河流改道频繁，古黄河、古漳河等河流的改道变迁都对湖泊的生长消亡产生巨大影响，部分湖泊（如大陆泽、梁山泊等）消失；另一部分（如南四湖等）则湖泊生成面积扩大。

与频繁河流改道相关联的湖泊生消是泛滥平原发育的重要过程，大野泽是受黄河变迁影响最大的湖泊之一，在黄河的频繁改道中生成、发育、缩小以致消亡，可作为黄河水系变迁与泛滥平原发育的重要例证。大野泽，又名巨野泽，原为黄河冲积扇前缘的一片沼泽洼地，大致位于山东巨野、嘉祥、汶上、东平、寿张、郓城及定陶之间。中全新世气候温湿期，大野泽面积广阔，大小湖泊、水域彼此连成一体，呈现滩地、沙洲、水体相互交杂的湖沼景观（王乃昂，1988）。历史时期，黄河多次决口注入大野泽，使得大野泽不断扩张、淤塞、退缩、汇并，至宋代已具有较大规模并向北扩至梁山以北，形成所谓的"八百里梁山泊"。黄河注入湖泊虽扩大了湖泊面积，同时也带来了大量泥沙，抬高了湖底。宋代以后，受黄河变迁的影响，梁山泊的湖面时扩时缩。最后因黄河改道夺淮入海，再加上明代后期为防止黄河南决在梁山泊的北岸多筑堤防，使得梁山泊水源断绝、泥沙淤积，而日渐干涸。此后的东平湖则是由于清咸丰五年（公元 1855 年）黄河改道夺大清河入海，河床淤高，汶河下游河段被淤塞而成，同样经历了黄河决口改道时水源断绝干涸、复回时又蓄水扩大的往复变化（叶青超等，1990；郭永盛，1990）。梁山县 ZK1 钻孔记录如实反映了大野泽北部的湖泊变化情况，第三层和第五层的湖相沉积可能分别对应于宋代和元代湖泊发育时期，第四层则反映在金代湖泊曾一度因黄河供水不足而干涸（图 11.25）（喻宗仁等，2004）。

在黄河下游地区人类修筑大堤之前，黄河漫溢使得泥沙堆积造陆，在黄淮海平原上形成了巨厚的沉积物；筑堤之后，黄河携带的大量泥沙主要是流入海洋和淤高河床，河床淤高十分容易决溢发生分流或者改道，而每一次决溢迁移也都会重塑平原景观。

平原上的历史文化名城开封城址的多次更叠与"城摞城"的特殊现象是公元 1128 年黄河夺淮南移后多次决溢的结果。每次决溢都将大量泥沙淀积在开封城内，多次"加积"的结果出现了北宋开封城埋在今地面以下 8.5m，明代周王府地面低于今地面 4.58m 的奇观（张妙弟，2002）。

1194 年黄河稳定夺淮。以后，不过六七百年的时间，中国历史上与江、河并列为"四渎"之一的淮河，下游入海通道便已淤积成一道高岗。淮水失去直接入海通道，不得不借助于运河经长江入海。

分层号	深度/m	厚度/m	岩性柱	岩 性 描 述
1	1.30	1.30		灰褐色轻亚黏土，主要由粉土组成，质地均一
2	3.20	1.90		褐红色黏土，质地细腻，黏度大，成分均一
3	4.10	0.90		褐黄色轻亚黏土，主要由粉土组成
4	5.40	1.30		褐黄色亚黏土，成分均一，主要由粉粒及黏粒组成
5	8.10	2.70		灰绿-灰黑色亚黏土，主要由粉土和黏土组成，自上而下粒度逐渐变粗，少含有机质，底层为轻亚黏土薄层（厚度小于0.4m）
6	10.30	2.20		浅黄绿色或白色亚黏土，上部颗粒细密，黏度大，向下稳粗层底层含姜结石（厚度为0.3m左右）
7	14.50	4.20		黄褐色亚黏土，主要由黏土和粉土组成，下部含有黏土岩碎块，直径为10mm，含量约占20%

分层号	深度/m	厚度/m	岩性柱	岩 性 描 述
1	1.90	1.90		褐黄色黏土，土质较均匀，上部0.5m可见植物根系
2	4.80	2.90		褐黄色轻亚黏土，土质较均匀，粉粒含量较高，具水平微层理，可见少量云母碎屑及褐色铁质氧化物
3	5.60	0.80		黄褐色-灰褐色淤泥质黏土，黏粒含量较高，土质细腻，可见少量云母碎屑及有机质
4	6.10	0.50		褐黄色轻亚黏土，土质较均匀，具水平微层理，可见少量云母碎屑及褐色铁质氧化物
5	8.70	2.60		黄褐色-灰褐色淤泥质黏土，黏粒含量较高，土质细腻，可见少量云母碎屑及有机质
6	10.00	1.30		褐黄色轻亚黏土，具水平层理，含少量云母碎屑及少量铁质氧化物，偶见少量贝壳碎屑

左图：巨野县染织厂 ZK1 钻孔地层柱状图
右图：梁山县第二中学 ZK1 号钻孔地层柱状图

图 11.25 大野泽、梁山泊关于黄河改道的沉积记录（据喻宗仁等，2004）

　　淮、泗各河，河道淤塞、水流滞积的结果，沿河在鲁西、苏北形成了一系列湖泊，其中洪泽湖的面积超过 2000km² （图 11.26），当年洪水积潴，整个泗州城被淹没，曾是历史上的一场大灾难。

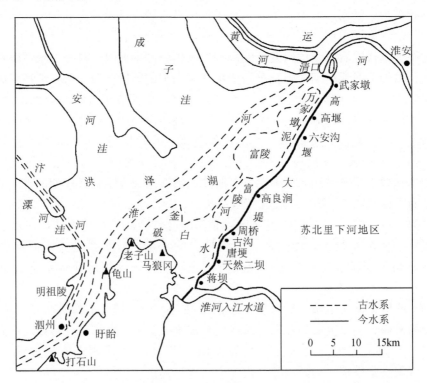

图 11.26 洪泽湖地理位置与水系图（据王庆、陈吉余，1999）
主要据武同举《淮系年表》编绘

与上述情况相反，苏北里下河地区，由于周边筑堤防洪，在防洪的同时也排除了泥沙的进入，因此在周边日益淤高的情况下，当地成为"锅底"，洪涝隐患难以解决，一旦堤防失守，立刻会遭到淹没出现一个新的湖泊。

以上这些事件都发生在有历史记载的数百年的时间内。对地质年代来说，数百年可真只是弹指一挥间。通过对这些事件在"瞬时"之间所造成的景观巨变的了解，就不难想象第四纪以来，黄淮海泛滥平原塑造过程的复杂和场景之宏伟了。

四、滨海平原的发育与演变

滨海平原是河流与海洋共同作用下形成的平原景观，其发育受海面变化与三角洲沉积造陆过程的共同影响。冰期-间冰期海面变化造成渤海和黄海的大规模海进与海退，制约着滨海平原的位置和范围，同时影响到河流三角洲的发育。中更新世晚期黄河贯通以来，黄河河口随着黄河的大规模南北迁徙摆动而变迁，在渤海湾及苏北海岸都形成了不同规模的三角洲，且直接影响到海河和淮河三角洲的发育，对华北滨海平原的发育影响重大。

晚更新世早期（110～70ka B.P.），黄淮海平原东部发育有海相层，埋深60～80m左右（图11.27）。进入晚更新世早冰阶时（70ka B.P. 左右），气候相对寒冷干燥，海平面下降发生海退，在40ka B.P. 时古海岸线大致位于现海平面下70m，滨海地区出露成为陆地。古河道砂带一直延伸至现在的滨海平原地区，甚至可能已伸入渤海海底，成为砂质古河道带和亚砂、亚粘质古河间带相间交错分布的洪泛平原，三角洲体系建造在现今海面之下（吴忱，1992）。在80～70ka B.P.，现东海外陆架东北部40～90m水深处发育有厚度10～35m的水下三角洲；50～42ka B.P. 在东海外陆架中部水深70～120m处发育水下三角洲，厚度一般为10～25m。两期水下三角洲皆因海面下降自北西向南东推进（刘振夏等，2000）。晚更新世间冰阶（40～30ka B.P.）时，古海平面上升，至25ka B.P. 最高海岸线大致位于现海平面以上5m左右的南皮—献县—任丘—霸县—安次—丰南—唐海—乐亭一带。现黄淮海平原滨海地区为浅海、滨海环境，水深约10～20m（吴忱，1992）。

晚更新世末次冰期冰盛期时，气候寒冷干燥，海面大幅度下降，末次冰期冰盛期的最盛阶段，海面大幅度下降至最低到现在海面的−150～−160m的大陆架边缘，苏北平原陆地向东推移约800km。黄淮海平原及黄渤海大陆架都长期成为陆地，成为由砂质古河道带与亚砂质古河间带组成的洪泛平原。裸露的黄淮海平原及黄渤海大陆架成为该地区风成黄土堆积的物源，在整个苏北、苏南平原和现海底陆架区普遍堆积有来自西部丘陵区的风尘物质，自西北而东南，黄土堆积物厚度逐渐变薄、粒度逐渐变细，这些黄土沉积物在冰后期温暖湿润的气候条件下受风化和成土作用，形成黄褐色或棕褐色硬质黏土层（郑祥民、严钦尚，1995）。在南黄海中部水深70～80m处埋藏有晚更新世27ka B.P. 左右的古三角洲，范围约在36°20′N～34°03′N，西界约在123°30′E，被判定为黄河堆积建造的，说明晚更新世末次冰期时黄河可能流经南黄海陆架区入海，并在此发育有古海岸线（李凡等，1998）。

进入全新世后海面逐渐上升，在中全新世达到最高位置；此后海面不断下降，海岸

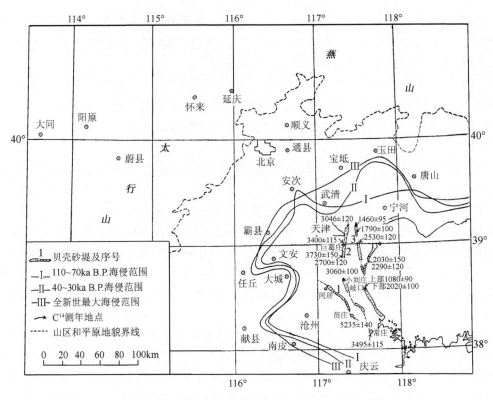

图 11.27 晚更新世渤海湾东部海侵范围（据杨怀仁、陈西庆，1985）

线逐步后退到现在的位置。全新世期间，黄河的流路几经改变，在渤海、黄海都堆积有古三角洲体系（表11.2），直接影响到现代滨海平原的形成。

表 11.2 晚更新世末以来黄河流向与黄河三角洲位置（据薛春汀等，2004，修改）

年代	入海口位置	三角洲
11.4～9.6ka B.P.	渤海海峡	北部黄河三角洲（山东泥楔）
9.6～8.5ka B.P.	苏北北部	南黄海黄河三角洲，黄河-长江复合三角洲之一部分
8.5～7.0ka B.P.	渤海西岸	没有形成黄河水下三角洲
7000a B.P.～1128AD	渤海西岸	多期黄河三角洲
1128～1855AD	苏北北部	苏北黄河三角洲
1855 年至今	渤海西岸	现代黄河三角洲

全新世期间，黄河除 9.6～8.5ka B.P. 和 1128～1855AD 两度从苏北东流入黄海之外，均流向东北入渤海，在渤海西岸建造黄河三角洲，与海河和滦河三角洲共同塑造了渤海滨海平原，在相对稳定条件下发育的四道贝壳堤分别代表了各时期渤海滨海平原的位置。11.4～9.6ka B.P. 时，渤海大部尚未被海水淹没，黄河在山东附近入渤海，建造有北部黄河古三角洲；8.5～7.0ka B.P. 时海平面上升，渤海西岸附近没有发育水下三角洲体系（薛春汀等，2004）。中全新世最高海面时的海岸线在今海拔 3～5m 附近的无棣、孟村、青县、天津一带，黄河流经平原、德州、孟村，在孟村附近建造了以孟村为顶点的三角洲体系；5.2ka B.P. 时渤海湾西岸相对稳定条件下发育的第四道贝壳堤

分布在黄骅和羊二庄小型三角洲以外的地区（吴忱，1992）。中全新世后半期（5.0～4.0ka B.P.），黄河在旧城附近分成两股汊流，分别经黄骅和羊二庄入海形成小型三角洲，第四道贝壳堤被黄河冲积物覆盖；4.0ka B.P.后经天津入海，河北无棣、孟村、青县、武清、宝坻、丰南附近有滨海河口相褐灰色淤泥质亚黏土堆积，天津附近滨海地区埋深20m以下发现有海陆过渡相地层，可能为这一时期的三角洲沉积。但三角洲发育规模较小且可能已被此后海河水系物质埋藏（叶青超等，1990）。

公元前16世纪至公元前11世纪时期的海岸线以3.8～3.0ka B.P.渤海湾西岸第三道贝壳堤为代表，在这道贝壳堤上发现战国时代遗址多处（邹逸麟等，1997）。公元前602年黄河发生有记载以来的第一次改道，在黄骅、海兴之间注入渤海达600多年，三角洲大体以黄骅为顶点，其范围北至岐口，南抵狼坨子，三角洲的部分海岸能伸展到现在的海岸附近，所带来的沉积物埋藏了3.8～3.0ka B.P.形成的第三道贝壳堤。王莽始建国三年（公元11年），黄河在魏郡（今河南濮阳西南）决口，公元11年至公元1048年黄河在山东利津入海，三角洲向外延伸建造了以滨州附近为顶点的古三角洲堆积体；到公元9世纪时，海岸线大致已经在现在新三角洲海岸附近了。受黄河改道影响，2.0～1.1ka B.P.之间渤海湾西岸的泥沙骤减，发育了第二道贝壳堤。第二道贝壳堤北起白沙岭，经上古林、岐口至狼坨子。公元1048年黄河决口后分流，北支在天津附近入海，以天津为顶点形成了海河-黄河三角洲。公元1128年黄河夺淮河在云梯关入黄海后，渤海湾又堆积了第一道贝壳堤，与现代海岸线基本一致。第一道贝壳堤南段北起大沽，经驴驹河、高沙岭，至马棚口与第二道贝壳堤汇合；同期，渤海湾的老黄河三角洲因黄河泥沙来源中断，在三角洲前缘海岸带也发育了贝壳堤，断续分布于鲁西沱—铁门关一线。公元1855年黄河在铜瓦厢决口，夺大清河故道重返渤海，在公元11年古黄河三角洲的基础上重新建造以宁海为顶点的近代三角洲体系，面积约4080km²。近代黄河三角洲的水下三角洲泥沙淤积量约占黄河来沙量的40%左右。在1934年黄河三角洲顶点下移的情况下，受黄河口多次决口改道影响，开始建造以渔洼为顶点的现代三角洲体系。因此现在的黄河三角洲是百余年来黄河建造的复合三角洲，黄河泥沙大量沉积在渤海湾海岸，使得海岸线逐步向海推进，逐渐形成现代的海岸线（表11.3）。

表11.3　全新世中期以来东部海岸增长速率（据杨怀仁、陈西庆，1985）

岸线名称	时段	岸线增长范围	水平距离/km	平均淤涨速度/(m/a)
苏北海岸	6137a B.P.～1128AD	西岗—东岗	4～15	0.7～2.7*
	1128～1425AD	东岗—新岗	12	36
	1425～1983AD	新岗—现代海岸	33	65
长江南岸三角洲海岸	6380～5410a B.P.	沙岗—竹岗	1.5～4	1.2～3.2*
	5410～1500a B.P.	竹岗—盛桥—航头	20	5.1
	1500～580a B.P.	盛桥—航头—东砂	25	27.2
渤海西岸	5235～3330a B.P.	贝壳堤1—贝壳堤2	5～12	2.6～6.3
	3330～1080a B.P.	贝壳堤2—贝壳堤3	10～19	4.4～8.4
	1080～0a B.P.	西北岸	0～22	0～20

注：苏北海岸数据据顾家裕等，1983；长江南岸数据据章申明等，1982；

　　*为杨怀仁、陈西庆（1985）修正值。

苏北平原的构造基础是苏北拗陷，第四纪沉积厚度在高邮湖至骆马湖一带为 20m 左右，到盐城、东台一带达 260～300m（图 11.28）。淮河三角洲发育其上，同时受到黄河和长江水系的影响，因此，苏北平原的形成是淮河、黄河和长江等三角洲共同作用的结果（图 11.29）（哈承祐等，2005）。

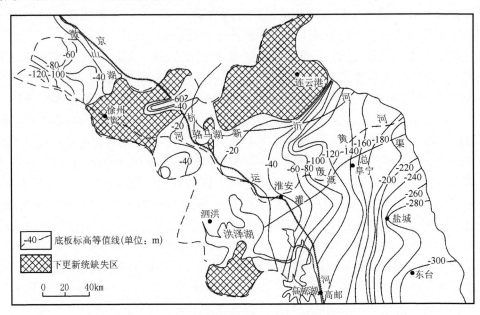

图 11.28　苏北地区第四系厚度等值线图（据哈承祐等，2005）

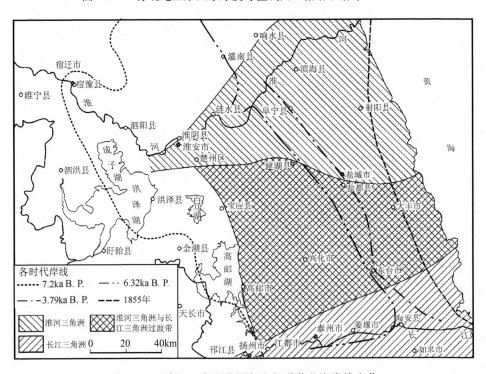

图 11.29　淮河三角洲范围与全新世苏北海岸线变化

全新世海岸线据杨怀仁、陈西庆，1985；淮河三角洲范围据哈承祐等，2005

全新世期间黄河曾于9.6～8.5ka B. P. 时向东流经苏北北部入黄海，可能与长江共同建造了复合三角洲体系（薛春汀等，2004）。此后直到1128年黄河再次夺淮入海以前，淮河一直都是独流入黄海的河流，发育了淮河三角洲沉积。在中全新世之前，苏北的海岸线曾稳定在赣榆—阜宁—盐城一线；7ka B. P. 左右，海岸线向西推移到海洲湾—宿迁—泗洪—扬州—镇江—杭州一线，淮河尾闾区在现今洪泽湖、里下河一带，整个里下河地区是一个浅水海湾，此后海岸线逐步向海退缩。盐城附近西岗主体部分在阜宁羊寨—喻口—两合—龙冈—大冈—东台市境一线，形成于6～5.5ka B. P. 。

大约在5ka B. P. ，海面相对稳定，淮河继续流向东北，在涟水附近入海，淮河流量加大的同时挟沙量也增大，泥沙的堆积不仅形成了蒋坝、莲池、青莲岗断断续续的河流心滩或沙坝，也使得古海湾的岸外沙堤发育，里下河地区被包围形成潟湖。在中全新世海侵过后，海面下降，里下河地区多有积水，河流所挟带的泥沙因岸外砂堤的拦截而多堆积区内，潟湖逐渐被分割为诸多大小湖塘，里下河地区也慢慢由潟湖演变为湖泊沼泽平原的景观（严钦尚、许世远，1993；凌申，2001）。公元前225年至公元1128年，淮河泥沙的淤积造陆使得河口外移至云梯关入海。5.5ka B. P. 至唐宋时期，苏北中部和北部的海岸线长期处于基本稳定的状态，主要位于盐城附近的东岗、中岗一线，东岗的形成年代约在3.8ka B. P. ，至公元1027年海岸线位于修建在东岗上的范公堤（凌申，2001，2002；严钦尚、许世远，1993）。

从公元1128年黄河夺淮入海至公元1855年铜瓦厢决口，黄河在苏北海岸淮河三角洲的基础上发展起了废黄河三角洲（表11.4）。废黄河三角洲的顶点在淮阴市的杨庄，北达临洪口，南临斗龙港，面积约12760km²。废黄河三角洲的水下三角洲是三角洲平原向海延伸的一部分，范围大致在15m等深线以内（叶青超等，1990）。废黄河三角洲的发育过程经历了两个阶段。公元1128年至公元1493年的最初300余年间，黄河主要从中游由颖、涡、泗水等河流入淮，当时尚无完整的堤防，且入淮路线不稳定，使得大量泥沙泛滥沉积在平原上造陆，同时还有北支分流入渤海，因而淮河下游河口向海延伸，河床淤高尚不显著，入海口平均每年向外延伸约54m（严钦尚、许世远，1993），明代在苏北北部海岸发育的第四道砂堤，只在14～15世纪的一段时期中稳定发育了新冈。从公元1494年起黄河北支被堵闭，采用"束水攻沙"治黄策略之后，全部河水直接经泗河在清口入淮河河口段，大量泥沙被带入淮河经过河口入海，三角洲迅速延伸发展，河口向海延伸速率达到每年约200m；1700～1855年，因康熙以后接筑了云梯关外沿岸大堤，入海口延伸更加迅速，高达每年284m，1855年河口已从1128年响水云梯关伸至大淤尖以东7km，推进了90多千米（凌申，2002）；明代中叶灌河口在双港附近；清顺治时灌河口已经在陈家港南约6km；从清乾隆中期到道光二十二年，灌河口又向海淤长了15～17km（严钦尚、许世远，1993）。废黄河三角洲的发育导致了苏北沿海入海泥沙量剧增，沿海淤积作用增强，使得苏北海岸迅速向海推进，并形成广阔的滨海平原，现在新岗以东宽约33km的淤泥质低平海岸就是黄河夺淮入海时期淤积而成的（高善明等，1989）。

表 11.4　苏北黄河三角洲的成陆速度（据张忍顺，1984）

年代	成陆面积/km²	成陆速度/(km²/a)	岸线平均推进速度/(km/a)
1128～1500 年	1670	3.2	0.024
1500～1660 年	1770	11.1	0.08
1660～1747 年	1360	15.6	0.10
1747～1855 年	2360	21.8	0.15

1855 年黄河改道北迁入渤海之后，废黄河三角洲的泥沙来源中断，海岸重新遭受海浪作用侵蚀，海岸线也迅速后退，1855 年以后的 130 多年间，由双洋河口至小丁港150 多千米的海岸线上，共失去了 1200km² 左右的土地（叶青超等，1990）。

第三节　长江水系演化与长江中下游平原地理环境的演变

长江中下游平原发育在若干构造盆地之中，自西而东主要有江汉盆地（包括洞庭湖盆地）、赣北断陷（以鄱阳湖盆地为主体）、苏北拗陷（长江三角洲平原），它们的成盆时期似有自西而东、由老渐新的趋势。受新构造运动和气候变化的共同影响，长江自早更新世末期至中更新世初期贯通各段东流入海，在水系不断演变的同时逐渐塑造了长江中下游平原。

第四纪末次冰期冰盛期，长江中下游平原地区处在温带草原与森林草原的过渡地带，长江口因海面下降而向东延伸到大陆架边缘，长江中下游平原地区河道下切遭受侵蚀；进入全新世以后，长江中下游平原地区转变为暖湿的亚热带森林环境，由于海面上升与降水增加，河流排水不畅，形成众多湖泊，江汉平原、洞庭湖平原、鄱阳湖平原及长江下游河谷、三角洲平原都接受了大量泥沙沉积。根据沉积速率估算，7ka B.P. 以来长江中下游堆积泥沙约 13074×10^8 t，河口和陆架堆积约 17402×10^8 t（表 11.5）（王张华等，2007）。

表 11.5　长江中下游沉积盆地全新世不同时期沉积厚度、速率以及沉积总量（据王张华等，2007）

盆地名称	时代/a B.P.	10000～7000	7000～4000	4000～2000	2000～现今	沉积总量/10⁸t
江汉盆地	沉积物厚度/m	2.0～10.0	3.0～30.0	2.0～7.0	2.0～6.0	6331
	沉积速率/(m/ka)	0.7～3.3	1.0～10.0	1.0～3.5	1.0～3.0	
洞庭湖盆地	沉积物厚度/m	极薄	3.0～5.0	5.0～20.0	5.0～20.0	2576
	沉积速率/(m/ka)	0	1.0～1.7	2.5～10.0	2.5～10.0	
鄱阳湖及长江下游河谷盆地	沉积物厚度/m	0.9～10.0	1.0～12.0	4.6～21.8	2.5～22.0	4167
	沉积速率/(m/ka)	0.3～3.3	0.3～4.0	2.3～10.9	1.3～11.0	
三角洲平原	沉积物厚度/m	18.0～34.0	4.0～24.0	2.0～10.0	2.4～20.0	7950
	沉积速率/(m/ka)	6.0～11.3	1.3～8.0	1.0～5.0	1.2～10.0	
现代长江水下三角洲	沉积物厚度/m	0.7～12.9	10.6～21.9		5.6～13.3	5035
	沉积速率/(m/ka)	0.2～4.3	2.1～4.4		2.8～6.7	
浙闽沿海泥质区	沉积物厚度/m	5.0～10.0	10.0～20.0		5.0～10.0	4417
	沉积速率/(m/ka)	1.7～3.3	2.0～4.0		2.5～5.0	

一、长江水系的形成

从构造地貌来看，长江是在断陷带中发育的具有悠久历史的河流，现代构造活动仍在继续并影响长江的发育和演变。新近纪以来，主要在新构造运动和气候变化的共同影响下，长江逐步连接原先互不连通的内陆型和外流型河湖体系而形成现在的水系（余文畴、卢金友，2005）。

古近纪及以前，不存在贯通三峡地区的古长江（杨达源，1988）。当时的古地理格局为东高西低，江源地区是封闭的内陆断陷盆地；上游地区的河流顺着东高西低的地势向西南方向出流入海；中游和下游地区的汇水分别注入一些尚未连通的内陆构造盆地；只在近海地区才有短小的河流注入古东海（余文畴、卢金友，2005）。

新近纪至早更新世早中期，古长江开始分段发育。青藏高原的断块活动以及横断山系的出现成为长江流域的西界；流域东部产生了一系列的断陷盆地，使得燕山运动形成的古陆缘山系逐步解体；流域内的地势由东高西低转变为西高东低，并进一步发展成为落差巨大的三级阶梯；季风环流的形成使长江流域的大部分地区由原来副热带高压控制下的干旱炎热转变为温暖湿润、降水丰沛的气候环境。

在长江流域的西部，受构造运动影响唐古拉山强烈上升，在早更新世时形成长江水系与怒江水系、澜沧江水系分水岭的雏形。在川西和云南地区，上新世末至更新世时随着断块抬升的影响而形成众多的断陷凹地，并逐渐发育成古湖泊，古长江上游河段就是通过贯通这些古湖泊而逐渐发育成串珠状排泄性河湖体系。当时古长江上游河段与川江各自发育有独立的水系，从阶地的重矿物成分来看有较大差异；古金沙江与古红河的阶地堆积物矿物成分较为相似，表明当时古金沙江可能流经古红河入海（任雪梅等，2006）。

早更新世晚期继青藏高原的大规模强烈隆起，川西和云南地区也强烈隆起成为高原，受地形高差的影响而形成向东倾斜的大斜坡，从而出现大面积汇水向东流的局面。河流作用的增强使得东西向河流逐渐溯源侵蚀，袭夺了原来各自独立的南流水系后改向东流；金沙江各段袭夺贯通后成为古金沙江，在古金沙江下段与川江贯通之后，江水东流进入四川盆地（杨达源、李徐生，2001）。

三峡河段的贯通是现代长江形成的重要关键环节，标志着长江的形成，并且对长江中下游平原的形成有着深刻的影响。长江在形成贯通之后，由于构造运动和气候变化等原因，多次强烈下切，在三峡地区发育有多级阶地，其中可以对比的最老一级阶地年代为 $0.73 \sim 0.7 \mathrm{Ma}$ B.P.，代表了长江三峡贯通的最晚时间（图 11.30）（唐贵智、陶明，1997；杨达源，2004；向芳等，2005）。在长江贯通以后，长江侵蚀搬运下来的花岗岩类砾石和碎屑物质在三峡口外大量堆积，分布有几个大型扇形堆积体，由它们可以推断出长江三峡贯通的时间。最老的一个扇形堆积体，扇顶在宜昌东南的云池附近，扇体砾石层厚度接近 100m，至下游逐渐减薄，一直向东南延伸到洞庭湖区。据古地磁测年，时间约在 1Ma B.P.，至少不晚于 0.55Ma B.P.。云池冲积扇纵长大于 200km，为含多量花岗岩物质的大型粗颗粒扇形堆积体，代表了宜昌以上长江水量的大增，以及侵蚀能力的大大加强。因此云池扇形堆积体形成的年代，即长江三峡贯通、宜昌附近古长江获得长江上游地区大面积汇水的时代，可代表长江的形成年代，为早更新世末期至中更新世初期（杨怀仁等，1995）。

此外，在江汉平原等地的钻孔记录也表明，在早更新世末至中更新世初期，沉积物质和环境都发生变化，也标示了长江即在此期间贯通形成（向芳等，2006；马永法等，2007）。

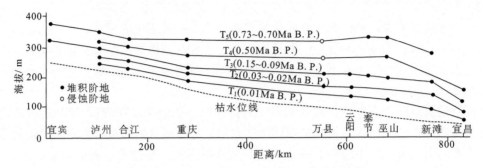

图 11.30　长江宜宾至宜昌段阶地位相图（据田陵君等，1996）

中更新世，在长江贯通东流之后，青藏高原内部现在的江源区湖水外流，使得多数湖盆消失，逐步形成沱沱河和楚玛尔河。川西、云南高原继续强烈掀斜上升，金沙江强烈下切普遍形成峡谷。四川盆地由于上游来水量的增大和下游三峡贯通后溯源侵蚀加强，川江强烈下切形成深切河曲与峡谷。三峡河段形成峡谷，在山地出口宜昌附近，河谷拓宽，发育有多级阶地。长江宜宾至宜昌之间五级河流阶地的形成年代分别为0.73～0.7Ma B. P.、0.5～0.3Ma B. P.、0.11～0.09Ma B. P.、0.05～0.03Ma B. P. 以及0.01Ma B. P. 左右（向芳等，2005）。长江各支流水系逐渐发育成熟，汉水等河流形成，出现了现代长江水系的格局。

晚更新世以来，江汉平原与鄱阳湖平原的河段处于拗陷沉降区，河流摆动频繁。长期以来河道逐渐南移，在北岸发育了宽广的冲积平原。南京至镇江河段由于受到沿江断裂带的控制，河道被局限在狭窄的断裂破碎带中摆动，变迁幅度不大。长江河口河段则因气候变化与海面升降等原因在河口向南迁移的过程中经历多次较大幅度的往复摆动（中国科学院地理研究所等，1985）。

晚更新世末次冰期时，我国东海海面降到现今海面下 150m 左右，长江可能流经目前黄海、东海交界处，跨越辽阔的大陆架平原，在济州岛附近注入冲绳海槽北端（夏东兴、刘振夏，2001）。由于基准面大幅度下降使得流水的侵蚀作用增强，长江河道内下切作用剧烈，整个中下游河段形成深切河谷并导致流域内很多地方形成多级阶地，南京附近有多级埋藏阶地，江汉平原西部的荆江两岸分布有海拔高程为 27～31m 的埋藏阶地。洞庭湖、鄱阳湖和长江中下游地区普遍有下蜀黄土沉积。

长江自早更新世末期至中更新世初期贯通各段，成为大江东流入海之后，在水系不断演变的同时逐渐塑造了长江中下游平原。

二、江汉-洞庭平原现代自然地理景观的形成

江汉-洞庭平原发育在江汉盆地和洞庭盆地之中，两个盆地都发育有典型的盆地地貌特点，从外围到中心依次为中、低山，丘陵，冲积-湖积平原，呈层状阶梯分布。江汉、洞庭盆地都各自发育有向心状水系，汉江盆地有汉江、漳水、清江等河流迂回汇

入，洞庭盆地承接荆江四口分流和湘江、资水、沅水、澧水等河流的来水来沙，经洞庭湖调蓄后在城陵矶汇入长江，与长江形成了复杂的江湖关系。江汉盆地与洞庭盆地之间分布有低矮丘陵，将两者分隔开。在构造运动作用下不断沉降的同时，江汉-洞庭盆地接受了大量由长江水系各支流挟带的泥沙，形成了拥有众多湖泊的江汉-洞庭平原。

江汉-洞庭盆地是白垩纪和新生代形成的一个裂陷盆地，发育于相对稳定的古扬子陆块之上；白垩纪—古近纪盆地沉积至渐新世因隆升作用几乎完全中断；中新世以后，盆地再次进入缓慢的拗陷期，并继续发展至今（徐杰等，1991；马永生等，2009）。江汉—洞庭盆地由江汉拗陷、华容隆起和洞庭湖拗陷组成，表现为二拗一隆的特征。北部江汉拗陷的中、新生代沉积一般厚4000~6000m，最厚的如潜江次级拗陷，达10000m，内部发育一系列北西西至近东西向断裂及其控制的次级拗陷；南部洞庭湖拗陷的中、新生代沉积一般厚2000~3000m，内部发育一系列北北东和北东向断裂及其控制的次级拗陷和次级隆起；中部华容隆起的东段桃花山、墨山一带基岩裸露，西段有不厚的第四纪沉积（图11.31）（徐杰等，1991）。

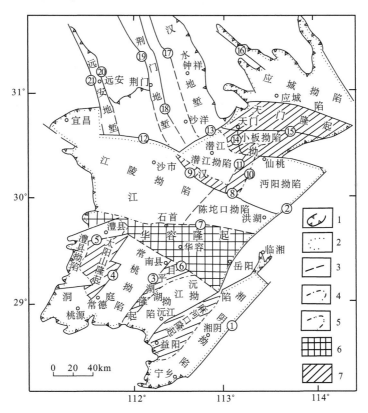

图11.31　江汉-洞庭盆地构造分区图（据徐杰等，1991）

1. 白垩系-古近系分布范围；2. 江汉-洞庭盆地边界；3. 断裂和推测断裂；4. 拗陷或隆起的非断裂边界；5. 次级拗陷或次级隆起的非断裂边界；6. 隆起；7. 次级隆起；断裂名称：①崇阳-宁乡断裂；②沙湖-岳阳断裂；③南县-汉寿断裂；④太阳山东断裂；⑤澧水断裂；⑥北景港断裂；⑦石首-监利断裂；⑧周老咀断裂；⑨新沟-高平断裂；⑩沔阳断裂；⑪通海口断裂；⑫纪山寺断裂；⑬潜北断裂；⑭麻洋潭断裂；⑮天门河断裂；⑯大洪山断裂；⑰胡集-沙洋断裂；⑱武安-石桥断裂；⑲南漳-荆门断裂；⑳远安盆地东界断裂；㉑远安盆地西界断裂

在江汉-洞庭盆地的形成演化过程中，江汉拗陷和洞庭拗陷的演化既有一致性，又存在明显的差异（图11.32）。新近纪的拗陷主要出现在江汉拗陷区，沉降中心位于潜北拗陷中，此时华容隆起和洞庭拗陷区仍以抬升为主，几无沉积。到上新世末期，江汉拗陷亦被抬升，与华容隆起和洞庭拗陷共同遭受侵蚀，并渐趋准平原化。

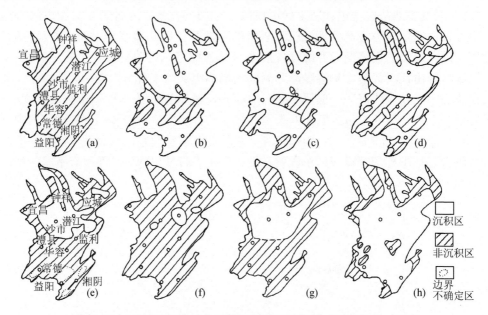

图 11.32　江汉-洞庭盆地各时期沉积分布示意图（据徐杰等，1991）

（a）早白垩世；（b）晚白垩世；（c）古新世—始新世早期；（d）始新世早期；（e）始新世晚期；（f）渐新世；（g）新近纪；（h）第四纪

第四纪时期，江汉-洞庭盆地再次整体下沉，早更新世晚期至中更新世初期，江汉平原湖群扩张达到鼎盛，华容隆起西段一度没入水下，江汉-洞庭盆地南北水体贯通形成统一的大湖盆；中更新世末以后湖泊开始退缩（刘昌茂、刘武，1993）。江汉-洞庭盆地内，第四纪河湖相、冲洪积相和边缘山麓相沉积广泛分布，沉积厚度一般为150～200m，最厚达250～300m，存在多个小规模的沉积中心，往往位于古近纪拗陷及其附近。江汉拗陷中，第四系不整合覆于新近系之上，厚度变化不大，一般为150～200m，最厚在通海口和曹市一带达300m，沉积中心走向为北西西至近东西向，总体组成一个近东西向带状分布的洼地。洞庭湖拗陷内，第四系不整合覆于古近系或白垩系之上，沉积中心走向主要为北东和北西向，第四系一般厚100～150m，最厚达250～300m，位于沅江和目平湖地区的瓜瓢湖一带。此外，太阳山丘陵西侧的澧县和临澧一带，存在一近南北向狭长拗陷带，第四系厚170～250m左右（图11.33）（徐杰等，1991）。

第四纪期间，江汉-洞庭盆地周围的隆起区间歇性抬升。在其影响下，盆地区虽相对下沉，但沉积范围逐步退缩，盆地边缘出现由白垩系和古近系红层组成的"镶边构造"。因此，盆缘地带总体地貌形态具层状环带分布的特点。地貌类型从外围向盆内由侵蚀波状岗丘、侵蚀台地、堆积台地过渡为冲积-湖积平原，盆内平原区海拔50m左右，地面坦荡，湖泊星罗棋布，河港众多，河道时分时合；位于华容隆起上的桃花山丘陵凸显于平原腹地，而洞庭湖拗陷中第四纪强烈断块抬升的太阳山丘陵，呈北北东向耸

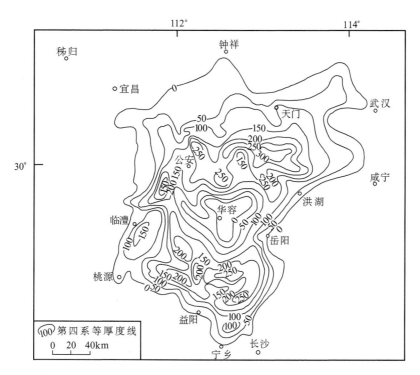

图 11.33　江汉-洞庭盆地第四纪沉积厚度分布图（据徐杰等，1991）

立于平原西南缘（徐杰等，1991）。

晚更新世中期的间冰阶时，江汉-洞庭地区为河网平原景观（杨达源，1986a），普遍沉积了粉砂、粉砂质黏土、黏土互层沉积，在冲积扇之间的洼地上发育有灰黑色淤泥质湖相沉积。晚更新世末次冰期冰盛期，长江及各支流下切作用强烈形成深切河槽，长江水面高度平均要比现今低 20～45m（杨达源，1986b）。水位下降幅度远远超过沿江湖泊的平均水深，江汉-洞庭盆地内沿江湖泊都萎缩以致干涸，成为河网洼地。据考古资料，在江汉洞庭盆地这一时期的洼地中发现了多处旧石器时代晚期及新石器时代遗址。

早全新世时气温回升，随着海面逐渐升高，长江中下游地区河流比降减小，一些低洼地区积水形成零星湖泊，江汉-洞庭地区形成深切河谷与零星洼地、湖泊共存的河湖切割平原景观。

中全新世时，全球海面迅速上升使得长江水系河流水位升高，同时由于气候温暖湿润、降水丰沛，加之江汉-洞庭平原处于不断沉降中，因此河流常发生洪水泛滥。水位的升高造成盆地边缘三角洲被淹没，在河间洼地和平原边缘地带等地势较低的地方，常潴水形成湖沼。这一时期在江汉平原上形成了我国古代著名的湖泊——云梦泽，从沉积物分析来看，云梦泽的标志层蓝灰色湖相淤泥黏土的分布范围已东至大别山麓，西至松滋丘陵前缘，北越汉水，南入洞庭，并延伸至南洞庭及西洞庭的河谷洼地，在全盛时期湖泊面积可达 12250km²。洞庭湖也由于降水丰沛、大量径流注入而形成浅平大湖，其范围主要在今沅江口至东洞庭湖一带，宽约 17～33km，当汛期长江出现高水位时，洞庭湖四水顶托受阻，湖区范围远较现在大（张晓阳等，1994）。中全新世中期 6.0～5.0ka B. P. 气候波动剧烈，降水不稳定，常有洪水暴发，大量碎屑物质进入江汉-洞庭平原地区，湖泊面积相对减少，云梦泽也相对萎缩。钻孔资料表明，这一时期沉积层中为粉细砂、粉砂和粉砂质黏土，为河流泛滥沉积相。5.0～3.0ka B. P. 时，降水量丰沛稳定使得湖沼又大规模发育。江汉平原上湖群进入全盛发育期，湖泊数目、面积都大大发展，云梦泽也又一次达到鼎盛时期，但以沼泽发育为主，水较浅，有泥炭层发育。洞庭湖由于四水入湖三角洲的延伸，面积较之前有所缩小，洼地中仍有许多小湖泊，以西洞庭湖区范围最广。

晚全新世之前，江汉-洞庭平原的地理景观主要处于自然演变阶段，进入 2.5ka B. P. 以后，在人类活动与自然因素的共同参与下，平原景观快速发生显著改变。泥沙淤高以及三角洲的不断推进，使湖沼水面逐渐缩小，修筑江堤体系、开挖泄洪渠系等人为活动则加速了湖泊洼地的干涸过程（图 11.34）。

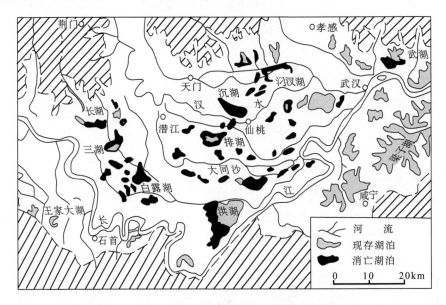

图 11.34　江汉地区湖泊围垦消亡图（据徐瑞瑚等，1994）

江汉平原是长江和汉水的冲积湖积平原，是古云梦泽所在地。长江、汉江形成主干河间洼地，其支流又分割主干河间洼地形成次级河间洼地，洼地多积水成为湖泊或沼泽，因此形成湖群众多的"云梦泽"。7.0～4.0ka B. P. 期间江汉盆地的沉积速率达到 1～10m/ka，为长江泥沙最为主要的堆积区；4.0ka B. P. 之后，江汉盆地的沉积速率减小（图 11.35，表 11.5）（王张华等，2007）。春秋战国时期，云梦泽尚为一吞吐型或洪道型湖沼，长江、汉水及其分流在云梦泽区沉积层中留下多条砂带沉积，湖沼相沉积已并不连续（阆国年，1991）。秦汉时，受江汉盆地由西北向东南的掀斜运动影响，长江及各支流河道的分流点、分沙点的位置逐渐南移，入湖三角洲也向东、南方向展布，故使得云梦泽迅速萎缩，并逐渐转变为以沼泽为主，平原面积不断扩大。至魏晋南北朝时，云梦泽范围不及先秦时的一半，洪水期连成汪洋，枯水期则呈现多湖沼的景观。至唐宋时期，人工修筑荆江大堤加剧了淤积，云梦泽主体基本被淤平为陆地，大面积的湖泊演变为众多小湖泊，即江汉湖群。湖泊沼泽化严重，使得围湖造田成为可能。宋代开始，大量人口移入江汉平原地区，大规模筑堤围湖，明、清垸田开发进一步加速。至清乾隆初期，围垦已达到"无土不辟"、过度垦殖的程度，垸田修筑达到高潮。民国及建国以后，围湖垦殖的范围更加广泛，特别是20世纪60年代末至70年代末期，江汉平原上大量湖泊因此消失。据遥感资料测算，江汉湖群50年代湖泊609个，总面积为4708km²；至1979～1981年只剩下309个，总面积为2657km²，减少了44%，因垦殖而直接减小的面积占43.75%（赵艳等，2000）。

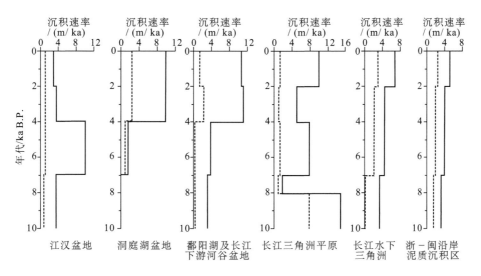

图 11.35　长江沿线主要沉积区和浙-闽沿岸沉积区全新世沉积速率（据王张华等，2007）
虚线表示最小值，实线表示最大值

　　洞庭湖在晚更新世冰期时曾消亡演变为河网切割平原，全新世河网切割平原又演变为浩瀚的"八百里洞庭"，其后又逐渐淤积萎缩成现今的湖沼景观。4.0ka B.P. 之后，洞庭湖盆地成为长江中下游平原的主要沉积地区之一，沉积速率达到1～10m/ka（图11.35，表11.5）（王张华等，2007）。商周至秦汉时期温暖多雨，洞庭四水复合三角洲的分流河道排水不畅，由河间低洼地发育而成的众多湖泊、沼泽，逐渐扩大形成洞庭湖。经东晋、南北朝至唐宋年间，湖面扩大到有"八百里洞庭"之称。明嘉靖年间筑荆江大堤，为保荆北地区的安全，开虎渡、调弦两口向南分流。由于长江水向南分流增大，洞庭湖湖面也不断扩大，至19世纪中叶洞庭湖天然湖面面积达6000km²。1860年和1870年长江两次特大洪水相继冲开藕池、松滋口，形成荆江四口分流入洞庭湖的格局，将长江泥沙的2/3带入洞庭湖。在平均每年入湖的1.6×10⁸m³以上的泥沙中，有71.9%沉积于湖内（刘沛林，1998），四口入湖三角洲迅速扩大，水下三角洲不断淤为陆地，并随即被围成垸田。人工围垦加剧了洞庭湖的萎缩，湖区面积由1852年的6000km²减到1949年的4350km²，直到现在的2623km²（图11.36）（余文畴、卢金友，2005）。

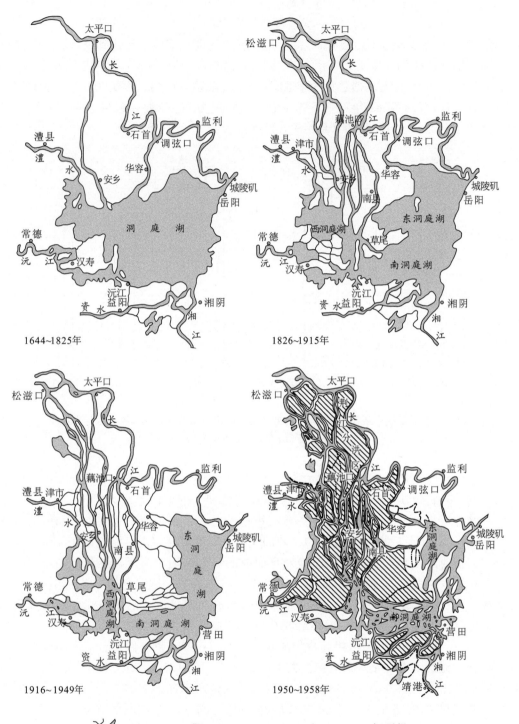

图 11.36　洞庭湖区历史演变图（据刘明光，1998）

三、鄱阳湖平原的形成与演变

鄱阳湖盆地四周为山岭环抱，海拔均在1000m以上。从外围到中心依次为中山、低山、丘陵阶地、鄱阳湖区，呈现出清晰的环带状和阶梯状的层状特征。赣江、抚河等五条河流汇入鄱阳湖区，为典型的向心水系，湖水经湖口流入长江。

中生代燕山运动形成的鄱阳湖断陷，奠定了鄱阳湖沉积盆地的雏形。白垩纪和古近纪是盆地面积最广、接受沉积最厚的时期，盆地早期接受白垩系和古近系的红色碎屑沉积厚达数百米至数千米，后由于构造运动抬升隆起遭受夷平剥蚀。新近纪初期受新构造运动的影响，夷平面解体，强烈的断裂活动使得盆地周围地区升起，中部相对下降，并形成星子-湖口裂谷外泄通道，奠定了现代鄱阳湖平原格局的基础（杨景春等，1993）。

进入第四纪，鄱阳湖盆地仍处于拗陷沉降过程中，并接受广泛的第四纪地层沉积，除湖泊外围部分丘陵山地和少数湖岛有基岩出露外，地表均为第四纪沉积物所覆盖，但沉降幅度和速率均减小，第四系厚仅50~80m。各地沉积物厚度有较大差异，东南部鄱阳、瑞洪一带地表数米以下即为白垩系、古近系红层；赣抚平原第四纪沉积厚度达76m，平原北部梅家洲沉积厚度最大，达154m（朱海虹、张本，1997）。第四纪以来，盆地区的地壳活动受北东、北北东、北西三组断裂的差异升降活动影响，以断块间歇性差异运动为特征，可划分出大浩山-乐平掀斜上升区、鄱阳湖沉降区、瑞昌-西山差异上升区和军山湖-钟陵上升区四个构造单元（图11.37）（陈炳贵等，2007）。

早更新世时鄱阳湖地区为低山丘陵起伏的山间盆地，沿盆地断裂带发育有早期的水系，古赣江、古抚河等河流已初步形成并开始塑造山间盆地，但尚未形成完整的水系（图11.38）。早更新世晚期的间冰期时气候转为暖湿，古赣江的侵蚀谷地拓宽，古地面起伏减小，盆地内堆积由红土和砂砾层组成的冲、洪积相沉积物。

中更新世是鄱阳湖地区新构造运动幅度最大的一个时期，断块活动频繁，周围山地继续隆起，断裂带之间的地块相对下沉，现代鄱阳湖盆地开始初具轮廓。湖西的庐山断块强烈抬升，与沉降的湖区形成明显的地貌反差。鄱阳湖盆地南部强烈的差异构造运动使得盆地南部的古地面坡降增大，来自水系上游的各支流在断陷带中汇集于古赣江主流后在星子附近流出湖区。盆地周围也有幅度不等的抬升，发育分散的低丘、红土台地或宽阔的冲积、湖积平原（杨景春等，1993）。中更新世晚期古赣江开始发育成熟，鄱阳湖盆地零星分布冲、洪积物，南部分布有季节性湖泊，北部地壳较为稳定。中更新世末期，乐平-进贤-安福断裂带和祁门-新建-分宜断裂带使盆地南部缓慢隆起，形成二级阶地（黄旭初、朱宏富，1983）。

晚更新世时，受新构造运动影响鄱阳湖地区由南向北发生大面积不等量的掀斜上升，形成自南向北倾斜的古地貌格局。鄱阳湖盆地由山间盆地逐渐向集水盆地发展，古赣江水系发育有相当规模，在冰期和低海面环境下河流强烈下切侵蚀，在盆地内沉积了两套河流相沉积，下部为棕黄色亚黏土和砂砾层组成的二元结构，上部为砂层，在盆地内堆积大量沉积物形成冲积平原。晚更新世末到全新世初期，赣江断裂带和彭泽-靖安断裂带仍在活动，使南部隆起范围向北扩大至星子一线，北部湖口断陷继续下陷，形成目前平缓舒展拗地和与长江相通的断陷峡谷以及湖区岛山、滨岸阶地、残丘等地形（黄

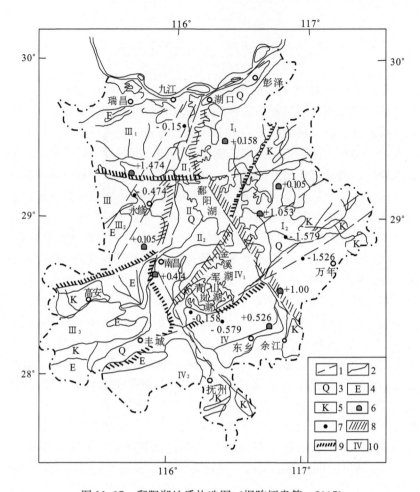

图 11.37 鄱阳湖地质构造图（据陈炳贵等，2007）

1. 活动断裂；2. 地质界线；3. 第四系；4. 古近系和新近系；5. 白垩系；6. 新构造上升速率（mm/a）；
7. 新构造沉降速率（mm/a）；8. 新构造一级构造线；9. 新构造二级区界线；10. 新构造分区代号；I. 大
浩山-乐平掀斜上升区；I_1. 大浩山断隆区；I_2. 乐平掀斜上升区；II. 鄱阳湖沉降区；II_1. 星子断陷区；
II_2. 鄱阳湖断陷区；III. 瑞昌-西山差异上升区；III_1. 瑞昌强烈上升区；III_2. 九岭上升区；III_3. 西山缓
慢上升区；IV. 军山湖-钟陵上升区；IV_1. 军山湖间歇性上升区；IV_2. 钟陵上升区

旭初、朱宏富，1983)。

第四纪冰期-间冰期海平面升降所引起的长江水位升降变化导致鄱阳湖区发生过多
次遭受侵蚀与接受沉积的交替，近几十万年鄱阳湖湖侵层的分布与海面变化存在良好的
对应关系（图 11.39）（杨达源，1986c）。

晚更新世中期间冰阶时，在气候转暖、海面回升的环境下，古赣江外泄出口与长江
交汇，由于江水顶托，在入江口开始发育洲滩。洲滩的发育一度影响洪水季节赣江水的
外泄，导致河水漫溢鄱阳湖平原，形成季节性河湖环境。晚更新世末次冰期时海面大幅
度下降，导致长江中下游的溯源深切，形成大体贯连的深槽，长江中下游水位迅速变
低，当时芜湖、九江附近长江的一般洪水位或常年平水位在海拔−42m 与−23m 以下
（杨达源，1986b，1986c）。鄱阳湖盆地内河流下切侵蚀强烈，一些古湖泊消失，在河

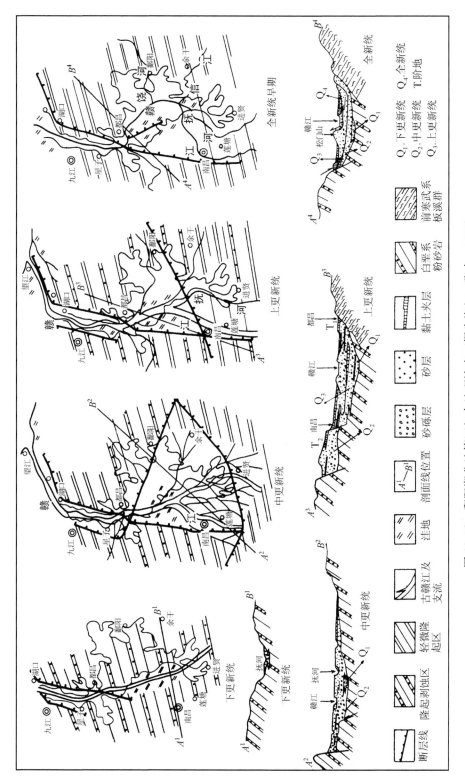

图 11.38 鄱阳湖盆地第四纪古地理演变（据朱海虹、张本，1997）

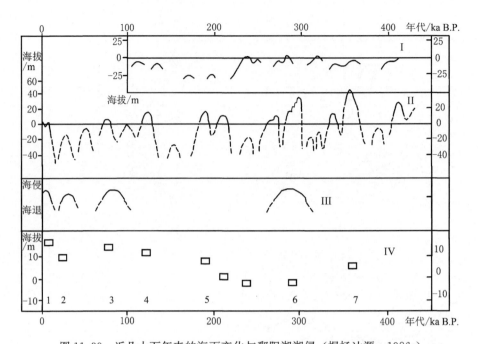

图 11.39　近几十万年来的海面变化与鄱阳湖湖侵（据杨达源，1986c）

I. Chappell（1974）的海面曲线；II. Butzer（1975）的海面曲线；III. 中国东部沿海最近四次海侵；IV. 鄱阳湖第四纪湖侵层分布；图中 1～7 编号为湖侵层序号

网切割平原上形成沟谷、洼地、岗地及低丘景观组合。强劲的冬季风将盆地中的松散物质吹扬，风成沙大量堆积，形成鄱阳湖平原上特有的沙山景观。现鄱阳湖湖滨及湖口—彭泽段长江南岸的成群沙垄、沙山是在末次间冰期以来的四个风成沙山期形成的，分别是 95ka B. P. 的老红沙山期、46ka B. P. 的红沙山期、27～15ka B. P. 左右的黄沙山期、250 年来的近代沙山期（任黎秀等，2008）。

全新世初期气候回暖，海面上升，长江中游河段河床淤积抬升，水量增加江水位迅速上升，长江两岸洼地和入江支流的尾闾区潴水形成湖泊沼泽。长江出武穴后以武穴为顶点，北至黄梅城关、南至九江形成巨大的冲积扇，受构造下陷和海水顶托作用，在扇前洼地九江拗陷一带积水扩展成湖，即为我国古代著名的彭蠡泽。但彭蠡泽和现代的鄱阳湖并非同一湖泊，据考证当时的彭蠡泽在今长江河床及其北岸，由于泥沙淤积逐渐萎缩，演化为现在的龙感湖和大官湖（谭其骧、张修桂，1982）。

全新世鄱阳湖盆地沉积经历了 12～4.1ka B. P. 的冲积扇-扇三角洲沉积、4.1～1.7ka B. P. 的河流沉积和 1.7ka B. P. 的三角洲沉积三个阶段，沉积厚度东厚西薄，反映了新构造运动东弱西强的特点（图 11.40）。

12～4.1ka B. P. 鄱阳湖盆地呈现为由南向北倾斜的赣江下游冲积平原，并没有出现大型湖泊，所发育的冲积扇-扇三角洲沉积体系覆盖在末次冰期冰盛期鄱阳湖盆地的沟谷、低丘和洼地之上。其中，鄱阳湖平原西侧古赣江、修水流域形成冲积扇沉积，沉积物为粗大块状砾石层夹红色黏土及少量黑色泥炭堆积；东侧信江、饶河一带主要发育扇三角洲沉积，为分选良好和层理构造发育的砾石层夹灰色黏土堆积。全新世中期鄱阳湖盆地内的湖区仅限于北部湖口附近，南部广大地区为河网交错的河流冲积平原。

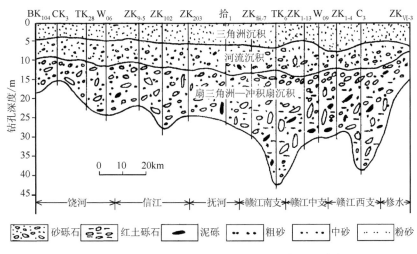

图 11.40 鄱阳湖边缘全新世沉积横剖面图（据张春生、陈庆松，1996）

4.1～1.7ka B.P. 为鄱阳湖盆地河流沉积体系发育阶段。鄱阳湖盆地经过早期的冲积扇和扇三角洲沉积后，古地形有了较大改变。岗地、丘陵遭受侵蚀，洼地、沟谷接受沉积，河流逐渐归并入几条大河，形成与现在基本相同的河网水系。北鄱阳湖在构造作用下已经形成，并出现湖口跌水，但南鄱阳湖大水面尚未形成。这一时期的鄱阳湖实际上是拓宽的古赣江冲刷河道，各河流水进入鄱阳湖后仍然保持着河流特性，然后通过湖口直接泄入长江，发育以赣江为主的河流沉积，但盆地西侧和东侧存在差异：西侧由于古赣江、古信江至饶河一带地势较高，水动力条件较强，河流多呈辫状，沉积物颗粒较粗，心滩发育；东侧则为曲流河沉积，沉积物颗粒相对较小，表现出水动力相对较弱的特征（张春生、陈庆松，1996）。4.0ka B.P. 以后，鄱阳湖及长江下游谷地成为长江泥沙的主要沉积地区之一，4.0～2.0ka B.P. 沉积速率达到 2.3～10.9m/ka，2.0ka B.P. 以来沉积速率达到 1.3～11.0m/ka（图 11.35，表 11.5）（王张华等，2007）。

1.7ka B.P. 以来，湖区北侧的长江受海水的顶托，河床逐渐抬高，水位不断上升；同时由于受大别山向南倾斜的影响，主流逐渐南迁逼近湖口，造成江流对湖口泄流的顶托，阻滞作用日益增强，流水大量汇积于鄱阳湖盆地内，湖口水域向南扩张，形成南鄱阳湖大水面（张春生、陈庆松，1996）。据考古和历史记载，鄱阳湖南部大水面的形成和三角洲的发育应该是 1.5ka B.P. 左右，在此之前，鄱阳湖区为河流冲积平原，分布有多处古文化遗址（图 11.41）（苏守德，1992）。历史时期水面一直持续扩张（图 11.42），与清光绪年间相比，现今湖面扩大约 1 倍，与 1.7ka B.P. 相比扩大约 3～7 倍（张春生、陈庆松，1996）。由于湖水不断南侵，使原来流经鄱阳盆地的赣江主流及其支流的下游河道被淹没，成为湖底河道，河流携带的泥沙在入湖口沉积，从而在新的河口区各自发育了入湖三角洲。1.7ka B.P. 以来，赣江、修水、抚河、信江、饶河等水系已进入稳定发展阶段，河床相对稳定，河流入湖口位置变化不大。近 200a 来，由于防洪需要，在鄱阳湖四周大量修筑人工堤，限制了湖域的自然发展；另一方面，鄱阳湖接纳五条河的来水，多年平均的入湖总沙量为 2406.3×10⁴t/a，出湖总沙量为 1104.8×10⁴t/a，淤积在湖内沙量为 1301.5×10⁴t/a（表 11.6）（朱海虹、张本，

1997）。这些泥沙主要分布在各河流入湖口处，泥沙淤积的结果，使得各河流入鄱阳湖口不断向湖内延伸，湖面又有所缩小。1950～1985年的35a内，各河入湖口位置平均向湖推进7～12km，平均推进速率为200～343m/a，为入湖三角洲相沉积（张春生、陈庆松，1996）。

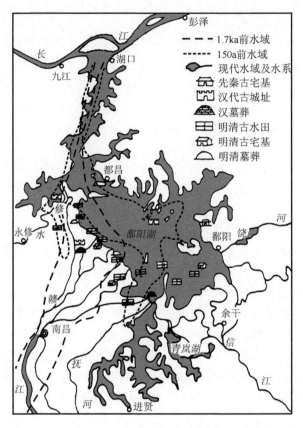

图 11.41　鄱阳湖区古文化遗迹分布及历史时期水域变化
（据朱海虹、张本，1997；张春生、陈庆松，1996，编绘）

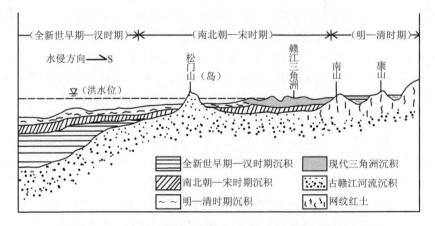

图 11.42　鄱阳湖水侵发展阶段示意图（据朱海虹等，1981）

表 11.6 鄱阳湖入、出泥沙平衡表（据朱海虹、张本，1997）

入、出湖泥沙	入湖总量	出湖总量	淤积量
多年平均悬沙量/(10^4 t/a)	2104.2	1052.2	1052.0
多年平均推沙量/(10^4 t/a)	302.1	52.6	249.5
总沙量/(10^4 t/a)	2406.3	1104.8	1301.5

四、长江三角洲平原的形成与演变

长江三角洲平原是大致以太湖为中心的三角洲沉积分布区，海拔一般为3～4m，主要是第四纪松散沉积物堆积而成的。长江三角洲平原地形和缓起伏，丘陵孤立散布，全新世海退以后，原为黄土物质所覆盖的河流冲积平原上的一些洼地由于平原河流的多次泛滥积水成湖，形成太湖及其周围的浅水湖群，从而构成了湖泊众多、河网交错的地理景观。

长江三角洲以沿微山湖、洪泽湖、高宝湖、太湖一线的北西向顺湖断裂带为界，为一断块型三角洲，第四纪以来大部分地区表现为以沉降为主的运动，为发育现代辽阔的长江三角洲平原提供了基础。新构造运动在各地区表现出很大的差别，三角洲地区西部及西南部低山丘陵区表现为新构造运动上升，东部三角洲平原长期以来一直处于不断沉降中，较强烈的下沉地区在苏北拗陷及如东、靖江、太湖以东以及杭州东北的广大地区（图11.43）。长江下游平原区新近纪以来的沉积物有自西南向东北增厚的趋势，第四系平均厚度约115m左右，部分地方厚度可达400m（虞志英，1988）。从沉积等厚度线分

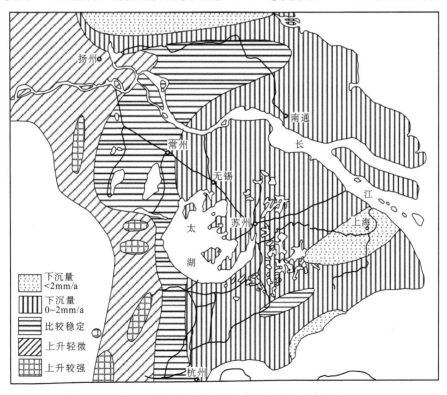

图 11.43 长江三角洲现代构造运动强度图（据虞志英，1988）

布趋势并结合岩性来看，在山麓及山地周围多发育冲积扇及小型扇三角洲；平原区主要是古冲积扇相、古湖相层，并夹有古海湾及滨海相地层；东部滨海平原的表层沉积物主要表现为滨海沉积的特征（虞志英，1988；孙顺才、黄漪平，1993）。

作为处于河口地区的三角洲平原，长江三角洲平原的发育受冰期-间冰期海面升降与海进海退的影响巨大。冰期时海面下降，原来的海底出露，河口延伸至陆架外缘，在河流纵剖面上现今河口湾和三角洲地区曾为侵蚀河段，形成形态各异的下切河谷；冰期后气候转暖，海面上升，海水淹没过去的三角洲平原甚至河口以上的泛滥平原，下切河谷被充填，在新的河口重新发育三角洲平原（图11.44）。

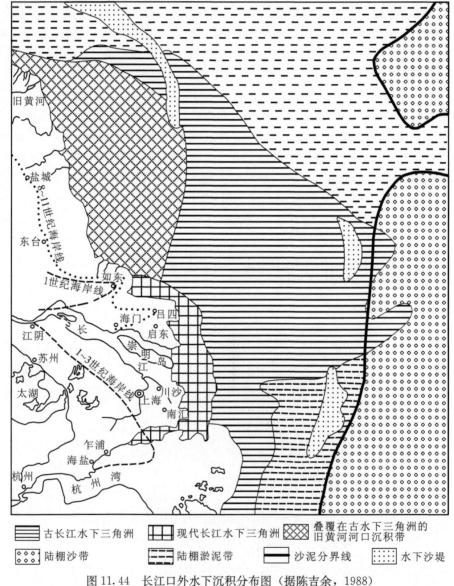

图 11.44　长江口外水下沉积分布图（据陈吉余，1988）

钻孔沉积记录忠实地记录了晚更新世以来长江三角洲地区海面升降变化及沉积建造过程。中更新世末期时海平面降至低点，原先陆架上高海面期的沉积出露海面遭受风化，长江三角洲为陆相沉积环境。晚更新世早期 110～60ka B.P. 间，长江三角洲地区主要发育河流相的砂砾沉积，但其中 100～80ka B.P. 间发生一次较弱海侵，海水主要沿河流进入，波及东部地区，形成溺谷相的沉积环境；晚更新世中期 60～22ka B.P. 间，沉积物经历了粗—细—粗三个阶段，分别是 60～40ka B.P.、40～34ka B.P. 和 34～22ka B.P.，其中第二阶段晚更新世中期的间冰阶时海面上升，加之气候变暖、降水量丰沛以及构造下沉等原因，整个三角洲地区为浅海-滨海环境，沉积物颗粒较细，中东部地区有连续的海侵沉积记录（张静等，2004；王张华等，2004）。

晚更新世末次冰期时，海面大幅下降至现在海面－150m 的东海大陆架外缘，长江三角洲平原直到东海大陆架的大部分地区成为陆地，古长江在东海大陆架外缘入海，整个东海大陆架普遍发育有陆相堆积。海面下降引起长江中下游河道强烈的溯源下切侵蚀，发育许多深槽；长江三角洲地区前期的河相沉积也受到河流强烈切割形成下切河谷和古河间地（图 11.45）。下切河谷自镇江-扬州向东南延展，宽度为 10～20km 至 60～70km，深 60～90m。由于后期河谷下切破坏，往往形成河床相叠置与其间侵蚀面上下年龄的突变，长江三角洲下切河谷序界面之上年龄为 $1.2 \times 10^4 \sim 1.0 \times 10^4$ a B.P.，界面之下为 3.0×10^4 a B.P.，下一个界面之下则为 10×10^4 a B.P.，是另一期更老的下切河谷。古河间地分布于下切河谷两侧，其顶面与古河谷层底部的高差约为 50～60m。南、北两翼的古河间地顶部皆为古土壤层，冰后期层序覆于古土壤层之上（图 11.46）。古河谷两侧有注入古长江的支流，而且随着钻孔密度的加大，更揭示出存在次一级的小支流，可见当时该区曾是支流纵横的河网地区（李从先等，2008，2009）。

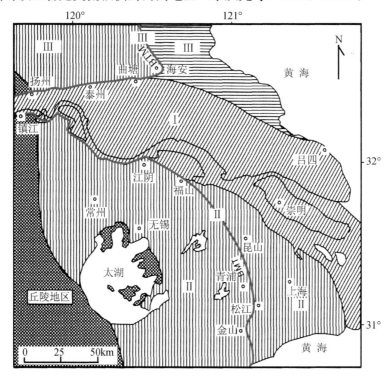

图 11.45　末次冰期低海平面时长江三角洲地区的古地理图（据李从先、范代读，2009）

I. 下切河谷；II. 三角洲南翼的古河间地；III. 三角洲北翼的古河间地；BMT. 最大海侵线

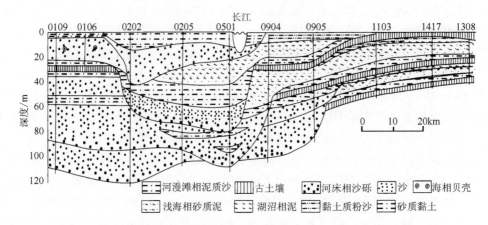

图 11.46　长江三角洲地区多期下切河谷的叠置（据李从先等，2008）

在冰期干寒的气候条件下，太湖湖底以及整个长江三角洲平原为风成黄土沉积层所覆盖（图 11.47、图 11.48），长江三角洲平原埋藏黄土和东海岛屿黄土，是下蜀黄土上部地层在中国东部沿海和海域的延伸和继续，形成于 25～15ka B.P.，在长江三角洲东部平原地区构成了全新世基底硬质黏土层（郑祥民、刘飞，2006）。

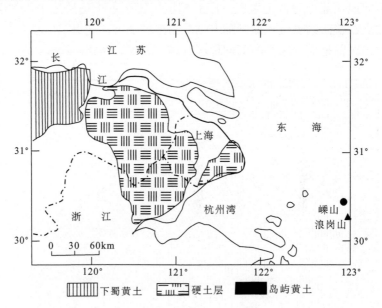

图 11.47　长江三角洲黄土分布图（据郑祥民、刘飞，2006）

全新世开始气候转暖，全球海平面大幅度升高，在约 12ka B.P. 时海面达现在海平面约−86～−54m，10ka B.P. 达−40m，至 9ka B.P. 海面在−25m 左右，8～7.5ka B.P. 海面位置约在−7m（朱诚等，1996）。大约在 8～7ka B.P.，苏北海安、泰州一线发育厚约 10m 的滨海砂堤，是当时海岸线的证据（中国科学院地理研究所，1985）。至 7～6ka B.P. 左右，全新世海侵达到最大范围，长江中下游地区海岸线后退到最大限度：自镇江、江阴、沙洲，经浅冈、沙冈转至余杭、湖州，经过杭州至

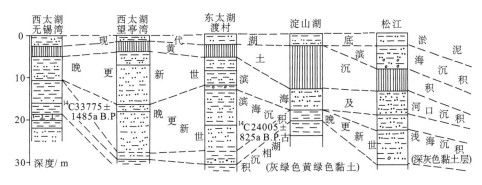

图 11.48　太湖平原湖底沉积剖面（据孙顺才、黄漪平，1993）

绍兴、余姚（图 11.49）（朱诚等，1996）。此后约 3ka 左右的时间里，海面相对稳定，虽有波动下降趋势，但幅度很小，上海西部的平行贝壳堤带中，最西一条沙岗大约为海侵最盛时 6ka B. P. 左右形成的；最东一条大约为 3ka B. P.，两条沙岗相距 4～8km，表明在这 3ka 的时间内长江三角洲海岸线的增长速度是非常平缓的（任美锷等，1994）。

末次冰期下切河谷和两侧的古河间地是长江三角洲发育前的古地理背景，全新世以后，海面回升，古长江三角洲平原在海水进退和长江携带的巨量泥沙改造下，从末次冰期时以下蜀黄土堆积为基底的河流冲积平原，逐步演变为一个以太湖为中心的现代滨海低平原。

现今统称的全新世长江三角洲包括河口潮成平原和三角洲两部分，前者位于近陆的西部，后者处在近海的东部（李从先等，2009）。随着冰后期海平面上升，长江近口门段发生回水和溯源堆积，当溯源堆积影响至现今长江三角洲地区之时，下切河谷开始沉积。海侵首先波及下切河谷，而后古河间地逐渐为海水所覆盖，接受沉积。海侵过程中现代长江三角洲平原地区的沉积量约为 $5580×10^8 km^3$，占冰后期沉积总量的 63.6%，而且主要沉积在古河谷内（李从先等，2009）。10～8.0ka B. P. 长江口下切古河谷沉积速率可高达 15m/ka（图 11.35）。下切古河谷沉积使长江古河口湾的地形起伏大大减小，为三角洲的形成和发育准备了地形条件。

约在 7～7.5ka 前全新世海侵达到最大时，长江形成了以镇江-扬州为顶点的巨大古河口湾，为强潮型河口湾，与现今的钱塘江河口湾类似；其后，海平面上升速率与河口沉积速率趋于平衡，河口湾受到充填，湾内成陆形成河口潮成平原，使岸线向海推进，7.0～4.0ka B. P. 期间长江河口为长江泥沙的主要堆积区之一，但总量并不丰富，三角洲东部地区因长江所携带泥沙以及海岸带泥沙的不断堆积，而形成了数条贝壳堤冈身。与此同时，位于钱塘江北岸的沙嘴不断向北淤长，并与长江南岸沙嘴汇合，形成了自杭州湾到太湖平原东部的上海地区的滨海平原。之后随着气候变化以及海面多次波动，当海面相对上升时，平原河流排泄困难，在平原上不断泛滥，于低洼地带发育众多湖泊，由此逐渐演变形成现代湖沼密布的水网平原景观。

长江三角洲平原考古研究发现，这里是我国古文化发源地之一。在 7ka B. P. 左右，随着大规模海侵结束、气候转暖，新石器文化在长江三角洲蓬勃发展起来；大约在

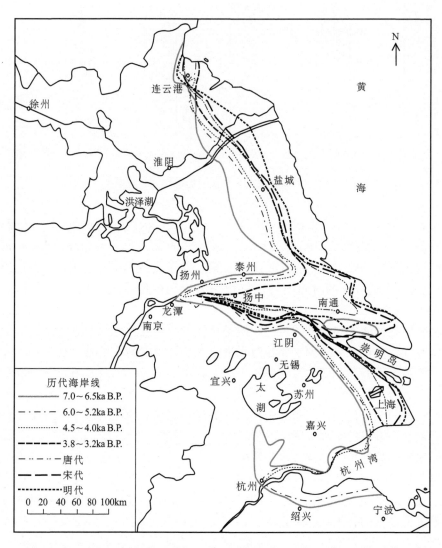

图 11.49　长江三角洲及苏北地区 7ka 以来海岸线变迁图（据朱诚等，1996）

4ka B.P.，海平面上升与湖水扩张使得许多文化遗址被淹没，再加上气候恶化等原因，发展到新石器文化最高阶段的良渚文化衰落消失了，在今太湖地区湖沼层沉积之下发现了大批良渚文化遗址（5～3.9ka B.P.）。约在 2.5ka B.P. 左右的春秋时期，太湖曾一度扩张，陆地减小；战国时期太湖又一度收缩，陆地扩大，在太湖底的黄土沉积物上，发现战国时期的青铜器和古井。

3～2ka B.P.，长江口仍在扬州附近，河流泥沙的增加使得长江河口一带由原来的海湾淤积成为一个开阔的喇叭型河口，口门宽达 180km（余文畴、卢金友，2005）。3ka B.P. 以来，特别是 2ka B.P. 以来，人类活动的增长导致长江泥沙量增多，加之中下游河床淤积减弱，进入长江口的泥沙显著增多，长江三角洲平原上的沉积速率再次出现高值（图 11.35）（王张华等，2007）。泥沙在河口附近堆积成沙洲，并逐渐并岸形成大面积的陆地，使海岸线迅速向海推进，逐渐发育了现代长江三角洲平原（表 11.3）（杨怀仁等，1995；赵庆英等，2002）。公元 1～3 世纪海岸仍在沙岗附近；公元 4 世纪以后，海岸线向东迅速推进，至 12 世纪时海岸线向海伸展达 30 余 km，平均每年推进 30m。近 2ka 来长江河口南岸边滩推展，北岸沙岛并岸，河口束狭，河道成形，河槽加深（图 11.50）。从隋唐至明清的 1000 多年间，长江河口就出现五次沙洲并向北岸的自然过程。长江河口的大型沙洲崇明岛始见于公元 7 世纪，至明末清初沙洲合并，形成东西长 60km、南北宽 20km 的大岛，奠定了现代崇明岛的基本轮廓，历经 1000 多年的时间。

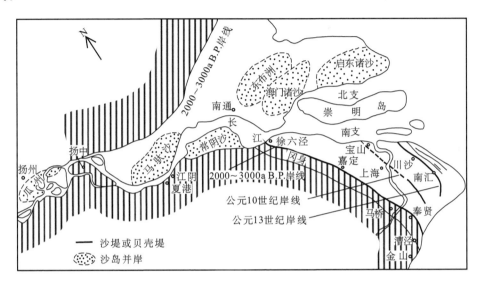

图 11.50　长江河口的历史变迁（据陈吉余等，1988）

全新世以来，长江输出的巨量泥沙在河口湾内形成河口潮汐平原和三角洲，前者位于近陆的西部，后者处在近海的东部。随着河口湾的充填，约 5ka 前，长江泥沙能够"溢出"河口湾，向相邻海域的河口海岸扩散，直接影响周边地区的环境演变过程（李从先等，2009）。

在长江三角洲之南，是面积约为 7000km² 的钱塘江河口湾，其形成时间与长江古河口湾相近，但钱塘江年均输沙量少，仅为 0.06×10⁸t，约为长江的 1.4%，因而至今保留漏斗状河口湾的基本特征。约在 5ka 前长江泥沙进入钱塘江河口湾，在钱塘江河口湾内形成潮成沙体，钱塘江河口湾内巨大潮成沙体——沙坎的沉积物由粉、细沙构成，分选较好，厚度可达 10～20m，重矿物组合与长江的相似（李从先等，2009）。

约 5ka 前，长江泥沙向北进入现今的苏北潮成沙脊区，成为沙脊发育的重要物源。在苏北相邻陆区 3000km² 的潮成沙脊海岸平原上，钻孔揭示其南半部的钻孔岩心以长江源沉积物为主，北部以黄河源沉积物为主；长江源沉积物伏于黄河源沉积物之下，由南向北逐渐尖灭；黄河源沉积物覆于长江源沉积物之上，由北向南逐渐尖灭。说明长江源沉积物自南向北搬运，且成为该潮成沙脊区重要物源的时间较早；黄河源沉积物则自北向南搬运，成为本区重要物源的时间较晚（李从先等，2009）。

全新世最大海侵时，长江河口湾的湾顶位于镇江—扬州地区，长江泥沙尚难大量到达舟山群岛地区，此时的舟山水深浪大，浪侵基岩海岸形成海蚀平台。之后，随着河口湾被充填，三角洲向海推进，长江泥沙进入舟山群岛和浙江沿岸，在岛屿背风、水动力相对较弱一侧，泥质沉积物直接上覆于海蚀平台之上（李从先等，2009）。

第十二章　边缘海诸岛——不同的源起与形成过程

《联合国海洋法公约》（1982）定义为"岛屿是四面环水并在高潮位时高于水面自然形成的陆地区域"。

按照上述定义，我国东部海域中高潮位时高出水面的岛屿面积在 $500m^2$ 以上的超过 7000 个，其中常年有居民居住的约有 500 个（王颖，1996）。它们绝大多数都位于我国大陆"第四级阶梯"的大陆架上。

由于四周都为海水所环绕，岛屿虽也是"自然形成的陆地"，但自然景观及其发生、形成过程都深受海洋影响，具有明显的特色，有异于大陆上一般的"陆地"。

从古地理的角度，即从现代自然地理景观的形成过程及相应表现特征的角度考虑，中国东部海域中的七千多个岛屿可分为以下三大类。

一是古地理过程，包括地质构造基础以及岩性、地貌等，与相邻大陆完全一致，第四纪冰期时原为大陆的一部分，自然景观也与相邻大陆一致，只是由于全新世海侵遭到淹没，从而孤峙于海面而已。此类可以海南岛为代表，近岸的许多岛群、列岛也都属此类型。

二是本质虽与大陆大体一致，但古地理过程有异，属于新生代的褶皱隆起，而且地壳组成中含有"洋壳"的新期拼合，从而显出高山峻岭及强烈的地壳活动性，自然地理景观独具特色，台湾岛属于此类。

三是完全属于海洋性岛屿，形成过程与性质都与上两类岛屿不同，它们是海底火山喷发或是经由珊瑚礁生长、堆积露出海面而成的，主要分布在南海深海盆、热带海域内。此类岛屿大多面积小、形成时代新，甚至仍在继续成长过程中。

第一节　大陆架岛屿

我国东部海域中的七千多个岛屿，绝大多数都位于我国大陆"第四阶梯"的大陆架上，地质构造与相邻大陆连结，岩性、地貌大体上与相邻大陆相似。第四纪冰期海面下降时都曾与大陆连成一体，全新世海面上升后，才又"四面环水"，成为岛屿。这一类岛屿中，超大型的是海南岛，面积达到 $33920km^2$（曾昭璇、曾宪中，1989）。海南岛以下，大陆架上的众多岛屿大多以"群岛"、"列岛"的形式呈现，其中个体面积超过 $100km^2$ 的有十余个。

一、海　南　岛

三个地理位置方面的因素决定了海南岛现代自然地理景观的形成过程和特征。一是海陆位置。虽然位于大陆架上，离大陆不远，面积又远超出一般海岛的范畴，但却是个深受海洋影响的真正的海岛；二是纬度位置。地处低纬，所以形成热带海岛景观；三是在大地构造格局中所处的位置。位于滨太平洋构造域与特提斯-喜马拉雅构造域的交汇点附近，兼受两方面构造活动的影响，并兼具两方面的构造特征。

中国境内再没有其他地方同时拥有这三个方面的条件。而作为热带海岛，本身具有相当大的面积，滨海与内地、低地与高山、迎风与背风，又使岛内景观和自然地理过程呈现相当复杂的分异。

海南岛这个地块原是华南陆块的一部分。在地质历史上曾随着华南陆块而漂移。海南岛上时代最老的新元古界石碌群浅变质岩系的古地磁数据表明，当时的古纬度平均值是 $-16.27°S$，即在南半球的热带范围内；寒武系的古地磁数据表明，当时海南古陆块的位置是 $3.45°S$，北移到赤道带范围中去了（图 12.1）（汪啸风等，1991a）。

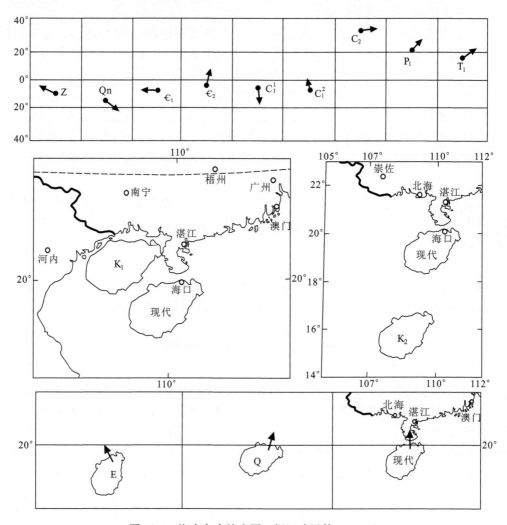

图 12.1　海南岛古纬度图（据汪啸风等，1991a）

接下来的地质时期，海南地块总体上是继续向北移动，在石炭纪时期曾发生大规模的长距离漂移。下石炭统下部的平均古纬度是 6.01°N，上石炭统是 35.85°N，在此期间漂移的距离达到 3000km 左右。晚石炭世是海南地块古纬度达到最高值的时期，以后就向南返回；下二叠统的平均古纬度值是 21.87°N（汪啸风等，1991a）。古生物研究表明，海南岛二叠纪的古植物、古动物中都缺乏高纬度的冈瓦纳-特提斯区和安加拉-特提斯区分子，主要成分是低纬度的华夏-特提斯动物区和华夏植物区的特征分子，与古地磁的数据吻合。而即使是在古纬度最高时期的石炭纪地层中，底栖的珊瑚化石等成分也表明当时的海南岛地块应属于古特提斯海动物地理区（汪啸风等，1991b）。

海南岛三叠系下部的平均古纬度为 16.5°N，比二叠纪南移了 3500 多千米。白垩纪早期处在 21.09°N 附近，古近纪在 12°N。第四纪稍有北移，达到 19.38°N，与现代的位置就相当接近了（表 12.1）（汪啸风等，1991a）。所以，虽然在漫长的地质历史时期，经历了从南半球到北半球的长距离漂移，海南陆块却是自古以来始终就处于低纬度范围内，热带的性质变化不大。倒是第四纪以来，进入了东亚季风范围内，冬季风的影响使岛上出现明显的干湿季节变化，对区域内现代自然生态系统的形成不无影响，而寒潮强烈时对热带植物、特别是橡胶之类的经济作物甚至会形成灾难。

表 12.1　第四纪与现代磁极位置和古纬度对比表（据汪啸风等，1991a）

时代	磁极位置		海南岛古纬度/°N
	经度/°W	纬度/°N	
第四纪	199.58	75.65	19.38
现代	100.00	73.00	19.88

大地构造格局中所处的特殊位置使海南岛在地质历史发展过程中经受的构造活动既强烈又复杂（图 12.2），所产生的多期多次的构造形迹、大面积广泛分布的岩浆岩，都深刻地影响岛上景观的发展、形成。

海南岛地块经历了从晋宁以至喜马拉雅的历次构造运动。晋宁、加里东、海西和印支运动以褶皱形变为主，伴有断裂形变和动力变质；燕山运动主要以断裂形变为特征，中酸性岩浆侵入、喷发十分强烈；喜马拉雅运动则以断裂活动和大规模基性岩浆喷发为主要特征。频繁复杂的构造运动留下了复杂的、不同形态的构造形迹组合，包括东西向构造带、南北向构造带、早期华夏系、晚期华夏系、新华夏系和北西向构造体系。它们组成了全岛的构造格架，控制着岛上各时期沉积建造的展布以及现代的山川形势。

其中，南北之间由挤压、裂隙带组成的四条东西向构造带从晋宁运动就开始发育，在以后的各期运动中，特别是在印支、燕山、喜马拉雅运动中，活动强烈，明显地控制着新生代的隆起和拗陷以及中酸性、基性岩的喷发及部分中生代侵入岩体的分布。南北向构造带在岛上几乎以等距离分布，相距约为 30km，东部的构造带活动强烈，西部稍为减弱，由一系列南北向断裂带和褶皱带组成。北东向构造形迹包括加里东时期的早期华夏系、海西时期形成的晚期华夏系和中生代形成的新华夏系。古生代早期本区经历了小幅度振荡，地块曾有缓慢升降，奥陶纪中晚期海侵扩大，砂页岩和灰岩沉积厚度近千米，加里东运动使这些下古生界沉积形成一系列 NE40°～50° 的褶皱带。泥盆纪是接受

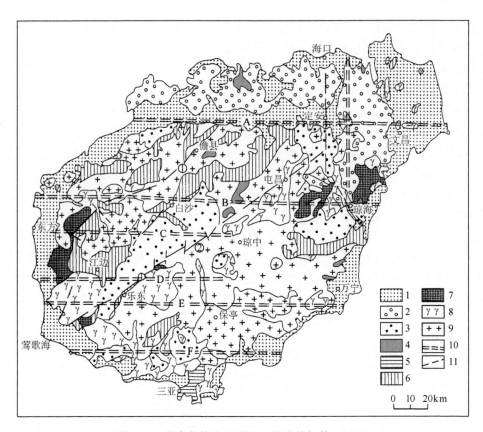

图 12.2　海南岛构造纲要图（据许德如等，2003）

1. 第四系覆盖层；2. 新生代玄武岩；3. 白垩系红层；4. 中三叠系—侏罗系陆相砂砾岩-砂页岩；5. 上古生
界地层；6. 下古生界地层；7. 前寒武纪地层和中元古代花岗岩分布区；8. 燕山期花岗岩；9. 海西-印支期
花岗岩；10. 断裂带：A. 王五-文昌断裂；B. 昌江-琼海断裂；C. 东方-琼中断裂；D. 感城-五指山断裂；
E. 尖峰-吊罗断裂；F. 九所-陵水断裂；11. 推测断裂；① 戈枕断裂；② 自沙断裂

剥蚀的时期，沉积缺失。从早石炭世开始，在许多北东向的拗陷带内形成巨厚的上古生
界沉积，开始了海西构造演化时期，海西运动形成的褶皱、断裂带，花岗岩体所组成的
构造形迹与加里东期的构造形迹呈重合关系，表明这两个时期的构造应力场是相同的，
都是受北西—南东方向挤压作用的结果（图 12.3）。

　　滨太平洋构造域在中生代进入新的活动阶段，印支时期断块活动强烈，开始发育北
北东向的新华夏系断裂带，并发生早期的燕山花岗岩侵入。燕山运动时期北北东向的断
陷构造带控制着红色碎屑岩的沉积，继续出现花岗岩侵入和岩浆喷出。与此同时，中国
西部构造域活动趋于强烈，影响及于本区，形成规模巨大的北北西-北西向红河-莺歌海
断裂带。海南地块沿着这一断裂带向东南方向滑动，终至与华南陆块脱离（图 12.4）
（汪啸风等，1991a）。

　　新生代构造活动最终决定了现代海南岛的构造面貌，此时期岛内断裂活动强烈，形
成南北向和东西向的断陷盆地接受古近纪和新近纪沉积，并引起强烈的玄武岩喷发。由
于整个海南岛地块在向东南滑移的过程中同时发生顺时针旋转。原先岛内的华夏系构造
线由 NE40°～50°偏转成 NE50°～60°（图 12.4）。第四纪时期地块总体作间歇性上升，

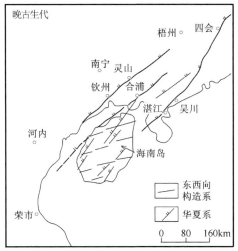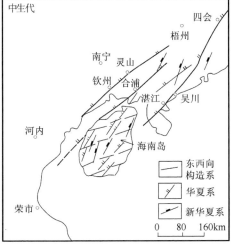

图 12.3　海南岛晚古生代至中生代构造形变示意图（据汪啸风等，1991a）

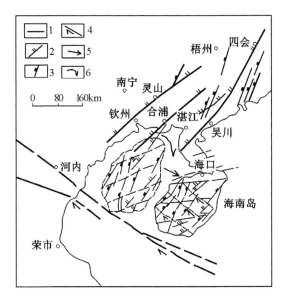

图 12.4　晚中生代—新生代海南岛构造形变示意图（据汪啸风等，1991a）

1. 东西构造带；2. 华夏系；3. 新华夏系；4. 北西向构造；5. 海南岛迁移方向；6. 海南岛旋转方向

山麓、海滨在不同营力作用下都形成多级台地；琼州海峡也在此时形成。末次冰期时海面下降，海南岛与华南大陆相连；全新世海面上升，海南岛再次与大陆分隔（曾昭璇、曾宪中，1989）。

　　构造活动过程使海南地块分离成"岛"，并决定了现今海南岛的山川形势格局，现今海南岛长轴作北东方向整体略呈菱形的轮廓，也正是受北东、北西以及南-北、西-东等构造形迹控制的表现。

　　海南地块的每一期构造活动都伴随着多次强烈岩浆活动，现今岛上岩浆岩分布的面积超过全岛总面积的一半（54%）。遭到后期构造运动和岩浆活动的严重破坏和新引起的强烈变质，早期的沉积岩现今在岛上的分布面积不足全岛的1/5。岩浆岩中尤其是海西期和燕山期的花岗岩侵入体所占面积最大，约占全岛总面积的40％。喷发岩主要是中、新生代的安山-流纹岩和玄武岩。

根据构造和地球物理特征，海南地块可以划分为四个次一级的地块（图12.5），其中最大的五指山地块占全岛面积70％，就是由中生代的中、酸性喷出岩和燕山晚期花岗岩所组成。地貌表现为山地和山地外围的丘陵地（图12.6）。受构造线控制，断块山地分为三列，作北东-南西走向平行排列，一般高度为700～1000m，最高峰高度都超过1800m。自东向西为：五指山（1867m）—吊罗山（1250m）、黎母岭（1441m）—鹦哥岭（1811m）—尖峰岭（1412m）、雅加大岭（1518m）。周围的丘陵和山间盆地海拔高度三、四百米不等。

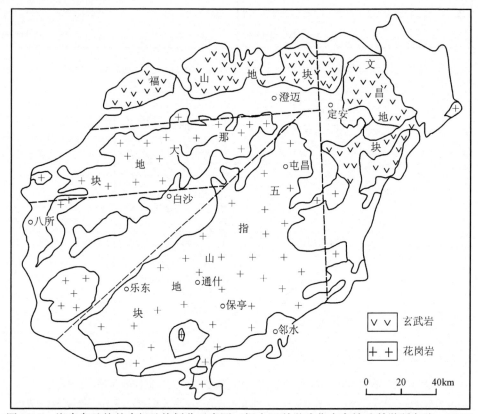

图12.5　海南岛地块的次级地块划分示意图（据中国科学院华南富铁矿科学研究队，1986）

五指山地块以西，位于海南岛中西部定安-王五、昌城-西昌两大断裂带之间的那大地块，集中分布着海南岛上的古生代沉积岩、变质岩，与花岗岩和盆地红色沉积一起主要形成低山、丘陵。石碌铁矿床是著名的富铁矿，成因比较特殊，可能是与海底火山活动有间接联系的沉积型矿床，形成后又受到变质和后期花岗岩侵入的影响。

北部滨海的福山地块和东部滨海的文昌地块，大面积呈现为海滨侵蚀平原，以台地和火山地貌为特征，海拔高度大多为数米、数十米。受北西、北东两组断裂的控制，第四纪火山群大体也沿这两组方向分布。地表覆盖着新近纪火山喷出岩和新生代沉积，厚达200～400m。

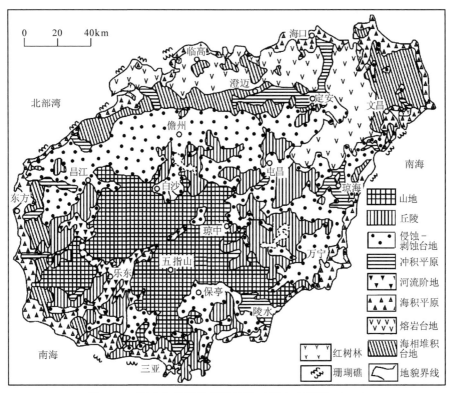

图 12.6　海南岛地貌的环带结构（据袁建平等，2006）

海南岛本岛海岸线长度为 1617.8km，加上 132 个近岸离岛，海岸线总长度超过1700km。作为热带海岛，约有 200km 长的海岸线为珊瑚礁所围绕。

海岛东岸和南岸，礁体发育规模大。东岸万泉河口以北的琼海、文昌两县沿岸珊瑚礁分布长度达数千米至数十千米，垂直岸线从水下到水上平均宽度达 20km，称沙老岸礁，为海南岛规模最大的礁区。钻井揭示，珊瑚礁厚度一般不足 10m，测年结果表明都是全新世冰后期海侵后的形成物。三亚鹿回头全新世以来珊瑚礁演化划分为五个阶段：珊瑚礁繁盛期（cal. 7.3～6ka B. P.）、珊瑚礁发育停滞期 Ⅰ（cal. 6～4.8ka B. P.）、珊瑚礁发展期（cal. 4.8～3ka B. P.）、珊瑚礁发育停滞期 Ⅱ（cal. 3～1ka B. P.）和现代珊瑚礁发育期（cal. 1ka B. P.）。鹿回头珊瑚礁在于 cal. 7.3～6ka B. P. 处于发育的繁盛期，现代珊瑚礁地貌的基本格局形成，其后的珊瑚礁发育在此时期形成的礁塘或礁坑等低洼地中，并在鹿回头半岛两侧向外发展，现代珊瑚礁则由于海面的降低而发育于全新世珊瑚礁的外礁坪或礁前斜坡带（黄德银等，2004）。

二、群　　岛

我国东部海域大陆架上的岛屿，大多以"岛群"的方式出现，称为"群岛"或"列岛"。以此命名的岛群有 50 多个，最大的主要"岛群"，自北向南包括：辽东半岛东侧的长山群岛，由 50 多个岛屿组成；胶、辽两半岛之间扼渤海海峡的庙岛群岛，由 30 多个岛屿组成；浙江外海的舟山群岛，这是中国最大的岛群，包括 1300 多个岛屿；台湾海峡中的澎湖列岛，包括60多个岛屿；珠江口外的万山群岛，由150多个岛屿组成，香港岛就是其中之一；台湾东北海外的钓鱼群岛，已位于东海大陆架的东部边缘上。

这些岛屿虽然散布于南北之间长度超过18000km的海岸带外，它们在发生和形成过程上却具有基本的共性，因而也往往具有某些现代自然景观上的一致性。

它们都位于太平洋西岸，同受西太平洋构造域构造运动的影响，反映明显。特别是北东—南西向的华夏系构造形迹以及北东和北西向的块状断裂，几乎控制了所有这些岛群的分布规律和形态特征。将长山群岛与辽东半岛分开的里长山海峡可能就是一个北东东向的深大断裂；庙岛群岛是整齐地沿北北东方向断裂带排列的一组断块；舟山群岛整体作北东—南西向排列，受北东、北西西两组断裂控制；万山群岛大体相似（图12.7）。

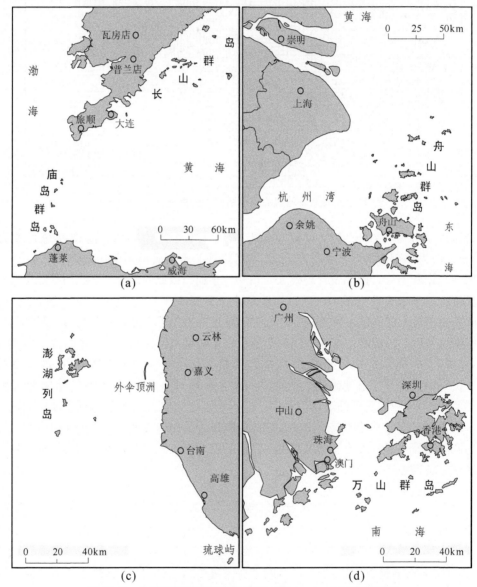

图 12.7　中国东部海域群岛分布图（据1∶400万中国地图）

（a）长山群岛，庙岛群岛；（b）舟山群岛；（c）澎湖列岛；（d）万山群岛

它们原先都与大陆相连，是相邻大陆的一部分，构造活动和全新世海侵才最终使它们受海水包围与大陆分离。现今的岛屿全都是冰期时出露于海平面以上的大陆上丘陵、山地的顶尖。更新世以来海平面的多次涨落，在这些岛屿上也都留下了共同的标记：高度从数米到数十米不等的多级海蚀阶地。最后的海平面上升终于使它们成为现今的岛屿。舟山群岛的平面分布形态是：群岛南半部接近大陆的部分大岛较多，岛屿排列密集，海拔也较高；东北部伸向海外离大陆较远的部分以小岛为主，海拔降低、分布疏散，这一现象明确地显示了大陆天台山余脉向东北方向倾落和海水自东向西入侵淹没了这一片山地所表现出来的特征。

受海面升降和海岸带冲淤变化的影响，岛屿重与大陆连接或是大陆的一部分又分离成岛的动态变化过程，即使在现代仍在进行。山东半岛的芝罘，在春秋战国时期原是一个"岛"，现今已与大陆相连，浙江温岭的石塘岛在 20 世纪后半叶也因滩涂淤积而与大陆连接成为陆连岛，胶州湾内的阴岛、黄岛等都是如此。在现代黄河三角洲北部的废弃叶瓣上，因海洋侵蚀而形成沙岛 50 多个，一般高程只有海拔 2~5m，低潮时还能与陆地相连或者被潮沟隔开，个别岛上由于风成沙丘堆积，高程已达 10~30m（刘锡清、刘洪滨，2008）。

发生上的同源，控制着岛群的现代自然格局和景观特征的形成，使它们具有一定的共性。岛屿之所以成群分布，因为每一个岛屿原都是分布在同一个地块上的多个制高点。"列岛"的线性排列更是受构造线的控制，而"群岛"一般又多是几个列岛的组合。出露于水面的即是原先山丘的峰峦，因而这些岛屿的地形大多崎岖不平，峰峦叠起；全新世受淹没以来，海浪的拍打、潮流的冲击，在岛屿四周增多了悬崖峭壁，不利于滩地沉积；岛屿上宜于农耕的土地资源稀缺；然而，淹没在水下的原先的山拗都形成了曲折深邃、良好的港湾。岛上的山丘一般高度不大，海拔数十米到一二百米，超过 500m 的山峰很少，山海相映，几乎每一个岛屿都可以是一个优美的旅游景点。许多不宜于人类居住的小岛屿更是海鸟、蛇虫繁衍的良好自然生态保护区；岛屿周围海底深厚的新生代沉积中又往往是油气资源的蕴藏库。

由于各个岛群原都是相邻大陆的一部分，各相邻大陆的特征在每个岛群上都有深刻的表现，从而使岛群也有了地带性的和非地带性的差异。

长山群岛和庙岛群岛原是胶辽古陆的一部分，震旦系变质岩是它们基岩的主要组成部分。受燕山运动影响，局部有燕山期花岗岩入侵，新生代火山活动也有影响，庙岛群岛的大里山岛顶部就覆盖着新生代的玄武岩。岛上的第四纪堆积物中有黄土存在，这是华北地区的特征沉积，其中存在陆相动物化石，表明这些岛屿在冰期低海平面时曾是渤海平原上的低丘。

舟山群岛属于天台山脉向东海延伸的一部分，其基岩主要是中生代火山岩，与浙东大陆一致。西侧岛屿多流纹岩、凝灰岩，东侧岛屿多集块岩、球状流纹岩，表明东侧更接近于当年的火山喷发源。有些岛屿，如大衢山，出露片麻岩、大理岩等变质岩系，是浙闽加里东古陆性质的反映；有些岛屿，如朱家尖、蚂蚁岛覆盖着新生界玄武岩，新生代火山活动的影响比北方列岛大。在舟山群岛最外缘嵊泗列岛的嵊山岛、黄龙岛以及浪岗山列岛上发现数处末次冰期时堆积而成的风成黄土地层，沉积厚度多为 2~3m，年龄为 (48.1±4.5) ~ (15.2±1.5) ka B. P.，对应于长江三角洲地区的下蜀黄土（郑祥民等，2002）。

　　万山群岛的基岩主要是燕山期花岗岩，与相邻大陆一致。香港岛的主体就由花岗岩构成，岛的南半部以火山岩为主，山地和丘陵面积占香港岛总面积的 3/4。北东向断裂带是香港地区规模最大的一组断裂带，是广东境内的莲花山断裂带的南延部分，山脉走向受构造控制以北东—南西为主。现在曲折的海岸和众多的港湾是全新世海面上升淹没了河谷和洼地的结果（李建生、颜玉定，1999）。

　　钓鱼群岛由一些小岛屿组成，钓鱼岛最大，面积也不超过 5km²。这里位处琉球岛弧南部的末端，形成过程受岛弧的影响，火山岩发达，其中黄尾屿是个玄武岩火山岛，赤尾屿由安山集块岩组成，钓鱼岛上的新生代砂砾岩也受到安山岩的侵入，这些安山岩、安山集块岩的时代属于中新世（22～21Ma B. P. 至 16～11Ma B. P.），与琉球岛弧上的火山岩时代一致。

　　各岛群中，个性最突出的是澎湖列岛，形态、成因都与其他群岛有所不同。这里没有突兀崎岖的山岭，地形上是一片熔岩台地。组成群岛的 60 多个岛屿中，最大的是马公岛，面积为 64.3km²；岛上的太武山，海拔高度仅 48m。马公岛在西，白沙岛（14km²）在北，渔翁岛（18km²）在东，环抱成一个"湖"，澎湖的名称来源于此，这个岛群的基底是东海大陆架上台湾海峡地块的一部分。白沙岛铜梁钻井的记录，0～320m 为上新世—更新世玄武质碎屑岩，320～503m 为中新世泥岩、砂岩、薄层灰岩，503m 以下就是白垩纪的基底了，由砂岩、粉砂岩组成，夹有玄武岩质，并有古近纪的酸性岩浆侵入。台湾海峡的白垩纪基底在后来的喜马拉雅运动中发生多处断裂，形成多个断裂块体。陷落的断块成为盆地，而澎湖岛群则是这些断块中相对隆升的一块，得以成陆。根据岩相的变化可以推断岛群的形成过程（图 12.8）：白垩纪基底的表面起伏很大，当时不存在海峡，呈现的是一片遭受强烈侵蚀的陆地；澎湖的钻井记录中缺失古新世的沉积，表明新生代初期仍保持为陆地；中新统沉积很厚，岛群淹没、下沉；上新统与中新统之间是不整合接触，所以中新世晚期又应有过一个成陆期；上新世再次为海水所淹没，同时水下火山喷发活跃，呈现的是夹玄武岩层的海相沉积；这一状态一直延续到中更新世；其后，随着冰期、间冰期的轮回，岛群海侵、海退相间，全新世海侵使群岛成为现状。在群岛形成过程中，构造运动、火山喷发对现代景观的形成起了重大作用，海峡的大部分断裂从基底断裂到上新统底部，少数断裂直伸展至第四系。玄武岩流都是沿断裂呈浅海环境喷发，澎

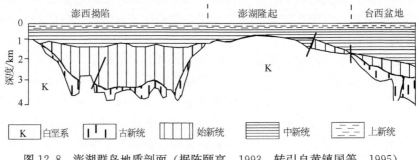

图 12.8　澎湖群岛地质剖面（据陈颐亨，1993，转引自黄镇国等，1995）

湖列岛 60 多个岛屿除了最西部的花屿以外，全都为玄武岩流所覆盖，形成大面积的平顶台地状地形。

澎湖列岛是东海和南海的分界线。岛群以北的东海海盆形成较早，中生代燕山花岗岩基底上不整合着古新统海相沉积；从澎湖以南，缺失古新统，属于南海海盆，这是东海、南海海盆形成发生上的区别。

珊瑚礁的发育是澎湖列岛突出的地带性自然景观特色。这里已是我国珊瑚礁分布的北界，但造礁珊瑚却多达 70 余种，岛屿周围岸礁丛生，白沙岛东岸的岸礁宽达 2800m，群岛北部的有些小岛甚至因岸礁的发育而相互联结成一体，白沙岛的名称也应是来自于海滩分布着大面积的白色钙质礁砂。珊瑚礁在澎湖得以繁盛分布是当地环境综合影响的结果：南海暖水团与台湾暖流影响了水温，水下广阔平台地形提供了基座，岛上没有河流，近岸海水比较洁净，等等。但由于终究已处在纬度较高的生存北界上，因此一旦遇到强寒潮南下，低潮位时露出水面的礁体难免大片冻死。

我国沿海许多大河的入海口附近，由于河流带来泥沙的沉积，形成了许多滩地。高潮位时淹没于水下的称为"沙"、"洲"，保持出露在水面的就是"冲积岛"。成因和组成物质都不相同，冲积岛所呈现平原、滩地、湖荡、沼泽的自然景观和农田、菜圃、鱼塘的人文特色，也就与基岩岛很不相同了。冲积岛形成的时间都不长，它们或冲刷、或沉积，又都随河流、潮流的方向、流量、强度等的变化而变化，因而在自然状态下，形状和面积都不稳定，常会发生变化。

长江每年输沙 $5 \times 10^8 \sim 6 \times 10^8$ t，河口的崇明岛是我国最大的冲积岛，面积为 1083km^2，是仅次于台湾、海南的全国第三大岛。这个沙岛从出现雏形到形成现在的状态只不过是 1000 多年的历史，其间多次涨、坍，变化很大。据记载，公元 7 世纪初长江口出现东沙、西沙两个沙岛，7 世纪岛上始设"崇明镇"。其后，这些沙岛随长江口主泓的摆荡，时而扩大、时而缩小甚至坍没，所以"崇明"这个行政中心的地址曾多次迁移，1583 年起才定位于现在的位置上，1949 年以后修堤筑坝，岸线才得以稳定下来。近百年来的围垦，方使原来沙洲上的沼泽、苇荡得以开发转变成现在的景象（陈吉余，1988）。

我国各河流河口现在所看到的许多"冲积岛"，从发生上来说，有很大一部分实际上是原先河口三角洲陆地的一部分。全新世海平面上升，原三角洲的地面被海水淹没，潮流在原先三角洲上的河流汉道中进出，冲刷侵蚀，加深了这些汉道，使其成为深槽，冲蚀下来的泥沙向周围堆积，又可能使一部分在高、低潮位之间时隐时现的沙脊地增高，并最终出露在高潮位以上而成为"岛"。苏北平原东部大陆架上，现代长江口以北到射阳河口之间，曾是长江古三角洲位置所在。古三角洲被淹没后，大约从7000a B. P. 前海平面趋于稳定之时开始，通过潮流作用，终于形成一片沙脊与深槽相间、面积广润的辐射状沙脊群，成为全世界大陆架上罕见的独特景象（图 12.9），其中不少沙脊实际已高出高潮位之上，已具备取得"岛"的名称资格了。

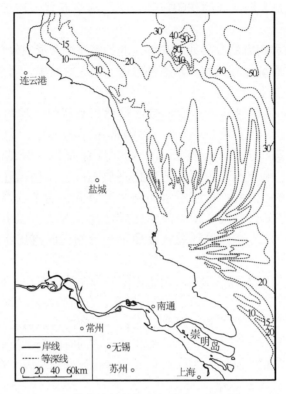

图 12.9　江苏岸外辐射状海底沙脊（据王颖，1996）

第二节　台　湾　岛

一、位于最年轻的地壳活动带上

台湾岛在东亚大地构造格局中处于很特殊的位置。这一位置上的特殊性对台湾现代自然地理格局的形成起了决定性的作用。

从平面分布上看，台湾位在东海的东部边缘，东北与西太平洋中的琉球岛弧相接，东南与菲律宾岛弧相接。实际上，台湾岛东北部的宜兰平原以及包括钓鱼岛在内的几个火山岛，在构造上都是琉球岛弧向南的延伸部分；台湾岛东部的海岸山脉以及东南部的绿岛（火烧岛）、兰屿在构造上都是菲律宾岛弧的北延部分。所以，台湾的位置正处在两个岛弧的交接点上（图 12.10）。

岛弧是大洋板块向大陆板块俯冲时产生的地壳变形现象，是现代地壳活动最强烈且还在继续活动的地带。台湾的自然景观表现出了年轻构造活动所带来的多方面影响。在一个面积只有 35774.6km^2 的岛上，出现了高度接近 4000m 的高峰，于是位置虽已在北回归线上却在第四纪期间形成了高山冰川。从高山冰川遗迹到沿海的珊瑚礁、红树林，这样宽广的垂直景观带的分布世上少见。年轻的构造形态直接控制了现代地表形态，以北北东方向纵贯全岛的几条高大山脉与谷地，与平原相间分布，全都具有平直的分界，

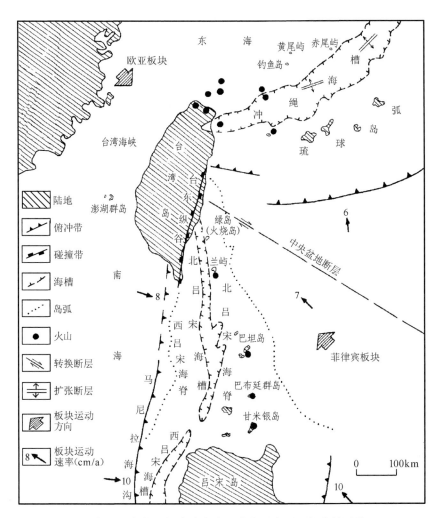

图 12.10　东亚两大岛弧与台湾岛位置分布示意图（据黄镇国等，1995）

火山、地震以及地面的抬升都是年轻构造活动所带来的具体表现。台湾岛北部的大屯火山群包括 20 座火山体，由安山岩流、火山灰等组成，基隆火山群大多由石英安山岩组成，龟山岛等六个离岛主要由安山岩组成，都是第四纪火山。可以根据海积台地或是隆起珊瑚礁现在的高程和形成年代推算台湾最新地质时期的构造上升率，所得多项结果中有一组数字表明，北部海岸 8～5ka B.P. 的上升率为 5.3mm/a，东部海岸为（5.0±0.4）mm/a，南部海岸为（5.3±0.2）mm/a。这样的速率属于世界最高级值，可以与喜马拉雅山的上升速率相比拟了。将多方面研究成果分地区取平均值，得到的上升速率为：北部海岸 1.87mm/a，西北部海岸 2.53mm/a，西南部海岸 4.40mm/a，恒春半岛 4.21mm/a，东部海岸 7.18mm/a。从东部海岸到西北部海岸上升速率的差别反映了构造基础的区域差别（黄镇国等，1995）。

　　台湾地震频繁，每年可以测出大于 2 级的地震 2000 多次，历史记载"罕有终年不震者"。1970～1979 年，10 年间发生 5 级以上地震 107 次，其中 6 级以上的 34 次、7 级以上的 7 次，并有 1 次属于 8 级。台湾地震的一个主要特征是震源都很浅，绝大多数小于 100km，已知最大深度为 300km。但在北部的日本海沟震源深度达到 500km，伊豆-小笠原海沟达到 700km，南部的爪哇海沟震源深度达到 600km。这种差别有助于了解台湾虽然处在南北岛弧的交会点上，但构造上与典型的岛弧有很大不同，不存在大洋板块深插入大陆板块之下的结构。在台湾岛内，地震活动也有很大的地区差别。台湾东部，台东纵谷以东的东部海岸地带地震频度最高，地震强度最大，20 世纪共发生 7 级以上地震 21 次，1920 年、1972 年两次台湾 8 级大地震都发生在这里。雪山山脉及其西的山麓丘陵，地震强度、频度减弱，20 世纪发生的 7 级及以上的地震仅 4 次。西部平原地震活动少，震级一般小于 7 级，但震源浅，以 10km 以内的为多，破坏性大。这种自东向西的变化表明东部处在板块边缘，受岛弧的碰撞影响大，向西已进入板块内部，与构造上升率的地区差异相对应，显示了台湾板块的构造轮廓（黄镇国等，1995）。

二、第一次冲撞

中国的构造-地形轮廓经过燕山运动都基本上定局了，只有青藏高原和台湾定型于后来的喜马拉雅运动。

喜马拉雅运动造就了现在台湾的构造-地形格局。从平面上，这一格局可以归纳为呈北北东走向、在地质构造-地貌发育上相当一致的几个结构带，自东向西分别是：海岸山脉——推覆体冲断山地、台东纵谷——板块碰撞缝合线谷地、中央山脉——褶皱、断褶山地、西部山麓丘陵——叠瓦构造冲断丘陵、西部海岸平原（图 12.11）。

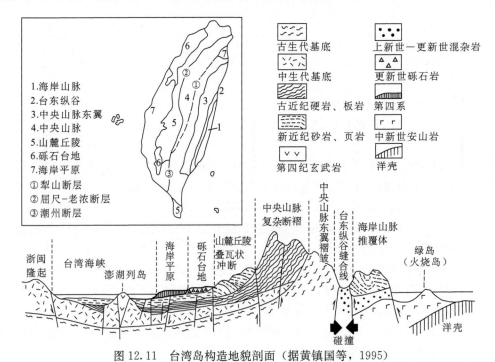

图 12.11　台湾岛构造地貌剖面（据黄镇国等，1995）

几组大断层控制着上述构造地形轮廓。从以等高线表示的地形图上就可以清晰地做出判读（图 12.12）。

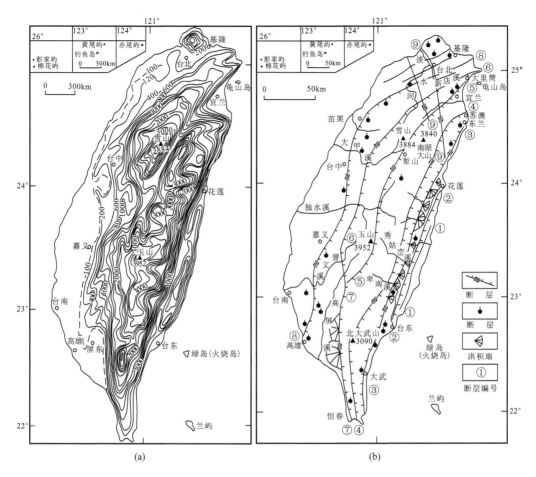

图 12.12 台湾岛地形与断裂构造（据黄镇国等，1995）

（a）台湾岛地形（据金振东，1971）；（b）台湾岛卫星影像解译的断裂构造（据张世良等，1980）

山脉主峰高程数据来自中国地图集（杜季荣、唐建军，2004）主要断层：① 海岸山脉断层，位在东部海岸，地貌上表现为平直的东海岸和直线形山脊；② 台东纵谷东侧断层，从花莲至台东，地貌上呈现清晰的断层崖；③ 台东纵谷西侧断层，断层崖前分布着一系列洪积扇，沿断层存在多处温泉；④ 苏澳-北大武断层（寿丰断层），发生在台湾最古老的变质杂岩系中；⑤ 梨山断层（宜兰-恒春断层），位于雪山至玉山东麓；⑥ 屈尺-老浓断层，位于雪山至玉山的西麓；⑦ 潮州断层，是梨山断层和属尺-老浓断层的南延部分，有一系列的洪积扇发育；⑧ 台西山麓断层（高雄-基隆断层），从基隆经台中至高雄，沿断层线分布着多处温泉；⑨ 花莲-台北断层，位于台湾岛北部，由两条断层组成，走向北北西

台湾最古老的地层出现在中央山脉东翼，从构造-地形的角度可以称为中央山脉东翼褶皱山地，山地高度为1000～3000m，古近纪已褶皱成山，但主要造山期还在于上新世。山地由中生代及更老的变质岩系构成，称为大南澳变质杂岩带，变质石灰岩中的鏈科化石鉴定表明石灰岩沉积时期为二叠纪，这是台湾岛最古老的基底。大南澳变质杂岩带可分为东西两个亚带：西带太鲁阁变质带含大量碳酸岩层和花岗质岩石，属于大陆岩壳性质；东带玉里变质带，有大量基性海洋地壳岩块以混杂岩的形式分布于其中。玉里带以向东的倒转褶皱形态为主，太鲁阁带以开展褶皱为主，两带之间的分界就是今所看到的寿丰断裂。这种两个变质带并存的现象以及两变质带的不同性质，表明太鲁阁带应

是原先的大陆板块边缘，玉里带应是插入古大陆板块边缘之下的大洋板块消亡带。变质岩带中的伟晶花岗岩变质结晶年龄为$86.0\sim74.5$Ma B. P.，玉里瑞穗角闪岩变质结晶年龄为79Ma B. P.，都在白垩纪。因此可以确定，中生代晚期至新生代早期，处于欧亚板块边缘的台湾地块经受了一次太平洋板块的向西俯冲（黄镇国等，1995）。原来的古老地层因而褶皱抬升成现在的中央山脉东翼山地，露出地面，台湾岛的中央山脉及其以西地区则是在这次的冲撞中奠定了它们现代构造体系发展形成的基础：在东翼山地抬升的同时，山地以西，包括整个台湾海峡，形成一个巨大的断裂拗陷盆地，盆地中沉积了深厚的古近系地层，现代台湾山地丘陵的形成就是以此为基础的（图 12.13）。

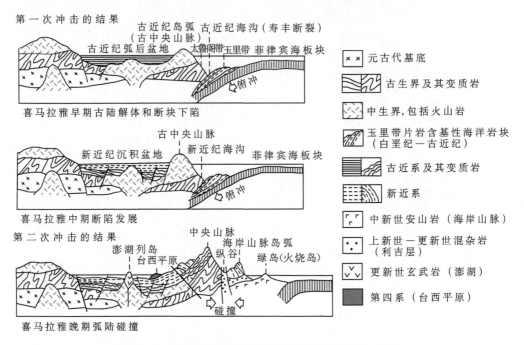

图 12.13　台湾岛构造演化示意图（据黄镇国等，1995）

渐新世、中新世喜马拉雅运动在台湾的表现是使古近纪的沉积地层变形，缺失渐新统沉积，沉积盆地向西推移扩大，东侧深、向西变浅，现在所看到的台湾新近系海相层厚度在阿里山东部达到8000m，向西到北港减薄至1500m（黄镇国等，1995）。

三、第二次冲撞

上新世至更新世早期的喜马拉雅运动在台湾称为"台湾运动"。菲律宾海板块在喜马拉雅运动中逐步向北推进，板块的俯冲在新近纪形成一条岛弧，岛弧的中心由安山岩为主的火成杂岩组成，上覆中新世至上新世的火山碎屑岩，以及上新世至更新世的页岩、砂岩、砾岩。在"台湾运动"中这条岛弧与台湾地块碰撞拼接，成为台湾东海岸现在的海岸山脉，接合处成为现在的台东纵谷。台湾岛至此终于造型完成（图 12.13）。

海岸山脉在冲撞过程中褶皱成一系列平行排列背向斜，以推覆体冲断构造为特征，逆冲断层大多发生在更新世早期甚至更晚，断层使东海岸在地貌上表现为平直的海岸线以及直线形的山脊。海岸山脉长约135km，高度为700～1300m，最高峰为1682m，山体狭窄，中间最宽的部分宽度也仅为10km，南侧海岸外的绿岛（火烧岛）、兰屿与离岛，都是海岸山脉余脉，原岛弧淹没在海洋中的一部分。

拼合带上的台东纵谷是宽3～6km的一条构造断裂谷，谷地东侧是向东倾斜的海岸山脉断层，从花莲到台东，一系列断崖可连成一线；西侧是向西倾斜的中央山脉断层，断层崖前分布着一系列洪积扇，出现一系列温泉。

古近纪已褶皱成山的现代中央山脉东翼山地，在海岸山脉的冲撞下强烈上升，并成为新隆起的中央山脉的"东翼"。

中央山脉是复杂的褶皱山地，除东翼山地外，主体部分由古近纪硬页岩和板岩构成，包括东列脊梁山脉，南湖大山主峰为3740m；西列雪山山脉，最高峰为3884m；玉山山脉，主峰为3952m（杜季荣，唐建军，2004），也是东亚岛弧中的最高峰。断块构造控制着中央山脉的主体，脊梁山脉与雪山山脉之间是梨山断层，位于台湾岛的中央，所以或称中轴断层，断层向东北延伸到宜兰平原地下，地震资料表明这一断层至今仍在活动。中央山脉的西侧是屈尺-老浓断层，台湾岛南部的恒春半岛是中央山脉的南延部分。

屈尺-老浓断层以西，构造-地貌上表现为一条叠瓦状冲断山麓丘陵带，由新近纪页岩、砂岩及少量石灰岩构成，岩层最大厚度达8000m，向西逐渐减薄，均未变质；构造上主要表现为不对称褶皱和低角度逆断层，变形强度向西渐弱，表明海岸山脉撞击的影响随距离加大而减小。构成的丘陵高度为300～600m，南北延伸约330km，东西宽度为30～40km。

山麓丘陵以西分布着一条红色砾石台地，砾石层厚数十米至一二百米，表面或覆盖有数米厚的红土层。台地面高程东侧为200～400m，向西降低到100～250m，这些原是从东部山地出来的洪积冲积扇，经抬升而成。

台湾岛的最西部是一条海岸平原，平原表层的第四系沉积厚度为200～1000m不等，覆盖在新近系组成的平缓背斜上（图12.11）。平原最大宽度为43km，高程从数米到数十米不等。云林北港地区的钻井记录，井下2000m左右的页岩、灰岩中所采到的菊石和海相双壳类化石及钙质超微化石的时间属于早白垩世，表明平原的基底是与东侧的丘陵山地一致的。

四、第四纪时期的变化

台湾运动奠定了台湾岛的基本轮廓和构造，这一运动继续延伸到第四纪，称为东宁运动。东宁运动使整个台湾岛隆起、扩大、地势增高并伴随有局部的断块运动、火山喷发，是台湾显著的造山运动时期，在更新世中期达到高潮，直到全新世，这一过程还在进行。

台湾所有的山地都是在此期间持续抬升才达到现在的高度的，相应的侵蚀、堆积以及现代地貌发育过程随之而非常活跃。

现今的台北市所在的三角形平原就是在一个中更新世末期的陷落盆地上发育形成的（图12.14）。

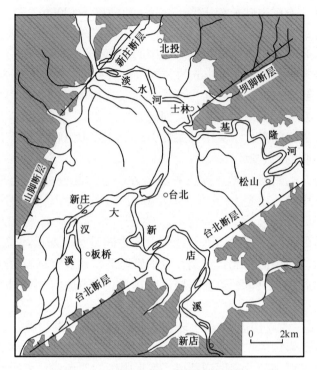

图 12.14　台北断块盆地（据黄镇国等，1995）

　　台湾岛北部的多个离岛都是第四纪火山岛，由安山集块岩构成（图 12.15）。彭佳屿安山岩年龄为 2.1～1.6Ma B. P.，属早更新世。东北的龟山岛安山岩年龄为（0.02±0.01）Ma B. P.，已属于晚更新世至全新世。东南部的离岛绿岛（火烧岛），安山质集块岩年龄为 4.3～1.8Ma B. P.，也已经跨入更新世时期（黄镇国等，1995）。

　　大屯火山群位于台北市以北，包括十余座火山体，年龄为 2.5～0.5Ma B. P.，属于早更新世至中更新世，高程在 500～1100m，当地的"向天池"、"面天池"等，都是火口湖。大屯火山群在早更新世时期原也是火山岛，地面抬升和洪积物的堆积终于使这一离岛与本岛相连结。基隆火山群位于基隆港之东，大部由石英安山岩组成，年龄为 1.7～0.8Ma B. P.，最高的基隆山，高程为 588.5m（黄镇国等，1995；黄镇国、张伟强，1995）。

　　第四纪火山活动成为台湾岛的一项景观特色，有些火山，至今仍有活动迹象，喷热孔、喷泥孔、硫气孔、温泉以及火山锥、火山口、火口湖等，构成了观光旅游景区。

　　台湾岛上存在第四纪冰川遗迹（图 12.16），分布范围向南达到北回归线附近，但那都是在高山上，冰斗遗迹的现代高程是 3500～3600m。按现代夏季气温和年降水量推算，台湾岛现代雪线的理论高度应在 4300m 左右，只要夏季温度比现在降低5℃，这些冰斗遗迹就是在永久积雪的覆盖之下。台湾岛只发现第四纪末次冰期的冰川遗迹，主要分布在中央山脉的雪山山脉和玉山山脉，玉山（3952m）虽然最高，但位置偏南，冰斗发育的程度反而不及高度稍低但位置稍偏北的雪山（3884m）。台湾岛中央山脉末次冰期冰川的发育分3期，其中，山庄期（第2期）冰碛的 TL 年代为（44.25±4.52）ka B. P.，与 MIS3b 相当，其时雪山（3884m）的冰川长 4.5km，末端降至海拔 3100m，平衡线

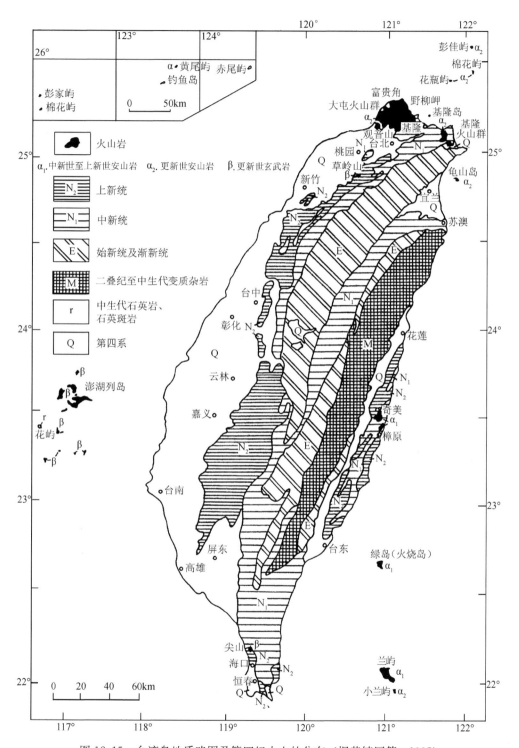

图 12.15　台湾岛地质略图及第四纪火山的分布（据黄镇国等，1995）

为海拔 3300m；水源期［TL 年代为（18.6±4.52）ka B. P.］相当于 MIS2 阶段末次冰期冰盛期，冰川规模长 3km，末端海拔 3300m，平衡线为海拔 3500m（崔之久等，1999）。

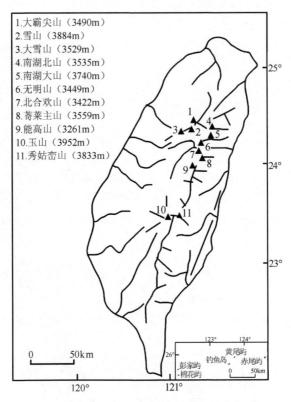

1. 大霸尖山（3490m）
2. 雪山（3884m）
3. 大雪山（3529m）
4. 南湖北山（3535m）
5. 南湖大山（3740m）
6. 无明山（3449m）
7. 北合欢山（3422m）
8. 莳莱主山（3559m）
9. 能高山（3261m）
10. 玉山（3952m）
11. 秀姑峦山（3833m）

图 12.16　台湾岛冰川遗迹的分布（据黄镇国等，1995）
山峰高程数据来自台湾省地图册（高秀静，2011）

台湾岛海岸生长着珊瑚礁，造礁珊瑚的种类有 40 属 129 种（赵焕庭，1999）。老珊瑚礁随着地面的抬升高出现代海平面以上数米甚至一二十米。测年数据表明，最老的已接近距今 9000 年：台东以北的富冈，珊瑚礁年龄为（8975±270）a B. P.，现代高度为 13.0m；恒春半岛的垦丁，珊瑚礁年龄为（8660±155）a B. P.，现代高程为 20.0m（黄镇国等，1995）。所以，冰期刚结束，进入全新世后，海平面上升不久，台湾岛海岸就已经具备珊瑚礁生长所需的水温条件了。多个样品的实测年龄表明，自那时起，珊瑚礁的发育没有明显间断，即台湾岛海岸的气候进入全新世以后波动幅度有限。但是台湾岛东海岸是大断崖，西海岸是沙质平原，地质条件都不适于珊瑚礁发育，南部的恒春半岛气候、地形都适宜，发育最好。

地表隆升或海平面因气候变化而下降，在第四纪时期曾在台湾与大陆之间、台湾与菲律宾岛弧之间，出现过陆桥。局部的地面断陷或海平面因气候变暖而升高，又可以使原有的陆桥中断。这样的变化曾使台湾岛与周围地区动、植物的交流受到多次反复的影响。台湾岛与吕宋岛的高山温带森林有不少共同的植物种，两地应存在过陆桥。但早更新世末，东宁运动造成陆块断陷，两地间形成深 2000m 的海沟，交往从此中断，两者间植物区系的差异就增大了。台湾早更新世前期的滨海相沉积中含有多种大型陆上哺乳动物化石，包括剑齿象、犀牛、古鹿、野猪等产生于华南、马来半岛的种类，所以当时台湾与大陆之间也存在陆桥。这一陆桥也在东宁运动中断陷，但台湾海峡存在澎湖群岛和海峡浅滩，早更新世以后多次冰期海平面下降，台湾还曾有数度与大陆相连，因而台湾现代的蕨类植物和裸子植物分别有 75.8％和 93.8％与大陆相同（曾文彬，1993）。在与大陆分离期间，海岛的特定条件当然也会形成台湾的特有植物，从而使岛上的植物区系复杂化。

第三节　南海珊瑚礁岛

南海不同于东海与黄渤海，黄渤海与东海基本上都只是为海水所淹没的大陆架，而南海却是西太平洋的一个边缘海，除了具有宽窄不等的大陆架以外还具有一个真正的深海盆以及从大陆架过渡到海盆底部的大陆坡。大陆坡下面的地壳已属于从"陆壳"向"洋壳"过渡的性质，而深海盆下面的地壳已经是真正的"洋壳"了（图 12.17，图 12.18）。南海中的许多发育在大陆坡及深海盆中的岛屿是真正的"海岛"，而且由于已处在热带范围内，这些岛屿从地质基础和成因来说与北方各岛很不相同，在自然景观上独具特色。

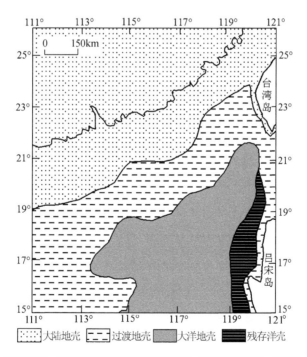

图 12.17　南海北部地壳性质分区图（据冯文科等，1988）

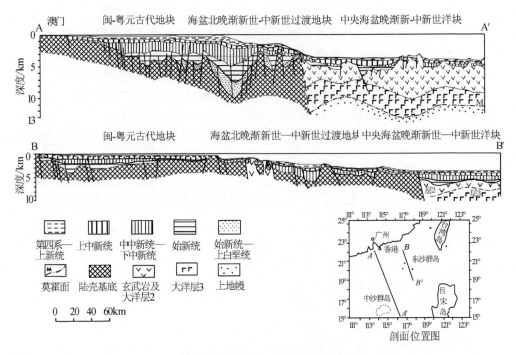

图 12.18　南海北部地质剖面图（据冯文科等，1988）

一、海盆与礁岛基座的形成

从大地构造上来说，南海位于全球规模的纬向活动带与太平洋构造活动带相交接的部位上，这一背景注定了海盆的形成会是一个复杂的过程，会受到多次构造运动，多发岩浆活动、火山活动的影响。

印支运动后，华南陆块与印支陆块沿红河断裂缝合，华南陆块与加里曼丹陆块之间残留的特提斯海成为西太平洋海湾式的"古南海"。白垩纪末—始新世，亚洲大陆边缘形成一系列大致作北东向的陆缘型裂谷式断陷盆地，现代的南海就源于这一扩张性质的盆地。初始的扩张期主要在渐新世，其后曾发生多期的多轴性扩张。

现代南海的基本格局定型于中新世中期，海盆的形成与菲律宾海板块的北移、挤压有密切关系。古地磁研究表明，白垩纪以来，吕宋岛向北漂移了 35°，在北进的同时并逆时针旋转了 70°，于中新世中期与台湾海峡微地块碰撞，停止运动（金钟等，2004）。中新世中期至上新世早期，台湾海岸山脉隆起，于是南海与菲律宾海隔断，四周为岛屿、陆坡所包围，成为独立的边缘海，仅在巴士海峡留下了深达 2000m 的深水道，仍能在深部与菲律宾海相通。

南海海盆从周围海岸向海盆中央呈逐级下降的型式（图 12.19）。第一级是大陆架，宽广平坦，在华南，一般以 $1'\sim2'30''$ 的坡度缓倾斜延伸，宽度超过 150km，珠江口以西达到 310km（赵焕庭等，1999）。大陆架上普遍发育了多级水下阶地以及河口的水下三角洲，第一级水下阶地水深 20～25m，大多由珊瑚礁、花岗岩、玄武岩平台组成，第二级水下阶地水深 45～60m，第三、四级阶地水深分别为 80～100m 和 110～140m（冯文科等，1988）。这些阶地和水下三角洲的存在显示了晚更新世以来海平面的升降、停滞过程。

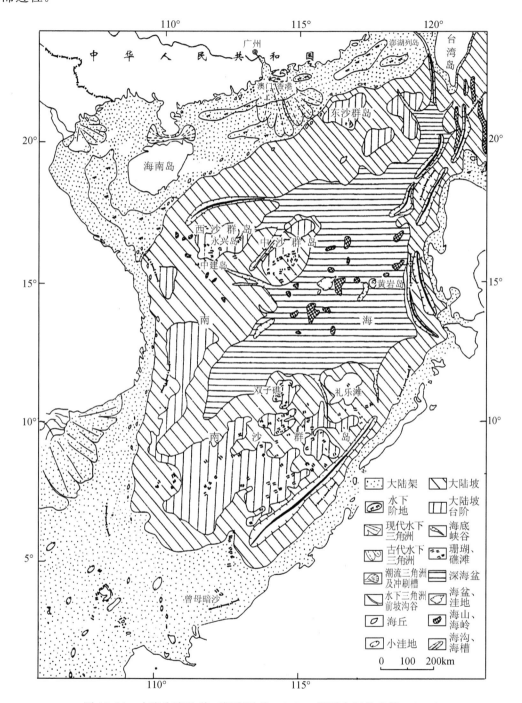

图 12.19　南海海底地貌（据谢以萱，1981，转引自赵焕庭等，1999）

大陆架延伸到水深约 230m，地形突然发生坡折，坡度增大十数倍，转入大陆坡。南海大陆坡是一个面积广阔的斜坡地带，本身又呈阶状降落，水深 1500m 以上的一段大体保持 1.8°～5.2°的坡度，称为上陆坡；2000m 深度以下直到 3800～4200m 海盆底部的一段称为下陆坡，以 3.2°～7.8°的坡度降落；1500～2000m 是一个相对平缓的台阶（赵焕庭等，1999）。由于受到北东、北西、东—西方向多期断裂构造的控制，大陆坡受切割，断裂沉降的部分出现了深海槽，断裂隆升的岩体形成水下台地。规模较大的水下台地或称为水下高原，多由古生代变质岩陆块和岩浆岩组成，这些水下高原对南海岛礁的形成关系密切，它们是现今南海诸岛的"基底"，新生代的生物礁就是依托在这些"高原"上而发育成长起来的。正是由于分别丛聚在各个岩块上，所以这些礁岩在海面上显现为一簇簇的"群岛"——岛群。

东沙群岛所依托的海底高原紧靠着大陆架外缘，面积约 $1.2 \times 10^4 km^2$，高原面水深 300～400m，基岩年代不晚于白垩世—始新世。发育在这一"高原"面上的珊瑚礁只有东沙岛已出露于海面，其他都是水下的暗沙、暗礁（图 12.20）。

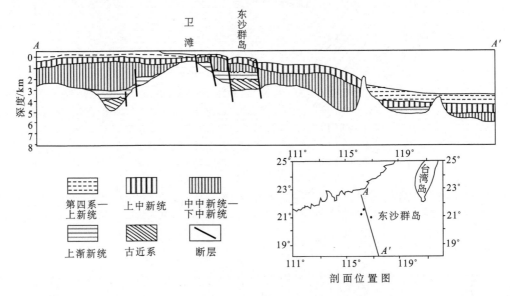

图 12.20　东沙群岛一带地质剖面图（据冯文科等，1988）

西沙-中沙断隆呈北北东方向分布（图 12.21）。钻井资料（西永一井）表明岩块表面第四系为厚达 169m 的浅海珊瑚贝壳砂、珊瑚礁灰岩，上新统主要为礁灰岩，厚 370.5m；上中新统主要为白云质灰岩，厚 275.5m；中中新统为厚达 456m 的中粗粒碎屑岩；下中新统为厚 149.3m 的珊瑚贝壳灰岩、白云岩，与下伏的前寒武系变质岩之间存在 28m 厚的风化壳。根据岩相变化可以判断，西沙-中沙断块岩体在前中新世为隆起区，新近纪至中更新世断块下沉，晚更新世以来又回升隆起。

西沙水下高原面积 $9.22 \times 10^4 km^2$，高原面水深 1000～1500m，崎岖不平，存在数条沟谷。自中新世以来发育在高原面上的厚达千米的珊瑚礁盘构成水深数十米的礁盘平台，东部宣德环礁和西部永乐环礁礁盘面积约 27512km²，现今西沙群岛中的永兴岛等大大小小共 32 个岛屿和沙洲，分别或共同拥有庞大礁盘和礁岛硬核，这是中新世至今历经两千万年发育的结果（蔡峰等，1996）。

中沙水下高原位于西沙高原以东，其间为中沙海槽分隔。高原面积约 $1.13 \times$

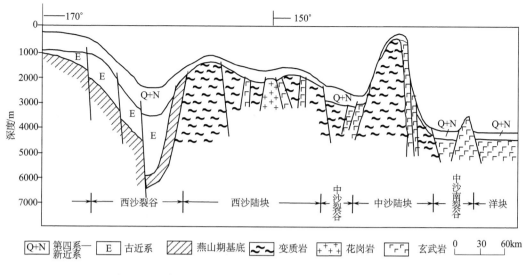

图 12.21　南海西沙、中沙地质剖面图（据冯文科等，1988）

$10^4 km^2$，高原面水深 200m 左右，比较平坦，其上发育的 20 多座礁滩都只是暗沙、暗滩，至今尚未露出水面。

中、西沙群岛有不少礁、滩的基座也可能是新生代的火山锥（图 12.22）。中沙北浅滩的地震剖面显示，这一个宽 50km、长近百余千米的水下浅滩就是一系列水下火山群。

图 12.22　中沙北浅滩新生代水下火山群景观素描（据中科院南海海洋研究所、
海洋地质物理研究所，1988）

环顾南海海盆周围，东北是琉球-台湾岛弧，东南是菲律宾群岛，西南是巽他群岛，都是火山、地震多发地带，即使是北部的琼雷地区也都有第四纪的火山喷发，所以南海海盆地质历史上多火山活动是必然的现象。

南沙群岛散布的范围比较广阔，最南端的北康暗沙、南康暗沙和曾母暗沙群的基底已经是加里曼丹北面的巽他大陆架，其主体部分的基座为南沙断隆，性质与西沙相似，作北东走向，台阶面水深 1800～2000m（图 12.23），钻井资料（礼乐滩 Sampaguita-1）表明，井深 2164m 以上为新生代晚渐新世以来的珊瑚礁碳酸盐岩，2164～4144m 为古近纪海相碎屑岩，以下为白垩纪含煤碎屑岩。人工地震资料表明礼乐滩沉积厚度达 8000～10000m，古近系和新近系厚度 4000 余米，下伏中生代和古生代地层。基底可能形成于古生代，自古近纪以来为断陷下沉区，殖基于台阶面上的岛屿、礁、滩、沙近 200 座，大多潜伏于水下，露出水面的少数岛屿也都很矮小，海拔最高的鸿庥岛高度仅为 6.1m，面积最大的太平岛全面积不足 0.5km²。受到一系列北东向断裂的控制，南沙台阶形成一组北东向断凸、断凹相间排列的格局，所有礁岛循这一格局有序排列。地球物理勘探证明地块内包含有数个含油气的新生代沉积盆地。

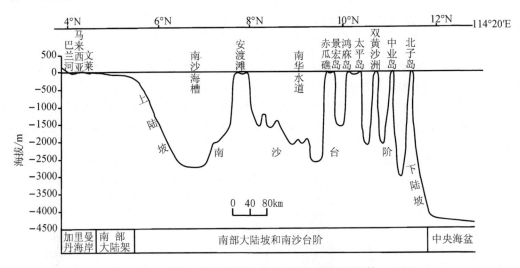

图 12.23　南海南部大陆坡与南沙台阶（据赵焕庭等，1995）

南海海盆底部水深 3800～4500m，基底属于大洋型地壳，由玄武岩、安山岩和橄榄岩等组成。总体形态可以称为深海平原，但"平原"上散布着突起的"海山"、"海岭"、"海丘"，成链状排列，由中新世、上新世玄武岩组成，规模最大的中央链状海山由黄岩海山、珍贝海山、涨中海山以及多个海丘组成。黄岩海山比高 4200m，涨中、珍贝分别为 4100m 与 3936m，海丘的比高一般为数百米。这些海山的顶部也往往为珊瑚礁所依托，露出水面的部分成为岛屿，潜伏水下的成为暗沙，暗礁。黄岩岛是个环礁，就是黄岩海山出露于海面的部分（图 12.24）。

深海探测表明，近于西—东向延展的中央海山链的南、北两侧存在相对应的条状古地磁带。根据海底扩张-大陆漂移学说，中央海山链应该就是南海海底扩展张轴位置的所在。同位素年龄测定这一次扩张的时间在 32～17Ma B. P.，即晚渐新世—早中新世时期（冯文科等，1988）。扩张轴近于东—西向，所以海底分向南北扩张。位

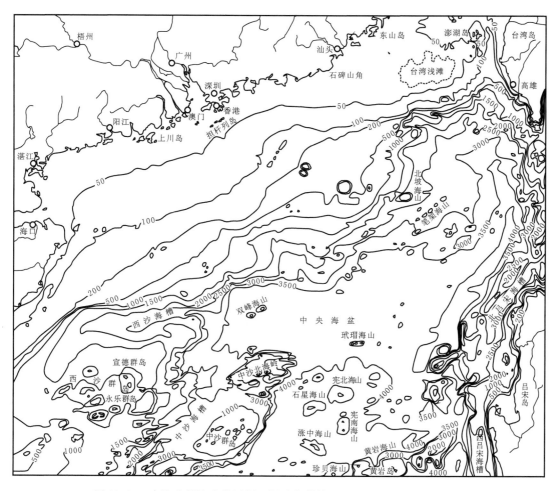

图 12.24　南海北部海山位置图（据冯文科等，1988）（等深线单位：m）

于西北海盆扩张轴以南的现今中沙、西沙群岛所依托的微地块受海盆扩张影响一直处在缓慢南移的过程中。

南海海底还发现另一组对称的条带状磁异常分布区，该处地形上是一个长条状盆地，盆地两侧是作北东向线状分布的海山，称为长龙海山。北东走向的扩张轴从西南海盆向北东延伸到中沙微地块附近，扩张年代为 126～120Ma B. P.，现今南海盆地中的一系列沉积了晚白垩纪—始新世的含油气地层的北东向断陷裂谷，就是在这次扩张过程中形成的（冯文科等，1988）。

二、珊瑚岛礁的发育及其对环境变化的反映

南海各群岛中，低潮面时能出露于水面的礁、岛有百余个，总面积约有上千平方千米。其中除了西沙群岛中的高尖石（一个面积仅 0.003km² 的小岛屿）是发育有岸礁的火山碎屑岩岛外，其他全是珊瑚礁岛（赵焕庭等，1999）。南海各群岛中发育良好的珊瑚礁群体绝大部分隐现于水底，称为暗沙、暗滩，面积当以数万平方千米计。

南海海域中能形成珊瑚礁、岛的造礁珊瑚，包括腔肠动物门、珊瑚纲、石珊瑚目（Scleractinia）的许多属、种，是热带海洋浅水底栖生物，一般生活的水深不超过 50m（赵焕庭等，1997）。丛生的活珊瑚和以石珊瑚遗骸为主的堆积，经过多种附礁生物（包括多种软体动物如牡蛎、蛤、蚶、贝、螺等以及有孔虫、钙质藻类）碎屑的充填、胶合而形成的岩体即是珊瑚礁，主要成分都是 $CaCO_3$，岩石学上统称为礁灰岩。南海海域中的众多礁灰岩体，面积、厚度、形成年代都相差很大，面积最小的不足 $1km^2$，最大的可以超过 $100km^2$；一般厚度数米、数十米，厚度大的可达数百米甚至上千米。现代珊瑚礁岛的礁灰石年龄一般不超过 $1×10^4 a$，是冰后期全新世以来的产物，但已知南沙群岛礼乐滩 Sampaguita-1 井底部的礁灰岩形成于晚渐新世时的 27Ma B.P.（赵焕庭等，1999）。

在有些具备合适条件的礁岩体上，生态系统有可能向高级状态发展，直到形成有植被、土壤覆盖适于鸟类以至陆地动物和人类生存的"灰沙岛"。初始条件是高度、强度都合适的风浪能将带来的生物碎屑在比较开阔的礁岩体面—礁坪的潮间带内停积并稳定下来，逐渐形成沙滩、沙堤。随着沙滩、沙堤的增高，出露于高潮面之上，大气降水的淋溶脱盐，使随海水漂来的或偶然由鸟类带来的草木种子得以发芽成长，发育成草被灌丛沙滩。有了植被的固定，沙滩、沙堤的稳定性就得到了更大的保障，砂层加厚，形成淡水透镜体，鸟类频繁聚集，乔木种子在湿润热带海洋气候下发育成林，大量鸟粪进入原始的粗骨土中发育磷积石灰土，终于成为灰沙岛。现在南海诸群岛中共有灰沙岛 52个（表 12.2），从礁岩体发育成"灰沙岛"时间均较晚，一般不过一、两千年，在西沙群岛的"灰沙岛"上所见最早的人类活动记录始于战国时期。由于形成过程的相似，各岛的景观结构也大致相同（图 12.25）。

表 12.2　南海诸岛的干出礁和灰沙岛统计（据赵焕庭等，1999）

群岛	干出礁						灰沙岛	
	个数/个	环礁/个	台礁/个	礁体面积/km²	礁坪面积/km²	潟湖面积/km²	个数/个	面积/km²
东沙群岛	1	1	0	417.0	125.0	292.0	1	1.74
中沙群岛	1	1	0	130.0	53.0	77.0	0	0.00
西沙群岛	10	8	2	1836.4	221.6	1614.8	28	7.86
南沙群岛	51	43	8	2904.3	507.5	2396.8	23	1.81
合计	63	53	10	5287.7	907.1	4380.6	52	11.41

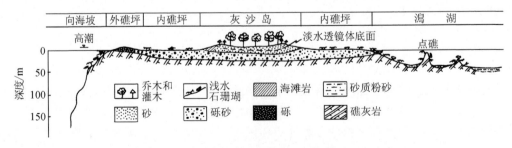

图 12.25　灰沙岛主观结构（据赵焕庭等，1995）

西沙群岛中的永兴岛是南海海域中最大的灰沙岛，可视为典型，面积为 1.8km²，高度为 8.2m，地形平坦，结构上由礁坪、沙堤和中央碟形洼地三个部分组成。自 6.8ka B. P. 全新世中期高海面以来，永兴岛堆积、出露并形成灰沙岛的各种地貌，以及海滩岩和鸟粪堆积。地表组成物质为珊瑚碎屑、软体动物壳屑、有孔虫及石灰质藻类碎屑，部分已胶结成岩。常绿乔、灌林与草被成层，林冠高达 20m。经调查，共有植物 89 科 224 属 340 种，为典型的热带植物区系，岛上鸟类可分为留鸟、冬候鸟、夏候鸟三类，共 44 种以上。受鸟粪积聚影响发育磷积石灰土。与永兴岛嵌在同一礁坪上的石岛，面积仅 0.08km²，海拔 15.9m，是南海诸岛中最高的岛屿，又是唯一已固结成岩的、成岛时间最老（全新世高海面出现前）的老灰沙岛（赵焕庭等，1997，1999）。

造礁珊瑚的生长受到环境条件的制约。首先是温度，一般要求海水温度在 20℃ 以上才能良好生长，水温低于 13℃ 即濒临死亡（赵焕庭等，1999）。现代热带海洋中的造礁石珊瑚有数百种，南海海域内各地区的种属数与海域表层水温年平均值分布呈正相关。永兴岛有石珊瑚 113 个种和亚种，38 属；海南岛虽然面积大，但位置偏北，只有 34 属 110 种；台湾的纬度虽更高，但由于有黑潮暖流经过，反而增加到 40 属 129 种。海水水流是否通畅、营养物是否丰富等也都对珊瑚群体的生长有影响，但另一个最重要的制约因素则是阳光。造礁石珊瑚是浅水生物，一般只在 50m 以浅的水域中才生长良好，即是在阳光可透入的相应深度范围内。深 50m 以下一般难以生长，即或有个别种属得以生长，也都不能发育成礁体（赵焕庭等，1999）。按照已知珊瑚礁发育成长对环境条件的要求，可以根据珊瑚礁的分布与发育状况作为一种依据，复原南海海域的环境演变过程。

近年来由于勘探油气等资源的需要，国内外在南海海域内做过不少钻探。有的钻孔已经钻透礁体进入了所依托的基盘岩体。钻孔取样虽或有一定局限性，但已经覆盖了礁体发育的全过程。南沙群岛礼乐滩 Sampaguita-1 井钻深 4125m，进入了下白垩统地层。下白垩统至古新统是浅海相碎屑和灰岩，下、中始新统为半深海相含钙质页岩，上始新统至上渐新统为滨海相砂岩、粉砂岩、泥岩。岩相变化表明以上时期海域深度有过变化。在 2160m 深度处出现不整合面，在此以上，即 0～2160m，上渐新统—第四系是白色、浅黄色礁灰岩（赵焕庭等，1999）。钻孔记录表明，南海珊瑚礁从渐新世晚期的 27Ma B. P. 开始发育，延续至今。由于礁体只能在 50m 以内浅海中成长，厚达两千余米的礁灰岩表明海水面有过巨大的变化。

一般认为全新世以来由于冰盖消融，海面属水动型上升，但应该只是一、二百米的幅度。在此以前礁灰岩的不断成长应该意味着南海海底持续沉降，海平面地动型升高，而且上升率与礁体的生长率比较接近。

南沙群岛永暑礁坪的钻孔（南永-1 井），总进尺 152.07m：0～17.3m 为松散沉积，17.3m、89.8m、142m 呈现三个沉积间断面，测年数据表明 17.3m 的侵蚀面与全新统—更新统的界面相符。侵蚀面的形成应是冰期海面水动型下降的结果。17.3～89.8m 为生物砾砂屑灰岩、珊瑚灰岩，发生方解石化；89.8～142m 沉积物同上，溶洞发育，呈白云岩化；142m 以下已发育成白云岩、珊瑚白云岩（图 12.26）（赵焕庭等，1999）。

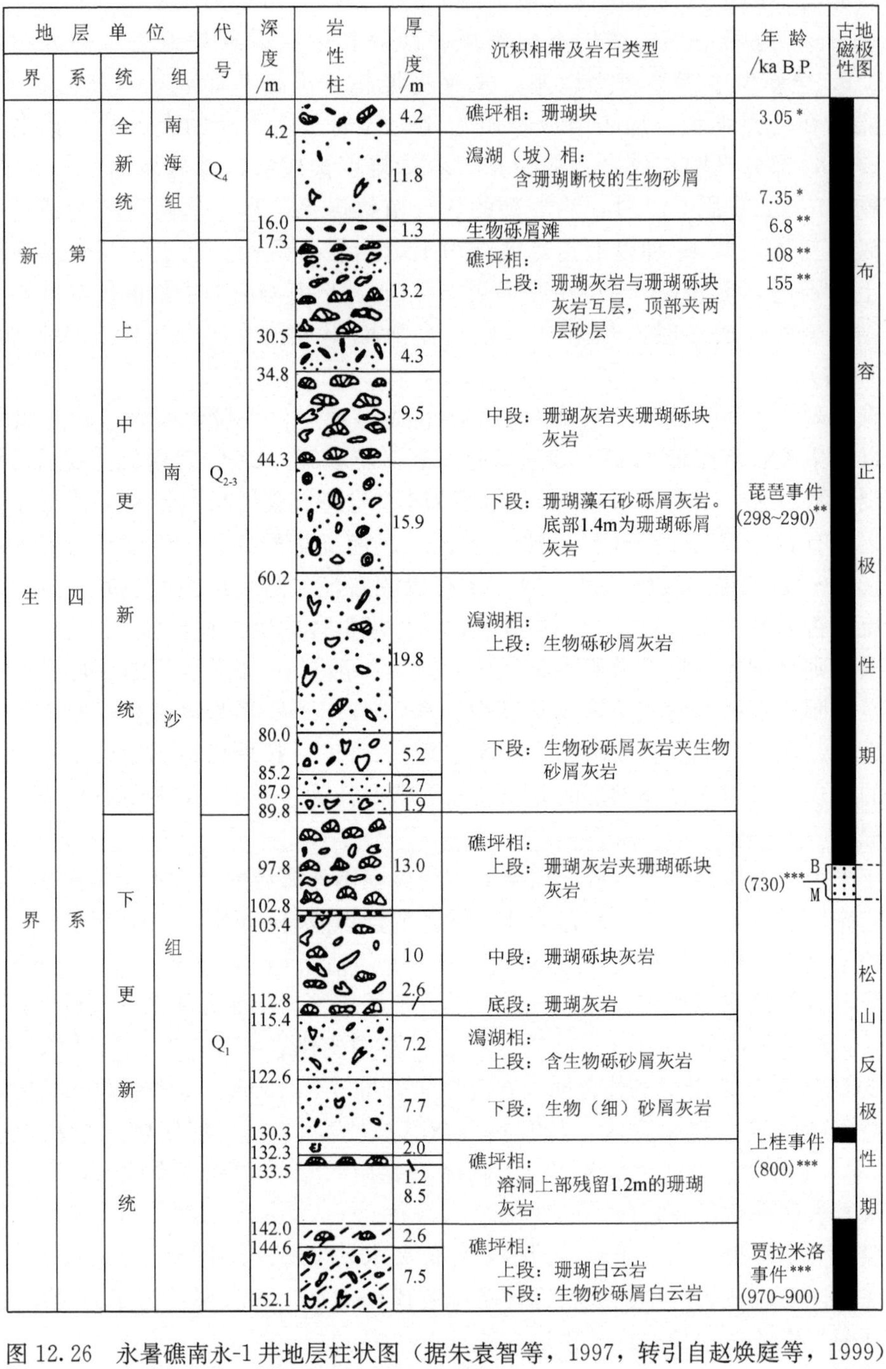

地层单位				代号	深度/m	岩性柱	厚度/m	沉积相带及岩石类型	年龄/ka B.P.	古地磁极性图
界	系	统	组							
新生界	第四系	全新统	南海组	Q_4	4.2		4.2	礁坪相：珊瑚块	3.05*	布容正极性期
					16.0		11.8	潟湖（坡）相：含珊瑚断枝的生物砂屑	7.35*	
					17.3		1.3	生物砾屑滩	6.8**	
		上中更新统	南沙组	Q_{2-3}	30.5		13.2	礁坪相：上段：珊瑚灰岩与珊瑚砾块灰岩互层，顶部夹两层砂层	108** 155**	
					34.8		4.3	中段：珊瑚灰岩夹珊瑚砾块灰岩		
					44.3		9.5			
					60.2		15.9	下段：珊瑚藻石砂砾屑灰岩。底部1.4m为珊瑚砾屑灰岩	琵琶事件（298~290）**	
					80.0		19.8	潟湖相：上段：生物砾砂屑灰岩		
					85.2		5.2	下段：生物砂砾屑灰岩夹生物砂屑灰岩		
					87.9		2.7			
					89.8		1.9			
		下更新统		Q_1	97.8		13.0	礁坪相：上段：珊瑚灰岩夹珊瑚砾块灰岩	(730)*** B/M	松山反极性期
					102.8 103.4		10	中段：珊瑚砾块灰岩		
					112.8		2.6	底段：珊瑚灰岩		
					115.4		7.2	潟湖相：上段：含生物砾砂屑灰岩		
					122.6		7.7	下段：生物（细）砂屑灰岩		
					130.3 132.3		2.0	礁坪相：	上桂事件（800）***	
					133.5		1.2 8.5	溶洞上部残留1.2m的珊瑚灰岩		
					142.0 144.6		2.6	礁坪相：上段：珊瑚白云岩	贾拉米洛事件***（970~900）	
					152.1		7.5	下段：生物砂砾屑白云岩		

图 12.26　永暑礁南永-1 井地层柱状图（据朱袁智等，1997，转引自赵焕庭等，1999）

测年方法：* ^{14}C；** 铀系；*** 古地磁

对多个钻井所取得的生物礁作了氧同位素分析与年代测定，数据大体能相应对比。南永-1 井数据表明，距今 900ka 的一段时期相对最冷，但造礁珊瑚仍能生长；以后转暖，在整个更新世时期都处在热带海洋条件下。南沙太平岛（约 $10°22'$N）附近海底沉积的氧、碳同位素分析表明，晚更新世冰期最盛期，当地表层海水温度低于现代

（28℃）约3℃。西沙群岛琛航岛（约16°28′N）西琛-1井氧同位素分析，晚更新世末次冰期最盛期，表层海水温度低于现代平均水温（26.8℃）5℃左右，珊瑚礁发育都不受影响（图12.27）（赵焕庭等，1999）。

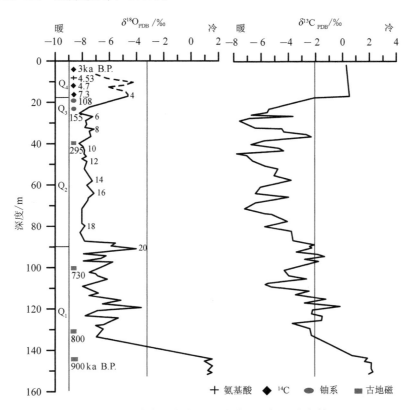

图 12.27　永暑礁南永-1 井气候变化曲线（据赵焕庭等，1999）

氧同位素曲线上的偶数阶段代表冰期

参 考 文 献

安成邦，陈发虎. 2009. 中东亚干旱区全新世气候变化的西风模式——以湖泊研究为例. 湖泊科学，21（3）：329～334

安芷生，刘晓东. 2000. 东亚季风气候的历史与变率. 科学通报，45（3）：238～249

安芷生，高万一，祝一志等. 1990a. "蓝田人"的磁性地层年龄. 人类学学报，9（1）：1～7

安芷生，吴锡浩，卢演俦等. 1990b. 最近2万年中国古环境变迁的初步研究. 见：刘东生主编. 1990. 黄土·第四纪地质·全球变化（第二集）. 北京：科学出版社. 1～26

安芷生，吴锡浩，卢演俦等. 1991. 最近18000年中国古环境变迁. 自然科学进展——国家重点实验室通讯，2：153～159

安芷生，张培震，王二七等. 2006. 中新世以来我国季风-干旱环境演化与青藏高原的生长. 第四纪研究，26（5）：678～693

白瑾，戴凤岩. 1994. 中国早前寒武纪的地壳演化. 地球学报，3-4：73～87

柏道远，熊延望，刘耀荣. 2007. 中昆仑山形成时代与隆升幅度——基于夷平面与磷灰石裂变径迹研究. 资源调查与环境，28（1）：5～11

包家宝. 2000. 江西铜矿地质条件的再认识. 江西地质，14（4）：262～265

鲍志东，冯增昭，李永铁. 1999. 中国南方东部三叠纪古地理演化及其构造控制. 石油大学学报（自然科学版），23（4）：6～8

毕华，谭克仁，吴堑虹等. 1996. 赣北庐山-鄱阳湖的造山-造盆作用. 江西地质，10（1）：3～12

蔡峰，许红，郝先锋等. 1996. 西沙—南海北部晚第三纪生物礁的比较沉积学研究. 沉积学报，14（4）：61～69

蔡友贤. 1988. 内蒙古河套盆地白垩纪地层层序及生油层时代讨论. 石油勘探与开发，3：27～32

蔡友贤. 1990. 内蒙古河套盆地白垩纪古气候、沉积环境及油气勘探远景. 地质论评，36（2）：105～115

蔡忠贤，陈发景，贾振远. 2000. 准噶尔盆地的类型和构造演化. 地学前沿，7（4）：431～440

曹广超，马海州，张璞等. 2009. 11.5kaBP以来尕海沉积物氧化物地球化学特征及其环境意义. 沉积学报，27（2）：360～366

曹家欣. 1989. 山东庙岛列岛与蓬莱沿岸地貌. 海洋学报，11（5）：602～610

曹家欣，李培英，石宁. 1987. 山东庙岛群岛的黄土. 中国科学（B辑），10：1116～1122

曹峻. 2006. 试论马桥文化与中原夏商文化的关系. 中原文物，（2）：40～45

曹流. 1982. 西藏普兰涕松上新世孢粉植物群. 古生物学报，21（4）：469～483

曹美珍，陈金华，黎文本等. 2001. 塔里木盆地的非海相下第三系和上第三系. 见：周志毅主编. 塔里木盆地各纪地层. 北京：科学出版社. 280～324

陈炳贵，欧阳平，黄梅. 2007. 3S技术支持下鄱阳湖区地质构造调查分析. 地球物理学进展，22（5）：1666～1672

陈发虎，吴海斌. 1999. 末次冰消期以来兰州地区冬季风变化研究. 第四纪研究，4：306～313

陈发虎，范育新，Madsen D B等. 2008. 河套地区新生代湖泊演化与"吉兰泰-河套"古大湖形成机制的初步研究. 第四纪研究，28（5）：866～873

陈发虎，黄小忠，杨美临等. 2006. 亚洲中部干旱区全新世气候变化的西风模式——以新疆博斯腾湖记录为例. 第四纪研究，26（6）：881～887

陈富斌. 1992. 横断事件：亚洲东部晚新生代的一次重大构造事件. 山地研究，10（4）：195～202

陈国能，张珂，贺细坤等. 1994. 珠江三角洲晚更新世以来的沉积——古地理. 第四纪研究，1：67～74

陈惠中，金炯，董光荣. 2001. 全新世古尔班通古特沙漠演化和气候变化. 中国沙漠，21（4）：333～339

陈吉余. 1988. 长江三角洲江口段的地形发育. 见：陈吉余，沈焕庭，恽才兴. 长江河口动力过程和地貌演变. 上海：上海科学技术出版社. 38～47

陈吉余，朱慧芳，董永发等. 1988. 长江河口及其水下三角洲的发育. 见：陈吉余，沈焕庭，恽才兴. 长江河口动力过程和地貌演变. 上海：上海科学技术出版社. 48～62

陈杰，卢演俦，丁国瑜. 1996. 祁连山西段及酒西盆地区第四纪构造运动的阶段划分. 第四纪研究，3；263～271

陈金华，黎文本，曹美珍等. 2001. 塔里木盆地非海相白垩系. 见：周志毅主编. 塔里木盆地各纪地层. 北京：科学出版社. 261～279

陈君月，周性敦. 1993. 武夷山古环境的变迁与土壤发育的关系. 福建地质，12（3）；228～231

陈克造，Bowler J M. 1985. 柴达木盆地察尔汗盐湖沉积特征及其古气候演化的初步研究. 中国科学（B辑），5；463～472

陈隆勋，朱乾根，罗会邦等. 1991. 东亚季风. 北京：气象出版社. 1～362

陈丕基. 2000. 中国陆相侏罗、白垩系划分对比述评. 地层学杂志，24（2）；114～119

陈荣林，朱宏发，陈跃等. 1994. 塔里木盆地西南拗陷下白垩统风成砂岩的发现及其意义. 科学通报，39（1）；58～60

陈伟光，魏柏林，赵红梅等. 2002. 珠江三角洲地区新构造运动. 华南地震，22（1）；8～18

陈伟光，赵红梅，常郁，卢邦华. 2001. 珠江三角洲晚第四纪垂直构造运动速率. 地震地质，23（4）；581～587

陈旭，阮亦萍，布科. 2001. 中国古生代气候演变. 北京：科学出版社. 123

陈颐亨. 1989. 东海白垩纪—第三纪古地理. 沉积学报，7（4）；69～76

陈颐亨. 1993. 台湾西部海区始新统含油气远景. 海洋地质译丛，2；31～39

陈兆恩，林秋雁. 1993. 青藏高原湖泊涨缩的新构造运动意义. 地震，（2）；31～40，52

成守德，王元龙. 1998. 新疆大地构造演化基本特征. 新疆地质，16（2）；97～107

成守德，张湘江. 2000. 新疆大地构造基本格架. 新疆地质，18（4）；293～296

程海，艾思本，王先锋等. 2005. 中国南方石笋氧同位素记录的重要意义. 第四纪研究，25（2）；157～163

程捷. 1994. 云南三江一河典型地区河谷第四系发育特征. 现代地质，8（1）；11～19

程捷，刘学清，高振纪等. 2001. 青藏高原隆升对云南高原环境的影响. 现代地质，15（3）；290～296

程捷，田明中，张绪教. 2007. 黄河源区黄河袭夺长江水系之初探. 地学前缘，14（1）；251～256

程绍平，邓起东，闵伟等. 1998. 黄河晋陕峡谷河流阶地和鄂尔多斯高原第四纪构造运动. 第四纪研究，（3）；238～248

程裕淇. 1994. 中国区域地质概论. 北京：地质出版社. 1～517

崔克信等. 2004. 中国西南区域古地理及其演化图集. 北京：地震出版社. 1～514

崔明，张旭东，蔡强国等. 2008. 东北典型黑土区气候、地貌演化与黑土发育关系. 地理研究，27（3）；527～535

崔之久，谢又予. 1984. 论我国东北、华北晚更新世晚期多年冻土南界与冰缘环境. 地质学报，（2）；165～176

崔之久，高全洲，刘耕年等. 1996a. 夷平面、古岩溶与青藏高原隆升. 中国科学（D辑）：地球科学，26（4）；378～385

崔之久，高全洲，刘耕年等. 1996b. 青藏高原夷平面与岩溶时代及其起始高度. 科学通报，41（15）；1402～1406

崔之久，李德文，刘耕年等. 2001. 湘桂黔滇藏红色岩溶风化壳的性质与夷平面的形成环境. 中国科学（D辑）：地球科学，31（增刊）；134～141

崔之久，伍永秋，刘耕年等. 1998. 关于"昆仑—黄河运动". 中国科学（D辑）：地球科学，28（1）；53～59

崔之久，杨建强，赵亮等. 2004a. 鄂尔多斯大面积冰楔群的发现及20ka以来中国北方多年冻土南界与环境. 科学通报，49（13）；1304～1310

崔之久，杨建强，易朝露. 2004b. 点苍山大理冰期冰川作用研究进展. 见：中国地理学会地貌与第四纪专业委员会. 地貌·环境·发展：2004丹霞山会议文集. 北京：中国环境科学出版社. 16～22

崔之久，杨健夫，刘耕年等. 1999a. 中国台湾高山第四纪冰川之确证. 科学通报，44（20）；2220～2224

崔之久，伍永秋，葛道凯等. 1999b. 昆仑山垭口地区第四纪环境演变. 海洋地质与第四纪地质，19（1）；53～62

戴霜，方小敏，宋春晖等. 2005. 青藏高原北部的早期隆升. 科学通报，50（7）；673～683

大港油田地质所等. 1985. 滦河冲积扇—三角洲沉积体系. 北京：地质出版社. 1～164

邓国辉，刘春根，冯晔等. 2005. 赣东北-皖南元古代造山带构造格架及演化. 地球学报，26（1）；9～16

邓晋福，吴宗絮，赵国春等. 1999. 华北地台前寒武花岗岩类、陆壳演化与克拉通形成. 岩石学报，15（2）；

190～198

邓康龄. 1992. 四川盆地形成演化与油气勘探领域. 天然气工业, 12 (5): 7～12

邓起东, 程绍平, 闵伟等. 1999. 鄂尔多斯块体新生代构造活动和动力学的讨论. 地质力学学报, 5 (3): 13～21

邓万明. 1993. 青藏北部新生代钾质火山岩微量元素和 Sr、Nd 同位素地球化学研究. 岩石学报, 9 (4): 379～387

邓万明. 1995. 青藏高原晚新生代岩浆活动与岩石圈演化. 见: 青藏项目专家委员会编. 青藏高原形成演化、环境变迁与生态系统研究学术论文年刊 (1994). 北京: 科学出版社. 288～296

邓属予, 张健. 1994. 台湾第三纪陆缘盆地的大地构造演化. 海洋石油, (1): 27～33

邓自强, 林玉石, 张美良. 1986. 桂林地质构造与岩溶地貌发育的时序关系. 中国岩溶, 5 (4): 289～296

丁林. 2003. 西藏雅鲁藏布江缝合带古新世深水沉积和放射虫动物群的发现及对前陆盆地演化的制约. 中国科学 (D辑): 地球科学, 33 (1): 47～58

丁仲礼, 刘东生. 1989. 中国黄土研究新进展 (一): 黄土地层. 第四纪研究, (1): 24～35

丁仲礼, 杨石岭, 孙继敏等. 1999a. 2.6Ma 前后大气环流重构的黄土-红黏土沉积证据. 第四纪研究, 3: 277～281

丁仲礼, 孙继敏, 刘东生. 1999b. 上新世以来毛乌素沙地阶段性扩张的黄土-红粘土沉积证据. 科学通报, 44 (3): 324～326

董光荣. 1997. 塔克拉玛干沙漠第四纪地质研究的新进展. 中国沙漠, 17 (1): 77～79

董光荣, 陈惠中, 王贵勇等. 1995a. 150ka 以来中国北方沙漠、沙地演化和气候变化. 中国科学 (B辑), 25 (12): 1303～1312

董光荣, 高全洲, 邹学勇等. 1995b. 晚更新世以来巴丹吉林沙漠南缘气候变化. 科学通报, 40 (13): 1214～1218

董光荣, 金炯, 高尚玉等. 1990. 晚更新世以来我国北方沙漠地区的气候变化. 第四纪研究, (3): 213～222

董光荣, 金炯, 李保生. 1994. 科尔沁沙地沙漠化的几个问题——以南部地区为例. 中国沙漠, 14 (1): 1～8

董光荣, 靳鹤龄, 陈惠忠. 1997. 末次间冰期以来沙漠——黄土边界带移动与气候变化. 第四纪研究, 2: 158～167

董光荣, 靳鹤龄, 陈惠忠等. 1998. 中国北方半干旱和半湿润地区沙漠化的成因. 第四纪研究, 2: 136～144

董光荣, 靳鹤龄, 王贵勇等. 1999. 中国沙漠形成演化与气候变化研究. 中国科学院院刊, 4: 276～280

董光荣, 李保生, 高尚玉. 1983a. 由萨拉乌苏河地层看晚更新世以来毛乌素沙漠的变迁. 中国沙漠, 3 (2): 9～15

董光荣, 李保生, 高尚玉等. 1983b. 鄂尔多斯高原第四纪古风成沙的发现及其意义. 科学通报, (16): 998～1001

董光荣, 李森, 李保生. 1991. 中国沙漠形成演化的初步研究. 中国沙漠, 11 (4): 23～32

董光荣, 申建友, 金炯等. 1988. 气候变化与沙漠化关系的研究. 干旱区资源与环境, 2 (1): 31～45

董光荣, 王贵勇, 李孝泽等. 1996. 末次间冰期以来我国东部沙区的古季风变迁. 中国科学 (D辑): 地球科学, 26 (5): 437～444

董进国, 孔兴功, 汪永进. 2006. 神农架全新世东亚季风演化及其热带辐合带控制. 第四纪研究, 26 (5): 827～834

董学斌, 王忠民, 谭承泽等. 1990. 亚东—格尔木地学断面古地磁新数据与青藏高原地体演化模式的初步研究. 中国地质科学院院报, 21: 139～148

杜乃秋, 孔昭宸, 山发寿. 1989. 青海湖 QH85-14C 钻孔孢粉分析及其古气候古环境的初步探讨. 植物学报, 31 (10): 803～814

樊自立. 1993. 塔里木盆地绿洲形成与演变. 地理学报, 48 (5): 421～427

樊自立, 徐曼, 马英杰等. 2005a. 历史时期西北干旱区生态环境演变规律和驱动力. 干旱区地理, 28 (6): 723～728

樊自立, 马英杰, 王让会. 2005b. 历史时期西北干旱区生态环境演变过程和演变阶段. 干旱区地理, 28 (1): 10～15

樊自立, 穆桂金, 马英杰等. 2002. 天山北麓灌溉绿洲的形成和发展. 地理科学, 22 (2): 184～189

范代读, 李从先. 2007. 长江贯通时限研究进展. 海洋地质与第四纪地质, 27 (2): 121～131

方辉. 1987. 二里头文化与岳石文化. 中原文物,（01）：56～64

方世虎, 郭召杰, 张志诚等. 2004. 中新生代天山及其两侧盆地性质与演化. 北京大学学报, 40 (6)：886～897

方世虎, 宋岩, 贾承造等. 2007. 天山北缘晚新生代快速变形时间的确定及其成藏意义. 地学前缘, 14 (2)：205～214

方小敏, 李吉均, Rob Van der Voo. 1999. 西秦岭黄土的形成时代及与物源区关系探讨. 科学通报, 44 (7)：779～782

方小敏, 吕连清, 李吉均等. 2001. 昆仑山黄土与中国西部沙漠发育和高原隆升. 中国科学（D辑）：地球科学, 31 (3)：177～184

方小敏, 史正涛, 杨胜利等. 2002. 天山黄土和古尔班通古特沙漠发育及北疆干旱化. 科学通报, 47 (7)：540～545

方小敏, 赵志军, 李吉均等. 2004. 祁连山北缘老君庙背斜晚新生代磁性地层与高原北部隆升. 中国科学（D辑）：地球科学, 34 (2)：97～106

方晓思, 卢立伍, 蒋严根等. 2003. 浙江天台盆地蛋化石与恐龙的绝灭. 地质通报, 22 (7)：512～520

方修琦. 1997. 4000～3500a B.P. 我国的环境突变事件研究. 地学前缘, 4 (1-2)：162

方修琦. 1999. 从农业气候条件看我国北方原始农业的衰落与农牧交错带的形成. 自然资源学报, 14 (3)：212～218

方修琦, 侯光良. 2011. 中国全新世气温序列的集成重建. 地理科学, 31 (4)：385～393

方修琦, 牟神州. 2005. 中国古代人与自然环境关系思想透视. 人文地理, 20 (4)：110～113

方修琦, 孙宁. 1998. 降温事件：4.3ka B.P. 岱海老虎山文化中断的可能原因. 人文地理, 13 (1)：71～76

方修琦, 萧凌波. 2007. 中国古代土地开发的环境认知基础和相关行为特征. 陕西师范大学学报（哲学社会科学版）, 30 (5)：26～29

方修琦, 葛全胜, 郑景云. 2004. 全新世寒冷事件与气候变化的千年周期. 自然科学进展, 14 (4)：456～461

方修琦, 江海洲, 连鹏灵. 2002. 3500a B.P. 我国北方农牧交错带降水突变的幅度与速率. 地学前缘, 9 (1)：163～167

方修琦, 刘翠华, 侯光良. 2011. 中国全新世暖期降水格局的集成重建. 地理科学, 31 (11)：1287～1291

方修琦, 章文波, 魏本勇等. 2008. 中国水土流失的历史演变. 水土保持通报, 28 (1)：158～167

封志明, 刘宝勤, 杨艳昭. 2005. 中国耕地资源数量变化的趋势分析与数据重建：1949～2003. 自然资源学报, 20 (1)：35～43

冯起, 陈广庭, 朱震达. 1996. 塔克拉玛干沙漠北部全新世环境演变（I）. 环境科学学报, 16 (2)：238～244

冯伟民. 2001. 1.4 万年以来南海南部大陆架环境变化中的腹足类记录. 中国科学（D辑）：地球科学, 31 (5)：413～420

冯文科, 鲍才旺. 1982. 南海地形地貌特征. 海洋地质研究, 2 (4)：80～93

冯文科, 薛万俊, 杨达源. 1988. 南海北部晚第四纪地质环境. 广州：广东科技出版社. 1～261

冯增昭, 鲍志东, 吴胜和等. 1997. 中国南方早中三叠世岩相古地理. 地质科学, 32 (2)：212～220

冯增昭, 杨玉卿, 鲍志东. 1999a. 中国南方石炭纪岩相古地理. 古地理学报, 1 (1)：75～86

冯增昭, 杨玉卿, 金振奎等. 1996. 中国南方二叠纪岩相古地理. 沉积学报, 14 (2)：1～10

冯增昭, 杨玉卿, 金振奎等. 1999b. 从岩相古地理论中国南方石炭系油气潜景. 古地理学报, 1 (4)：86～92

符文侠, 何宝林, 刘炜. 1992. 辽东半岛沿岸新构造运动及其影响. 海洋环境科学, 11 (4)：64～71

福建师范大学地理系. 1987. 福建自然地理. 福州：福建人民出版社. 1～209

付雷. 2006. 辽东半岛第四纪哺乳动物群时代与特征. 辽宁科技学院学报, 8 (2)：35～38

傅开道, 高军平, 方小敏等. 2001. 祁连山区中西段沉积物粒径和青藏高原隆升关系模型. 中国科学（D辑）：地球科学, 31 (增刊)：169～174

傅先兰, 李容全. 1998. 淮南地区淮河故道的初步研究. 北京师范大学学报（自然科学版）, 34 (2)：276～279

傅智雁, 袁效奇, 耿国仓. 1994. 河套盆地第三系及其生物群. 地层学杂志, 18 (1)：24～29

傅筑夫. 1981. 中国古代经济史概论. 北京：中国社会科学出版社. 1～304

高长林, 叶德燎, 黄泽光等. 2005. 中国晚古生代两大古海洋及其对盆地的控制. 石油实验地质, 27 (2)：104～

110，150

高存海，穆桂金，闫顺等. 1995. 塔克拉玛干沙漠深部石英砂微结构特征及其环境意义. 地质论评，41（2）：
　　152～160

高名修. 1996. 青藏高原东南缘现今地球动力学研究. 地震地质，18（2）：129～142

高瑞祺. 1980. 松辽盆地白垩纪陆相沉积特征. 地质学报，（1）：9～22

高善明. 1985. 滦河冲积扇结构和沉积环境. 地理研究，4（1）：54～62

高善明，李元芳，安凤桐等. 1989. 黄河三角洲形成和沉积环境. 北京：科学出版社. 226

高尚玉，陈渭南，靳鹤龄等. 1993. 全新世中国季风区西北缘沙漠演化初步研究. 中国科学（B辑），23（2）：
　　202～208

高尚玉，靳鹤龄，陈渭南等. 1992. 全新世大暖期的中国沙漠. 见：施雅风主编. 中国全新世大暖期气候与环境.
　　北京：中国海洋出版社. 161～167

高尚玉，王贵勇，哈斯等. 2001. 末次冰期以来中国季风区西北边缘沙漠演化研究. 第四纪研究，21（1）：66～71

高秀静. 2011. 台湾省地图册. 北京：中国地图出版社. 1～42

葛德石. 1973. 中国的地理基础. 薛贻源译. 台北：开明书店. 1～122

葛全胜，戴君虎，何凡能等. 2008. 过去三百年中国土地利用变化与陆地碳收支. 北京：科学出版社. 1～270

葛全胜，方修琦，张雪芹等. 2005. 20世纪下半叶中国地理环境的巨大变化——关于全球环境变化区域研究的思
　　考. 地理研究，24（3）：345～358

葛全胜，方修琦，郑景云. 2002. 中国过去3ka冷暖千年周期变化的自然证据及其集成分析. 地球科学进展，
　　17（1）：96～102

葛肖虹，马文璞. 2007. 东北亚南区中-新生代大地构造轮廓. 中国地质，34（2）：212～228

葛玉辉，孙春林，刘茂修. 2006. 鄂尔多斯盆地东北缘中侏罗统延安组植物群与古气候分析. 吉林大学学报（地球
　　科学版），36（2）：164～168

耿国仓，陶君容. 1982. 西藏第三纪植物的研究. 见：中国科学院青藏高原综合科学考察队. 西藏古生物（五）.
　　北京：科学出版社. 110～125

耿秀山，王永吉，傅命佐. 1987. 晚冰期以来山东沿岸的海面变动. 黄渤海海洋. 5（4）：38～46

龚再升. 2004. 中国近海含油气盆地新构造运动和油气成藏. 石油与天然气地质，25（2）：133～138

龚再升. 2005. 中国近海新生代盆地至今仍然是油气成藏的活跃期. 石油学报，26（6）：1～6

谷德振，戴广秀. 1954. 淮河流域的地质构造. 科学通报，4：32～36

谷祖纲，陈丕基. 1987. 中国早第三纪古地理与脊椎动物化石的分布. 古生物学报，26（2）：210～221

顾兆炎，刘嘉麒，袁宝印. 1993. 12000年来青藏高原季风变化——色林错沉积物地球化学的证据. 科学通报，
　　38（1）：61～64

郭斌，揭育金，卢清地. 2001. 关于福建印支运动性质的讨论. 福建地质，20（2）：87～90

郭东信，李作福. 1981. 我国东北地区晚更新世以来多年冻土历史演变及其形成时代. 冰川冻土，3（4）：1～16

郭福生，刘林清，杨志等. 2007. 江西省丹霞地貌发育规律及旅游区划研究. 资源调查与环境，28（3）：214～222

郭英海，李壮福，李大华等. 2004. 四川地区早志留世岩相古地理. 古地理学报，6（1）：20～29

郭英海，刘焕杰，权彪等. 1998. 鄂尔多斯地区晚古生代沉积体系及古地理演化. 沉积学报，16（3）：44～51

郭永盛. 1990. 历史上山东湖泊的变迁. 海洋湖沼通报，（3）：15～22

郭召杰，邓松涛，魏国齐等. 2007. 天山南北缘前陆冲断构造对比研究及其油气藏形成的构造控制因素分析. 地学
　　前缘，14（4）：123～131

郭召杰，张志诚，方世虎等. 2006. 中、新生代天山隆升过程及其与准噶尔、阿尔泰山比较研究. 地质学报，
　　80（1）：1～15

郭正吾，邓康龄，韩永辉等. 1996. 四川盆地形成与演化. 北京：地质出版社. 1～177

虢顺民，李祥根，向宏发等. 1991. 云南红河走滑断裂尾端拉张区的运动学模式. 现代地壳运动研究（5）. 北京：
　　地震出版社. 1～12

哈承祐，朱锦旗，叶念军等. 2005. 被遗忘的三角洲——论淮河三角洲的形成与演化. 地质通报，24（12）：
　　1094～1106

韩德林. 2001. 新疆人工绿洲. 北京：中国环境科学出版社. 1～220

韩淑媞. 1985. 东天山北麓全新世沉积环境. 见：新疆地质矿产局，新疆科学院. 干旱区新疆第四纪研究论文集. 乌鲁木齐：新疆人民出版社. 32～41

韩有松，孟广兰. 1984. 胶州湾地区全新世海侵及其海平面变化. 科学通报，20：1255～1258

郝守刚，马学平，董熙平等. 2000. 生命的起源与演化——地球历史中的生命. 北京：高等教育出版社；海德堡：施普林格出版社. 79～81

何登发. 1994. 塔里木盆地新生代构造演化与油气聚集. 石油勘探与开发，21（3）：1～9

何浩生等. 1985. 云南剑川盆地新构造运动特征与云南高原隆起问题. 见：地质矿产部青藏高原地质文集编委会. 青藏高原地质文集. 17. 北京：地质出版社. 105～116

何科昭，何浩生，蔡红飚. 1996. 滇西造山带的形成与演化. 地质论评，42（2）：97～106

何晓亮. 1985. 江西中生代火山岩. 中国区域地质，（15）：13～28

何银武. 1992. 论成都盆地的成生时代及其早期沉积物的一般特征. 地质论评，38（2）：149～156

侯贵廷，钱祥麟，蔡东升. 2001. 渤海湾盆地中、新生代构造演化研究. 北京大学学报（自然科学版），37（6）：845～851

胡霭琴等. 1993. 新疆北部同位素地球化学与地壳演化. 见：涂光炽主编. 新疆北部固体地球科学新进展. 北京：科学出版社. 27～36

胡宝清，李旭，木士春. 2001. 长江流域中央造山系盆-山体系的构造样式分析及其动力学机制探讨. 大地构造与成矿学，25（1）：36～45

胡镜荣，石凤英. 1983. 华北平原古河道发育的环境条件及其沉积特征. 地理研究，2（4）：48～59

胡孟春. 1989. 全新世尔沁沙地环境演变的初步研究. 干旱区资源与环境，3（3）：51～58

胡汝骥等. 2004. 中国天山自然地理. 北京：中国环境科学出版社. 1～400

湖南省志编纂委员会. 1986. 湖南省志·地理志（下）. 长沙：湖南人民出版社. 1～1070

黄宝春，朱日祥，Otofuji Y 等. 2000. 华北等中国主要地块早古生代早期古地理位置探讨. 科学通报，25（4）：337～345

黄赐璇. 1983. 藏北高原北部地区湖泊沉积的孢粉分析. 见：中国科学院青藏高原综合科学考察队. 西藏第四纪地质. 北京：科学出版社. 153～161

黄赐璇，李炳元，张青松等. 1980. 西藏亚汝雄拉达涕古湖盆湖相沉积的时代和孢粉分析. 西藏古生物（一）. 北京：科学出版社. 97～105

黄德银，施祺，张叶春. 2005. 海南岛鹿回头珊瑚礁与全新世高海平面. 海洋地质与第四纪地质，25（4）：1～7

黄德银，施祺，张叶春等. 2004. 海南岛鹿回头造礁珊瑚的^{14}C 年代及珊瑚礁的发育演化. 海洋通报，23（6）：31～37

黄汲清. 1954. 中国主要地质构造单位. 北京：地质出版社. 1～162

黄汲清，陈炳蔚. 1987. 中国及邻区特提斯海的演化. 北京：地质出版社. 53

黄克兴，侯恩科. 1988. 鄂尔多斯盆地北部早、中侏罗世古气候. 煤田地质与勘探，（3）：3～8

黄培华，Diffenal R F，杨明钦等. 1998. 黄山山地演化与环境变迁. 地理科学，18（5）：401～408

黄清华，黄福堂，侯启军. 1999. 松辽盆地晚中生代生物演化与环境变化. 石油勘探与开发，26（4）：1～4

黄万波，计宏祥. 1979. 西藏三趾马动物群的首次发现及其对高原隆起的意义. 科学通报，19：885～888

黄旭初，朱宏富. 1983. 从构造因素讨论鄱阳湖的形成与演变. 江西师院学报，（1）：124～133

黄镇国，张伟强. 1995. 台湾的火山活动. 热带地理，15（1）：1～18

黄镇国，张伟强. 2000. 末次冰期盛期中国热带的变迁. 地理学报，55（5）：587～595

黄镇国，张伟强. 2005. 华南与中南半岛三角洲发育特征之比较. 地理科学，25（1）：56～62

黄镇国，张伟强. 2007. 中国热带晚第四纪冷波动的地带性探讨. 地理与地理信息科学，23（1）：73～78

黄镇国，张伟强. 2008. 中国热带珊瑚礁的第四纪气候记录. 热带地理，28（1）：11～15

黄镇国，李平日，张仲英等. 1982. 珠江三角洲. 广州：科学普及出版社. 1～274

黄镇国，李平日，张仲英等. 1985. 珠江三角洲第四纪沉积特征. 地质论评，31（2）：159～164

黄镇国，张伟强，钟新基等. 1995. 台湾板块构造与环境演变. 北京：海洋出版社. 1～228

计宏祥, 黄万波, 陈万勇等. 1981. 西藏三趾马动物群的首次发现及其对高原隆起的意义. 见：中国科学院青藏高原综合科学考察队. 青藏高原隆起的时代、幅度和形式问题. 北京：科学出版社. 19～25

贾承造, 何登发, 陆洁民. 2004. 中国喜马拉雅运动的期次及其动力学背景. 石油与天然气地质, 25 (2)：121～125

贾承造, 魏国齐, 李本亮等. 2003. 中国中西部两期前陆盆地的形成及其控气作用. 石油学报, 24 (2)：13～17

贾铁飞. 1992. 毛乌素沙地地貌发育规律及对人类生存环境的影响. 内蒙古师范大学学报 (自然科学汉文版), (3)：79～84

翦知湣, 黄维. 2003. 快速气候变化与高分辨率的深海沉积记录. 地球科学进展, 18 (5)：673～680

翦知湣, Saito Y, 汪品先等. 1998. 黑潮主流轴近两万年来的位移. 科学通报, 43 (5)：532～536

江德昕, 王永栋, 魏江. 2006. 陕西铜川晚三叠世孢粉植物群及其环境意义. 古地理学报, 8 (1)：23～33

江西省地方志编纂委员会. 2003. 江西省自然地理志. 北京：方志出版社. 1～297

姜琦刚, 刘占声, 邱凤民. 2004. 松辽平原中西部地区生态环境逐渐恶化的地学机理. 吉林大学学报 (地球科学版), 34 (3)：430～434

蒋复初, 吴锡浩. 1998. 青藏高原东南部地貌边界带晚新生代构造运动. 成都理工学院学报, 25 (2)：62～67

蒋复初, 傅建利, 王书兵等. 2005. 关于黄河贯通三门峡的时代. 地质力学学报, 11 (4)：293～301

蒋复初, 吴锡浩, 肖国华. 1999. 四川泸定昔格达组时代及其新构造意义. 地质学报, 73 (1)：1～5

蒋有绪, 王伯荪, 臧润国等. 2002. 海南岛热带林生物多样性及其形成机制. 北京：科学出版社. 40～42

揭育金, 黄廷淦. 1998. 福建省印支期磨拉石建造的探讨. 福建地质, 17 (1)：12～15

颉耀文, 陈发虎. 2008. 民勤绿洲的开发与演变：近2000年来土地利用/土地覆盖当代研究. 北京：科学出版社. 1～197

颉耀文, 陈发虎, 王乃昂. 2004. 近2000年来甘肃民勤盆地绿洲的空间变化. 地理学报, 59 (5)：662～670

金昌柱, 郑家坚, 王元等. 2008. 中国南方早更新世主要哺乳动物群层序对比和动物地理. 人类学学报, 27 (4)：304～317

金鹤生, 傅良文. 1986. 湖南火山岩的时空演化及其板块构造意义. 地质论评, 32 (3)：225～235

金性春. 1995. 大洋钻探与西太平洋构造. 地球科学进展, 10 (3)：234～239

金章东, Jimin Y U, 吴艳宏等. 2007. 8.2ka B. P. 冷气候事件确实在中国发生过吗？ 地质论评, 53 (5)：616～623

金振奎, 冯增昭. 1995. 贵州二叠纪的台洼及其与台地和盆地沉积特征之比较. 13 (增刊)：10～17

金钟, 徐世浙, 李全兴. 2004. 南海海盆海山古地磁及海盆的形成演化. 海洋学报, 26 (5)：83～93

靳鹤龄, 董光荣, 苏志珠等. 2001. 全新世沙漠-黄土界带空间格局的重建. 科学通报, 46 (7)：538～543

靳鹤龄, 苏志珠, 孙忠. 2003. 浑善达克沙地全新世中晚期地层化学元素特征及其气候变化. 中国沙漠, 23 (4)：366～371

靳立亚, 陈发虎, 朱艳. 2004. 西北干旱区湖泊沉积记录反映的全新世气候波动周期性变化. 海洋地质与第四纪地质, 24 (2)：101～108

景可, 陈永宗. 1983. 黄土高原侵蚀环境与侵蚀速率的初步研究. 地理研究, 2 (2)：1～11

孔昭宸, 杜乃秋, 山发寿等. 1990. 青海湖全新世植被演变及气候变迁——QH85-14C孢粉数值分析. 海洋地质与第四纪地质, 10 (3)：79～90

孔昭宸, 杜乃秋, 山发寿. 1996. 青藏高原晚新生代以来植被时空变化的初步探讨. 微体古生物学报, 13 (4)：339～351

孔昭宸, 杜乃秋, 许清海等. 1992. 中国北方全新世大暖期植物群的古气候波动. 见：施雅风主编. 中国全新世大暖期气候与环境. 北京：海洋出版社. 48～65

孔昭宸, 刘长江, 张居中等. 2003. 中国考古遗址植物遗存与原始农业. 中原文物, 2：4～9, 13

蓝东兆, 于永芬, 陈承惠等. 1986. 福州盆地晚更新世海侵及全新世海面波动的初步研究. 海洋地质与第四纪地质, 6 (3)：103～111

李保华, 李从先, 沈焕庭. 2002. 冰后期长江三角洲沉积通量的初步研究. 中国科学 (D辑)：地球科学, 32 (9)：776～782

李保生. 1988. 陕西北部榆林第四纪地层剖面的粒度分析与讨论. 地理学报，43（2）：127～133

李保生，安芷生，祝一志等. 2002. 沙尘暴形成史初步研究——中国沙漠几个典型地质学记录的实证. 地学前缘，9（3）：189～200

李保生，董光荣，祝一志等. 1993. 末次冰期以来塔里木盆地沙漠、黄土的沉积环境与演化. 中国科学（B辑），23（6）：644～651

李保生，高全洲，阎满存等. 2005. 150ka B. P. 以来巴丹吉林沙漠东南区域地层序列的新研究. 中国沙漠，25（4）：457～465

李保生，李森，王跃等. 1998a. 我国极端干旱区边缘阿羌砂尘堆积剖面的地质时代. 地质学报，72（1）：83～92

李保生，靳鹤龄，吕海燕等. 1998b. 150 ka 以来毛乌素沙漠的堆积与变迁过程. 中国科学（D辑）：地球科学，28（1）：85～90

李保生，靳鹤龄，祝一志等. 2001. "河套东南角理想剖面"的新近研究. 中国沙漠，21（4）：346～353

李炳元. 1994. 羌塘高原北部湖泊演化初步探讨. 见：青藏项目专家委员会编. 青藏高原形成演化、环境演化和生态系统研究学术论文年刊（1994）. 北京：科学出版社. 261～266

李炳元. 2000. 青藏高原大湖期. 地理学报，55（2）：174～182

李炳元，王富葆，杨逸畴等. 1982. 试论西藏全新世古地理的演变. 地理研究，1（4）：26～36

李炳元，王富葆，张青松等. 1983. 西藏第四纪地质. 北京：科学出版社. 1～192

李炳元，张青松，景可等. 1981. 西藏水系发育的几个问题. 见：中国科学院地理研究所. 地理集刊（10）. 北京：科学出版社. 30～43

李炳元，张青松，王富葆. 1991. 喀喇昆仑山——西昆仑山地区湖泊演化. 第四纪研究，1：64～71

李并成. 1998. 河西走廊汉唐古绿洲沙漠化的调查研究. 地理学报，53（2）：106～115

李勃生，刘世禄，王耀业等. 2001. 关于加快发展我国海水养殖业的探讨. 海洋科学，25（12）：20～22

李长安，洛满生，王永标等. 1997. 东昆仑晚新生代沉积、地貌与环境演化初步研究. 地球科学，22（4）：347～352

李崇佑，王发宁. 2000. 江西省及邻区超大型钨矿床成矿地质特征. 江西地质，14（3）：180～183

李传令，薛祥煦. 1996. 川黔地区的小哺乳动物群在陕西蓝田的发现. 科学通报，41（22）：2071～2073

李从先，范代读. 2009. 全新世长江三角洲的发育及其对相邻海岸沉积体系的影响. 古地理学报，11（1）：115～122

李从先，范代读，杨守业等. 2008. 中国河口三角洲地区晚第四纪下切河谷层序特征和形成. 古地理学报，10（1）：87～97

李大通，罗雁. 1983. 中国碳酸盐岩分布面积测量. 中国岩溶，（2）：147～150

李凡，张秀荣，李永植等. 1998. 南黄海埋藏古三角洲. 地理学报，53（3）：238～244

李浩敏，郭双兴. 1976. 西藏南木林中新世植物群. 古生物学报，15（1）：7～18

李宏伟，许坤. 2001. 郯庐断裂走滑活动与辽河盆地构造古地理格局. 地学前缘，8（4）：467～470

李吉均. 1993. 青藏高原隆起及其对环境的影响. 见：李吉均. 青藏高原隆升与亚洲环境演变. 北京：科学出版社. 58～64

李吉均. 1999. 青藏高原的地貌演化与亚洲季风. 海洋地质与第四纪地质，19（1）：1～11

李吉均，方小敏. 1998. 青藏高原隆起与环境变化研究. 科学通报，43（15）：1569～1574

李吉均，赵志军. 2003. 德日进"亚洲干极"理论的现实意义. 第四纪研究，23（4）：366～371

李吉均，方小敏，马海洲等. 1996. 晚新生代黄河上游地貌演化与青藏高原隆起. 中国科学（D辑）：地球科学，26（4）：316～322

李吉均，舒强，周尚哲等. 2004. 中国第四纪冰川研究的回顾与展望. 冰川冻土，26（3）：235～243

李吉均，张林源，邓养鑫等. 1983. 庐山第四纪环境演变和地貌发育问题. 中国科学（B辑），（8）：734～743

李吉均，周尚哲，潘保田. 1991. 青藏高原东部第四纪冰川问题. 第四纪研究，3：193～203

李建生，颜玉定. 1999. 香港岛屿的形成与演变. 海洋科学，1：61～64

李江海，牛向龙，程素华等. 2006. 大陆克拉通早期构造演化历史探讨：以华北为例. 地球科学，31（3）：285～293

李江海，潘文庆，蔡振忠等. 2007. 大陆盆地的聚敛—闭合过程研究：以塔里木盆地为例. 地学前缘，14（4）：105～113

李锦轶，王克卓，李亚萍等. 2006. 天山山脉地貌特征、地壳组成与地质演化. 地质通报，25（8）：895～909

李锦轶，张进，杨天南等. 2009. 北亚造山区南部及其毗邻地区地壳构造分区与构造演化. 吉林大学学报（地球科学版），39（4）：584～605

李娟，舒良树. 2002. 松辽盆地中、新生代构造特征及其演化. 南京大学学报（自然科学版），38（4）：525～531

李克. 1995. 辽东半岛中、晚石炭世的一些银杏苏铁类花粉化石. 山西矿业学院学报，13（1）：12～17

李兰，朱诚，林留根等. 2008. 江苏宜兴骆驼墩遗址地层7500～5400BC的海侵事件记录. 地理学报，63（11）：1189～1197

李理，钟大赉. 2006. 泰山新生代抬升的裂变径迹证据. 岩石学报，22（2）：457～464

李培英. 1987. 庙岛群岛的晚新生界与环境变迁. 海洋地质与第四纪地质. 7（4）：111～122

李培英，程振波，吕厚远等. 1992. 辽东海岸带黄土. 地质学报，66（1）：82～94

李朋武，高锐，崔军文等. 2003. 滇西藏东三江地区主要地块碰撞拼合的古地磁分析. 沉积与特提斯地质. 23（2）：283～334

李朋武，高锐，管烨等. 2007. 华北与西伯利亚地块碰撞时代的古地磁分析——兼论苏鲁-大别超高压变质作用的构造起因. 地球学报，28（3）：234～252

李朋武，高锐，管烨等. 2009. 古亚洲洋和古特提斯洋的闭合时代——论二叠纪末生物灭绝事件的构造起因. 吉林大学学报（地球科学版），39（3）：521～527

李平日，方国祥. 1991. 广东全新世海岸线变迁. 海洋地质与第四纪地质，11（2）：47～56

李平日，方国祥，黄光庆. 1991a. 珠江三角洲全新世环境演变. 第四纪研究，（2）：130～139

李平日，乔彭年，郑洪汉等. 1991b. 珠江三角洲一万年来环境演变. 北京：海洋出版社. 1～154

李琼，潘保田，高红山等. 2006. 腾格里沙漠南缘末次冰盛期以来沙漠演化与气候变化. 中国沙漠，26（6）：875～879

李荣西，肖家飞，魏家庸等. 2005. 黔南Ladinian-Carnian期海侵与碳酸盐岩台地演化. 地球学报，26（3）：249～253

李容全. 1988. 黄河、永定河发育历史与流域新生代古湖演变间的相互关系. 北京师范大学学报（自然科学版），4：84～93

李容全. 1990. 中国北方冰缘与分期. 第四纪研究，2：125～136

李容全. 1993. 黄河的形成与变迁. 见：杨景春主编. 中国地貌特征与演化. 北京：海洋出版社. 52～59

李容全. 2002. 第四纪环境与地貌学研究：李容全论文集. 北京：学苑出版社. 159～164

李容全，高善明. 1998. 对山西北台期夷平面的再认识. 山西地震，（2）：22～25

李容全，邱维理，张亚立. 2005. 对黄土高原的新认识. 北京师范大学学报（自然科学版），41（4）：431～436

李容全，郑良美，朱国荣. 1990. 内蒙古高原湖泊与环境变迁. 北京：北京师范大学出版社. 1～219

李四光. 1952. 《中国地质学》扩编委员会. 1999. 中国地质学（扩编版）. 北京：地质出版社. 1～821

李森，孙武，李孝泽等. 1995. 浑善达克沙地全新世沉积特征与环境演变. 中国沙漠，15（4）：323～331

李双林，欧阳自远. 1998. 兴蒙造山带及邻区的构造格局与构造演化. 海洋地质与第四纪地质，18（3）：45～54

李铁刚，江波，孙荣涛. 2007. 末次冰消期以来东黄海暖流系统的演化. 第四纪研究，27（6）：945～954

李廷勇，王建力. 2002. 中国的红层及发育的地貌类型. 四川师范大学学报（自然科学版），25（4）：427～431

李文漪. 1987. 论中国东部第四纪冷期植被与环境. 地理学报，42（4）：299～307

李文漪. 1998. 中国第四纪环境与植被. 北京：科学出版社. 50～226

李文漪，梁玉莲. 1983. 札达盆地上新世湖相沉积的孢粉分析. 见：中国科学院青藏高原综合科学考察队. 西藏第四纪地质. 北京：科学出版社. 132～144

李文漪，吴细芳. 1978. 云南中部晚第三纪和早第四纪的孢粉组合及其在古地理学上的意义. 地理学报，33（2）：142～155

李文漪，阎顺. 柴窝堡盆地第四纪孢粉学研究. 1990. 见：施雅风，文启忠等编. 新疆柴窝堡盆地第四纪气候环境变迁和水文地质条件. 北京：海洋出版社. 46～74

李锡文. 1985. 云南植物区系. 云南植物研究，7（4）：361～382

李孝泽，董光荣. 1998. 浑善达克沙地的形成时代与成因初步研究. 中国沙漠，18（1）：16～21

李孝泽，董光荣. 2006. 中国西北干旱环境的形成时代与成因探讨. 第四纪研究，26（6）：895～904

李孝泽，董光荣，陈惠中等. 2001. 从青藏高原南北两个磨拉石剖面的对比看青藏高原的隆升过程. 中国沙漠，21（4）：354～360

李兴中. 2001a. 贵州高原喀斯特区地文期辨析. 贵州地质，18（3）：182～186

李兴中. 2001b. 晚新生代贵州高原喀斯特地貌演进及其影响因素. 贵州地质，18（1）：29～36

李星学. 1995. 中国地质时期植物群. 广州：广东科技出版社. 345～445

李玉辉，杨一光，梁永宁等. 2001. 云南石林岩溶发育的古环境研究. 中国岩溶，20（2）：91～95

李玉文. 1987. 论四川盆地白垩纪地质发展史. 中国区域地质，（1）：51～56

李玉文，陈乐尧，江新胜. 1988. 川南黔北白垩、第三纪沙漠相及其意义. 岩相古地理，（6）：1～14

李玉信，李广坤，刘书丹等. 1987. 河南省平原区第四纪岩相-古地理分析. 河南地质，5（4）：24～32

李兆鼐，权恒，李之彤等. 2003. 中国东部中、新生代火成岩及其深部过程. 北京：地质出版社. 1～357

梁诗经. 2003. 福建地质时期植物群序列及特征. 福建地质，22（3）：105～115

梁兴，叶舟，吴根耀等. 2006. 鄱阳盆地构造-沉积特征及其演化史. 地质科学，1（3）：404～409

廖士范. 1964. 中国宁乡式铁矿的岩相古地理条件及其成矿规律的探讨. 地质学报，44（1）：68～80

林长松，初凤友，高金耀等. 2007. 论南海新生代的构造运动. 海洋学报，29（4）：87～96

林钧枢. 1997. 路南石林形成过程与环境变化. 中国岩溶，16（4）：346～350

林良彪，陈洪德，姜平等. 2006. 川西前陆盆地须家河组沉积相及岩相古地理演化. 成都理工大学学报（自然科学版），33（4）：376～383

林宗满. 1992. 以构造地层学分析中国东部中、新生代构造-沉积特征. 石油与天然气地质，13（1）：37～46

凌洪飞，章邦桐，沈渭洲等. 1993. 江南古岛弧浙赣段基底地壳演化. 大地构造与成矿学，17（2）：147～152

凌申. 2001. 全新世以来里下河地区古地理演变. 地理科学，21（5）：474～479

凌申. 2002. 全新世苏北沿海岸线冲淤动态研究. 黄渤海海洋，20（2）：37～46

刘昌茂，刘武. 1993. 第四纪江汉平原湖群的演变. 华中师范大学学报（自然科学版），27（4）：533～536

刘潮海，王立伦. 1983. 阿尔泰山哈拉斯河流域冰川遗迹及冰期的初步探讨. 冰川冻土，5（4）：39～48

刘池洋，赵红格，桂小军等. 2006. 鄂尔多斯盆地演化-改造的时空坐标及其成藏（矿）响应. 地质学报，80（5）：617～638

刘德来，陈发景，关德范等. 1996. 松辽盆地形成、发展与岩石圈动力学. 地质科学，31（4）：397～408

刘东生. 2002. 黄土与环境. 西安交通大学学报（社会科学版），22（4）：7～12

刘东生. 2009. 黄土与干旱环境. 合肥：安徽科技出版社. 125～127

刘东生，丁仲礼. 1992. 二百五十万年来季风环流与大陆冰量变化的阶段性耦合过程. 第四纪研究，1：12～23

刘东生等. 1985. 黄土与环境. 北京：科学出版社. 1～481

刘东生，顾玉珉，吕导谔等. 2008. 龙骨坡遗址点评. 重庆三峡学院学报，24（4）：20～25

刘东生，施雅风，王汝建等. 2000. 以气候变化为标志的中国第四纪地层对比表. 第四纪研究，20（2）：108～128

刘东生，郑绵平，郭正堂. 1998. 亚洲季风系统的起源和发展及其与两极冰盖和区域构造运动的时代耦合性. 第四纪研究，3：194～204

刘峰贵，侯光良，张德锂等. 2005. 中全新世气候突变对青海东北部史前文化的影响. 地理学报，60（5）：733～741

刘光琇，沈永平，王苏民. 1995. 若尔盖地区 RH 孔 150ka B. P. 以来的植物历史及其气候记录. 见：青藏项目专家委员会编. 青藏高原形成演化、环境变迁与生态系统研究学术论文年刊（1994）. 北京：科学出版社. 199～208

刘光琇，沈永平，张平中等. 1994. 青藏高原若尔盖地区 RH 孔 800～150ka B. P. 的孢粉记录及古气候意义. 沉积学报，12（4）：101～108

刘纪远，张增祥，庄大方. 2003. 二十世纪九十年代我国土地利用变化时空特征及其成因分析. 中国科学院院刊，（1）：35～38

刘嘉麒. 1990. 西昆仑山近代火山的分布与 K-Ar 年龄. 矿物岩石地球化学通报，1：19～21

刘嘉麒. 2007. 东北地区有关水土资源配置、生态与环境保护和可持续发展的若干战略问题研究（自然历史卷）——东北地区自然环境历史演变与人类活动的影响研究. 北京：科学出版社. 1～526

刘嘉麒，王文远. 1997. 第四纪地质定年与地质年表. 第四纪研究，3：193～202

刘嘉麒，吕厚远，Negendank J 等. 2000. 湖光岩玛珥湖全新世气候波动的周期性. 科学通报，45（11）：190～1195

刘嘉麒，吕厚远，袁宝印等. 1998. 人类生存与环境演变. 第四纪研究，1：80～85

刘金陵. 2007. 再论华南地区末次冰盛期植被类型. 微体古生物学报，24（1）：105～112

刘金陵，王伟铭. 2004. 关于华南地区末次冰盛期植被类型的讨论. 第四纪研究，24（2）：213～216

刘金荣. 1997. 广西热带岩溶地貌发育历史及序次探讨. 中国岩溶，16（4）：332～345

刘金荣. 2004. 广西热带岩溶研究. 桂林：广西师范大学出版社. 53，62，65～66，74～75

刘金山. 1991. 湖南地貌及其演化. 湘潭师范学院学报，12（6）：81～85

刘经南，许才军，宋成骅等. 2000. 精密全球卫星定位系统多期复测研究青藏高原现今地壳运动与应变. 科学通报，45（24）：2658～2663

刘黎明，赵英伟，谢花林. 2003. 我国草地退化的区域特征及其可持续利用管理. 中国人口·资源与环境，13（4）：46～50

刘明光. 1998. 中国自然地理图集. 北京：中国地图出版社，148

刘沛林. 1998. 历史上人类活动对长江流域水灾的影响. 北京大学学报（哲学社会科学版），35（6）：144～151

刘尚仁. 1987. 北江水系的形成和发育. 中山大学学报，2：8～14

刘尚仁. 2008. 珠江三角洲及其附近地区河流阶地的分布与特征——广东河流阶地研究之二. 热带地理，28（5）：400～404

刘尚仁，彭华. 2003. 西江的河流阶地与洪冲积阶地. 热带地理，23（4）：314～318

刘少峰，张国伟. 2008. 东秦岭-大别山及邻区盆-山系统演化与动力学. 地质学报，27（12）：1943～1960

刘慎谔. 1985. 刘慎谔文集. 北京：科学出版社. 1～342

刘时银，沈永平，孙文新等. 2002. 祁连山西段小冰期以来的冰川变化研究. 冰川冻土，24（3）：227～233

刘书丹，李广坤，李玉信等. 1988. 从河南东部平原第四纪沉积物特征探讨黄河的形成与演变. 河南地质，6（2）：20～24

刘为纶，夏越炯，周子康等. 1994. 河姆渡古气候可作为预测长江中下游未来气候变暖的经验模式. 科技通报，10（6）：343～349

刘锡清，刘洪滨. 2008. 关于海洋岛屿成因分类的新意见. 地理研究，27（1）：119～127

刘祥，云岚，贾永芹. 2002. 新构造运动与西辽河水系演化过程. 内蒙古地质，（2）：24～27

刘晓东，汤懋苍. 1996. 论青藏高原隆起作用于大气的临界高度. 高原气象，15（2）：131～140

刘兴起，沈吉，王苏民等. 2002. 青海湖 16ka 以来的花粉记录及其古气候古环境演化. 科学通报，47（17）：1351～1355

刘兴诗. 1983. 四川盆地的第四系. 成都：四川科学出版社. 1～156

刘星. 1998. 云南石林地区钙华的 ESR 测年及其地质意义. 中国岩溶，17（1）：9～14

刘训. 2004a. 中国西北盆山地区中-新生代古地理及地壳构造演化. 古地理学报，6（4）：448～459

刘训. 2004b. 中国西北盆山地区地壳结构及其演化. 新疆地质，22（4）：343～350

刘训. 2005. 从新疆地学断面的成果讨论中国西北盆-山区的地壳构造演化. 地球学报，26（2）：105～112

刘训. 2006. 新疆地壳结构和演化中的若干问题. 地学前沿，13（6）：111～117

刘训，吴绍祖，傅德荣等. 1997. 塔里木板块周缘的沉积-构造演化. 乌鲁木齐：新疆科技卫生出版社. 257

刘亚光. 1999. 江西恐龙蛋的分类及层位. 江西地质，13（1）：3～7

刘玉英，刘嘉麒，汉景泰. 2009. 吉林辉南二龙湾玛珥湖 12.0ka B. P. 以来孢粉记录与气候变化. 吉林大学学报（地球科学版），39（1）：93～98

刘泽纯，汪永进，杨藩等. 1990. 柴达木盆地三湖地区第四纪地层学和其年代学分析. 中国科学（B 辑），11：1202～1212

刘振湖，王英民，王海荣．2006．台湾海峡盆地的地质构造特征及演化．海洋地质与第四纪地质，26（5）：69～75

刘振夏，Berne S，L-ATALANTE 科学考察组．1999．中更新世以来东海陆架的古环境．海洋地质与第四纪地质，19（2）：1～10

刘振夏，Berne S，L-ATALANTE 科学考察组．2000．东海陆架的古河道和古三角洲．海洋地质与第四纪地质，20（1）：9～14

刘振夏，汤毓祥，王揆洋等．1996．渤海东部潮流动力地貌特征．黄渤海海洋，14（1）：7～21

刘振夏，印萍，Berne S 等．2001．第四纪东海的海进层序和海退层序．科学通报，46（增刊）：74～79

刘正宏，徐仲元，杨振升．2002．阴山中生代地壳逆冲推覆与伸展变形作用．地质通报，21（4～5）：246～250

隆浩，王乃昂，李育等．2007．猪野泽记录的季风边缘区全新世中期气候环境演化历史．第四纪研究，27（3）：371～381

卢华复，贾东，陈楚铭等．1999．库车新生代构造性质和变形时间．地学前缘，6（4）：215～221

卢清地．2001．福建中生代火山活动的基本特征及构造环境．岩石矿物学杂志，20（1）：57～68

闾国年．1991．长江中游湖盆扇三角洲的形成与演变及地貌的再现与模拟．北京：测绘出版社．113

吕厚远，郭正堂，吴乃琴．1996．黄土高原和南海陆架古季风演变的生物记录与 Heinrich 事件．第四纪研究，2：11～20

吕厚远，王苏民，吴乃琴等．2001．青藏高原错鄂湖 2.8Ma 以来的孢粉记录．中国科学（D 辑）：地球科学，31（增刊）：234～240

吕金福，李志民，介冬梅等．2000．松嫩平原湖泊发育新构造的研究．东北师范大学报（自然科学版），32（2）：106～111

罗来兴．1988．论中国大地貌的形成．湖北大学学报（自然科学版），10（3）：79～83

罗志立．1979．扬子古板块的形成及其对中国南方地壳发展的影响．地质科学，（2）：127～138

马爱双．1998．福建省石炭纪—白垩纪古生物群主要特征．福建地质，18（4）：188～202

马春梅，朱诚，郑朝贵等．2008．晚冰期以来神农架大九湖泥炭高分辨率气候变化的地球化学记录研究．科学通报，53（增刊 I）：26～37

马凤荣，陈正言，宋秀娟等．2006．大庆市西部沙地形成的地质环境分析．大庆石油学院学报，30（3）：114～155

马鸿文．1990．论藏东玉东铜矿带花岗斑岩类的成因类别．成都地质学院学报，17（3）：68～75

马力，陈焕疆，甘克文．2004．中国南方大地构造和海相油气地质（上、下册）．北京：地质出版社．1～867

马力，杨继良，丁正言．1990．松辽盆地——一个克拉通内的复合型陆相沉积盆地．见：朱夏，许旺编．中国中新生代沉积盆地．北京：石油工业出版社．1～319

马前，舒良树，朱文斌．2006．天山乌—库公路剖面中、新生代埋藏、隆升及剥露史研究．新疆地质，24（2）：99～104

马瑞士，卢华复，叶尚夫．1994．论扬子古陆东南边缘造山带形成时代．安徽地质，4（1～2）：58～69

马永法，李长安，王秋良等．2007．江汉平原周老镇钻孔砾石统计及其与长江三峡贯通的关系．地质科技情报，26（2）：40～44

马永生，陈洪德，王国力等．2009．中国南方层序地层与古地理．北京：科学出版社．1～603

马玉贞，李吉均，方小敏．1998．临夏地区 30.6～5.0Ma 红层孢粉植物群与气候演化记录．科学通报，43（3）：301～304

满志敏，张修桂．1993．中国东部中世纪温暖期的历史证据和基本特征的初步研究．见：张兰生主编．中国生存环境历史演变规律研究（一）．北京：海洋出版社．95～103

梅冥相，李仲远．2004．滇黔桂地区晚古生代至三叠记层序地层序列及沉积盆地演化．现代地质，18（4）：555～563

明庆忠．2007．纵向岭谷三江并流区河谷地貌特征分析．云南师范大学学报，27（2）：65～69

明庆忠，潘玉君．2002．对云南高原环境演化研究的重要性及环境演变的初步认知．地质力学学报，8（4）：361～368

明庆忠，史正涛．2006．三江并流形成时代的初步探讨．云南地理环境研究，18（4）：1～4

内蒙古自治区地质矿产局．1991．内蒙古自治区区域地质志．北京：地质出版社．304～337

内蒙古自治区文物考古研究所鄂尔多斯博物馆. 2000. 朱开沟——青铜时代早期遗址发掘报告. 北京：文物出版社. 278~285

宁夏地质矿产局. 1996. 宁夏回族自治区岩石地层. 武汉：中国地质大学出版社. 104~114

潘保田. 1994. 贵德盆地地貌演化与黄河上游发育研究. 干旱区地理, 17 (3)：43~50

潘保田, 方小敏, 李吉均等. 1998. 晚新生代青藏高原隆升与环境变化. 见：施雅风, 李吉均, 李炳元. 青藏高原晚新生代隆升与环境变化 (第十章). 广州：广东科技出版社. 373~414

潘保田, 李吉均, 曹继秀等. 1996. 化隆盆地地貌演化与黄河发育研究. 山地研究, 14 (3)：153~158

潘保田, 邬光剑, 王义祥. 2000. 祁连山东段沙沟河阶地的年代与成因. 科学通报, 45 (24)：2669~2675

潘裕生. 1990. 西昆仑山构造特征与演化. 地质科学, 3：225~232

潘裕生. 1992. 青藏高原西北部构造特征. 见：中国青藏高原研究会. 中国青藏高原研究会第一届学术讨论会论文选. 北京：科学出版社. 263~271

潘裕生. 1999. 青藏高原的形成与隆升. 地学前缘, 6 (3)：153~163

潘裕生. 2003. 高原形成演化及动力学. 见：郑度主编. 2003. 青藏高原形成环境与发展 (第一章). 石家庄：河北科学技术出版社. 20~29

潘裕生, 孔祥儒, 钟大赉等. 1998. 高原岩石圈结构、演化和动力学. 见：孙鸿烈, 郑度主编. 青藏高原形成演化与发展 (第一章). 广州：广东科技出版社：1~71

彭补拙. 1986. 关于西藏南迦巴瓦峰地区垂直自然带的若干问题. 地理学报, 41 (1)：51~58

彭补拙, 陈浮. 1999. 中国山地垂直自然带研究的进展. 地理科学, 19 (4)：303~308

彭和求, 贾宝华, 唐晓珊. 2004. 湘东北望湘岩体的热年代学与幕阜山隆升. 地质科技情报, 23 (1)：11~15

彭华. 2000. 中国丹霞地貌研究进展. 地理科学, 20 (3)：203~211

彭建, 蔡运龙, 杨明德等. 2005. 巴江流域演变与路南石林发育耦合分析. 地理科学进展, 24 (5)：69~78

齐德利, 于蓉, 张忍顺等. 2005. 中国丹霞地貌空间格局. 地理学报, 60 (1)：41~52

钱洪, 唐荣昌. 1997. 成都平原的形成与演化. 四川地震, 3：1~7

钱亦兵, 周兴佳, 李崇舜等. 2001. 准噶尔盆地沙漠沙矿物组成的多源性. 中国沙漠, 21 (2)：182~187

钱亦兵, 周兴佳, 吴兆宁. 2000. 准噶尔盆地沙物质粒度特征研究. 干旱区研究, 17 (2)：34~41

强明瑞, 李森, 金明等. 2000. 60ka 来腾格里沙漠东南缘风成沉积与沙漠演化. 中国沙漠, 20 (3)：256~259

乔木, 袁方策. 1992. 新疆天山夷平面形态特征浅析. 干旱区地理, 15 (4)：14~19

乔秀夫, 张安棣. 2002. 华北块体、胶辽朝块体与郯庐断裂. 中国地质, 29 (4)：337~345

乔玉楼, 陈佩英, 沈才明等. 1996. 定量重建贵州梵净山一万年以来的植被与气候. 地球化学, 25 (5)：445~457

秦大河, 陈宜瑜, 李学勇. 2005. 中国气候与环境演变. 北京：科学出版社. 1~562, 1~397

青海石油管理局勘探开发研究院, 中国科学院南京地质古生物研究所. 1988. 柴达木盆地第三纪介形类动物群. 南京：南京大学出版社. 1~190

丘元禧, 张渝昌, 马文璞. 1998. 雪峰山陆内造山带的构造特征与演化. 高校地质学报, 4 (4)：432~443

邱莲卿, 金振洲. 1957. 玉龙山植物群落概况. 云南大学学报 (云南丽江玉龙山调查专号), (4)：19~30

邱维理, 翟秋敏, 扈海波等. 1999. 安固里淖全新世湖面变化及其环境意义. 北京师范大学大学学报 (自然科学版), 35 (4)：542~548

邱铸鼎, 李传夔. 2004. 中国哺乳动物区系的演变与青藏高原的抬升. 中国科学 (D辑)：地球科学, 34 (9)：845~854

裘善文. 1990a. 松嫩平原湖泊的成因及其环境变迁. 见：《东北平原第四纪自然环境形成与演化》基金课题组. 中国东北平原第四纪自然环境形成与演化. 哈尔滨：哈尔滨地图出版社. 146~154

裘善文. 1990b. 科尔沁沙地形成与演变的研究. 见：《东北平原第四纪自然环境形成与演化》基金课题组. 中国东北平原第四纪自然环境形成与演化. 哈尔滨：哈尔滨地图出版社. 185~201

裘善文. 2008. 中国东北地貌第四纪研究与应用. 长春：吉林科学技术出版社. 1~622

裘善文, 姜鹏, 李风华等. 1981. 中国东北晚冰期以来自然环境演变的初步探讨. 地理学报, 36 (3)：315~327

裘善文, 李取生, 夏玉梅. 1992. 东北平原西部沙地古土壤与全新世环境变迁. 第四纪研究, (3)：224~232

裘善文, 孙广友, 李卫东等. 1979. 三江平原松花江古水文网遗迹的发现. 地理学报, 34 (3)：265~274

裴善文，夏玉梅，李凤华等. 1984. 松辽平原第四纪中期古地理研究. 科学通报，(3)：172～174

裴善文，夏玉梅，汪佩芳等. 1988. 松辽平原更新世地层及其沉积环境的研究. 中国科学（B辑），(4)：431～441

裴善文，张柏，王志春. 2005. 中国东北平原西部荒漠化现状、成因及其治理途径研究. 第四纪研究，25（1）：63～73

瞿友兰. 1991. 山东省构造体系的成生发展历史. 山东地质，7（1）：52～66

曲耀光，马世敏. 1995. 甘肃河西走廊地区的水与绿洲. 干旱区资源与环境，9（3）：93～99

全国地层委员会. 2002. 中国区域年代地层（地质年代）表说明书. 北京：地质出版社. 1～72

任国玉. 1998. 全新世东北平原森林—草原生态过渡带的迁移. 生态学报，18（1）：33～37

任国玉. 1999. 我国东北全新世花粉分布图及其分析. 古生物学报，38（3）：365～385

任纪舜. 1991. 论中国大陆岩石圈构造的基本特征. 中国区域地质，(4)：289～293

任黎秀，和艳，杨达源. 2008. 鄱阳湖湖滨十万年来沙山的演化. 地理研究，27（1）：128～134

任美锷. 1982. 中国自然地理纲要. 北京：商务印书馆. 274～278

任美锷，包浩生. 1992. 中国自然区域及开发整治. 北京：科学出版社. 149～150，359～361，386～431

任美锷等. 1994. 中国的三大三角洲. 北京：高等教育出版社. 139～140

任美锷，包浩生，韩同春等. 1959. 云南西北部金沙江河谷地貌与河流袭夺问题. 地理学报，25（2）：135～155

任式楠. 2005. 中国史前农业的发生与发展. 学术探索，6：110～123

任雪梅，杨达源，韩志勇. 2006. 长江上游水系变迁的河流阶地证据. 第四纪研究，26（3）：413～420

戎嘉余. 2006. 生物的起源、辐射与多样性演变：华夏化石记录的启示. 北京：科学出版社. 17

芮琳，江纳言，陈楚震. 1983. 中国南部二叠纪末和三叠纪初的沉积分区及其相型. 中国科学（B辑），(6)：560～565

沙金庚. 1995. 青海可可西里地区古生物. 1995. 北京：科学出版社. 1～179

山发寿，杜乃秋，孔昭宸. 1993. 青海湖盆地35万年来的植被演化及环境变迁. 湖泊科学，5（1）：9～17

邵时雄，郭盛乔，韩书华. 1989. 黄淮海平原地貌结构特征及其演化. 地理学报，44（3）：314～322

邵晓华，汪永进，程海等. 2006. 全新世季风气候演化与干旱事件的湖北神农架石笋记录. 科学通报，51（1）：80～86

邵亚军. 1987. 萨拉乌苏河地区晚更新世以来的孢粉组合及其反映的古植被和古气候. 中国沙漠，7（2）：22～26

申志军，谢玲琳. 2003. 湖南主要有色金属矿床的成矿特征. 采矿技术，3（1）：65～67

沈保丰，翟安民，杨春亮等. 2005. 中国前寒武纪铁矿床时空分布和演化特征. 地质调查与研究，28（4）：196～206

沈才明，唐领余. 1992. 白山、小兴安岭地区全新世气候. 见：施雅风主编. 中国全新世大暖期气候与环境. 北京：海洋出版社. 33～39

沈传波，梅廉夫，徐振平等. 2007. 四川盆地复合盆山体系的结构构造和演化. 大地构造与成矿学，31（3）：288～299

沈吉，杨丽原，羊向东等. 2004. 全新世以来云南洱海流域气候变化与人类活动的湖泊沉积记录. 中国科学（D辑）：地球科学，3（2）：130～138

沈明洁，谢志仁，朱诚. 2002. 中国东部全新世以来海面波动特征探讨. 地球科学进展，17（6）：886～894

沈玉昌. 1950. 湖南衡山的地文. 地理学报，17（2）：1～16

施炜，马寅生，吴满路等. 2004. 共和盆地剖面第四纪孢粉组合特征及环境演化. 地质力学学报，10（4）：310～318

施炜，张岳桥，董树文等. 2003. 山东胶莱盆地构造变形及形成演化——以王氏群和大盛群变形分析为例. 地质通报，22（5）：325～334

施炜，张岳桥，马寅生. 2006. 六盘山两侧晚新生代红黏土高程分布及其新构造意义. 海洋地质与第四纪地质，26（5）：123～130

施雅风. 1998a. 地理环境与冰川研究. 北京：科学出版社. 1～742

施雅风. 1998b. 第四纪中期青藏高原冰冻圈的演化及其与全球变化的联系. 冰川冻土，20（3）：197～208

施雅风. 2002. 中国第四纪冰期划分改进建议. 冰川冻土，24（6）：687～692

施雅风，孔昭宸. 1992. 中国全新世大暖期气候与环境. 北京：海洋出版社. 1～211

施雅风等. 2006. 中国第四纪冰川与环境变化. 石家庄：河北科学技术出版社. 1～618

施雅风，崔之久，李吉均等. 1989. 中国东部第四纪冰川与环境问题. 北京：科学出版社. 1～462

施雅风，黄茂桓，姚檀栋等. 2000. 中国冰川与环境. 北京：科学出版社. 1～411

施雅风，孔昭宸，王苏民等. 1993. 中国全新世大暖期鼎盛阶段的气候与环境. 中国科学（B辑），23（8）：865～872

施雅风，李吉均，李炳元等. 1998a. 高原隆升与环境演化（第二章）. 见：孙鸿烈，郑度. 青藏高原形成演化与发展. 广州：广东科技出版社. 73～137

施雅风，汤懋苍，李炳元等. 1998b. 青藏高原二期隆升与亚洲季风孕育关系探讨. 中国科学（D辑）：地球科学，28（3）：263～271

施雅风，李吉均，李炳元. 1998c. 青藏高原晚新生代隆升与环境变化. 广州：广东科技出版社. 1～463

施雅风，李吉均，李炳元等. 1999. 晚新生代青藏高原的隆升与东亚环境变化. 地理学报，54（1）：10～20

施雅风，郑本兴，李世杰等. 1995. 青藏高原中东部最大冰期时代高度与气候环境探讨. 冰川冻土，17（2）：97～112

施雅风，郑本兴，姚檀栋. 1997. 青藏高原末次冰期最盛时的冰川与环境. 冰川冻土，19（2）：97～113

石林研究组. 1997. 中国路南石林喀斯特研究. 昆明：云南科技出版社. 68～76

石兴邦. 2000. 下川文化的生态特点与粟作农业的起源. 考古与文物，4：17～35

石蕴琮等. 1989. 内蒙古自治区地理. 呼和浩特：内蒙古人民出版社. 1～451

史正涛，方小敏，宋友桂. 2006. 天山北坡黄土记录的中更新世以来干旱化过程. 海洋地质与第四纪地质，26（3）：109～114

史正涛，张世强，周尚哲等. 2000. 祁连山第四纪冰碛物的ESR测年研究. 冰川冻土，22（4）：353～357

舒德干. 2004. 寒武纪大爆发与动物类群的起源. 科学中国人，6：28～29

舒良树. 2006. 华南前泥盆纪构造演化：从华夏地块到加里东期造山带. 高校地质学报，12（4）：418～431

舒良树，周新民. 2002. 中国东南部晚中生代构造作用. 地质论评，48（3）：249～260

舒良树，郭召杰，朱文斌等. 2004. 天山地区碰撞后构造与盆山演化. 高校地质学报，10（3）：393～404

舒良树，周新民，邓平等. 2006. 南岭构造带的基本地质特征. 地质论评，52（2）：251～265

水涛. 1987. 中国东南大陆基底构造格局. 中国科学（B辑），（4）：414～422

四川省地质矿产局. 1997. 四川省岩石地层. 武汉：中国地质大学出版社. 1～212

宋春晖，方小敏，高军平等. 2001. 青藏高原东北部贵德盆地新生代沉积演化与构造隆升. 沉积学报，19（4）：493～500

宋春晖，方小敏，李吉均等. 2003. 青海贵德盆地晚新生代沉积演化与青藏高原北部隆升. 地质论评，49（4）：337～346

宋莫南. 2001. 山东中新生代盆地基本特征及演化过程. 山东地质，17（5）：5～10，17

宋方敏，邓志辉，马晓静等. 2008. 长江谷地安庆—马鞍山段新构造和断裂活动特征. 地震地质，30（1）：99～110

宋友桂，方小敏，李吉均等. 2001. 晚新生代六盘山隆升过程初探. 中国科学（D辑）：地球科学，31（增刊）：142～148

宋之琛，曹流. 1976. 抚顺煤田的古新世孢粉. 古生物学报，15（2）：147～162

索秀芬. 2005. 中全新世内蒙古东南部和中南部环境考古对比研究. 内蒙古文物考古，（2）：42～55

苏秉琦. 1999. 中国文明起源新探. 北京：生活·读书·新知三联书店. 1～189

苏建平，仵彦卿，李麒麟等. 2005. 第四纪以来酒泉盆地环境演变与祁连山隆升. 地球学报，26（5）：443～448

苏守德. 1992. 鄱阳湖成因与演变的历史论证. 湖泊科学，4（1）：40～47

苏维，黄兴龙，王明镇等. 2007. 山东滕县煤田石炭纪、二叠纪孢粉植物群及古气候. 微体古生物学报，24（1）：98～104

苏珍，郑本兴，施雅风等. 1985. 托木尔峰地区的第四纪冰川遗迹及冰期划分. 见：中国科学院登山科学考察队. 天山托木尔峰地区的冰川与气象. 乌鲁木齐：新疆人民出版社. 1～31

苏志尧，张宏达. 1994. 广西植物区系的特有现象. 热带亚热带植物学报，2（1）：1～9

苏志珠，董光荣. 1994. 130ka 来陕北黄土高原北部的气候变迁. 中国沙漠，14（1）：237～243

孙爱芝，马玉贞，冯兆东等. 2007. 宁夏南部 13.0～7.014ka B. P. 期间的孢粉记录及古气候演化. 科学通报，52（3）：324～331

孙东怀，安芷生，苏瑞侠等. 2003. 最近 2.6Ma 中国北方季风环流与西风环流演变的风尘沉积记录. 中国科学（D辑）：地球科学，33（6）：497～504

孙航. 2002. 古地中海退却与喜马拉雅-横断山的隆起在中国喜马拉雅成分及高山植物区系的形成与发展上的意义. 云南植物研究，24（3）：273～288

孙航，李志敏. 2003. 古地中海植物区系在青藏高原隆起后的演变和发展. 地球科学进展，8（6）：52～862

孙鸿烈. 1996. 青藏高原的形成演化. 上海：上海科学技术出版社. 1～383

孙鸿烈，郑度. 1998. 青藏高原形成演化与发展. 广州：广东科技出版社. 1～350

孙继敏. 2004. 中国黄土的物质来源及其粉尘的产生机制与搬运过程. 第四纪研究，24（2）：175～184

孙继敏，刘东生，丁仲礼等. 1996. 五十万年来毛乌素沙漠的变迁. 第四纪研究，4：359～367

孙金铸. 2003. 内蒙古地理文集. 呼和浩特：内蒙古大学出版社. 1～78

孙启高，王宇飞，李承森. 2002. 中新世山旺盆地植被演替与环境变迁. 地学前缘，9（3）：109～117

孙千里，周杰，沈吉等. 2006. 北方环境敏感带岱海湖泊沉积所记录的全新世中期环境特征. 中国科学（D辑）：地球科学，36（9）：838～849

孙顺才，黄漪平. 1993. 太湖. 北京：海洋出版社. 1～271

孙湘君，罗运利. 2004. 用花粉记录探索古植被——答"关于华南地区末次冰盛期植被类型的讨论". 第四纪研究，24（2）：217～221

孙湘君，汪品先. 2005. 从中国古植被记录看东亚季风的年龄. 同济大学学报（自然科学版），33（9）：1137～1159

孙湘君，吴玉书. 1987. 云南滇池表层沉积物中花粉和藻类的分布规律及数量特征. 海洋地质与第四纪地质，7（4）：81～92

孙湘君，杜乃秋，孙孟蓉. 1980. 辽宁抚顺煤田下第三系抚顺群孢子花粉研究. 见：洪友崇，阳自强，王士涛等. 辽宁抚顺煤田地层及其古生物群研究. 北京：科学出版社. 55～93

覃嘉铭，袁道先，程海等. 2004. 新仙女木及全新世早期气候突变事件：贵州茂兰石笋氧同位素记录. 中国科学（D辑）：地球科学，34（1）：69～74

谭利华，杨景春，段烽军. 1998. 河西走廊新生代构造运动的阶段划分. 北京大学学报（自然科学版），34（4）：523～532

谭明. 1993. 中国西江流域喀斯特景观趋异与晚新生代流域环境变迁. 中国岩溶，12（2）：103～110

谭明. 1994. 贵州锥状喀斯特发育时代下限的确定及其方法. 中国岩溶，13（1）：25～29

谭其骧，张修桂. 1982. 鄱阳湖演变的历史过程. 复旦学报（社会科学版），（2）：42～51

汤懋苍，张林源，郑度. 2001. 高原隆升与西部地质气候变迁. 见：秦大河主编. 中国西部气候生态环境演变分析与评估. 北京：科学出版社，123～151

唐成田. 1989. 下辽河平原的发育过程. 东北师范大学学报（自然科学版），4：101～108

唐贵智，陶明. 1997. 论长江三峡形成与中更新世大姑冰期的关系. 华南地质与矿产，（4）：9～18

唐华风，程日辉，白云风等. 2003. 胶莱盆地构造演化规律. 世界地质，22（3）：246～251

唐领余，李春海. 2001. 青藏高原全新世植被的时空分布. 冰川冻土，23（4）：367～374

唐领余，沈才明. 1996. 青藏高原上新世以来植被与气候研究进展. 地球科学进展，11（2）：198～203

唐领余，王睿. 1976. 青芷公路清水河二〇三米钻孔孢粉组合及其意义. 兰州大学学报（自然科学版），2：92～110

唐领余，沈才明，李春海等. 2009. 花粉记录的青藏高原中全新世以来植被与环境. 中国科学（D辑）：地球科学，39（5）：615～625

唐领余，沈才明，廖淦标等. 2004. 末次盛冰期以来西藏东南部的气候变化——西藏东南部的花粉记录. 中国科学（D辑）：地球科学，34（5）：436～442

唐领余，沈才明，赵希涛等．1993．江苏建湖庆丰剖面1万年来的植被与气候．中国科学（B辑），23（6）：637～643

唐云松，陈文光，朱诚．2005．张家界砂岩峰林景观成因机制．山地学报，3（2）：308～312

陶保廉．1891．辛卯侍行记．刘满（点校）．2002．兰州：甘肃人民出版社．1～436

陶君容．1992．中国第三纪植被和植物区系历史及分区．植物分类学报，30（1）：25～42

陶君容．2000．中国晚白垩世至新生代植物区系发展演变．北京：科学出版社．1～282

滕志宏，王晓红．1996．秦岭造山带新生代构造隆升与区域环境效应研究．陕西地质，14（2）：33～42

田广金．1993．内蒙古长城地带不同系统考古学文化的分布区域及相互影响．见：张之生．中国生存环境历史演变规律研究（一）．北京：海洋出版社．123～136

田广金，郭素新．1988．鄂尔多斯式青铜器的渊源．考古学报，3：257～277

田广金，秋山进午．2001．岱海考古（二）——岱海地区距今7000～2000年间人地关系演变研究．北京：科学出版社．328～343

田广金，唐晓峰．2001．岱海地区距今7000～2000年间人地关系研究．中国历史地理论丛，16（3）：4～12

田陵君，李平中，罗雁．1996．长江三三峡河谷发育史．成都：西南交通大学出版社．1～73

田在艺，柴桂林，林梁．1990．塔里木盆地的形成与演化．新疆石油地质，11（4）：259～276

童国榜，张俊牌，严富华等．1991．华北平原东部地区晚更新世以来的孢粉序列与气候分期．地震地质，13（3）：259～268

万波，钟以章．1997．东北地区的新构造运动特征分析及新构造运动分区．东北地震研究，13（4）：64～75

万天丰．2004．中国大地构造学纲要．北京：地质出版社．29，43，62，66，69，78～80，84～85，106，163，166～197，附表5

万天丰，朱鸿．2002．中国大陆及邻区中生代—新生代大地构造与环境变迁．现代地质，16（2）：107～120

汪佩芳．1990．内蒙库伦旗库伦沟黄土地层的孢粉分析及其古环境意义．见：《东北平原第四纪自然环境形成与演化》基金课题组．中国东北平原第四纪自然环境形成与演化．哈尔滨：哈尔滨地图出版社．122～125

汪佩芳．1992．全新世呼伦贝尔沙地环境演变的初步研究．中国沙漠，12（4）：13～19

汪品先．1992．西太平洋边缘海末次冰期古海洋学的比较研究．见：业治铮，汪品先．南海晚第四纪古海洋学研究．青岛：青岛海洋大学出版社．308～321

汪品先．1995．西太平洋边缘海对我国冰期干旱化影响的初步探讨．第四纪研究，1：32～42

汪品先．2005．新生代亚洲形变与海陆相互作用．地球科学，30（1）：1～18

汪品先，李荣凤．1995．末次冰期南海表层环流的数值模拟及其验证．科学通报，40（1）：51～53

汪品先，卞云华，翦知湣．1997．南沙海区晚第四纪的碳酸盐旋回．第四纪研究，4：293～300

汪品先，卞云华，李保华等．1996．西太平洋边缘海的"新仙女木"事件．中国科学（D辑）：地球科学，26（5）：452～460

汪品先，翦知湣，赵泉鸿等．2003．南海演变与季风历史的深海证据．科学通报，48（21）：2228～2239

汪恕诚．1999．实现由工程水利到资源水利的转变做好面向21世纪中国水利这篇大文章．地下水，21（3）：93～98

汪啸风等．1991a．海南岛地质（三）——构造地质．北京：地质出版社．1～138

汪啸风等．1991b．海南岛地质（一）——构造地质．北京：地质出版社，1～281

汪新，贾承造，杨树锋．2002．南天山库车褶皱冲断带构造几何学和运动学．地质科学，37（3）：372～384

汪永进，孔兴功，邵晓华等．2002．末次盛冰期百年尺度气候变化的南京石笋记录．第四纪研究，22（3）：243～251

王颖．1996．中国海洋地理．北京：科学出版社，1～535

王成文，金巍，张兴洲等．2008．东北及邻区晚古生代大地构造属性新认识．地层学杂志，32（2）：119～136

王春林．1991．湖南新构造运动研究．湘潭师范学院学报，12（3）：61～68

王德滋，沈渭洲．2003．中国东南部花岗岩成因与地壳演化．地学前缘，10（3）：209～220

王东安，陈瑞君．1989．新疆库地西北一些克沟深海蛇绿质沉积岩岩石学特征及沉积环境．自然资源学报，4（3）：212～221

王二七，孟庆任．2008．对龙门山中生代和新生代构造演化的讨论．中国科学（D辑）：地球科学，38（10）：1221～1233

王发宁，周耀华，虞长富．1986．江西高岭土矿床及成矿地质条件．中国地质，（1）：18～20

王非，李红春，朱日祥等．2002．晚第四纪中秦岭下切速率与构造抬升．科学通报，47（13）：1032～1036

王富葆，李升峰，申旭辉等．1996．吉隆盆地的形成演化、环境变迁与喜马拉雅山隆起．中国科学（D辑）：地球科学，26（4）：329～335

王国灿，吴燕玲，向树元等．2003．东昆仑东段第四纪成山作用过程与地貌变迁．地球科学，28（6）：583～592

王国灿，杨巍然，马华东等．2005．东-西昆仑山晚新生代以来构造隆升作用对比．地学前沿，12（3）：157～166

王鸿祯．1985．中国古地理图集．北京：地图出版社．1～281

王鸿祯，何国琦，张世红．2006．中国与蒙古之地质．地学前缘，13（6）：1～13

王靖泰．1981．天山乌鲁木齐河源古冰川．冰川冻土，3：23～77

王靖泰，汪品先．1980．中国东部晚更新世以来海面升降与气候变化的关系．地理学报，35（4）：299～312

王开发，杨蕉文，李哲等．1975．根据孢粉组合推论西藏伦坡拉盆地第三纪地层时代及其古地理．地质科学，4：366～374

王开发，张玉兰，蒋辉．1982．山东诸城晚白垩世孢粉组合的发现及其地质意义．地质科学，（3）：336～338

王铠元，孙克祥，段彦学．1983．滇西地区新构造运动几个问题的探讨．见：地质矿产部青藏高原地质文集编委会．青藏高原地质文集（13）．北京：科学出版社．1～214

王昆，吴安国，张玉清．1993．江西省区域地质概况．中国区域地质，3：200～210

王曼华．1990．长春地区黄土地层的孢粉分析与古气候．见：《东北平原第四纪自然环境形成与演化》基金课题组．中国东北平原第四纪自然环境形成与演化．哈尔滨：哈尔滨地图出版社．136～140

王乃昂．1988．梁山泊的形成和演变．兰州大学学报（社会科学版），（4）：74～80

王乃昂，颉耀文，薛祥燕．2002．近2ka人类活动对我国西部生态环境变化的影响．中国历史地理论丛，17（3）：12～20

王乃昂，王涛，高顺尉等．2000．河西走廊末次冰期芒硝和砂楔与古气候重建．地学前缘，7（增刊）：59～66

王乃樑，杨景春等．1982．北京西山山前平原永定河古河道迁移、变形及其和全新世构造活动的关系．见：中国第四纪研究委员会．第三届全国第四纪学术会议论文集．北京：科学出版社．179～183

王宁练，姚檀栋，Thompson L G．2002．全新世早期强降温事件的古里雅冰芯记录证据．科学通报，47（11）：818～823

王清晨，蔡立国．2007．中国南方显生宙大地构造演化简史．地质学报，81（8）：1025～1040

王庆，陈吉余．1999．洪泽湖和淮河入洪泽湖河口的形成与演化．湖泊科学，11（3）：237～244

王全伟，阚泽忠，刘啸虎等．2008．四川中生代陆相盆地孢粉组合所反映的古植被与古气候特征．四川地质学报，28（2）：89～95

王荃，刘雪亚．1976．我国西部祁连山区的古海洋地壳及其大地构造意义．地质科学，1：42～55

王绍武，董光荣．2002．中国西部环境特征及其演变（第一卷）．见：秦大河总主编．中国西部环境演变评估．北京：科学出版社．71～75

王绍武，龚道溢．2000．全新世几个特征时期的中国气温．自然科学进展，10（4）：325～332

王绍武，黄建斌．2006．全新世中期的旱涝变化与中华古文明的进程．自然科学进展，16（10）：1238～1244

王绍武，蔡静宁，朱锦红等．2002．中国气候变化的研究．气候与环境研究，7（2）：137～145

王诗俏．1988．塔里木盆地西南晚白垩世风成石英砂．北京师范大学学报（自然科学版），（增刊1）：195～201

王淑云，吕厚远，刘嘉麒等．2007．湖光岩玛珥湖高分辨率孢粉记录揭示的早全新世适宜期环境特征．科学通报，52（11）：1285～1291

王树基．1997．准噶尔盆地晚新生代地理环境演变．干旱区地理，20（2）：9～16

王树基．1998．天山夷平面上的晚新生代沉积及其环境变化．第四纪研究，（2）：186

王树基，高存海．1990．塔里木内陆盆地晚新生代干旱环境的形成与演变．第四纪研究，（4）：372～380

王树基，阎顺．1987．天山南北麓新生代地理环境演变．地理学报，42（3）：211～220

王苏民，吉磊．1995．呼伦湖晚第四纪湖相地层沉积学及湖面波动历史．湖泊科学，7（4）：297～306

王苏民, 李建仁. 1991. 湖泊沉积——研究历史气候的有效手段——以青海湖、岱海为例. 科学通报, 35: 54~56

王苏民等. 1990. 岱海——湖泊环境与气候变化. 合肥: 中国科学技术大学出版社. 1~191

王苏民, 吉磊, 羊向东等. 1994. 内蒙古扎赉诺尔湖泊沉积物中的新仙女木事件记录. 科学通报, 39 (4): 348~351

王苏民, 吴锡浩, 张振克等. 2001. 三门古湖沉积记录的环境变迁与黄河贯通东流研究. 中国科学 (D辑): 地球科学, 31 (9): 760~768

王伟铭. 1992. 中国南方晚第三纪孢粉植物群的变迁. 微体古生物学报, 9 (1): 81~95

王小平, 岳乐平, 薛祥煦. 2003. 末次冰期以来浑善达克沙地粒度组成的环境记录. 干旱区地理, 26 (3): 233~238

王煦曾, 朱椰如, 王杰. 1992. 中国煤田的形成与分布. 北京: 科学出版社. 11~18, 24, 30~31

王砚耕, 陈履安, 李兴中等. 2000. 贵州西南部红土型金矿特征及其分布规律. 贵州地质, 17 (1): 2~13

王永标, 徐海军. 2001. 四川盆地侏罗纪至早白垩世沉积旋回与构造隆升的关系. 地球科学, 26 (3): 241~246

王永栋, 江德昕, 谢小平. 2003. 陕西秃尾河晚三叠世孢粉植物群及其环境意义. 沉积学报, 21 (3): 434~440

王永兴, 王树基. 1994. 天山南北麓山前拗陷的第四纪构造变动. 干旱区地理, 17 (4): 38~45

王元龙, 成守德. 2001. 新疆地壳演化与成矿. 地质科学, 36 (2): 129~143

王在霞, 张玉成. 1982. 四川早中生代聚煤古地理及含煤建造特征. 煤田地质与勘探, 5: 1~10

王张华, Liu J P, 赵宝成. 2007. 全新世长江泥沙堆积的时空分布及通量估算. 古地理学报, 9 (4): 419~429

王张华, 丘金波, 冉莉华等. 2004. 长江三角洲南部地区晚更新世年代地层和海水进退. 海洋地质与第四纪地质, 24 (4): 1~8

王张华, 赵宝成, 陈静等. 2008. 长江三角洲地区晚第四纪年代地层框架及两次海侵问题的初步探讨. 古地理学报, 10 (1): 99~110

韦刚健, 余克服, 李献华等. 2004. 南海北部珊瑚 Sr/Ca 和 Mg/Ca 温度计及高分辨率 SST 记录重建尝试. 第四纪研究, 24 (3): 325~331

魏国彦, 李孟扬, 段威武等. 1999. 南海东北部末次冰期——全新世古海洋学. 海洋地质与第四纪地质, 19 (3): 19~28

魏永明, 宋春青. 1992. 内蒙古经棚古湖区新构造运动与湖泊演化. 干旱区地理, 15 (4): 34~41

文世宣. 1981. 从地层古生物资料讨论西藏地区隆起的一些问题. 青藏高原隆起的时代、幅度与形式问题. 北京: 科学出版社. 1~7

邬光剑, 潘保田, 李吉均等. 2001. 祁连山东段 0.83Ma 以来的构造-气候事件. 中国科学 (D辑): 地球科学, 31 (增刊): 202~208

吴超羽, 包芸, 任杰等. 2006. 珠江三角洲及河网形成演变的数值模拟和地貌动力学分析: 距今 6000~2500a. 海洋学报, 28 (4): 64~80

吴忱. 1992. 华北平原四万年来自然环境演变. 北京: 中国科学技术出版社. 1~195

吴忱. 2008. 华北地貌环境及其形成演化. 北京: 科学出版社. 1~551

吴忱等. 1991a. 华北平原古河道研究. 北京: 中国科学技术出版社. 169, 149~169, 203~211

吴忱等. 1999b. 华北山地地形面、地文期与地貌发育史. 石家庄: 河北科学技术出版社. 1~285

吴忱, 张聪. 2002. 张家界风景区地貌的形成与演化. 地理学与国土研究, 8 (2): 52~55

吴忱, 张秀清, 马永红. 1999a. 太行山燕山主要隆起于第四纪. 华北地震科学, 17 (3): 1~7

吴忱, 朱宣清, 何乃华等. 1991b. 华北平原古河道的形成研究. 中国科学 (B辑), (2): 188~197

吴根耀, 梁兴, 陈焕疆. 2007. 试论郯城-庐江断裂带的形成、演化及其性质. 地质科学, 42 (1): 60~175

吴根耀, 马力, 梁兴等. 2008. 从郯庐断裂带两侧的 "盆" "山" 耦合演化看前白垩纪 "郯庐断裂带" 的性质. 地质通报, 27 (3): 308~325

吴功建, 肖序常, 李廷栋. 1989. 青藏高原亚东-格尔木地学断面. 地质学报, 4: 285~296

吴海斌, 郭正堂. 2000. 末次盛冰期以来中国北方干旱区演化及短尺度干旱事件. 第四纪研究, 20 (6): 548~558

吴立成. 1990. 闽江河口第四纪沉积特征及演变历史. 东海海洋, 8 (3): 26~34

吴锡浩. 1989. 青藏高原东南部地貌边界与金沙江水系发育. 山地研究, 7 (2): 75~84

吴锡浩，蒋复初，王苏民等．1998．关于黄河贯通三门峡东流入海问题．第四纪研究，2：188

吴锡浩，王富葆，安芷生等．1992．晚新生代青藏高原隆升的阶段和高度．见：刘东生，安芷生主编．1992．黄土·第四纪地质·全球变化（第三集）．北京：科学出版社．1～13

吴玉书，于浅黎．1980．西藏高原含三趾马动物群化石地点的孢粉组合及其意义．见：中国科学院青藏高原综合科学考察队．西藏古生物（第一分册）．北京：科学出版社．76～82

吴珍汉，吴中海，叶培盛等．2006．青藏高原晚新生代孢粉组合与古环境演化．中国地质，33（5）：966～979

吴征镒．1980．中国植被．北京：科学出版社．1～1375

吴正．1981．塔克拉玛干沙漠成因的探讨．地理学报，36（3）：280～291

吴中海，吴珍汉．2003．大青山晚白垩世以来的隆升历史．地球学报，24（3）：205～210

吴中海，吴珍汉，万景林等．2003．华山新生代隆升-剥蚀历史的裂变径迹热年代学分析．地质科技情报，22（3）：27～32

西南师范学院地理系．1982．四川地理．重庆：西南师范学院出版社．1～341

夏东兴，刘振夏．2001．末次冰期盛期长江入海流路探讨．海洋学报，23（5）：87～94

夏东兴，刘振夏，吴桑云等．1996．末次冰期黄河解体事件初探．海洋与湖沼，27（5）：511～517

夏玉梅．1990．科尔沁沙地南缘虻石沟黄土地层孢粉分析与古环境的探讨．见：《东北平原第四纪自然环境形成与演化》基金课题组．中国东北平原第四纪自然环境形成与演化．哈尔滨：哈尔滨地图出版社．117～121

夏玉梅，汪佩芳．1987．松嫩平原晚第三纪—更新世孢粉组合及古植被与古气候的研究．地理学报，42（2）：165～178

夏正楷．1992．泥河湾盆地的水下黄土堆积及其古气候意义．地理学报，47（1）：58～65

夏正楷，杨晓燕．2003．我国北方 4ka B. P. 前后异常洪水事件的初步研究．第四纪研究，23（6）：667～674

夏正楷，王赞红，赵青春．2003a．我国中原地区 3500a B. P. 前后的异常洪水事件及其气候背景．中国科学（D辑）：地球科学，33（9）：881～888

夏正楷，杨晓燕，叶茂林．2003b．青海喇家遗址史前灾难事件．科学通报，48（11）：1200～1204

向芳，朱利东，王成善等．2005．长江三峡阶地的年代对比法及其意义．成都理工大学学报（自然科学版），32（2）：162～166

向芳，朱利东，王成善等．2006．宜昌地区第四纪沉积物中玄武岩砾石特征及其与长江三峡贯通的关系．地球科学与环境学报，28（2）：6～10，24

萧家仪，王建，安芷生等．1998．南岭东部新仙女木事件的孢粉学证据．植物学报，40（11）：1079～1082

肖荣寰，胡俭彬．1988．东北地区末次冰期以来气候地貌的若干特征．冰川冻土，10（2）：125～134

肖序常，陈国铭，朱志直．1978．祁连山古蛇绿岩带的地质构造意义．地质学报，4：281～295

肖序常，李廷栋，李光岑等．1988．第 7 号．喜马拉雅岩石圈构造演化总论．见：潘桂棠等．中华人民共和国地质矿产部地质专报．五．构造地质、地质力学．北京：地质出版社．1～236

谢传礼，蒯知滑，赵泉鸿等．1996．末次盛冰期中国海古地理轮廓及其气候效应．第四纪研究，1：2～10

谢端琚．2002．甘青地区史前考古．北京：文物出版社

谢红彬，钟巍．2002．关于极端干旱地区人地关系历史演变的初步研究——以塔里木盆地为例．人文地理，17（2）：66～69

谢家荣．1934．陕北盆地和四川盆地．地理学报，1（2）：1～16

谢骏义，高尚玉，董光荣等．1995．萨拉乌苏动物群．中国沙漠，15（4）：313～322

谢明．1991．河流水位变幅是影响阶地划分与新构造分析的重要因素——以长江三峡段为例．地理学报，46（3）：353～359

谢世友，袁道先，王建力等．2006．长江三峡地区夷平面分布特征及其形成年代．中国岩溶，25（1）：40～45

谢文安．1988．湖南省高岭土矿床成矿模式初探．中国非金属矿工业导刊，（6）：10～15

谢以萱．1981．南海的海底地形轮廓．见：中国科学院南海海洋研究所编．南海海洋科学集刊，第 2 集．北京：科学出版社．1～12

新疆地质矿产局地质矿产研究所．1988．新疆古地理图集．乌鲁木齐：新疆人民出版社．78～87

徐贵忠，周瑞，闫臻等．2001．论胶东地区中生代岩石圈减薄的证据及其动力学机制．大地构造与成矿学，

25（4）：368～380

徐惠长，邓松华，田旭峰等. 2003. 初论湖南省主要有色金属、贵金属矿床成矿谱系. 华南地质与矿产，（1）：39～48

徐杰，邓起东，张玉岫等. 1991. 江汉-洞庭盆地构造特征和地震活动的初步分析. 地震地质，13（4）：332～342

徐明广，马道修，周青伟等. 1986. 珠江三角洲地区第四纪海平面变化. 海洋地质与第四纪地质，6（3）：93～102

徐钦琦，刘时藩. 1991. 史前气候学. 北京：北京科学技术出版社. 1～206

徐仁. 1981. 大陆漂移与喜马拉雅上升的古植物学证据. 见：青藏高原考察队. 青藏高原隆起的时代、幅度与形式问题. 北京：科学出版社. 8～18

徐瑞瑚，谢双玉，赵艳. 1994. 江汉平原全新世环境演变与湖群兴衰. 地域研究与开发，13（4）：52～56

徐叔鹰，张维信，徐德馥等. 1984. 青藏高原东北边缘地区冰缘发展探讨. 冰川冻土，6（2）：15～26

徐馨. 1992. 2 万年来长江中下游自然环境变迁及其发展趋向探讨. 火山地质与矿产，13（1）：1～11

徐张建，林在贯，张茂省. 2007. 中国黄土与黄土滑坡. 岩石力学与工程学报，26（7）：1297～1312

许德如，陈广浩，夏斌等. 2003. 海南岛几个重大基础地质问题评述. 地质科技情报，22（4）：37～44

许炯心. 2007. 中国江河地貌系统对人类活动的响应. 北京：科学出版社. 1～340

许炯心，孙季. 2003. 黄河下游2300年以来沉积速率的变化. 地理学报，58（2）：247～254

许坤，李宏伟，邱开敏. 2002. 下辽河平原-辽东湾的新构造运动. 海洋学报，24（3）：68～74

许坤，石敦久，邱开敏. 1997. 辽东湾北部晚新生代的古植被与古气候. 海洋地质与第四纪地质，17（1）：25～32

许清海，王子惠，阳小兰等. 1994. 全新世滦河冲积扇的发育和河型变化. 地理学与国土研究，10（3）：40～44

许清海，肖举乐，中村俊夫等. 2003. 孢粉资料定量重建全新世以来岱海盆地的古气候. 海洋地质与第四纪地质，23（4）：99～108

许再富. 2003. 古今演变中的云南植物若干特点探讨. 广西植物，23（4）：299～302

薛春汀，周永青，朱雄华. 2004. 晚更新世末至公元前7世纪的黄河流向和黄河三角洲. 海洋学报，26（1）：48～61

薛祥煦，张云翔. 1994. 中国第四纪哺乳动物地理区划. 兽类学报，14（1）：15～23

薛祥煦，张云翔. 1996. 从生化石的性质和分布分析秦岭上升的阶段性与幅度. 地质论评，42（1）：30～36

薛祥煦，赵聚发. 1982. 陕西洛南石门古新统的发现及该地区新生界的划分. 西北大学学报，36（3）：70～80

薛祥煦，李虎侯，李永项等. 2004. 秦岭中更新世以来抬升的新资料及认识. 第四纪研究，24（1）：82～87

薛祥煦，李文厚，刘林玉. 2002. 渭河北迁与秦岭抬升. 西北大学学报（自然科学版），32（5）：451～454

薛祥煦，张云翔，毕延等. 1996. 秦岭东段山间盆地的发育及自然环境变迁. 北京：地质出版社. 1～161

闫顺，穆桂金. 1990. 塔里木盆地晚新生代环境演变. 干旱区地理，13（1）：1～9

闫顺，许英勤. 1988. 天山北麓平原区晚第三纪晚期-更新世的孢粉组合及环境变迁. 新疆地质，6（2）：59～65

闫顺，穆桂金，许英勤等. 1998. 新疆罗布泊地区第四纪环境演变. 地理学报，53（4）：332～340

严钦尚，许世远等. 1993. 苏北平原全新世沉积与地貌研究. 上海：上海科学技术文献出版社. 1～83

严文明. 1982. 中国稻作农业的起源. 农业考古，1：19～31，151

严文明. 1989. 再论中国稻作农业的起源. 农业考古，2：72～83

杨秉赓，孙肇春，吕金福. 1983. 松辽水系的变迁. 地理研究，2（1）：48～56

杨达源. 1986a. 洞庭湖的演变及其治理. 地理研究，5（3）：39～46

杨达源. 1986b. 晚更新世冰期最盛时长江中下游地区的古环境. 地理学报，41（4）：302～310

杨达源. 1986c. 鄱阳湖在第四纪的演变. 海洋与湖沼，17（5）：429～435

杨达源. 1988. 长江三峡的起源与演变. 南京大学学报，24（3）：466～474

杨达源. 2004. 长江研究. 南京：河海大学出版社. 1～214

杨达源，李徐生. 1998. 中国东部新构造运动的地貌标志和基本特征. 第四纪研究，3：249～255

杨达源，李徐生. 2001. 金沙江东流的研究. 南京大学学报（自然科学版），37（3）：317～322

杨东，方小敏，董光荣等. 2006a. 1.8Ma B. P. 以来陇西断岘黄土剖面沉积特征及其反映的腾格里沙漠演化. 中国沙漠，26（1）：6～13

杨东，方小敏，董光荣等. 2006b. 早更新世以来腾格里沙漠形成与演化的风成沉积证据. 海洋地质与第四纪地质，

26（1）：93～100

杨发相，穆桂金，岳健等. 2006. 干旱区绿洲的成因类型及演变. 干旱区地理，29（1）：70～75

杨怀仁，陈西庆. 1985. 中国东部第四纪海面升降、海侵海退与岸线变迁. 海洋地质与第四纪地质，5（4）：59～80

杨怀仁，徐馨，杨达源等. 1995. 长江中下游环境变迁与地生态系统. 南京：河海大学出版社. 1～193

杨健，王宇飞，孙启高等. 2002. 中国东部中新世山旺古海拔与古气候的定量重建. 地学前缘，9（3）：183～188

杨景春. 1993. 中国地貌特征与演化. 北京：海洋出版社. 1～274

杨景春，谭利华，李有利等. 1998. 祁连山北麓河流阶地与新构造演化. 第四纪研究，3：229～237

杨文才. 1990a. 下辽河平原周边冲积扇沉积模式与环境的探讨. 见：《东北平原第四纪自然环境形成与演化》基金课题组. 中国东北平原第四纪自然环境形成与演化. 哈尔滨：哈尔滨地图出版社. 34～43

杨文才. 1990b. 下辽河平原第四纪海、陆变迁. 见：《东北平原第四纪自然环境形成与演化》基金课题组. 中国东北平原第四纪自然环境形成与演化. 哈尔滨：哈尔滨地图出版社. 164～172

杨曦. 2006. 西藏高原新石器时代文化简论. 西藏研究，3：75～80

杨晓平，邓起东，张培震等. 2008. 天山山前主要推覆构造区的地壳缩短. 地震地质，30（1）：111～131

杨逸畴，高登义，李渤生. 1987. 雅鲁藏布江下游河谷水汽通道初探. 中国科学（B辑），8：893～902

杨逸畴，李炳元，尹泽生等. 1983. 西藏地貌. 北京：科学出版社. 1～238

杨玉卿，冯增昭. 2000. 中国南方二叠纪沉积体系. 古地理学报，2（1）：11～18

杨志荣. 1999. 中国北方农牧交错带全新世环境演变综合研究. 北京：海洋出版社. 1～141

杨钟健. 1935. 广西几种地形概述. 地理学报. 2（2）：75～90

杨子庚. 1993. Olduvai 亚时以来南黄海沉积层序及古地理变迁. 地质学报，67（4）：357～366

杨宗干，赵汝植. 1994. 西南区自然地理. 重庆：西南师范大学出版社. 74～75

姚鲁烽. 1991. 全新世以来永定河洪水的发生规律. 地理研究，10（8）：59～67

姚檀栋. 1999. 末次冰期青藏高原的气候突变——古里雅冰芯与格陵兰 GRIP 冰芯对比研究. 中国科学（D辑）：地球科学，29（2）：175～184

姚檀栋，Thompson L G 等. 1997. 古里雅冰芯中末次间冰期以来气候变化记录研究. 中国科学（D辑）：地球科学，27（5）：447～452

姚檀栋，刘晓东，王宁练. 2000. 青藏高原地区的气候变化幅度问题. 科学通报，45（1）：98～105

姚衍桃，詹文欢，刘再峰等. 2008. 珠江三角洲的新构造运动及其与三角洲演化的关系. 华南地震，28（1）：29～40

叶得泉，钟筱春，姚益民等. 1993. 中国油气区第三系（Ⅰ）总论. 北京：石油工业出版社. 175～183

叶青超. 1989. 华北平原地貌体系与环境演化趋势. 地理研究，8（3）：10～20

叶青超，陆中臣，杨毅芬等. 1990. 黄河下游河流地貌. 北京：科学出版社. 21，32～34，39，57～73，160～164

叶瑜，方修琦，任玉玉等. 2009. 东北地区过去 300 年耕地覆盖变化. 中国科学（D辑）：地球科学，39（3）：340～350

易朝路，焦克勤，刘克新等. 2001. 冰碛物 ESR 测年与天山乌鲁木齐河源末次冰期系列. 冰川冻土，23（4）：389～393

殷春敏，邱维理，李容全. 2001. 全新世华北平原古洪水. 北京师范大学学报（自然科学版），37（2）：280～284

殷鸿福等. 1988. 中国古生物地理学. 武汉：中国地质大学出版社. 164，213，277，289

殷鸿福，童金南，丁梅华等. 1994. 扬子区晚二叠世—中三叠世海平面变化. 地球科学，19（5）：628～632

雍天寿. 1984. 塔里木地台晚白垩世—早第三纪岩相古地理概貌. 石油实验地质，6（1）：9～17

于革，薛滨，王苏民等. 2000. 末次盛冰期中国湖泊记录及其气候意义. 科学通报，45（3）：250～255

于洪军. 1999. 黄海、渤海陆架区可见黄河三角洲沉积的形成时代. 地质力学学报，5（4）：80～88

于津海，魏震洋，王丽娟等. 2006. 华夏地块：一个由古老物质组成的年轻陆块. 高校地质学报，12（4）：440～447

于英太. 1990. 二连盆地演化特征及油气分布. 石油学报，11（3）：12～20

于在平，崔海峰. 2003. 造山运动与秦岭造山. 西北大学学报（自然科学版），33（1）：65～69

于振江，彭玉怀. 2008. 安徽省第四纪岩石地层序列. 地质学报，82（2）：254～261

于志臣. 1998. 鲁东胶北地区中太古代唐家庄岩群. 山东地质，14（2）：4～10

余华，刘振夏，熊应乾. 2006. 末次盛冰期以来东海陆架南部 EA05 岩心地层划分及其古环境意义. 中国海洋大学学报，36（4）：545～550

余文畴，卢金友. 2005. 长江河道演变与治理. 北京：中国水利水电出版社. 93～101，172～180，195～196

俞锦标. 1985. 贵州普定喀斯特发育特征. 地理研究. 4（3）：32～39

虞志英. 1988. 长江三角洲新构造运动. 见：陈吉余，沈焕庭，恽才兴. 长江河口动力过程和地貌演变. 上海：上海科学技术出版社. 1～454

喻春霞，罗运利，孙湘君. 2008. 吉林柳河哈尼湖 13.1～4.5cal. ka B. P. 古气候演化的高分辨率孢粉记录. 第四纪研究，28（5）：929～938

喻宗仁，窦素珍，赵培才等. 2004. 山东东平湖的变迁与黄河改道的关系. 古地理学报，6（4）：469～479

袁宝印，王振海. 1995. 青藏高原隆起与黄河地文期. 第四纪研究，4：353～359

袁道先. 1994. 中国岩溶学. 北京：地质出版社. 1～207

袁复礼. 1993. 南岭多层地形及与其相关的理论问题. 第四纪研究，13（4）：361～369

袁建平，余龙师，邓广强等. 2006. 海南岛地貌分区和分类. 海南大学学报（自然科学版），24（4）：364～370

袁俊杰，陶晓风. 2008. 四川名山——丹棱地区青衣江流域的砾石层特征及水系演化. 地质学报，28（1）：6～12

袁庆东，郭召杰，张志诚. 2006. 天山北缘河流阶地形成及构造变形定量分析. 地质学报，80（2）：210～216

岳乐平，薛祥熙. 1996. 中国黄土古地磁学. 北京：地质出版社. 66～70

载向明. 1998. 黄河流域新石器时代文化格局之演变. 考古学报，（4）：12～18

曾文彬. 1981. 福建植物区系的由来. 厦门大学学报（自然科学版），20（4）：487～495

曾文彬. 1993. 浅析台湾植物区系. 厦门大学学报（自然科学版），32（4）：480～483

曾昭璇. 1981. 植被的地形分化论——以华南植被为例. 华南师范大学学报（自然科学版），2：88～102

曾昭璇，黄少敏. 1978a. 中国东南部红层地貌. 华南师范大学学报（自然科学版），（1）：56～73

曾昭璇，黄少敏. 1978b. 中国东南部红层地貌（续）. 华南师范大学学报（自然科学版），（2）：40～54

曾昭璇，黄少敏. 1980. 红层地貌与花岗岩地貌. 中国自然地理·地貌. 北京：科学出版社. 139～150

曾昭璇，曾宪中. 1989. 海南岛自然地理. 北京：科学出版社. 1～327

张百平，谭娅，莫申国. 2004. 天山数字垂直带谱体系与研究. 山地学报，22（2）：184～192

张昌平. 2006. 夏商时期中原与长江中游地区的文化联系. 华夏考古，（3）：54～60

张春山，张业成，胡景江. 1995. 华北平原北部历史时期地质环境演化. 地质灾害与环境保护，6（2）：12～19

张春生，陈庆松. 1996. 全新世鄱阳湖沉积环境及沉积特征. 江汉石油学院学报，18（1）：24～29

张殿发，林年丰. 2000a. 松嫩平原第四纪以来生态环境演化的影响因素. 吉林地质，19（1）：23～29

张殿发，林年丰. 2000b. 松嫩平原生态地质环境变迁构造-气候旋回机制探讨. 世界地质，19（1）：73～77

张桂甲，李从先. 1998. 晚第四纪钱塘江下切河谷体系层序地层特征. 同济大学学报，26（3）：320～324

张国伟. 1991. 试论秦岭造山带岩石圈构造演化基本特征. 西北大学学报（自然科学版），21（2）：7～87

张国伟，程顺有，郭安林. 2004. 秦岭-大别中央造山系南缘勉略古缝合带的再认识——兼论中国大陆主体的拼合. 地质通报，23（9～10）：846～853

张国伟，董云鹏，姚安平. 1997. 秦岭造山带基本组成与结构及其构造演化. 陕西地质，15（2）：1～14

张国伟，孟庆任，于在平等. 1996. 秦岭造山带的造山过程及其动力学特征. 中国科学（D 辑）：地球科学，26（3）：193～200

张国伟，张本仁，袁学诚等. 2001. 秦岭造山带与大陆动力学. 北京：科学出版社. 1～855

张宏，樊自立. 1998. 气候变化和人类活动对塔里木盆地绿洲演化的影响. 中国沙漠，18（4）：308～313

张泓，晋香兰，李贵红等. 2008. 鄂尔多斯盆地侏罗纪—白垩纪原始面貌与古地理演化. 古地理学报，10（1）：1～11

张洪，靳鹤龄，苏志珠等. 2005. 全新世浑善达克沙地粒度旋回及其反映的气候变化. 中国沙漠，25（1）：1～7

张虎才，马玉贞，李吉均等. 1998. 腾格里沙漠南缘全新世古气候变化初步研究. 科学通报，43（12）：252～1257

张虎才，马玉贞，彭金兰等. 2002. 距今 42～18ka 腾格里沙漠古湖泊及古环境. 科学通报，47（24）：1847～1857

张虎男. 1993. 华南、华东地区构造地貌基本特征. 见：杨景春主编. 中国地貌特征与演化. 海洋出版社. 18～32

张进，马宗晋，任文军. 2005. 宁夏中南部新生界沉积特征及其与青藏高原演化的关系. 地质学报，79（6）：757～773

张静，林景星，剧远景等. 2004. 东海 E1 孔晚更新世以来的地层、生物与环境. 地质学报，78（1）：9～16

张抗. 1989. 黄河中游水系形成史. 中国第四纪研究，8（1）：185～193

张珂，黄玉昆. 1995. 粤北地区夷平面的初步研究. 热带地理，15（4）：295～305

张兰生. 1984. 中国第四纪以来环境演变的主要特征. 北京师范大学学报，4：81～86

张兰生. 1992. 环境演变研究. 北京：科学出版社. 1～183

张兰生. 1980. 我国晚更新世最后冰期气候复原. 北京师范大学学报，1：101～118

张兰生，方修琦，任国玉. 2000. 全球变化. 北京：高等教育出版社. 51～58，88～90，148～158，272～285

张兰生，方修琦，任国玉等. 1997. 我国北方农牧交错带的环境演变. 地学前缘，4（1～2）：127～136

张林源. 1994. 中国的沙漠和绿洲. 兰州：甘肃教育出版社. 1～222

张林源，王乃昂，施祺. 1995. 绿洲的发生类型及时空演变. 干旱区资源与环境，9（3）：32～43

张妙弟. 2002. 开封城与黄河. 北京联合大学学报，16（1）：133～138

张明利，金之钧，吕朋菊等. 2000. 新生代构造运动与泰山形成. 地质力学学报，6（2）：23～29

张彭熹，张保珍. 1991. 柴达木地区近三百万年来古气候环境演化的初步研究. 地理学报，46（3）：327～335

张彭熹等. 1987. 柴达木盆地盐湖. 北京：科学出版社. 32～46

张丕远，孔昭宸，龚高法等. 1996. 中国历史气候变化. 济南：山东科学技术出版社，1～440

张青松，李炳元. 1989. 喀喇昆仑山-西昆仑山地区晚新生代隆起过程及自然环境变化初探. 自然资源学报，4（3）：234～240

张青松，唐领余，沈才明等. 1998. 青藏高原环境演变的主要表征. 见：施雅风，李吉均，李炳元主编. 青藏高原晚新生代隆升与环境变化. 广州：广东科技出版社. 297～372

张忍顺. 1984. 苏北黄河三角洲及滨海平原的成陆过程. 地理学报，39（2）：173～184

张荣祖等. 1997. 横断山区自然地理. 北京：科学出版社. 1～151

张森琦，王永贵，辛元红等. 2006. 黄河源区早更新世含植物化石地层的发现及意义. 中国地质，33（1）：78～85

张拴宏，赵越，刘健等. 2007. 华北地块北缘晚古生代—中生代花岗岩体侵位深度及其构造意义. 岩石学报，23（3）：625～638

张同钢，储雪蕾，陈孟莪等. 2002. 新元古代全球冰川事件对早期生物演化的影响. 地学前缘，9（3）：49～56

张伟，赵善伦. 2001. 山东植物区系的演变和来源. 武汉植物学研究，19（1）：57～64

张祥松，王宗太. 1995. 西北冰川变化及其趋势. 见：施雅风等. 气候变化对西北华北水资源的影响. 济南：山东科学技术出版社. 53～78

张晓阳，蔡述明，孙顺才. 1994. 全新世以来洞庭湖的演变. 湖泊科学，6（1）：13～21

张新时. 1978. 西藏植被的高原地带性. 植物学报，20（2）：140～149

张信宝，周力平，阳春等. 2007. 地带性与非地带性夷平面. 第四纪研究，27（1）：93～99

张义丰. 1985. 淮河流域两大湖群的兴衰与黄河夺淮的关系. 河南大学学报，1：45～50

张镱锂，李炳元，郑度. 2002. 论青藏高原范围与面积. 地理研究，21（1）：1～8

张有龙，李麒麟，赵桐等. 2001. 兰州地区最老黄土的发现及其特征. 中国区域地质，20（2）：141～144

张玉泉，谢应雯，涂光炽. 1987. 哀牢山-金沙江富碱侵入岩及其与裂谷构造关系初步研究. 岩石学报，1：17～26

张岳桥，廖昌珍，施炜等. 2006. 鄂尔多斯盆地周边地带新构造演化及其区域动力学背景. 高校地质学报，12（3）：285～297

张岳桥，赵越，董树文等. 2004. 中国东部及领区早白垩世裂陷盆地构造演化阶段. 地学前缘，11（3）：123～133

张振克，王苏民. 2000. 13ka 以来呼伦湖湖面波动与泥炭发育、风沙-古土壤序列的比较及其古气候意义. 干旱区资源与环境，14（03）：56～59

张仲石，郭正堂. 2005. 根据地质记录恢复渐新世和中新世不同时期环境空间特征及其意义. 第四纪研究，25（4）：523～530

张子福，苗淑娟. 1989. 鄂尔多斯盆地西南部华亭-陇县地区志丹群的孢粉. 中国地质科学院西安地质矿产研究所

所刊，（25）：69～88

张子福. 1992. 鄂尔多斯盆地北部志丹群喇嘛湾组的孢粉组合及其时代. 西北地质科学，13（1）：89～98

张宗祜. 2000. 九曲黄河万里沙——黄河与黄土高原. 北京：清华大学出版社. 124～145

张祖陆. 1995. 渤海莱州湾南岸平原黄土阜地貌及其古地理意义. 地理学报，50（5）：465～570

张祖陆，辛良杰，聂晓红. 2004. 山东地区黄土研究综述. 地理科学，24（6）：746～752

章泽军，张志，秦松贤等. 2003. 论华南（北部）前震旦纪基本构造格局与演化. 地球学报，24（3）：197～204

赵光慧，李亚平. 1988. 辽东半岛印支期动力变质带. 辽宁地质，（1）：1～7

赵焕庭. 1982. 珠江三角洲的形成和发展. 海洋学报，4（5）：595～607

赵焕庭，宋朝景，孙宗勋. 1997. 南海诸岛全新世珊瑚礁演化的特征. 第四纪研究，4：301～309

赵焕庭，温孝胜，孙宗勋. 1995. 南沙群岛景观及区域古地理. 地理学报，50（2）：107～117

赵焕庭，张乔民，宋朝景等. 1999. 华南海岸和南海诸岛地貌与环境. 北京：科学出版社. 377，420～423，435

赵景波，朱显谟. 1999. 黄土高原的演变与侵蚀历史. 土壤侵蚀与水土保持学报，5（2）：58～63

赵景波，黄春长，朱显谟. 1999. 黄土高原的形成与发展. 中国沙漠，19（4）：333～337

赵景珍. 1993. 华北、东北地区构造地貌特征与动力变形分析. 见：杨景春主编. 中国地貌特征与演化. 北京：海洋出版社. 32～43

赵奎寰. 1998. 胶州湾的成因及演变. 黄渤海海洋，16（1）：15～20

赵庆英，杨世伦，刘守祺. 2002. 长江三角洲的形成和演变. 上海地质，（4）：25～30

赵树森，刘明林，乔广生. 1990. 中国东部喀斯特洞穴沉积物铀系年代. 中国岩溶，9（3）：279～288

赵松龄. 1996. 陆架沙漠化. 北京：海洋出版社. 1～194

赵希涛等. 1996. 中国海面变化. 济南：山东科学技术出版社. 151～171

赵艳，吴宜进，杜耘. 2000. 人类活动对江汉湖群环境演变的影响. 华中农业大学学报（社会科学版），（1）：31～33

赵一鸣，毕承思. 2000. 宁乡式沉积铁矿床的时空分布和演化. 矿床地质，19（4）：350～362

赵一鸣等. 2004. 中国主要金属矿床成矿规律. 北京：地质出版社. 1～411

赵宗举，俞广，朱琰等. 2003. 中国南方大地构造演化及其对油气的控制. 成都理工大学学报（自然科学版），30（2）：155～168

郑本兴. 1994. 新疆天池成因探讨. 干旱区地理，17（1）：68～75

郑本兴，马秋华. 1995. 川西稻城古冰帽的地貌特征与冰期探讨. 冰川冻土，17（1）：24～32

郑本兴，张振拴. 1983. 天山博格达峰地区与乌鲁木齐河源新冰期的冰川变化. 冰川冻土，5（3）：133～142

郑丁，王伟锋，卓胜广. 2007. 内蒙古中-新生代盆地构造特征及划分. 山东煤炭科技，5：51～52

郑度. 1996. 青藏高原自然地域系统研究. 中国科学（D辑）：地球科学，26（4）：336～341

郑度. 2001. 青藏高原对中国西部自然环境地域分异的效应. 第四纪研究，21（6）：484～489

郑度，陈伟烈. 1981. 东喜马拉雅植被垂直带的初步研究. 植物学报，23（3）：228～234

郑度，李炳元. 1990. 青藏高原自然环境的演化与分异. 地理研究，9（2）：1～10

郑度，姚檀栋. 2004. 青藏高原隆升与环境效应. 北京：科学出版社. 165～275

郑洪波，陈惠中，曹军骥. 2002. 塔里木盆地南缘上新世至早更新世风成黄土的古环境意义. 科学通报，47（3）：226～230

郑绵平，向军，魏新俊等. 1989. 青藏高原盐湖. 北京：北京科学技术出版社. 1～431

郑求根，周祖翼，蔡立国等. 2005. 东海陆架盆地中新生代构造背景及演化. 石油与天然气地质，26（2）：197～201

郑荣章，陈桂华，徐锡伟等. 2005. 福州盆地埋藏晚第四纪沉积地层划分. 地震地质，27（4）：556～565

郑祥民，刘飞. 2006. 长江三角洲与东海岛屿黄土研究综述. 华东师范大学学报（自然科学版），（6）：9～24

郑祥民，严钦尚. 1995. 末次冰期苏北平原和东延海区的风尘黄土沉积. 第四纪研究，（3）：258～266

郑祥民，赵健，周立旻等. 2002. 东海嵊山岛风尘黄土中的植物硅酸体与环境研究. 海洋地质与第四纪地质，22（2）：26～30

郑应顺. 1987. 辽东半岛自然地理. 沈阳：辽宁教育出版社. 1～344

中国地质调查局. 2004. 中华人民共和国地质图. 北京：中国地图出版社

中国地质科学院成都地质矿产研究所等. 1988. 青藏高原及邻区地质图（1：150 万）. 北京：地质出版社

中华人民共和国地质矿产部. 1990. 中国地质图（1：500 万）. 北京：中国地图出版社

中国第四纪孢粉数据库小组. 2000. 中国中全新世（6ka B. P.）末次盛冰期（18ka B. P.）生物群区的重建. 植物学报，42（11）：1201～1209

中国科学院《中国自然地理》编辑委员会. 1980. 中国自然地理——地貌. 北京：科学出版社. 366～381

中国科学院《中国自然地理》编辑委员会. 1984. 中国自然地理——古地理（上）. 北京：科学出版社. 1～262

中国科学院地理研究所等. 1985. 长江中下游河道特性及其演变. 北京：科学出版社. 1～272

中国科学院地理研究所经济地理室. 1980. 中国农业地理总论. 北京：科学出版社. 55

中国科学院地质研究所岩溶研究组. 1979. 中国岩溶研究. 北京：科学出版社. 169～172

中国科学院贵阳地球化学研究所第四纪孢粉组、¹⁴C组. 1977. 辽宁省南部一万年来自然环境的演变. 中国科学，6：603～614

中国科学院华南富铁矿科学研究队. 1986. 海南岛地质与石碌铁矿地球化学. 北京：科学出版社. 29

中国科学院内蒙古宁夏综合考察队. 1980. 内蒙古自治区及东北西部地区地貌. 北京：科学出版社. 1～270

中国科学院南海海洋研究所，海洋地质构造研究室. 1988. 南海地质构造与陆缘扩张. 北京：科学出版社. 1～398

中国科学院新疆综合考察队等. 1965. 新疆地下水. 北京：科学出版社. 1～265

中国科学院新疆综合考察队等. 1978. 新疆地貌. 北京：科学出版社. 1～256

钟大赉，丁林. 1996. 青藏高原的隆起过程及其机制探讨. 中国科学（D辑）：地球科学，26（4）：289～295

钟巍，王健力. 1996. 中国西部地区全新世自然环境演变序列与特征. 新疆地质，14（4）：346～354

钟巍，谢宏彬，熊黑钢等. 1999. 历史时期（着重近 4ka B. P. 以来）南疆地区气候环境与人地关系演化的初步研究. 干旱区资源与环境，13（4）：30～36

周斌，郑洪波，杨文光等. 2008. 末次冰期以来南海北部物源及古环境变化的有机地球化学记录. 第四纪研究，28（3）：407～413

周德全，刘秀明，姜立君等. 2005. 贵州高原层状地貌与高原抬升. 地球与环境，33（2）：79～84

周鼎武，刘良，张成立等. 2002. 华北和扬子古陆块中新元古代聚合、伸展事件的比较研究. 西北大学学报（自然科学版），32（2）：109～113

周杰，周卫健，陈惠忠等. 1999. 新仙女木时期东亚夏季风降水不稳定的证据. 科学通报，44（2）：205～207

周静，王苏民，杨桂山等. 2006. 新仙女木事件及全新世早中期降温事件——来自洱海湖泊沉积的记录. 气候变化研究进展，2（3）：127～130

周昆叔，陈硕民，叶永英等. 1976. 根据孢粉分析的资料探讨珠穆朗玛峰地区第四纪古地理的一些问题. 见：中国科学院西藏科学考察队. 珠穆朗玛峰地区科学考察报告（1966～1968）. 第四纪地质. 北京：科学出版社. 79～82

周昆叔，梁秀龙，刘玲. 1981. 天山乌鲁木齐河源第四纪沉积物的孢粉学初步研究. 冰川冻土，3（增刊）：97～105

周荣军，李勇，Densmore A L 等. 2006. 青藏高原东缘活动构造. 矿物岩石，26（2）：40～51

周尚哲，李吉均. 2003. 第四纪冰川测年研究新进展. 冰川冻土，25（6）：66～72

周尚哲，李吉均，张世强. 2001a. 祁连山摆浪河谷地的冰川地貌与冰期. 冰川冻土，23（3）：131～138

周尚哲，易朝路，施雅风等. 2001b. 中国西部 MIS12 冰期研究. 地质力学学报，7（4）：321～327

周尚哲，刘继鹏，郗增福等. 2008. 南岭及其相邻山地残留的最高夷平面. 冰川冻土，30（6）：938～945

周肃，方念乔，董国臣等. 2001. 西藏林子宗群火山岩氩-氩年代学研究. 矿物岩石地球化学通报，20（4）：317～319

周廷儒. 1960. 新疆综合自然区划纲要. 地理学报，26（2）：87～103

周廷儒. 1964. 关于新疆最近地球历史时期的古地理问题. 北京师范大学学报（自然科学版），（1）：65～82

周廷儒. 1982. 中国东部第四纪冰川作用的探讨. 见：中国第四纪研究委员会. 第三届全国第四纪学术会议论文集. 北京：科学出版社. 162～167

周卫建，李小强，董光荣等. 1996. 新仙女木期沙漠/黄土过渡带高分辨率泥炭记录——东亚季风气候颤动的实例.

中国科学（D辑）：地球科学，26（2）：118~124

周卫建，卢雪峰，武振坤等. 2001. 若尔盖高原全新世气候变化的泥炭记录与加速器放射性碳测年. 科学通报，46（12）：1040~1044

周新民. 2003. 华南花岗岩研究的若干思考. 高校地质学报，9（4）：556~565

周兴佳. 1989. 历史时期塔里木盆地沙漠化探讨. 干旱区研究，1：9~18

朱抱真. 1990. 青藏高原对我国气候的影响. 见：国家科学技术委员会. 中国科学技术蓝皮书（第5号）气候. 北京：科学技术文献出版社. 320~324

朱诚. 2005. 对长江流域新石器时代以来环境考古研究问题的思考. 自然科学进展，15（2）：149~153

朱诚，陈星，马春梅等. 2008. 神农架大九湖孢粉气候因子转换函数与古气候重建. 科学通报，53（增刊I）：38~44

朱诚，程鹏，卢春成等. 1996. 长江三角洲及苏北沿海地区7000年以来海岸线演变规律分析. 地理科学，16（3）：207~213

朱诚，郑朝贵，马春梅等. 2003. 对长江三角洲和宁绍平原一万年来高海面问题的新认识. 科学通报，48（23）：2428~2438

朱大岗，孟宪刚，邵兆刚等. 2006. 青藏高原古近纪—新近纪古湖泊的特征及分布. 地质通报，25（1~2）：34~42

朱海虹，张本等. 1997. 鄱阳湖：水文·生物·沉积·湿地·开发整治. 合肥：中国科学技术大学出版社. 1~349

朱海虹，郑长苏，王云飞等. 1981. 鄱阳湖现代三角洲沉积相研究. 石油与天然气地质，2（2）：89~103

朱丽东，叶玮，周尚哲等. 2006. 中亚热带第四纪红粘土的粒度特征. 地理科学，26（5）：586~591

朱丽东，周尚哲，叶玮等. 2005. 中国南方红土沉积与环境变化研究. 浙江师范大学学报（自然科学版），28（2）：206~210

朱绅玉，杨继贤. 1998. 阴山带燕山运动特征. 内蒙古地质，2：29~38

朱学稳. 1991. 峰林喀斯特的性质及其发育和演化的新思考（2）. 中国岩溶，10（2）：137~150

朱学稳. 2009. 我国峰林喀斯特的若干问题讨论. 中国岩溶，28（2）：155~168

朱震达. 1979. 三十年来中国沙漠研究的进展. 地理学报，34（4）：305~314

祝一志，周明镇. 1997. 东亚古季风变迁与中国北方古人类生活环境. 见：刘嘉麒，袁宝印主编. 中国第四纪地质与环境. 北京：海洋出版社. 169~175

邹逸麟. 1997. 黄淮海平原历史地理. 合肥：安徽教育出版社. 188~192

左正金，王献坤，程生平等. 2006. 淮河流域（河南段）第四纪地层沉积规律. 地下水，28（4）：34~36

Aelly R B, Mayewski P A, Sowers T, et al. 1997. Holocene climatic instability: a prominent, widespread event 8200 years ago. Geology, 25（6）：484~486

An Z S, Kukla G, Porter S C, et al. 1991. Late Quaternary dust flow on the Chinese Loess Plateau. Catena, 18：125~132

An Z, Kutzbach J E, Prell W L, et al. 2001. Evolution of Asian monsoon and phased uplift of the Himalaya-Tibetan plateau since late Miocene time. Nature, 411：62~66

Bond G, Showers W, Cheseby M, et al. 1997. A pervasive millennial-scale cycle in North Atlantic Holocene and glacial climates. Science, 278：1257~1266

Broecker W S, Andrge M, Wolfli W, et al. 1988. The chronology of the last deglaciation: Implication to the cause of the Younger Dryas Event. Paleoceanagraphy, 3（1）：1~19

Cerling T E, Harris J M, MacFadden B J, et al. 1997. Global vegetation change through the Miocene/Pliocene boundary. Nature, 389：153~158

Ding Z L, Rutter N W, Liu T S, et al. 1997. Correlation of Dansggard-Oeschger cycles between Greenland ice and Chinese loess. Palaeoclimate, 4：1~11

Ding Z L, Yu Z E, Rutter N W, et al. 1994. Toward an orbital times scale for Chinese loess deposits. Quaternary Sciences Review, 13：39~70

Dykoski C A, Zdwards R L, Cheng H, et al. 2005. A high-resolution, absolute-dated Holocene and deglacial

Asianmonsoon record from Dongge Cave, China. Earth Planet Sci Lett, 233: 71~86

Feng S, 夏敦胜, 汤懋苍, 陈发虎. 2006. 秦安地区全新世气候的周期振荡特征. 冰川冻土, 28 (1): 70~75

Gansser A. 1964. Geology of the Himalayas. New York: Interscience Publishers

Gansser A. 1977. The great suture zone between Himalaya and Tibet a preliminary account. In: Du CNRs (eds). Himalaya: sciences de la terra. Paris: Centre national de la recherche scientifique. 181~191

Gasse A F M, Fontes J C, Font M, et al. 1991. A 13000 year Climate record from West Tibet. Nature, 353: 742~745

Gasse F, Fontes J CH, Campo E Yan, et al. 1996. Holocene environmental changes in Bangong Co Basin (Western Tibet). Paleogeography Paleoclimatology Paleoecology, 120: 79~92

Guo Z T, Ruddiman W F, Hao Q Z, et al. 2002. Onset of asian desertification by 22 Myr ago inferred from loess deposits in china. Nature, 416: 159~163

Huang C C, Zhou J, Pang J L, et al. 2000. A regional aridity phase and its possible cultural impact during the Holocene Magathermal in the Guanzhong Basin, China. The Holocene, 10 (1): 135~142

Pan B T, Wu G J, Wang Y X, et al. 2001. Age and genesis of Shagou River Terraces in Eastern Qilian Mountains. Chinese Science Bulletin, 466, 46 (6): 510~515

Quade J, Cerling T E, Bowman J R. 1989. Development of Asian monsoon revealed by marked ecological shift during the Latest Miocene in north Pakistan. Nature, 342: 163~166

Ramstein G, Fluteau F, Basse J, et al. 1997. Effect of orogeny, plate motion and land-sea distribution on Eurasian climate change over the past 30 million years. Nature, 386: 788~195

Rea D K, Snoeckx H, Joseph L H. 1998. Late Cenozoic eolian deposition in the North Pacific: Asian drying, Tibetan uplift, and cooling of the northern hemisphere. Paleoceanography, 15: 215~224

Ren G Y, Beug H G. 2002. Mapping Holocene pollen data and vegetation of China. Quaternary Science Reviews, 21: 1395~1422

Rost R T. 1994. Paleoclimatic field studies in and along the Qingling Shan (Central China). Geojournal, 34 (1): 107~120

Sun J M. 2002. Provenance of loess material and formation of loess deposits on the Chinese Loess Plateau. Earth and Planetary Science Letters, 203 (3-4): 845~859

Sun J M, Liu T S. 2006. The age of the Taklimakan Desert. Science, 312: 16~21

Sun J M, Zhang L Y, Deng C L, et al. 2008. Evidence for enhanced aridity in the Tarim Basin of China since 5.3Ma. Quaternary Science Reviews, 27: 1012~1023

Sun J M, Zhang Z Q, Zhang L Y. 2009. New evidence on the age of the Taklimakan Desert. Geology, 37 (2): 159~162

Thompson L G, Yao T, Davis M E, et al. 1997. Tropical Climate instability: The last Glacial Cycles from a Qinghai Tibetan ice core. Science, 276: 1821~1825

Wang Y J, Cheng H, Edwards R L, et al. 2008. Millennial-and orbital-scale changes in the East Asian monsoon over the past 224,000 years. Nature, 451: 1090~1093

Williams M A J, et al. 1992. 第四纪环境. 刘东生等译. 北京: 科学出版社. 1~304

Wu Z Y. 1988. Hengduan mountain flora and her significance. The Journal of Japanese Botany, 63 (9): 1~311

Xiao J L, Porter S C, An Z S et al. 1995. Grain size of quartz as indicator of winter monsoon strength on the Loess Plateau of central China during the last 130000 years. Quaternary Research, 43: 22~29

Yancheva G, Nowaczyk N R, Mingram J, et al. 2007. Influence of the intertropical convergence zone on the East Asian monsoon. Nature, 445: 74~77

Yin A, Harrison T M. 2000. Geologic evolution of the Himalayan-Tibetan orogen. Annu Rev Earth Planet Sci, 28: 211~280

Yin A, Rumelhart P E, Butler R, et al. 2002. Tectonic history of the Altyn Tagh fault system in northern Tibet inferred from Cenozoic sedimentation. Geol Soc Am Bull, 114: 1257~1295